KB091731

CRAFTSMAN HY … C

공유압기능사 실기

공학박사 **방홍인**

이 책의 구성

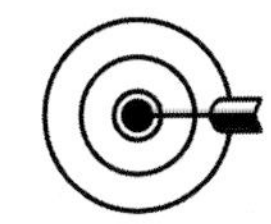

26년의 노하우로 축적된
최고의 적중률!

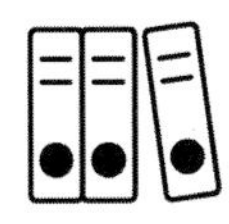

다년간의 보완을 통한
엄선된 실기 문제 수록!

철저한 분석을 통한
최신 출제경향 반영!

예문사

제조업 선진국들은 4차 산업혁명을 대비하기 위해 다양한 전략을 추진해오고 있다. 독일은 2011년부터 인더스트리 4.0 (Industry 4.0)의 슬로건하에 국가 차원에서 스마트 팩토리 전략을 추진해왔고, 미국도 2012년 이래 '국가 첨단 제조 전략' 등 제조업 부흥 정책을 선보여서 GE를 주도로 산업 인터넷(Industrial Internet) 전략을 통해 미국으로의 제조업 회귀를 외치며 제조업체의 증가에 힘입어 스마트 팩토리에 대한 관심이 높아졌다. 또한 일본은 2013년 산업 재흥플랜을 발표하여 미쓰비시 중공업을 주도로 e－F@ctory Alliance를 구성하는 등 다양한 제조업 경쟁력 강화 정책을 추진하면서 스마트 팩토리를 선점하려고 노력하고 있다.

이러한 스마트 팩토리에 필요한 자동화 설비란 인적 자원을 활용하는 것이 아닌 기계를 이용하여 자동으로 생산하는 작업으로 자동화 공정을 수행하기 위해서는 여러 가지 복합 요소들이 필요한데, 이에 필수적인 요소가 공유압 장치이다.

공유압은 장비를 움직이는 핵심 부품 기술이자 공장을 돌게 하는 동력으로 산업을 움직이는 근육에 해당하여 산업 자동화에서 빼놓을 수 없는 핵심 기술이다. 실생활에 사용하는 커피자판기부터 우주왕복선까지 그 사용 범위는 헤아리기 어려울 정도로 많이 찾아 볼 수 있다. 특히, 자동화를 갖춘 공장의 생산 라인과 사출 · 성형 공작기계 및 건설 기계 등에 필수적으로 적용되어 인간의 노동력을 대신하고 있는 것이 현실이다.

2002년부터 시행된 공유압기능사는 2019년 기준으로 2,000여 명의 수험생이 응시하는 자격시험으로 제조설비 업체나 자동화설비업체에서는 필수적인 자격증으로 갈수록 난이도가 높아지고 있는 추세이다. 본 교재를 통하여 실기시험을 준비하는 수험생들이 공유압에 대한 흥미를 가지고 자격증 취득뿐만 아니라 산업현장에서도 공유압 설비에 대한 지식을 활용하는데 많은 도움이 되었으면 하는 바람이다.

아울러 본 교재가 나오기까지 많은 도움을 주신 예문사 관계자에게 고마움을 전하며, 항상 곁에서 힘이 되어준 사랑하는 가족과 폴리텍대학 익산캠퍼스 자동화시스템과 동료 교수님에게 감사함을 표한다.

저자

공유압기능사 정보

■ 검정형 자격 시험정보

1) 시험수수료
- 필기 : 14,500원
- 실기 : 68,500원

2) 출제경향

공유압에 관한 숙련기능을 가지고 각종 공유압 기기를 점검 · 정비 및 유지 · 관리 등 이에 관련된 기능업무를 수행할 수 있는 능력의 유무 평가

3) 취득방법

① 시행처 : 한국산업인력공단

② 시험과목
- 필기 : 1. 공유압 일반, 2. 기계제도(비절삭) 및 기계요소, 3. 기초전기 일반
- 실기 : 공유압 실무

③ 검정방법
- 필기 : 전과목 혼합, 객관식 60문항(60분)
- 실기 : 작업형(3시간 정도)
  [공압작업(1시간 20분 : 50점)+유압작업(1시간 10분 : 50점)]

④ 합격기준
- 필기 : 100점 만점 60점 이상
- 실기 : 100점 만점 60점 이상

※ 2015년도부터 과정평가형 자격으로 취득 가능(관련 홈페이지 : www.ncs.go.kr)

■ 기본정보

1) 개요

공유압축기와 유압펌프, 각종 제어밸브, 공유압실린더와 기타 부속기기 등을 점검 · 정비 및 유지관리의 업무를 수행

2) 수행직무

공기압축기나 유압펌프를 활용해 기계에너지를 압력에너지로 변환시키는 장치를 정비하고 유지 · 관리하는 직무수행

3) 실시기관 홈페이지

http://www.q-net.or.kr

4) 실시기관명

한국산업인력공단

5) 진로 및 전망

관련 직업 : 중장비정비원, 설비기술자(산업기계, 생산설비, 자동화, 선박 등)

■ 종목별 검정현황

종목명	연도	필기			실기		
		응시	합격	합격률	응시	합격	합격률
공유압기능사	2019	6,387	2,265	35.5%	3,240	2,405	74.2%
공유압기능사	2018	5,521	1,932	35%	3,115	2,503	80.4%
공유압기능사	2017	4,791	1,776	37.1%	3,082	2,538	82.3%
공유압기능사	2016	4,613	1,638	35.5%	3,276	2,691	82.1%
공유압기능사	2015	4,899	2,083	42.5%	3,677	3,251	88.4%
공유압기능사	2014	3,627	1,156	31.9%	2,982	2,782	93.3%
공유압기능사	2013	3,534	661	18.7%	2,457	2,265	92.2%
공유압기능사	2012	3,350	880	26.3%	2,541	2,344	92.2%
공유압기능사	2011	1,095	640	58.4%	2,262	2,117	93.6%
공유압기능사	2010	1,104	528	47.8%	2,039	1,911	93.7%
공유압기능사	2009	984	306	31.1%	1,617	1,498	92.6%
공유압기능사	2008	691	299	43.3%	1,470	1,378	93.7%
공유압기능사	2007	851	302	35.5%	1,471	1,389	94.4%
공유압기능사	2006	813	377	46.4%	1,413	1,356	96%
공유압기능사	2005	859	199	23.2%	1,077	1,019	94.6%
공유압기능사	2004	800	268	33.5%	1,155	1,094	94.7%
공유압기능사	2003	636	175	27.5%	653	609	93.3%
공유압기능사	2002	941	158	16.8%	0	0	0%
소계		45,496	15,643	34.4%	37,527	33,150	88.3%

■ 공유압기능사 우대현황

법령명	조문내역	활용내용
건설기계관리법 시행규칙	제33조 검사대행자 등(별표9)	건설기계검사대행자의 인력기준
경찰공무원임용령 시행규칙	제34조 응시자격 등의 기준(별표3)	경력경쟁채용 등의 자격
공무원임용시험령	제27조 경력경쟁채용시험 등의 응시자격 등(별표7, 별표8)	경력경쟁채용시험 등의 응시
공무원임용시험령	제31조 자격증 소지자 등에 대한 채용시험의 특전(별표 12)	6급 이하 공무원 채용시험 가산대상 자격증
공연법 시행령	제10조의4 무대예술 전문인 자격검정의 응시기준(별표2)	무대예술전문인 자격검정의 등급별 응시기준
공직자윤리법 시행령	제34조 취업승인	관할공직자윤리위원회가 취업승인을 하는 경우
공직자윤리법의 시행에 관한 대법원규칙	제37조 취업승인신청	퇴직공직자의 취업승인 요건
공직자윤리법의 시행에 관한 헌법재판소규칙	제20조 취업승인	퇴직공직자의 취업승인 요건
광산보안법 시행규칙	제35조 보안감독계원	보안감독계원 선임
교육감 소속 지방공무원 평정규칙	제23조 자격증 등의 가점	5급 이하 공무원, 연구사 및 지도사 관련 가점사항
국가공무원법	제36조의2 채용시험의 가점	공무원 채용시험 응시 가점
근로자직업능력 개발법 시행령	제28조 직업능력개발훈련교사의 자격 취득(별표2)	직업능력개발훈련교사의 자격
법원공무원규칙	제19조 경력경쟁채용시험 등의 응시요건 등(별표5의1)	경력경쟁시험의 응시요건
산업안전보건법 시행규칙	제74조 검사원의 자격	검사원의 자격
선거관리위원회 공무원규칙	제29조 전직시험의 면제(별표12)	전직시험의 면제
선거관리위원회 공무원규칙	제83조 응시에 필요한 자격증	채용, 전직시험의 응시에 필요한 자격증 구분
선거관리위원회 공무원규칙	제89조 채용시험의 특전	6급 이하 공무원 채용시험에 응시하는 경우 가산
소방공무원임용령 시행규칙	제23조 응시자격 등의 기준(별표2)	특별채용시험에 응시할 수 있는 자
소음 · 진동관리법 시행령	제10조 소음도 검사기관의 지정기준(별표1)	소음도 검사기관의 지정기준
수도법 시행규칙	제12조 수도시설관리자의 자격	수도시설관리자의 자격
수도법 시행규칙	제30조 자체기술진단(별표8)	기술진단에 필요한 기술인력
에너지이용 합리화법 시행령	제39조 진단기관의 지정기준(별표4)	진단기관이 보유하여야 하는 기술인력
전기사업법 시행규칙	제40조 전기안전관리자의 선임 등(별표12)	안전관리자와 안전관리보조원으로 구분하여 선임

법령명	조문내역	활용내용
주차장법 시행령	제12조의6 보수업의 등록기준 등(별표3)	기계식 주차장의 보수업을 등록하려는 자가 갖추어야 할 기술인력
중소기업인력지원 특별법	제28조 근로자의 창업지원 등	해당 직종과 관련분야에서 신기술에 기반한 창업의 경우 지원
지방공무원 임용령	제55조의3 자격증소지자에 대한 신규 임용시험의 특전	6급 이하 공무원 신규임용 시 필기시험 점수 가산
해양환경관리법 시행규칙	제23조 오염물질저장시설의 설치 · 운영기준(별표10)	오염물질저장시설 설치 시 필요한 기술인력
해양환경관리법 시행규칙	제74조 업무대행자의 지정(별표28, 29)	해양환경측정기기의 정도검사 · 성능시험 · 검정 업무 대행자 지정기준
환경분야 시험 · 검사 등에 관한 법률 시행규칙	제10조 검사대행자의 지정 등(별표6)	검사대행자가 갖추어야 하는 기술능력

공유압기능사 필기 출제기준

직무 분야	기계	중직무 분야	기계제작	자격 종목	공유압기능사	적용 기간	2019.1.1.~2021.12.31.

• 직무내용 : 공유압 회로도를 파악하여 공유압 장치의 공기 압축기와 유압 펌프, 각종의 제어밸브, 공압 및 유압 실린더와 공압 및 유압모터, 기타 부속기기 등을 점검, 정비 및 유지 관리 업무를 수행하는 직무

필기검정방법	객관식	문제수	60	시험시간	1시간

필기과목명	문제수	주요항목	세부항목	세세항목
공유압 일반, 기계제도 (비절삭) 및 기계요소, 기초전기 일반	60	1. 공유압 일반	1. 공유압의 개요	1. 기초이론 2. 공유압의 이론 3. 공유압의 특성
			2. 공압기기	1. 공기압 발생장치 2. 공기청정화기기 3. 압축공기 조정기기 4. 공압방향제어밸브 5. 공압압력제어밸브 6. 공압유량제어밸브 7. 공압액추에이터 8. 공압부속기기
			3. 유압기기	1. 유압발생장치 2. 유압방향제어밸브 3. 유압압력제어밸브 4. 유압유량제어밸브 5. 유압액추에이터 6. 유압부속기기 7. 유압작동유
			4. 공유압 기호	1. 공압기호 2. 유압기호 3. 전기기호
			5. 공유압 회로	1. 공압회로 2. 유압회로 3. 전기 공유압의 개요 4. 시퀀스회로의 설계 5. 전기공압회로의 설계 6. 전기유압회로의 설계

필기과목명	문제수	주요항목	세부항목	세세항목
		2. 기계제도(비절삭) 및 기계요소	1. 제도통칙	1. 일반사항(도면, 척도, 문자 등) 2. 선의 종류 및 용도 표시법 3. 투상법 4. 도형의 표시방법 5. 치수의 표시방법 6. 기계요소 표시법 7. 배관도시기호
			2. 기계요소	1. 기계설계의 기초 2. 재료의 강도와 변형 3. 나사, 리벳 4. 키, 핀 5. 축, 베어링 6. 기어 7. 벨트, 체인 8. 스프링, 브레이크
		3. 기초전기 일반	1. 직 · 교류회로	1. 전기회로의 전압, 전류, 저항 2. 전력과 열량 3. 직 · 교류회로의 기초 4. 교류에 대한 R.L.C의 작용 5. 단상, 3상 교류
			2. 전기기기의 구조와 원리 및 운전	1. 직류기 2. 유도 전동기 3. 정류기
			3. 시퀀스 제어	1. 시퀀스 제어의 개요 2. 제어요소와 논리회로 3. 시퀀스 제어의 기본회로 및 이론 4. 전동기 제어일반 5. 센서의 종류와 특성 6. 릴레이, 타이머
			4. 전기측정	1. 전류의 측정 2. 전압의 측정 3. 저항의 측정

공유압기능사 실기 출제기준

직무 분야	기계	중직무 분야	기계제작	자격 종목	공유압기능사	적용 기간	2019.1.1.~2021.12.31.

• 직무내용 : 공유압 회로도를 파악하여 공유압 장치의 공기 압축기와 유압 펌프, 각종 제어밸브, 공압 및 유압 실린더와 공압 및 유압모터, 기타 부속기기 등을 점검, 정비, 및 유지 관리 업무를 수행

• 수행준거 : 1. 공유압 도면을 파악할 수 있다.
2. 공유압기기를 이용하여 회로를 구성 및 작동할 수 있다.
3. 공유압 발생 및 조정 장치를 유지 보수할 수 있다.
4. 압력, 방향, 유량제어밸브를 유지 보수할 수 있다.

실기검정방법	작업형	시험시간	1시간

필기과목명	주요항목	세부항목	세세항목
공유압 실무	1. 자료 수집, 도면파악	1. 도면결정하기	1. 작업 요구사항을 이해하고 필요한 자료를 결정하고 수집할 수 있다. 2. 해당 도면의 개정, 설계변경사항 및 주기사항을 확인할 수 있다.
		2. 도면파악하기	1. 회로도를 이해하고 관련 공유압부품의 동작 상태를 파악할 수 있어야 한다. 2. 작업 안전 절차에 따라 공·유압회로에 의한 점검을 수행할 수 있다.
	2. 공압회로 구성 및 작동(전기공압 포함)	1. 공압회로 구성하기	1. 공압회로 기기를 선정할 수 있다. 2. 공압회로 기기를 고정할 수 있다. 3. 공압회로 기기를 연결할 수 있다.
		2. 공압회로 작동하기	1. 공압회로 압력을 설정할 수 있다. 2. 공압회로 속도를 제어할 수 있다. 3. 공압회로 작동 상태를 검사할 수 있다.
	3. 유압회로의 구성 및 작동(전기유압 포함)	1. 유압회로 구성하기	1. 유압회로 기기를 선정할 수 있다. 2. 유압회로 기기를 고정할 수 있다. 3. 유압회로 기기를 연결할 수 있다.
		2. 유압회로 작동하기	1. 유압회로 압력을 설정할 수 있다. 2. 유압회로 속도를 제어할 수 있다. 3. 유압회로 작동 상태를 검사할 수 있다.
	4. 관리하기	1. 공유압장치 유지보수하기	1. 단·연속회로를 재구성할 수 있다. 2. 타이머, 카운터 등 제어기기를 사용한 회로를 재구성할 수 있다.

기능사 실기시험 변경시간 안내

■ 기능사 필답형 실기시험 변경시간

변경 전

구분	기능사(1/2부)
감독위원 회의	8 : 30~9 : 00(30분)
수험자 교육	1부 : 9 : 00~9 : 30(30분) 2부 : 11 : 00~11 : 30(30분)
시험시간	1부 : 9 : 30~10 : 30(60분) 2부 : 11 : 30~12 : 30(60분)

변경 후

구분	기능사(1/2부)
감독위원 회의	9 : 00~9 : 30(30분)
수험자 교육	1부 : 9 : 30~10 : 00(30분) 2부 : 11 : 30~12 : 00(30분)
시험시간	1부 : 10 : 00~11 : 00(60분) 2부 : 12 : 00~13 : 00(60분)

주요 변경사항
변경 전 시험시간 대비 30분 늦게 시행 및 종료

■ 기능사 작업형 실기시험 변경시간

변경 전

구분		입실시간	시작시간
오전	1부	08 : 30	09 : 00
	2부	10 : 00	10 : 30
	3부	11 : 00	11 : 30
오후	4부	12 : 30	13 : 00
	5부	13 : 00	13 : 30
	6부	14 : 00	14 : 30
	7부	16 : 00	16 : 30

변경 후

구분		입실시간	시작시간
오전	1부	09 : 00	09 : 30
	2부	09 : 30	10 : 00
	3부	10 : 00	10 : 30
	4부	10 : 30	11 : 00
	5부	11 : 00	11 : 30
	6부	11 : 30	12 : 00
오후	7부	12 : 30	13 : 00
	8부	13 : 00	13 : 30
	9부	13 : 30	14 : 00
	10부	14 : 00	14 : 30
	11부	14 : 30	15 : 00
	12부	15 : 00	15 : 30
	13부	15 : 30	16 : 00
	14부	16 : 00	16 : 30

* 감독위원 회의는 수험자 입실시간 전 종목별 여건에 따라 실시

주요 변경사항
유연한 현장시행 여건 마련을 위해 시험 부(시간) 간 30분 단위로 시간 개편

공유압기능사실기

CONTENTS

공유압기능사 이론

CHAPTER 01 공압 발생장치

CHAPTER 02 유압 발생장치

CHAPTER 03 전기회로

공유압기능사 실기과제

공개 01

공 유 압 기 능 사 실 기

CONTENTS

CRAFTSMAN HYDRO-PNEUMATIC

HYDRO-PNEUMATIC

PART 01

공유압기능사 이론

공압 발생장치

1 공압 발생장치 구성품 명칭 및 용도

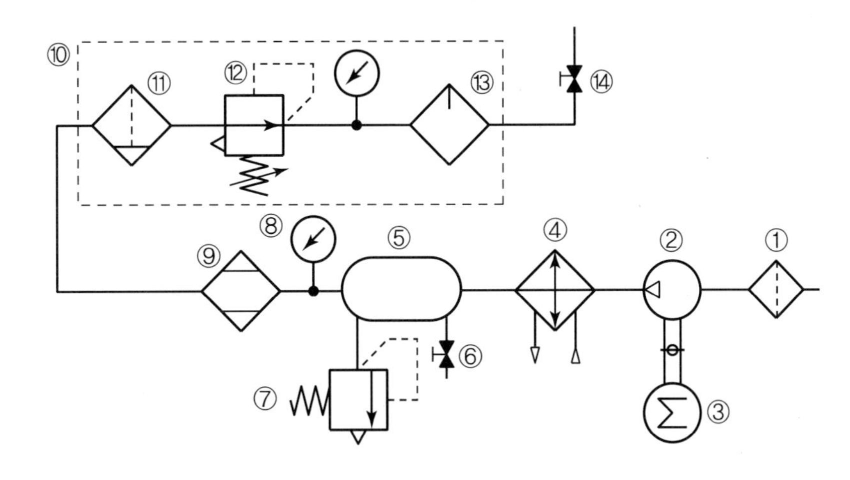

번호	명칭	용도
1	흡입필터	공기 중의 이물질 제거
2	공기압축기	공압 에너지 발생
3	모터	압축기의 구동을 위한 전기모터
4	후부냉각기	압축된 공기를 냉각
5	공압탱크	압축공기를 저장
6	드레인 배출밸브	공기탱크 내 응축수 배출
7	안전밸브	설정압 이상일 때 공압을 배출시킴
8	압력게이지	공압에너지의 양을 표시
9	공기건조기	압축공기 중의 수분 제거
10	공압서비스유닛	필터, 압력조절기, 윤활기의 조합
11	드레인 배출기 붙이 필터	압축공기 중의 이물질 제거
12	압력조절밸브	설정압력의 공압으로 조절
13	윤활기	압축공기에 윤활유 공급
14	스톱밸브	공압의 흐름 개폐

2 공압 액추에이터

1) 복동실린더

실린더 전진 시 헤드 측에 공압을 공급하고 로드 측에서는 공압이 배기되며, 후진 시 로드 측에 공압을 공급하고 헤드 측에서는 공압이 배기된다. 실린더 헤드 측에서 로드 측으로 움직이면 실린더 전진(+), 로드 측에서 헤드 측으로 움직이면 실린더 후진(−)이라 한다.

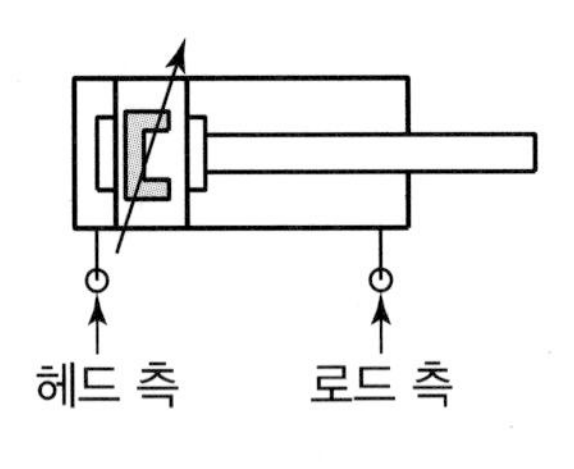

| 복동실린더(기호) |

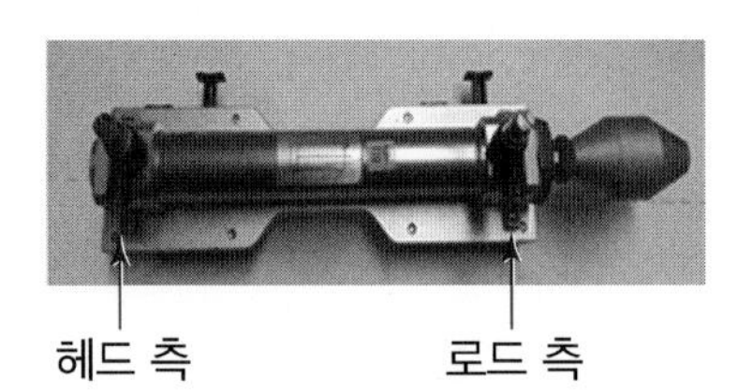

| 복동실린더 |

2) 단동실린더

실린더 전진 시 헤드 측에 공압을 공급하고, 후진 시에는 공압을 제거하면 스프링에 의해서 후진된다.

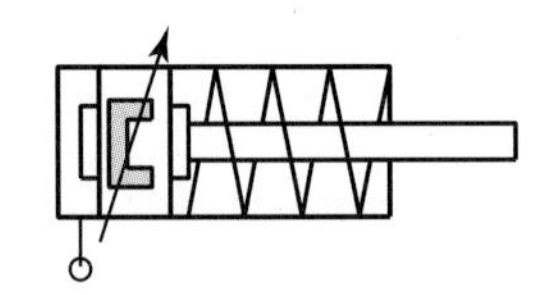

| 단동실린더(기호) |

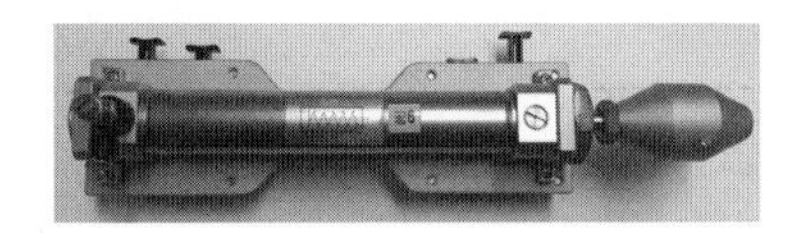

| 단동실린더 |

3) 리밋 스위치

실린더 전진 시 전진과 후진을 전기신호로 감지하는 역할을 한다. 리밋 스위치는 방향성이 있어서 (좌)는 주로 후진을, (우)는 전진을 감지하는 데 사용된다.

| 리밋 스위치(좌) |

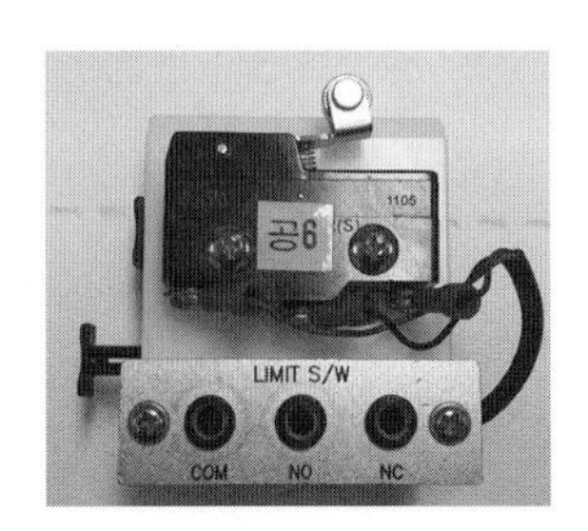

| 리밋 스위치(우) |

4) 공압호스

실린더나 밸브에 공압을 공급하는 데 사용한다.

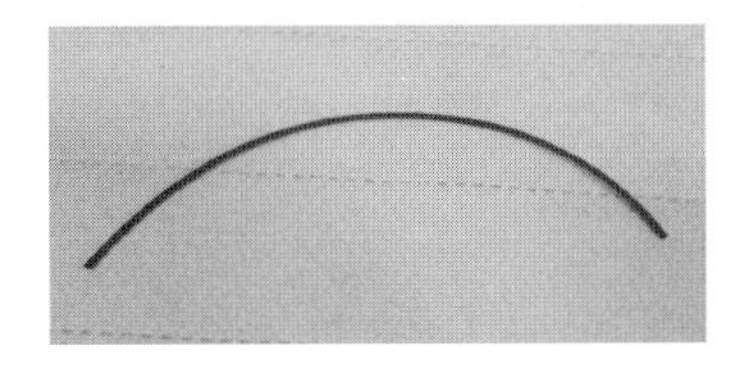

| 공압호스 |

공압밸브

1) 5/2way 편솔밸브

왼쪽 솔레노이드가 ON될 때만 실린더가 전진하고, OFF되면 후진한다.

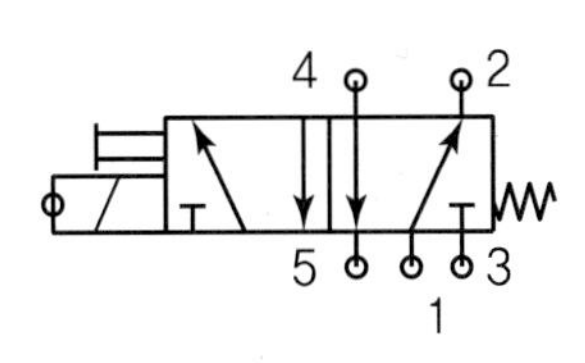

| 5/2way 편솔밸브(기호) |

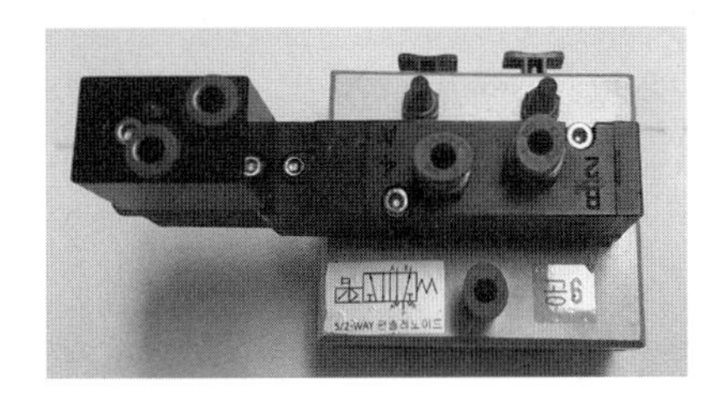

| 5/2way 편솔밸브 |

2) 5/2way 양솔밸브

왼쪽 솔레노이드가 ON될 때 실린더가 전진하고, 오른쪽 솔레노이드가 ON될 때 실린더가 후진한다.

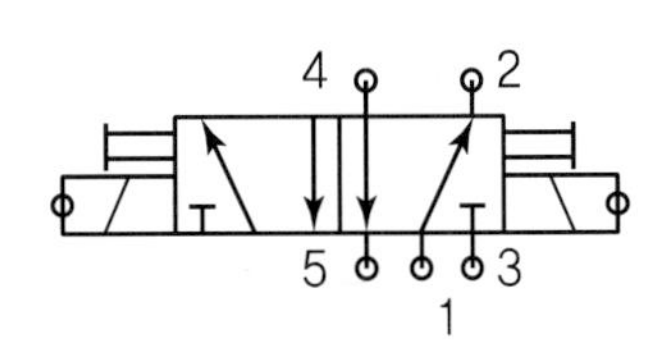

| 5/2way 양솔밸브(기호) |

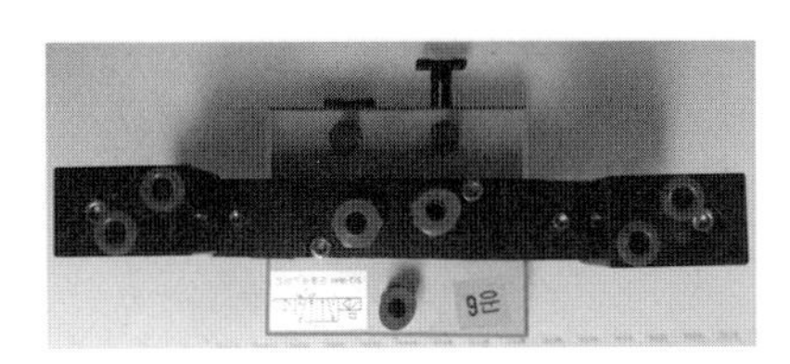

| 5/2way 양솔밸브 |

3) 일방향 유량제어밸브

체크밸브 방향에서 공압을 넣어주면 유량을 조절할 수 없으나, 반대 방향에서 공압을 넣어주면 유량을 조절할 수 있는 밸브로 주로 실린더의 전 · 후진속도를 조절하는 미터인 회로나 미터아웃 회로에 사용된다.(속도제어밸브라고도 함)

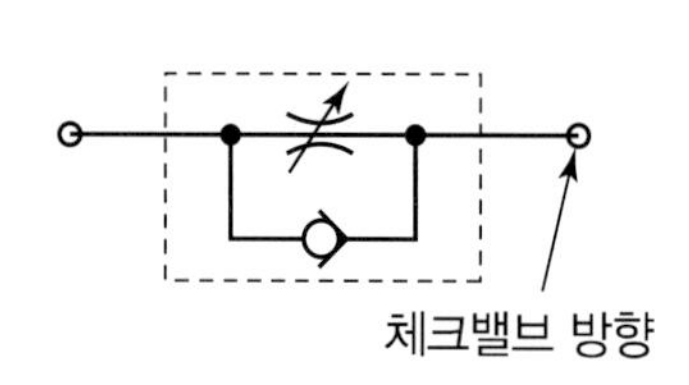

| 일방향 유량제어밸브(기호) |

| 일방향 유량제어밸브 |

4) 급속배기밸브

주로 실린더의 급속 후진을 위해 사용되는 밸브로 1번 포트로 공압이 공급되면 2번 포트로 공압이 나와 실린더로 공압이 공급되고, 2번 포트로 공압이 공급되면 3번 포트로 공압이 급속히 빠져나오면서 급속 후진이 된다.

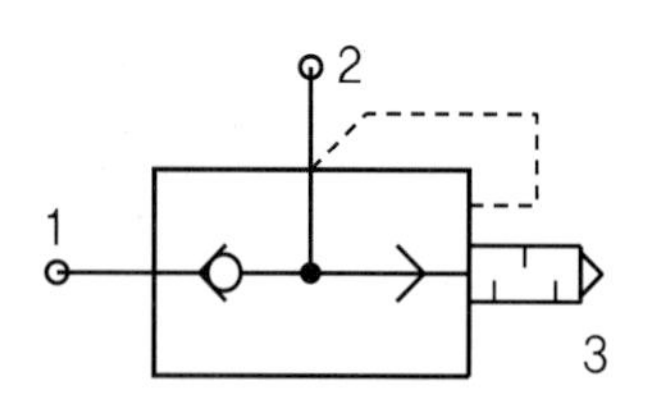

| 급속배기밸브(기호) |

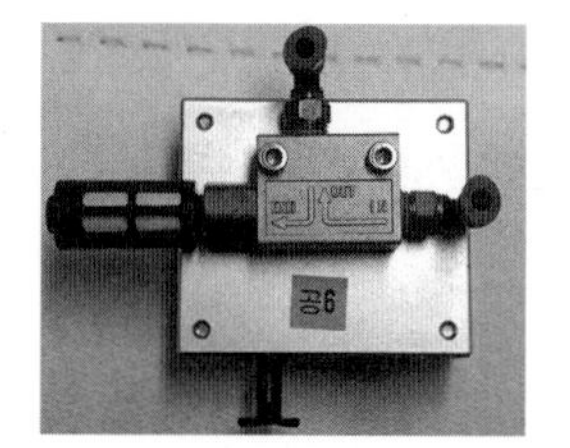

| 급속배기밸브 |

5) 감압밸브

과도한 압력이 가해지는 것을 방지하기 위해 압력을 감소시켜주는 밸브이다.

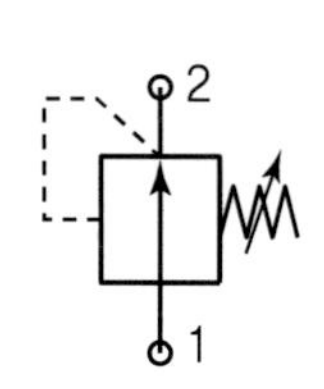

| 감압밸브(기호) |

| 감압밸브 |

4 공압 변위단계선도 작성법

- 실린더 A 전진은 A+, 실린더 A 후진은 A−, 실린더 B 전진은 B+, 실린더 B 후진은 B−로 표기한다.
- 숫자 "0"은 후진, "1"은 전진을 의미한다.
- 실린더가 후진된 상태에서 전진을 하면 0에서 1방향으로 사선이 올라간다.
- 실린더가 전진된 상태에서 후진을 하면 1에서 0방향으로 사선이 내려간다.
- 기존 상태를 계속 유지하고 있으면 수평선으로 표시한다.

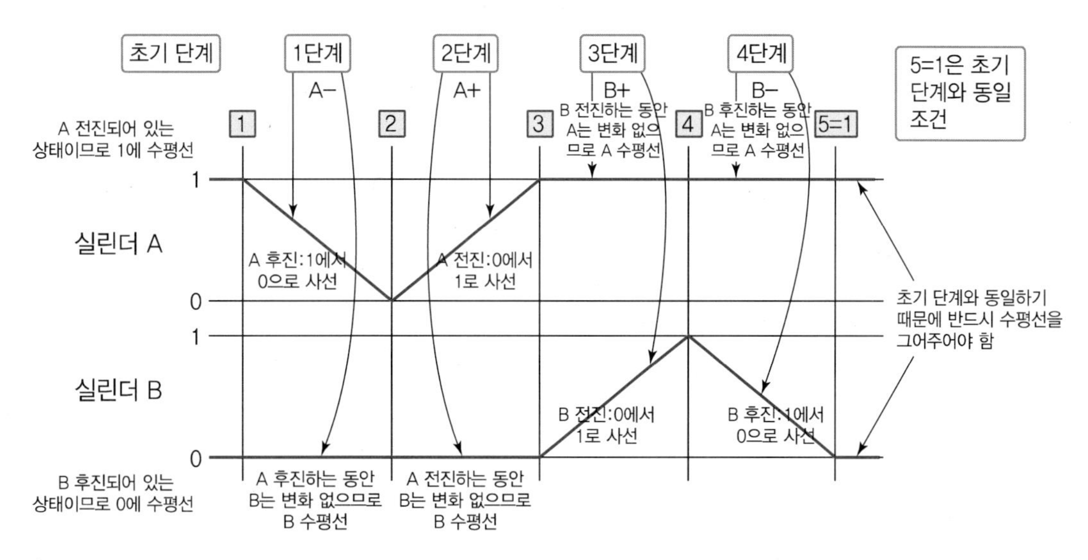

| 공압 변위단계 설명 |

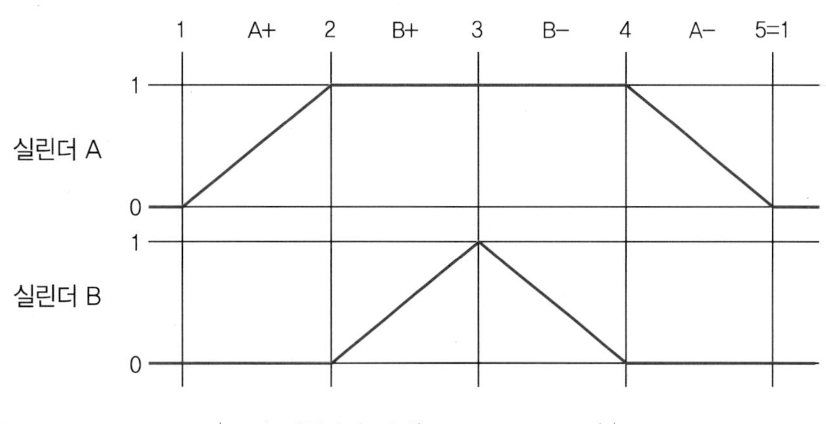

| 공압 변위단계 예제(A+ B+ B− A−) |

유압 발생장치

1 유압 발생장치 구성품 명칭 및 용도

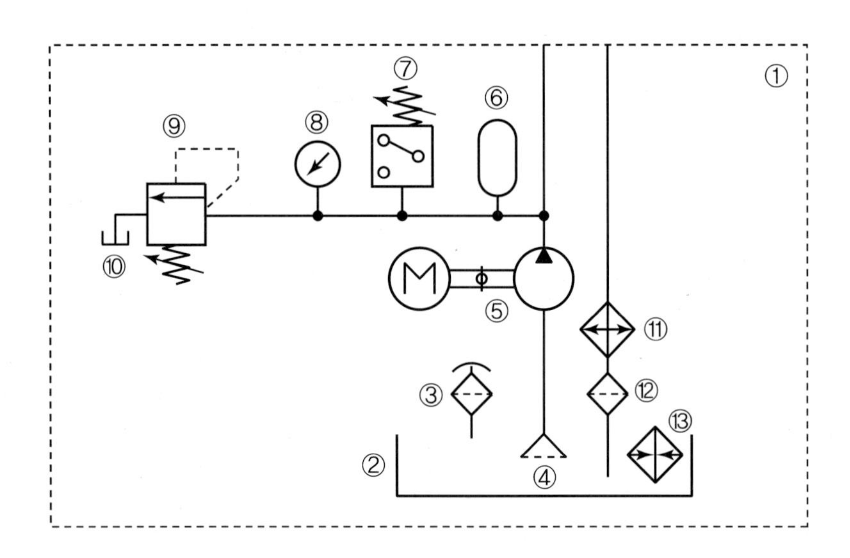

번호	명칭	용도
1	유압파워유닛	유압을 발생하기 위한 부품의 조합
2	유압탱크	유압작동유를 저장
3	통기필터	오일탱크의 유면안정화
4	흡입관 필터	흡입 시 작동유 내의 이물질 제거
5	유압펌프	유압에너지를 발생
6	축압기	유압에너지 임시저장
7	압력스위치	설정압력을 감지하여 전기신호로 변환
8	압력게이지	유압에너지 양을 표시
9	릴리프 밸브	압력을 설정하여 토출압력 조절
10	유압탱크	유압작동유를 저장
11	오일냉각기	작동유 온도를 냉각
12	복귀관 필터	복귀하는 작동유 내의 오염물질을 제거
13	작동유 예열기	유압작동유 예열

2 유압펌프와 액추에이터

1) 유압펌프

유압을 발생시키는 장치

2) 유압탱크

밸브와 실린더를 거친 유량이 모아져서 복귀하는 곳

3) 유압호스

유압밸브와 실린더끼리 유압을 전달하는 호스

| 유압펌프 |

| 유압펌프(기호) |

| 유압탱크 |

| 유압탱크(기호) |

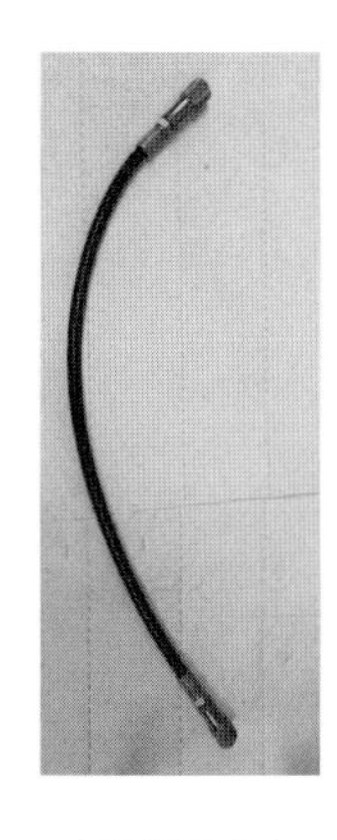

| 유압호스 |

4) 복동실린더

실린더 전진 시 헤드 측에 유압을 공급하고 로드 측에서는 유압이 탱크로 복귀하며, 후진 시 로드 측에 유압을 공급하고 헤드 측에서는 유압이 탱크로 복귀한다.

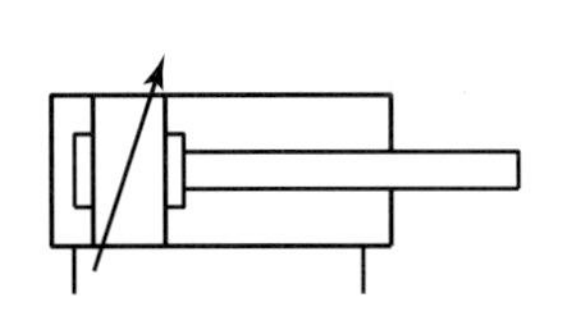

| 복동실린더(기호) |

| 복동실린더 |

3 유압밸브

1) 2/2way Normal Close형 편솔밸브

평상시에는 P포트에서 A포트로 유압이 차단되다가 솔레노이드가 ON되면 P포트에서 A포트로 유압이 전달되는 밸브

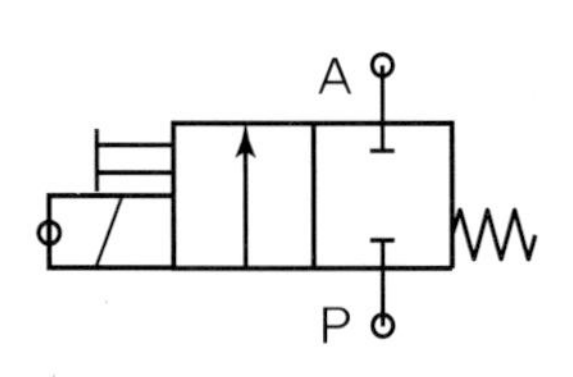

| 2/2way Normal Close형 편솔밸브(기호) |

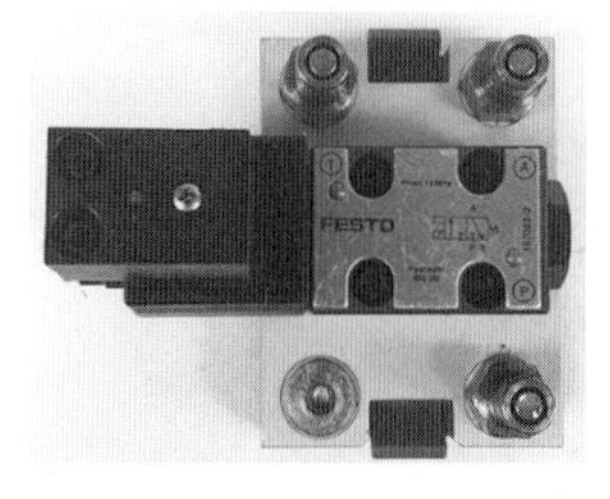

| 2/2way Normal Close형 편솔밸브 |

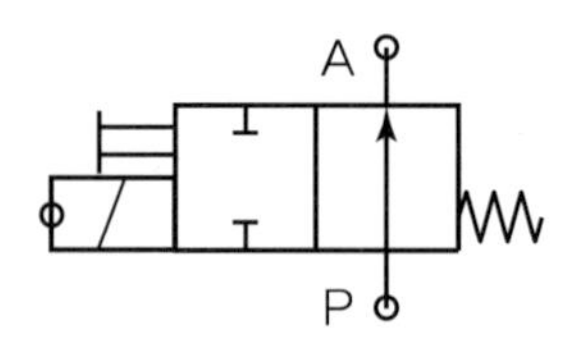

| 2/2way Normal Open형 편솔밸브(기호) |

2/2way Normal Open형 편솔밸브

평상시에는 P포트에서 A포트로 유압이 흐르다가 솔레노이드가 ON되면 P포트에서 A포트로 유압이 차단되는 밸브이다. 만약 실기 시험장에 이 밸브가 없으면 3/2way Normal Close형 밸브의 T포트와 A포트로 동일한 기능을 이용할 수 있다.

2) 3/2way Normal Close형 편솔밸브

평상시에는 P포트에서 A포트로 유압이 차단되다가 솔레노이드가 ON되면 P포트에서 A포트로 유압이 공급되는 밸브

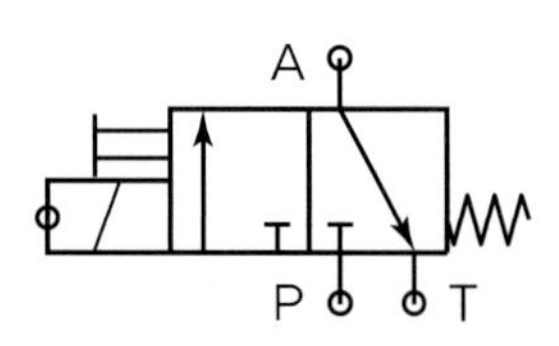

| 3/2way Normal Close형 편솔밸브(기호) |

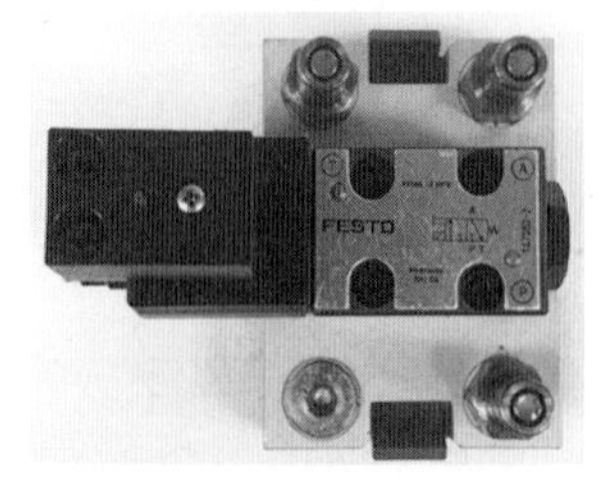

| 3/2way Normal Close형 편솔밸브 |

3) 4/2way 편솔밸브

평상시에는 P포트에서 A포트로, B포트에서 T포트로 유압이 공급되다가 솔레노이드가 ON될 때만 P포트에서 B포트로, A포트에서 T포트로 유압이 공급되고 솔레노이드가 OFF되면 평상시로 돌아오는 밸브

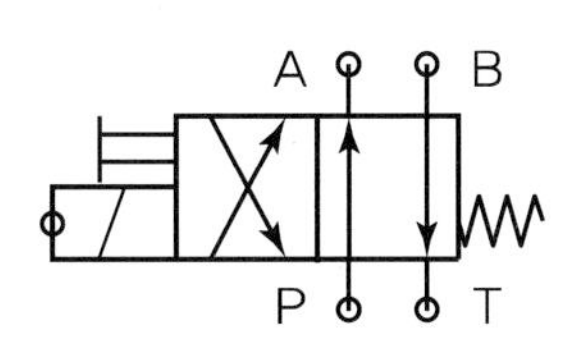

| 4/2way 편솔밸브(기호) |

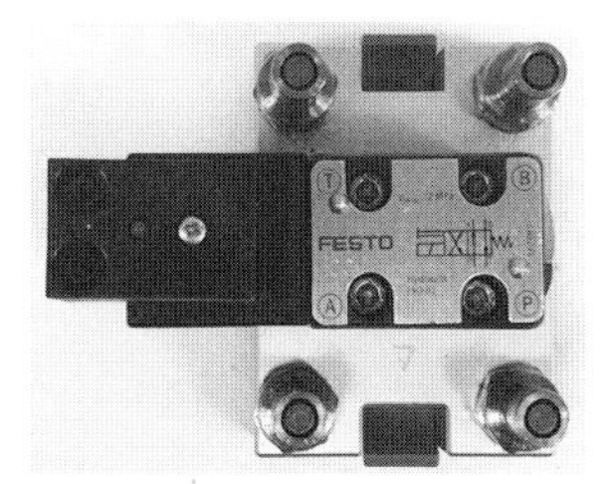

| 4/2way 편솔밸브 |

4) 4/2way 양솔밸브

오른쪽 솔레노이드가 ON되면 P포트에서 A포트로, B포트에서 T포트로 유압이 공급되고 왼쪽 솔레노이드가 ON되면 P포트에서 B포트로, A포트에서 T포트로 유압이 공급되는 밸브

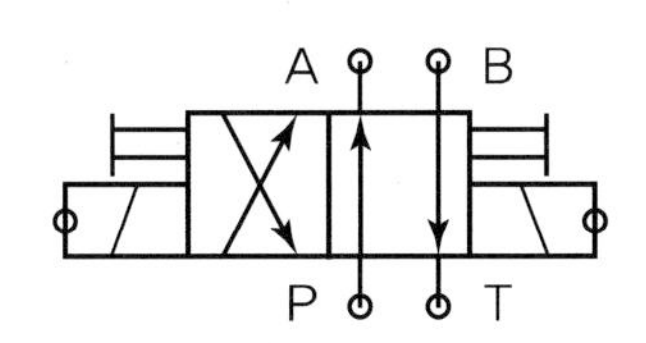

| 4/2way 양솔밸브(기호) |

| 4/2way 양솔밸브 |

5) 4/3way 양솔밸브

평상시에는 중립위치에 있어서 모든 포트에 유압이 공급되지 않다가 오른쪽 솔레노이드가 ON될 때만 P포트에서 A포트로, B포트에서 T포트로 유압이 공급되고 왼쪽 솔레노이드가 ON될 때만 P포트에서 B포트로, A포트에서 T포트로 유압이 공급되는 밸브

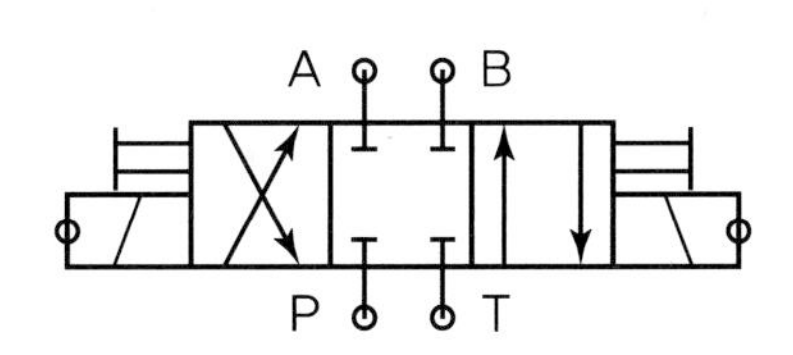

| 4/3way 양솔밸브(기호) |

| 4/3way 양솔밸브 |

만약 실기 시험장에 4/2way 밸브나 4/3way 밸브가 아래 그림과 같이 다이렉트와 크로스 방향이 바뀐 밸브이면 A포트와 B포트를 바꾸어서 실린더에 연결해 주어야만 전기회로도를 수정하지 않고 동일한 조건의 동작이 이루어진다.

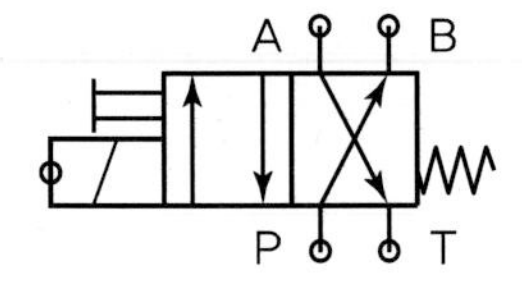

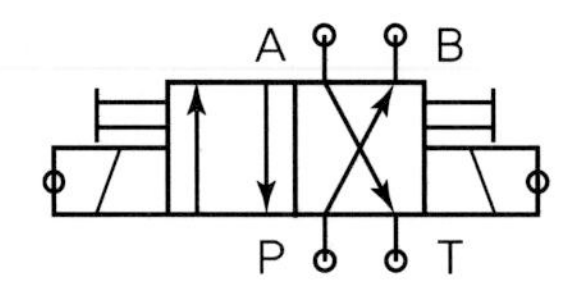

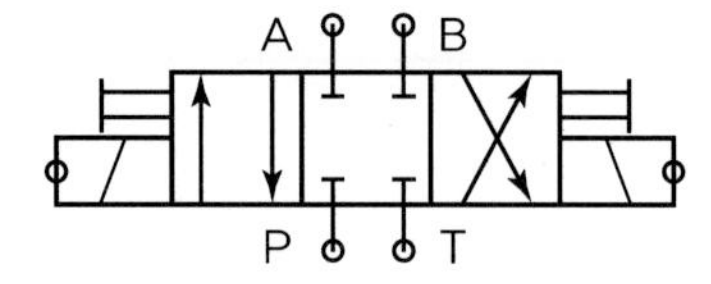

6) 릴리프 밸브

유압회로의 최고압력을 제한하는 밸브로 회로의 압력을 일정하게 유지시키는 밸브

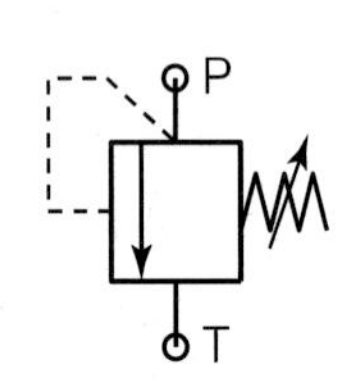

| 릴리프 밸브(기호) |

| 릴리프 밸브 |

7) 3way 감압밸브

유압회로에서 어떤 부분의 압력을 주회로 압력보다 감소시켜 저압으로 해서 사용하는 밸브

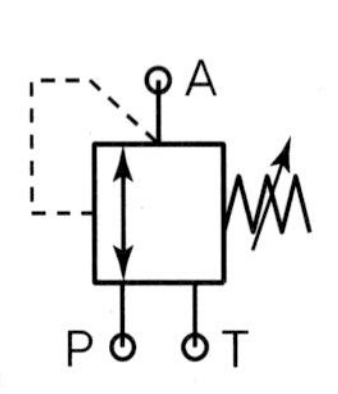

| 3way 감압밸브(기호) |

| 3way 감압밸브 |

8) 체크밸브

B포트에서 유량을 입력해 주면 A포트로 유량이 흐를 수 없고, A포트에서 유량을 입력해 주면 B포트로 흐를 수 있는 역류방지용 밸브

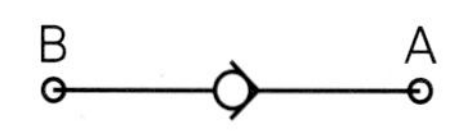

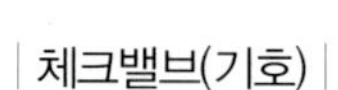

| 체크밸브(기호) |

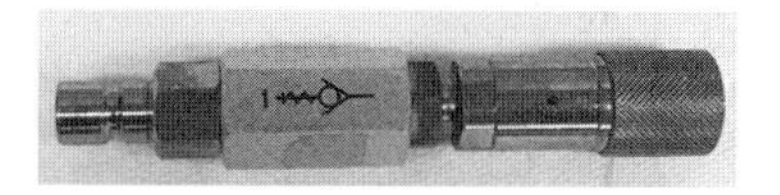

| 체크밸브 |

9) 파일럿 내장형 체크밸브

A포트에서 유량을 입력해 주면 B포트로 흐를 수 있고, B포트에서 유량을 입력해 주면 A포트로 유량이 흐를 수 없으나, 파일럿 X포트에 유량을 보내주면 역류가 가능하도록 하는 밸브

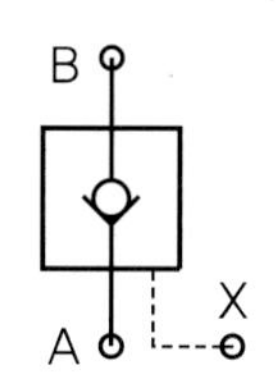

| 파일럿 내장형 체크밸브(기호) |

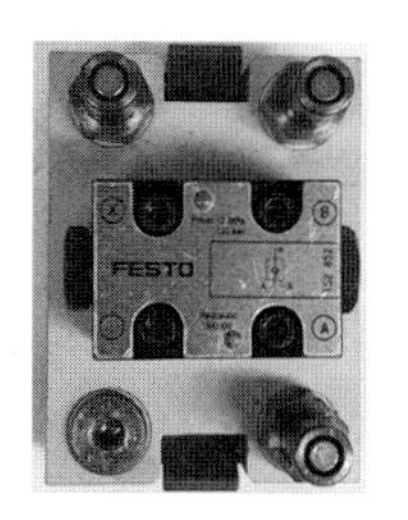

| 파일럿 내장형 체크밸브 |

10) 카운터 밸런스 밸브

유압회로의 일부에 배압을 발생시키고자 하는 밸브로 공유압기능사에서는 릴리프 밸브와 체크밸브를 조합하여 사용하는데, 반드시 체크밸브 방향을 릴리프 밸브 T포트 쪽으로 향하게 한다.

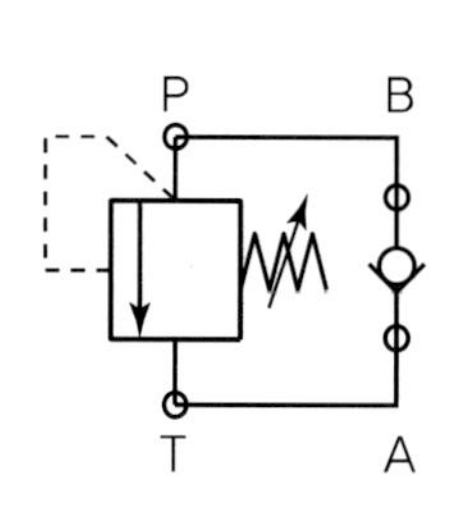

| 카운터 밸런스 밸브(기호) |

| 카운터 밸런스 밸브(모듈형) |

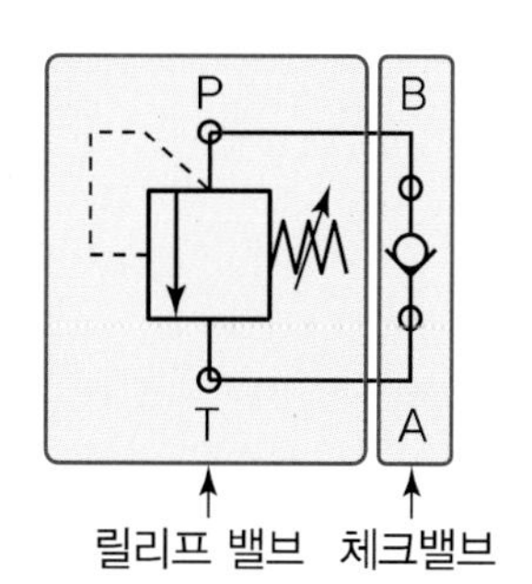

| 카운터 밸런스 밸브(조합) |

11) 양방향 유량제어밸브

압력보상형 유량제어 밸브라고도 하며, 양방향 모두 유량을 조절할 수 있는 밸브로 블리드 오프 방식으로 실린더의 속도를 조절하는 데 사용한다.

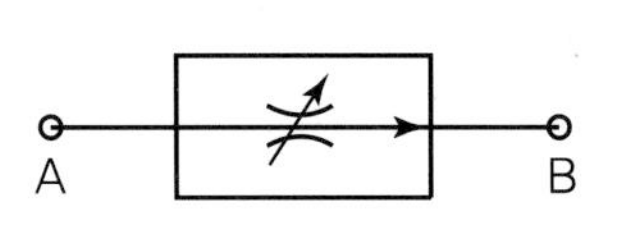

| 양방향 유량제어 밸브 |

12) 일방향 유량제어밸브

A포트에서 유량을 입력해 주면 B포트로 흐르는 유량을 제어할 수 있으나, B포트에서 유량을 입력해 주면 A포트로 흐르는 유량을 제어할 수 없는 밸브로 주로 미터인 회로나 미터아웃 회로로 실린더의 속도를 조절하는 데 사용하는 밸브

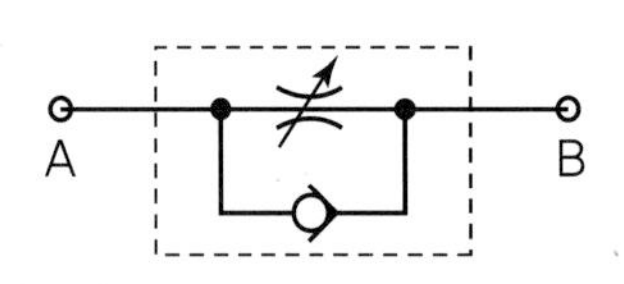

| 일방향 유량제어 밸브(기호) |

| 일방향 유량제어 밸브 |

13) 압력스위치

유압신호를 전기신호로 변환시켜주는 장치

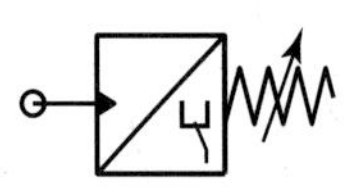

| 압력스위치(기호) |

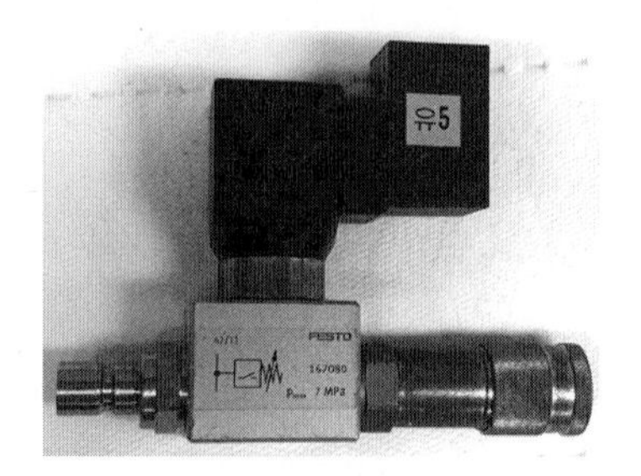

| 압력스위치 |

14) 유압 분배기

하나의 포트에서 유량을 입력해 주면 분기되어 나머지 3개 포트에서 유량이 나온다.

15) 압력게이지

유압을 수치로 나타내는 게이지로, 단위는 bar, MPa 등이 있다.

16) T 커넥터

유압을 두 군데로 분기할 때 사용한다.

17) 유압제거기

유압밸브에 압력이 차 있으면 유압호스 장착이 안 되므로 밸브의 압력을 제거해서 유압호스를 설치하는 데 사용한다.

| 유압 분배기 |

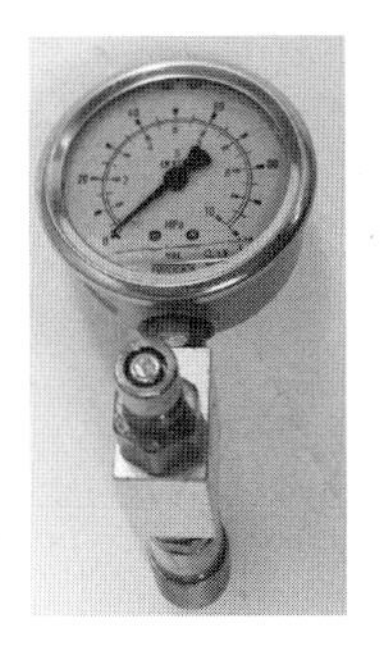

| 압력게이지 |

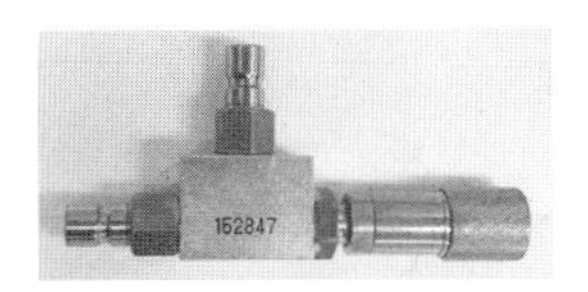

| T 커넥터 |

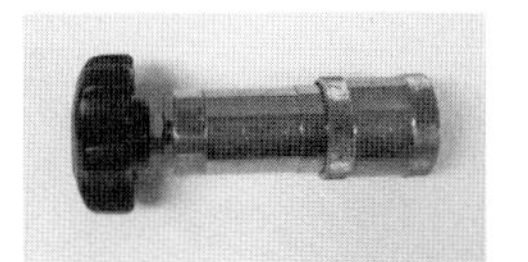

| 유압제거기 |

18) 리밋 스위치

실린더 전진 시 전진과 후진을 전기신호로 감지하는 역할을 한다. 리밋 스위치는 방향성이 있어서 (좌)는 주로 후진을, (우)는 전진을 감지하는 데 사용된다.

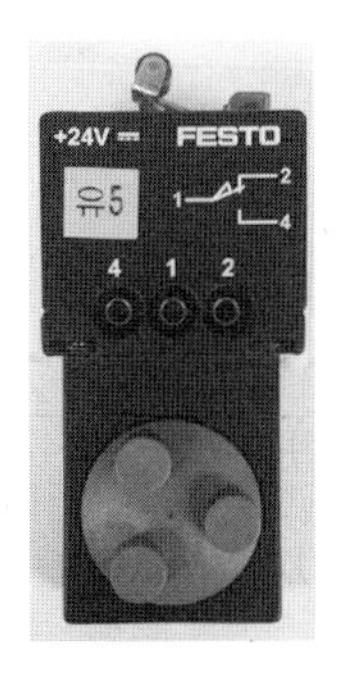

| 리밋 스위치(좌) |

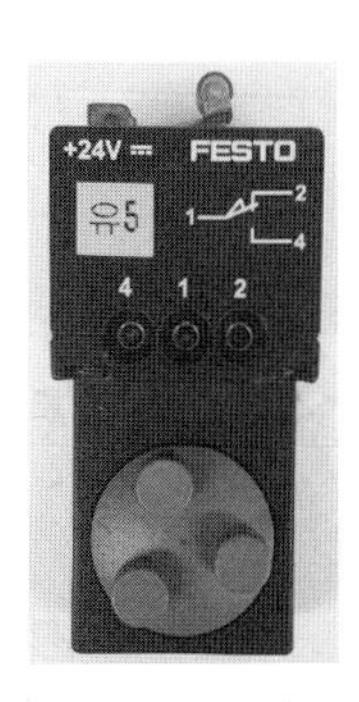

| 리밋 스위치(우) |

전기회로

1 전기기호

1) a접점

외력이 작용하지 않는 평상시에 열려있는 접점으로 상시 열림형 접점(Normally Open Contact, NO형)이라 한다.

2) b접점

외력이 작용하지 않는 평상시에 닫혀있는 접점으로 상시 닫힘형 접점(Normally Closed Contact, NC형)이라 한다.

3) c접점

하나의 스위치를 a접점이나 b접점으로 사용이 가능한 스위치로 Change-over가 일어나기 때문에 c접점이라 한다.

4) 리밋 스위치

기계의 움직임에 의하여 일정한 위치에 이르면 롤러가 눌려서 작동하는 것으로 좌우 방향성이 있으며, a접점과 b접점으로 선택하여 설정할 수 있다.

초기 상태 작동된 리밋 스위치

외력이 작용하지 않는 상태에서 실린더에 의해서 리밋 스위치 롤러가 눌려 a접점이 b접점으로, b접점이 a접점 형태로 변한 모양으로 롤러 옆에 화살표를 붙여서 표시한다.

- C : Common
- NO : Normally Open(a접점)
- NC : Normally Closed(b접점)

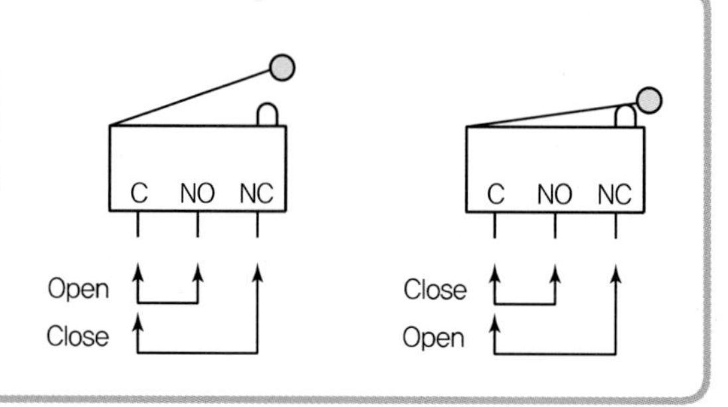

5) 릴레이

전자석으로 작동되는 여러 개의 접점을 가진 전기스위치

6) 솔레노이드

원통형으로 감은 코일에 전류를 흘려보내서 전기에너지를 기계에너지로 변환시키고자 사용하는 코일과 자성 물질인 쇠막대를 합쳐서 솔레노이드라 한다.

| 접점에 따른 시퀀스 기호 |

구분		ISO 방식		Ladder 방식	
		a접점	b접점	a접점	b접점
푸시버튼 스위치					
리밋 스위치	평상시				
	초기에 작동된 상태				
릴레이		K		R	
솔레노이드		Y		SOL	

※ 공유압기능사에서는 주로 ISO 방식을 따르고 있다.

7) 램프와 부저(Buzzer)

전류가 흐르면 램프는 빛으로, 부저는 소리로 출력된다.

| 램프 |　　　　| 부저 |

8) 온 딜레이 타이머(On Delay Timer, 한시동작 순시복귀형)

입력신호가 들어오고 설정시간이 지난 후 접점이 동작하며, 신호가 OFF되면 접점이 바로 복귀되는 타이머

9) 오프 딜레이 타이머(Off Delay Timer, 순시동작 한시복귀형)

입력신호가 들어오면 바로 접점이 동작하며, 입력 신호가 OFF되면 접점이 설정시간 후 동작하는 타이머

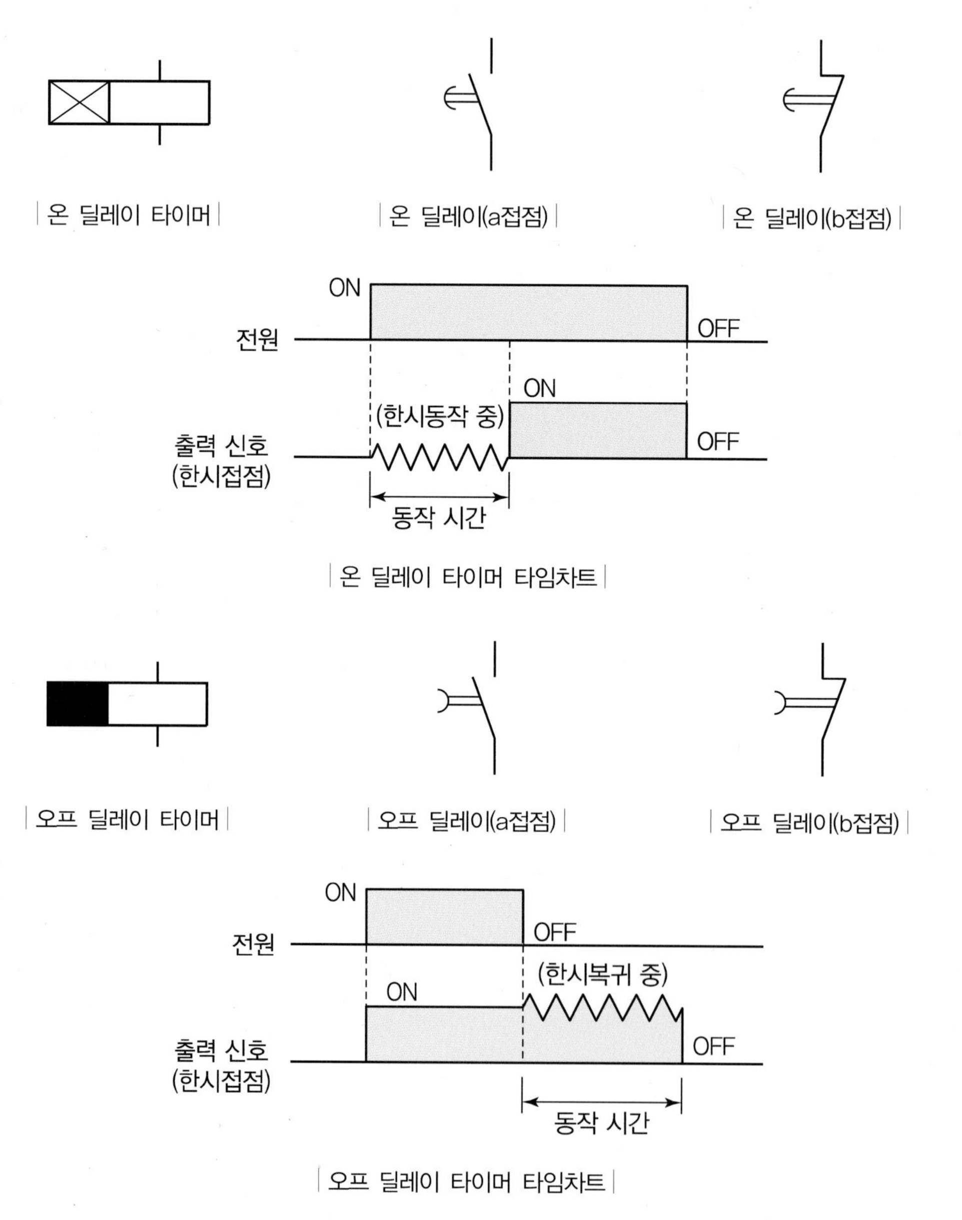

| 온 딜레이 타이머 | | 온 딜레이(a접점) | | 온 딜레이(b접점) |

| 온 딜레이 타이머 타임차트 |

| 오프 딜레이 타이머 | | 오프 딜레이(a접점) | | 오프 딜레이(b접점) |

| 오프 딜레이 타이머 타임차트 |

10) 카운터(Counter)

리밋 스위치나 릴레이의 신호가 ON－OFF되는 숫자를 증가시켜 세다가 설정값 이하면 카운터 c접점의 b접점을 통해 계속 진행되다가 설정값에 이르면 카운터 c접점의 b접점이 떨어지면서 중지하게 된다. A1에는 카운터하는 신호를 연결하고 R1에는 초기화(Reset)하는 신호를 연결해야 한다.(자동 초기화시키기 위해서는 카운터 a접점과 R1을 연결시켜 줌)

| 카운터 | | 카운터 c접점 |

2 전기유닛

1) 파워 서플라이 유닛

AC 220V를 DC 24V로 변환

2) 푸시버튼 유닛

푸시버튼 3개로 구성되고, 램프기능도 포함하고 있다. 첫 번째와 두 번째 버튼은 누르는 동안에만 동작하고 세 번째 버튼은 유지형으로 한 번 누르면 동작상태를 유지하고 해제하려면 다시 한번 눌러야 한다.

3) 릴레이 유닛

14핀 릴레이 3개로 구성되어 있으며 1개의 릴레이당 4개의 c접점으로 구성되어 있다. 보편적으로 위에서부터 K1릴레이, K2릴레이, K3릴레이라고 하며, 다른 하나의 릴레이 유닛을 추가하면 K4릴레이, K5릴레이, K6릴레이로 사용 가능하다.

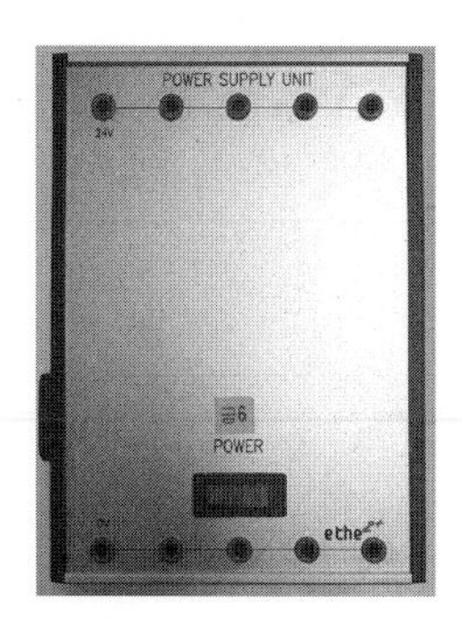

| 파워 서플라이 유닛 |

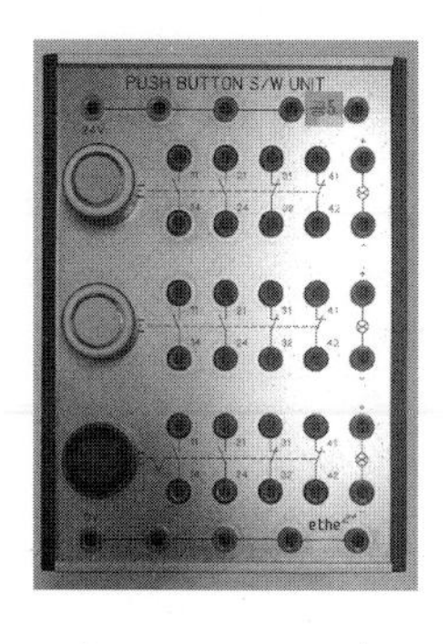

| 푸시버튼 유닛 |

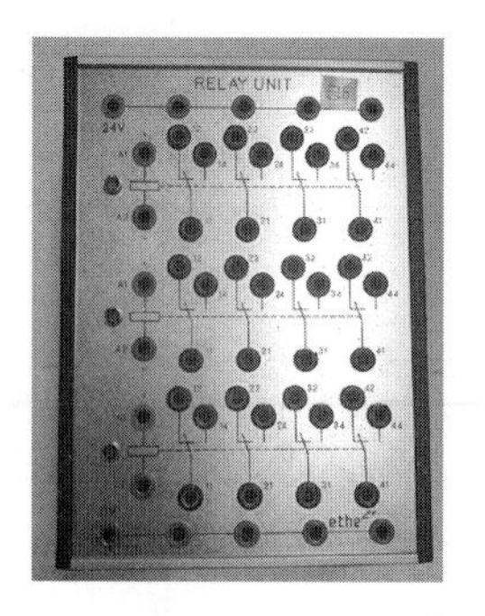

| 릴레이 유닛 |

4) 타이머 유닛

온 딜레이 타이머와 오프 딜레이 타이머로 구성되어 있으면 설정 시간을 세팅할 수 있다.

5) 카운터 유닛

설정값보다 작으면 b접점을 통해 동작을 계속하고 설정값에 이르면 b접점이 떨어지면서 동작을 멈춘다. 설정값과 현재값이 나타난다.

6) 램프 & 부저 유닛

램프 8개와 부저2개로 구성된다.

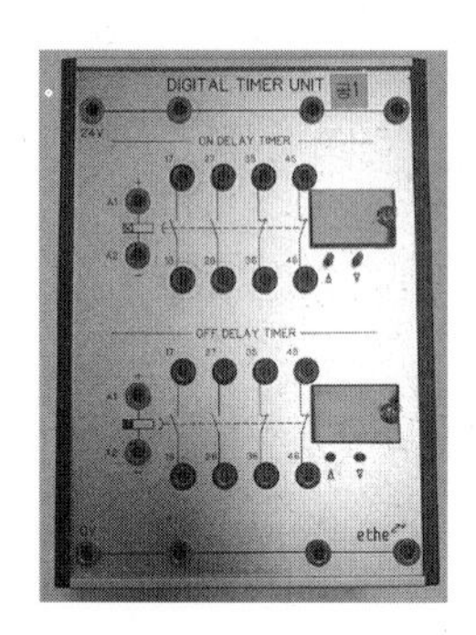

| 타이머 유닛 |

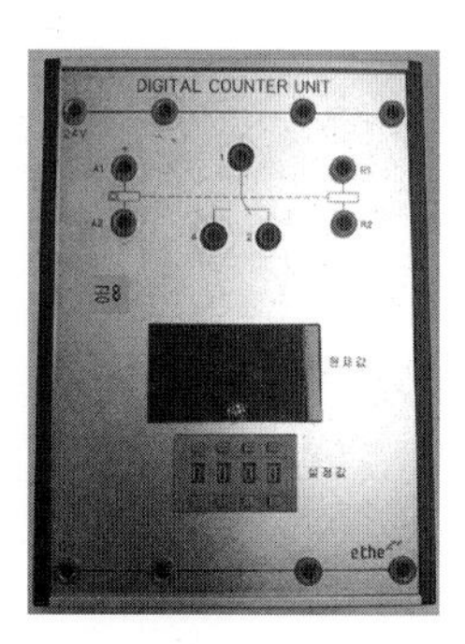

| 카운터 유닛 |

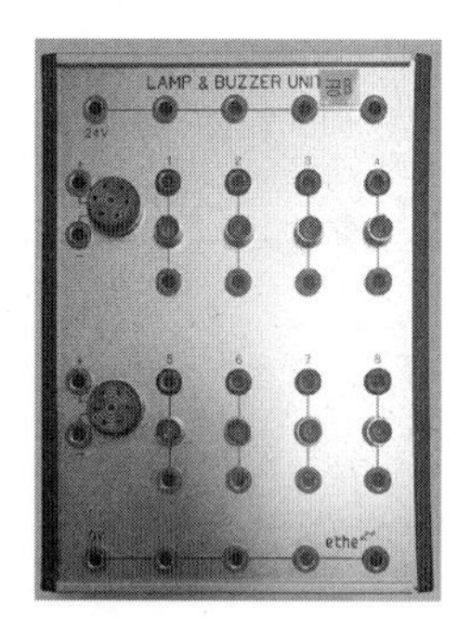

| 램프 & 부저 유닛 |

3 전기 기본회로

1) 자기유지회로

전기릴레이에 부여된 입력신호를 자체의 동작접점에 의해 신호가 계속 유지되도록 바이패스하는 동작회로

예 PB1을 누르면 K1릴레이가 ON되면서 K1 a접점이 ON되어 램프가 동작하고 자기유지를 끊어주기 위해 PB2 b접점이 필요하다.(자기유지하기 위해서는 항상 릴레이와 동일한 a접점이 필요함)

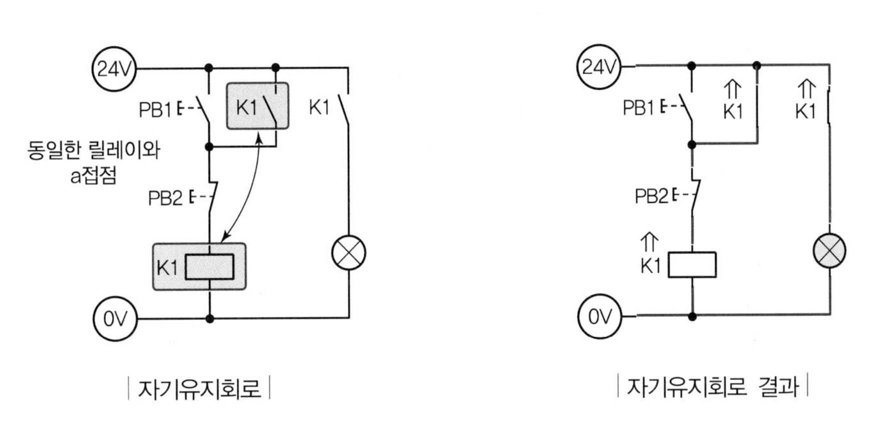

| 자기유지회로 |　　　| 자기유지회로 결과 |

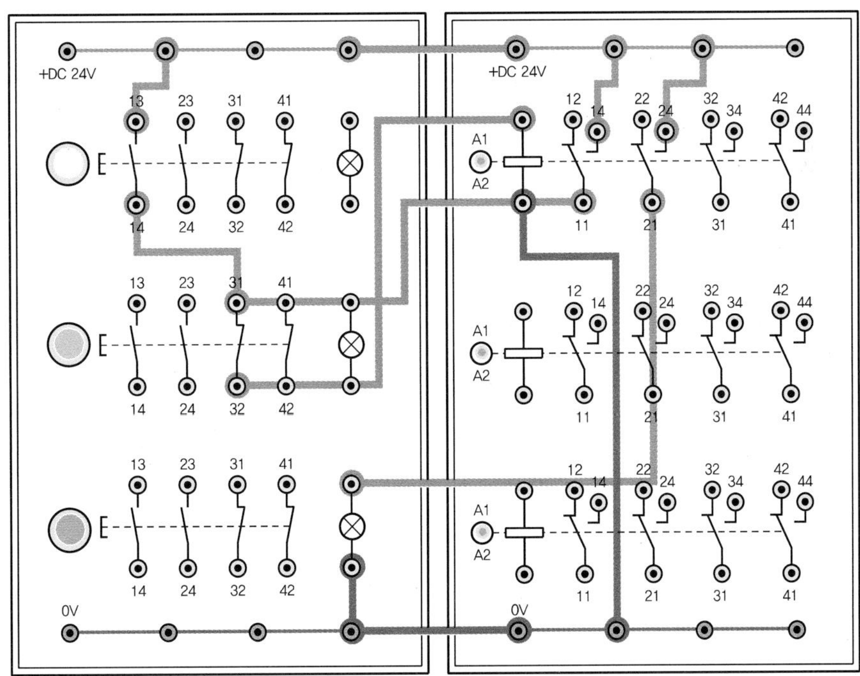

| 자기유지회로 배선 |

2) 직렬회로

여러 개의 입력이 있을 때 모든 입력이 ON될 때만 출력이 나타나는 회로

예 PB1과 PB2가 모두 눌려지면 K1릴레이가 ON되면서 K1 a접점이 ON되어 램프가 동작한다.

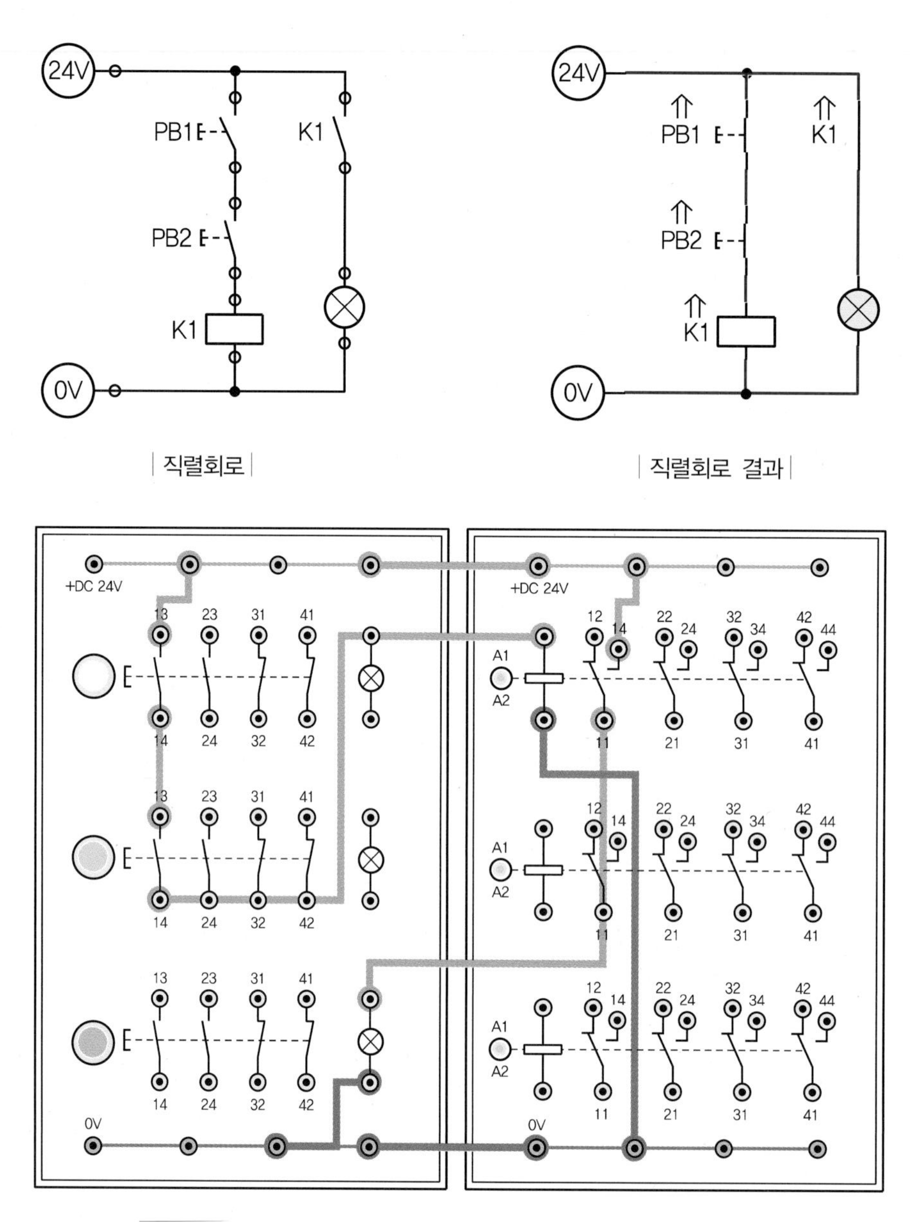

| 직렬회로 |

| 직렬회로 결과 |

| 직렬회로 배선 |

3) 병렬회로

여러 개의 입력이 있을 때 그중 하나 혹은 그 이상의 입력이 ON될 때에만 출력이 나타나는 회로

예 PB1과 PB2 중 하나만 눌러지면 K1릴레이가 ON되면서 K1 a접점이 ON되어 램프가 동작한다.

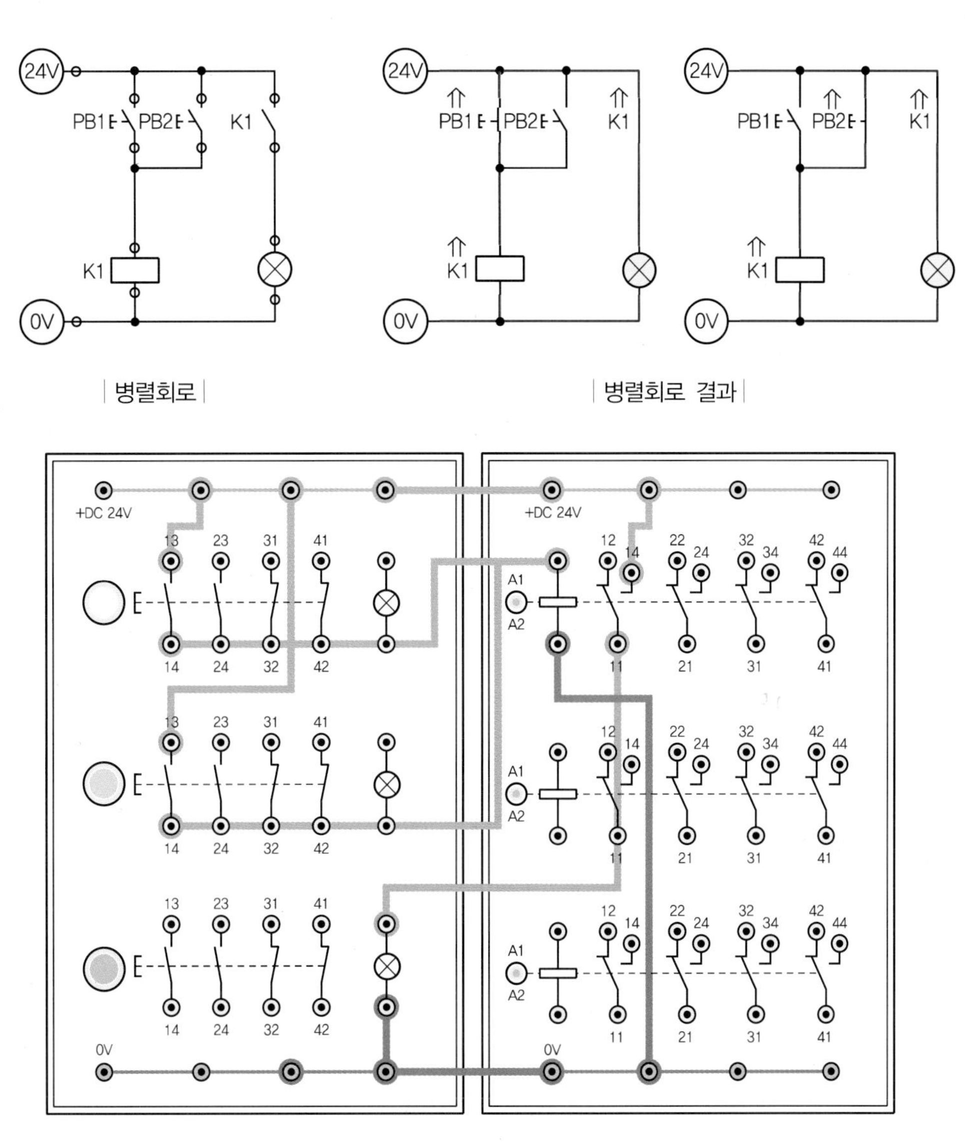

| 병렬회로 |

| 병렬회로 결과 |

| 병렬회로 배선 |

4) 인터록회로

신호의 우선순위를 결정하는 회로로, 먼저 들어온 신호가 있을 때 후입력되는 다른 신호를 차단하므로 상대동작 금지회로라고도 한다.

예 PB1을 먼저 누르면 K1릴레이가 ON되면서 K1 a접점이 ON되어 램프1이 동작되고 이때 PB2를 눌러도 K1 b접점 때문에 K2릴레이가 ON되지 못하고, PB2를 먼저 누르면 K2릴레이가 ON되면서 K2 a접점이 ON되어 램프2가 동작되고 이때 PB1를 눌러도 K2 b접점 때문에 K1릴레이가 ON되지 못한다.

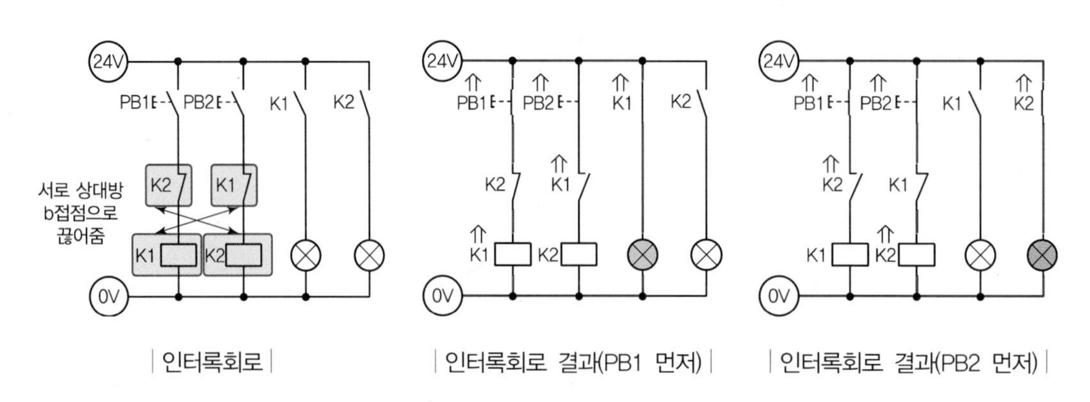

| 인터록회로 |　| 인터록회로 결과(PB1 먼저) |　| 인터록회로 결과(PB2 먼저) |

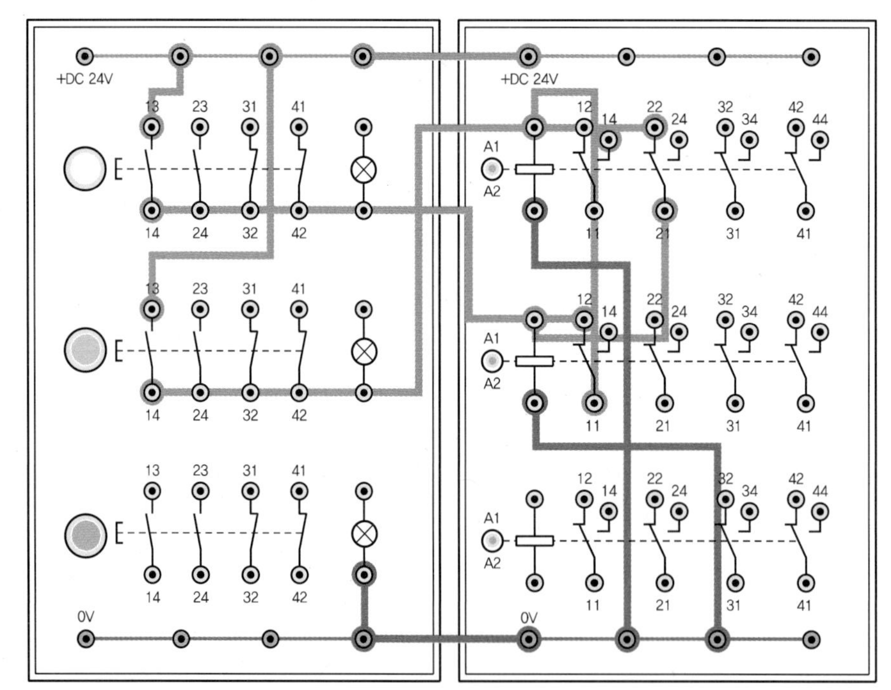

| 인터록회로 배선 |

5) 타이머회로

입력 후 설정시간 이후 출력이 나오게 하는 온 딜레이 타이머와 입력 신호가 OFF되면 접점이 설정시간 후 OFF되는 오프 딜레이 타이머가 있다.

예 PB1을 계속 5초 이상 누르면 T1 a접점이 붙으면서 램프가 ON된다.

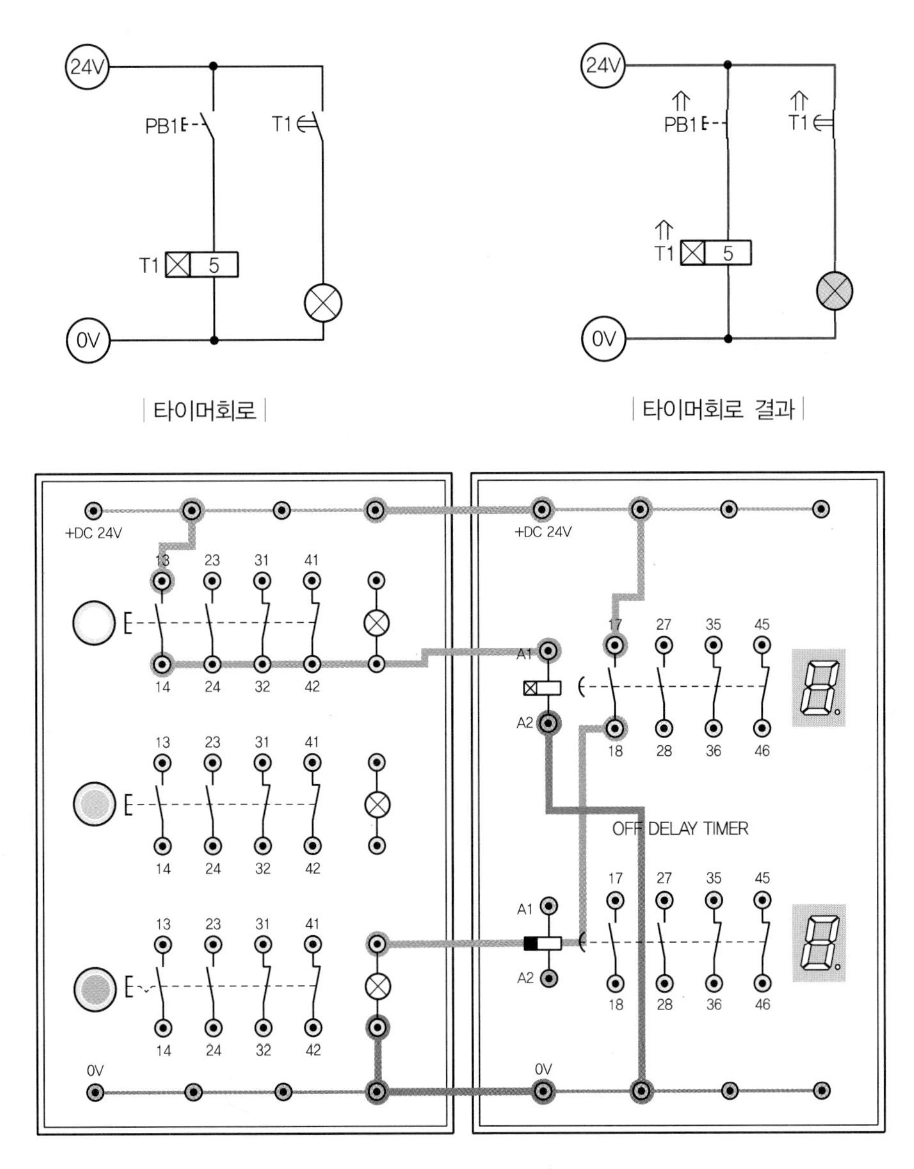

| 타이머회로 | | 타이머회로 결과 |

| 타이머회로 배선 |

6) 카운터회로

신호가 ON－OFF되는 숫자를 세다가 설정값 이하이면 계속 동작하고 설정값이 되면 멈추는 회로

예 PB1을 ON－OFF하는 숫자를 세어서 10번 이하이면 녹색 램프가 들어오고, 10번이 되면 빨간색 램프가 들어오고 PB2를 누르면 카운터가 초기화된다.

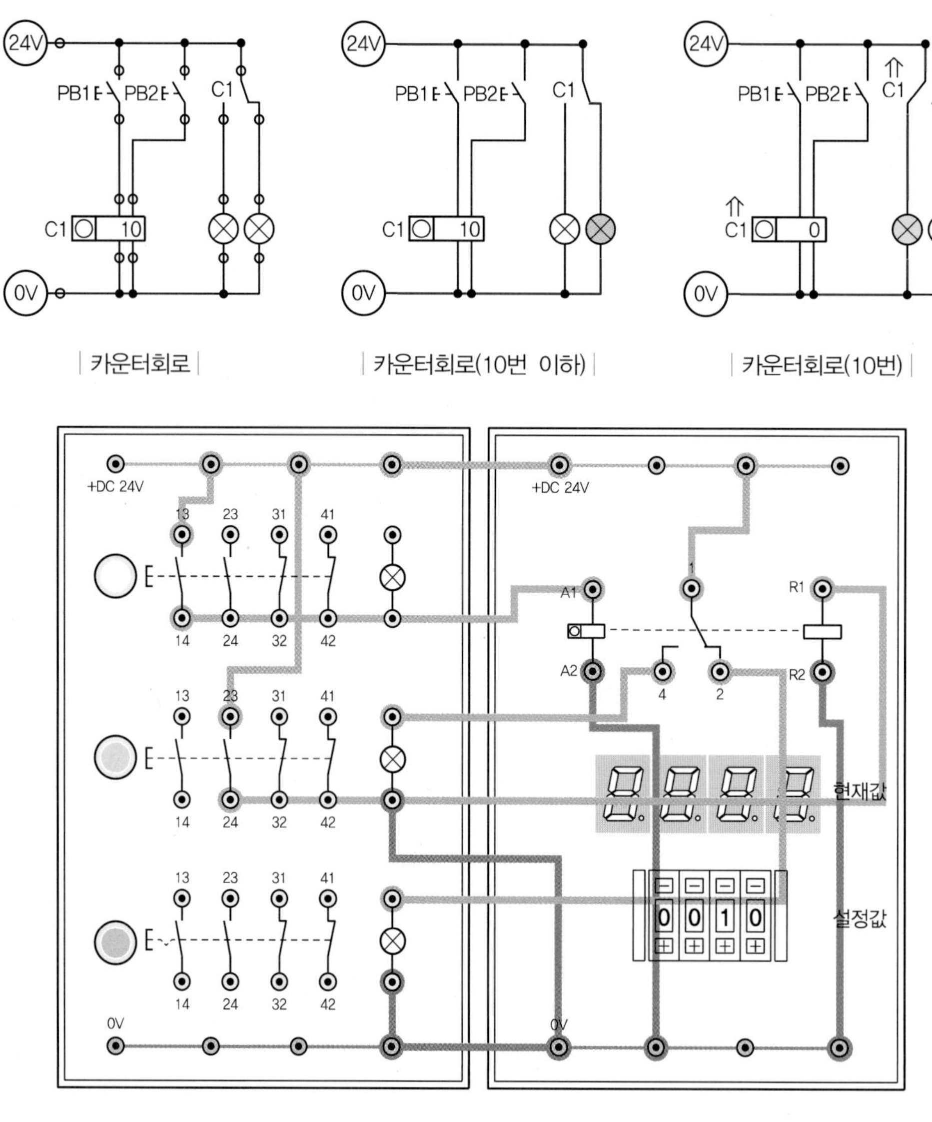

| 카운터회로 |

| 카운터회로(10번 이하) |

| 카운터회로(10번) |

| 카운터회로 배선 |

4 실린더 속도제어 방법

1) 미터인(Meter－in) 회로

일방향 유량제어밸브를 이용하여 실린더로 들어가는 공기량을 조절하여 실린더의 속도를 제어하는 방법으로 체크밸브 방향이 실린더를 향한다.

2) 미터아웃(Meter－out) 회로

일방향 유량제어밸브를 이용하여 실린더에서 나오는 공기량을 조절하여 실린더의 속도를 제어하는 방법으로 체크밸브 방향이 밸브를 향한다.

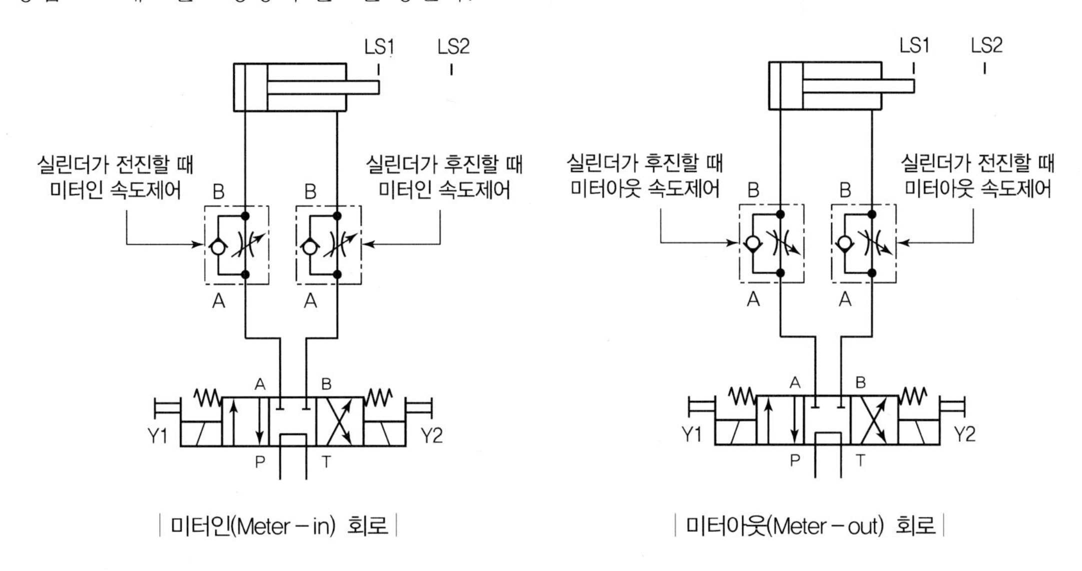

| 미터인(Meter－in) 회로 |

| 미터아웃(Meter－out) 회로 |

3) 블리드 오프(Bleed－off) 회로

양방향 유량제어밸브를 이용하여 회로 내의 공기량을 회로 밖으로 빼내서 실린더 속도를 제어하는 방법이다.

4) 급속후진회로

급속배기밸브를 이용하여 실린더의 후진이 급속히 이루어지도록 하는 데 사용한다.

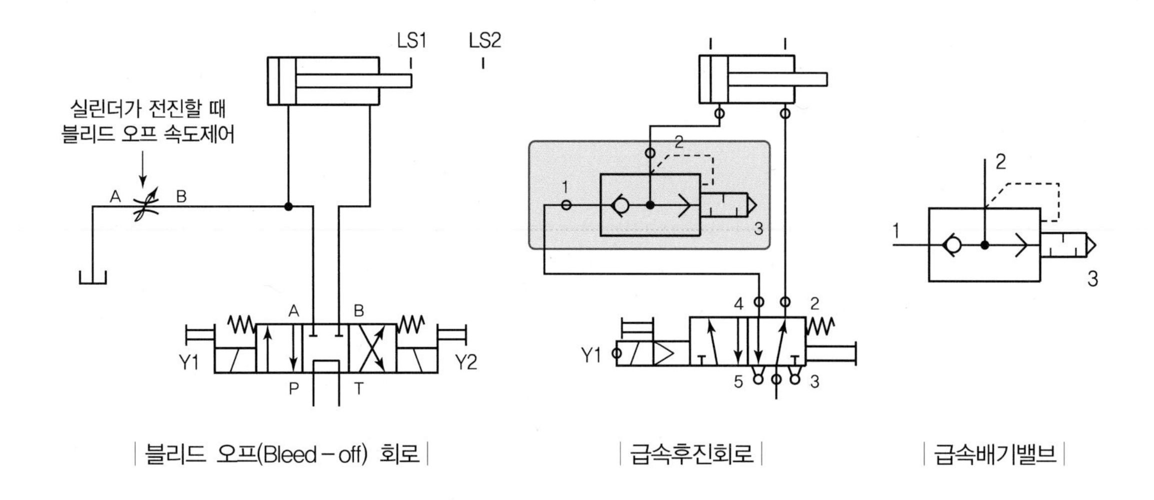

| 블리드 오프(Bleed-off) 회로 |

| 급속후진회로 |

| 급속배기밸브 |

급속배기밸브

1번 포트에서 공압을 넣어주면 2번 포트에서 공압이 나오고, 2번 포트에서 공압이 들어가면 3번 포트로 급속히 배기되면서 급속후진한다.

5) 감압회로

유압에서 3way 감압밸브를 사용하여 설정된 압력을 설정치 이하로 낮출 경우에 사용한다.

6) 카운터 밸런스 회로

실린더의 오일 탱크 복귀 측에 일정한 배압을 발생시켜 배압으로 피스톤의 자중 낙하를 방지한다.

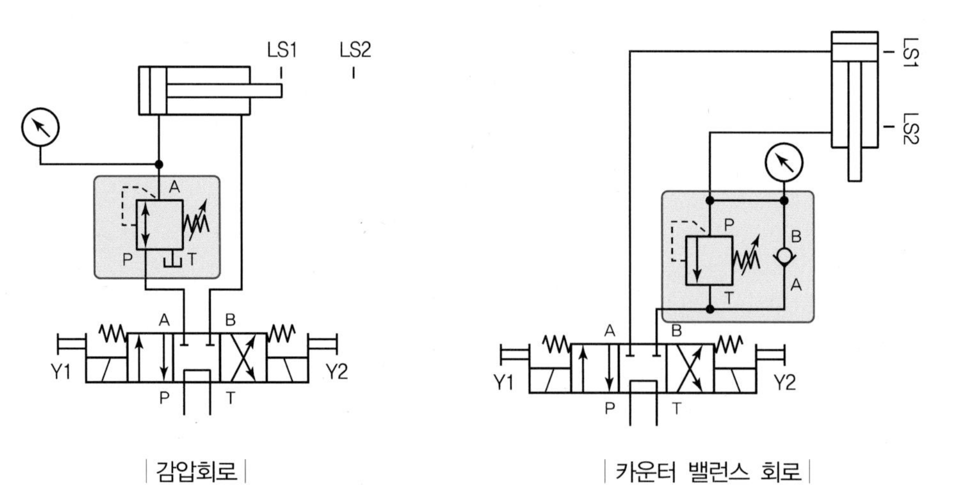

| 감압회로 |

| 카운터 밸런스 회로 |

7) 안전회로

릴리프 밸브를 사용하여 유압회로를 안전하게 보호하기 위한 회로

8) 무부하 회로

일을 하지 않는 동안에는 유압을 바로 탱크로 되돌려 보내 유압펌프의 부하를 줄여주는 회로

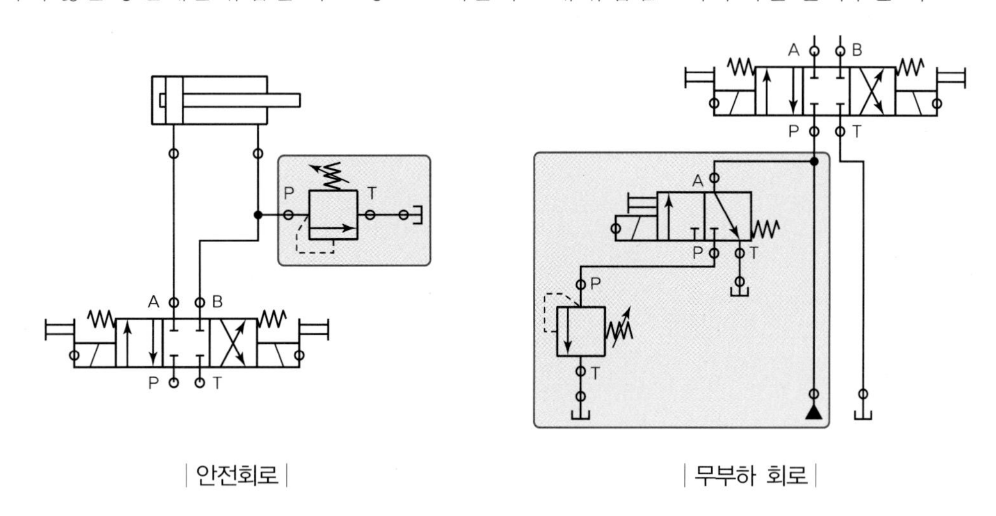

| 안전회로 |

| 무부하 회로 |

CRAFTSMAN HYDRO-PNEUMATIC

HYDRO-PNEUMATIC

PART

02

공유압기능사 실기과제

[공개] 1

국가기술자격 실기시험문제

자격종목	공유압기능사	과제명	공압회로구성 및 조립작업

※ 문제지는 시험종료 후 본인이 가져갈 수 있습니다.

비번호		시험일시		시험장명	

※ 시험시간 : 1시간 20분
- [제1과제] 공압회로 도면제작 : 20분
- [제2과제] 공압회로구성 및 조립작업 : 1시간

1. 요구사항

※ 지급된 재료 및 시설을 사용하여 아래 작업을 완성하시오.

가. 제1과제 : 공압회로 도면제작

1) 주어진 제어조건을 만족하는 공압회로도 및 전기회로도의 빈 부분(㉮, ㉯, ㉰)에 들어갈 기호를 제시된 【보기(공압)】에서 찾아 답안지(1)에 번호로 기입하고, 도면 중 ㉱ 부분의 용도 및 ㉲ 부분의 명칭을 답안지(1)에 작성하여 제출하시오.
(단, ㉱, ㉲가 지칭하는 부분은 관로, 스프링, 드레인 등의 세부 부속품이 아닌 독립적으로 역할을 하는 전체 부품임을 고려하여 답지를 작성합니다.)

2) 주어진 공압회로도를 참조하여 제어조건에 따른 변위단계선도를 답안지(2)에 완성하여 제출하시오.

나. 제2과제 : 공압회로구성 및 조립작업

1) 기본과제

가) 제1과제에서 작성한 공압회로도와 같이 주어진 공압기기를 선정하여 고정판에 배치하시오.
(단, 공압회로도 중 도면에 있는 차단밸브 이전 기기와 장치는 수험자가 구성하지 않습니다.)

나) 공압호스를 적절한 길이로 절단 사용하여 배치된 기기를 연결 · 완성하시오.

다) 전기회로도를 보고 전기회로작업을 완성하시오.
(단, 전기연결선 +는 적색으로, −는 청색 또는 흑색으로 연결하시오.)

라) 작업압력(서비스 유닛)을 (0.5±0.05)MPa로 설정하시오.

2) 응용과제

마) 감독위원이 지정한 압력(0.2~0.5MPa 범위에서 지정)으로 변경하시오.

바) 실린더 A 전진 시 일방향 유량조절밸브(모듈형)를 사용하여 Meter-out 회로가 되도록 하고, 실린더 B 후진 시 급속배기밸브를 사용하여 실린더의 속도를 제어하시오.

사) 리밋 스위치를 이용하여 작업대에 제품이 없을 경우 실린더 A에 의한 벤딩 작업이 진행되지 않도록 하고, 이 경우 전기 램프가 점등되어 그 상태를 표시할 수 있도록 전기회로를 구성한 후 동작시키시오.(리밋 스위치는 전기 선택 스위치로 대용)

2. 수험자 유의사항

※ 다음의 유의사항을 고려하여 요구사항을 완성하시오.

1) 시험 시작 전 장비 이상 유무를 확인합니다.
2) 시험 중에는 반드시 감독위원의 지시에 따라야 하며, 시험시간 동안 감독위원의 지시가 없는 한 시험장을 임의로 이탈할 수 없습니다.
3) 공압, 유압 배관의 제거는 압력 공급을 차단한 후 실시하시기 바랍니다.
4) 시험에 필요한 기기 이외에 임의로 접촉하지 않도록 주의하시기 바랍니다.
5) 전기 연결의 합선 시에는 즉시 전원공급 장치의 전원을 차단하시기 바랍니다.
6) 실린더의 작동 부분에는 전선 및 호스가 접촉되지 않도록 주의하여야 합니다.
7) 수험자 인적사항 및 계산식을 포함한 답안작성은 흑색 필기구만 사용해야 하며, 그 외 연필류, 빨간색, 청색 등 필기구 및 수정테이프(액)를 사용해 작성한 답항은 0점 처리되오니 불이익을 당하지 않도록 유의해 주시기 바랍니다.
8) 답안 정정 시에는 정정하고자 하는 단어에 두 줄(=)을 긋고 다시 작성하시기 바랍니다.
9) 변위단계선도의 작성 및 제출은 반드시 제1과제 시험시간 이내에 이루어져야 합니다.
10) 제2과제 평가는 먼저 기본과제(가~라)를 수행한 후 감독위원에게 평가받고, 그 이후에 응용과제(마~사)를 별도로 감독위원에게 평가받습니다.
11) 제2과제 평가는 감독위원 확인하에 한 번만 평가받을 수 있으며 재평가하지 않습니다. (단, 평가 시에는 전원이 유지된 상태에서 2회 동작 시도하여 동일하게 정상 동작이 되어야 하며, 1회만 동작하고 2회째 시도 시 정상적으로 동작하지 않으면 인정하지 않음)
12) 다음 사항에 대해서는 채점 대상에서 제외하니 특히 유의하시기 바랍니다.
    가) 기권
        (1) 수험자 본인이 수험 도중 시험에 대한 포기의사를 표하는 경우
        (2) 실기시험 과정 중 1개 과정이라도 불참한 경우
    나) 실격
        (1) 시설 · 장비의 조작 또는 재료의 취급이 미숙하여 위해를 일으킬 것으로 감독위원 전원이 합의하여 판단한 경우
        (2) 기능이 해당 등급 수준에 전혀 도달하지 못한 것으로 감독위원이 판단할 경우
        (3) 부정행위를 한 경우
    다) 미완성
        (1) 주어진 시험 시간을 초과하거나 시험 시간 내에 완성하지 못한 경우
        (2) 주어진 시간 내에 제출하였으나 기본과제가 작동하지 않은 경우 (단, 전원 유지 상태에서 동작 시험 시 2회 이상 정상적으로 동작해야 함)
    라) 오작
        (1) 회로 구성 결과가 제어조건(기본과제)과 일치하지 않는 작품
        (2) 문제지의 공압회로도와 전기회로도의 구성부품과 실제 회로작업에서 사용한 구성부품이 상이한 경우(단, 수험자가 제1과제에서 선택하는 부분은 오작대상에서 제외)

3. 도면(공압회로)

□ 제어조건

START 스위치를 On－Off하면 실린더 A가 전진하고 실린더 A의 전진으로 제품이 캡모양으로 벤딩이 되고, 실린더 A가 후진하면 실린더 B가 전진하여 제품을 자르게 된다. 제품을 절단한 후에 실린더 B가 후진하면 제품을 수작업으로 꺼낸다.

○ 위치도

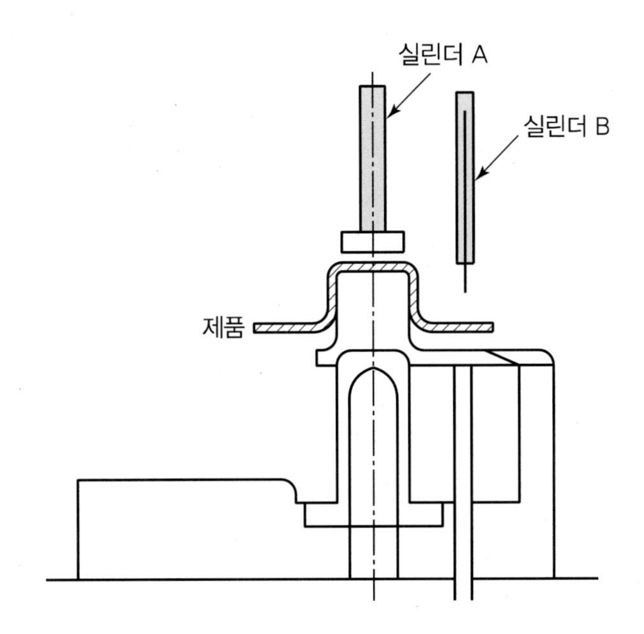

○ 공압회로도

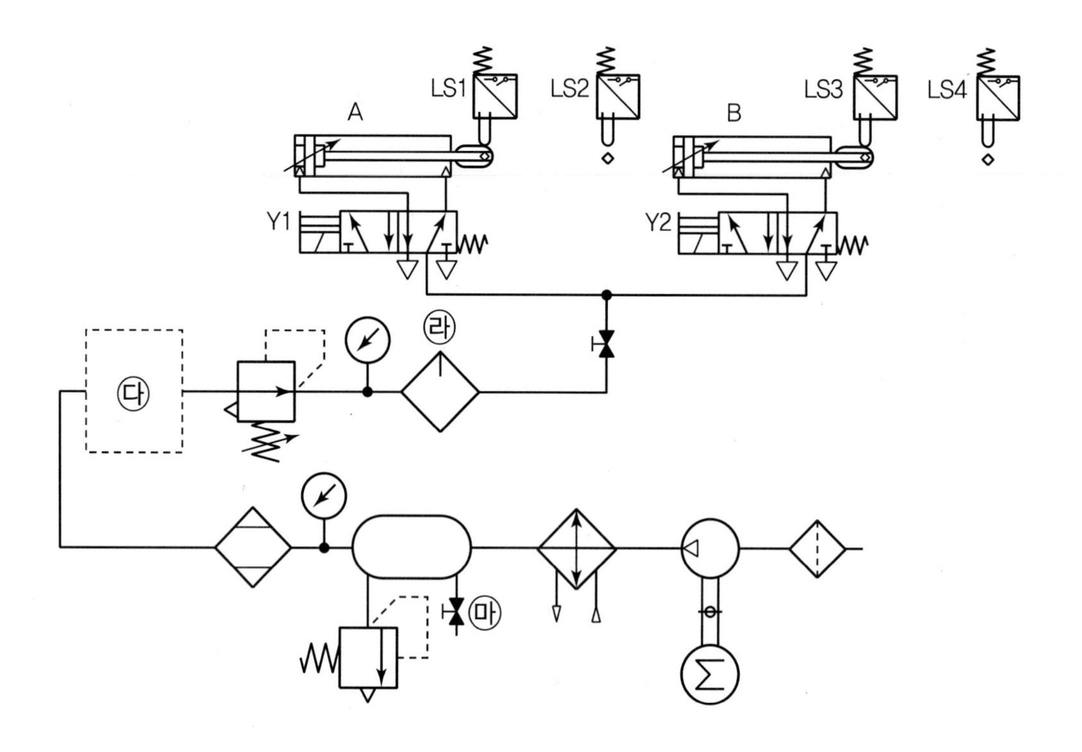

LS1
LS2
LS3
LS4
A
B
Y1
Y2
㉰
㉱
㉲

○ 전기회로도

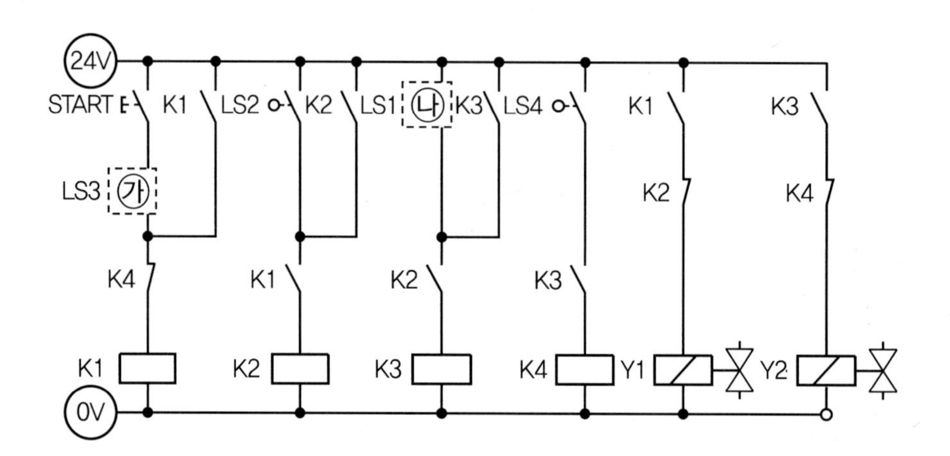

24V
START
K1
LS2
K2
LS1
㉯
K3
LS4
K1
K3
LS3
㉮
K2
K4
K4
K1
K2
K3
K1
K2
K3
K4
Y1
Y2
0V

4. 지급재료 목록

일련번호	재료명	규격	단위	수량	비고
1	공압호스	안지름 ∅4mm	m	3	
2	케이블 (바나나잭 포함)	50cm (∅5mm, 연심케이블)	개	1	공유압 작업 공용
		100cm (∅5mm, 연심케이블)	개	1	
		150cm (∅5mm, 연심케이블)	개	1	

PART 02

제1과제 (공압회로 도면제작)

【보기(공압)】					
①		②		③	
④		⑤		⑥	
⑦		⑧		⑨	
⑩		⑪		⑫	
⑬		⑭		⑮	
⑯		⑰		⑱	
⑲		⑳		㉑	
㉒		㉓		㉔	
㉕		㉖		㉗	
㉘		㉙		㉚	K1
㉛	K2	㉜	K3	㉝	K4
㉞	K1	㉟	K2	㊱	K3
㊲	K4	㊳	P	㊴	Y1
㊵	Y2	㊶	Y3	㊷	Y4

국가기술자격 실기시험 답안지(1)

종목	공유압기능사	비번호		감독위원 확 인	

문제	득점
1. 전기회로도 중 빈칸 ㉮에 들어갈 적절한 기호를 【보기(공압)】에서 골라 그 번호를 쓰시오. 답 : __________	득점
2. 전기회로도 중 빈칸 ㉯에 들어갈 적절한 기호를 【보기(공압)】에서 골라 그 번호를 쓰시오. 답 : __________	득점
3. 공압회로도 중 빈칸 ㉰에 들어갈 적절한 기호를 【보기(공압)】에서 골라 그 번호를 쓰시오. 답 : __________	득점
4. 공압회로도 중 ㉱의 용도를 쓰시오. 답 : __________	득점
5. 공압회로도 중 ㉲의 명칭을 쓰시오. 답 : __________	득점
득점 총계	

국가기술자격 실기시험 답안지(2)

종목	공유압기능사	비번호		감독위원 확　인	

공압 변위단계선도

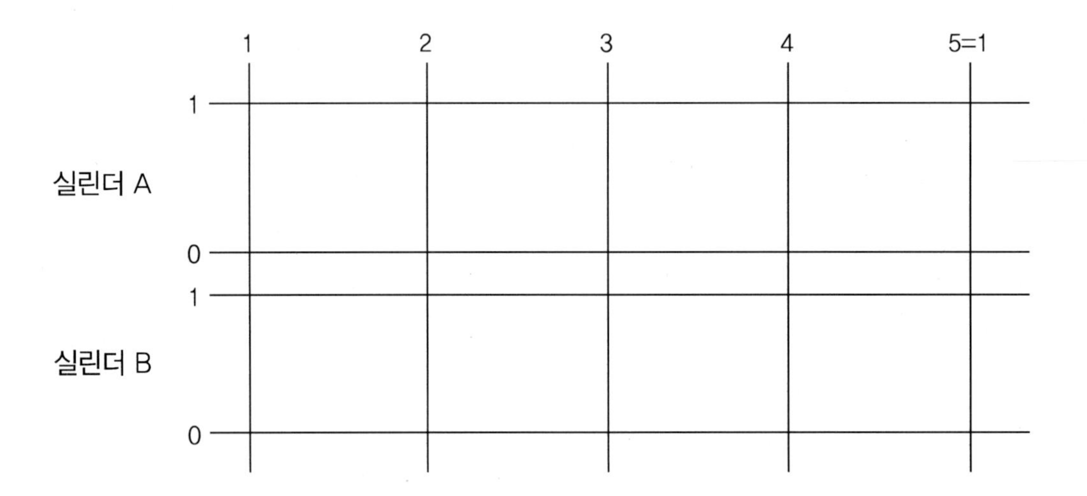

	득점	

※ 실린더가 대기 중일 때는 반드시 수평선으로 표시합니다.
　－변위단계선도에 나타내는 선은 굵게(진하게) 표시합니다.

공압 1	정답

㉮ 29　　　㉯ 29　　　㉰ 6

㉱ 압축공기에 윤활유 공급　　　㉲ 드레인 배출밸브

공압 1	변위단계선도	정답

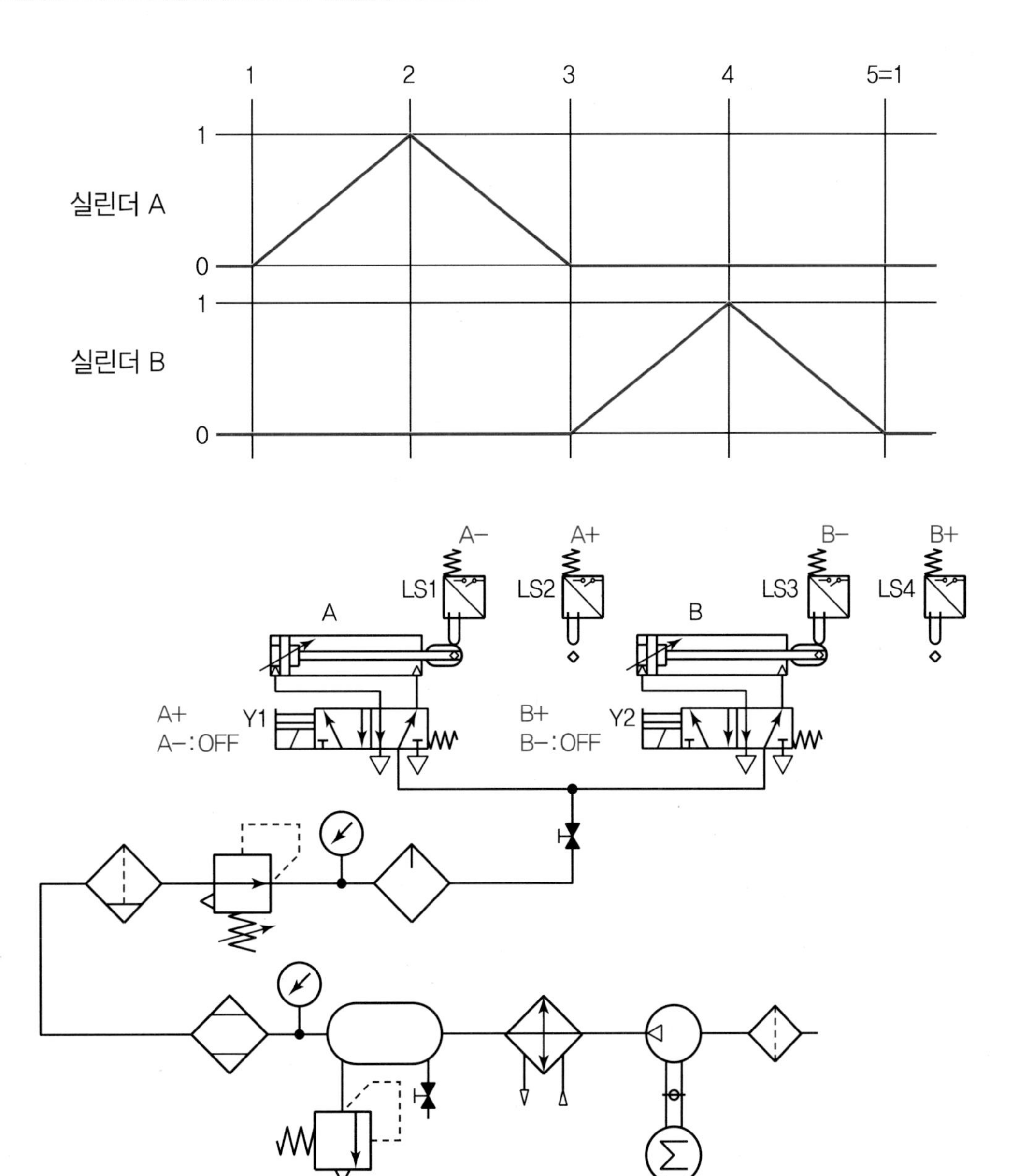

• **빈칸** ㉰ 드레인 배출기 붙이 필터가 필요

PART 02

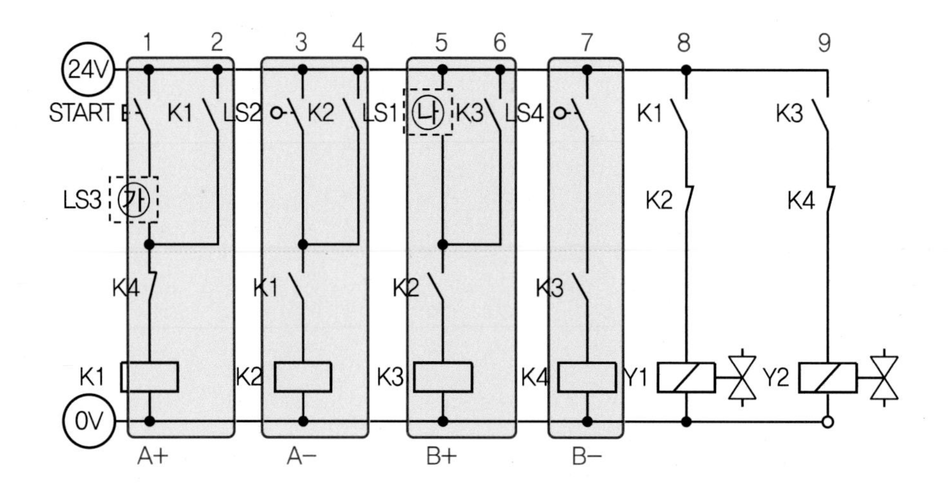

- 1번줄 K1릴레이는 3번줄 LS2가 되기 위하기 때문에 A전진(A+) 2번줄 자기유지
- 3번줄 K2릴레이는 5번줄 LS1이 되기 위하기 때문에 A후진(A−) 4번줄 자기유지
- 5번줄 K3릴레이는 7번줄 LS4가 되기 위하기 때문에 B전진(B+) 6번줄 자기유지
- 7번줄 K4릴레이는 1번줄 LS3이 되기 위하기 때문에 B후진(B−)
- **빈칸 ㉮와 ㉯**에는 LS3과 LS1은 a접점으로 초기에는 눌려있는 형태가 필요
- 8번줄 A편솔밸브는 A전진(A+)을 위해 K1 a접점으로 Y1솔레노이드를 ON,
  A후진(A−)을 위해 K2 b접점으로 Y1솔레노이드를 OFF
- 9번줄 B편솔밸브는 B전진(B+)을 위해 K3 a접점으로 Y2솔레노이드를 ON,
  B후진(B−)은 K4 b접점으로 Y2솔레노이드를 OFF

공압 1	기본 정답

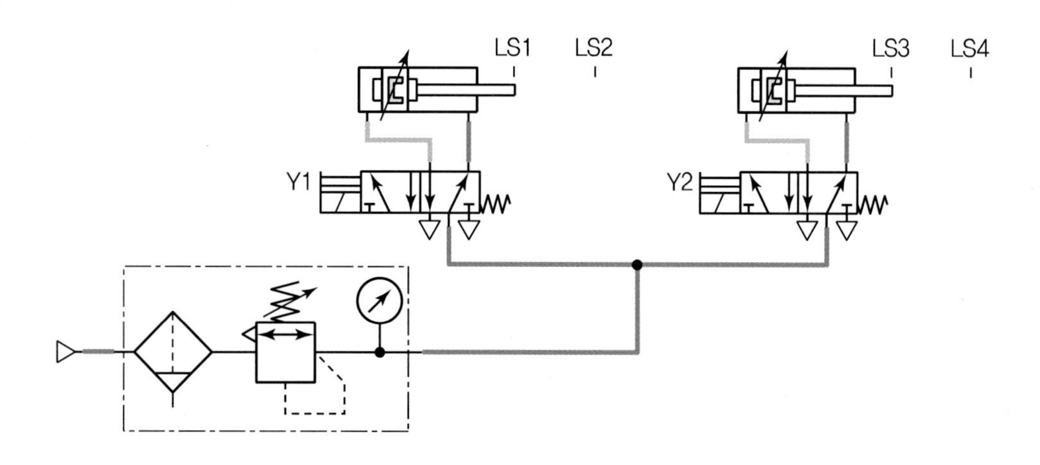
LS1
LS2
LS3
LS4
Y1
Y2

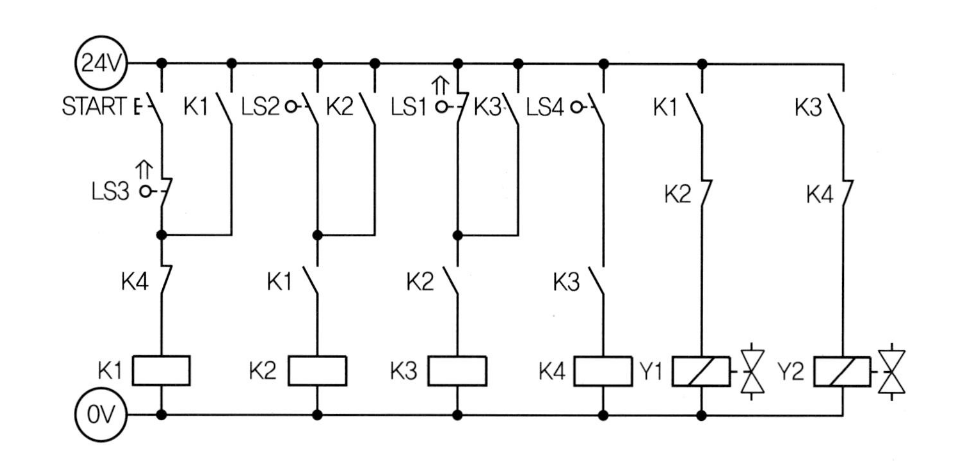
24V
START
K1
LS2
K2
LS1
K3
LS4
K1
K3
LS3
K2
K4
K4
K1
K2
K3
K1
K2
K3
K4
Y1
Y2
0V

공압 1	응용 해설

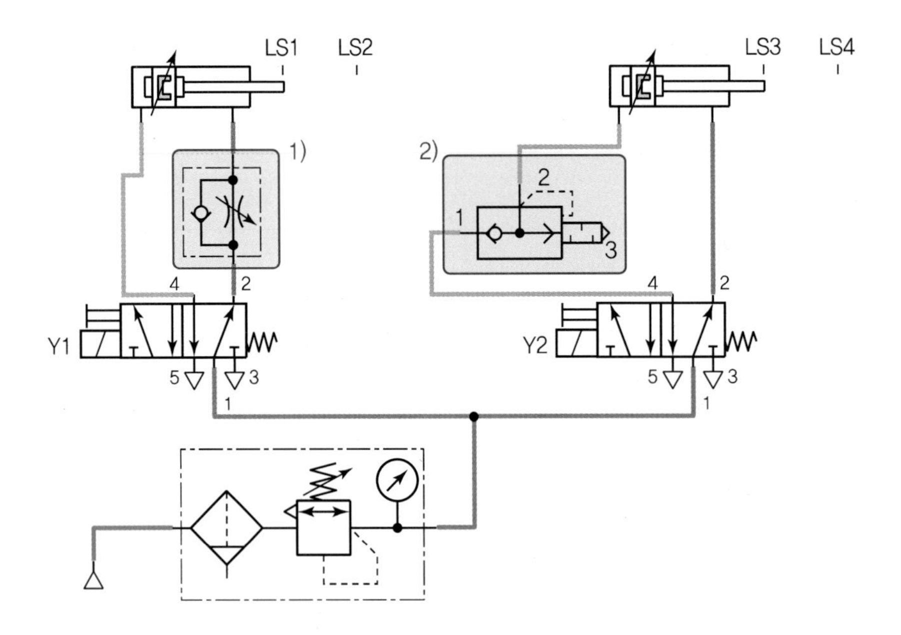

1) A 실린더 전진속도를 미터아웃 회로로 조절하려면 일방향 유량제어밸브를 로드 측에, 체크밸브를 밸브방향에 설치한다.

2) B 실린더 급속후진을 위해 급속배기밸브를 헤드 측에 설치한다.

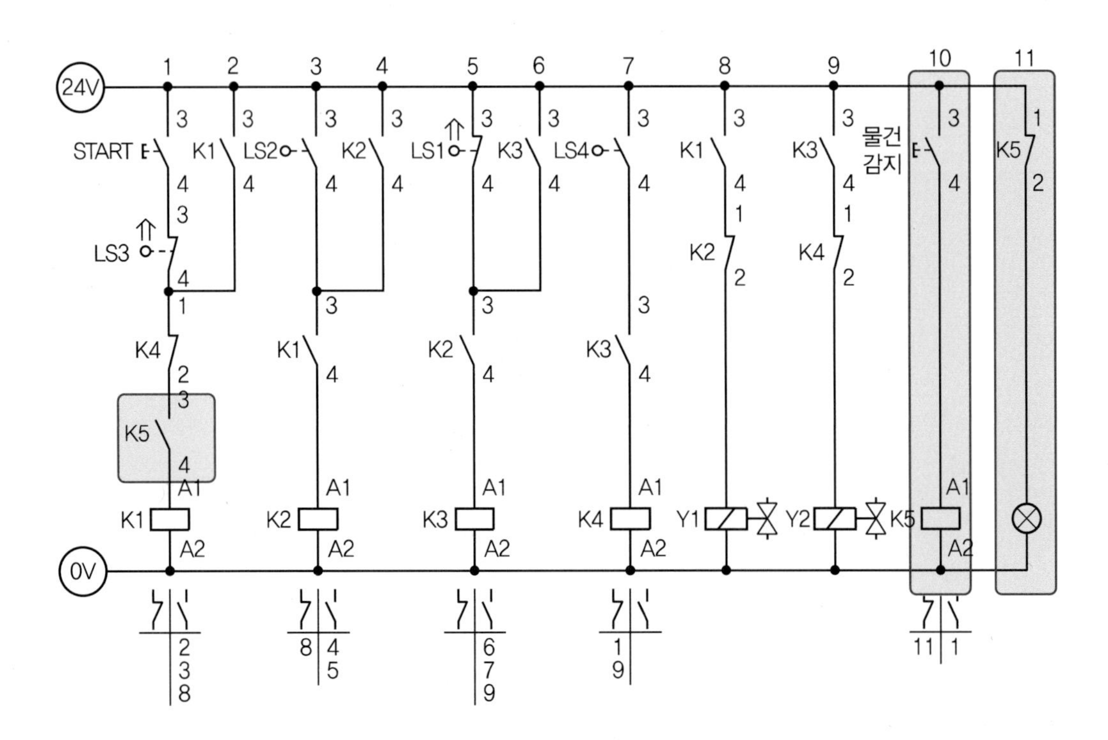

• 10번줄 리밋스위치로 물건을 감지하기 위해 K5릴레이로 추가한다.
• 11번줄 K5 b접점으로 램프를 추가하여 물건이 없으면 켜지고, 있으면 꺼진다.
• 1번줄에 K5 a접점을 추가하여 물건이 있고 START 버튼을 누르면 밴딩 작업이 시작되고 물건이 없으면 밴딩 작업이 안 된다.

공압 1	응용 정답

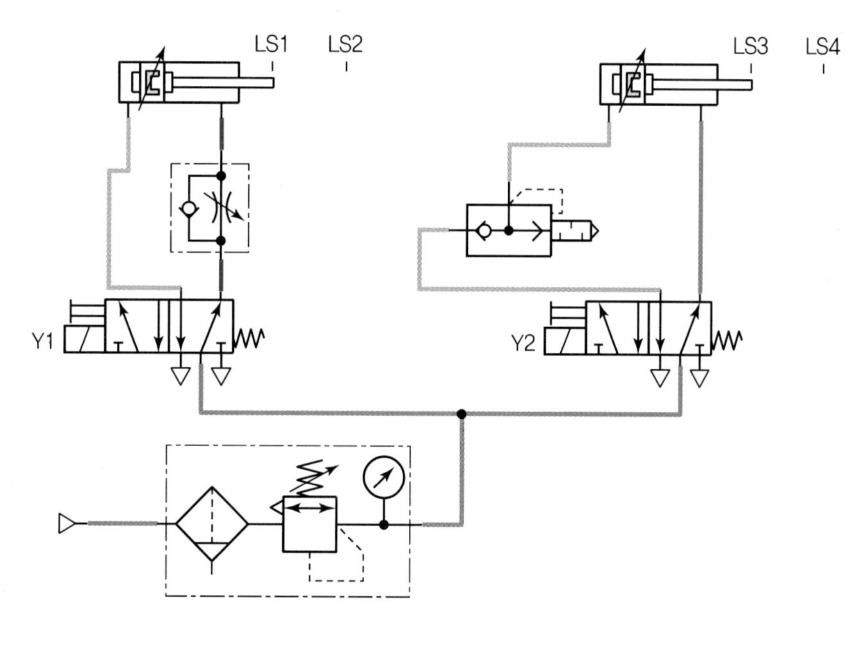

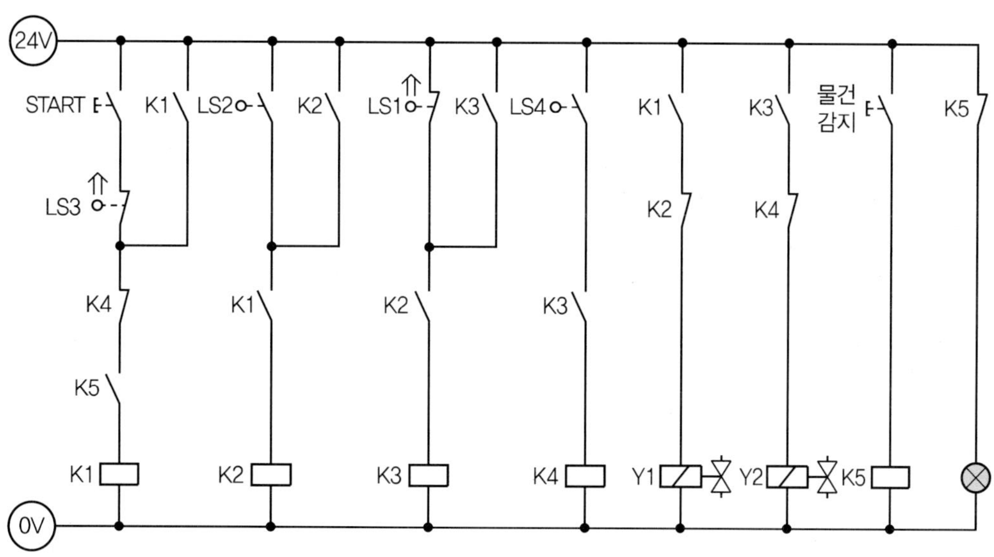

[공개] 1

국가기술자격 실기시험문제

자격종목	공유압기능사	과제명	유압회로구성 및 조립작업

※ 문제지는 시험종료 후 본인이 가져갈 수 있습니다.

비번호		시험일시		시험장명	

※ 시험시간 : 1시간 10분

- [제3과제] 유압회로 도면제작 : 10분
- [제4과제] 유압회로구성 및 조립작업 : 1시간

1. 요구사항

※ 지급된 재료 및 시설을 사용하여 아래 작업을 완성하시오.

가. 제3과제 : 유압회로 도면제작

1) 주어진 제어조건을 만족하는 유압회로도 및 전기회로도의 빈 부분(㉮, ㉯, ㉰)에 들어갈 기호를 제시된 【보기(유압)】에서 찾아 답안지(3)에 번호로 기입하고, 도면 중 ㉱ 부분의 명칭 및 ㉲ 부분의 용도를 답안지(3)에 작성하여 제출하시오.
(단, ㉱, ㉲가 지칭하는 부분은 관로, 스프링, 드레인 등의 세부 부속품이 아닌 독립적으로 역할을 하는 전체 부품임을 고려하여 답지를 작성합니다.)

나. 제4과제 : 유압회로구성 및 조립작업

1) 기본과제
가) 제3과제에서 작성한 유압도면과 같이 주어진 유압기기를 선정하여 고정판에 배치하시오.
(단, 도면에 일점쇄선 부분은 수험자가 구성하지 않습니다.)
나) 유압호스를 사용하여 배치된 기기를 연결 · 완성하시오.
다) 전기회로도를 보고 전기회로작업을 완성하시오.
(단, 전기연결선 +는 적색으로, −는 청색 또는 흑색으로 연결하시오.)
라) 유압회로 내의 최고압력을 (4±0.2)MPa로 설정하시오.

2) 응용과제
마) 실린더의 전진 시 과도한 압력에 의하여 공작물이 파손되는 것을 방지하기 위하여 감압밸브와 압력게이지를 사용하여 압력을 (2±0.2)MPa로 변경하시오.
바) 전기타이머를 사용하여 실린더가 전진 완료 후 3초간 정지한 후에 후진하도록 전기회로를 구성하고 동작시키시오.

2. 수험자 유의사항

※ 다음의 유의사항을 고려하여 요구사항을 완성하시오.

1) 시험 시작 전 장비 이상 유무를 확인합니다.
2) 시험 중에는 반드시 감독위원의 지시에 따라야 하며, 시험시간 동안 감독위원의 지시가 없는 한 시험장을 임의로 이탈할 수 없습니다.
3) 공압, 유압 배관의 제거는 압력 공급을 차단한 후 실시하시기 바랍니다.
4) 시험에 필요한 기기 이외에 임의로 접촉하지 않도록 주의하시기 바랍니다.
5) 전기 연결의 합선 시에는 즉시 전원공급 장치의 전원을 차단하시기 바랍니다.
6) 실린더의 작동 부분에는 전선 및 호스가 접촉되지 않도록 주의하여야 합니다.
7) 수험자 인적사항 및 계산식을 포함한 답안작성은 흑색 필기구만 사용해야 하며, 그 외 연필류, 빨간색, 청색 등 필기구 및 수정테이프(액)를 사용해 작성한 답항은 0점 처리되오니 불이익을 당하지 않도록 유의해 주시기 바랍니다.
8) 답안 정정 시에는 정정하고자 하는 단어에 두 줄(=)을 긋고 다시 작성하시기 바랍니다.
9) 제4과제 평가는 먼저 기본과제(가~라)를 수행한 후 감독위원에게 평가받고, 그 이후에 응용과제(마~바)를 별도로 감독위원에게 평가받습니다.
10) 제4과제 평가는 감독위원 확인하에 한 번만 평가받을 수 있으며 재평가하지 않습니다.
    (단, 평가 시에는 전원이 유지된 상태에서 2회 동작 시도하여 동일하게 정상 동작이 되어야 하며, 1회만 동작하고 2회째 시도 시 정상적으로 동작하지 않으면 인정하지 않음)
11) 다음 사항에 대해서는 채점 대상에서 제외하니 특히 유의하시기 바랍니다.
    가) 기권
        (1) 수험자 본인이 수험 도중 시험에 대한 포기의사를 표하는 경우
        (2) 실기시험 과정 중 1개 과정이라도 불참한 경우
    나) 실격
        (1) 시설 · 장비의 조작 또는 재료의 취급이 미숙하여 위해를 일으킬 것으로 감독위원 전원이 합의하여 판단한 경우
        (2) 기능이 해당 등급 수준에 전혀 도달하지 못한 것으로 감독위원이 판단할 경우
        (3) 부정행위를 한 경우
    다) 미완성
        (1) 주어진 시험 시간을 초과하거나 시험 시간 내에 완성하지 못한 경우
        (2) 주어진 시간 내에 제출하였으나 기본과제가 작동하지 않은 경우
            (단, 전원 유지 상태에서 동작 시험 시 2회 이상 정상동작해야 함)
    라) 오작
        (1) 회로 구성 결과가 제어조건(기본과제)과 일치하지 않는 작품
        (2) 문제지의 유압회로도와 전기회로도의 구성부품과 실제 회로작업에서 사용한 구성부품이 상이한 경우
            (단, 수험자가 제3과제에서 선택하는 부분은 오작대상에서 제외)

3. 도면(유압회로)

□ 제어조건

START 스위치를 On－Off하면 실린더 A가 전진하여 펀칭작업을 하고, 전진을 완료하면 리밋 스위치에 의하여 후진을 한다. 재작업은 RESET 스위치를 On－Off한 후 작업하도록 한다.
(단, 중립위치 밸브를 사용한다.)

○ 위치도

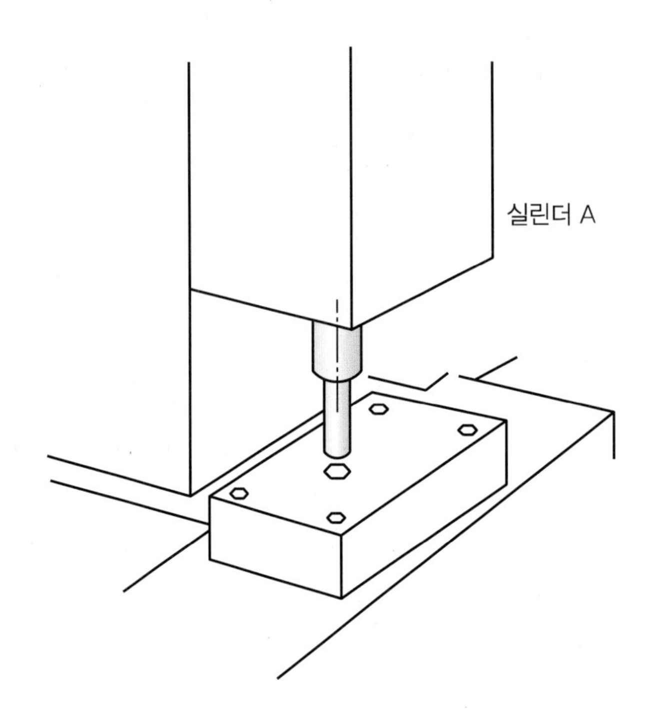

○ 유압회로도

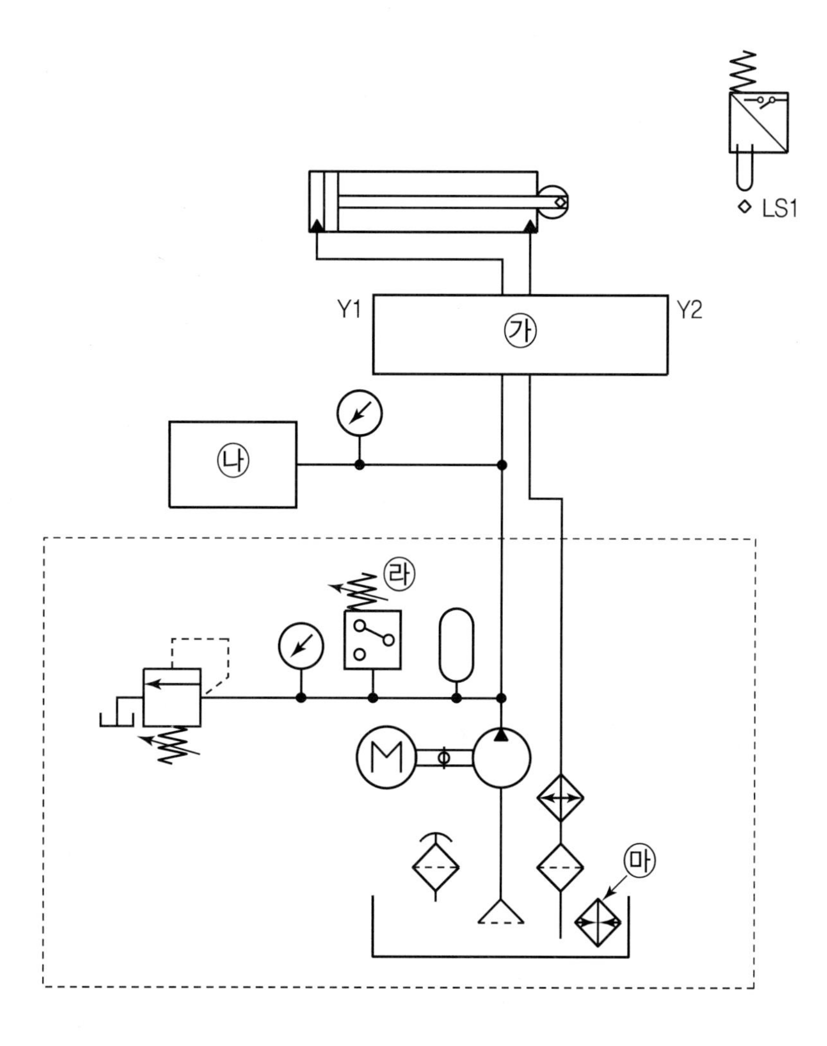

○ 전기회로도

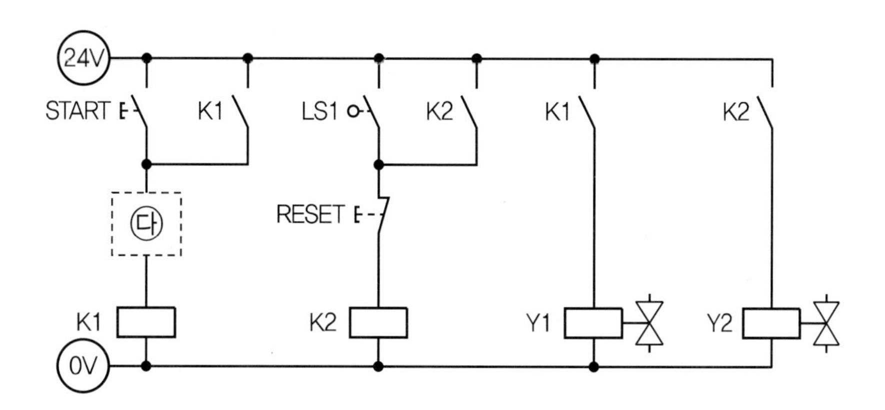

PART 02

4. 지급재료 목록

<table>
<tr><th>일련번호</th><th>재료명</th><th>규격</th><th>단위</th><th>수량</th><th>비고</th></tr>
<tr><td>1</td><td>유압작동유</td><td>유압실습용</td><td>L</td><td>2</td><td></td></tr>
<tr><td>2</td><td>오일 흡수지</td><td>오일흡수용</td><td>장</td><td>20</td><td></td></tr>
<tr><td rowspan="3">3</td><td rowspan="3">케이블
(바나나잭 포함)</td><td>50cm
(∅5mm, 연심케이블)</td><td>개</td><td>1</td><td rowspan="3">공유압
작업 공용</td></tr>
<tr><td>100cm
(∅5mm, 연심케이블)</td><td>개</td><td>1</td></tr>
<tr><td>150cm
(∅5mm, 연심케이블)</td><td>개</td><td>1</td></tr>
</table>

제3과제 (유압회로 도면제작)

【보기(유압)】

①		②		③	
④		⑤		⑥	
⑦		⑧		⑨	
⑩		⑪		⑫	
⑬		⑭		⑮	
⑯		⑰		⑱	
⑲		⑳		㉑	
㉒		㉓		㉔	
㉕		㉖		㉗	
㉘		㉙		㉚	
㉛		㉜	K1	㉝	K2
㉞	K3	㉟	K1	㊱	K2
㊲	K3	㊳	Y1	㊴	Y2

국가기술자격 실기시험 답안지(3)

종목	공유압기능사	비번호		감독위원 확 인	

1. 유압회로도 중 빈칸 ㉮에 들어갈 적절한 기호를 【보기(유압)】에서 골라 그 번호를 쓰시오. 답 : ________	득점
2. 유압회로도 중 빈칸 ㉯에 들어갈 적절한 기호를 【보기(유압)】에서 골라 그 번호를 쓰시오. 답 : ________	득점
3. 전기회로도 중 빈칸 ㉰에 들어갈 적절한 기호를 【보기(유압)】에서 골라 그 번호를 쓰시오. 답 : ________	득점
4. 유압회로도 중 ㉱의 명칭을 쓰시오. 답 : ________	득점
5. 유압회로도 중 ㉲의 용도를 쓰시오. 답 : ________	득점
득점 총계	

유압 1	정답

㉮ 24　　　　㉯ 8　　　　㉰ 36

㉱ 압력스위치　㉲ 유압작동유 예열

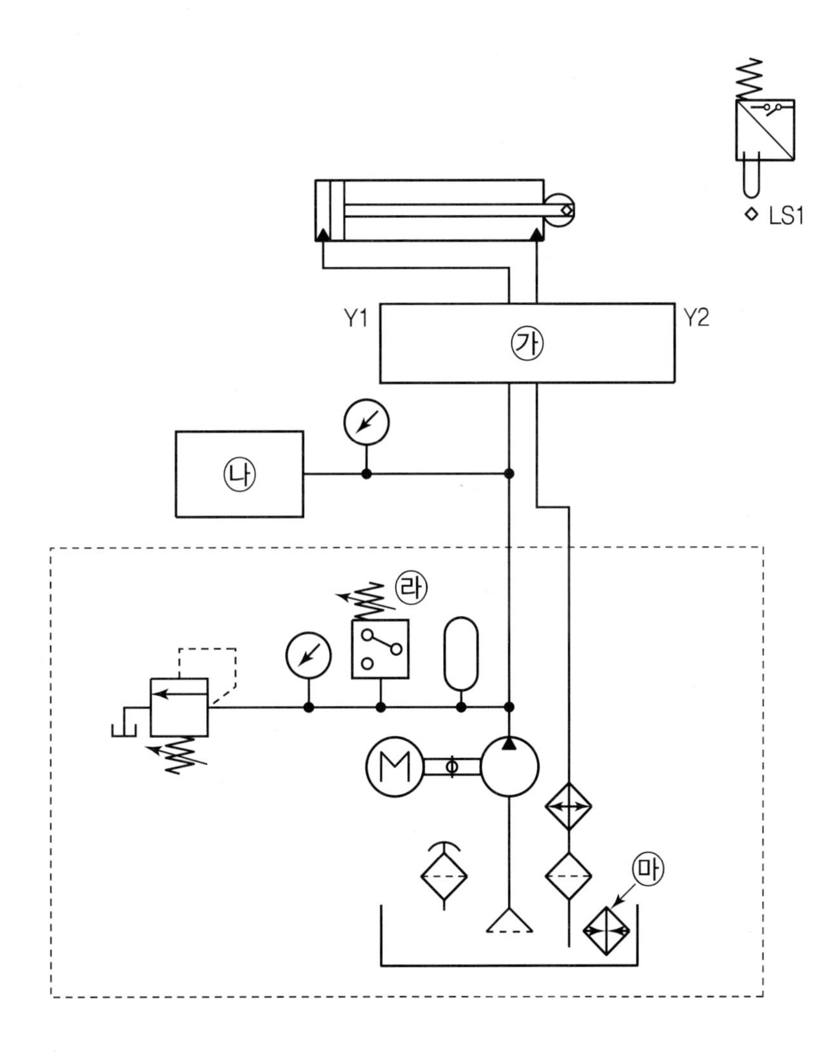

- **빈칸** ㉮ 4/3way 양솔밸브가 필요
- **빈칸** ㉯ 릴리프밸브와 오일 탱크가 필요
- 4/3way 양솔밸브에서 Y1솔레노이드는 전진, Y2솔레노이드는 후진을 담당

PART 02

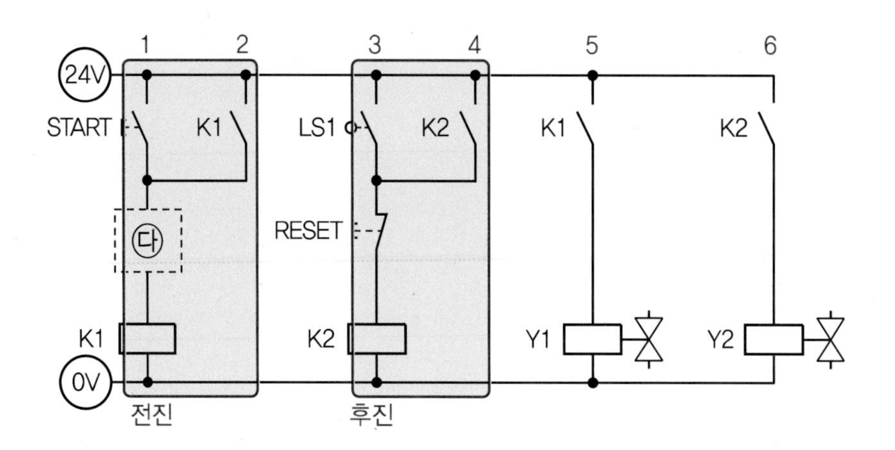

- 1번줄 start 버튼에 의해 K1릴레이가 ON되면 5번줄 K1 a접점이 ON되면서 Y1솔레노이드에 의해 전진이 이루어고, 2번줄은 자기유지회로이고, 자기유지는 전진이 완료되면 끊어줘야 하므로 **빈칸** ㉰에는 K2 b접점이 필요
- 3번줄 실린더가 전진되어 LS1이 ON되면 6번줄의 K2 a접점이 ON되면서 Y2솔레노이드에 의해 후진이 이루어지고, 4번줄은 자기유지회로이고, 이때 자기유지는 RESET 버튼에 의해서 해제

유압 1	기본 정답

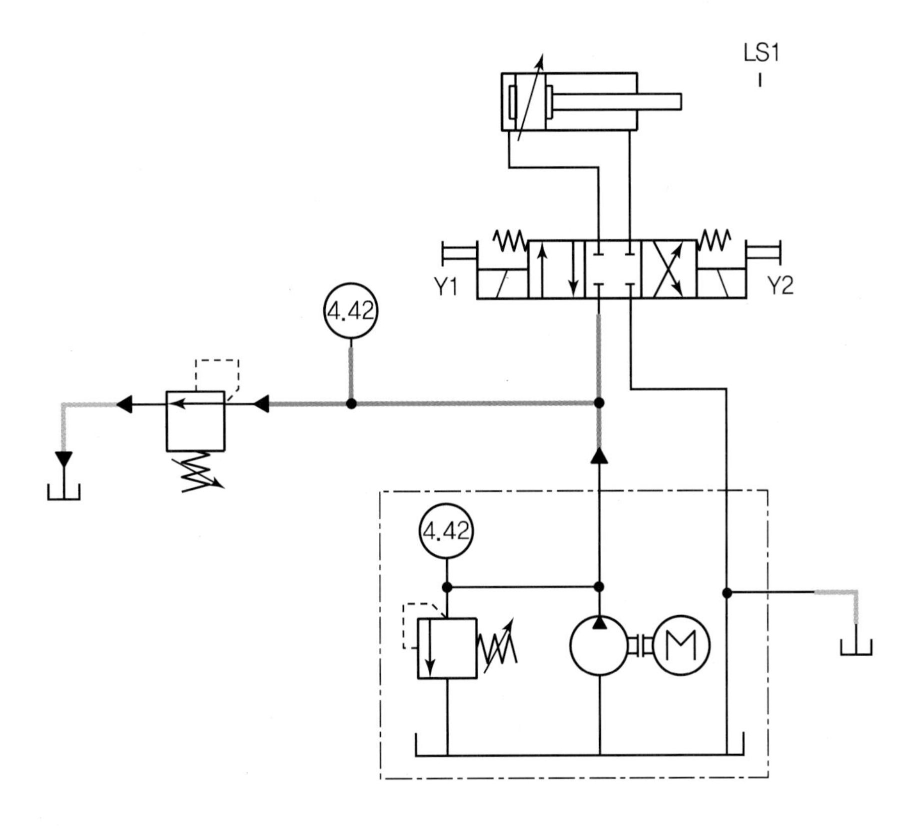

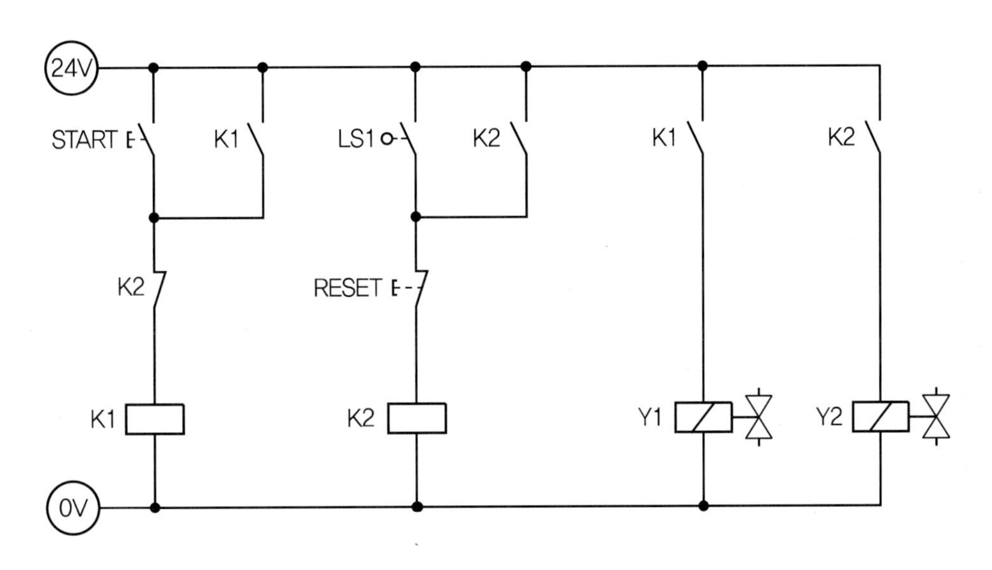

유압 1	응용 해설

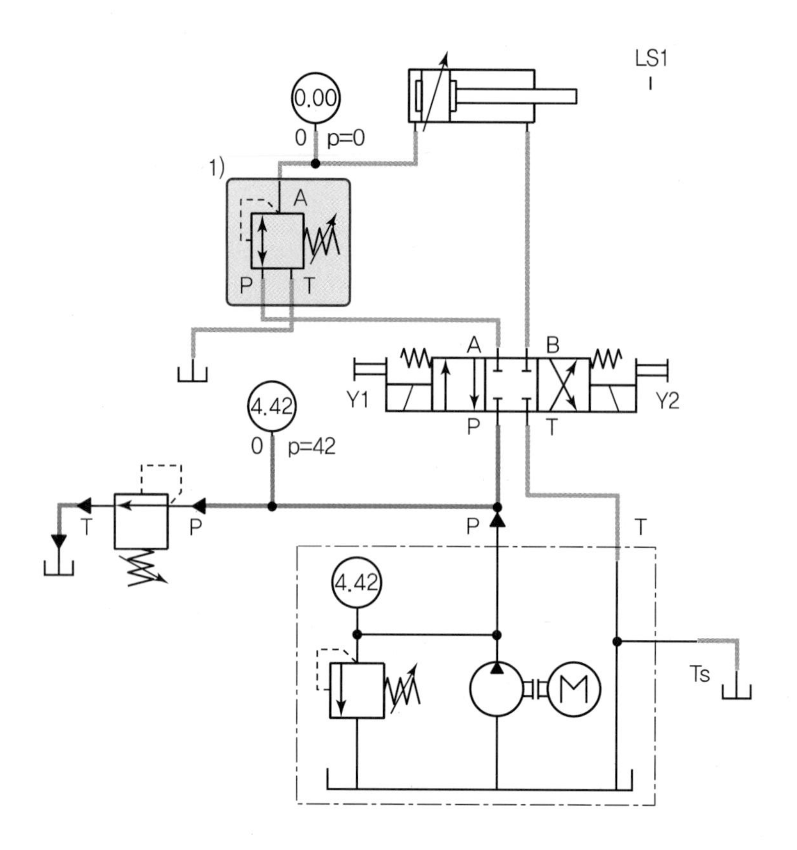

1) 실린더 전진 시 과도한 압력을 줄이기 위해 감압밸브를 실린더 헤드 측에 설치하고 압력게이지는 실린더와 감압밸브 사이에 설치한다.

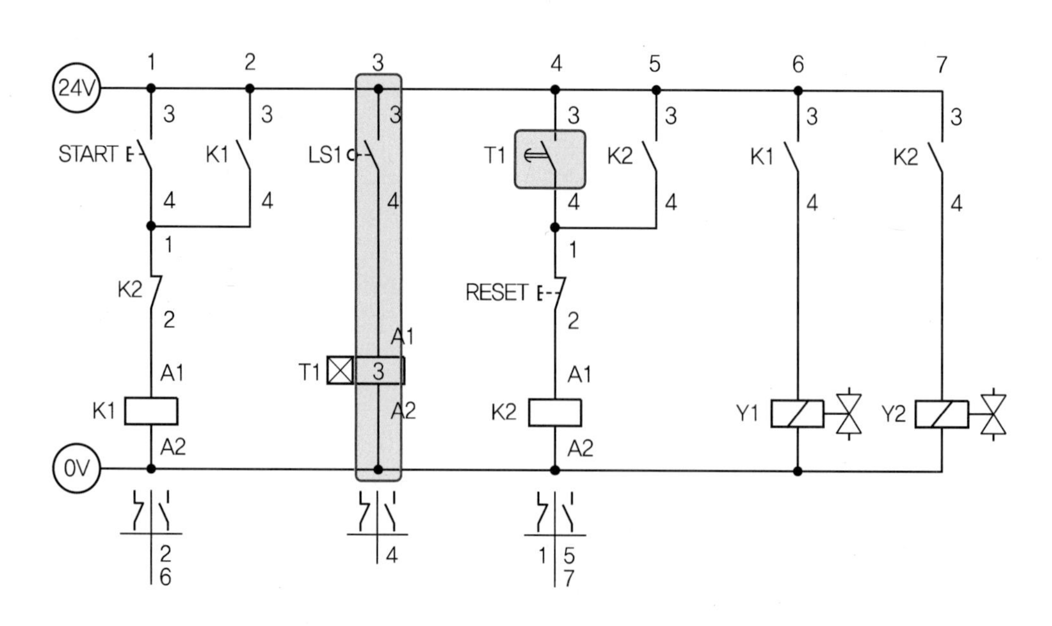

- 3번줄 실린더 전진을 감지하는 LS1을 거쳐 ON delay 타이머를 추가한다.
- 4번줄 ON delay 타이머 a접점을 추가하여 3초 후 K2릴레이가 ON되면서 7번줄 K2 a접점이 ON되면 Y2솔레노이드가 ON되면서 실린더가 후진한다.

유압 1	응용 정답

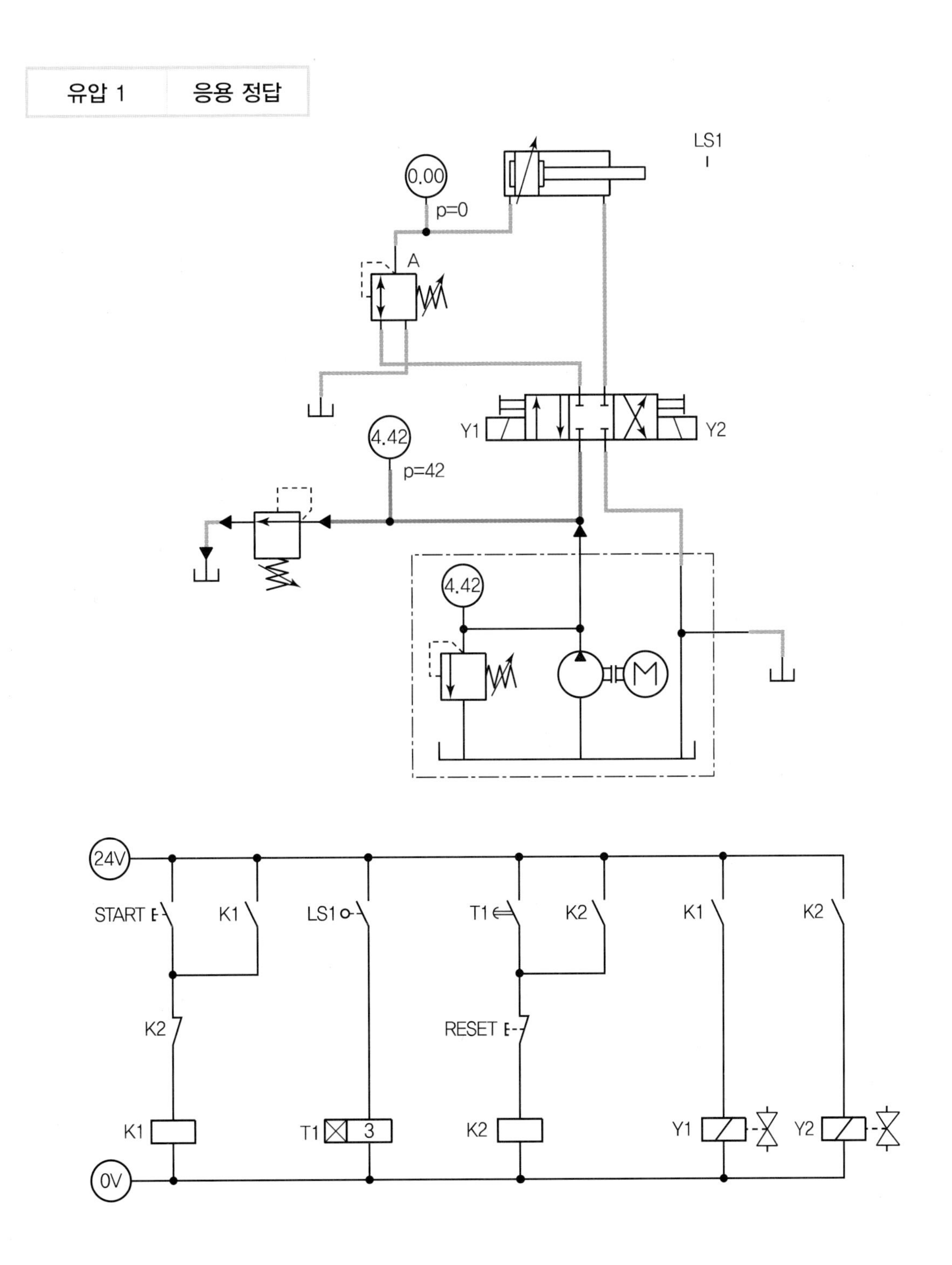

[공개] 2

국가기술자격 실기시험문제

자격종목	공유압기능사	과제명	공압회로구성 및 조립작업

※ 문제지는 시험종료 후 본인이 가져갈 수 있습니다.

비번호		시험일시		시험장명	

※ 시험시간 : 1시간 20분
- [제1과제] 공압회로 도면제작 : 20분
- [제2과제] 공압회로구성 및 조립작업 : 1시간

1. 요구사항

※ 지급된 재료 및 시설을 사용하여 아래 작업을 완성하시오.

가. 제1과제 : 공압회로 도면제작

1) 주어진 제어조건을 만족하는 공압회로도 및 전기회로도의 빈 부분(㉮, ㉯, ㉰)에 들어갈 기호를 제시된 【보기(공압)】에서 찾아 답안지(1)에 번호로 기입하고, 도면 중 ㉱ 부분의 용도 및 ㉲ 부분의 명칭을 답안지(1)에 작성하여 제출하시오.
(단, ㉱, ㉲가 지칭하는 부분은 관로, 스프링, 드레인 등의 세부 부속품이 아닌 독립적으로 역할을 하는 전체 부품임을 고려하여 답지를 작성합니다.)

2) 주어진 공압회로도를 참조하여 제어조건에 따른 변위단계선도를 답안지(2)에 완성하여 제출하시오.

나. 제2과제 : 공압회로구성 및 조립작업

1) 기본과제
   가) 제1과제에서 작성한 공압회로도와 같이 주어진 공압기기를 선정하여 고정판에 배치하시오.
   (단, 공압회로도 중 도면에 있는 차단밸브 이전 기기와 장치는 수험자가 구성하지 않습니다.)
   나) 공압호스를 적절한 길이로 절단 사용하여 배치된 기기를 연결 · 완성하시오.
   다) 전기회로도를 보고 전기회로작업을 완성하시오.
   (단, 전기연결선 +는 적색으로, −는 청색 또는 흑색으로 연결하시오.)
   라) 작업압력(서비스 유닛)을 (0.5±0.05)MPa로 설정하시오.

2) 응용과제
   마) 감독위원이 지정한 압력(0.2~0.5MPa 범위에서 지정)으로 변경하시오.
   바) 실린더 A 전진 시 일방향 유량조절밸브(모듈형)를 사용하여 Meter−out 회로가 되도록 하고, 실린더 B 후진 시 급속배기밸브를 사용하여 실린더의 속도를 제어하시오.
   사) 회로도에서 A 실린더의 왕복운동을 제어하기 위하여 스프링 복귀형 솔레노이드 밸브를 사용하였다. 이를 메모리 기능이 있는 복동 솔레노이드 밸브를 사용하여 회로를 재구성한 후 동작시키시오.

2. 수험자 유의사항

※ 다음의 유의사항을 고려하여 요구사항을 완성하시오.

1) 시험 시작 전 장비 이상 유무를 확인합니다.
2) 시험 중에는 반드시 감독위원의 지시에 따라야 하며, 시험시간 동안 감독위원의 지시가 없는 한 시험장을 임의로 이탈할 수 없습니다.
3) 공압, 유압 배관의 제거는 압력 공급을 차단한 후 실시하시기 바랍니다.
4) 시험에 필요한 기기 이외에 임의로 접촉하지 않도록 주의하시기 바랍니다.
5) 전기 연결의 합선 시에는 즉시 전원공급 장치의 전원을 차단하시기 바랍니다.
6) 실린더의 작동 부분에는 전선 및 호스가 접촉되지 않도록 주의하여야 합니다.
7) 수험자 인적사항 및 계산식을 포함한 답안작성은 흑색 필기구만 사용해야 하며, 그 외 연필류, 빨간색, 청색 등 필기구 및 수정테이프(액)를 사용해 작성한 답항은 0점 처리되오니 불이익을 당하지 않도록 유의해 주시기 바랍니다.
8) 답안 정정 시에는 정정하고자 하는 단어에 두 줄(=)을 긋고 다시 작성하시기 바랍니다.
9) 변위단계선도의 작성 및 제출은 반드시 제1과제 시험시간 이내에 이루어져야 합니다.
10) 제2과제 평가는 먼저 기본과제(가~라)를 수행한 후 감독위원에게 평가받고, 그 이후에 응용과제(마~사)를 별도로 감독위원에게 평가받습니다.
11) 제2과제 평가는 감독위원 확인하에 한 번만 평가받을 수 있으며 재평가하지 않습니다.
    (단, 평가 시에는 전원이 유지된 상태에서 2회 동작 시도하여 동일하게 정상 동작이 되어야 하며, 1회만 동작하고 2회째 시도 시 정상적으로 동작하지 않으면 인정하지 않음)
12) 다음 사항에 대해서는 채점 대상에서 제외하니 특히 유의하시기 바랍니다.
    가) 기권
        (1) 수험자 본인이 수험 도중 시험에 대한 포기의사를 표하는 경우
        (2) 실기시험 과정 중 1개 과정이라도 불참한 경우
    나) 실격
        (1) 시설 · 장비의 조작 또는 재료의 취급이 미숙하여 위해를 일으킬 것으로 감독위원 전원이 합의하여 판단한 경우
        (2) 기능이 해당 등급 수준에 전혀 도달하지 못한 것으로 감독위원이 판단할 경우
        (3) 부정행위를 한 경우
    다) 미완성
        (1) 주어진 시험 시간을 초과하거나 시험 시간 내에 완성하지 못한 경우
        (2) 주어진 시간 내에 제출하였으나 기본과제가 작동하지 않은 경우
            (단, 전원 유지 상태에서 동작 시험 시 2회 이상 정상적으로 동작해야 함)
    라) 오작
        (1) 회로 구성 결과가 제어조건(기본과제)과 일치하지 않는 작품
        (2) 문제지의 공압회로도와 전기회로도의 구성부품과 실제 회로작업에서 사용한 구성부품이 상이한 경우(단, 수험자가 제1과제에서 선택하는 부분은 오작대상에서 제외)

3. 도면(공압회로)

□ 제어조건

공압을 이용한 자동 이송장치 회로를 설계하려 한다. 공작물은 자유 낙하에 의하여 매거진 아래로 내려온다. START 스위치를 On－Off하면, 이송 실린더 A가 공작물을 매거진에서 밀어 이송하고, 원 위치로 복귀한 후 추출 실린더 B가 공작물을 포장박스에 보내고 귀환한다.

○ 위치도

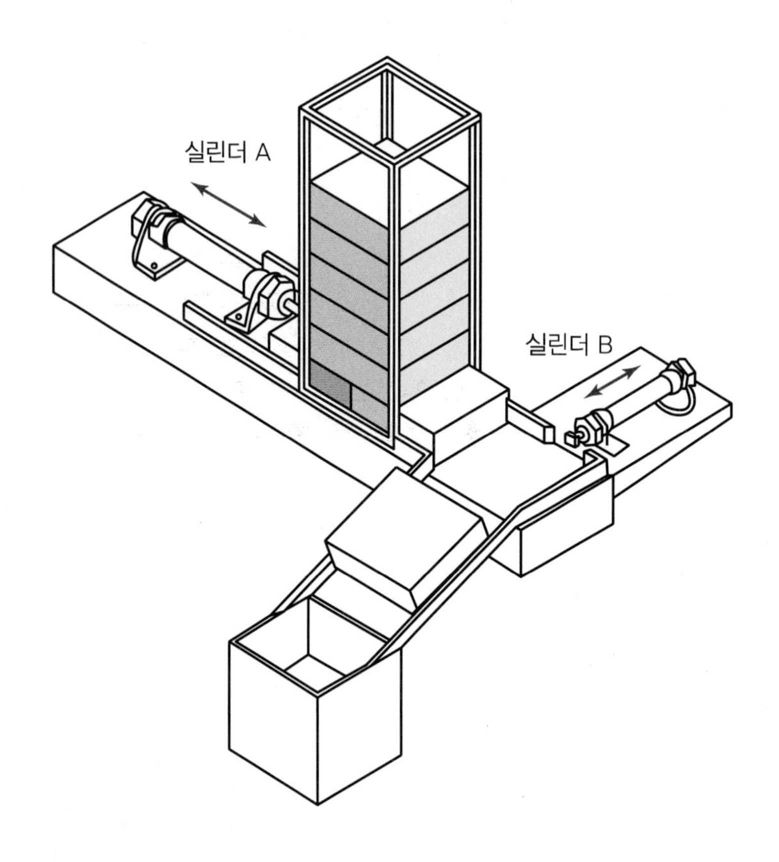

○ 공압회로도

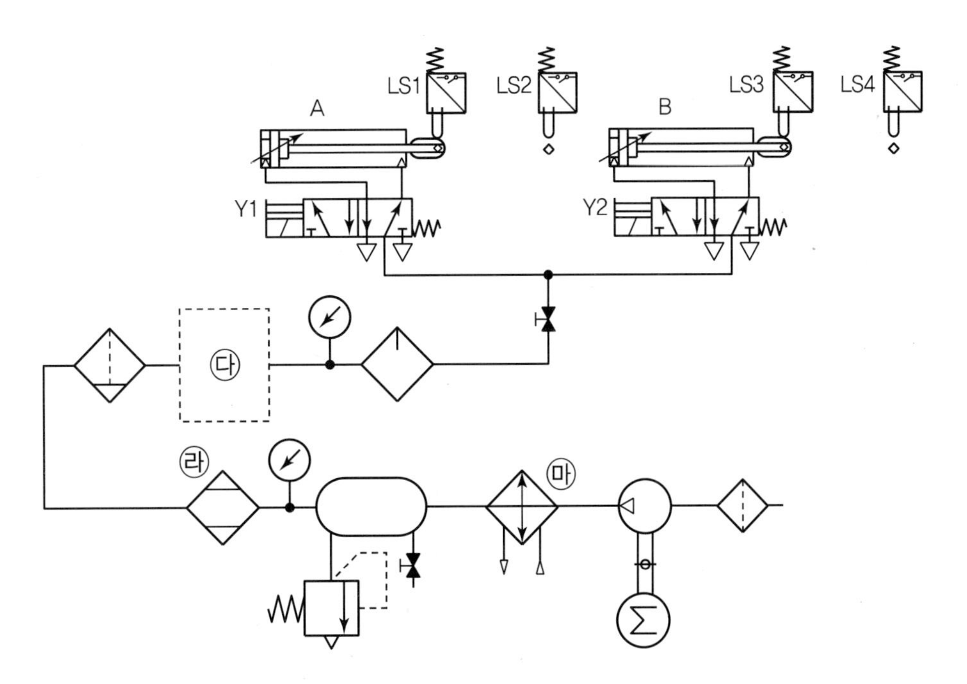

LS1
LS2
LS3
LS4
A
B
Y1
Y2
㉰
㉱
㉲

○ 전기회로도

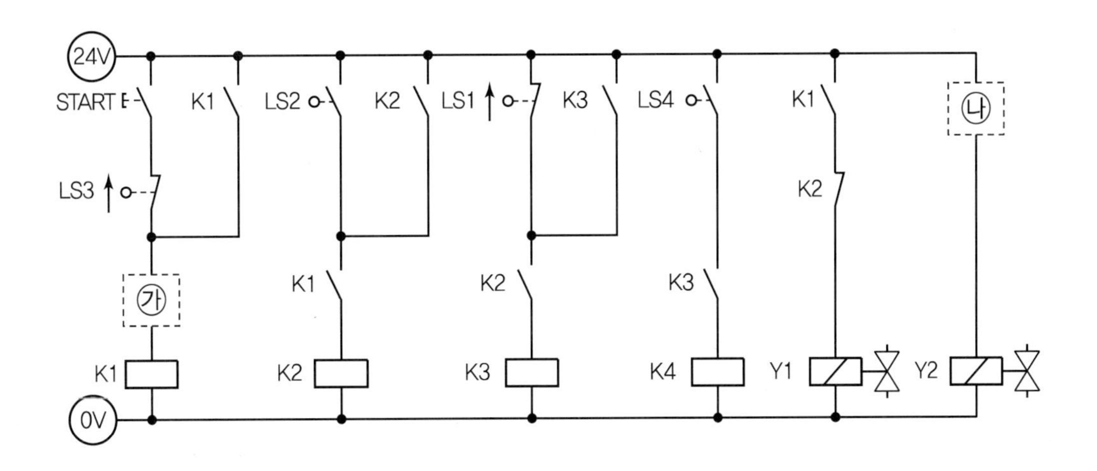

24V
START
K1
LS2
K2
LS1
K3
LS4
K1
㉯
LS3
K2
㉮
K1
K2
K3
K1
K2
K3
K4
Y1
Y2
0V

공압 2	정답

㉮ 37　　　㉯ 32　　　㉰ 8

㉱ 압축공기 중의 수분 제거　　　㉲ 후부냉각기

공압 2	변위단계선도	정답

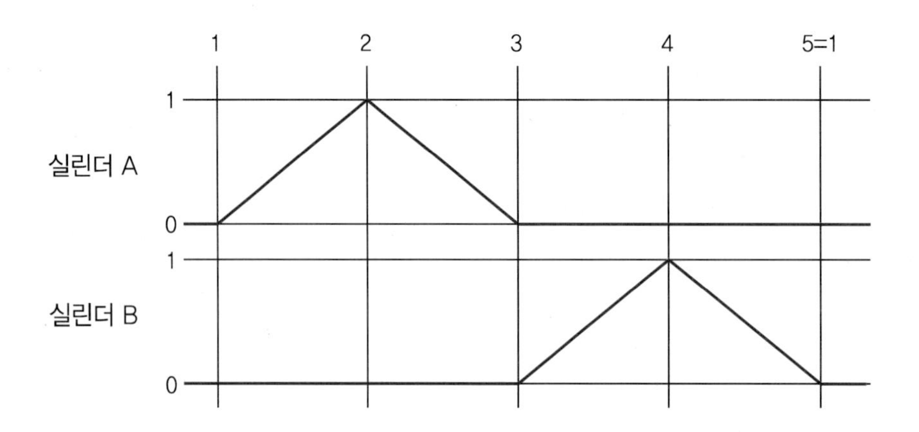

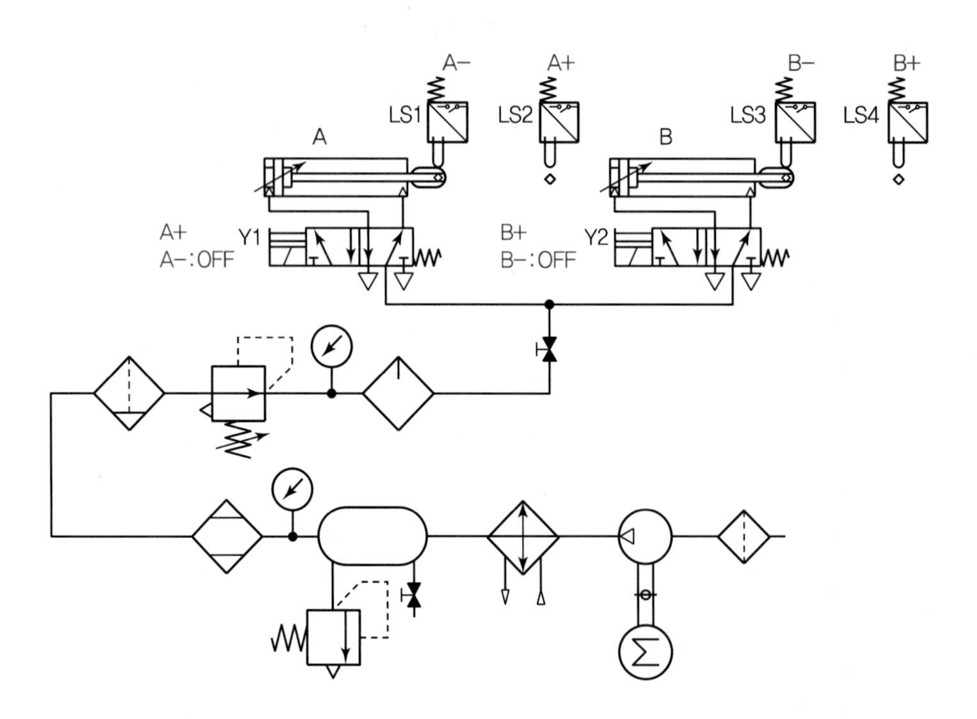

• **빈칸** ㉰ 압력조절밸브가 필요

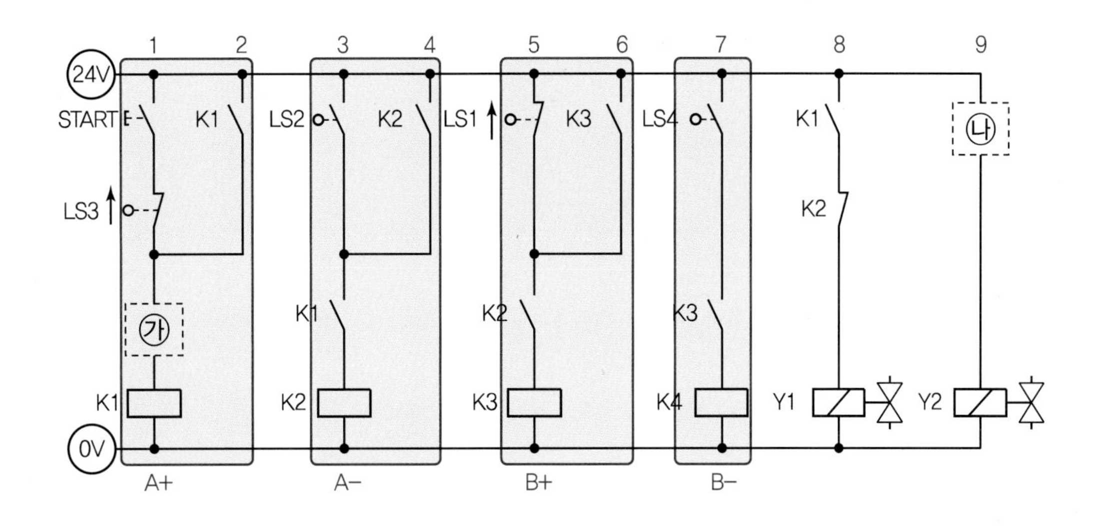

- 1번줄 K1릴레이는 3번줄 LS2가 되기 위하기 때문에 A전진(A+) 2번줄 자기유지
- 3번줄 K2릴레이는 5번줄 LS1이 되기 위하기 때문에 A후진(A−) 4번줄 자기유지
- 5번줄 K3릴레이는 7번줄 LS4가 되기 위하기 때문에 B전진(B+) 6번줄 자기유지
- 7번줄 K4릴레이는 1번줄 LS3이 되기 위하기 때문에 B후진(B−)
- 자기유지된 K1릴레이를 마지막 스텝 **빈칸** ㉮ K4 b접점으로 끊어 줌
- 8번줄 A편솔밸브는 A전진(A+)을 위해 K1 a접점으로 Y1솔레노이드를 ON,
  A후진(A−)을 위해 K2 b접점으로 Y1솔레노이드를 OFF
- 9번줄 B편솔밸브는 B전진(B+)을 위해 **빈칸** ㉯ K3 a접점으로 Y2솔레노이드를 ON
- 7번줄 K4릴레이가 ON됨과 동시에 1번줄 K4 b접점이 떨어지면서 순차적으로 모든 릴레이가 OFF되면서 9번줄 K3 a접점이 떨어지면서 B후진(B−)

공압 2	기본 정답

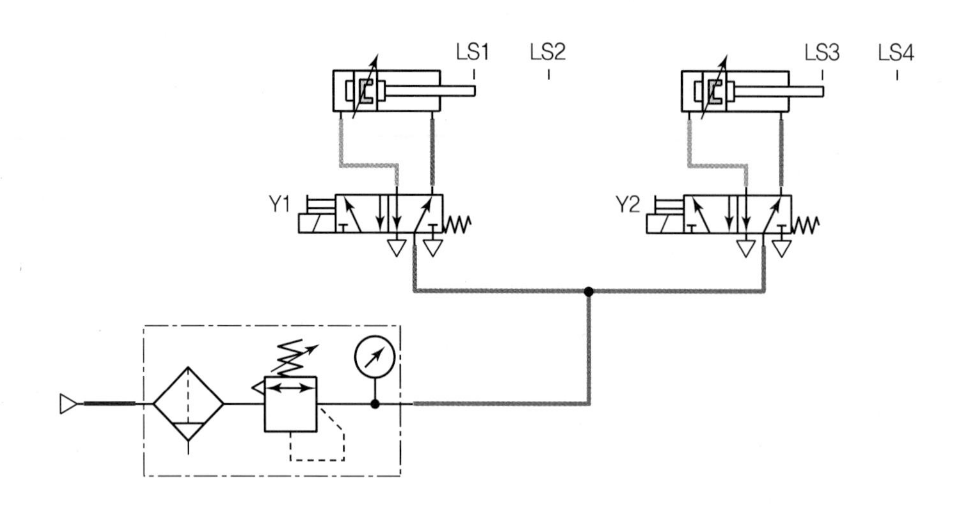

LS1
LS2
LS3
LS4
Y1
Y2

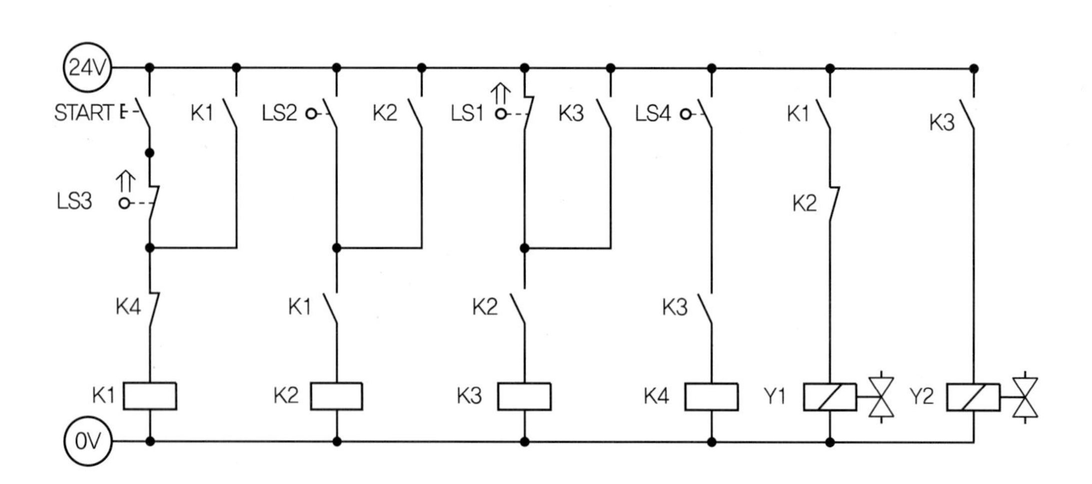

24V
START
K1
LS2
K2
LS1
K3
LS4
K1
K3
LS3
K2
K4
K1
K2
K3
K1
K2
K3
K4
Y1
Y2
0V

공압 2	응용 해설

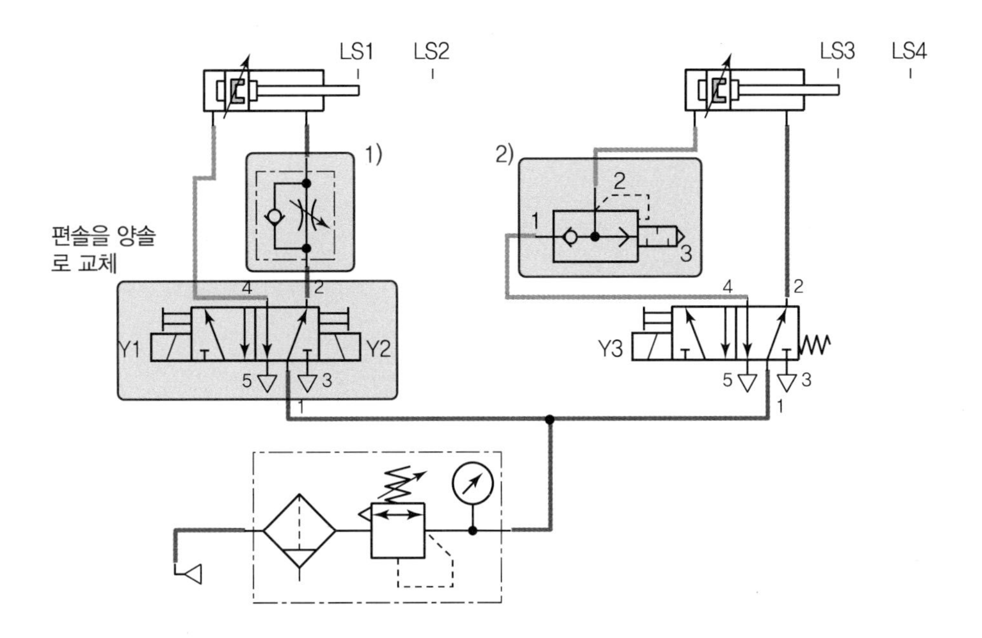

1) A 실린더 전진속도를 미터아웃 회로로 조절하려면 일방향 유량제어밸브를 로드 측에, 체크밸브를 밸브방향에 설치한다.

2) B 실린더 급속후진을 위해 급속배기밸브를 헤드 측에 설치한다.

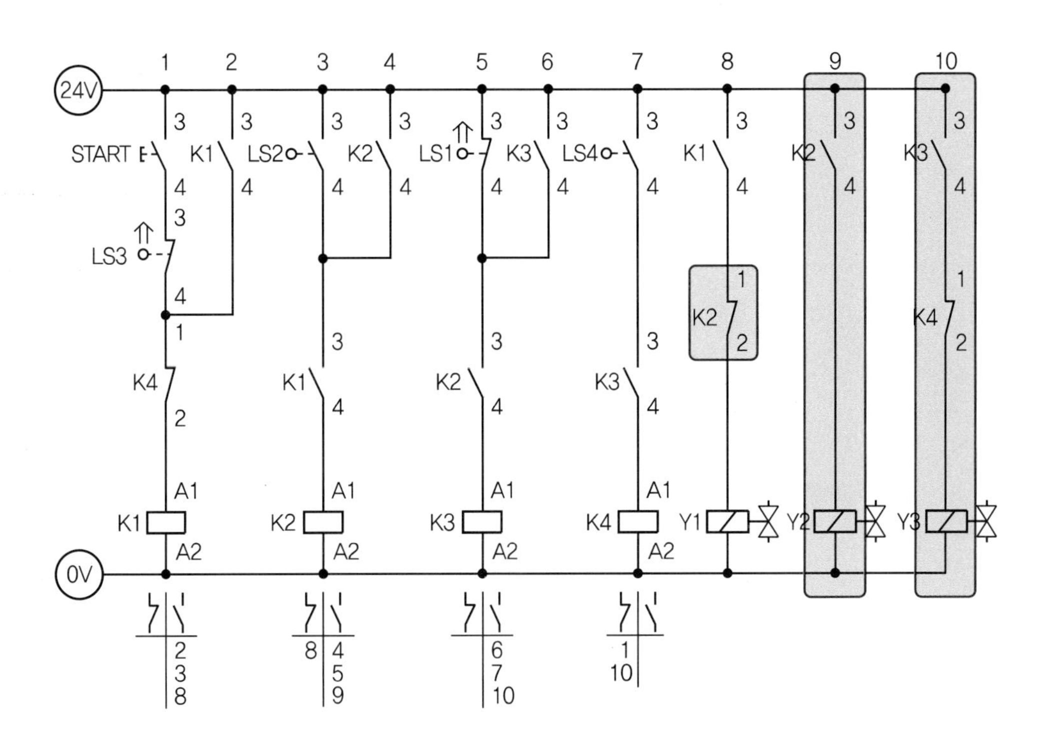

• A 실린더를 제어하기 위한 5/2way 편솔밸브를 5/2way 양솔밸브로 교체하여 전기회로를 수정
• 3번줄 A후진(A−)을 위해 K2릴레이 ON되면 9번줄 K2 a접점이 ON되면서 Y2솔레노이드가 ON되어 후진하며, 이때 8번줄 K2 b접점으로 A전진(A−)신호를 끊어준다.
• 10번줄 편솔밸브는 K3 a접점으로 Y3솔레노이드가 ON되면서 B전진(B+)되고, K4 b접점으로 B전진(B+)신호를 끊어 후진된다.

공압 2	응용 정답

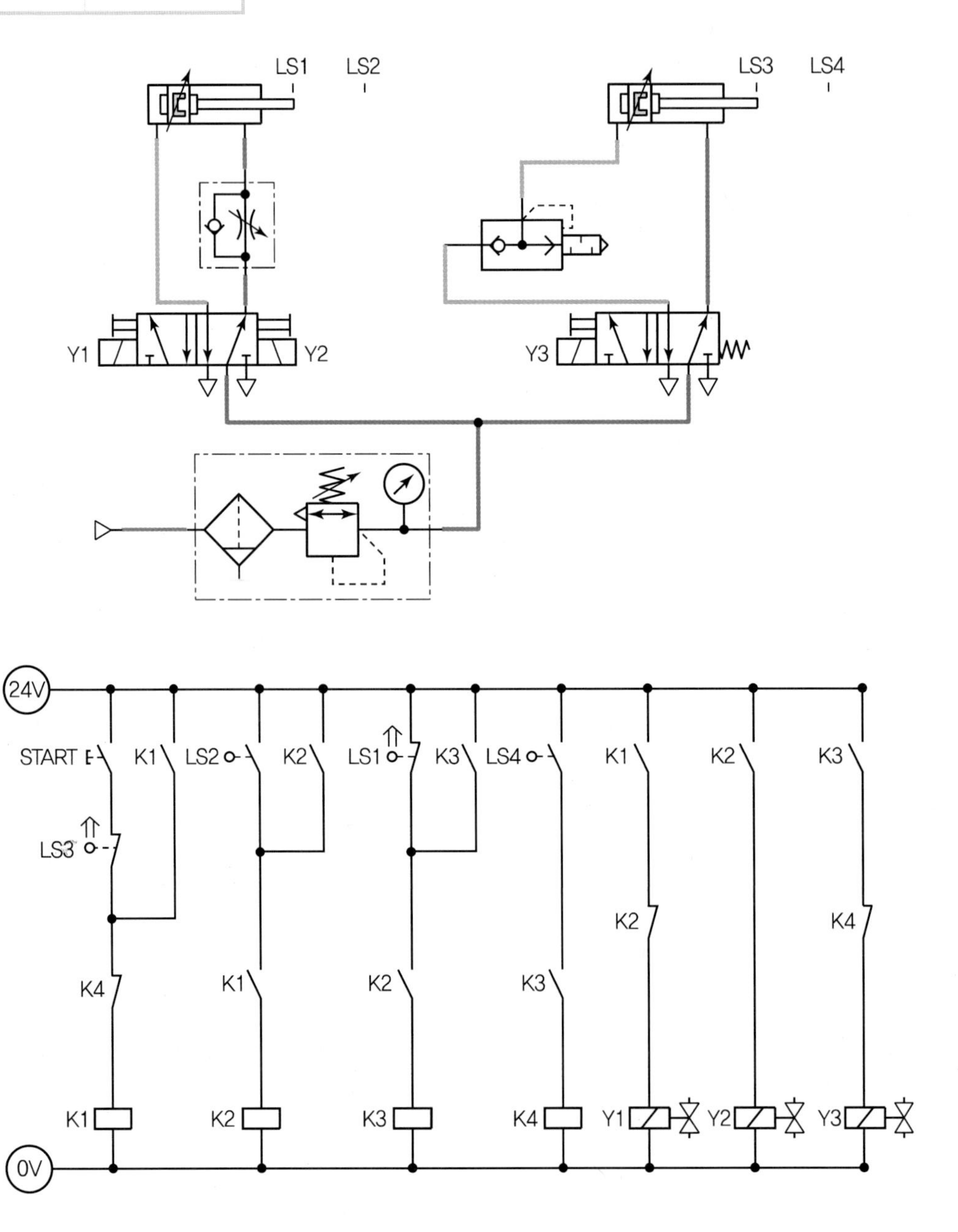

[공개] 2

국가기술자격 실기시험문제

자격종목	공유압기능사	과제명	유압회로구성 및 조립작업

※ 문제지는 시험종료 후 본인이 가져갈 수 있습니다.

비번호		시험일시		시험장명	

※ 시험시간 : 1시간 10분
- [제3과제] 유압회로 도면제작 : 10분
- [제4과제] 유압회로구성 및 조립작업 : 1시간

1. 요구사항

※ 지급된 재료 및 시설을 사용하여 아래 작업을 완성하시오.

가. 제3과제 : 유압회로 도면제작

1) 주어진 제어조건을 만족하는 유압회로도 및 전기회로도의 빈 부분(㉮, ㉯, ㉰)에 들어갈 기호를 제시된 【보기(유압)】에서 찾아 답안지(3)에 번호로 기입하고, 도면 중 ㉱ 부분의 명칭 및 ㉲ 부분의 용도를 답안지(3)에 작성하여 제출하시오.
(단, ㉱, ㉲가 지칭하는 부분은 관로, 스프링, 드레인 등의 세부 부속품이 아닌 독립적으로 역할을 하는 전체 부품임을 고려하여 답지를 작성합니다.)

나. 제4과제 : 유압회로구성 및 조립작업

1) 기본과제

가) 제3과제에서 작성한 유압도면과 같이 주어진 유압기기를 선정하여 고정판에 배치하시오.
(단, 도면에 일점쇄선 부분은 수험자가 구성하지 않습니다.)

나) 유압호스를 사용하여 배치된 기기를 연결 · 완성하시오.

다) 전기회로도를 보고 전기회로작업을 완성하시오.
(단, 전기연결선 +는 적색으로, −는 청색 또는 흑색으로 연결하시오.)

라) 유압회로 내의 최고압력을 (4±0.2)MPa로 설정하시오.

2) 응용과제

마) 유압 실린더의 전 · 후진 회로에 공급되는 유량을 조절하도록 유압 회로를 구성하고 동작시키시오.

바) 전기타이머를 사용하여 실린더가 전진 완료 후 3초간 정지한 후 후진하도록 전기회로를 구성하고 동작시키시오.

2. 수험자 유의사항

※ 다음의 유의사항을 고려하여 요구사항을 완성하시오.

1) 시험 시작 전 장비 이상 유무를 확인합니다.
2) 시험 중에는 반드시 감독위원의 지시에 따라야 하며, 시험시간 동안 감독위원의 지시가 없는 한 시험장을 임의로 이탈할 수 없습니다.
3) 공압, 유압 배관의 제거는 압력 공급을 차단한 후 실시하시기 바랍니다.
4) 시험에 필요한 기기 이외에 임의로 접촉하지 않도록 주의하시기 바랍니다.
5) 전기 연결의 합선 시에는 즉시 전원공급 장치의 전원을 차단하시기 바랍니다.
6) 실린더의 작동 부분에는 전선 및 호스가 접촉되지 않도록 주의하여야 합니다.
7) 수험자 인적사항 및 계산식을 포함한 답안작성은 흑색 필기구만 사용해야 하며, 그 외 연필류, 빨간색, 청색 등 필기구 및 수정테이프(액)를 사용해 작성한 답항은 0점 처리되오니 불이익을 당하지 않도록 유의해 주시기 바랍니다.
8) 답안 정정 시에는 정정하고자 하는 단어에 두 줄(=)을 긋고 다시 작성하시기 바랍니다.
9) 제4과제 평가는 먼저 기본과제(가~라)를 수행한 후 감독위원에게 평가받고, 그 이후에 응용과제(마~바)를 별도로 감독위원에게 평가받습니다.
10) 제4과제 평가는 감독위원 확인하에 한 번만 평가받을 수 있으며 재평가하지 않습니다.
 (단, 평가 시에는 전원이 유지된 상태에서 2회 동작 시도하여 동일하게 정상 동작이 되어야 하며, 1회만 동작하고 2회째 시도 시 정상적으로 동작하지 않으면 인정하지 않음)
11) 다음 사항에 대해서는 채점 대상에서 제외하니 특히 유의하시기 바랍니다.
 가) 기권
  (1) 수험자 본인이 수험 도중 시험에 대한 포기의사를 표하는 경우
  (2) 실기시험 과정 중 1개 과정이라도 불참한 경우
 나) 실격
  (1) 시설 · 장비의 조작 또는 재료의 취급이 미숙하여 위해를 일으킬 것으로 감독위원 전원이 합의하여 판단한 경우
  (2) 기능이 해당 등급 수준에 전혀 도달하지 못한 것으로 감독위원이 판단할 경우
  (3) 부정행위를 한 경우
 다) 미완성
  (1) 주어진 시험 시간을 초과하거나 시험 시간 내에 완성하지 못한 경우
  (2) 주어진 시간 내에 제출하였으나 기본과제가 작동하지 않은 경우
   (단, 전원 유지 상태에서 동작 시험 시 2회 이상 정상동작해야 함)
 라) 오작
  (1) 회로 구성 결과가 제어조건(기본과제)과 일치하지 않는 작품
  (2) 문제지의 유압회로도와 전기회로도의 구성부품과 실제 회로작업에서 사용한 구성부품이 상이한 경우
   (단, 수험자가 제3과제에서 선택하는 부분은 오작대상에서 제외)

3. 도면(유압회로)

□ 제어조건

자동차 엔진 실린더 블록을 드릴 가공하려 한다. 가공물의 이송 및 고정은 수작업으로 하고 START 스위치를 On－Off하면 드릴 이송용 유압 복동실린더가 가공물 직전까지 정상 속도로 하강한다. 드릴이 공작물에 접근하면(LS2 위치) 저속으로 드릴 날이 하강 완료하고(LS3 위치) 작업이 완료되면 실린더는 정상속도로 상승한다.

(단, 유압회로도에서 반드시 릴리프밸브와 체크밸브를 사용하여 카운터밸런스 회로(설정 압력은 3MPa(±0.2MPa))를 구성하여야 합니다.)

○ 위치도

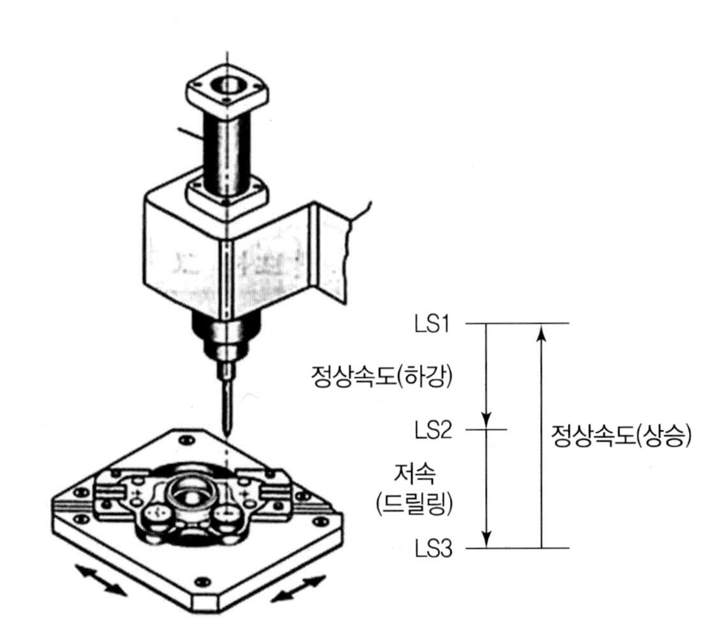

○ 유압회로도

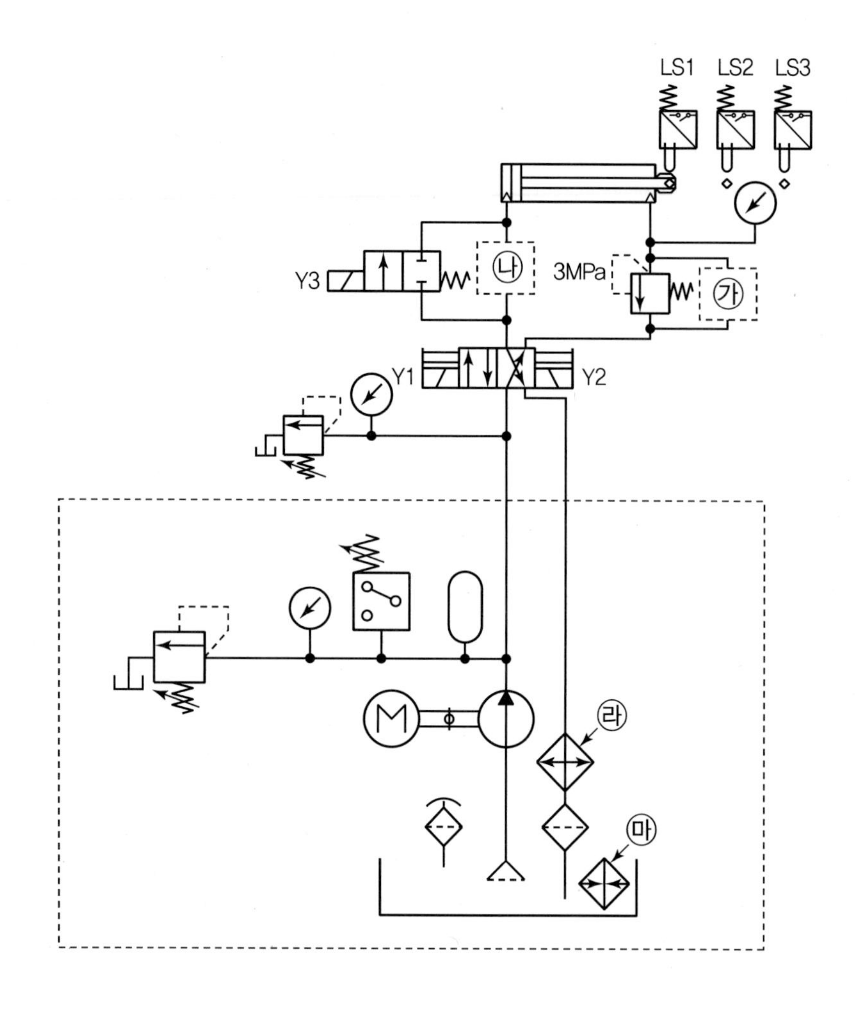

LS1
LS2
LS3
Y3
㉯
3MPa
㉮
Y1
Y2
㉱
㉲

○ 전기회로도

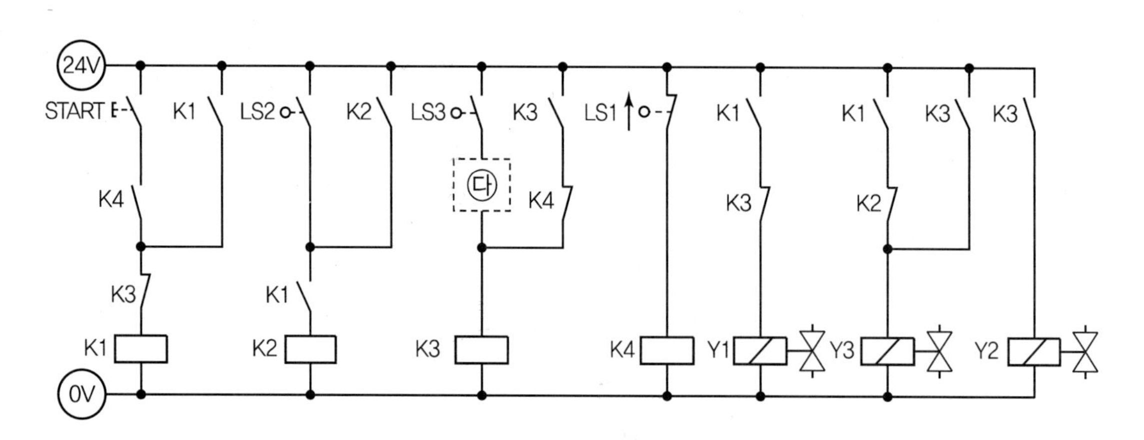

24V
START
K1
LS2
K2
LS3
K3
LS1
K1
K1
K3
K3
K4
㉰
K4
K3
K2
K3
K1
K1
K2
K3
K4
Y1
Y3
Y2
0V

유압 2	정답

㉮ 12　　㉯ 13　　㉰ 32

㉱ 오일 냉각기　㉲ 유압작동유 예열

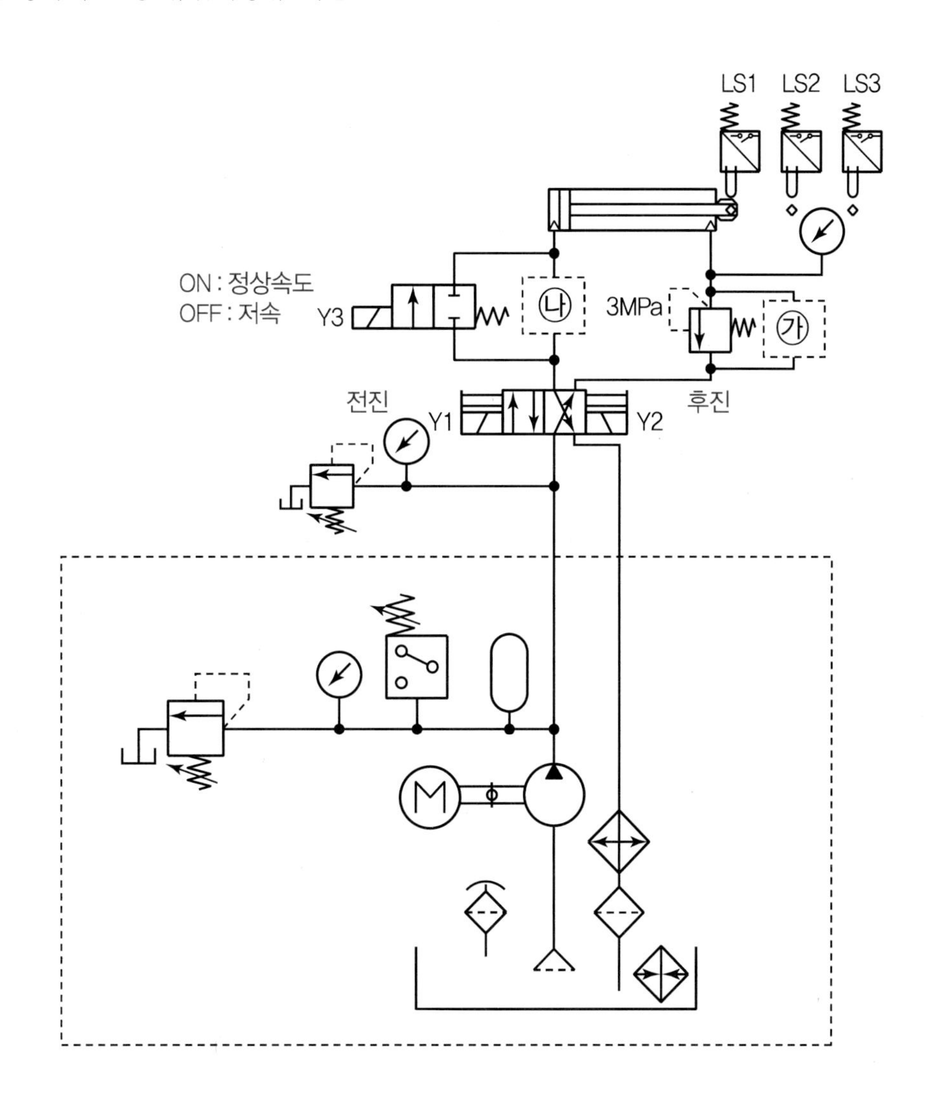

- 카운터밸런스 밸브가 필요하므로 릴리프밸브와 **빈칸** ㉮의 체크밸브가 필요(이때 체크밸브의 방향은 항상 밸브쪽에 설치)
- **빈칸** ㉯ 양방향 유량제어밸브가 필요(유량을 조절하여 실린더 속도 조절)
- 4/2way 양솔밸브의 Y1솔레노이드는 전진, Y2솔레노이드는 후진을 담당하고, 2/2way Normal Close 편솔밸브는 **빈칸** ㉯의 유량조절밸브와 Y3솔레노이드가 ON되어 2군데로 유량이 공급되면 속도가 빨라지고, Y3솔레노이드가 OFF되어 유량조절밸브 한 군데로 유량이 공급되면 저속으로 실린더가 움직임

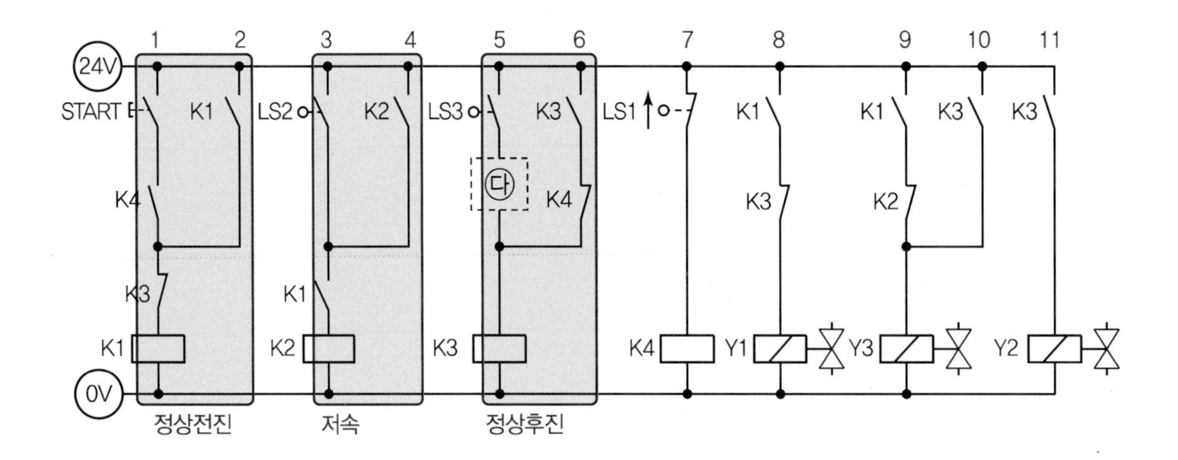

- 1번줄 start 버튼에 의해 K1릴레이가 ON되면 8번줄 K1 a접점이 ON되면서 Y1솔레노이드와 9번줄 Y3솔레노이드가 ON되어 정상속도 전진이 이루어짐
- 3번줄 실린더가 전진하면서 중간에 LS2가 ON되면 K2릴레이가 ON되고 9번줄 K2 b접점이 OFF되면 유량조절밸브 한쪽으로만 유량이 공급되어 실린더가 저속으로 움직임
- 5번줄 실린더가 정상전진하여 LS3이 ON되어야 하기 때문에 **빈칸** ㉰에는 K1 a접점이 필요
- 11번줄 K3 a접점이 ON되면 Y2솔레노이드와 10번줄의 K3 a접점이 ON되면서 Y3솔레노이드가 동시에 ON되면서 정상속도후진이 됨. 이때 8번줄 K3 b접점으로 Y3솔레노이드가 OFF

유압 2	기본 정답

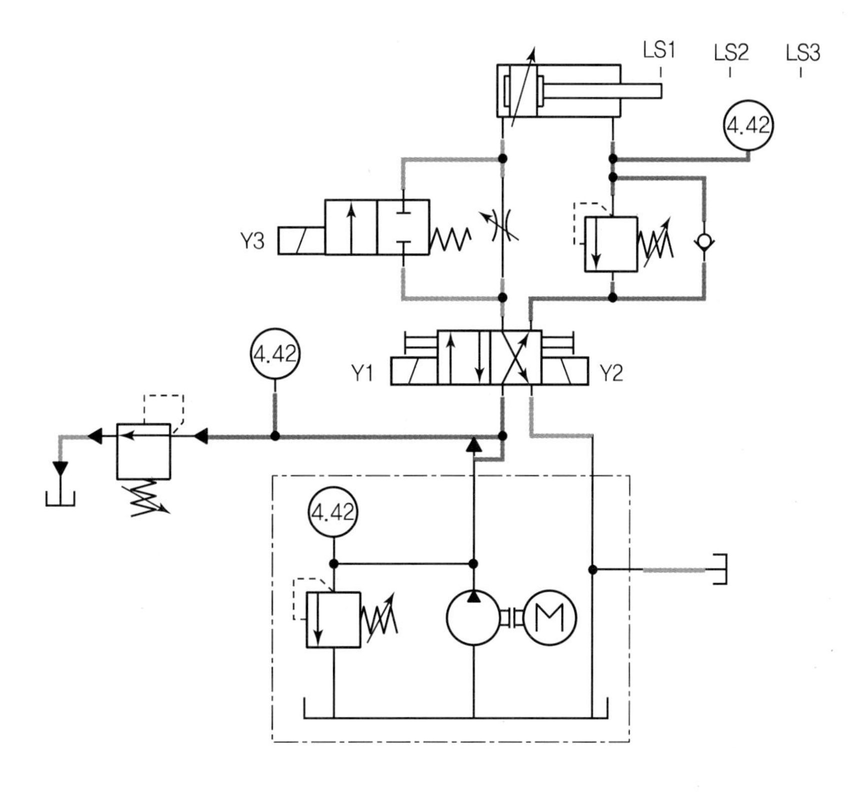

LS1
LS2
LS3
4.42
Y3
4.42
Y1
Y2
4.42
M

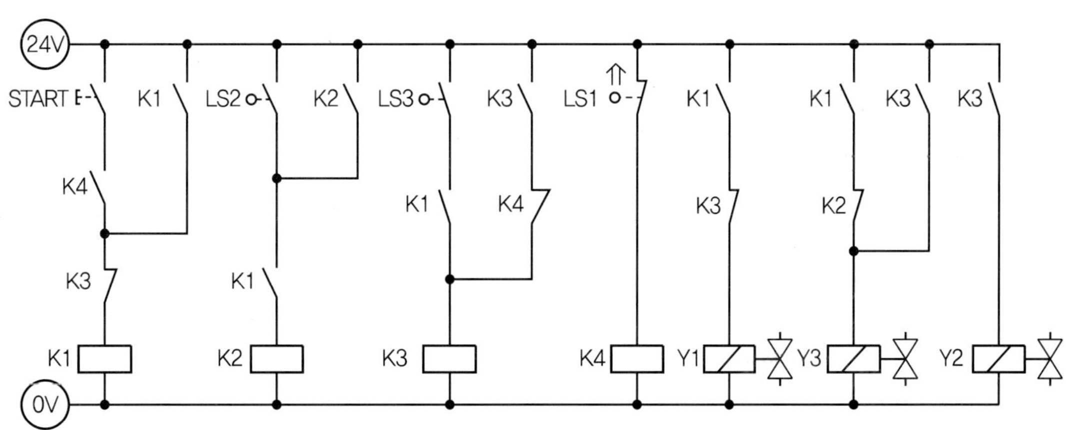

24V
START
K1
LS2
K2
LS3
K3
LS1
K1
K1
K3
K3
K4
K1
K4
K3
K2
K3
K1
K1
K2
K3
K4
Y1
Y3
Y2
0V

유압 2	응용 해설

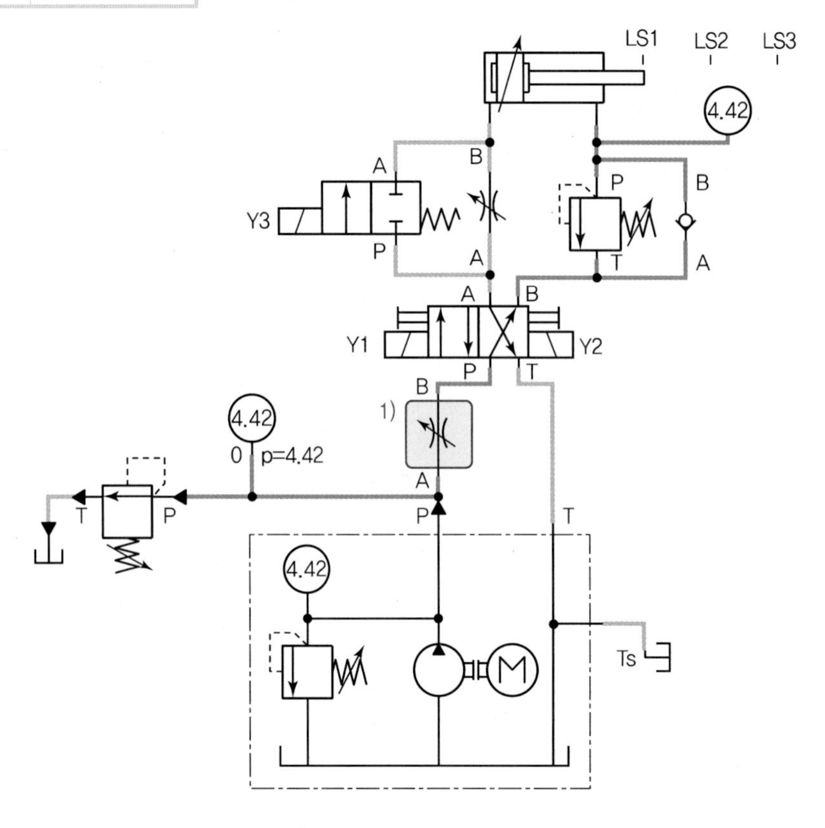

1) 양방향 유량제어밸브를 유압펌프와 4/2way 양솔밸브 사이에 설치하여 실린더에 공급되는 유량을 조절한다.

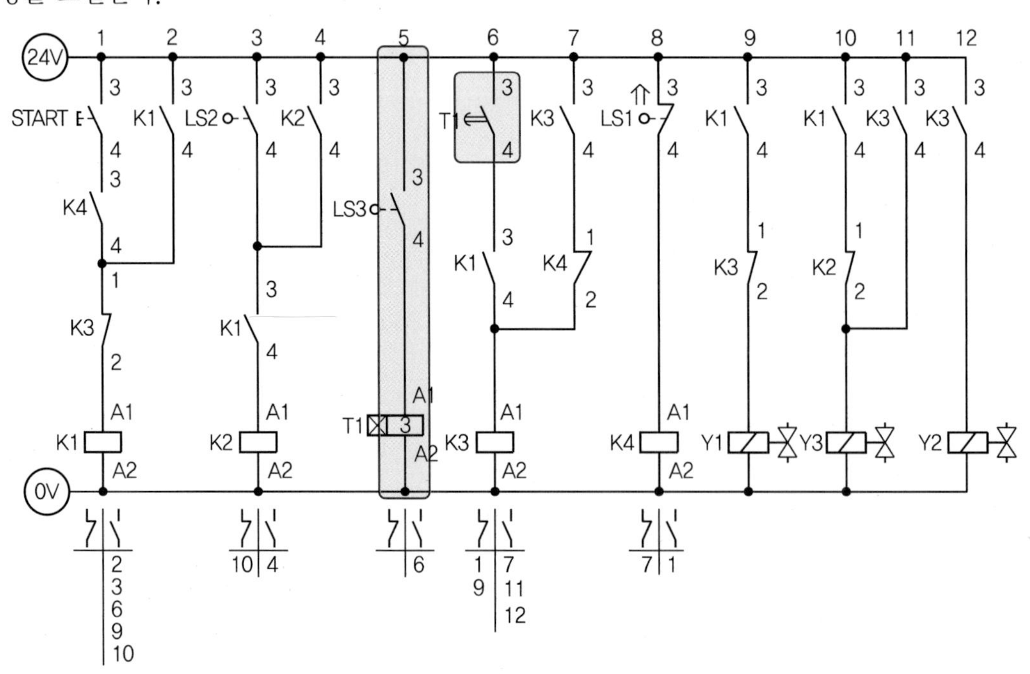

- 5번줄 실린더 전진완료를 감지하는 LS3을 거쳐 ON delay 타이머를 추가한다.
- 6번줄 ON delay 타이머 T1 a접점을 추가하여 3초 후 K3릴레이가 ON되면 실린더가 후진한다.

유압 2	응용 정답

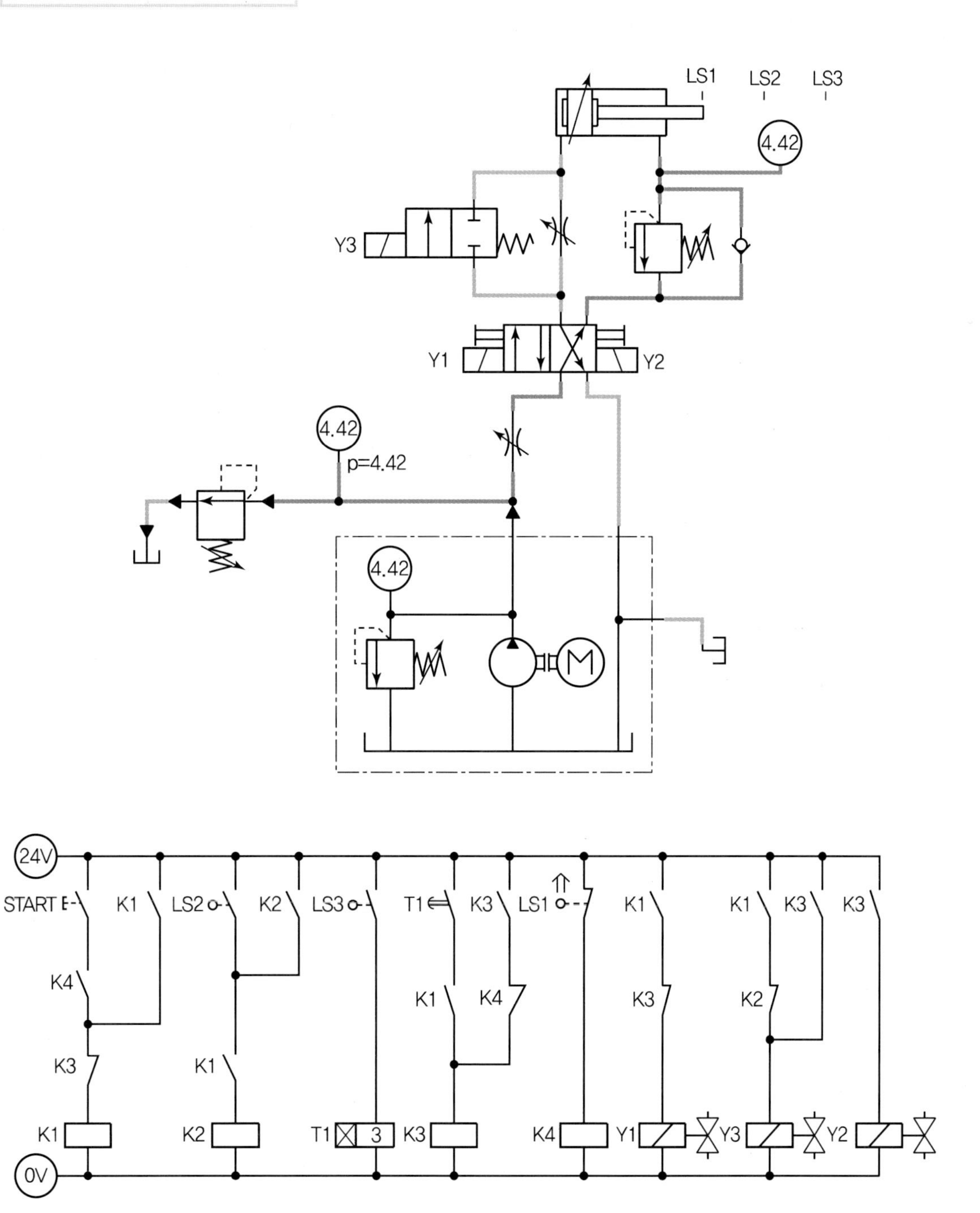

[공개] 3

국가기술자격 실기시험문제

자격종목	공유압기능사	과제명	공압회로구성 및 조립작업

※ 문제지는 시험종료 후 본인이 가져갈 수 있습니다.

비번호		시험일시		시험장명	

※ 시험시간 : 1시간 20분
- [제1과제] 공압회로 도면제작 : 20분
- [제2과제] 공압회로구성 및 조립작업 : 1시간

1. 요구사항

※ 지급된 재료 및 시설을 사용하여 아래 작업을 완성하시오.

가. 제1과제 : 공압회로 도면제작

1) 주어진 제어조건을 만족하는 공압회로도 및 전기회로도의 빈 부분(㉮, ㉯, ㉰)에 들어갈 기호를 제시된 【보기(공압)】에서 찾아 답안지(1)에 번호로 기입하고, 도면 중 ㉱ 부분의 용도 및 ㉲ 부분의 명칭을 답안지(1)에 작성하여 제출하시오.
(단, ㉱, ㉲가 지칭하는 부분은 관로, 스프링, 드레인 등의 세부 부속품이 아닌 독립적으로 역할을 하는 전체 부품임을 고려하여 답지를 작성합니다.)

2) 주어진 공압회로도를 참조하여 제어조건에 따른 변위단계선도를 답안지(2)에 완성하여 제출하시오.

나. 제2과제 : 공압회로구성 및 조립작업

1) 기본과제
가) 제1과제에서 작성한 공압회로도와 같이 주어진 공압기기를 선정하여 고정판에 배치하시오.
(단, 공압회로도 중 도면에 있는 차단밸브 이전 기기와 장치는 수험자가 구성하지 않습니다.)
나) 공압호스를 적절한 길이로 절단 사용하여 배치된 기기를 연결 · 완성하시오.
다) 전기회로도를 보고 전기회로작업을 완성하시오.
(단, 전기연결선 +는 적색으로, −는 청색 또는 흑색으로 연결하시오.)
라) 작업압력(서비스 유닛)을 (0.5±0.05)MPa로 설정하시오.

2) 응용과제
마) 감독위원이 지정한 압력(0.2~0.5MPa 범위에서 지정)으로 변경하시오.
바) 실린더 A 전진 시 일방향 유량조절밸브(모듈형)를 사용하여 Meter−out 회로가 되도록 하고, 실린더 B 후진 시 급속배기밸브를 사용하여 실린더의 속도를 제어하시오.
사) 전기타이머를 사용하여 A 실린더가 전진 완료 후 3초간 정지한 후에 후진하도록 전기회로를 구성하고 동작시키시오.

2. 수험자 유의사항

※ 다음의 유의사항을 고려하여 요구사항을 완성하시오.

1) 시험 시작 전 장비 이상 유무를 확인합니다.
2) 시험 중에는 반드시 감독위원의 지시에 따라야 하며, 시험시간 동안 감독위원의 지시가 없는 한 시험장을 임의로 이탈할 수 없습니다.
3) 공압, 유압 배관의 제거는 압력 공급을 차단한 후 실시하시기 바랍니다.
4) 시험에 필요한 기기 이외에 임의로 접촉하지 않도록 주의하시기 바랍니다.
5) 전기 연결의 합선 시에는 즉시 전원공급 장치의 전원을 차단하시기 바랍니다.
6) 실린더의 작동 부분에는 전선 및 호스가 접촉되지 않도록 주의하여야 합니다.
7) 수험자 인적사항 및 계산식을 포함한 답안작성은 흑색 필기구만 사용해야 하며, 그 외 연필류, 빨간색, 청색 등 필기구 및 수정테이프(액)를 사용해 작성한 답항은 0점 처리되오니 불이익을 당하지 않도록 유의해 주시기 바랍니다.
8) 답안 정정 시에는 정정하고자 하는 단어에 두 줄(=)을 긋고 다시 작성하시기 바랍니다.
9) 변위단계선도의 작성 및 제출은 반드시 제1과제 시험시간 이내에 이루어져야 합니다.
10) 제2과제 평가는 먼저 기본과제(가~라)를 수행한 후 감독위원에게 평가받고, 그 이후에 응용과제(마~사)를 별도로 감독위원에게 평가받습니다.
11) 제2과제 평가는 감독위원 확인하에 한 번만 평가받을 수 있으며 재평가하지 않습니다.
(단, 평가 시에는 전원이 유지된 상태에서 2회 동작 시도하여 동일하게 정상 동작이 되어야 하며, 1회만 동작하고 2회째 시도 시 정상적으로 동작하지 않으면 인정하지 않음)
12) 다음 사항에 대해서는 채점 대상에서 제외하니 특히 유의하시기 바랍니다.
   가) 기권
      (1) 수험자 본인이 수험 도중 시험에 대한 포기의사를 표하는 경우
      (2) 실기시험 과정 중 1개 과정이라도 불참한 경우
   나) 실격
      (1) 시설 · 장비의 조작 또는 재료의 취급이 미숙하여 위해를 일으킬 것으로 감독위원 전원이 합의하여 판단한 경우
      (2) 기능이 해당 등급 수준에 전혀 도달하지 못한 것으로 감독위원이 판단할 경우
      (3) 부정행위를 한 경우
   다) 미완성
      (1) 주어진 시험 시간을 초과하거나 시험 시간 내에 완성하지 못한 경우
      (2) 주어진 시간 내에 제출하였으나 기본과제가 작동하지 않은 경우
      (단, 전원 유지 상태에서 동작 시험 시 2회 이상 정상적으로 동작해야 함)
   라) 오작
      (1) 회로 구성 결과가 제어조건(기본과제)과 일치하지 않는 작품
      (2) 문제지의 공압회로도와 전기회로도의 구성부품과 실제 회로작업에서 사용한 구성부품이 상이한 경우(단, 수험자가 제1과제에서 선택하는 부분은 오작대상에서 제외)

3. 도면(공압회로)

□ 제어조건

공기압을 이용한 프레스 작업기 회로를 설계하려 한다. 금속판은 수동으로 성형 프레스에 삽입된다. 시동스위치(PBS1)를 On－Off하면, 성형 실린더 A가 금속판을 성형한 후 복귀하게 되고, 추출 실린더 B가 전후진하여 성형된 금속 부품을 추출시킨다.

○ 위치도

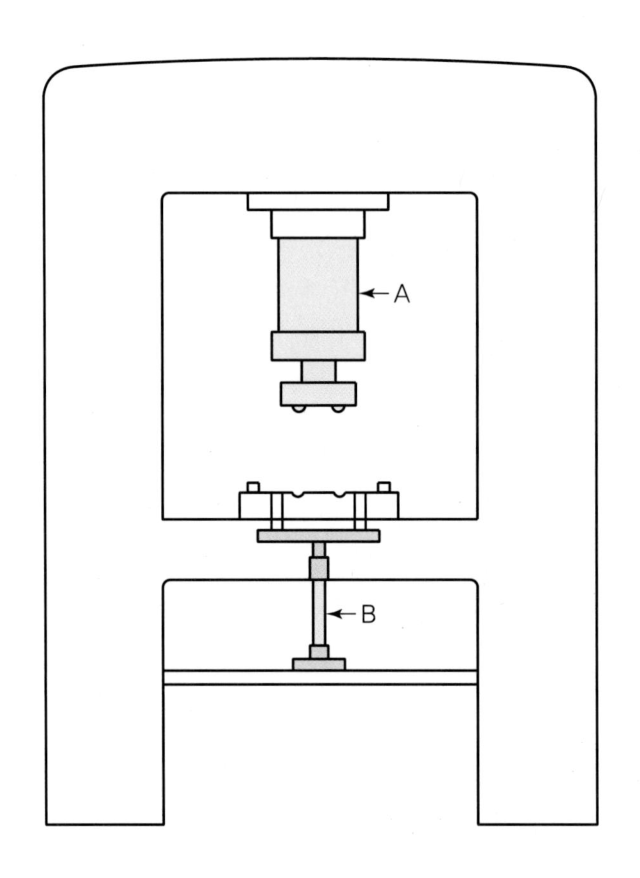

○ 공압회로도

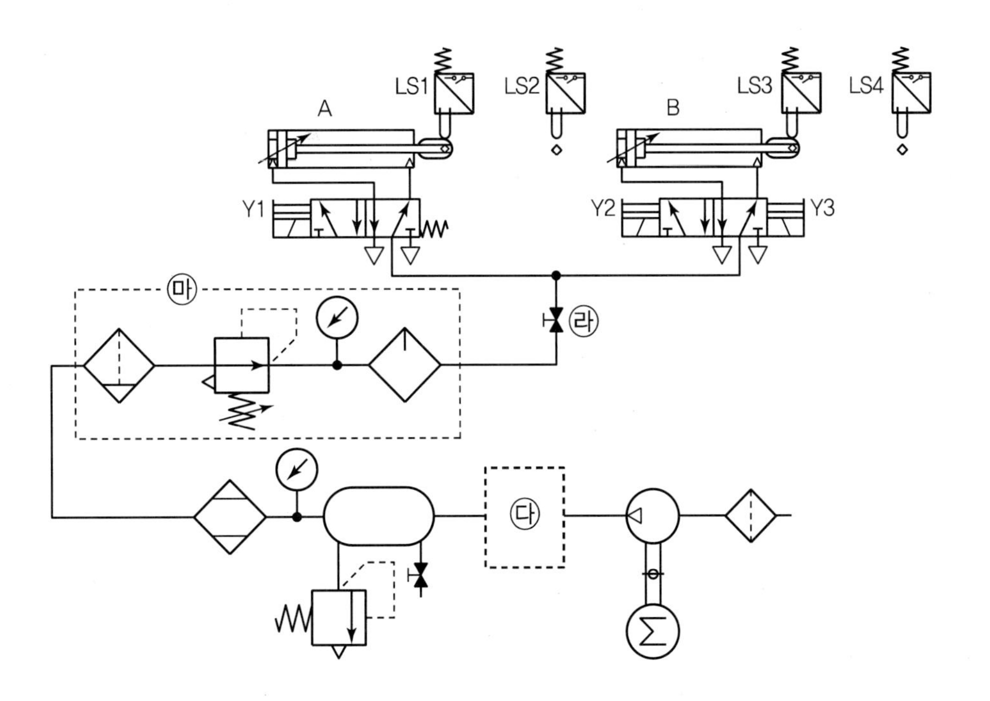

○ 전기회로도

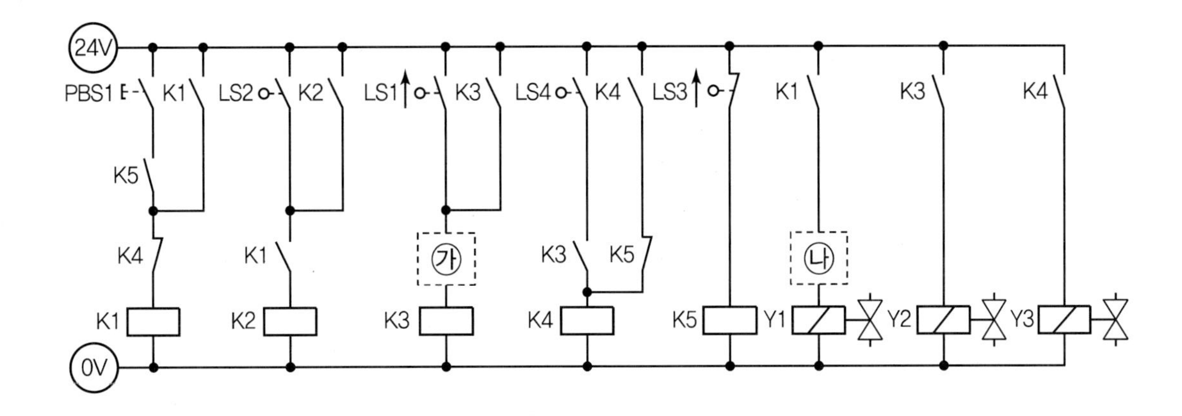

PART 02

공압 3	정답

㉮ 31 ㉯ 35 ㉰ 4

㉱ 공압의 흐름 개폐 ㉲ 공압서비스유닛

공압 3	변위단계선도	정답

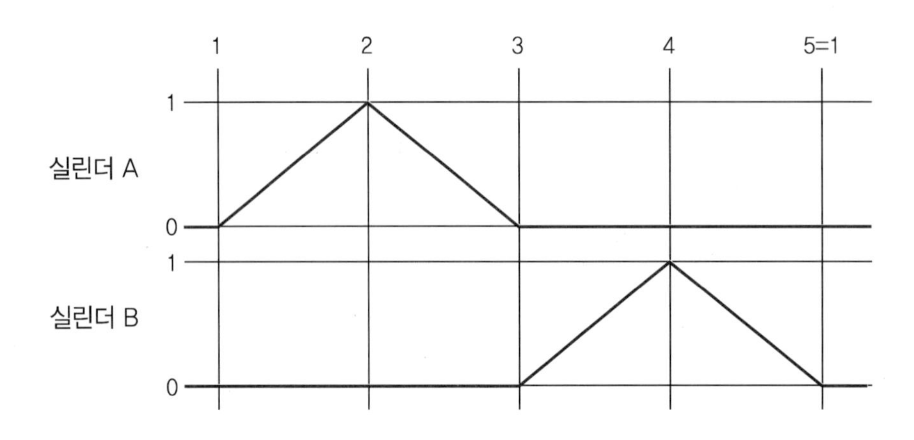

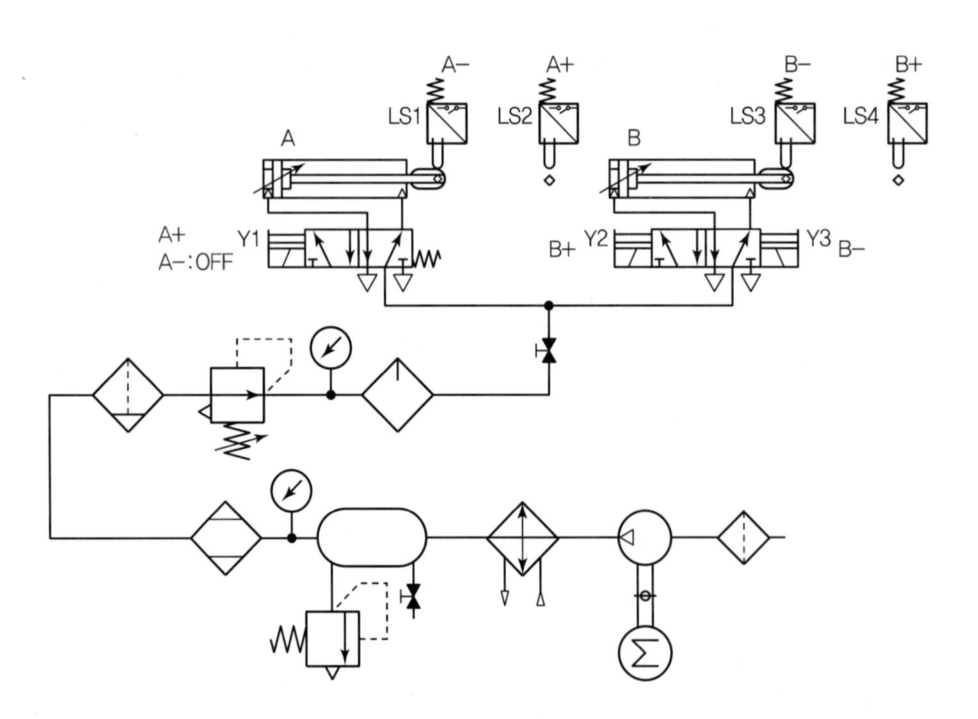

• **빈칸** ㉰ 후부냉각기가 필요

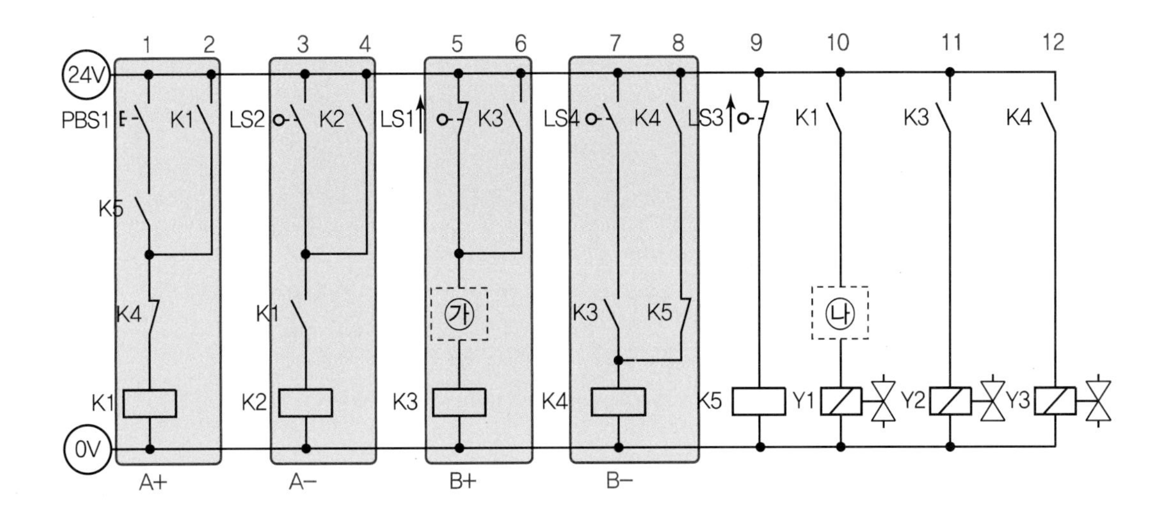

- 1번줄 K1릴레이는 3번줄 LS2가 되기 위하기 때문에 A전진(A+), 2번줄 자기유지
- 3번줄 K2릴레이는 5번줄 LS1이 되기 위하기 때문에 A후진(A−), 4번줄 자기유지
- 5번줄 K3릴레이는 7번줄 LS4가 되기 위하기 때문에 B전진(B+), 6번줄 자기유지
- 직전 스텝이 K2릴레이가 되어야 하기 때문에 **빈칸** ㉮는 K2 a접점
- 7번줄 K4릴레이는 9번줄 LS3이 되기 위하기 때문에 B후진(B−), 8번줄 자기유지
- 10번줄 A편솔밸브는 A전진(A+)을 위해 K1 a접점으로 Y1솔레노이드를 ON,
  A후진(A−)을 위해 **빈칸** ㉯의 K2 b접점으로 Y1솔레노이드를 OFF
- 11번줄 B양솔밸브는 B전진(B+)을 위해 K3 a접점으로 Y2솔레노이드를 ON
- 12번줄 B양솔밸브는 B후진(B−)을 위해 K4 a접점으로 Y3솔레노이드를 ON

공압 3	기본 정답

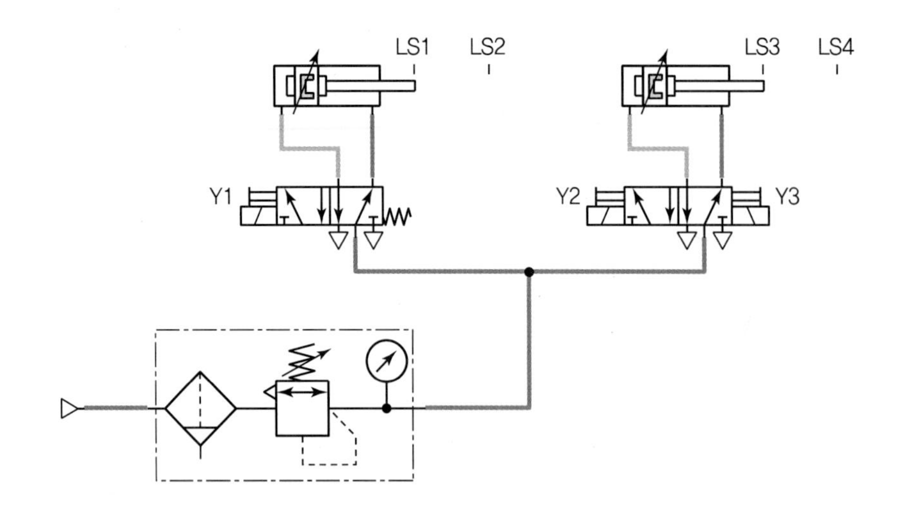

LS1
LS2
LS3
LS4
Y1
Y2
Y3

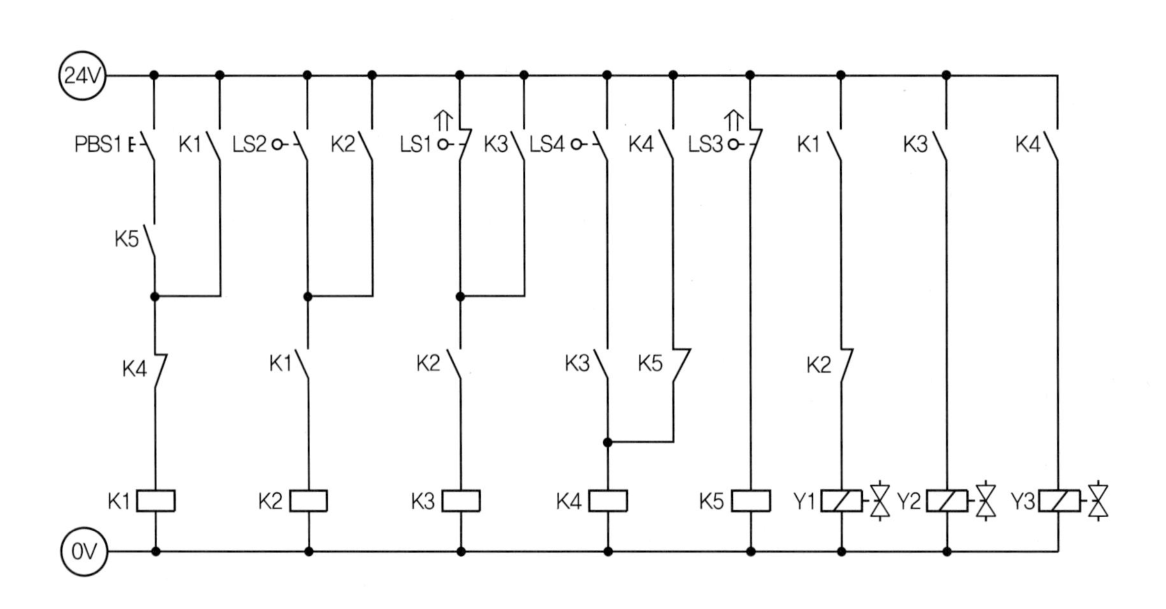

24V
PBS1
K1
LS2
K2
LS1
K3
LS4
K4
LS3
K1
K3
K4
K5
K4
K1
K2
K3
K5
K2
K1
K2
K3
K4
K5
Y1
Y2
Y3
0V

공압 3	응용 해설

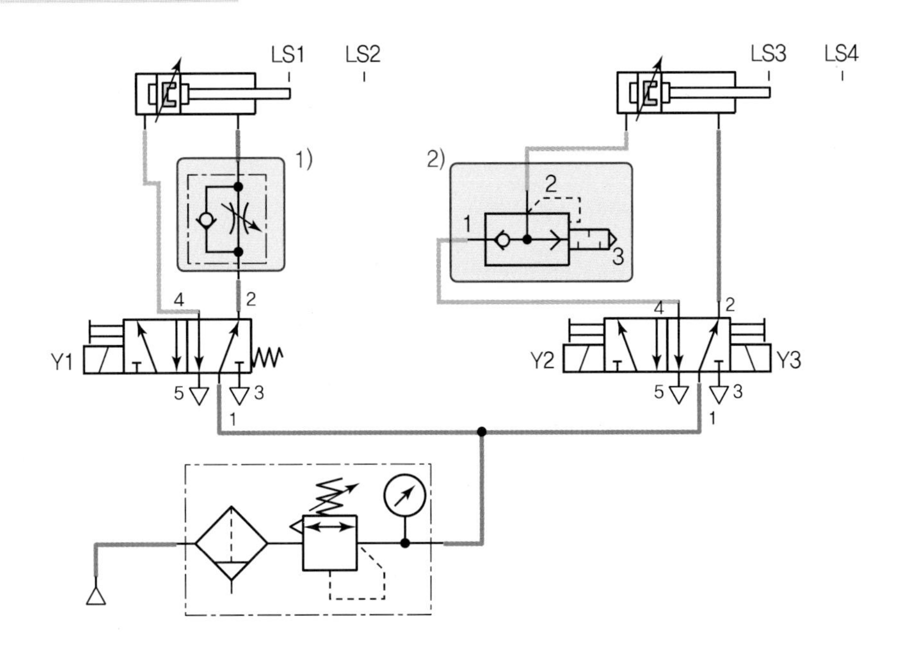

1) A 실린더 전진속도를 미터아웃 회로로 조절하려면 일방향 유량제어밸브를 로드 측에, 체크밸브를 밸브방향에 설치한다.

2) B 실린더 급속후진을 위해 급속배기밸브를 헤드 측에 설치한다.

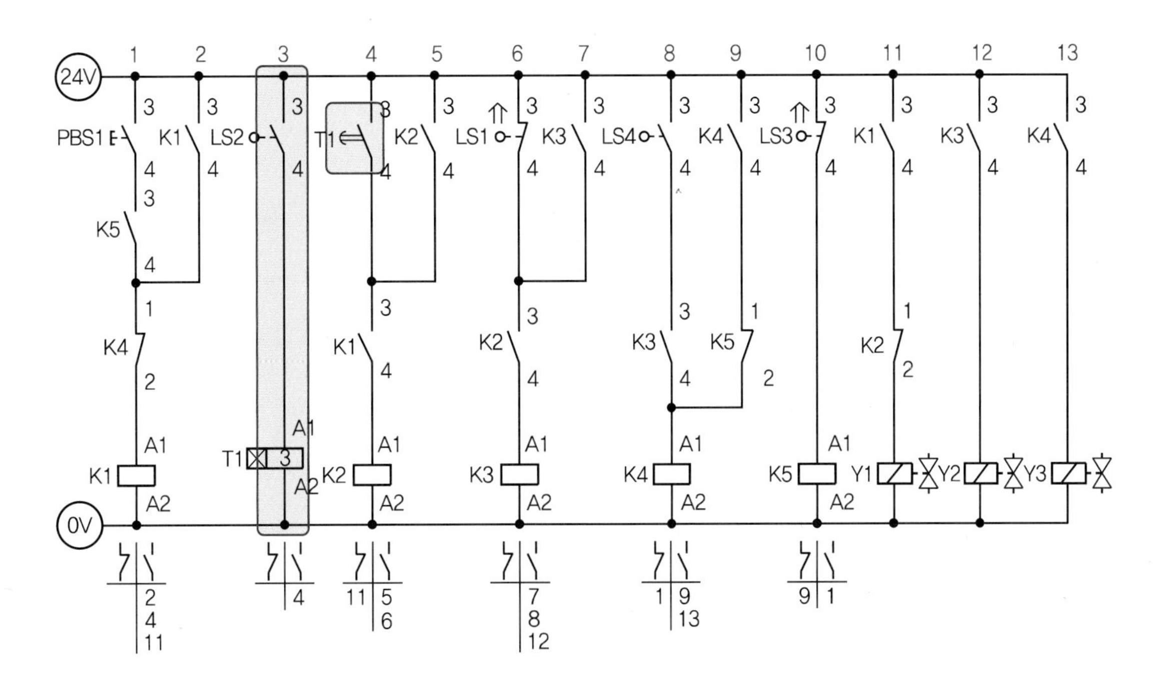

• 3번줄 A전진을 감지하는 LS2를 거쳐 ON delay 타이머를 추가한다.
• 4번줄 ON delay 타이머 a접점을 추가하여 3초 후 K2릴레이가 ON되면서 11번줄 K2 b접점이 끊어지면 A후진된다.

공압 3	응용 정답

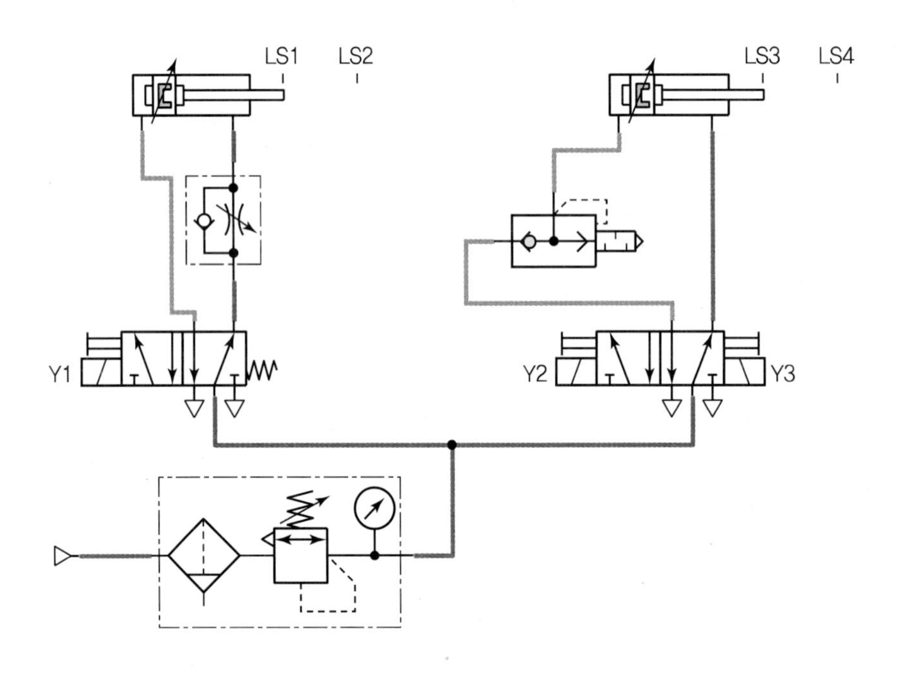

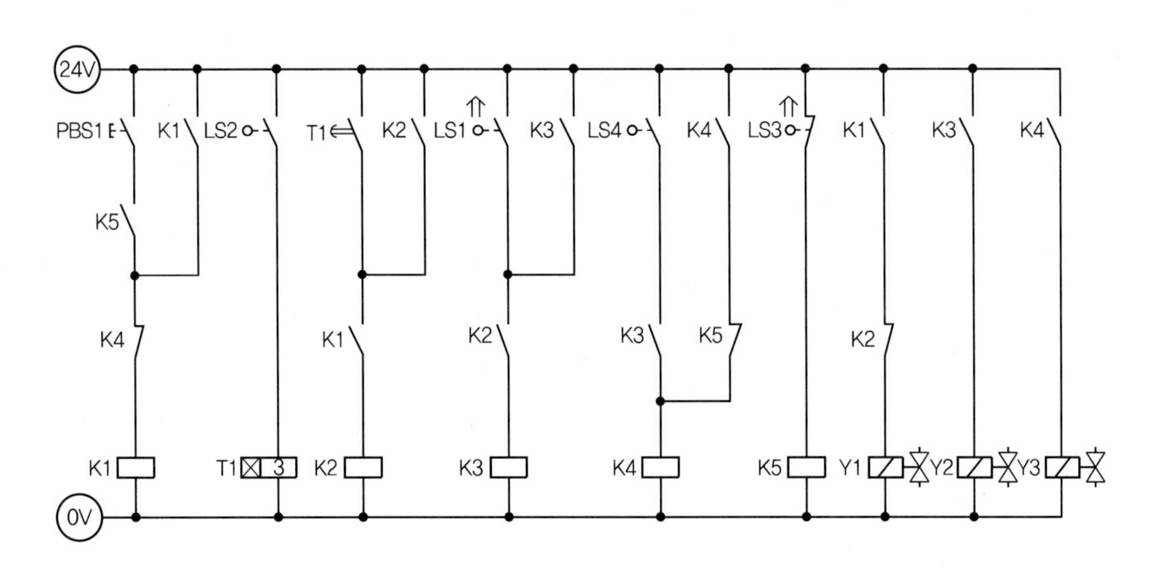

[공개] 3

국가기술자격 실기시험문제

자격종목	공유압기능사	과제명	유압회로구성 및 조립작업

※ 문제지는 시험종료 후 본인이 가져갈 수 있습니다.

비번호		시험일시		시험장명	

※ 시험시간 : 1시간 10분
- [제3과제] 유압회로 도면제작 : 10분
- [제4과제] 유압회로구성 및 조립작업 : 1시간

1. 요구사항

※ 지급된 재료 및 시설을 사용하여 아래 작업을 완성하시오.

가. 제3과제 : 유압회로 도면제작

1) 주어진 제어조건을 만족하는 유압회로도 및 전기회로도의 빈 부분(㉮, ㉯, ㉰)에 들어갈 기호를 제시된 【보기(유압)】에서 찾아 답안지(3)에 번호로 기입하고, 도면 중 ㉱ 부분의 명칭 및 ㉲ 부분의 용도를 답안지(3)에 작성하여 제출하시오.
(단, ㉱, ㉲가 지칭하는 부분은 관로, 스프링, 드레인 등의 세부 부속품이 아닌 독립적으로 역할을 하는 전체 부품임을 고려하여 답지를 작성합니다.)

나. 제4과제 : 유압회로구성 및 조립작업

1) 기본과제
가) 제3과제에서 작성한 유압도면과 같이 주어진 유압기기를 선정하여 고정판에 배치하시오.
(단, 도면에 일점쇄선 부분은 수험자가 구성하지 않습니다.)
나) 유압호스를 사용하여 배치된 기기를 연결 · 완성하시오.
다) 전기회로도를 보고 전기회로작업을 완성하시오.
(단, 전기연결선 +는 적색으로, −는 청색 또는 흑색으로 연결하시오.)
라) 유압회로 내의 최고압력을 (4±0.2)MPa로 설정하시오.

2) 응용과제
마) 압력보상형 유량조절밸브를 사용하여 부하변동에 관계없이 실린더의 전진속도가 일정하도록 제어하시오.
바) 회로도에서 실린더의 왕복운동을 제어하기 위하여 4/2way 스프링 복귀형 솔레노이드 밸브를 사용하였다. 이를 메모리 기능이 있는 4/2way 복동 솔레노이드 밸브를 사용하여 회로를 재구성한 후 동작시키시오.

2. 수험자 유의사항

※ 다음의 유의사항을 고려하여 요구사항을 완성하시오.

1) 시험 시작 전 장비 이상 유무를 확인합니다.
2) 시험 중에는 반드시 감독위원의 지시에 따라야 하며, 시험시간 동안 감독위원의 지시가 없는 한 시험장을 임의로 이탈할 수 없습니다.
3) 공압, 유압 배관의 제거는 압력 공급을 차단한 후 실시하시기 바랍니다.
4) 시험에 필요한 기기 이외에 임의로 접촉하지 않도록 주의하시기 바랍니다.
5) 전기 연결의 합선 시에는 즉시 전원공급 장치의 전원을 차단하시기 바랍니다.
6) 실린더의 작동 부분에는 전선 및 호스가 접촉되지 않도록 주의하여야 합니다.
7) 수험자 인적사항 및 계산식을 포함한 답안작성은 흑색 필기구만 사용해야 하며, 그 외 연필류, 빨간색, 청색 등 필기구 및 수정테이프(액)를 사용해 작성한 답항은 0점 처리되오니 불이익을 당하지 않도록 유의해 주시기 바랍니다.
8) 답안 정정 시에는 정정하고자 하는 단어에 두 줄(=)을 긋고 다시 작성하시기 바랍니다.
9) 제4과제 평가는 먼저 기본과제(가~라)를 수행한 후 감독위원에게 평가받고, 그 이후에 응용과제(마~바)를 별도로 감독위원에게 평가받습니다.
10) 제4과제 평가는 감독위원 확인하에 한 번만 평가받을 수 있으며 재평가하지 않습니다.
    (단, 평가 시에는 전원이 유지된 상태에서 2회 동작 시도하여 동일하게 정상 동작이 되어야 하며, 1회만 동작하고 2회째 시도 시 정상적으로 동작하지 않으면 인정하지 않음)
11) 다음 사항에 대해서는 채점 대상에서 제외하니 특히 유의하시기 바랍니다.
    가) 기권
        (1) 수험자 본인이 수험 도중 시험에 대한 포기의사를 표하는 경우
        (2) 실기시험 과정 중 1개 과정이라도 불참한 경우
    나) 실격
        (1) 시설 · 장비의 조작 또는 재료의 취급이 미숙하여 위해를 일으킬 것으로 감독위원 전원이 합의하여 판단한 경우
        (2) 기능이 해당 등급 수준에 전혀 도달하지 못한 것으로 감독위원이 판단할 경우
        (3) 부정행위를 한 경우
    다) 미완성
        (1) 주어진 시험 시간을 초과하거나 시험 시간 내에 완성하지 못한 경우
        (2) 주어진 시간 내에 제출하였으나 기본과제가 작동하지 않은 경우
            (단, 전원 유지 상태에서 동작 시험 시 2회 이상 정상동작해야 함)
    라) 오작
        (1) 회로 구성 결과가 제어조건(기본과제)과 일치하지 않는 작품
        (2) 문제지의 유압회로도와 전기회로도의 구성부품과 실제 회로작업에서 사용한 구성부품이 상이한 경우
            (단, 수험자가 제3과제에서 선택하는 부분은 오작대상에서 제외)

3. 도면(유압회로)

□ 제어조건

드릴 작업이 끝난 가공물에 대해 리밍 작업을 하려고 한다. 리밍 작업은 유압 복동실린더가 후진위치에 있고, 시동 스위치(PBS)를 On－Off하면 실린더가 전후진하여 리밍 작업을 수행한다.

○ 위치도

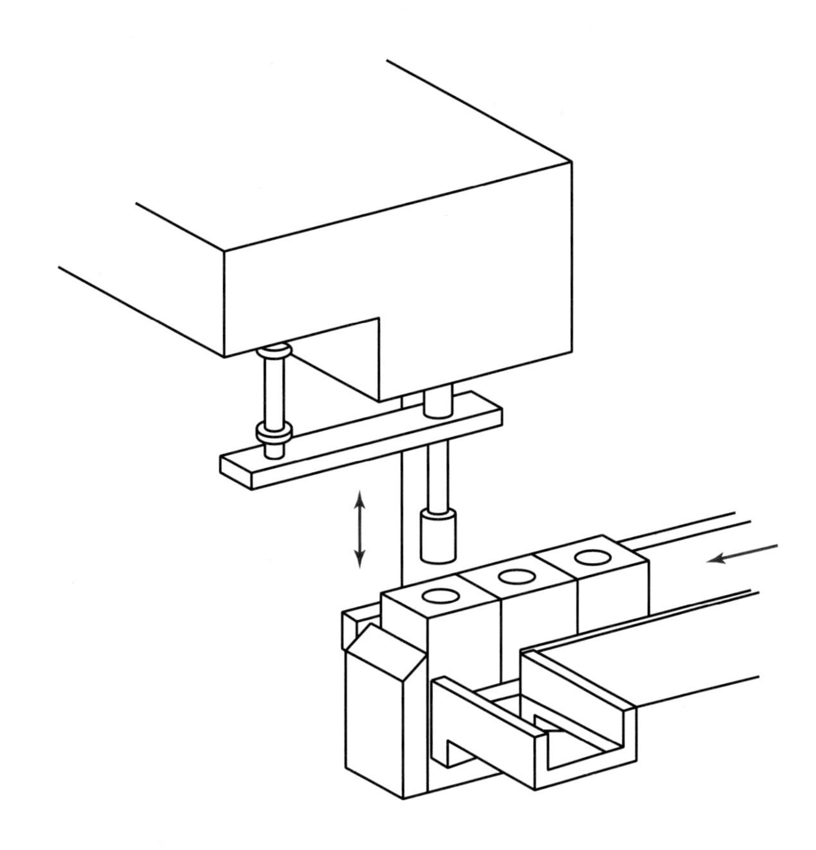

○ 유압회로도

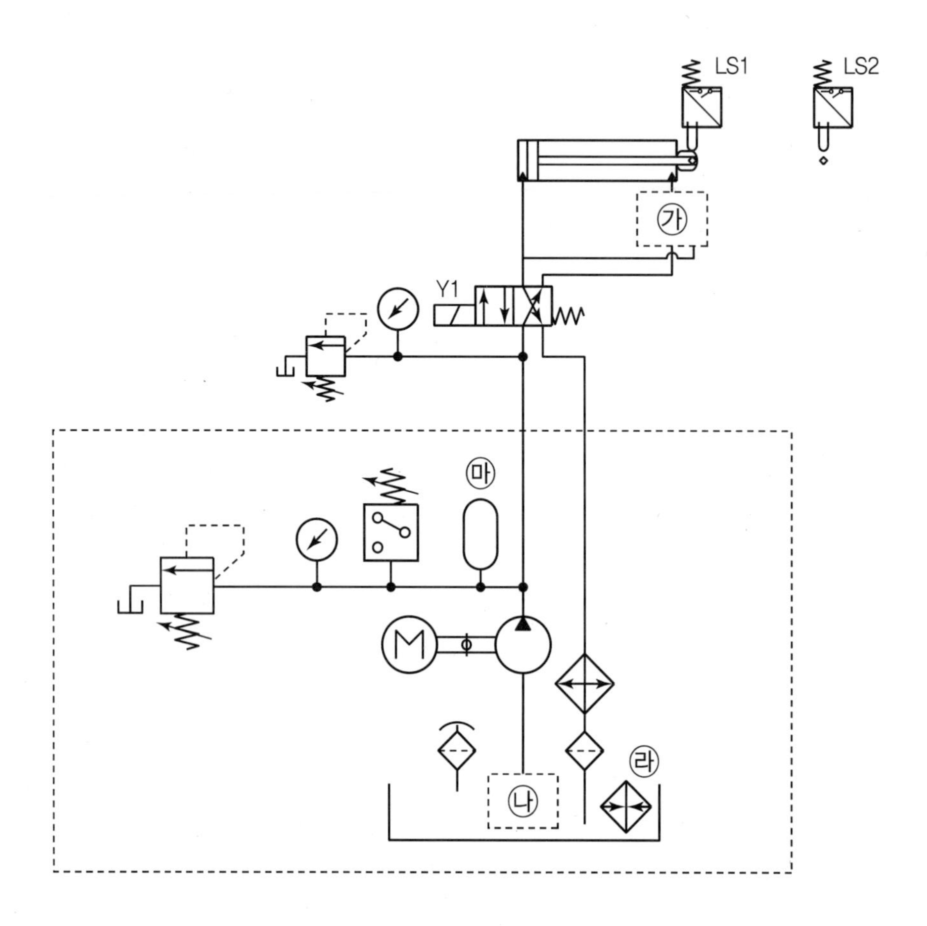

○ 전기회로도

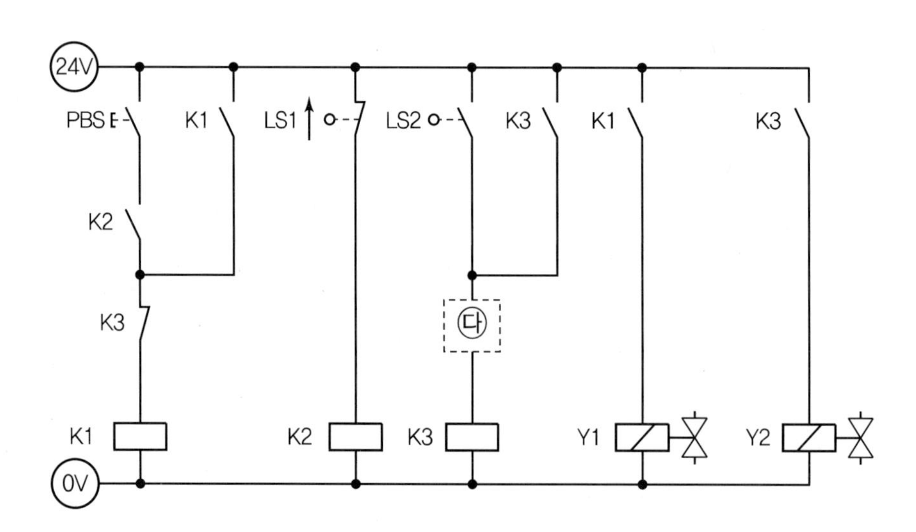

유압 3	정답

㉮ 18　　　　　㉯ 7　　　　　㉰ 36

㉱ 작동유 예열기 ㉲ 유압에너지 임시저장

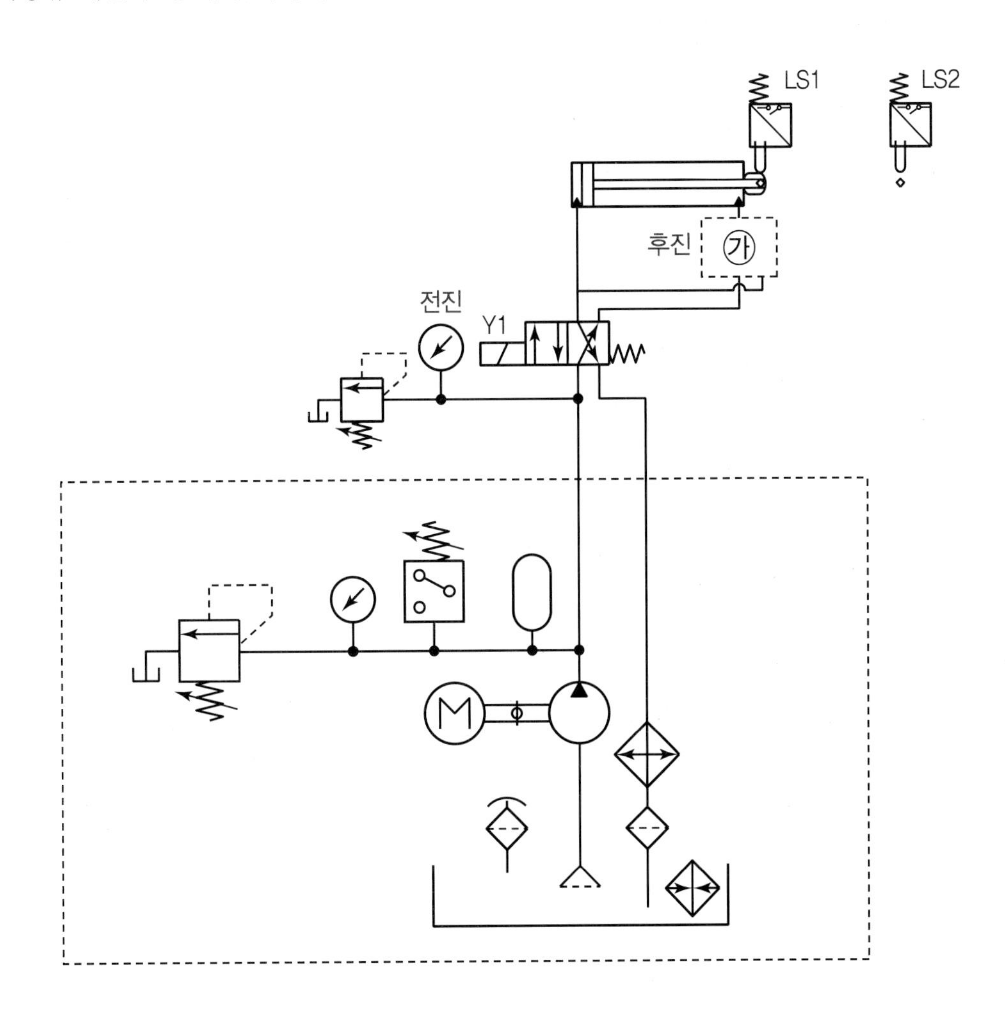

- **빈칸** ㉮ 3/2way Normal Close 타입 편솔밸브가 필요
- **빈칸** ㉯ 흡입관 필터가 필요
- 4/2way 밸브의 Y1솔레노이드가 ON되면 실린더의 헤드 측과 로드 측에 동시에 유압이 공급되나 헤드 측의 단면적이 로드 측의 단면적보다 더 커서 실린더는 전진
- 4/2way 밸브의 Y1솔레노이드는 전진, 3/2way 밸브의 Y2솔레노이드는 후진을 담당

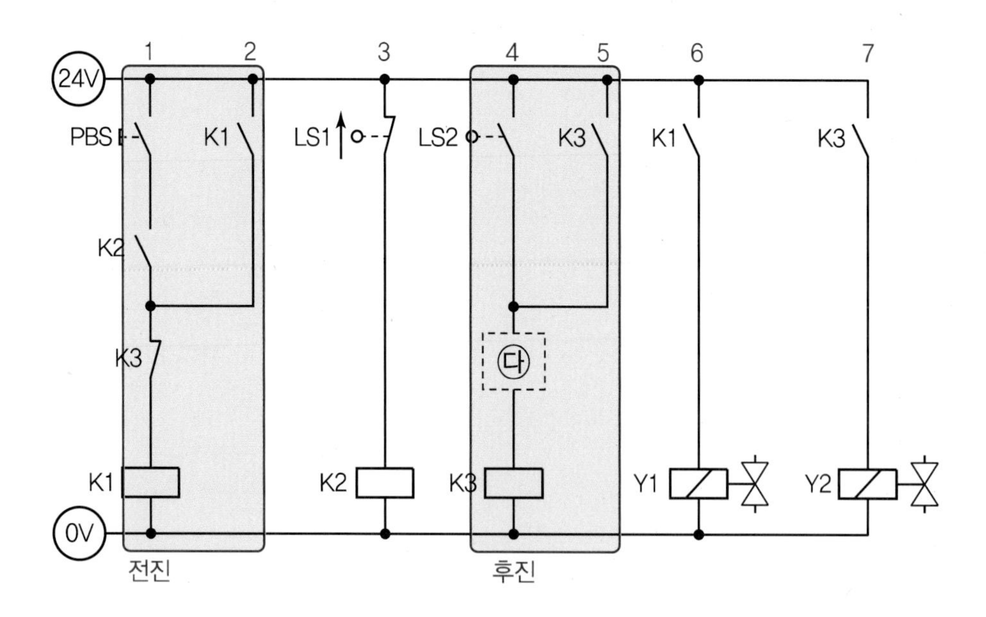

• 1번줄 start 버튼에 의해 K1릴레이가 ON되면 6번줄 K1 a접점이 ON되면서 Y1솔레노이드가 ON되어 전진이 이루어짐

• 4번줄 실린더 후진 K3릴레이는 후진이 완료되는 LS1에 의해 감지되어 K2릴레이로 전달되기 때문에 **빈칸** ㉰의 K2 b접점으로 K3릴레이를 OFF시킴

유압 3	기본 정답

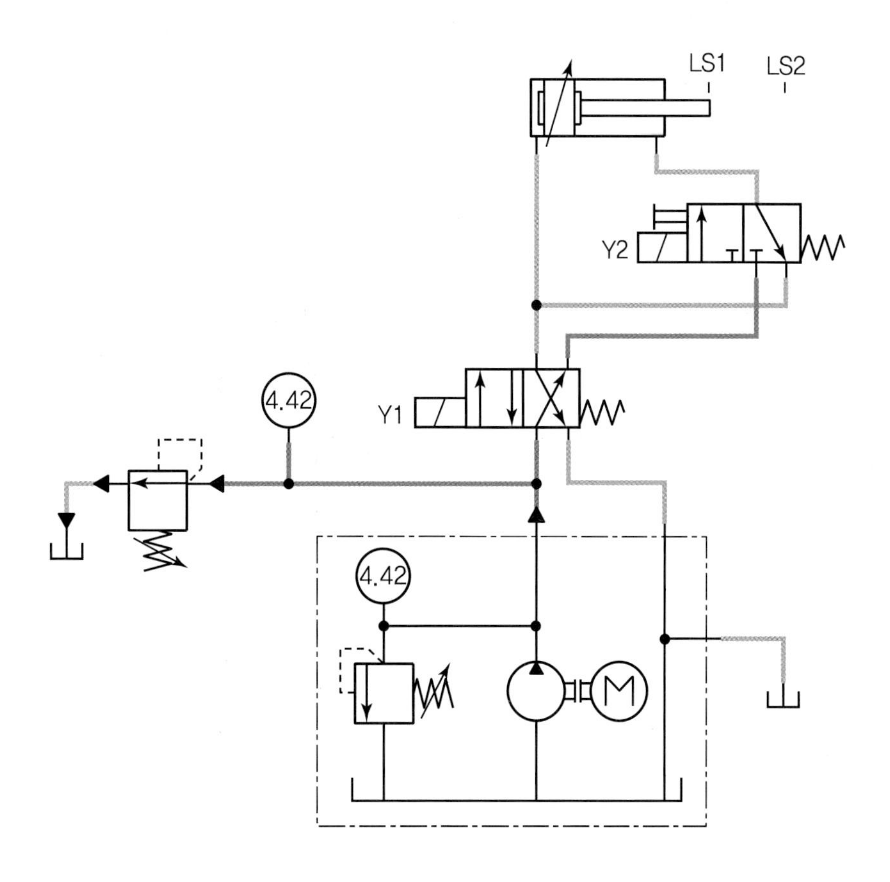

LS1
LS2
Y2
4.42
Y1
4.42
M

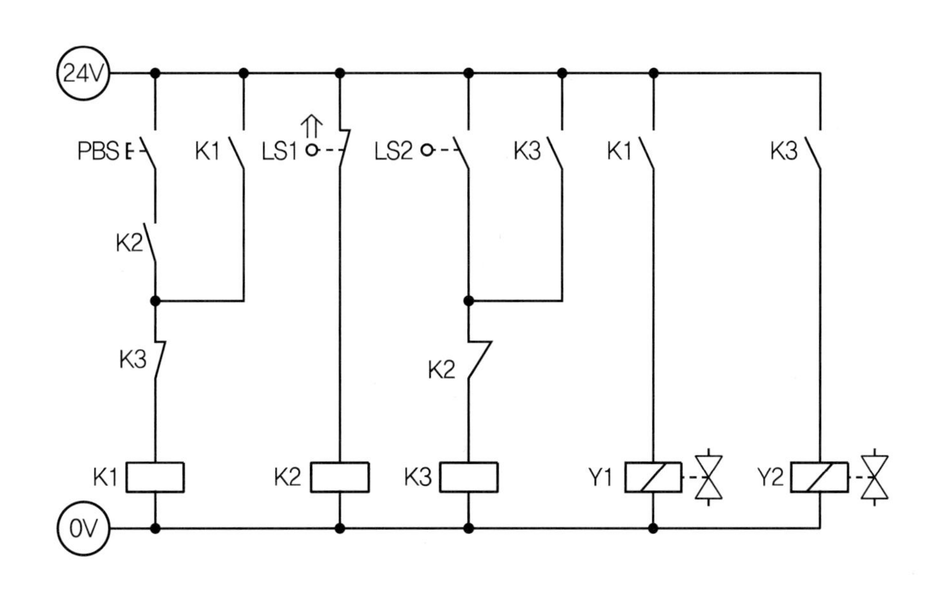

24V
PBS
K1
LS1
LS2
K3
K1
K3
K2
K3
K2
K1
K2
K3
Y1
Y2
0V

유압 3	응용 해설

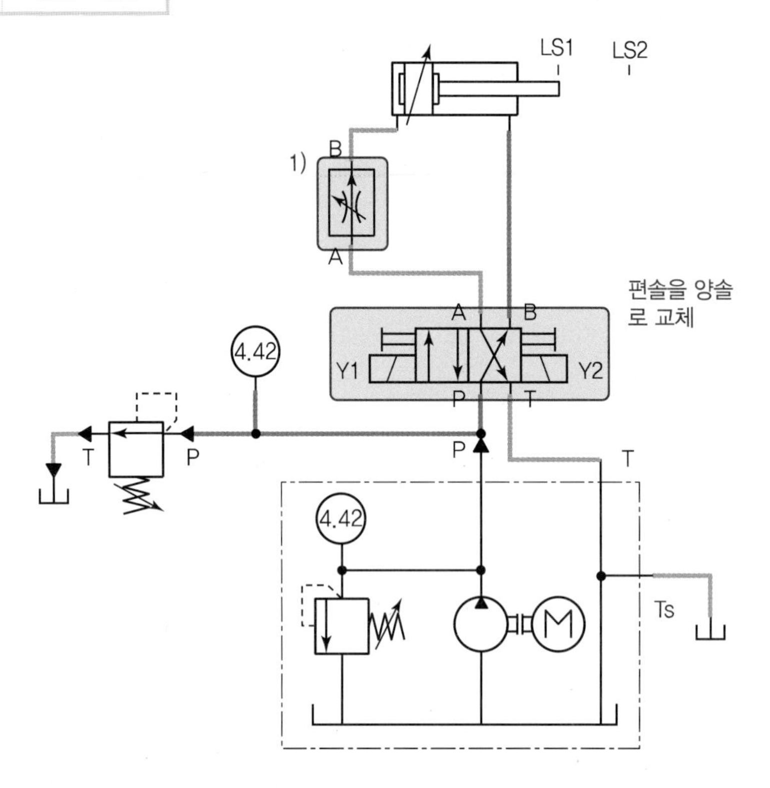

1) 압력보상형 유량제어밸브를 실린더 헤드 측에 설치하여 실린더 전진속도를 일정하게 제어한다.

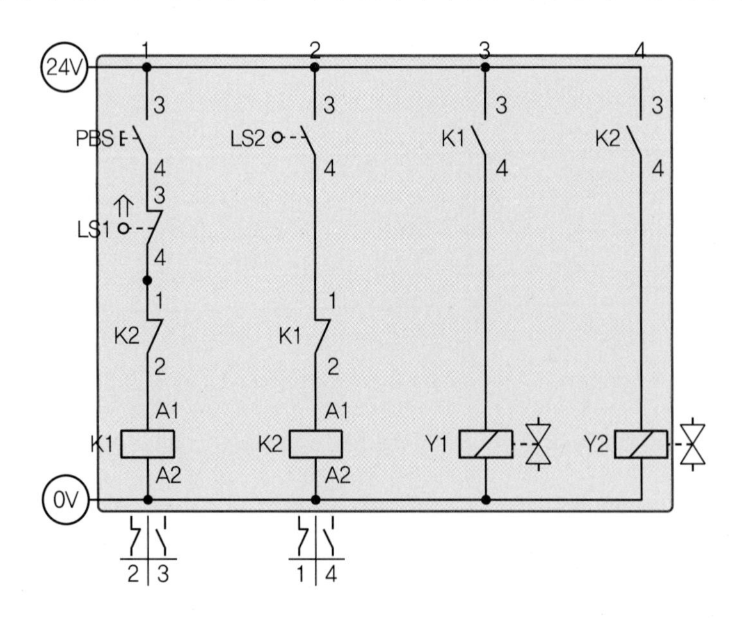

• 1번줄 실린더가 후진되어 LS1이 눌린 초기 상태에서 PBS를 누르면 K1릴레이가 ON되고, 3번 줄 K1 a접점이 ON되면 Y1솔레노이드가 ON되면서 실린더가 전진한다.

- 2번줄 실린더가 전진되어 LS2가 ON되면 K2릴레이가 ON되고, 4번줄 K2 a접점이 ON되면 Y2 솔레노이드가 ON되면서 실린더가 후진한다.
- 이때 양솔밸브는 전진과 후진이 동시에 일어나는 것을 인터록회로로, K1릴레이는 K2 b접점으로, K2릴레이는 K1 b접점으로 서로 신호를 끊어 준다.

유압 3	응용 정답

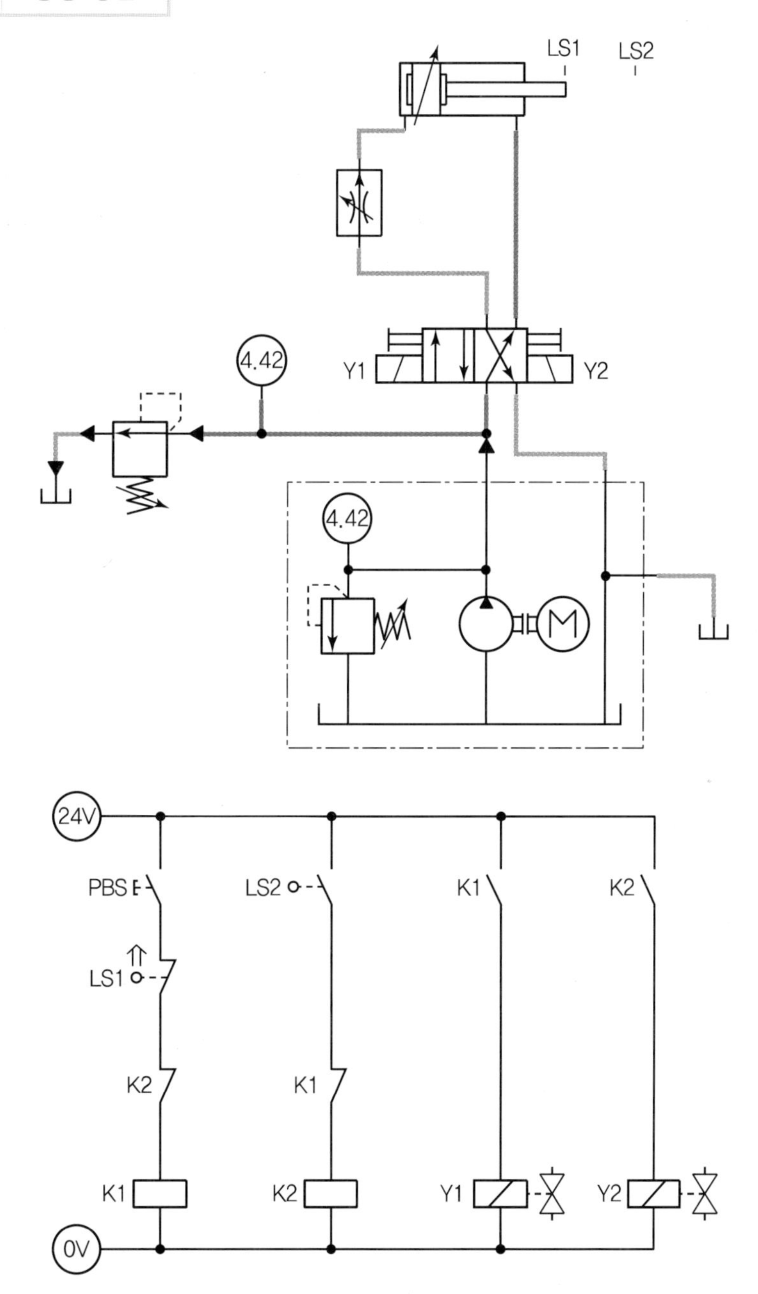

[공개] 4

국가기술자격 실기시험문제

자격종목	공유압기능사	과제명	공압회로구성 및 조립작업

※ 문제지는 시험종료 후 본인이 가져갈 수 있습니다.

비번호		시험일시		시험장명	

※ 시험시간 : 1시간 20분
 - [제1과제] 공압회로 도면제작 : 20분
 - [제2과제] 공압회로구성 및 조립작업 : 1시간

1. 요구사항

※ 지급된 재료 및 시설을 사용하여 아래 작업을 완성하시오.

가. 제1과제 : 공압회로 도면제작

1) 주어진 제어조건을 만족하는 공압회로도 및 전기회로도의 빈 부분(㉮, ㉯, ㉰)에 들어갈 기호를 제시된 【보기(공압)】에서 찾아 답안지(1)에 번호로 기입하고, 도면 중 ㉱ 부분의 용도 및 ㉲ 부분의 명칭을 답안지(1)에 작성하여 제출하시오.
(단, ㉱, ㉲가 지칭하는 부분은 관로, 스프링, 드레인 등의 세부 부속품이 아닌 독립적으로 역할을 하는 전체 부품임을 고려하여 답지를 작성합니다.)

2) 주어진 공압회로도를 참조하여 제어조건에 따른 변위단계선도를 답안지(2)에 완성하여 제출하시오.

나. 제2과제 : 공압회로구성 및 조립작업

1) 기본과제
 가) 제1과제에서 작성한 공압회로도와 같이 주어진 공압기기를 선정하여 고정판에 배치하시오.
 (단, 공압회로도 중 도면에 있는 차단밸브 이전 기기와 장치는 수험자가 구성하지 않습니다.)
 나) 공압호스를 적절한 길이로 절단 사용하여 배치된 기기를 연결 · 완성하시오.
 다) 전기회로도를 보고 전기회로작업을 완성하시오.
 (단, 전기연결선 +는 적색으로, −는 청색 또는 흑색으로 연결하시오.)
 라) 작업압력(서비스 유닛)을 (0.5±0.05)MPa로 설정하시오.

2) 응용과제
 마) 감독위원이 지정한 압력(0.2~0.5MPa 범위에서 지정)으로 변경하시오.
 바) 실린더 B 전진 시 일방향 유량조절밸브(모듈형)를 사용하여 Meter−out 회로가 되도록 하고, 실린더 B 후진 시 급속배기밸브를 사용하여 실린더의 속도를 제어하시오.
 사) 카운터를 사용하여 상자 10개를 이동시킨 후 정지할 수 있게 전기회로를 구성한 후 동작시키시오.(단, PBS1을 On−Off하면 연속 동작이 시작하고, 카운터 초기화 스위치(RESET)를 추가하고 On−Off하면 카운터가 초기화된다.)

2. 수험자 유의사항

※ 다음의 유의사항을 고려하여 요구사항을 완성하시오.

1) 시험 시작 전 장비 이상 유무를 확인합니다.
2) 시험 중에는 반드시 감독위원의 지시에 따라야 하며, 시험시간 동안 감독위원의 지시가 없는 한 시험장을 임의로 이탈할 수 없습니다.
3) 공압, 유압 배관의 제거는 압력 공급을 차단한 후 실시하시기 바랍니다.
4) 시험에 필요한 기기 이외에 임의로 접촉하지 않도록 주의하시기 바랍니다.
5) 전기 연결의 합선 시에는 즉시 전원공급 장치의 전원을 차단하시기 바랍니다.
6) 실린더의 작동 부분에는 전선 및 호스가 접촉되지 않도록 주의하여야 합니다.
7) 수험자 인적사항 및 계산식을 포함한 답안작성은 흑색 필기구만 사용해야 하며, 그 외 연필류, 빨간색, 청색 등 필기구 및 수정테이프(액)를 사용해 작성한 답항은 0점 처리 되오니 불이익을 당하지 않도록 유의해 주시기 바랍니다.
8) 답안 정정 시에는 정정하고자 하는 단어에 두 줄(=)을 긋고 다시 작성하시기 바랍니다.
9) 변위단계선도의 작성 및 제출은 반드시 제1과제 시험시간 이내에 이루어져야 합니다.
10) 제2과제 평가는 먼저 기본과제(가~라)를 수행한 후 감독위원에게 평가받고, 그 이후에 응용과제(마~사)를 별도로 감독위원에게 평가받습니다.
11) 제2과제 평가는 감독위원 확인하에 한 번만 평가받을 수 있으며 재평가하지 않습니다. (단, 평가 시에는 전원이 유지된 상태에서 2회 동작 시도하여 동일하게 정상 동작이 되어야 하며, 1회만 동작하고 2회째 시도 시 정상적으로 동작하지 않으면 인정하지 않음)
12) 다음 사항에 대해서는 채점 대상에서 제외하니 특히 유의하시기 바랍니다.
   가) 기권
      (1) 수험자 본인이 수험 도중 시험에 대한 포기의사를 표하는 경우
      (2) 실기시험 과정 중 1개 과정이라도 불참한 경우
   나) 실격
      (1) 시설 · 장비의 조작 또는 재료의 취급이 미숙하여 위해를 일으킬 것으로 감독위원 전원이 합의하여 판단한 경우
      (2) 기능이 해당 등급 수준에 전혀 도달하지 못한 것으로 감독위원이 판단할 경우
      (3) 부정행위를 한 경우
   다) 미완성
      (1) 주어진 시험 시간을 초과하거나 시험 시간 내에 완성하지 못한 경우
      (2) 주어진 시간 내에 제출하였으나 기본과제가 작동하지 않은 경우 (단, 전원 유지 상태에서 동작 시험 시 2회 이상 정상적으로 동작해야 함)
   라) 오작
      (1) 회로 구성 결과가 제어조건(기본과제)과 일치하지 않는 작품
      (2) 문제지의 공압회로도와 전기회로도의 구성부품과 실제 회로작업에서 사용한 구성부품이 상이한 경우(단, 수험자가 제1과제에서 선택하는 부분은 오작대상에서 제외)

3. 도면(공압회로)

□ 제어조건

하단의 롤러 컨베이어에 이송된 상자를 밀어 올려 다른 롤러 컨베이어로 상자를 이송시키는 공정을 공기압으로 구동하려고 한다. 상자가 제1롤러 컨베이어를 타고 내려왔을 때 PBS1 스위치를 On－Off하면, 실린더 A가 상자를 밀어 올리고, 실린더 B가 이 상자를 제2롤러 컨베이어로 옮긴 다음 실린더 A가 후진완료한 후 실린더 B가 복귀하는 시스템이다.

○ 위치도

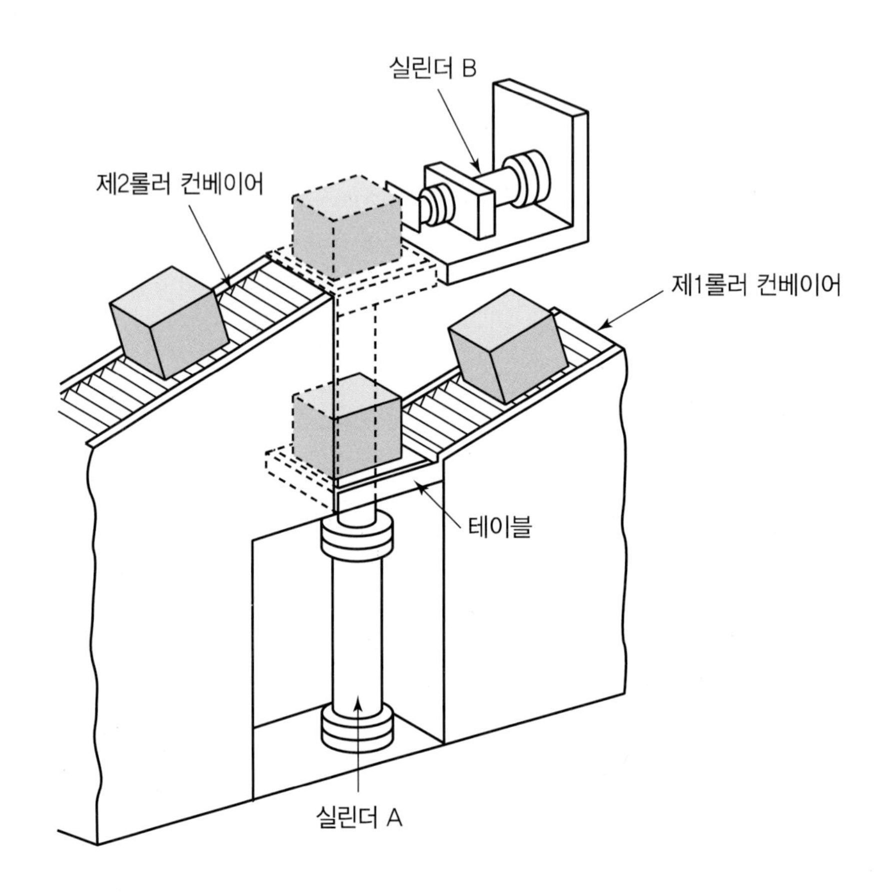

○ 공압회로도

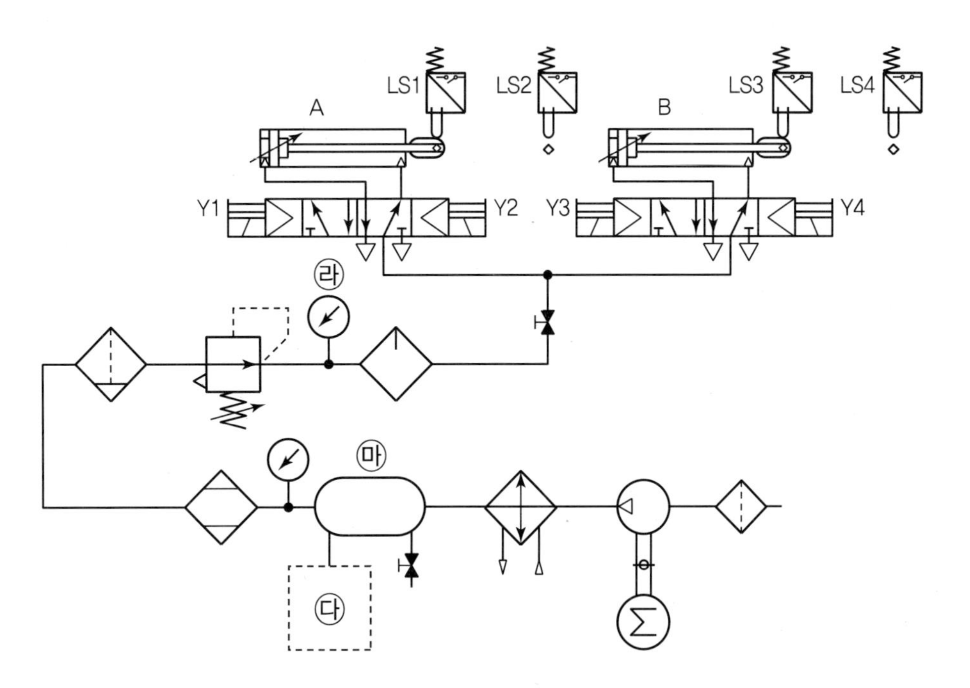

○ 전기회로도

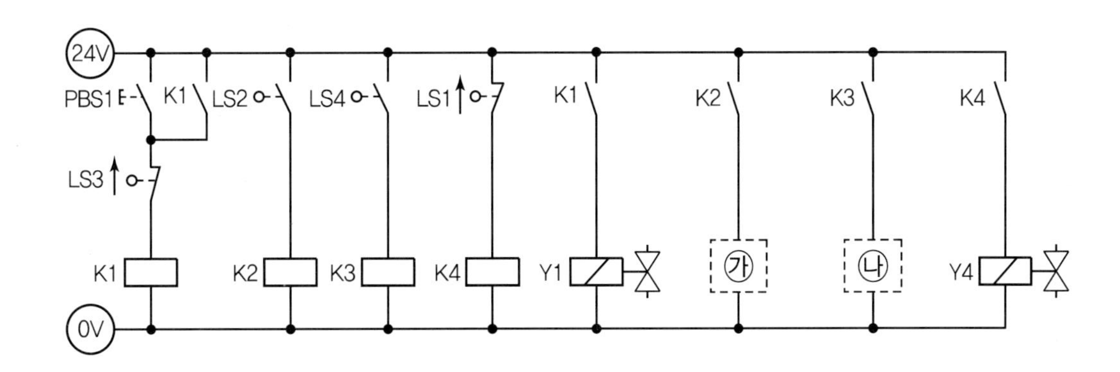

PART 02

공압 4	정답

㉮ 41　　㉯ 40　　㉰ 9

㉱ 공압에너지의 양을 표시　　㉲ 공압탱크

공압 4	변위단계선도	정답

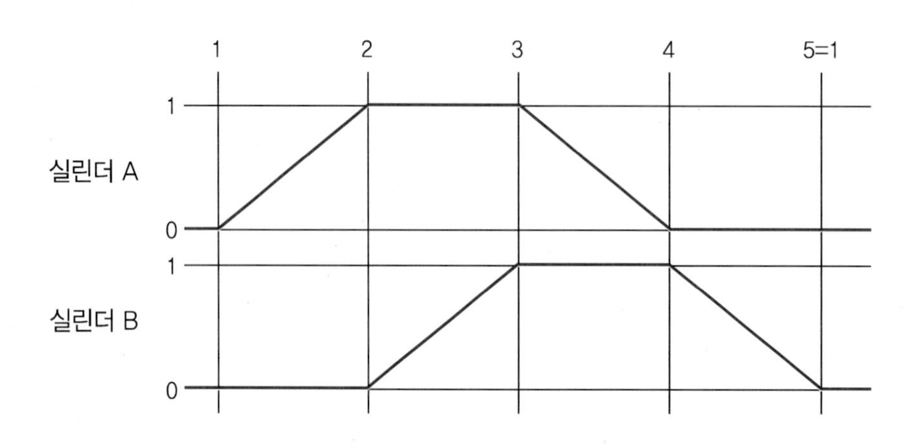

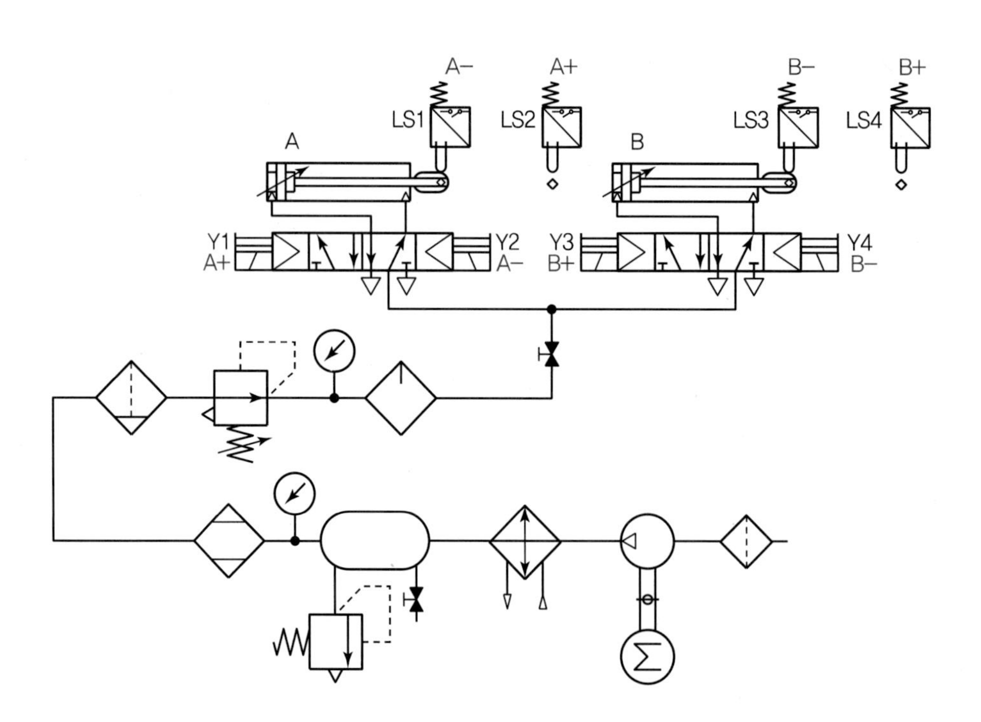

• **빈칸** ㉰ 안전밸브가 필요

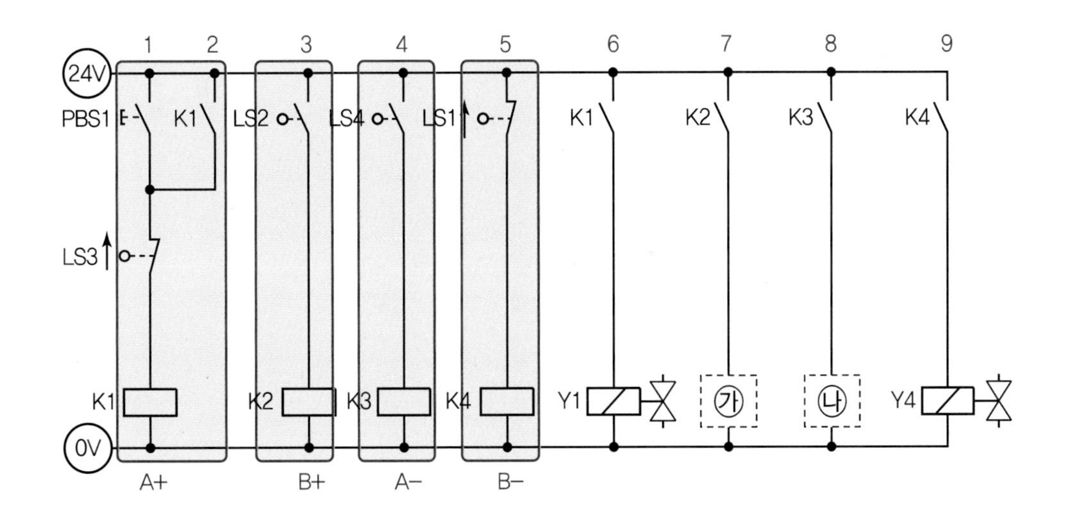

- 1번줄 K1릴레이는 3번줄 LS2가 되기 위하기 때문에 A전진(A+), 2번줄 자기유지
- 3번줄 K2릴레이는 4번줄 LS4가 되기 위하기 때문에 B전진(B+)
- 4번줄 K3릴레이는 5번줄 LS1이 되기 위하기 때문에 A후진(A−)
- 5번줄 K4릴레이는 1번줄 LS3이 되기 위하기 때문에 B후진(B−)
- 6번줄 A양솔밸브는 A전진(A+)을 위해 K1 a접점으로 Y1솔레노이드를 ON
- 7번줄 B양솔밸브는 B전진(B+)을 위해 K2 a접점으로 **빈칸** ㉮의 Y3솔레노이드를 ON
- 8번줄 A양솔밸브는 A후진(A−)을 위해 K3 a접점으로 **빈칸** ㉯의 Y2솔레노이드를 ON
- 9번줄 B양솔밸브는 B후진(B−)을 위해 K4 a접점으로 Y4솔레노이드를 ON

공압 4	기본 정답

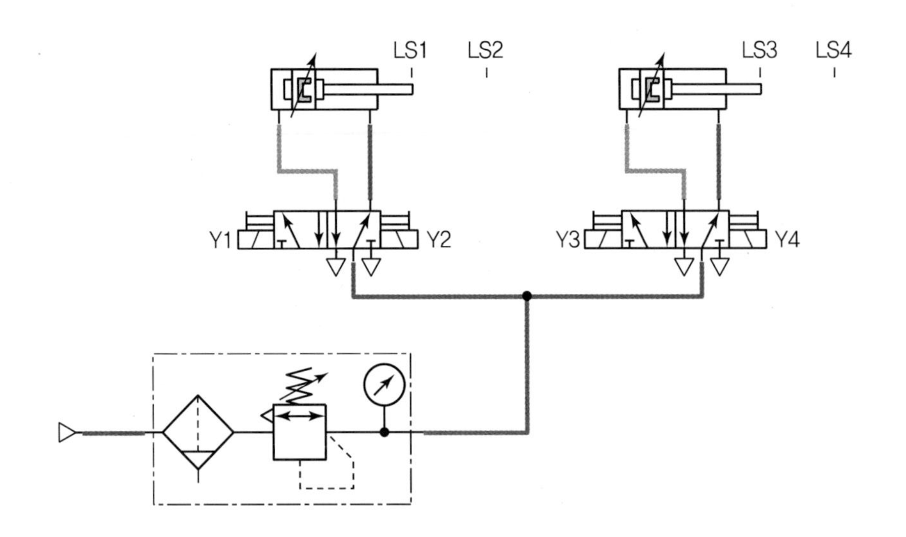
LS1
LS2
LS3
LS4
Y1
Y2
Y3
Y4

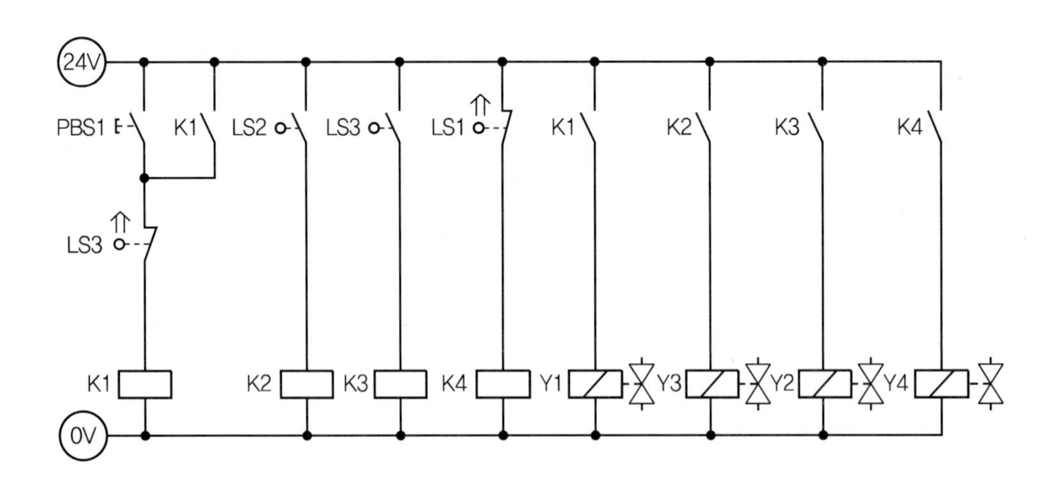
24V
PBS1
K1
LS2
LS3
LS1
K1
K2
K3
K4
LS3
K1
K2
K3
K4
Y1
Y3
Y2
Y4
0V

공압 4	응용 해설

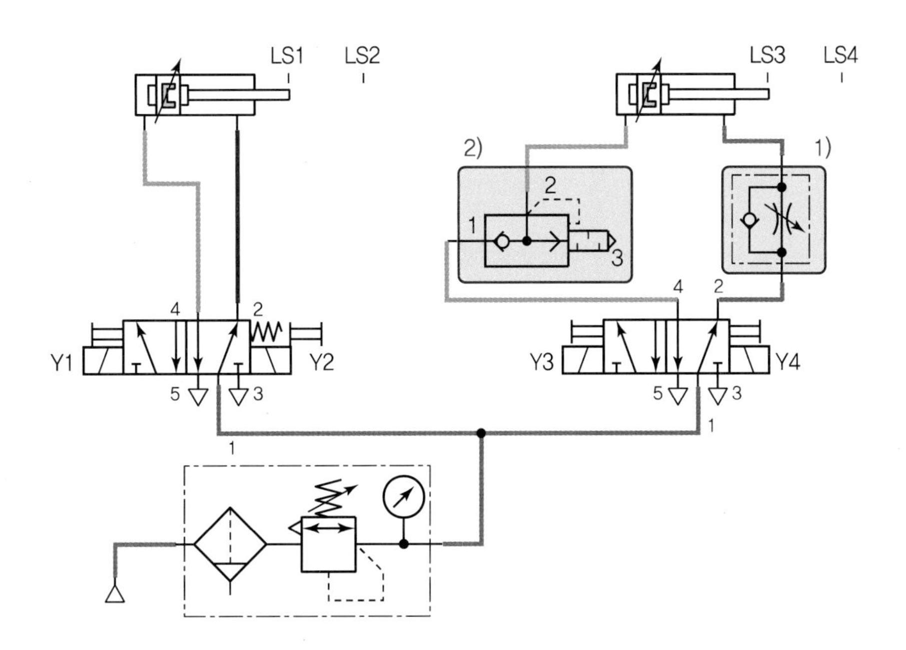

1) B 실린더 전진속도를 미터아웃 회로로 조절하려면 일방향 유량제어밸브를 로드 측에, 체크밸브를 밸브방향에 설치한다.

2) B 실린더 급속후진을 위해 급속배기밸브를 헤드 측에 설치한다.

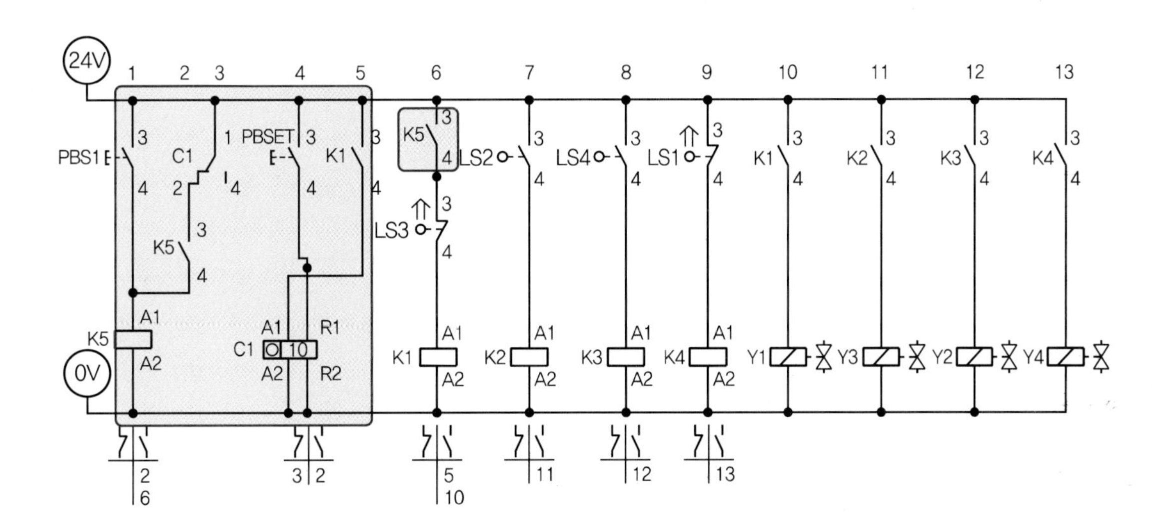

- 1번줄 카운터 회로를 사용하기 위해 PBS1과 K5릴레이를 추가한다.
- 6번줄 기존 PBS 1자리에는 K5 a접점으로 교체한다.

- 3번줄 카운터 설정값보다 작으면 카운터 C1 b접점으로 계속 동작하고, 설정값과 같아지면 C1 a접점으로 연결되면서 작동이 멈춘다.
- 2번줄 K5 a접점은 자기유지하기 위함이다.
- 5번줄 카운터 회로에서 첫 스텝 K1릴레이가 ON－OFF되는 횟수를 세기 위해 K1 a접점을 A1에 연결한다.
- 4번줄 카운터 회로를 초기화하기 위해 RESET 버튼을 R1에 연결한다.

공압 4	응용 정답

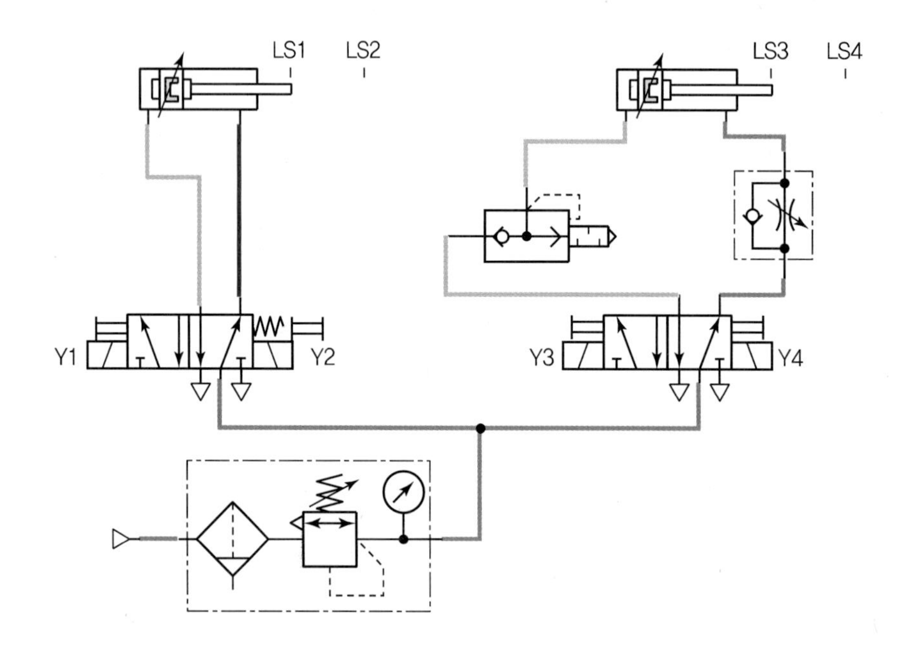

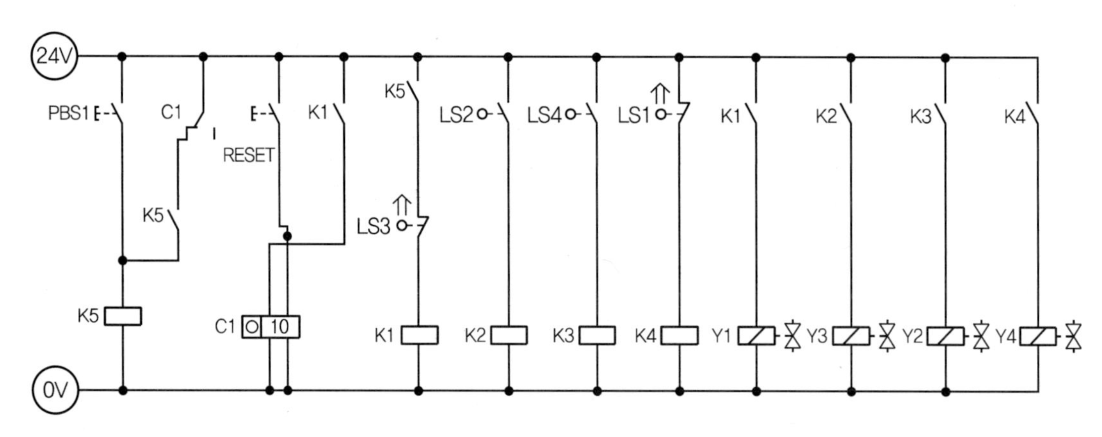

[공개] 4

국가기술자격 실기시험문제

자격종목	공유압기능사	과제명	유압회로구성 및 조립작업

※ 문제지는 시험종료 후 본인이 가져갈 수 있습니다.

비번호		시험일시		시험장명	

※ 시험시간 : 1시간 10분
- [제3과제] 유압회로 도면제작 : 10분
- [제4과제] 유압회로구성 및 조립작업 : 1시간

1. 요구사항

※ 지급된 재료 및 시설을 사용하여 아래 작업을 완성하시오.

가. 제3과제 : 유압회로 도면제작

1) 주어진 제어조건을 만족하는 유압회로도 및 전기회로도의 빈 부분(㉮, ㉯, ㉰)에 들어갈 기호를 제시된 【보기(유압)】에서 찾아 답안지(3)에 번호로 기입하고, 도면 중 ㉱ 부분의 명칭 및 ㉲ 부분의 용도를 답안지(3)에 작성하여 제출하시오.
(단, ㉱, ㉲가 지칭하는 부분은 관로, 스프링, 드레인 등의 세부 부속품이 아닌 독립적으로 역할을 하는 전체 부품임을 고려하여 답지를 작성합니다.)

나. 제4과제 : 유압회로구성 및 조립작업

1) 기본과제
가) 제3과제에서 작성한 유압도면과 같이 주어진 유압기기를 선정하여 고정판에 배치하시오.
(단, 도면에 일점쇄선 부분은 수험자가 구성하지 않습니다.)
나) 유압호스를 사용하여 배치된 기기를 연결 · 완성하시오.
다) 전기회로도를 보고 전기회로작업을 완성하시오.
(단, 전기연결선 +는 적색으로, −는 청색 또는 흑색으로 연결하시오.)
라) 유압회로 내의 최고압력을 (4±0.2)MPa로 설정하시오.

2) 응용과제
마) 실린더의 후진운동을 일방향 유량조절밸브를 사용하여 Meter−in 방식으로 회로를 변경하고, 후진 시 실린더의 흘러내림을 방지하기 위하여 카운터 밸런스 회로를 추가로 구성하고 동작시키시오.
(단, 카운터 밸런스 회로는 릴리프 밸브와 체크밸브를 사용하여 회로를 구성하고 설정 압력은 3MPa(±0.2MPa)로 한다.)
바) 초기 전진 시 실린더 동작을 경고하기 위해 PBS1을 On−Off하면 3초간 부저가 작동된 후 자동으로 유압 실린더가 전진작업을 시작하도록 전기회로를 구성하고 동작시키시오.

2. 수험자 유의사항

※ 다음의 유의사항을 고려하여 요구사항을 완성하시오.

1) 시험 시작 전 장비 이상 유무를 확인합니다.
2) 시험 중에는 반드시 감독위원의 지시에 따라야 하며, 시험시간 동안 감독위원의 지시가 없는 한 시험장을 임의로 이탈할 수 없습니다.
3) 공압, 유압 배관의 제거는 압력 공급을 차단한 후 실시하시기 바랍니다.
4) 시험에 필요한 기기 이외에 임의로 접촉하지 않도록 주의하시기 바랍니다.
5) 전기 연결의 합선 시에는 즉시 전원공급 장치의 전원을 차단하시기 바랍니다.
6) 실린더의 작동 부분에는 전선 및 호스가 접촉되지 않도록 주의하여야 합니다.
7) 수험자 인적사항 및 계산식을 포함한 답안작성은 흑색 필기구만 사용해야 하며, 그 외 연필류, 빨간색, 청색 등 필기구 및 수정테이프(액)를 사용해 작성한 답항은 0점 처리되오니 불이익을 당하지 않도록 유의해 주시기 바랍니다.
8) 답안 정정 시에는 정정하고자 하는 단어에 두 줄(=)을 긋고 다시 작성하시기 바랍니다.
9) 제4과제 평가는 먼저 기본과제(가~라)를 수행한 후 감독위원에게 평가받고, 그 이후에 응용과제(마~바)를 별도로 감독위원에게 평가받습니다.
10) 제4과제 평가는 감독위원 확인하에 한 번만 평가받을 수 있으며 재평가하지 않습니다.
 (단, 평가 시에는 전원이 유지된 상태에서 2회 동작 시도하여 동일하게 정상 동작이 되어야 하며, 1회만 동작하고 2회째 시도 시 정상적으로 동작하지 않으면 인정하지 않음)
11) 다음 사항에 대해서는 채점 대상에서 제외하니 특히 유의하시기 바랍니다.
 가) 기권
  (1) 수험자 본인이 수험 도중 시험에 대한 포기의사를 표하는 경우
  (2) 실기시험 과정 중 1개 과정이라도 불참한 경우
 나) 실격
  (1) 시설 · 장비의 조작 또는 재료의 취급이 미숙하여 위해를 일으킬 것으로 감독위원 전원이 합의하여 판단한 경우
  (2) 기능이 해당 등급 수준에 전혀 도달하지 못한 것으로 감독위원이 판단할 경우
  (3) 부정행위를 한 경우
 다) 미완성
  (1) 주어진 시험 시간을 초과하거나 시험 시간 내에 완성하지 못한 경우
  (2) 주어진 시간 내에 제출하였으나 기본과제가 작동하지 않은 경우
  (단, 전원 유지 상태에서 동작 시험 시 2회 이상 정상동작해야 함)
 라) 오작
  (1) 회로 구성 결과가 제어조건(기본과제)과 일치하지 않는 작품
  (2) 문제지의 유압회로도와 전기회로도의 구성부품과 실제 회로작업에서 사용한 구성부품이 상이한 경우
  (단, 수험자가 제3과제에서 선택하는 부분은 오작대상에서 제외)

3. 도면(유압회로)

□ 제어조건

중량물을 운반하는 덤프트럭에서 복동실린더 1개와 링크를 이용하여 하역장치가 구성되어 있다. 전진스위치(PBS1)를 누르면 실린더가 전진하여 적재함을 일으키고 후진스위치(PBS2)를 계속 누르고 있으면 적재함이 제자리로 복귀한다.

○ 위치도

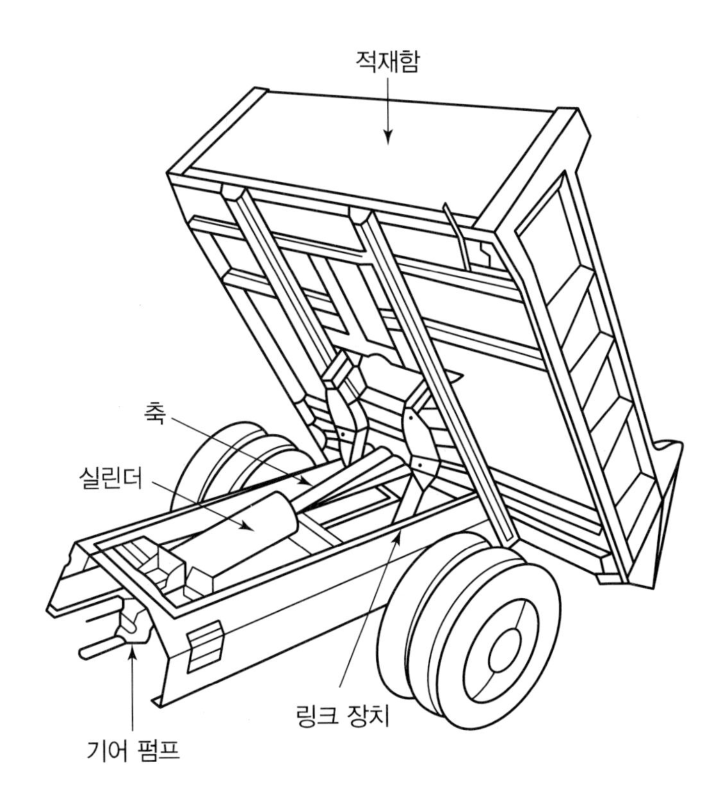

○ 유압회로도

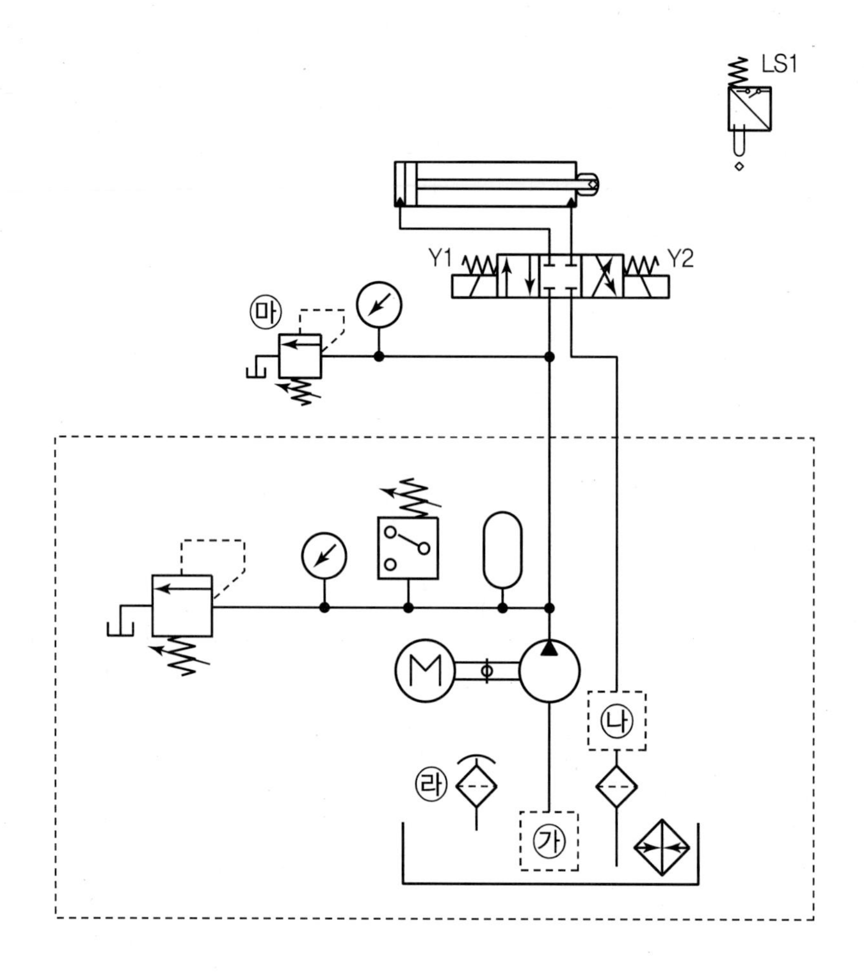

○ 전기회로도

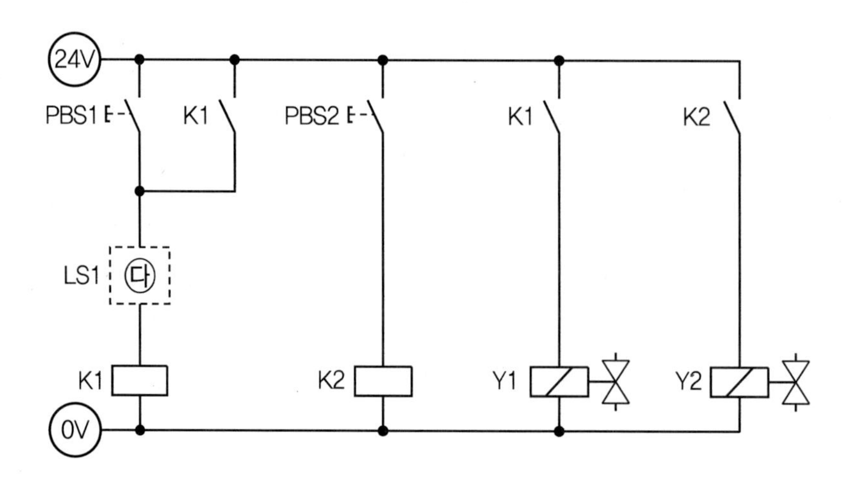

유압 4	정답

㉮ 7　　　　㉯ 4　　　　㉰ 29

㉱ 통기필터　　㉲ 압력을 설정하여 토출압력 조절

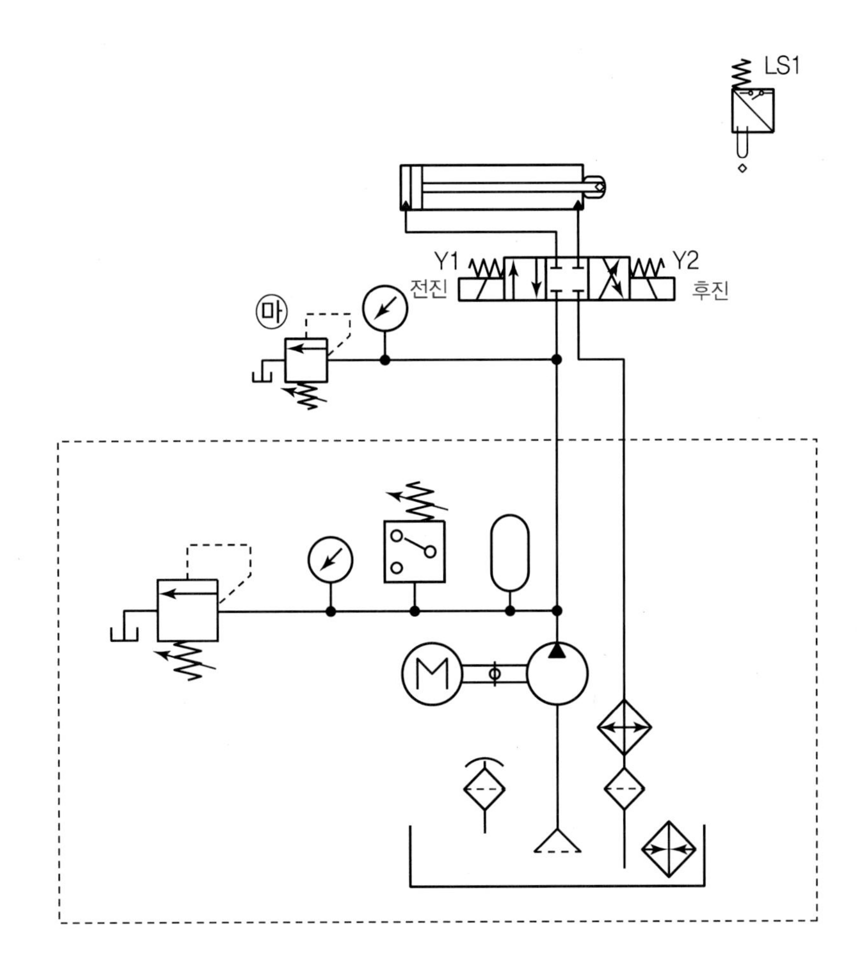

- **빈칸** ㉮ 흡입관 필터가 필요
- **빈칸** ㉯ 오일냉각기가 필요
- 4/3way 양솔밸브의 Y1솔레노이드는 전진, Y2솔레노이드는 후진을 담당

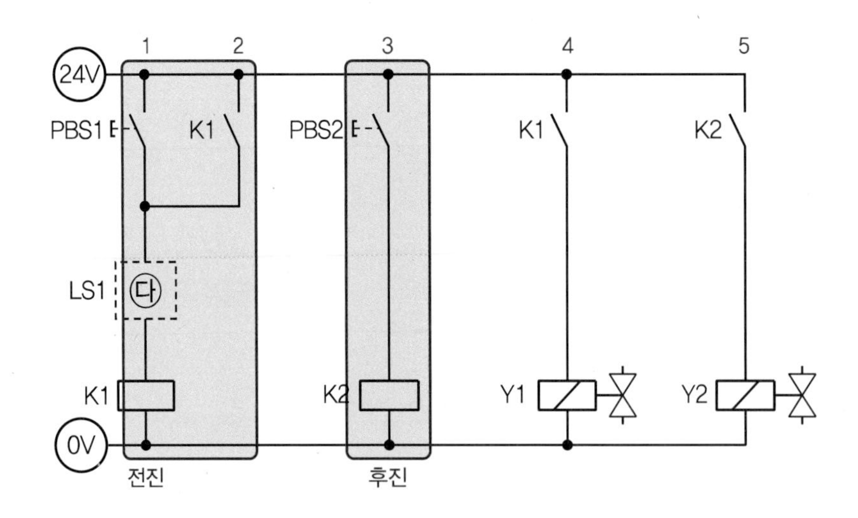

- 1번줄 PB1을 누르면 K1릴레이가 ON이 되어야 하기 때문에 **빈칸** ㉰는 LS1 b접점으로 연결되어야 함
- 3번줄 PB2를 누르는 동안에만 5번줄 Y2솔레노이드에 의해 후진이 이루어짐

유압 4	기본 정답

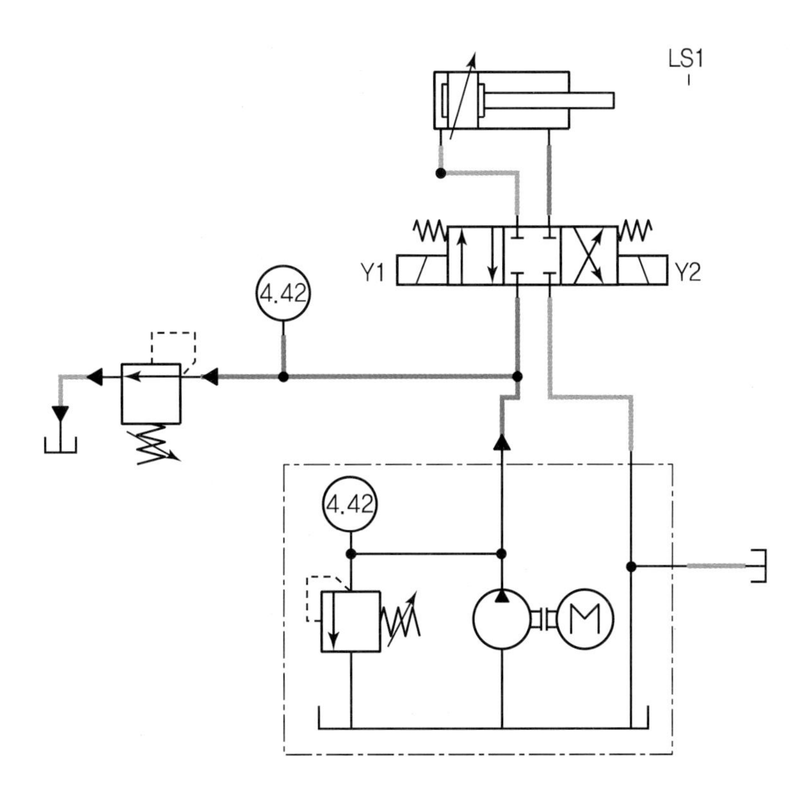

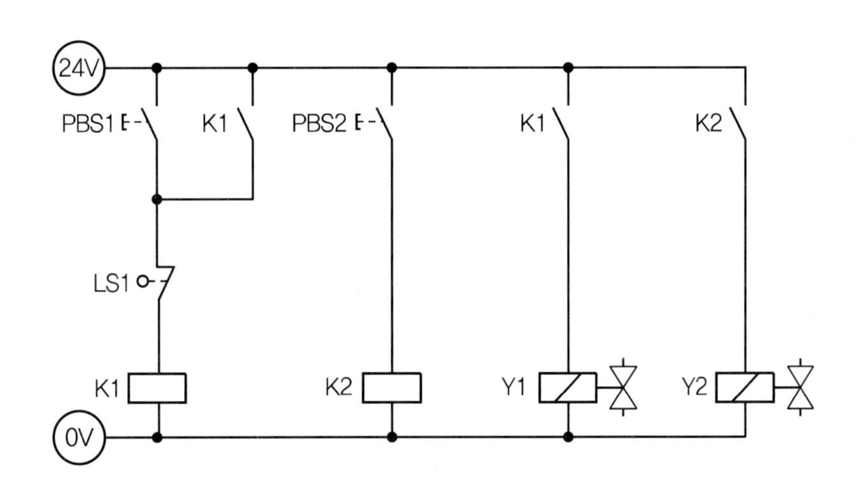

유압 4	응용 해설

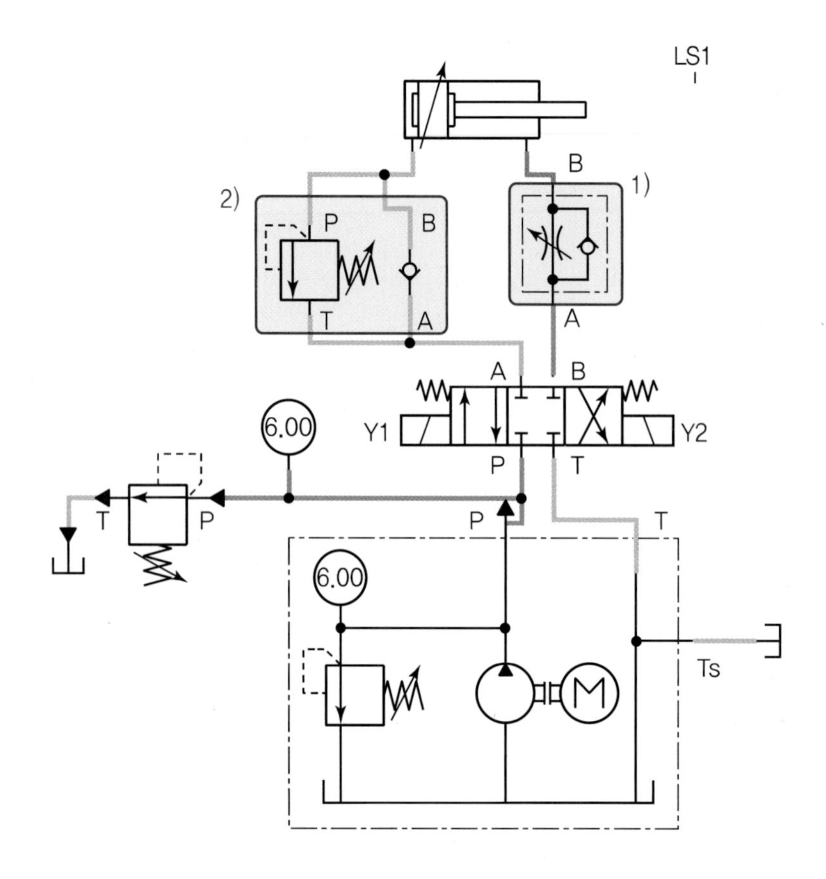

1) 실린더 후진속도를 미터인 회로로 조절하려면 일방향 유량제어밸브를 로드 측에, 체크밸브를 실린더방향에 설치한다.
2) 실린더 후진 시 실린더 흘러내림을 방지하기 위해 카운터 밸런스 밸브를 실린더 헤드 측에 설치한다.(릴리프 밸브와 체크밸브를 조합하여 설치하며 반드시 체크밸브를 밸브방향에 설치함)

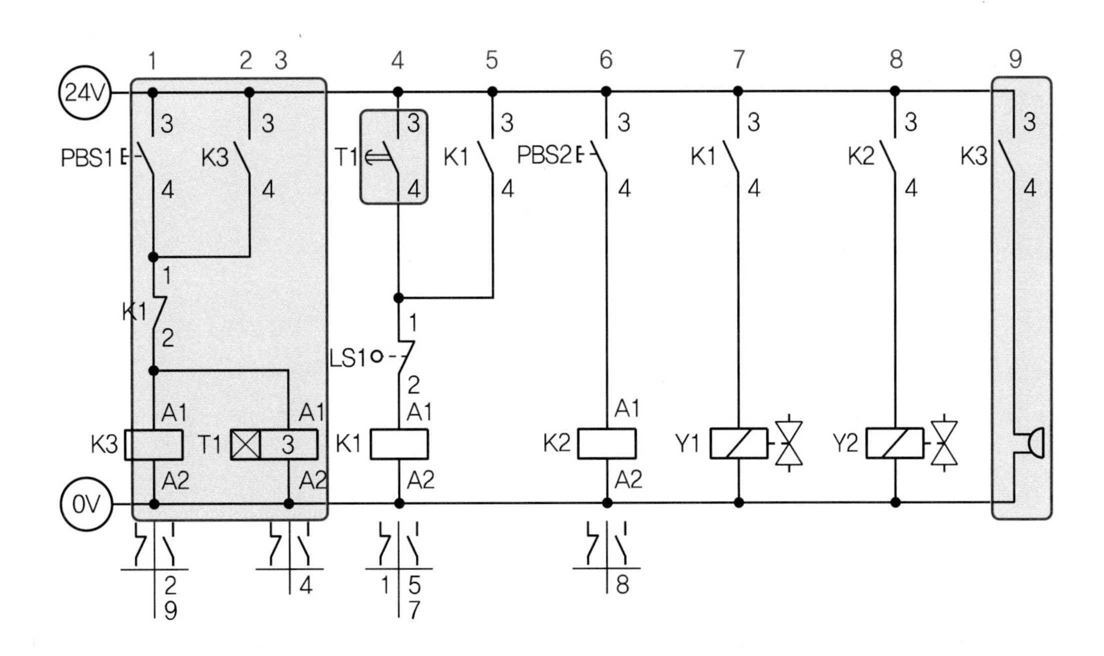

- 1번줄 PBS1을 누르면 타이머 작동과 부저음 작동을 위해 K3릴레이를 추가한다.
- 9번줄 K3 a접점으로 부저음이 ON된다.
- 4번줄 ON delay 타이머 a접점을 추가하여 3초 후 K1릴레이가 ON되면서 1번줄 K1 b접점으로 부저음이 꺼진다.
- 7번줄 K1 a접점으로 Y1솔레노이드가 ON되면서 실린더가 전진한다.

유압 4	응용 정답

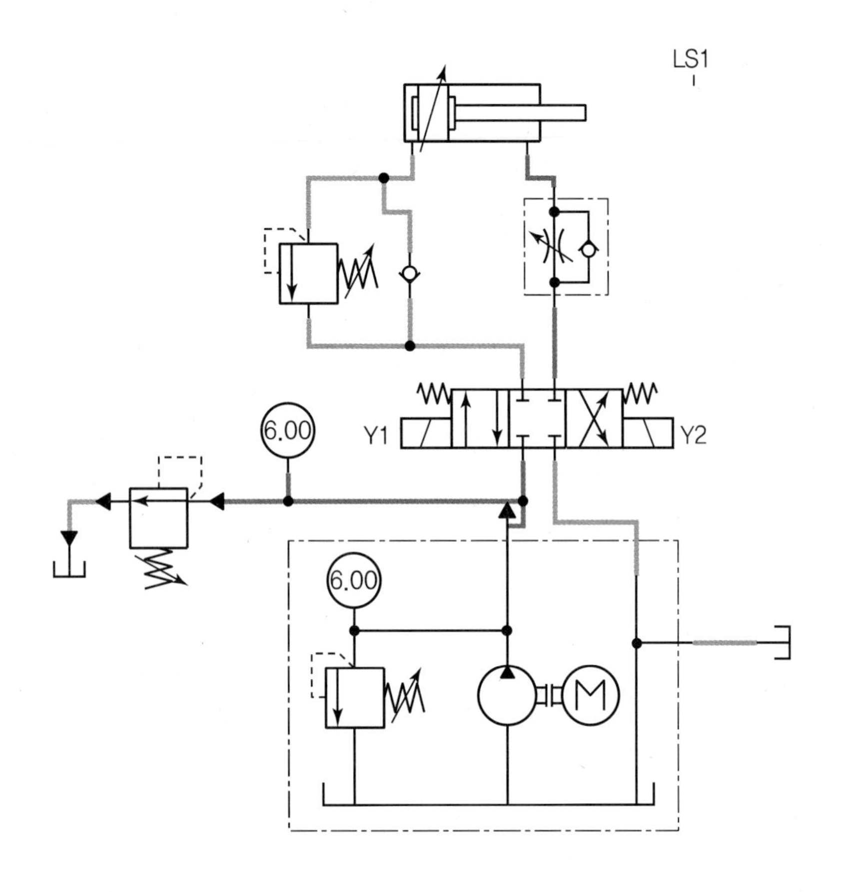
LS1
6.00
Y1
Y2
6.00
M

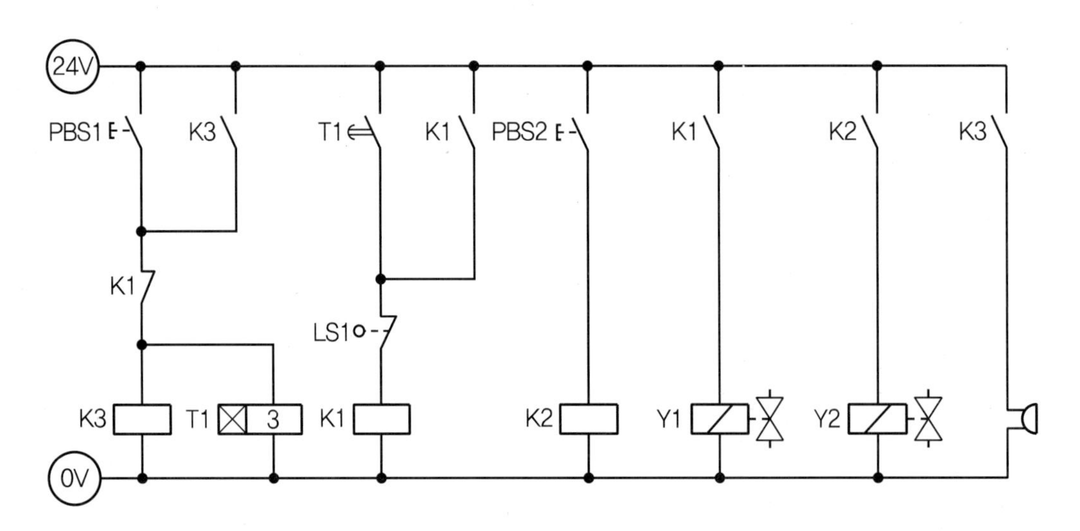
24V
PBS1
K3
T1
K1
PBS2
K1
K2
K3
K1
LS1
K3
T1
3
K1
K2
Y1
Y2
0V

[공개] 5

국가기술자격 실기시험문제

자격종목	공유압기능사	과제명	공압회로구성 및 조립작업

※ 문제지는 시험종료 후 본인이 가져갈 수 있습니다.

비번호		시험일시		시험장명	

※ 시험시간 : 1시간 20분
- [제1과제] 공압회로 도면제작 : 20분
- [제2과제] 공압회로구성 및 조립작업 : 1시간

1. 요구사항

※ 지급된 재료 및 시설을 사용하여 아래 작업을 완성하시오.

가. 제1과제 : 공압회로 도면제작

1) 주어진 제어조건을 만족하는 공압회로도 및 전기회로도의 빈 부분(㉮, ㉯, ㉰)에 들어갈 기호를 제시된 【보기(공압)】에서 찾아 답안지(1)에 번호로 기입하고, 도면 중 ㉱ 부분의 용도 및 ㉲ 부분의 명칭을 답안지(1)에 작성하여 제출하시오.
(단, ㉱, ㉲가 지칭하는 부분은 관로, 스프링, 드레인 등의 세부 부속품이 아닌 독립적으로 역할을 하는 전체 부품임을 고려하여 답지를 작성합니다.)

2) 주어진 공압회로도를 참조하여 제어조건에 따른 변위단계선도를 답안지(2)에 완성하여 제출하시오.

나. 제2과제 : 공압회로구성 및 조립작업

1) 기본과제
   가) 제1과제에서 작성한 공압회로도와 같이 주어진 공압기기를 선정하여 고정판에 배치하시오.
   (단, 공압회로도 중 도면에 있는 차단밸브 이전 기기와 장치는 수험자가 구성하지 않습니다.)
   나) 공압호스를 적절한 길이로 절단 사용하여 배치된 기기를 연결 · 완성하시오.
   다) 전기회로도를 보고 전기회로작업을 완성하시오.
   (단, 전기연결선 +는 적색으로, −는 청색 또는 흑색으로 연결하시오.)
   라) 작업압력(서비스 유닛)을 (0.5±0.05)MPa로 설정하시오.

2) 응용과제
   마) 감독위원이 지정한 압력(0.2~0.5MPa 범위에서 지정)으로 변경하시오.
   바) 실린더 B 전진 시 일방향 유량조절밸브(모듈형)를 사용하여 Meter−out 회로가 되도록 하고, 실린더 A 후진 시 급속배기밸브를 사용하여 실린더의 속도를 제어하시오.
   사) 리밋 스위치를 이용하여 저장소에 블록이 없을 경우 새로운 작업 사이클이 진행되지 않도록 하고, 이 경우 전기 램프가 점등되어 그 상태를 표시할 수 있도록 회로를 구성한 후 동작시키시오.(리밋 스위치는 전기 선택 스위치로 대용)

2. 수험자 유의사항

※ 다음의 유의사항을 고려하여 요구사항을 완성하시오.

1) 시험 시작 전 장비 이상 유무를 확인합니다.
2) 시험 중에는 반드시 감독위원의 지시에 따라야 하며, 시험시간 동안 감독위원의 지시가 없는 한 시험장을 임의로 이탈할 수 없습니다.
3) 공압, 유압 배관의 제거는 압력 공급을 차단한 후 실시하시기 바랍니다.
4) 시험에 필요한 기기 이외에 임의로 접촉하지 않도록 주의하시기 바랍니다.
5) 전기 연결의 합선 시에는 즉시 전원공급 장치의 전원을 차단하시기 바랍니다.
6) 실린더의 작동 부분에는 전선 및 호스가 접촉되지 않도록 주의하여야 합니다.
7) 수험자 인적사항 및 계산식을 포함한 답안작성은 흑색 필기구만 사용해야 하며, 그 외 연필류, 빨간색, 청색 등 필기구 및 수정테이프(액)를 사용해 작성한 답항은 0점 처리되오니 불이익을 당하지 않도록 유의해 주시기 바랍니다.
8) 답안 정정 시에는 정정하고자 하는 단어에 두 줄(=)을 긋고 다시 작성하시기 바랍니다.
9) 변위단계선도의 작성 및 제출은 반드시 제1과제 시험시간 이내에 이루어져야 합니다.
10) 제2과제 평가는 먼저 기본과제(가~라)를 수행한 후 감독위원에게 평가받고, 그 이후에 응용과제(마~사)를 별도로 감독위원에게 평가받습니다.
11) 제2과제 평가는 감독위원 확인하에 한 번만 평가받을 수 있으며 재평가하지 않습니다. (단, 평가 시에는 전원이 유지된 상태에서 2회 동작 시도하여 동일하게 정상 동작이 되어야 하며, 1회만 동작하고 2회째 시도 시 정상적으로 동작하지 않으면 인정하지 않음)
12) 다음 사항에 대해서는 채점 대상에서 제외하니 특히 유의하시기 바랍니다.

가) 기권
  (1) 수험자 본인이 수험 도중 시험에 대한 포기의사를 표하는 경우
  (2) 실기시험 과정 중 1개 과정이라도 불참한 경우

나) 실격
  (1) 시설 · 장비의 조작 또는 재료의 취급이 미숙하여 위해를 일으킬 것으로 감독위원 전원이 합의하여 판단한 경우
  (2) 기능이 해당 등급 수준에 전혀 도달하지 못한 것으로 감독위원이 판단할 경우
  (3) 부정행위를 한 경우

다) 미완성
  (1) 주어진 시험 시간을 초과하거나 시험 시간 내에 완성하지 못한 경우
  (2) 주어진 시간 내에 제출하였으나 기본과제가 작동하지 않은 경우
  (단, 전원 유지 상태에서 동작 시험 시 2회 이상 정상적으로 동작해야 함)

라) 오작
  (1) 회로 구성 결과가 제어조건(기본과제)과 일치하지 않는 작품
  (2) 문제지의 공압회로도와 전기회로도의 구성부품과 실제 회로작업에서 사용한 구성부품이 상이한 경우(단, 수험자가 제1과제에서 선택하는 부분은 오작대상에서 제외)

3. 도면(공압회로)

□ 제어조건

이송장치를 이용하여, 블록을 저장소에서 이송하려 한다. PBS1을 On－Off하면 실린더 A에 의해 저장소에서 블록이 추출되고 실린더 B에 의해 블록을 상자로 이송한다.
(단, 실린더 B는 실린더 A가 후진위치에 도착한 후, 후진하여야 한다.)

○ 위치도

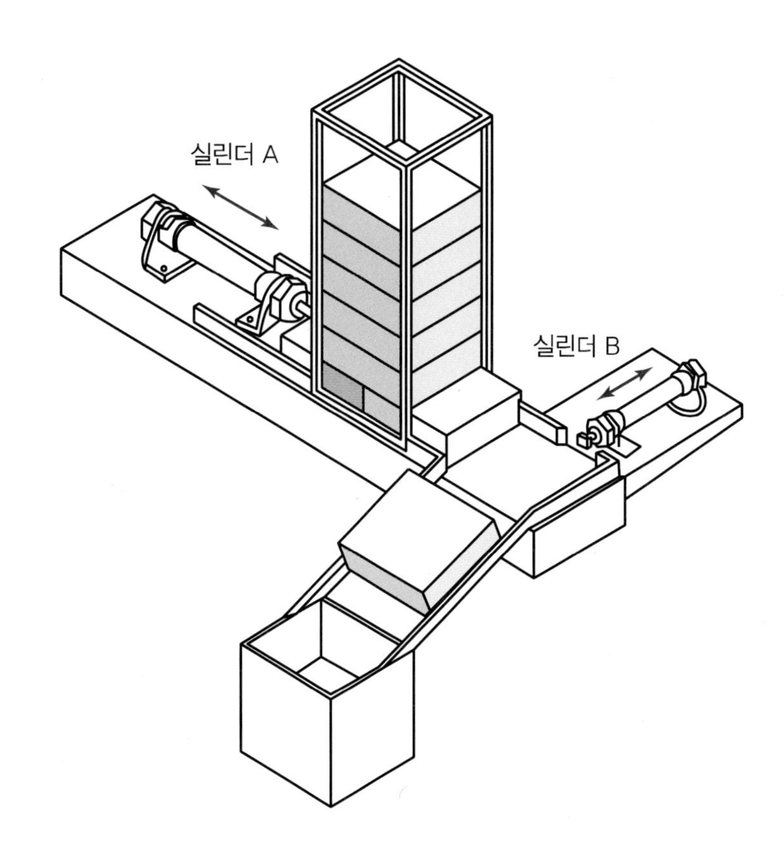

○ 공압회로도

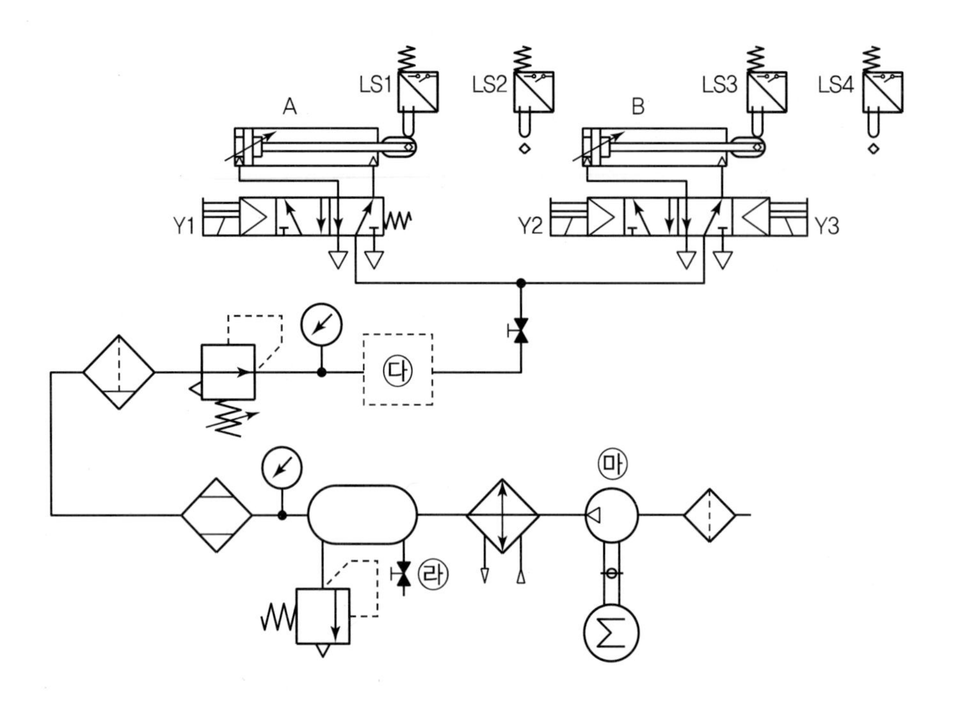
LS1
LS2
LS3
LS4
A
B
Y1
Y2
Y3
㉰
㉱
㉲

○ 전기회로도

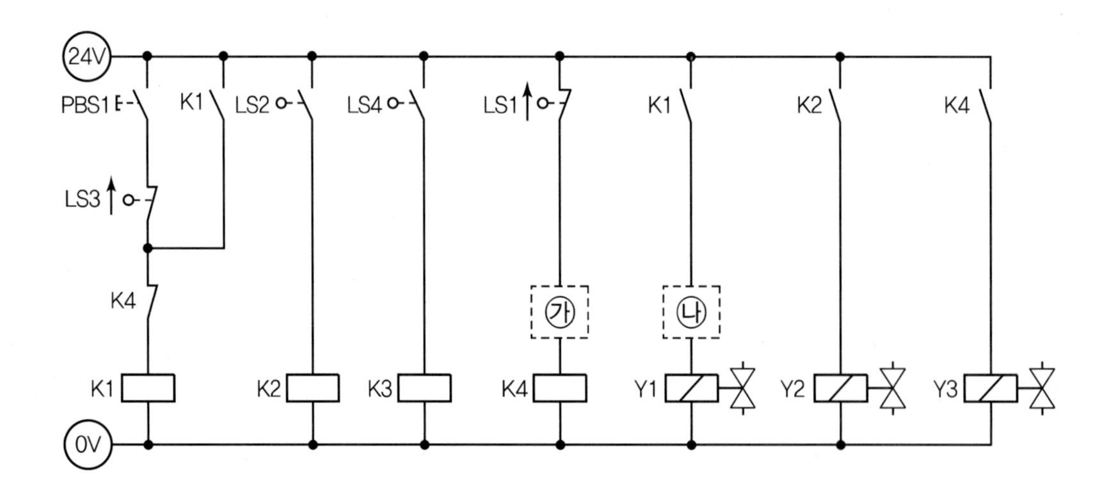
24V
PBS1
K1
LS2
LS4
LS1
K1
K2
K4
LS3
K4
㉮
㉯
K1
K2
K3
K4
Y1
Y2
Y3
0V

공압 5	정답

㉮ 32　　　　　㉯ 36　　　　　㉰ 5

㉱ 공기탱크 내 응축수 배수　　㉲ 공기압축기

공압 5	변위단계선도	정답

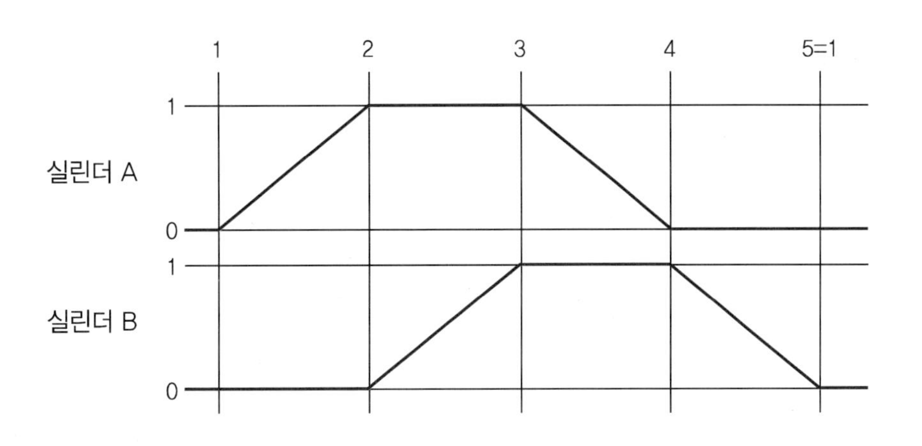

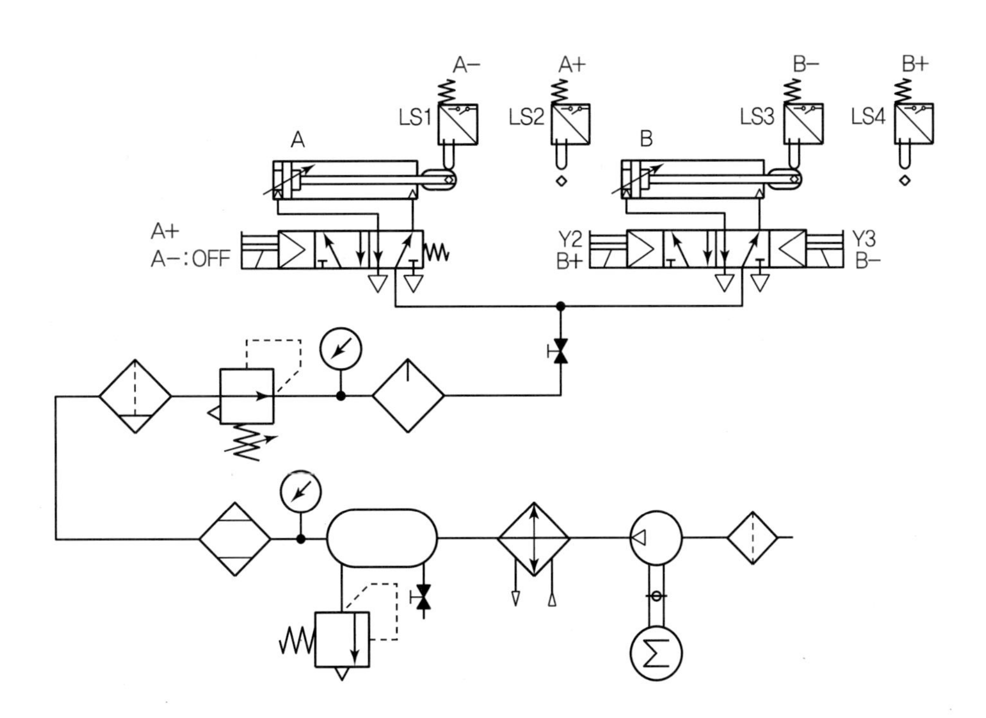

• **빈칸** ㉰ 윤활기가 필요

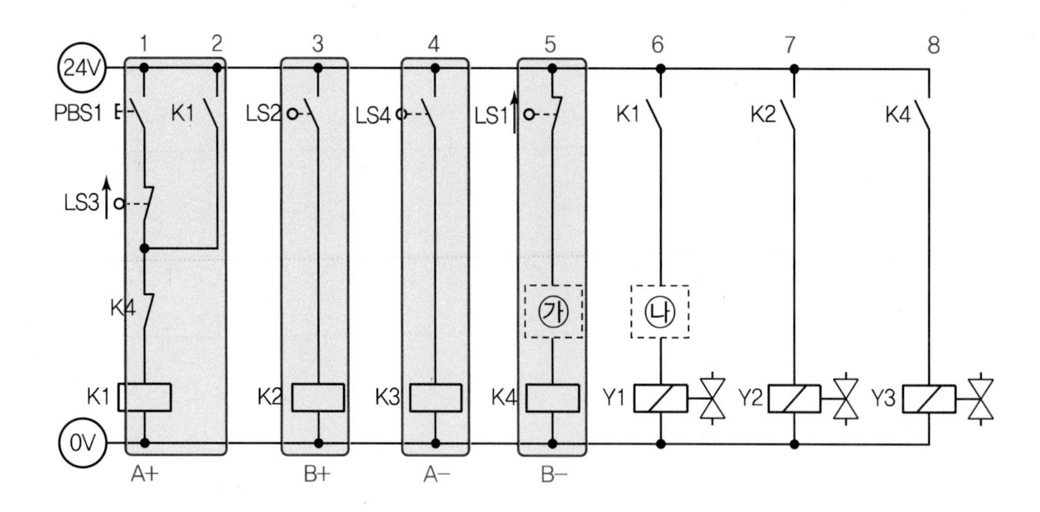

- 1번줄 K1릴레이는 3번줄 LS2가 되기 위하기 때문에 A전진(A+), 2번줄 자기유지
- 3번줄 K2릴레이는 4번줄 LS4가 되기 위하기 때문에 B전진(B+)
- 4번줄 K3릴레이는 5번줄 LS1이 되기 위하기 때문에 A후진(A−)
- 5번줄 K4릴레이는 1번줄 LS3이 되기 위하기 때문에 B후진(B−),

  직전 스텝 **빈칸** ㉮에는 K3 a접점이 필요
- 6번줄 A편솔밸브는 A전진(A+)을 위해 K1 a접점으로 Y1솔레노이드를 ON,

  A후진(A−)을 위해 **빈칸** ㉯의 K3 b접점으로 Y1솔레노이드를 OFF
- 7번줄 B양솔밸브는 B전진(B+)을 위해 K2 a접점으로 Y2솔레노이드를 ON
- 8번줄 B양솔밸브는 B후진(B−)을 위해 K4 a접점으로 Y3솔레노이드를 ON

공압 5	기본 정답

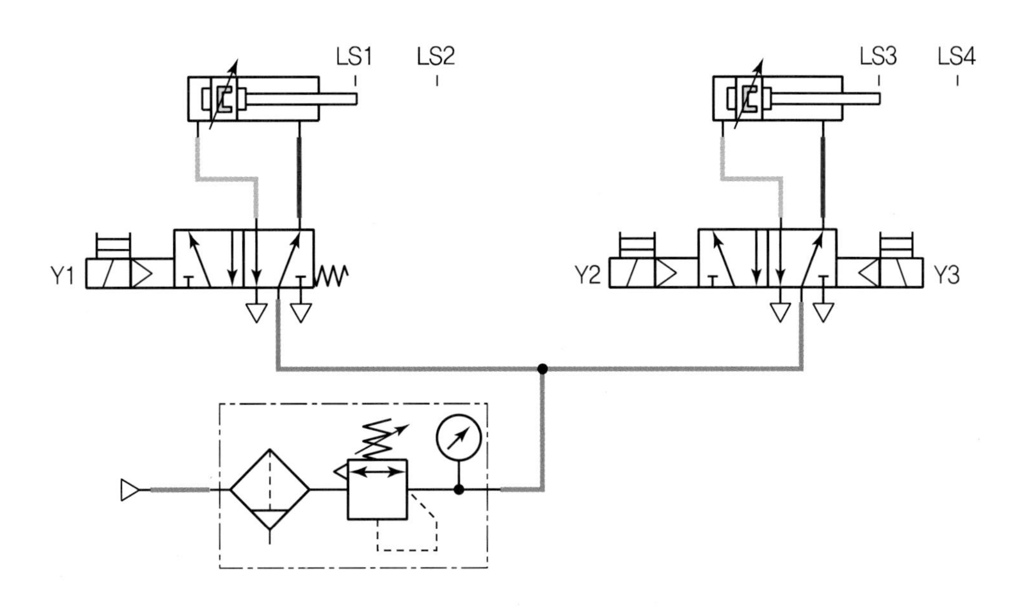
LS1
LS2
LS3
LS4
Y1
Y2
Y3

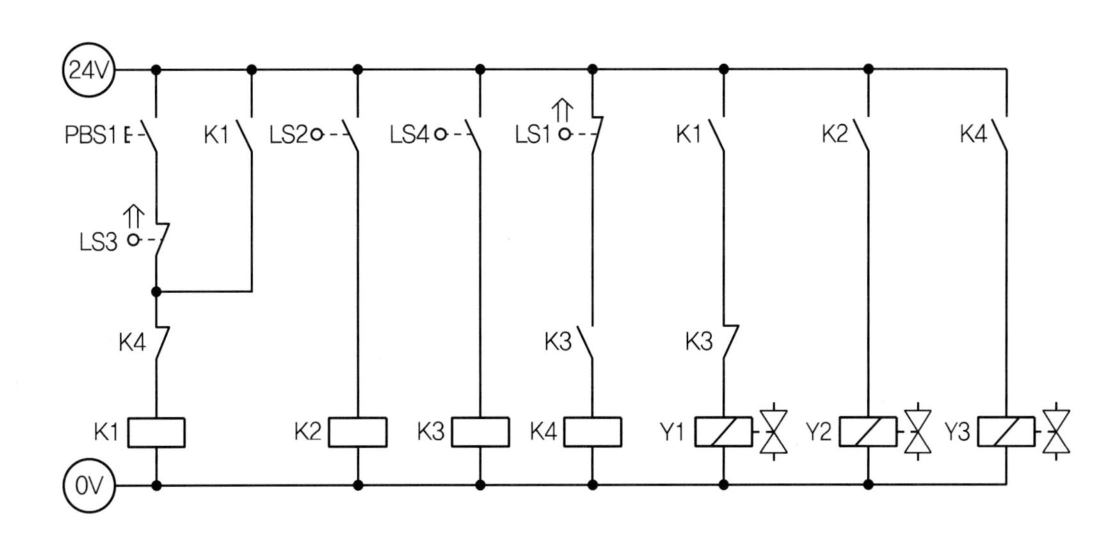
24V
0V
PBS1
LS3
K1
K4
LS2
LS4
LS1
K3
K2
K1
K2
K3
K4
Y1
Y2
Y3

공압 5	응용 해설

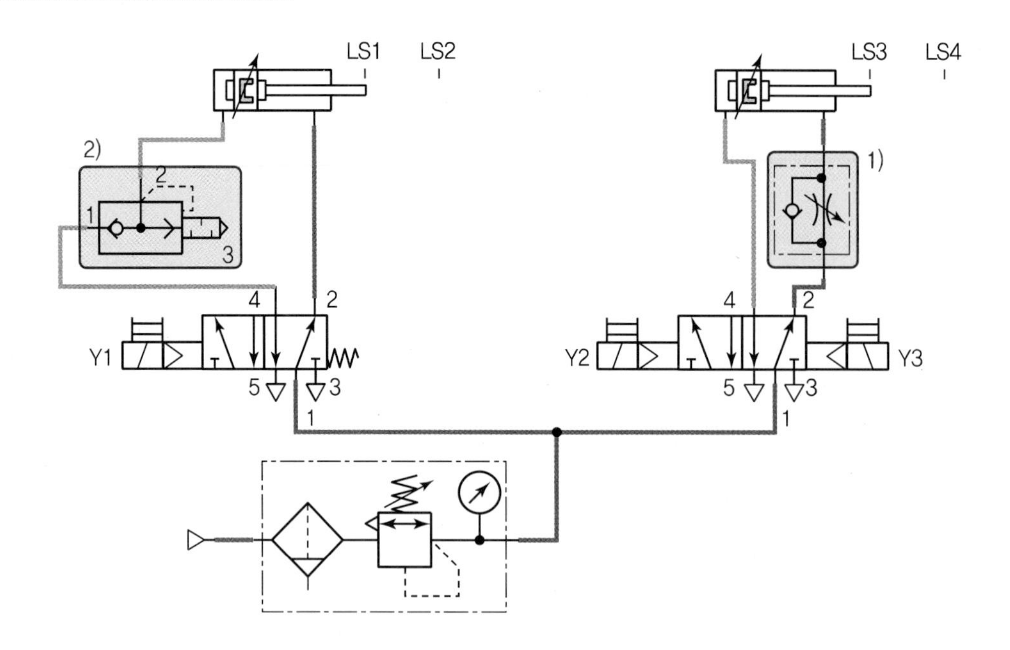

1) B 실린더 전진속도를 미터아웃 회로로 조절하려면 일방향 유량제어밸브를 로드 측에, 체크밸브를 밸브방향에 설치한다.

2) A 실린더 급속후진을 위해 급속배기밸브를 헤드 측에 설치한다.

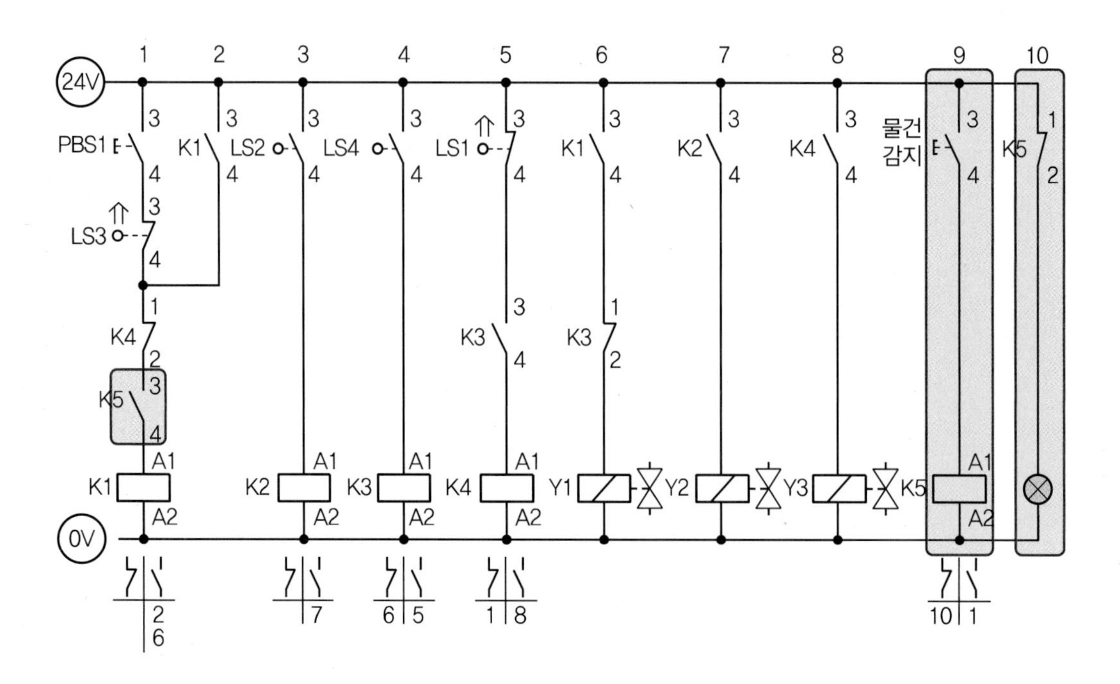

• 9번줄 리밋 스위치로 물건을 감지하기 위해 K5릴레이를 추가한다.
• 10번줄 K5 b접점으로 램프를 추가한다.
• 1번줄 K5 a접점을 추가하여 물건이 있고 START 버튼을 누르면 작업 사이클이 시작되고, 물건이 없으면 작업 사이클이 진행되지 않는다.

공압 5	응용 정답

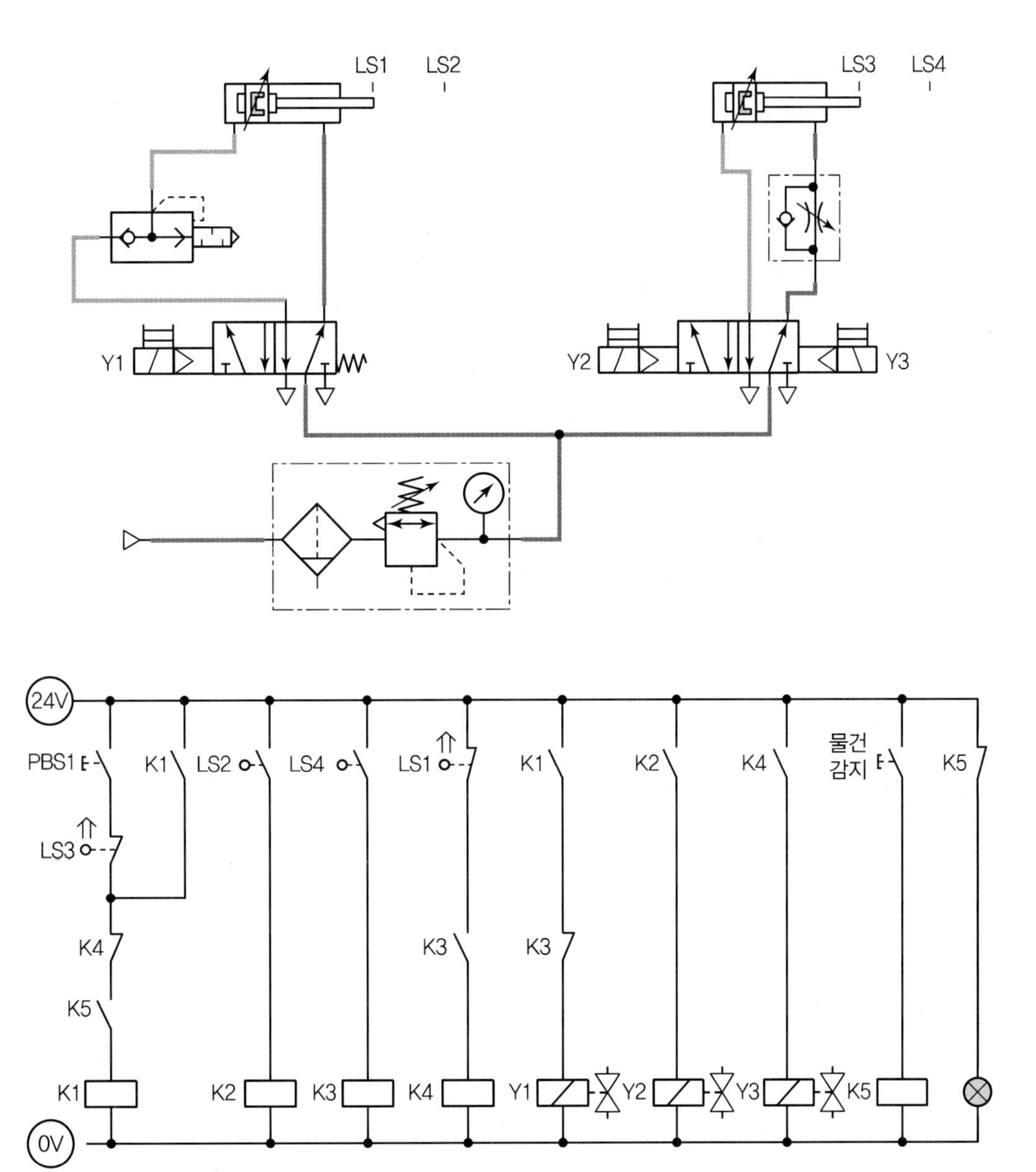

[공개] 5

국가기술자격 실기시험문제

자격종목	공유압기능사	과제명	유압회로구성 및 조립작업

※ 문제지는 시험종료 후 본인이 가져갈 수 있습니다.

비번호		시험일시		시험장명	

※ 시험시간 : 1시간 10분
- [제3과제] 유압회로 도면제작 : 10분
- [제4과제] 유압회로구성 및 조립작업 : 1시간

1. 요구사항

※ 지급된 재료 및 시설을 사용하여 아래 작업을 완성하시오.

가. 제3과제 : 유압회로 도면제작

1) 주어진 제어조건을 만족하는 유압회로도 및 전기회로도의 빈 부분(㉮, ㉯, ㉰)에 들어갈 기호를 제시된 【보기(유압)】에서 찾아 답안지(3)에 번호로 기입하고, 도면 중 ㉱ 부분의 명칭 및 ㉲ 부분의 용도를 답안지(3)에 작성하여 제출하시오.
(단, ㉱, ㉲가 지칭하는 부분은 관로, 스프링, 드레인 등의 세부 부속품이 아닌 독립적으로 역할을 하는 전체 부품임을 고려하여 답지를 작성합니다.)

나. 제4과제 : 유압회로구성 및 조립작업

1) 기본과제
   가) 제3과제에서 작성한 유압도면과 같이 주어진 유압기기를 선정하여 고정판에 배치하시오.
   (단, 도면에 일점쇄선 부분은 수험자가 구성하지 않습니다.)
   나) 유압호스를 사용하여 배치된 기기를 연결 · 완성하시오.
   다) 전기회로도를 보고 전기회로작업을 완성하시오.
   (단, 전기연결선 +는 적색으로, −는 청색 또는 흑색으로 연결하시오.)
   라) 유압회로 내의 최고압력을 (4±0.2)MPa로 설정하시오.
2) 응용과제
   마) 실린더의 후진운동을 일방향 유량조절밸브를 사용하여 Meter−in 방식으로 회로를 변경하여 실린더의 속도를 제어하시오.
   바) 차단 밸브의 열림 상태와 닫힘 상태를 확인하기 위한 각각의 램프가 점등되도록 전기회로를 구성한 후 동작시키시오.

2. 수험자 유의사항

※ 다음의 유의사항을 고려하여 요구사항을 완성하시오.

1) 시험 시작 전 장비 이상 유무를 확인합니다.
2) 시험 중에는 반드시 감독위원의 지시에 따라야 하며, 시험시간 동안 감독위원의 지시가 없는 한 시험장을 임의로 이탈할 수 없습니다.
3) 공압, 유압 배관의 제거는 압력 공급을 차단한 후 실시하시기 바랍니다.
4) 시험에 필요한 기기 이외에 임의로 접촉하지 않도록 주의하시기 바랍니다.
5) 전기 연결의 합선 시에는 즉시 전원공급 장치의 전원을 차단하시기 바랍니다.
6) 실린더의 작동 부분에는 전선 및 호스가 접촉되지 않도록 주의하여야 합니다.
7) 수험자 인적사항 및 계산식을 포함한 답안작성은 흑색 필기구만 사용해야 하며, 그 외 연필류, 빨간색, 청색 등 필기구 및 수정테이프(액)를 사용해 작성한 답항은 0점 처리되오니 불이익을 당하지 않도록 유의해 주시기 바랍니다.
8) 답안 정정 시에는 정정하고자 하는 단어에 두 줄(=)을 긋고 다시 작성하시기 바랍니다.
9) 제4과제 평가는 먼저 기본과제(가~라)를 수행한 후 감독위원에게 평가받고, 그 이후에 응용과제(마~바)를 별도로 감독위원에게 평가받습니다.
10) 제4과제 평가는 감독위원 확인하에 한 번만 평가받을 수 있으며 재평가하지 않습니다.
    (단, 평가 시에는 전원이 유지된 상태에서 2회 동작 시도하여 동일하게 정상 동작이 되어야 하며, 1회만 동작하고 2회째 시도 시 정상적으로 동작하지 않으면 인정하지 않음)
11) 다음 사항에 대해서는 채점 대상에서 제외하니 특히 유의하시기 바랍니다.
    가) 기권
        (1) 수험자 본인이 수험 도중 시험에 대한 포기의사를 표하는 경우
        (2) 실기시험 과정 중 1개 과정이라도 불참한 경우
    나) 실격
        (1) 시설 · 장비의 조작 또는 재료의 취급이 미숙하여 위해를 일으킬 것으로 감독위원 전원이 합의하여 판단한 경우
        (2) 기능이 해당 등급 수준에 전혀 도달하지 못한 것으로 감독위원이 판단할 경우
        (3) 부정행위를 한 경우
    다) 미완성
        (1) 주어진 시험 시간을 초과하거나 시험 시간 내에 완성하지 못한 경우
        (2) 주어진 시간 내에 제출하였으나 기본과제가 작동하지 않은 경우
            (단, 전원 유지 상태에서 동작 시험 시 2회 이상 정상동작해야 함)
    라) 오작
        (1) 회로 구성 결과가 제어조건(기본과제)과 일치하지 않는 작품
        (2) 문제지의 유압회로도와 전기회로도의 구성부품과 실제 회로작업에서 사용한 구성부품이 상이한 경우
            (단, 수험자가 제3과제에서 선택하는 부분은 오작대상에서 제외)

3. 도면(유압회로)

□ 제어조건

파이프 라인의 차단 밸브를 유압 복동실린더를 이용하여 제어하려 한다. 차단밸브는 저항을 최소화하기 위해서 처음 위치부터 중간 위치까지는 조정할 수 있는 속도로 천천히 운동하다가 나머지 구간은 빠르게 운동한다. 차단 밸브의 열림 위치는 리밋 스위치(LS1, LS2, LS3)를 사용하여 측정하고, 차단 밸브의 개폐를 위한 유압 복동실린더는 항시 전진 · 후진위치에 있을 경우에만 방향이 전환될 수 있어야 한다.

○ 위치도

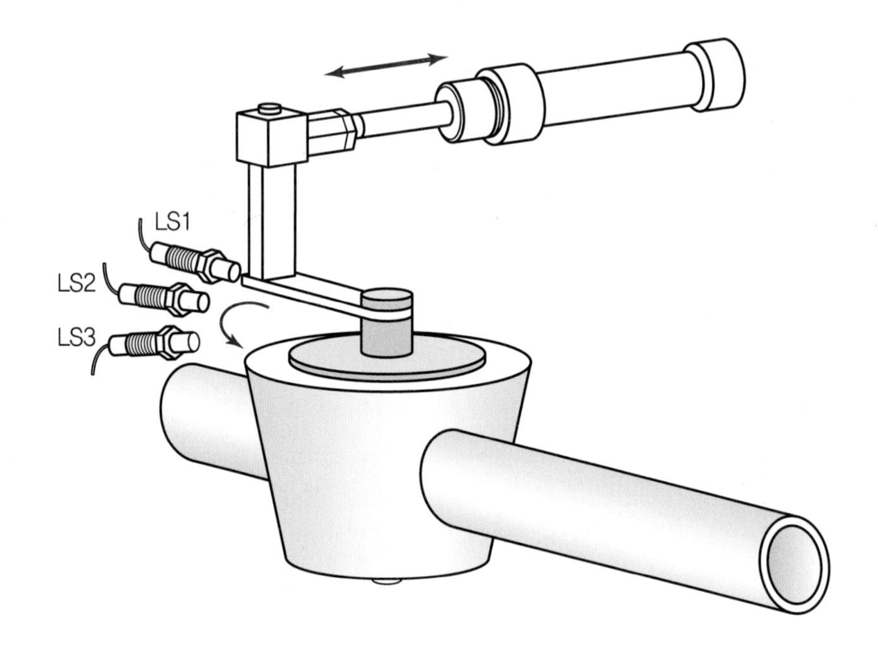

○ 유압회로도

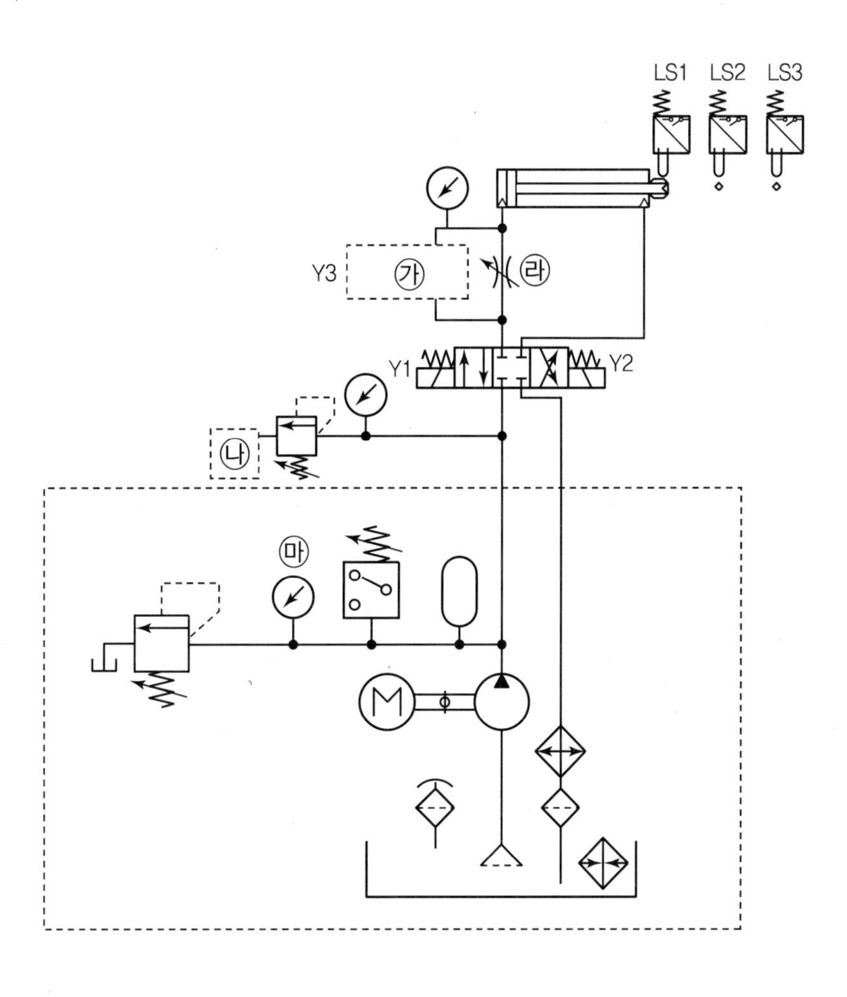

LS1
LS2
LS3
Y3
㉮
㉱
Y1
Y2
㉯
㉰

○ 전기회로도

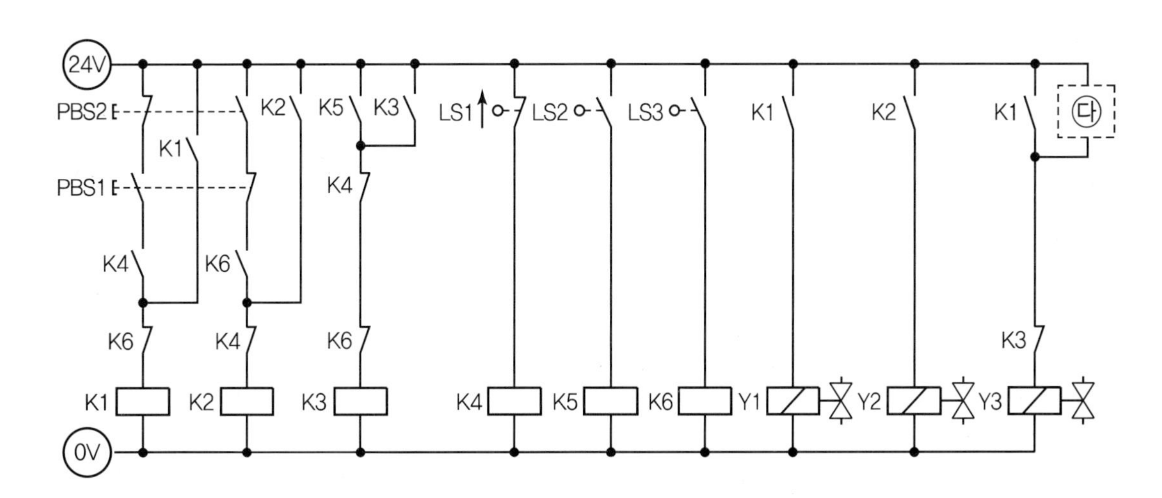

24V
PBS2
PBS1
K1
K2
K3
K4
K5
K6
LS1
LS2
LS3
㉰
Y1
Y2
Y3
0V

유압 5	정답

㉮ 16　　㉯ 1　　㉰ 33

㉱ 양방향 유량제어밸브　　㉲ 유압에너지 양을 표시

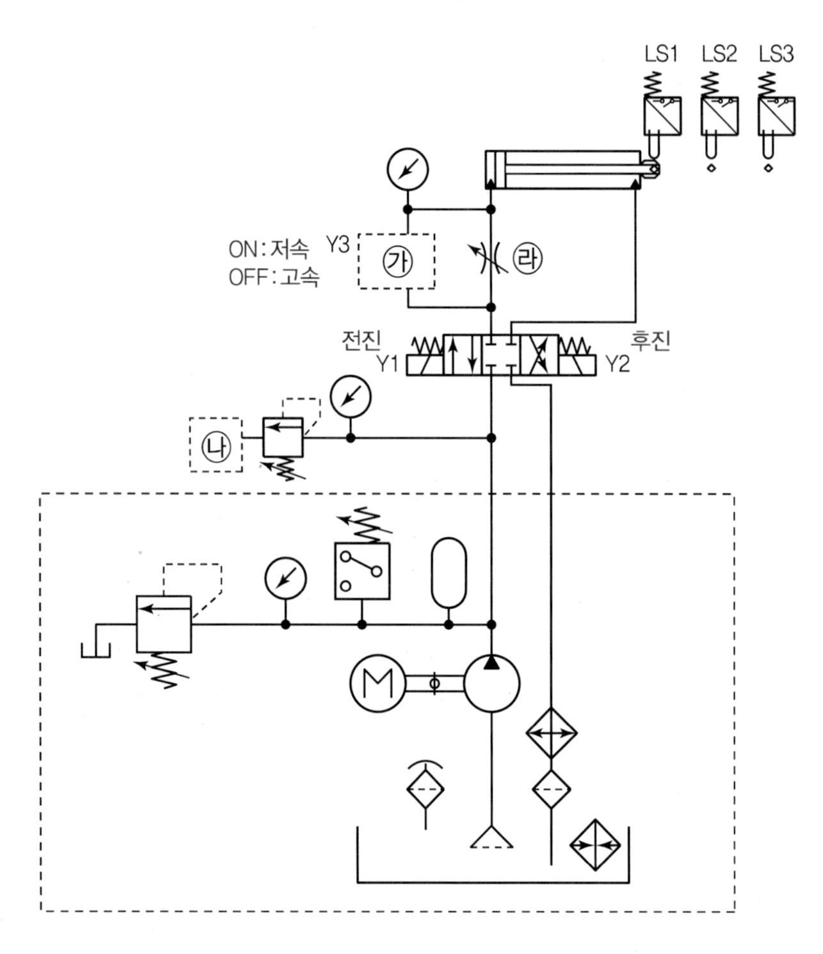

- LS1에서 LS2까지는 천천히 가다가 LS2부터 LS3까지는 빠르게 가고, 후진은 LS3부터 LS2까지는 천천히 LS2부터 LS1까지는 빠르게 후진
- **빈칸** ㉮ 2/2way Normal Open 타입 편솔밸브가 필요
- 릴리프 밸브를 통해 작동유가 복귀할 수 있게 **빈칸** ㉯에는 탱크가 필요
- 4/3way 양솔밸브의 Y1솔레노이드는 전진, Y2솔레노이드는 후진을 담당하고, 2/2way Normal Open 편솔밸브는 Y3솔레노이드가 ON되면 유량조절밸브 한 군데로 유량이 공급되어 저속으로 실린더가 움직이고, Y3솔레노이드가 OFF되면 유량조절밸브와 2/2way 밸브 두 군데로 유량이 공급되어 속도가 빨라짐

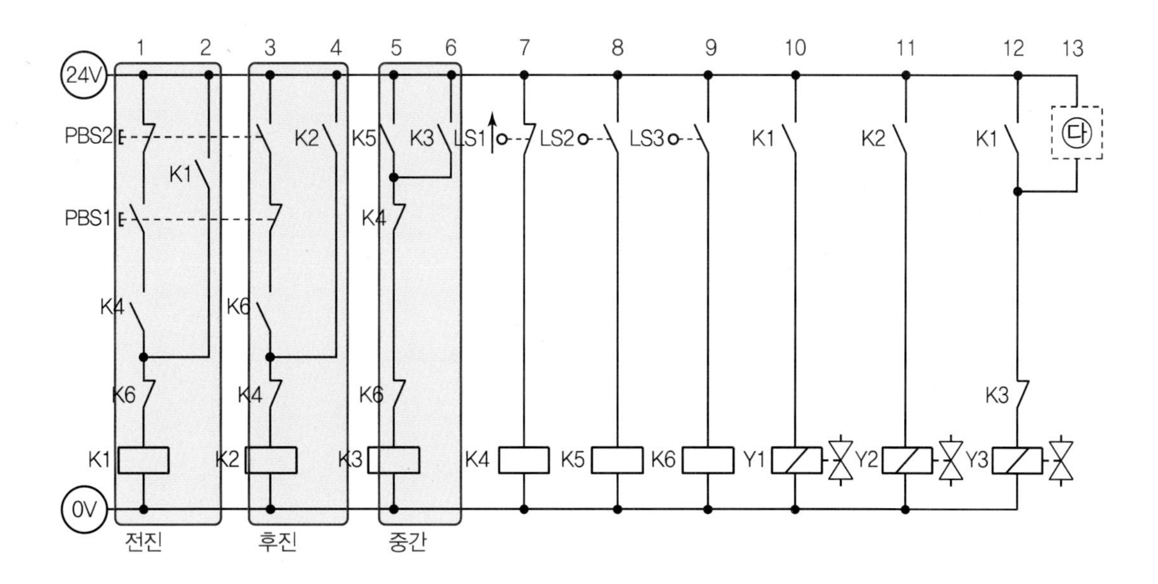

- 1번줄 PB1은 K1릴레이가 전진하는 버튼, 3번줄 PB2는 K2릴레이가 후진하는 버튼
- 8번줄 LS2에 의해서 중간위치가 ON되면 K5릴레이가 ON되면서 5번줄 K3릴레이가 ON
- 10~13번줄 Y1솔레노이드는 실린더 전진, Y2솔레노이드는 실린더 후진을 담당하고, 중간 속도 조절은 Y3솔레노이드는 실린더가 전진이나 후진 중에 닫히면 속도가 느리고, 중간위치 LS2가 닫으면 K3릴레이에 의해서 열리면서 속도가 빨라짐
- 전진과 후진은 천천히 운동해야 하므로 **빈칸** ㉰에는 K2 a접점이 필요

유압 5	기본 정답

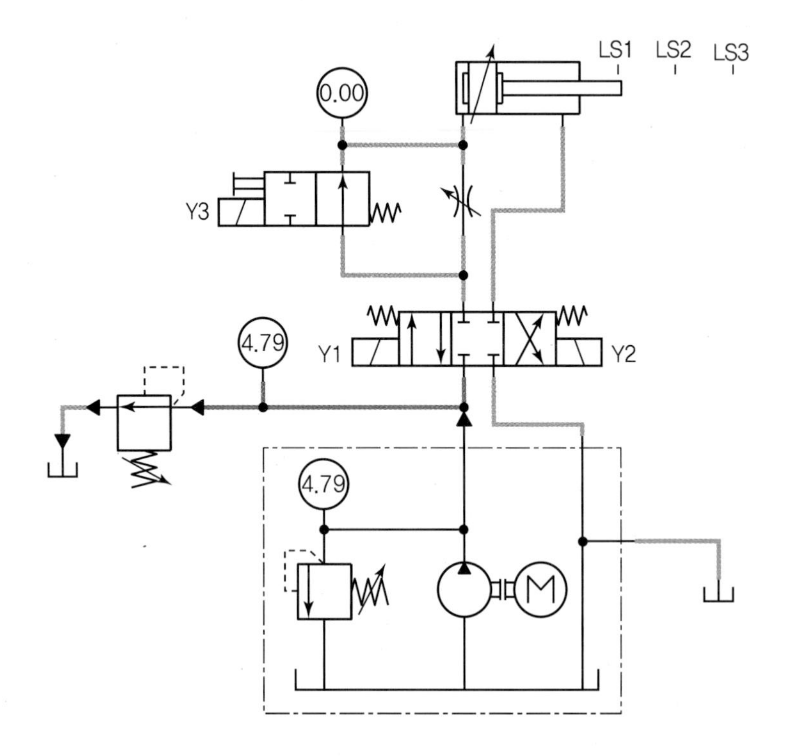

LS1
LS2
LS3
0.00
Y3
4.79
Y1
Y2
4.79
M

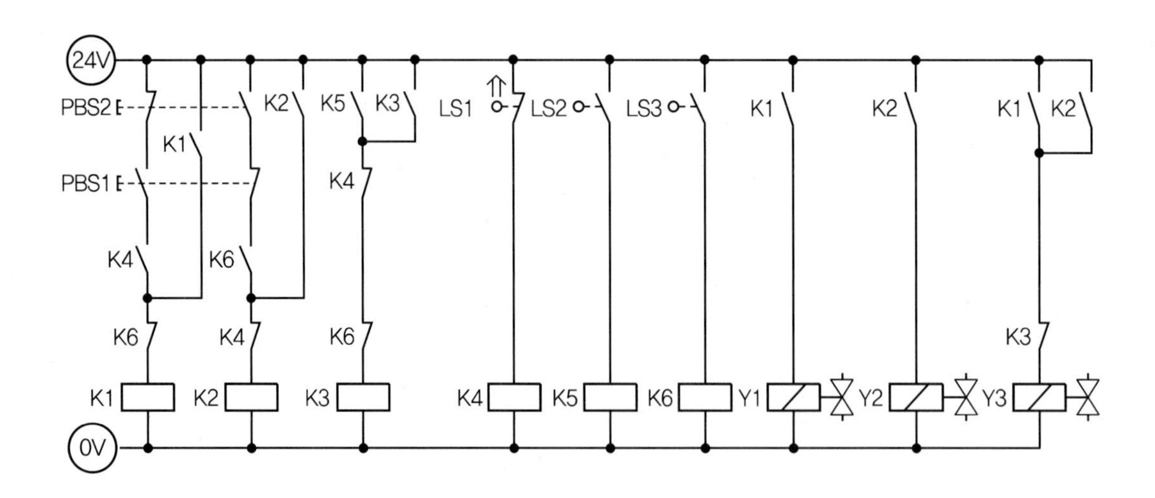

24V
PBS2
K2
K5
K3
LS1
LS2
LS3
K1
K2
K1
K2
K1
PBS1
K4
K4
K6
K6
K4
K6
K3
K1
K2
K3
K4
K5
K6
Y1
Y2
Y3
0V

유압 5	응용 해설

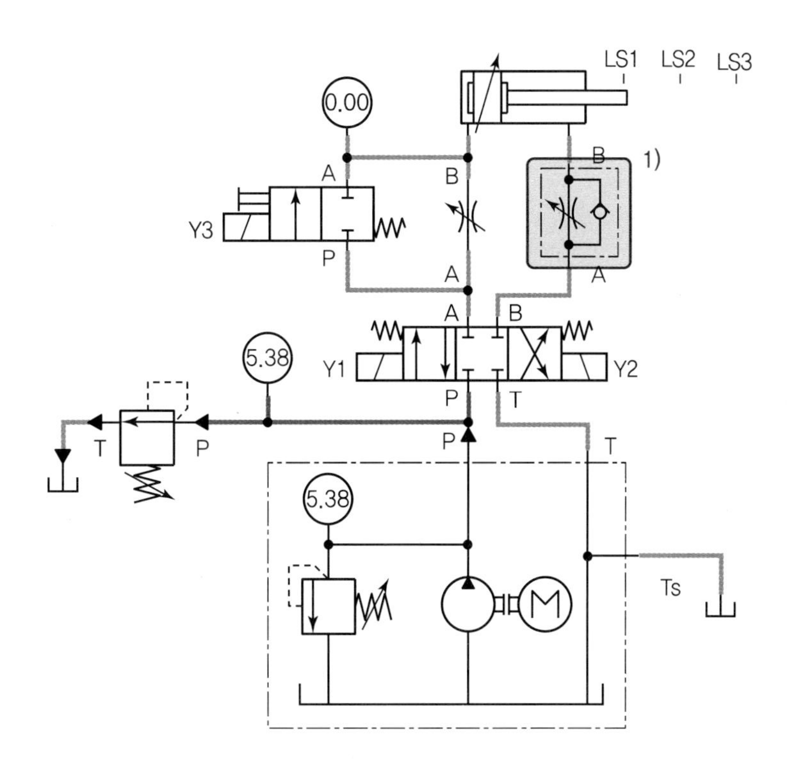

1) 실린더 후진속도를 미터인 회로로 조절하려면 일방향 유량제어밸브를 로드 측에, 체크밸브를 실린더방향에 설치한다.

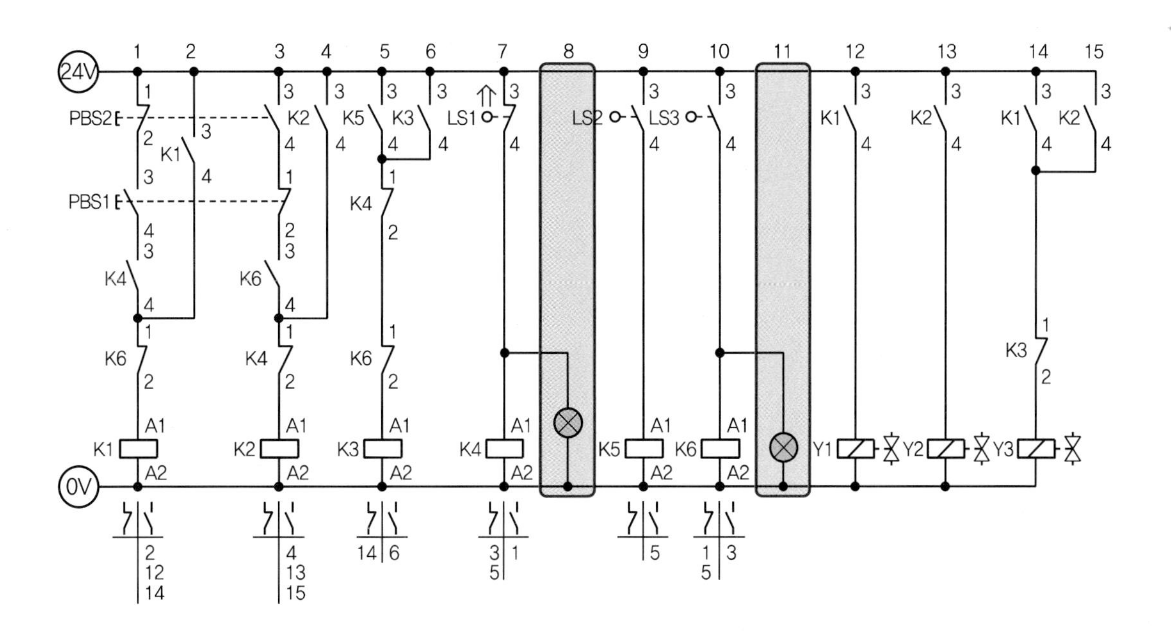

• 7번줄 차단밸브 닫힘을 감지하는 LS1의 신호를 8번줄 램프를 추가하여 확인한다.

• 10번줄 차단밸브 열림을 감지하는 LS3의 신호를 11번줄 램프를 추가하여 확인한다.

유압 5	응용 정답

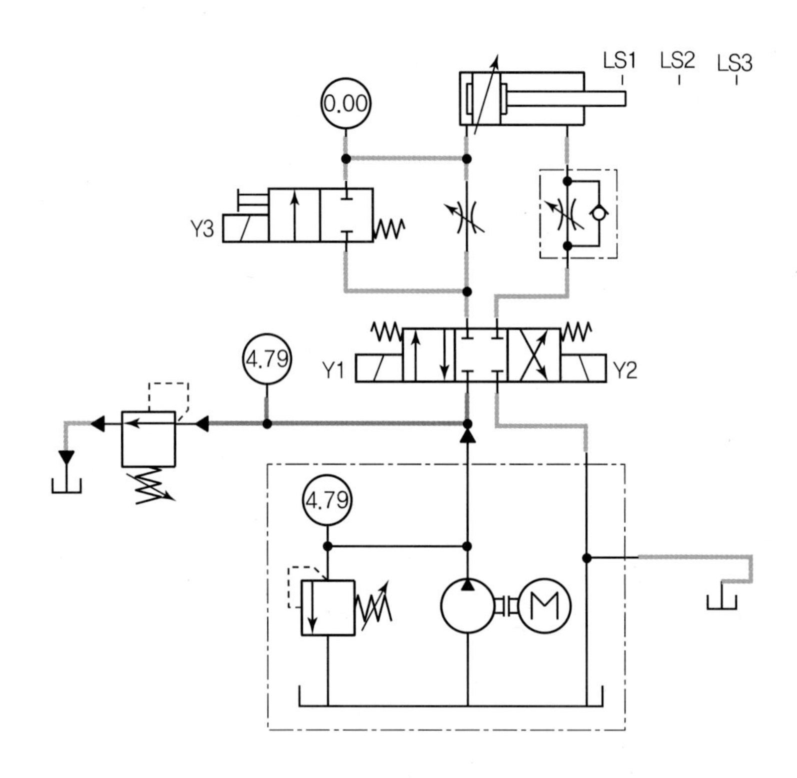

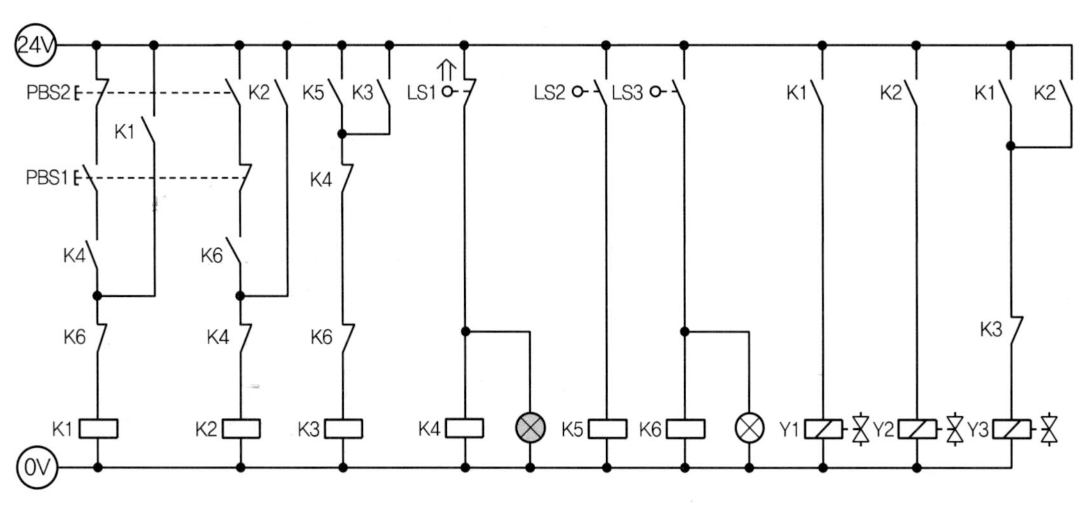

[공개] 6

국가기술자격 실기시험문제

자격종목	공유압기능사	과제명	공압회로구성 및 조립작업
※ 문제지는 시험종료 후 본인이 가져갈 수 있습니다.			

비번호		시험일시		시험장명	

※ 시험시간 : 1시간 20분
- [제1과제] 공압회로 도면제작 : 20분
- [제2과제] 공압회로구성 및 조립작업 : 1시간

1. 요구사항

※ 지급된 재료 및 시설을 사용하여 아래 작업을 완성하시오.

가. 제1과제 : 공압회로 도면제작

1) 주어진 제어조건을 만족하는 공압회로도 및 전기회로도의 빈 부분(㉮, ㉯, ㉰)에 들어갈 기호를 제시된 【보기(공압)】에서 찾아 답안지(1)에 번호로 기입하고, 도면 중 ㉱ 부분의 용도 및 ㉲ 부분의 명칭을 답안지(1)에 작성하여 제출하시오.
(단, ㉱, ㉲가 지칭하는 부분은 관로, 스프링, 드레인 등의 세부 부속품이 아닌 독립적으로 역할을 하는 전체 부품임을 고려하여 답지를 작성합니다.)

2) 주어진 공압회로도를 참조하여 제어조건에 따른 변위단계선도를 답안지(2)에 완성하여 제출하시오.

나. 제2과제 : 공압회로구성 및 조립작업

1) 기본과제
가) 제1과제에서 작성한 공압회로도와 같이 주어진 공압기기를 선정하여 고정판에 배치하시오.
(단, 공압회로도 중 도면에 있는 차단밸브 이전 기기와 장치는 수험자가 구성하지 않습니다.)
나) 공압호스를 적절한 길이로 절단 사용하여 배치된 기기를 연결 · 완성하시오.
다) 전기회로도를 보고 전기회로작업을 완성하시오.
(단, 전기연결선 +는 적색으로, −는 청색 또는 흑색으로 연결하시오.)
라) 작업압력(서비스 유닛)을 (0.5±0.05)MPa로 설정하시오.

2) 응용과제
마) 감독위원이 지정한 압력(0.2~0.5MPa 범위에서 지정)으로 변경하시오.
바) 실린더 A와 실린더 B가 전진 동작 시 일방향 유량조절밸브(모듈형)를 사용하여 Meter−out 회로가 되도록 구성하여 실린더의 속도를 제어하시오.
사) 회로도에서 A 실린더의 왕복운동을 제어하기 위하여 메모리 기능이 있는 복동 솔레노이드 밸브를 사용하였다. 이를 스프링 복귀형 솔레노이드 밸브를 사용하여 회로를 재구성한 후 동작시키시오.

2. 수험자 유의사항

※ 다음의 유의사항을 고려하여 요구사항을 완성하시오.

1) 시험 시작 전 장비 이상 유무를 확인합니다.
2) 시험 중에는 반드시 감독위원의 지시에 따라야 하며, 시험시간 동안 감독위원의 지시가 없는 한 시험장을 임의로 이탈할 수 없습니다.
3) 공압, 유압 배관의 제거는 압력 공급을 차단한 후 실시하시기 바랍니다.
4) 시험에 필요한 기기 이외에 임의로 접촉하지 않도록 주의하시기 바랍니다.
5) 전기 연결의 합선 시에는 즉시 전원공급 장치의 전원을 차단하시기 바랍니다.
6) 실린더의 작동 부분에는 전선 및 호스가 접촉되지 않도록 주의하여야 합니다.
7) 수험자 인적사항 및 계산식을 포함한 답안작성은 흑색 필기구만 사용해야 하며, 그 외 연필류, 빨간색, 청색 등 필기구 및 수정테이프(액)를 사용해 작성한 답항은 0점 처리 되오니 불이익을 당하지 않도록 유의해 주시기 바랍니다.
8) 답안 정정 시에는 정정하고자 하는 단어에 두 줄(=)을 긋고 다시 작성하시기 바랍니다.
9) 변위단계선도의 작성 및 제출은 반드시 제1과제 시험시간 이내에 이루어져야 합니다.
10) 제2과제 평가는 먼저 기본과제(가~라)를 수행한 후 감독위원에게 평가받고, 그 이후에 응용과제(마~사)를 별도로 감독위원에게 평가받습니다.
11) 제2과제 평가는 감독위원 확인하에 한 번만 평가받을 수 있으며 재평가하지 않습니다. (단, 평가 시에는 전원이 유지된 상태에서 2회 동작 시도하여 동일하게 정상 동작이 되어야 하며, 1회만 동작하고 2회째 시도 시 정상적으로 동작하지 않으면 인정하지 않음)
12) 다음 사항에 대해서는 채점 대상에서 제외하니 특히 유의하시기 바랍니다.
   가) 기권
      (1) 수험자 본인이 수험 도중 시험에 대한 포기의사를 표하는 경우
      (2) 실기시험 과정 중 1개 과정이라도 불참한 경우
   나) 실격
      (1) 시설 · 장비의 조작 또는 재료의 취급이 미숙하여 위해를 일으킬 것으로 감독위원 전원이 합의하여 판단한 경우
      (2) 기능이 해당 등급 수준에 전혀 도달하지 못한 것으로 감독위원이 판단할 경우
      (3) 부정행위를 한 경우
   다) 미완성
      (1) 주어진 시험 시간을 초과하거나 시험 시간 내에 완성하지 못한 경우
      (2) 주어진 시간 내에 제출하였으나 기본과제가 작동하지 않은 경우 (단, 전원 유지 상태에서 동작 시험 시 2회 이상 정상적으로 동작해야 함)
   라) 오작
      (1) 회로 구성 결과가 제어조건(기본과제)과 일치하지 않는 작품
      (2) 문제지의 공압회로도와 전기회로도의 구성부품과 실제 회로작업에서 사용한 구성부품이 상이한 경우(단, 수험자가 제1과제에서 선택하는 부분은 오작대상에서 제외)

3. 도면(공압회로)

□ 제어조건

리드프레임을 공기압 실린더를 이용하여 자동 이송시키는 장치를 제작하고자 한다. 시작 스위치(PBS)를 On－Off하면 실린더 B가 클램핑을 하게 되고 실린더 A가 전진하여 리밋 스위치로 조정된 길이만큼 이송한 후 이송이 완료되면 실린더 B가 언클램핑을 하고 실린더 A가 초기 위치로 귀환한다.

○ 위치도

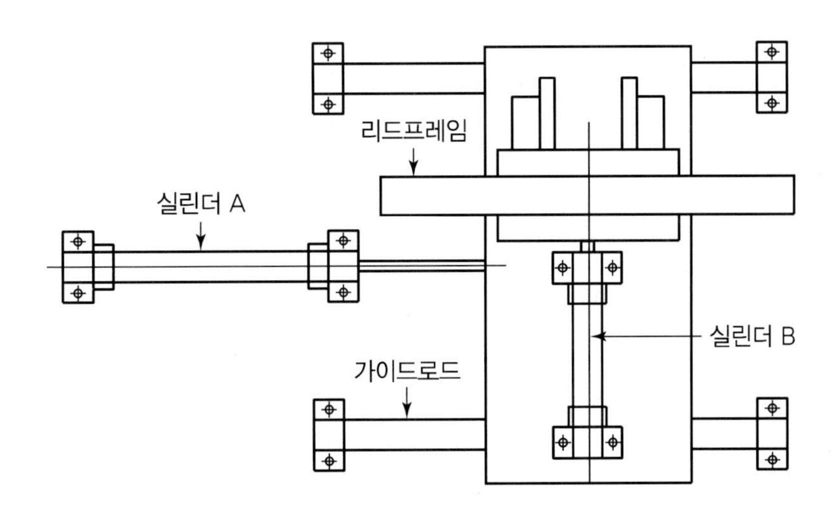

○ 공압회로도

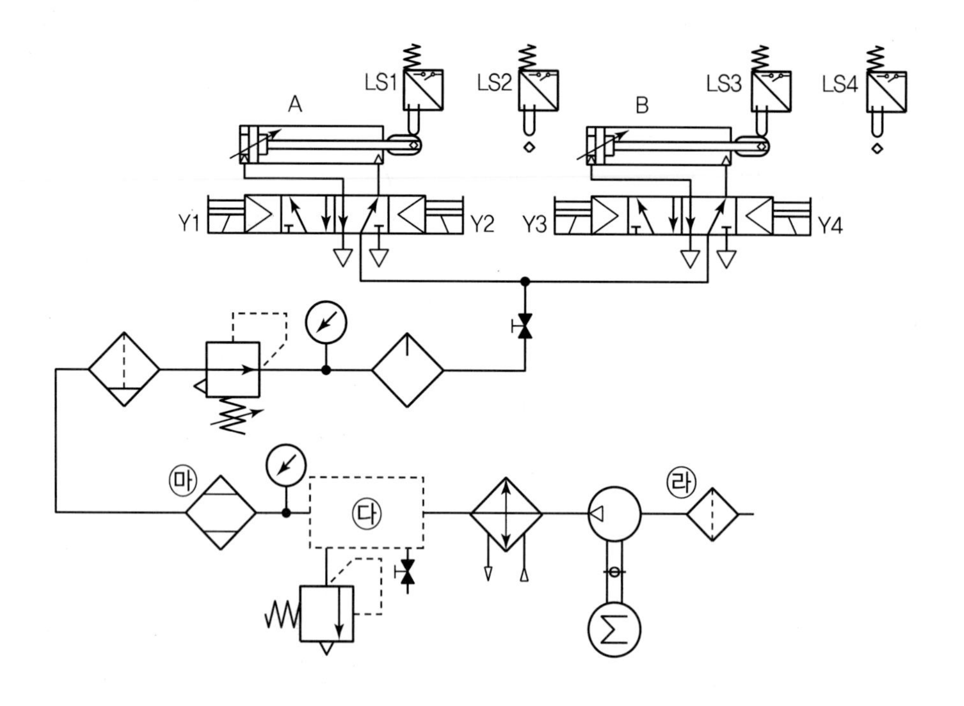
LS1
LS2
LS3
LS4
A
B
Y1
Y2
Y3
Y4
㉮
㉯
㉰
㉱
㉲

○ 전기회로도

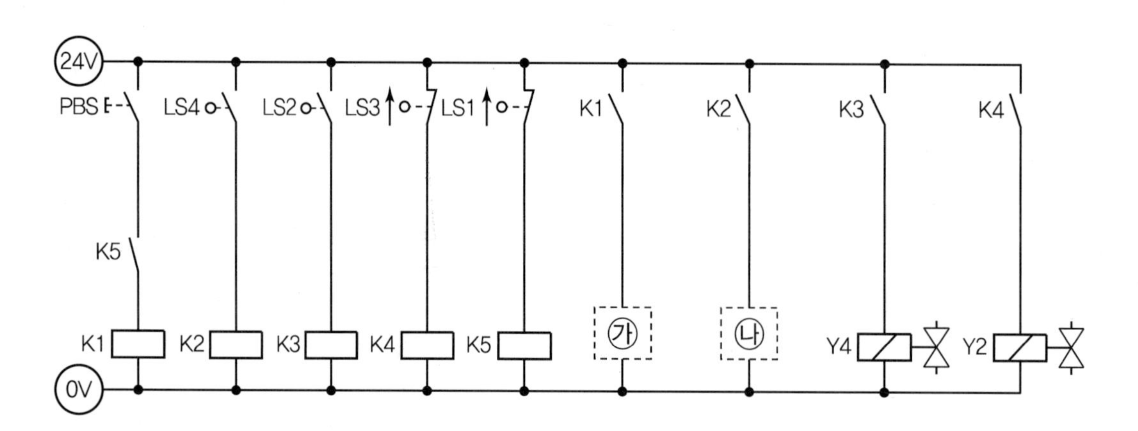
24V
0V
PBS
LS4
LS2
LS3
LS1
K1
K2
K3
K4
K5
㉮
㉯
Y4
Y2

공압 6	정답

㉮ 41　　　㉯ 39　　　㉰ 1

㉱ 흡입공기 내 불순물 제거　　　㉲ 공기건조기

공압 6	변위단계선도	정답

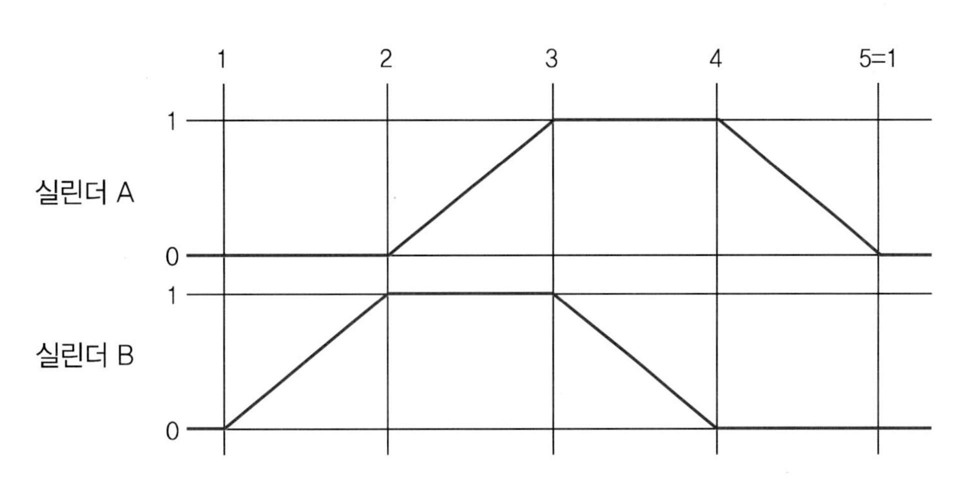

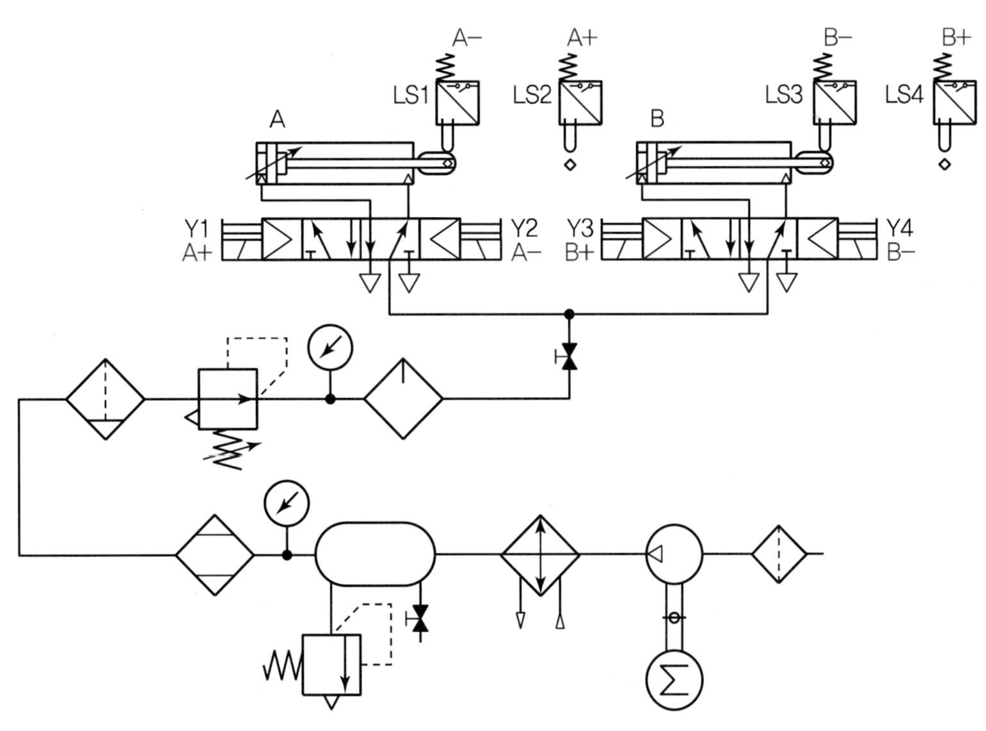

• **빈칸** ㉰ 공압탱크가 필요

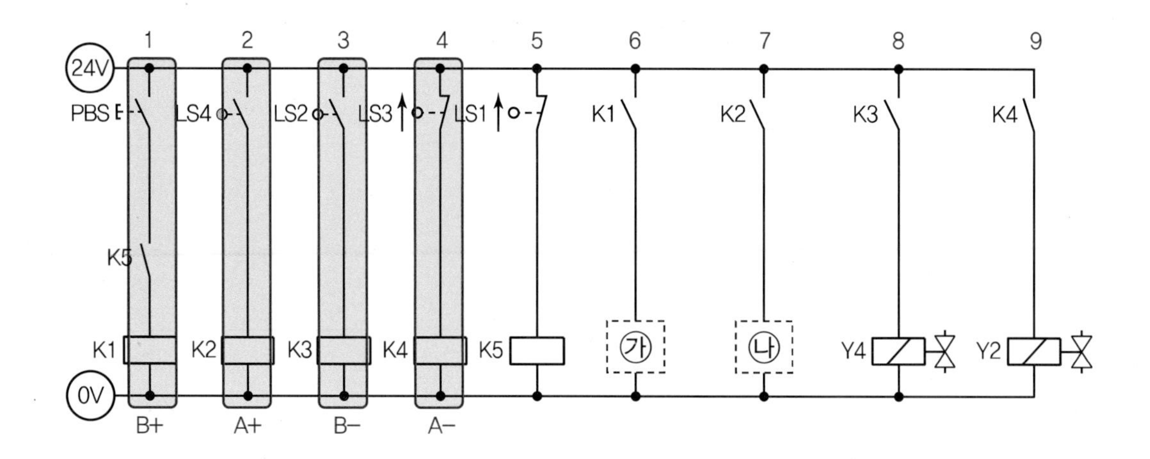

- 1번줄 K1릴레이는 2번줄 LS4가 되기 위하기 때문에 B전진(B+)
- 2번줄 K2릴레이는 3번줄 LS2가 되기 위하기 때문에 A전진(A+)
- 3번줄 K3릴레이는 4번줄 LS3이 되기 위하기 때문에 B후진(B−)
- 4번줄 K4릴레이는 5번줄 LS1이 되기 위하기 때문에 A후진(A−)
- 6번줄 B양솔밸브는 B전진(B+)을 위해 K1 a접점으로 **빈칸** ㉮의 Y3솔레노이드 ON
- 7번줄 A양솔밸브는 A전진(A+)을 위해 K2 a접점으로 **빈칸** ㉯의 Y1솔레노이드 ON
- 8번줄 B양솔밸브는 B후진(B−)을 위해 K3 a접점으로 Y4솔레노이드 ON
- 9번줄 A양솔밸브는 A후진(A−)을 위해 K4 a접점으로 Y2솔레노이드 ON

공압 6	기본 정답

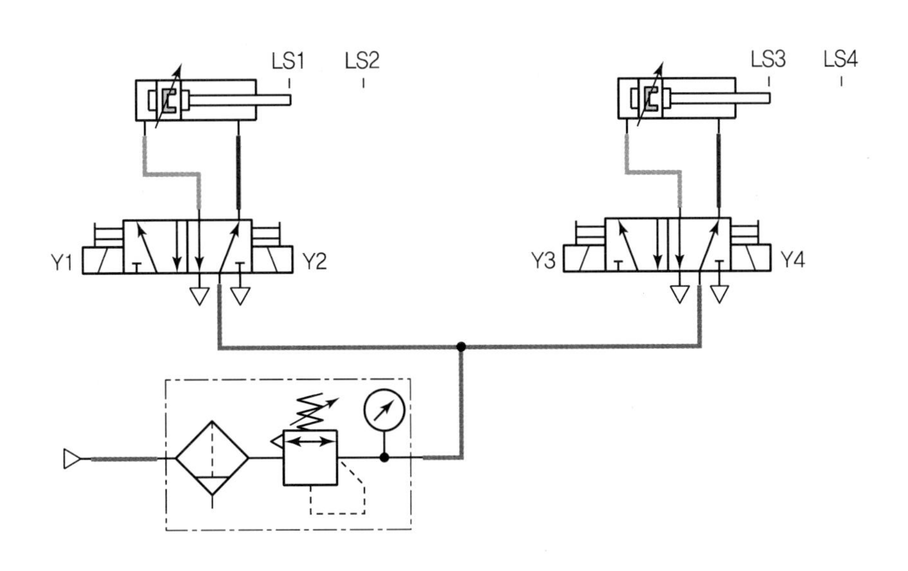

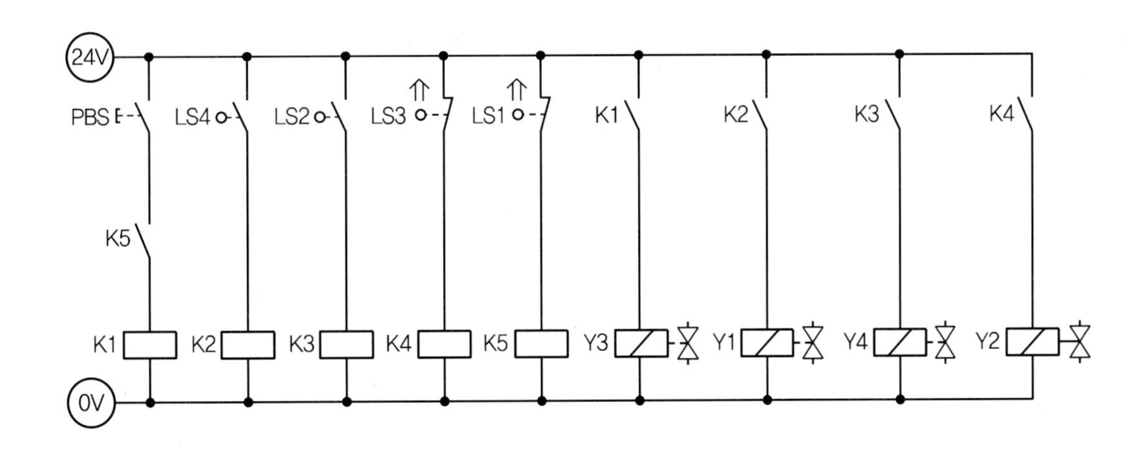

PART 02

공압 6	응용 해설

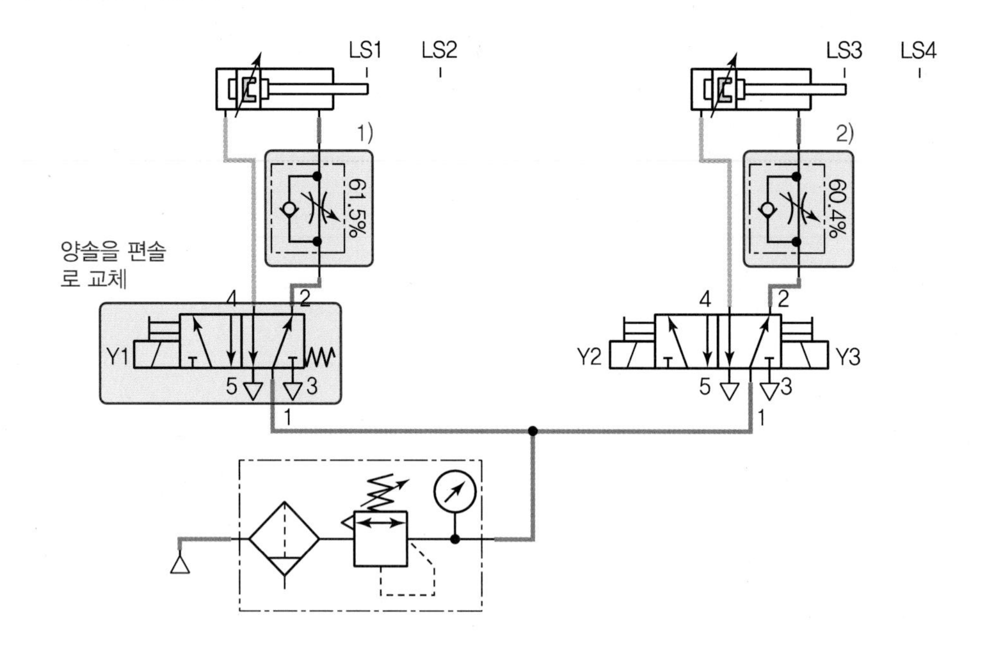

1) A 실린더 전진속도를 미터아웃 회로로 조절하려면 일방향 유량제어밸브를 로드 측에, 체크밸브를 밸브방향에 설치한다.

2) B 실린더 전진속도를 미터아웃 회로로 조절하려면 일방향 유량제어밸브를 로드 측에, 체크밸브를 밸브방향에 설치한다.

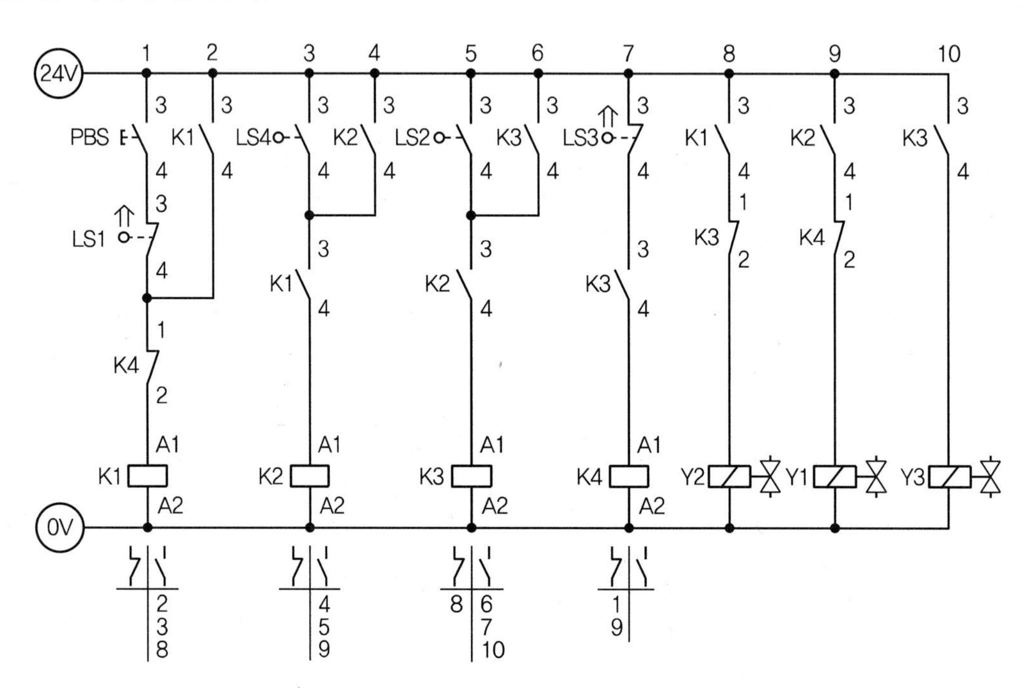

- A 실린더를 제어하기 위한 5/2way 양솔밸브를 편솔밸브로 교체하여 전기회로를 변경한다.
- 1번줄 B전진(B+)을 하기 위해 LS1이 눌린 상태에서 PBS를 누르면 K1릴레이가 ON되어 8번줄 K1 a접점으로 Y2솔레노이드가 ON되면서 B전진(B+)된다.
- 3번줄 A전진(A+)을 하기 위해 LS4가 ON되면 K2릴레이가 ON되면서 9번줄 K2 a접점으로 Y1 솔레노이드가 ON되면서 A전진(A+)된다.
- 5번줄 B후진(B−)을 하기 위해 LS2가 ON되면 K3릴레이가 ON되면서 10번줄 양솔밸브는 K3 a접점으로 Y3솔레노이드를 ON시키면서 8번줄 K3 b접점으로 Y2솔레노이드 B전진(B+) 신호를 끊어준다.
- 7번줄 A후진(A−)을 하기 위해 LS3이 ON되면 K4릴레이가 ON되면서 9번줄 편솔밸브 K4 b접점으로 Y1솔레노이드 전진신호를 끊어 후진된다.

공압 6	응용 정답

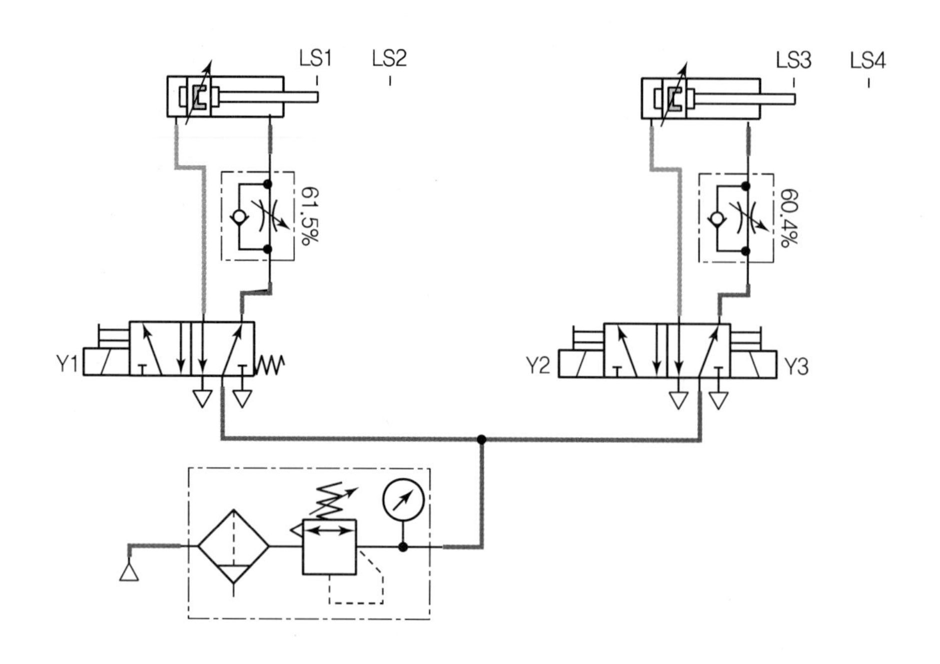

LS1
LS2
LS3
LS4
61.5%
60.4%
Y1
Y2
Y3

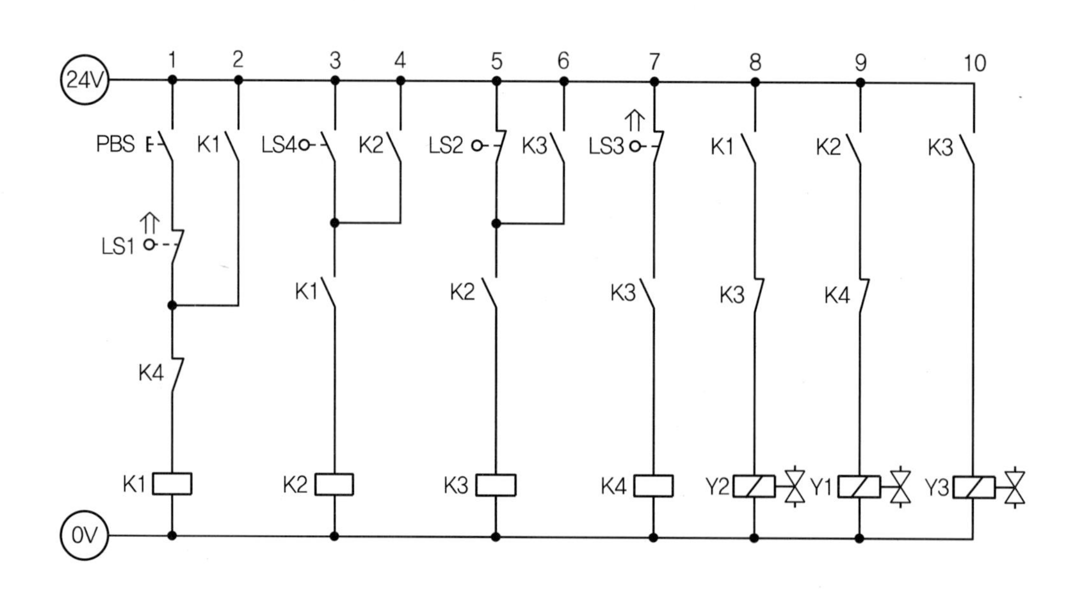

24V
0V
1
2
3
4
5
6
7
8
9
10
PBS
K1
LS4
K2
LS2
K3
LS3
LS1
K4
Y2
Y1
Y3

[공개] 6

국가기술자격 실기시험문제

자격종목	공유압기능사	과제명	유압회로구성 및 조립작업

※ 문제지는 시험종료 후 본인이 가져갈 수 있습니다.

비번호		시험일시		시험장명	

※ 시험시간 : 1시간 10분
- [제3과제] 유압회로 도면제작 : 10분
- [제4과제] 유압회로구성 및 조립작업 : 1시간

1. 요구사항

※ 지급된 재료 및 시설을 사용하여 아래 작업을 완성하시오.

가. 제3과제 : 유압회로 도면제작

1) 주어진 제어조건을 만족하는 유압회로도 및 전기회로도의 빈 부분(㉮, ㉯, ㉰)에 들어갈 기호를 제시된 【보기(유압)】에서 찾아 답안지(3)에 번호로 기입하고, 도면 중 ㉱ 부분의 명칭 및 ㉲ 부분의 용도를 답안지(3)에 작성하여 제출하시오.
(단, ㉱, ㉲가 지칭하는 부분은 관로, 스프링, 드레인 등의 세부 부속품이 아닌 독립적으로 역할을 하는 전체 부품임을 고려하여 답지를 작성합니다.)

나. 제4과제 : 유압회로구성 및 조립작업

1) 기본과제
가) 제3과제에서 작성한 유압도면과 같이 주어진 유압기기를 선정하여 고정판에 배치하시오.
(단, 도면에 일점쇄선 부분은 수험자가 구성하지 않습니다.)
나) 유압호스를 사용하여 배치된 기기를 연결 · 완성하시오.
다) 전기회로도를 보고 전기회로작업을 완성하시오.
(단, 전기연결선 +는 적색으로, −는 청색 또는 흑색으로 연결하시오.)
라) 유압회로 내의 최고압력을 (4±0.2)MPa로 설정하시오.

2) 응용과제
마) 유압 실린더의 전 · 후진 작동 중에 유압펌프로 유압유가 역류되는 것을 방지하기 위하여 체크밸브를 구성하고 동작시키시오.
바) 카운터를 사용하여 3회 연속운전을 하고 정지할 수 있게 전기회로를 구성한 후 동작시키시오.(단, PBS를 On−Off하면 연속 동작이 시작하고, 카운터 초기화 스위치(RESET)를 추가하고 On−Off하면 카운터가 초기화된다.)

2. 수험자 유의사항

※ 다음의 유의사항을 고려하여 요구사항을 완성하시오.

1) 시험 시작 전 장비 이상 유무를 확인합니다.
2) 시험 중에는 반드시 감독위원의 지시에 따라야 하며, 시험시간 동안 감독위원의 지시가 없는 한 시험장을 임의로 이탈할 수 없습니다.
3) 공압, 유압 배관의 제거는 압력 공급을 차단한 후 실시하시기 바랍니다.
4) 시험에 필요한 기기 이외에 임의로 접촉하지 않도록 주의하시기 바랍니다.
5) 전기 연결의 합선 시에는 즉시 전원공급 장치의 전원을 차단하시기 바랍니다.
6) 실린더의 작동 부분에는 전선 및 호스가 접촉되지 않도록 주의하여야 합니다.
7) 수험자 인적사항 및 계산식을 포함한 답안작성은 흑색 필기구만 사용해야 하며, 그 외 연필류, 빨간색, 청색 등 필기구 및 수정테이프(액)를 사용해 작성한 답항은 0점 처리 되오니 불이익을 당하지 않도록 유의해 주시기 바랍니다.
8) 답안 정정 시에는 정정하고자 하는 단어에 두 줄(=)을 긋고 다시 작성하시기 바랍니다.
9) 제4과제 평가는 먼저 기본과제(가~라)를 수행한 후 감독위원에게 평가받고, 그 이후에 응용과제(마~바)를 별도로 감독위원에게 평가받습니다.
10) 제4과제 평가는 감독위원 확인하에 한 번만 평가받을 수 있으며 재평가하지 않습니다.
    (단, 평가 시에는 전원이 유지된 상태에서 2회 동작 시도하여 동일하게 정상 동작이 되어야 하며, 1회만 동작하고 2회째 시도 시 정상적으로 동작하지 않으면 인정하지 않음)
11) 다음 사항에 대해서는 채점 대상에서 제외하니 특히 유의하시기 바랍니다.
    가) 기권
        (1) 수험자 본인이 수험 도중 시험에 대한 포기의사를 표하는 경우
        (2) 실기시험 과정 중 1개 과정이라도 불참한 경우
    나) 실격
        (1) 시설 · 장비의 조작 또는 재료의 취급이 미숙하여 위해를 일으킬 것으로 감독위원 전원이 합의하여 판단한 경우
        (2) 기능이 해당 등급 수준에 전혀 도달하지 못한 것으로 감독위원이 판단할 경우
        (3) 부정행위를 한 경우
    다) 미완성
        (1) 주어진 시험 시간을 초과하거나 시험 시간 내에 완성하지 못한 경우
        (2) 주어진 시간 내에 제출하였으나 기본과제가 작동하지 않은 경우
            (단, 전원 유지 상태에서 동작 시험 시 2회 이상 정상동작해야 함)
    라) 오작
        (1) 회로 구성 결과가 제어조건(기본과제)과 일치하지 않는 작품
        (2) 문제지의 유압회로도와 전기회로도의 구성부품과 실제 회로작업에서 사용한 구성부품이 상이한 경우
            (단, 수험자가 제3과제에서 선택하는 부분은 오작대상에서 제외)

3. 도면(유압회로)

□ 제어조건

탁상 유압프레스를 제작하려고 한다. 시작 스위치(PBS1)를 ON－OFF하면 빠른 속도로 전진운동을 하다가 실린더가 중간 리밋 스위치(LS2)를 작동시키면 조정된 작업속도로 움직인다. 작업 완료 리밋 스위치(LS3)를 작동시키면 빠르게 복귀하여야 한다.

(단, 유압회로도에서 반드시 릴리프 밸브와 체크밸브를 사용하여 카운터 밸런스 회로(설정 압력은 2MPa(±0.2MPa))를 구성하여야 합니다.)

○ 위치도

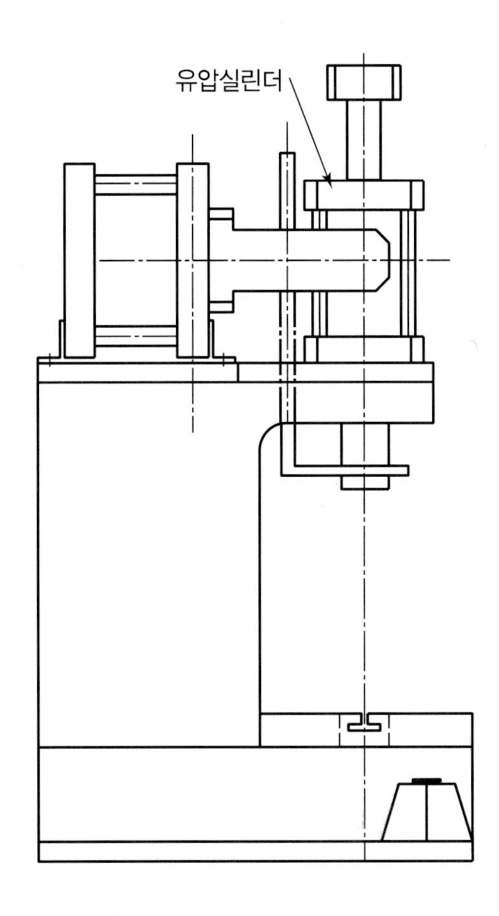

○ 유압회로도

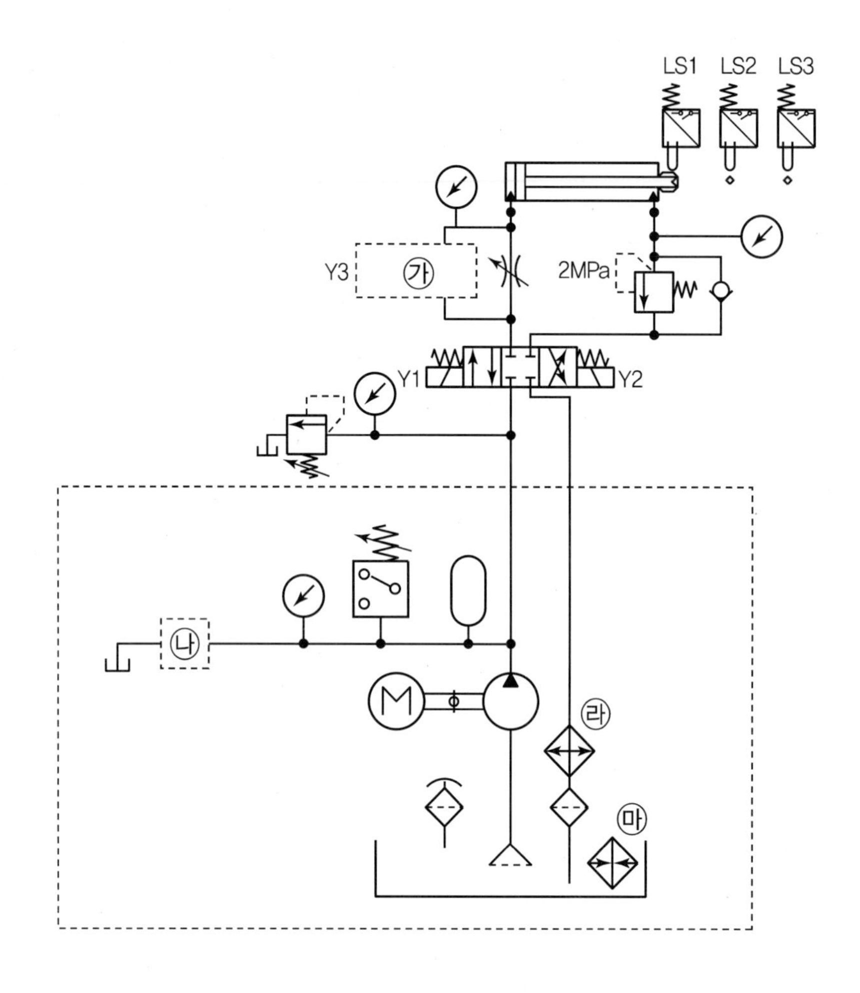
LS1 LS2 LS3
Y3
㉮
2MPa
Y1
Y2
㉯
㉰
㉱

○ 전기회로도

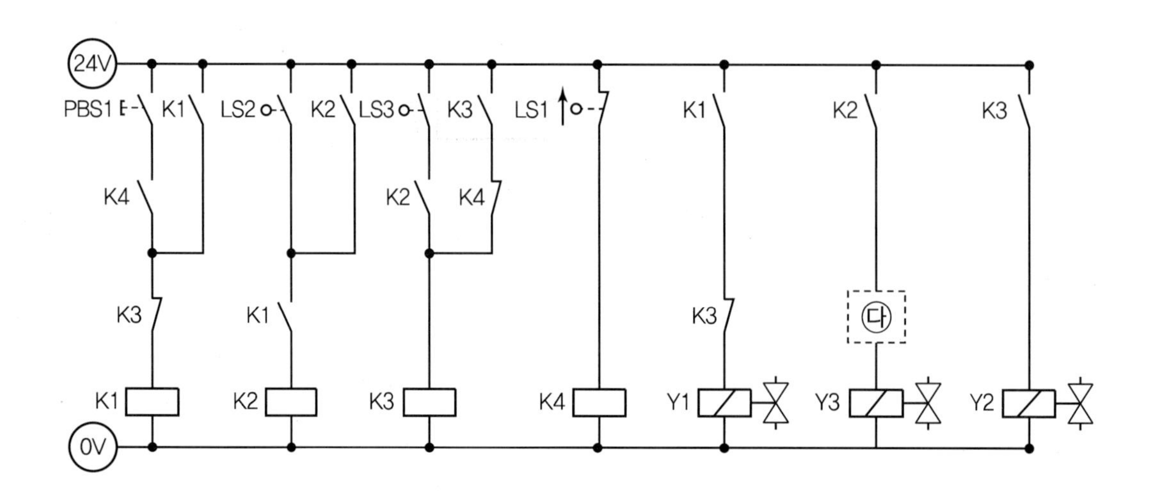
24V
PBS1
K1
LS2
K2
LS3
K3
LS1
K1
K2
K3
K4
K4
K2
K4
K3
K1
K3
㉰
K1
K2
K3
K4
Y1
Y3
Y2
0V

유압 6	정답

㉮ 17 ㉯ 10 ㉰ 37

㉱ 오일 냉각기 ㉲ 유압작동유 예열

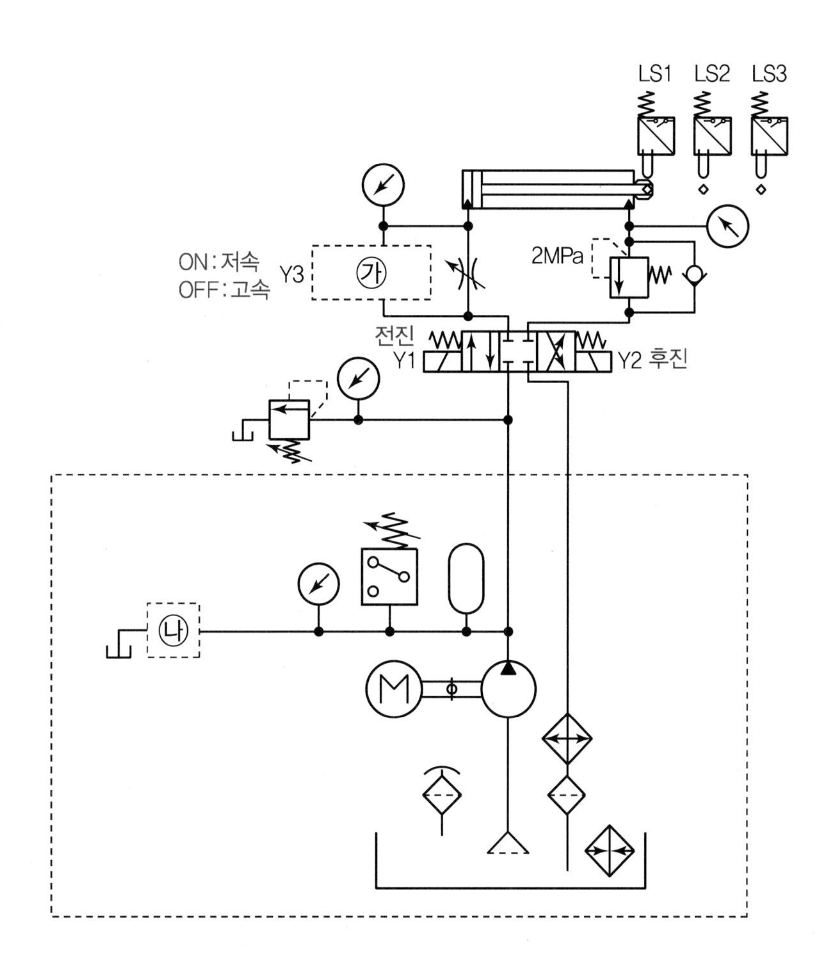

- LS1에서 LS2까지는 빠르게 가다가 LS2부터 LS3까지는 천천히 가고, 후진은 LS3부터 LS1까지는 빠르게 후진
- **빈칸** ㉮ 2/2way Normal Open 타입의 편솔밸브가 필요
- **빈칸** ㉯ 릴리프 밸브가 필요
- 4/3way 양솔밸브의 Y1솔레노이드는 전진, Y2솔레노이드는 후진을 담당하고, 2/2way Normal Open 편솔밸브는 Y3솔레노이드가 ON되면 유량조절밸브 한 군데로 유량이 공급되어 저속으로 실린더가 움직이고 Y3솔레노이드가 OFF되면 유량조절밸브와 2/2way 밸브 두 군데로 유량이 공급되어 속도가 빨라짐

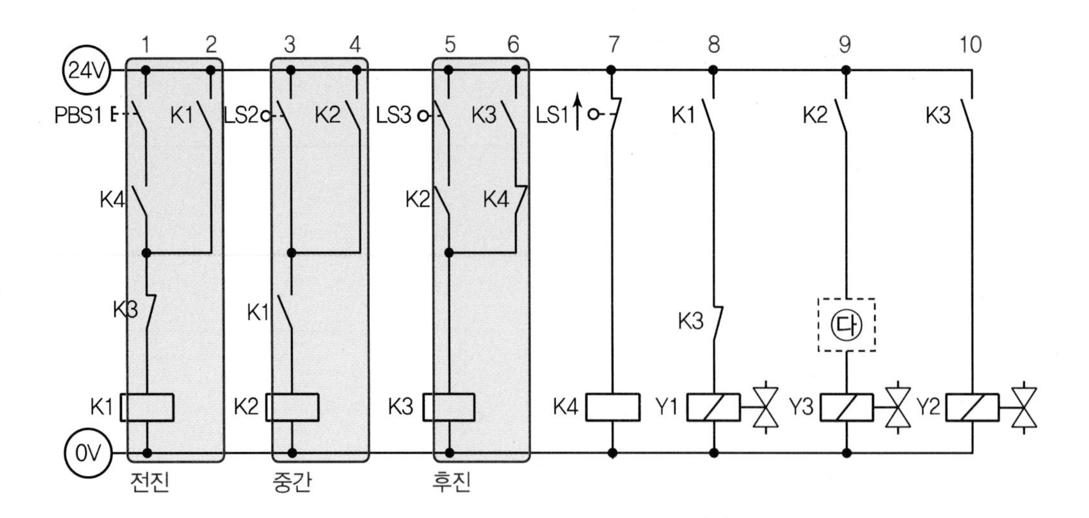

- 1번줄 PB1은 K1릴레이가 ON되면 8번줄 K1 a접점이 ON되면서 Y1솔레노이드에 의해 전진
- 3번줄 LS2에 의해서 중간위치가 ON되면 K2릴레이가 ON되면서 9번줄 K2 a접점이 ON되고 Y3솔레노이드가 ON되면서 저속으로 전진
- 5번줄 LS3이 ON되면 K3릴레이가 ON되면서 10번줄 K3 a접점이 ON되고 Y2솔레노이드가 ON되면서 후진됨. 이때 전진신호와 저속신호를 끊어주기 위해서 8번줄 Y1솔레노이드와 9번줄 Y3솔레노이드를 **빈칸** ㉰의 K3 b접점으로 끊어줌

유압 6	기본 정답

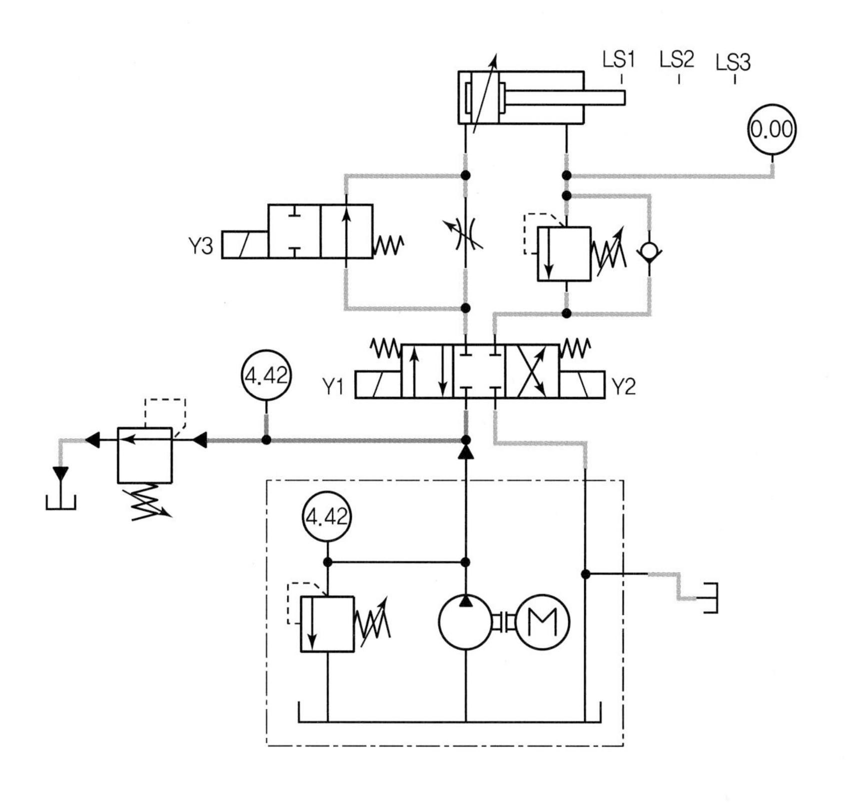

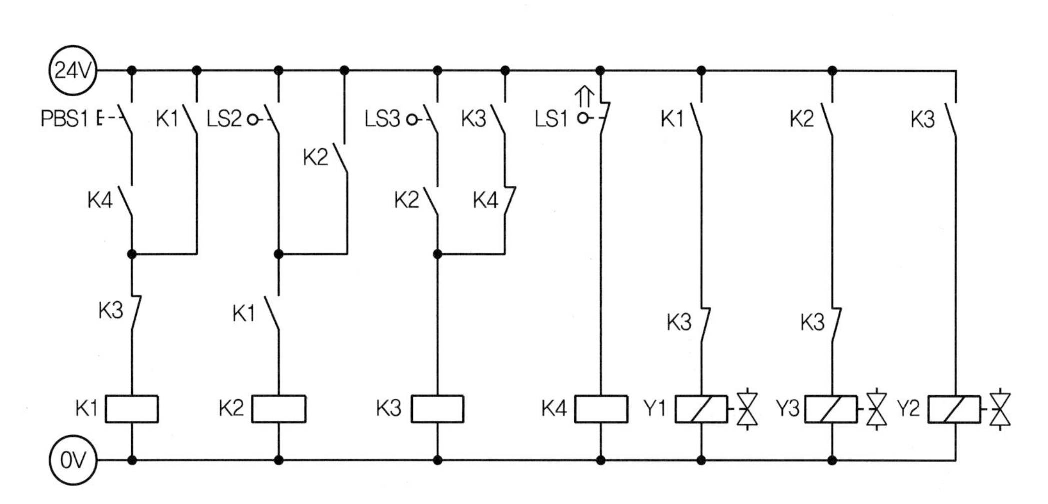

PART 02

유압 6	응용 해설

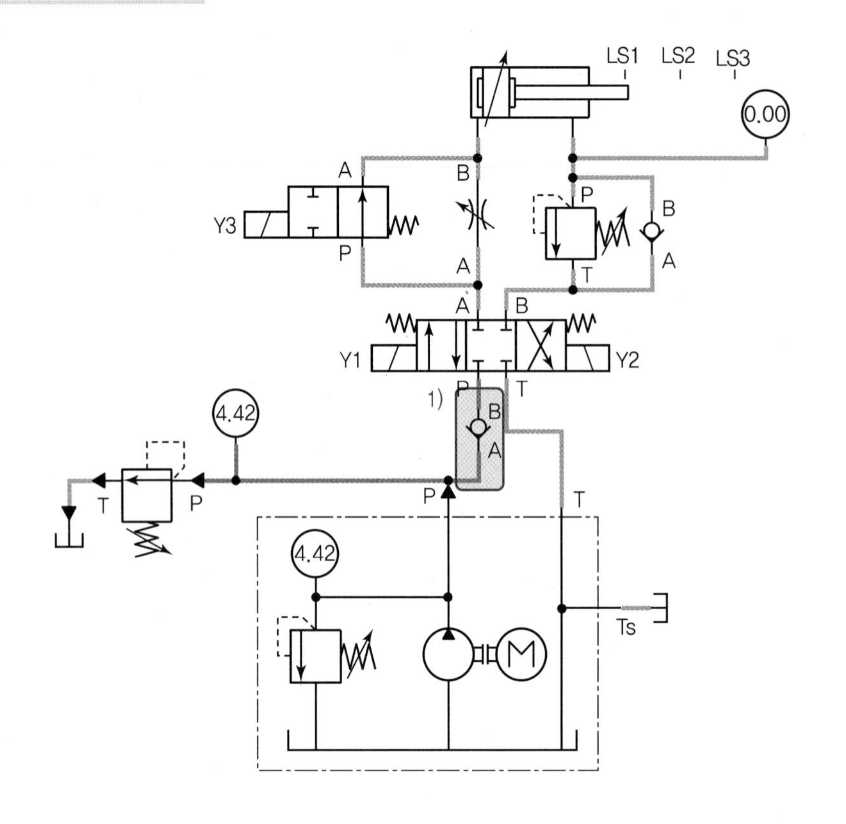

1) 실린더로 유압유 역류 방지를 위해 체크밸브를 펌프방향에 설치한다.

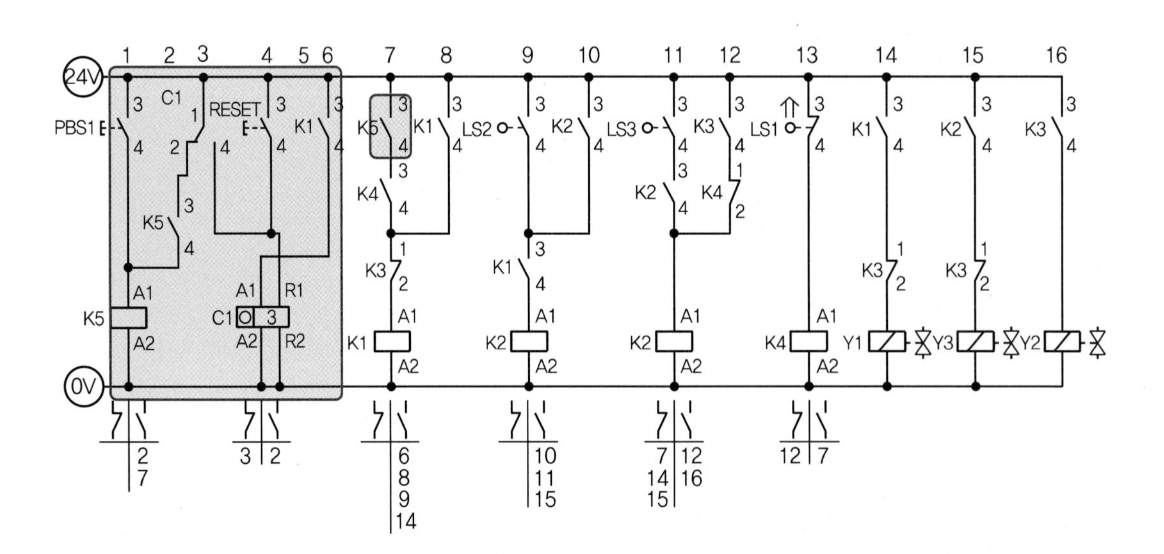

- 1번줄 카운터 회로를 사용하기 위해 PBS1과 K5릴레이를 추가한다.
- 7번줄 기존 PBS1 자리에는 K5 a접점으로 교체한다.
- 3번줄 카운터 설정값보다 작으면 카운터 b접점으로 계속 동작하고, 설정값과 같아지면 a접점으로 연결되면서 작동이 멈춘다.
- 2번줄의 K5 a접점은 자기유지하기 위함이다.
- 6번줄 카운터 회로에서 첫 스텝 K1릴레이가 ON－OFF되는 횟수를 세기 위해 K1 a접점을 A1에 연결한다.
- 4번줄 카운터 회로를 초기화하기 위해 RESET 버튼을 R1에 연결한다.

유압 6	응용 정답

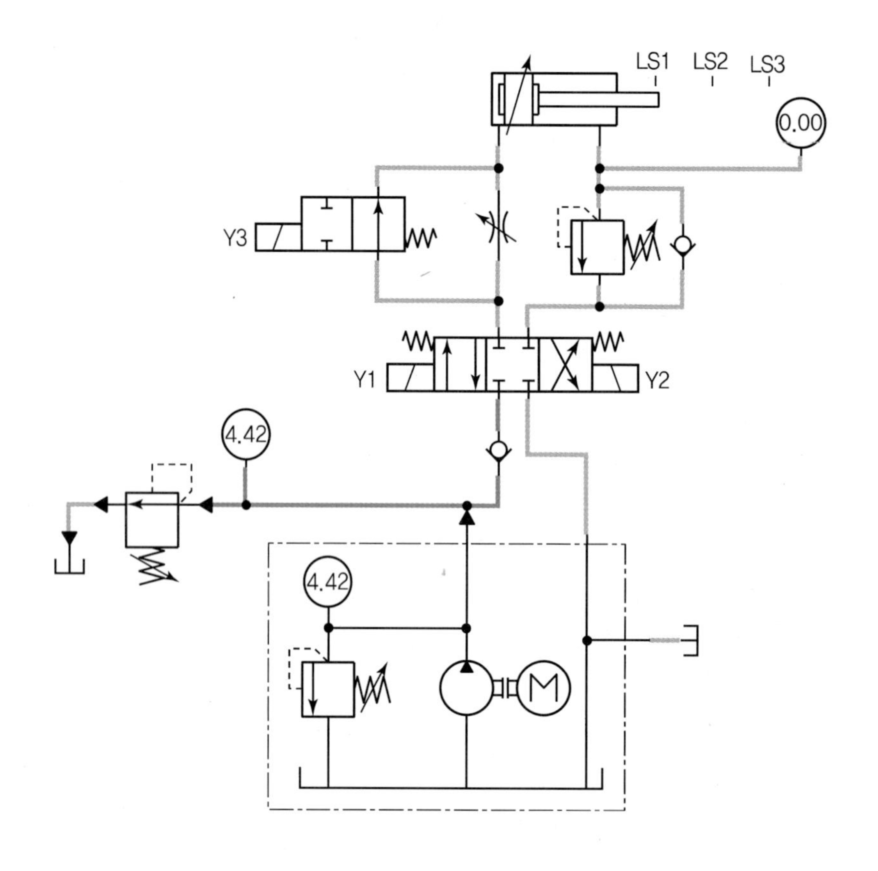
LS1
LS2
LS3
0.00
Y3
Y1
Y2
4.42
4.42
M

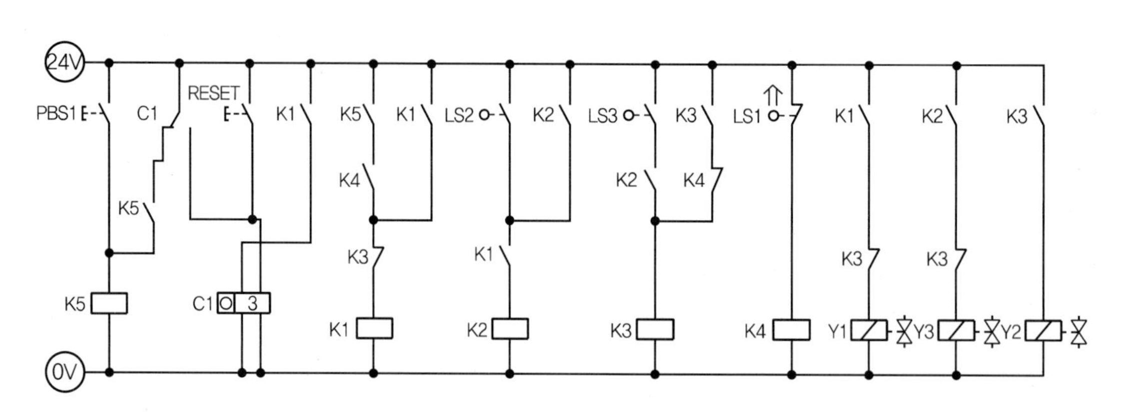
24V
0V
PBS1
C1
K5
RESET
C1
3
K1
K5
K4
K3
LS2
K2
LS3
K3
K2
K4
LS1
K4
Y1
Y3
Y2

[공개] 7

국가기술자격 실기시험문제

자격종목	공유압기능사	과제명	공압회로구성 및 조립작업

※ 문제지는 시험종료 후 본인이 가져갈 수 있습니다.

비번호		시험일시		시험장명	

※ 시험시간 : 1시간 20분
- [제1과제] 공압회로 도면제작 : 20분
- [제2과제] 공압회로구성 및 조립작업 : 1시간

1. 요구사항

※ 지급된 재료 및 시설을 사용하여 아래 작업을 완성하시오.

가. 제1과제 : 공압회로 도면제작

1) 주어진 제어조건을 만족하는 공압회로도 및 전기회로도의 빈 부분(㉮, ㉯, ㉰)에 들어갈 기호를 제시된 【보기(공압)】에서 찾아 답안지(1)에 번호로 기입하고, 도면 중 ㉱ 부분의 용도 및 ㉲ 부분의 명칭을 답안지(1)에 작성하여 제출하시오.
(단, ㉱, ㉲가 지칭하는 부분은 관로, 스프링, 드레인 등의 세부 부속품이 아닌 독립적으로 역할을 하는 전체 부품임을 고려하여 답지를 작성합니다.)

2) 주어진 공압회로도를 참조하여 제어조건에 따른 변위단계선도를 답안지(2)에 완성하여 제출하시오.

나. 제2과제 : 공압회로구성 및 조립작업

1) 기본과제
   가) 제1과제에서 작성한 공압회로도와 같이 주어진 공압기기를 선정하여 고정판에 배치하시오.
   (단, 공압회로도 중 도면에 있는 차단밸브 이전 기기와 장치는 수험자가 구성하지 않습니다.)
   나) 공압호스를 적절한 길이로 절단 사용하여 배치된 기기를 연결 · 완성하시오.
   다) 전기회로도를 보고 전기회로작업을 완성하시오.
   (단, 전기연결선 +는 적색으로, −는 청색 또는 흑색으로 연결하시오.)
   라) 작업압력(서비스 유닛)을 (0.5±0.05)MPa로 설정하시오.

2) 응용과제
   마) 감독위원이 지정한 압력(0.2~0.5MPa 범위에서 지정)으로 변경하시오.
   바) 실린더 A 후진 시 급속배기밸브를 사용하여 속도를 제어하고, 실린더 B 후진 시 일방향 유량조절밸브(모듈형)를 사용하여 Meter−out 회로가 되도록 속도를 제어하시오.
   사) 전기타이머를 사용하여 실린더 B가 전진완료 후 2초간 정지한 후에 다음 동작이 이루어지도록 전기회로를 구성하고 동작시키시오.

2. 수험자 유의사항

※ 다음의 유의사항을 고려하여 요구사항을 완성하시오.

1) 시험 시작 전 장비 이상 유무를 확인합니다.
2) 시험 중에는 반드시 감독위원의 지시에 따라야 하며, 시험시간 동안 감독위원의 지시가 없는 한 시험장을 임의로 이탈할 수 없습니다.
3) 공압, 유압 배관의 제거는 압력 공급을 차단한 후 실시하시기 바랍니다.
4) 시험에 필요한 기기 이외에 임의로 접촉하지 않도록 주의하시기 바랍니다.
5) 전기 연결의 합선 시에는 즉시 전원공급 장치의 전원을 차단하시기 바랍니다.
6) 실린더의 작동 부분에는 전선 및 호스가 접촉되지 않도록 주의하여야 합니다.
7) 수험자 인적사항 및 계산식을 포함한 답안작성은 흑색 필기구만 사용해야 하며, 그 외 연필류, 빨간색, 청색 등 필기구 및 수정테이프(액)를 사용해 작성한 답항은 0점 처리되오니 불이익을 당하지 않도록 유의해 주시기 바랍니다.
8) 답안 정정 시에는 정정하고자 하는 단어에 두 줄(=)을 긋고 다시 작성하시기 바랍니다.
9) 변위단계선도의 작성 및 제출은 반드시 제1과제 시험시간 이내에 이루어져야 합니다.
10) 제2과제 평가는 먼저 기본과제(가~라)를 수행한 후 감독위원에게 평가받고, 그 이후에 응용과제(마~사)를 별도로 감독위원에게 평가받습니다.
11) 제2과제 평가는 감독위원 확인하에 한 번만 평가받을 수 있으며 재평가하지 않습니다. (단, 평가 시에는 전원이 유지된 상태에서 2회 동작 시도하여 동일하게 정상 동작이 되어야 하며, 1회만 동작하고 2회째 시도 시 정상적으로 동작하지 않으면 인정하지 않음)
12) 다음 사항에 대해서는 채점 대상에서 제외하니 특히 유의하시기 바랍니다.
   가) 기권
      (1) 수험자 본인이 수험 도중 시험에 대한 포기의사를 표하는 경우
      (2) 실기시험 과정 중 1개 과정이라도 불참한 경우
   나) 실격
      (1) 시설 · 장비의 조작 또는 재료의 취급이 미숙하여 위해를 일으킬 것으로 감독위원 전원이 합의하여 판단한 경우
      (2) 기능이 해당 등급 수준에 전혀 도달하지 못한 것으로 감독위원이 판단할 경우
      (3) 부정행위를 한 경우
   다) 미완성
      (1) 주어진 시험 시간을 초과하거나 시험 시간 내에 완성하지 못한 경우
      (2) 주어진 시간 내에 제출하였으나 기본과제가 작동하지 않은 경우
      (단, 전원 유지 상태에서 동작 시험 시 2회 이상 정상적으로 동작해야 함)
   라) 오작
      (1) 회로 구성 결과가 제어조건(기본과제)과 일치하지 않는 작품
      (2) 문제지의 공압회로도와 전기회로도의 구성부품과 실제 회로작업에서 사용한 구성부품이 상이한 경우(단, 수험자가 제1과제에서 선택하는 부분은 오작대상에서 제외)

3. 도면(공압회로)

□ 제어조건

소재 공급 매거진에서 PBS1을 On－Off하면 실린더 A의 전진동작으로 소재를 공급한 후, 실린더 B의 전후진 동작으로 소재를 용기에 넣은 다음 실린더 A가 복귀하도록 한다.

○ 위치도

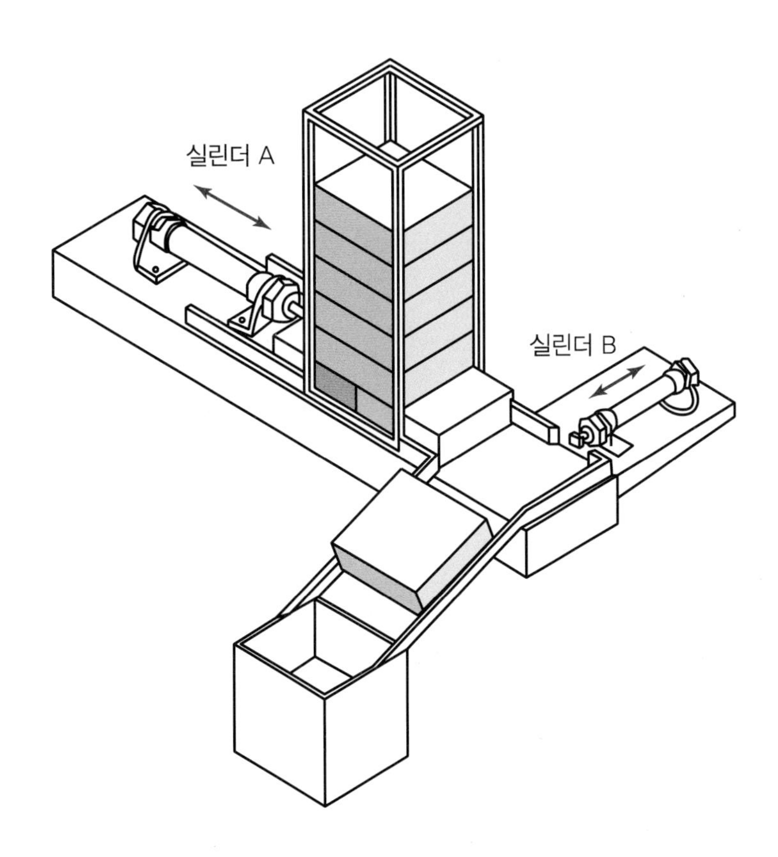

○ 공압회로도

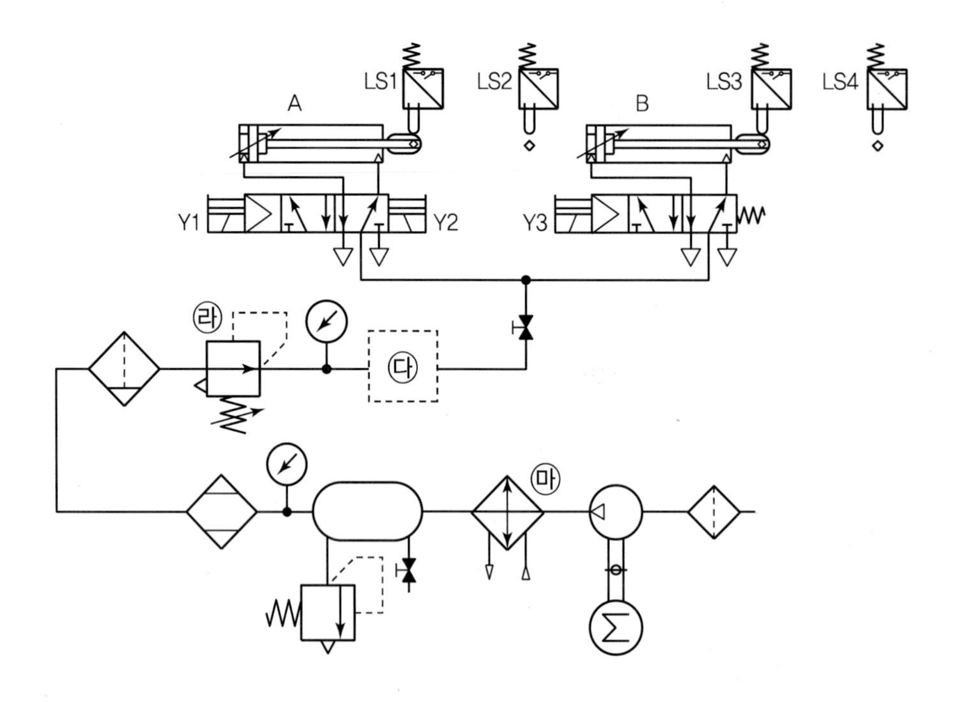

A
B
LS1
LS2
LS3
LS4
Y1
Y2
Y3
㉣
㉢
㉤

○ 전기회로도

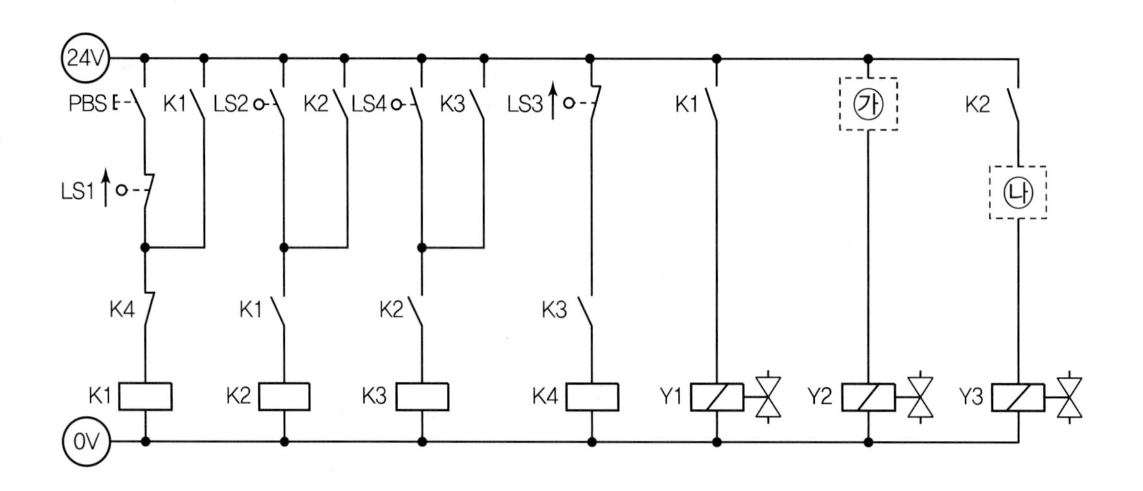

24V
0V
PBS
LS1
LS2
LS3
LS4
K1
K2
K3
K4
Y1
Y2
Y3
㉮
㉯

공압 7	정답

㉮ 33 ㉯ 36 ㉰ 5

㉱ 설정압력으로 공압 조절 ㉲ 후부냉각기

공압 7	변위단계선도	정답

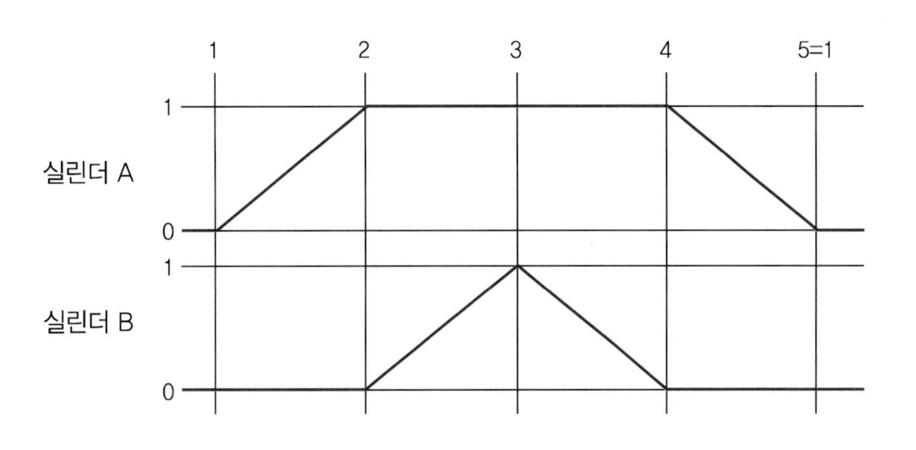

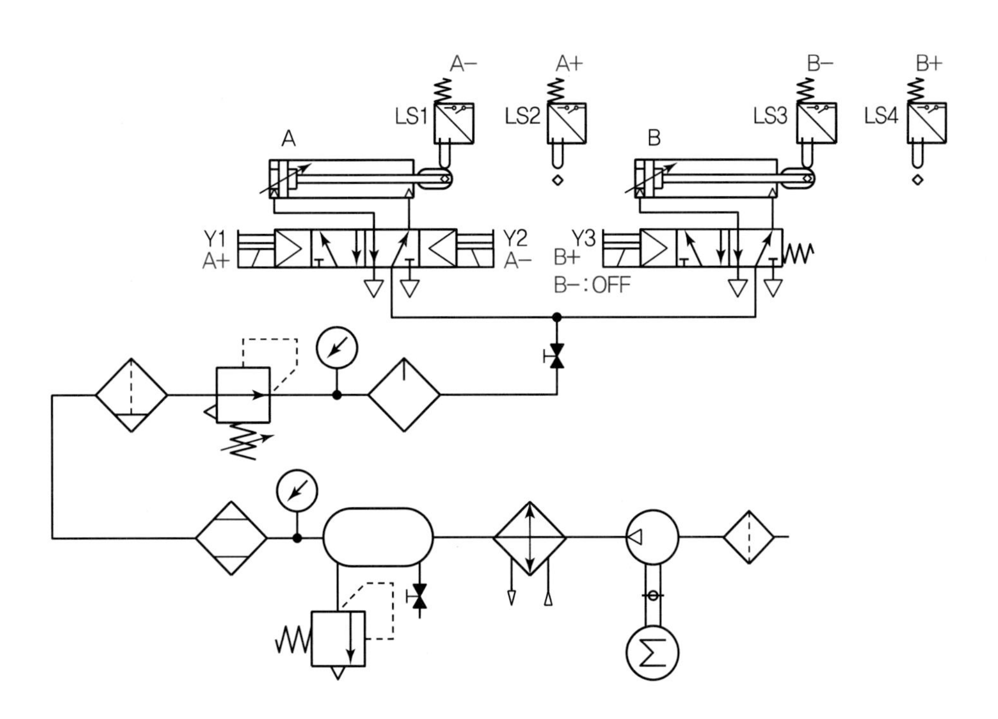

• **빈칸** ㉰ 윤활기가 필요

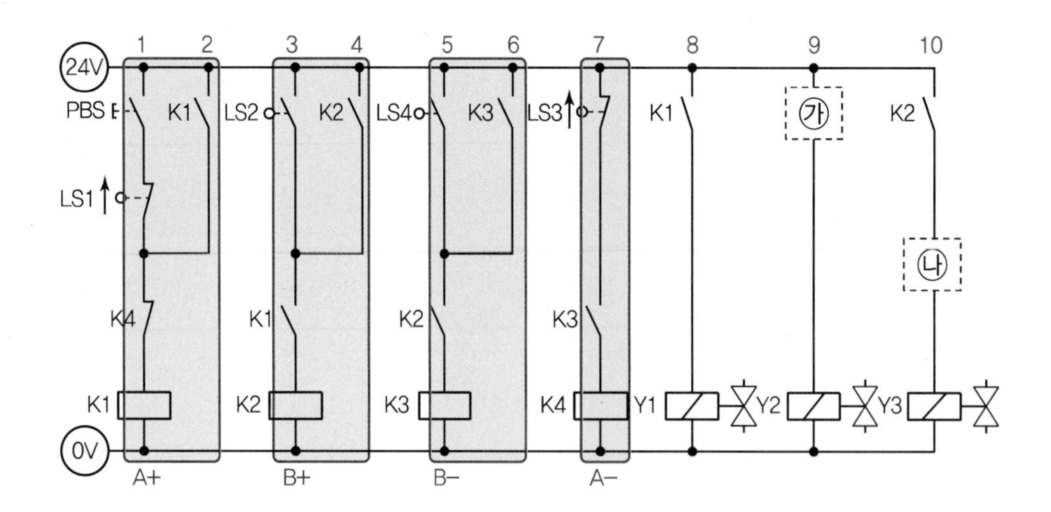

- 1번줄 K1릴레이는 3번줄 LS2가 되기 위하기 때문에 A전진(A+), 2번줄 자기유지
- 3번줄 K2릴레이는 5번줄 LS4가 되기 위하기 때문에 B전진(B+), 4번줄 자기유지
- 5번줄 K3릴레이는 7번줄 LS3이 되기 위하기 때문에 B후진(B−), 6번줄 자기유지
- 7번줄 K4릴레이는 1번줄 LS1이 되기 위하기 때문에 A후진(A−)
- 8번줄 A양솔밸브는 A전진(A+)을 위해 K1 a접점으로 Y1솔레노이드 ON
- 9번줄 A양솔밸브는 A후진(A−)을 위해 **빈칸** ㉮의 K4 a접점으로 Y2솔레노이드 ON
- 10번줄 B편솔밸브는 B전진(B+)을 위해 K2 a접점으로 Y3솔레노이드 ON,
  B후진(B−)을 위해 **빈칸** ㉯의 K3 b접점으로 Y3솔레노이드 OFF

공압 7	기본 정답

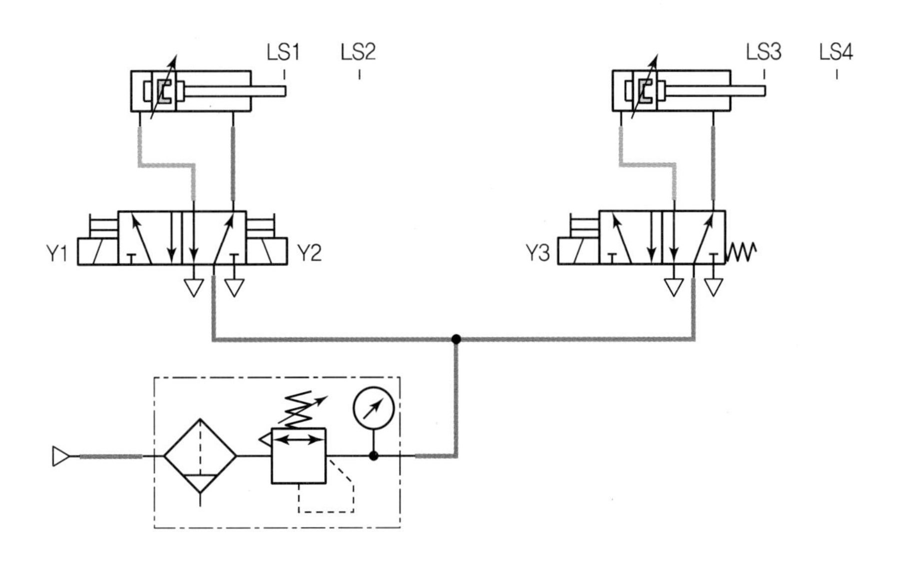
LS1
LS2
LS3
LS4
Y1
Y2
Y3

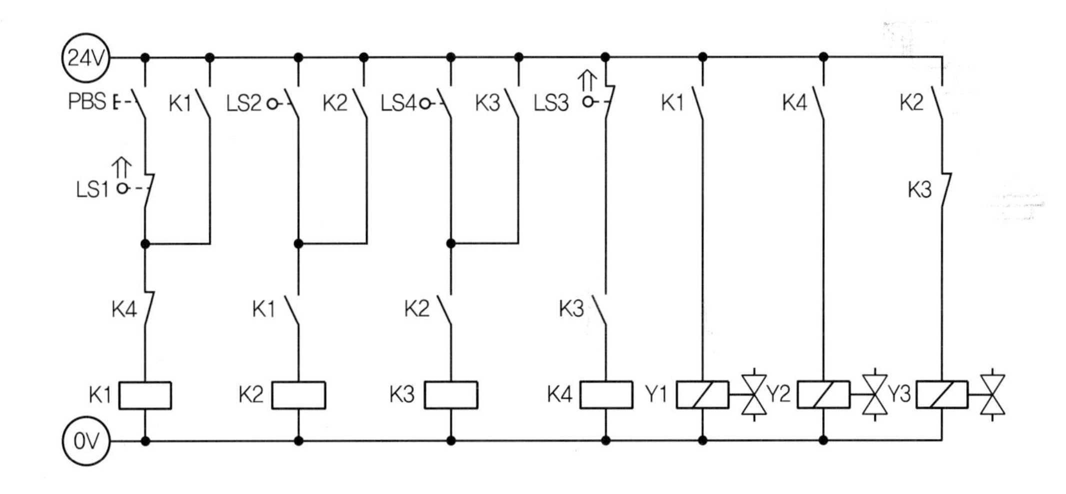
24V
PBS
K1
LS2
K2
LS4
K3
LS3
K1
K4
K2
LS1
K3
K4
K1
K2
K3
K1
K2
K3
K4
Y1
Y2
Y3
0V

공압 7	응용 해설

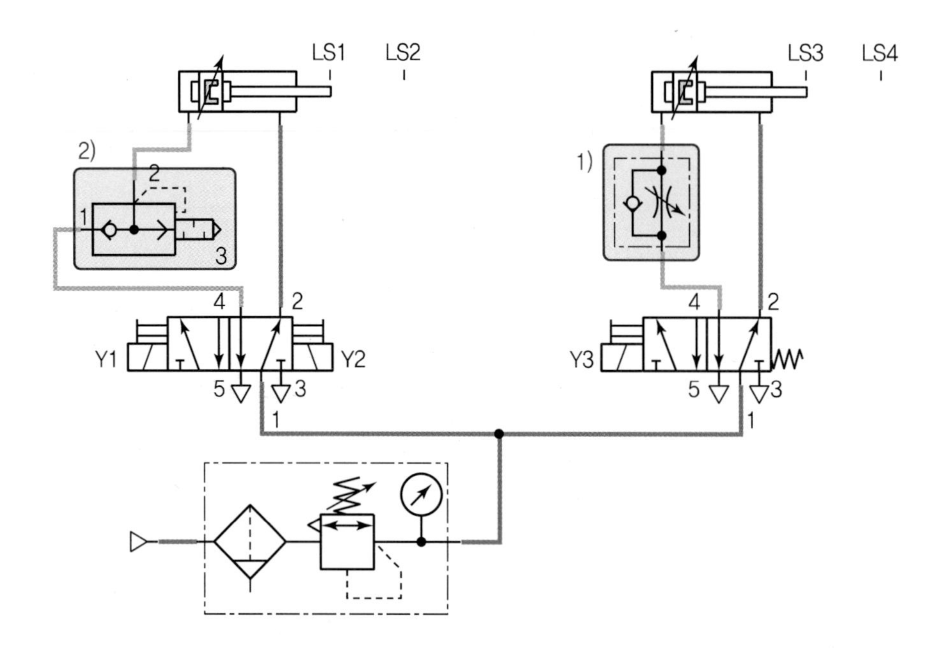

1) B 실린더 후진속도를 미터아웃 회로로 조절하려면 일방향 유량제어밸브를 헤드 측에, 체크밸브를 밸브방향에 설치한다.

2) A 실린더 급속후진을 위해 급속배기밸브를 헤드 측에 설치한다.

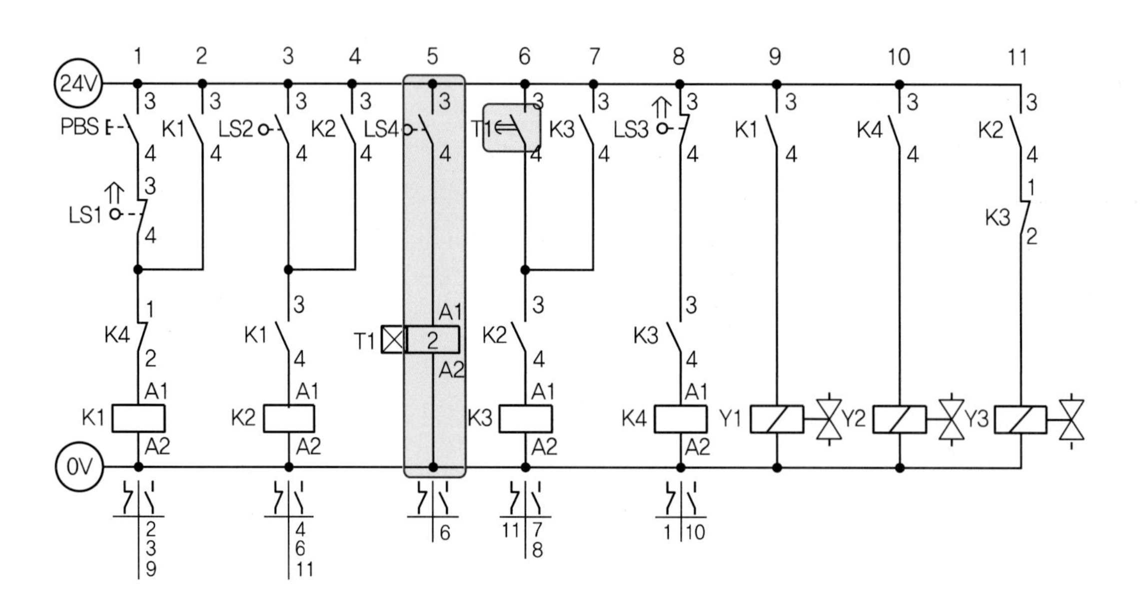

• 5번줄 B전진(B+)을 감지하는 LS4를 거쳐 ON delay 타이머를 추가한다.
• 6번줄 ON delay 타이머 T1 a접점을 추가하여 2초 후 K3릴레이가 ON되면서 11번줄 K3 b접점이 끊어져 B후진(B−)된다.

공압 7	응용 정답

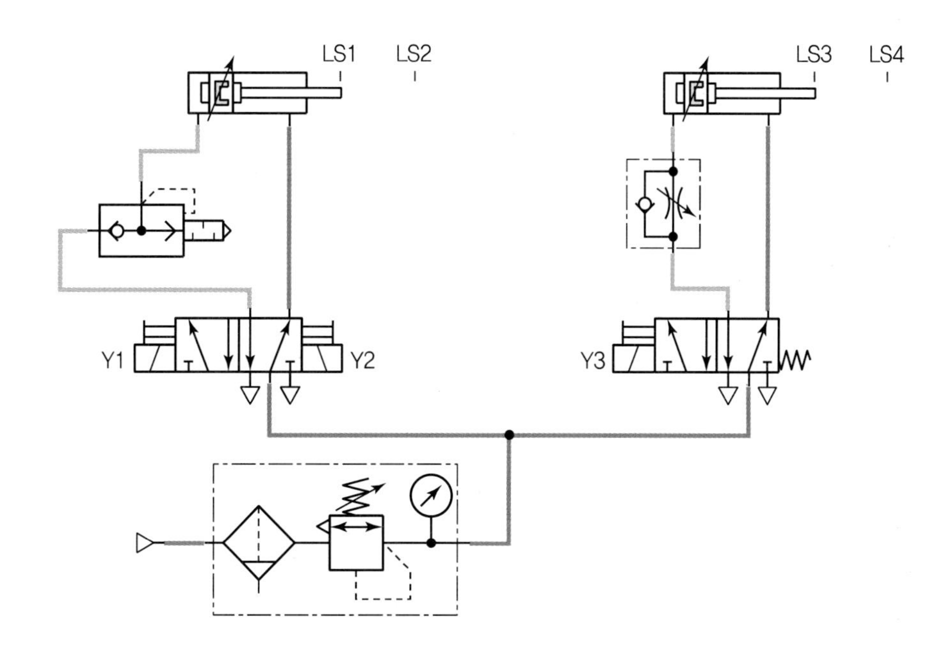

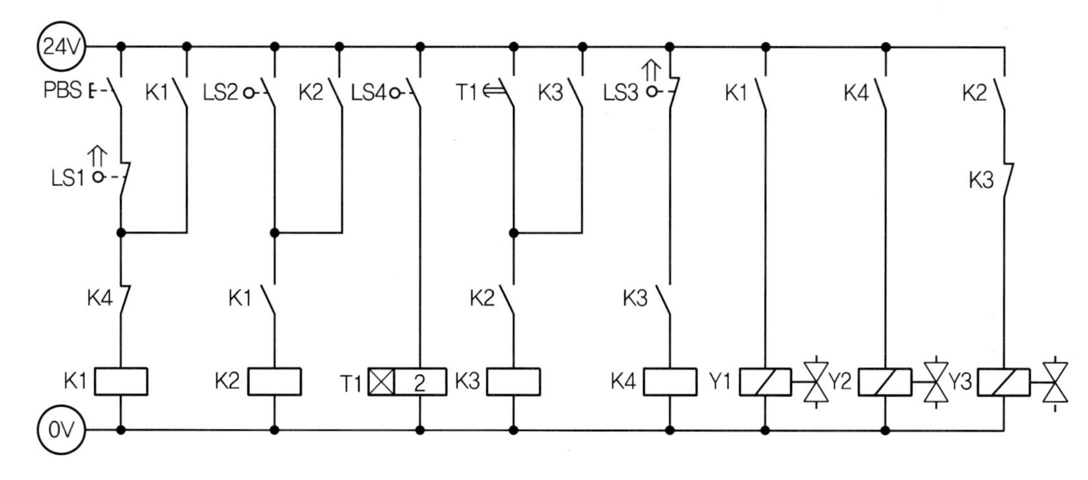

[공개] 7

국가기술자격 실기시험문제

자격종목	공유압기능사	과제명	유압회로구성 및 조립작업

※ 문제지는 시험종료 후 본인이 가져갈 수 있습니다.

비번호		시험일시		시험장명	

※ 시험시간 : 1시간 10분
- [제3과제] 유압회로 도면제작 : 10분
- [제4과제] 유압회로구성 및 조립작업 : 1시간

1. 요구사항

※ 지급된 재료 및 시설을 사용하여 아래 작업을 완성하시오.

가. 제3과제 : 유압회로 도면제작

1) 주어진 제어조건을 만족하는 유압회로도 및 전기회로도의 빈 부분(㉮, ㉯, ㉰)에 들어갈 기호를 제시된 【보기(유압)】에서 찾아 답안지(3)에 번호로 기입하고, 도면 중 ㉱ 부분의 명칭 및 ㉲ 부분의 용도를 답안지(3)에 작성하여 제출하시오.
(단, ㉱, ㉲가 지칭하는 부분은 관로, 스프링, 드레인 등의 세부 부속품이 아닌 독립적으로 역할을 하는 전체 부품임을 고려하여 답지를 작성합니다.)

나. 제4과제 : 유압회로구성 및 조립작업

1) 기본과제
가) 제3과제에서 작성한 유압도면과 같이 주어진 유압기기를 선정하여 고정판에 배치하시오.
(단, 도면에 일점쇄선 부분은 수험자가 구성하지 않습니다.)
나) 유압호스를 사용하여 배치된 기기를 연결 · 완성하시오.
다) 전기회로도를 보고 전기회로작업을 완성하시오.
(단, 전기연결선 +는 적색으로, −는 청색 또는 흑색으로 연결하시오.)
라) 유압회로 내의 최고압력을 (4±0.2)MPa로 설정하시오.

2) 응용과제
마) 실린더의 전진운동을 일방향 유량조절밸브를 사용하여 Meter−in 방식으로 회로를 변경하여 실린더의 속도를 제어하시오.
바) 유압회로 내에 압력 공급을 위한 솔레노이드 밸브 Y3가 작동될 때 램프가 점등되도록 전기회로를 구성하고 동작시키시오.

2. 수험자 유의사항

※ 다음의 유의사항을 고려하여 요구사항을 완성하시오.

1) 시험 시작 전 장비 이상 유무를 확인합니다.
2) 시험 중에는 반드시 감독위원의 지시에 따라야 하며, 시험시간 동안 감독위원의 지시가 없는 한 시험장을 임의로 이탈할 수 없습니다.
3) 공압, 유압 배관의 제거는 압력 공급을 차단한 후 실시하시기 바랍니다.
4) 시험에 필요한 기기 이외에 임의로 접촉하지 않도록 주의하시기 바랍니다.
5) 전기 연결의 합선 시에는 즉시 전원공급 장치의 전원을 차단하시기 바랍니다.
6) 실린더의 작동 부분에는 전선 및 호스가 접촉되지 않도록 주의하여야 합니다.
7) 수험자 인적사항 및 계산식을 포함한 답안작성은 흑색 필기구만 사용해야 하며, 그 외 연필류, 빨간색, 청색 등 필기구 및 수정테이프(액)를 사용해 작성한 답항은 0점 처리 되오니 불이익을 당하지 않도록 유의해 주시기 바랍니다.
8) 답안 정정 시에는 정정하고자 하는 단어에 두 줄(=)을 긋고 다시 작성하시기 바랍니다.
9) 제4과제 평가는 먼저 기본과제(가~라)를 수행한 후 감독위원에게 평가받고, 그 이후에 응용과제(마~바)를 별도로 감독위원에게 평가받습니다.
10) 제4과제 평가는 감독위원 확인하에 한 번만 평가받을 수 있으며 재평가하지 않습니다.
   (단, 평가 시에는 전원이 유지된 상태에서 2회 동작 시도하여 동일하게 정상 동작이 되어야 하며, 1회만 동작하고 2회째 시도 시 정상적으로 동작하지 않으면 인정하지 않음)
11) 다음 사항에 대해서는 채점 대상에서 제외하니 특히 유의하시기 바랍니다.
   가) 기권
      (1) 수험자 본인이 수험 도중 시험에 대한 포기의사를 표하는 경우
      (2) 실기시험 과정 중 1개 과정이라도 불참한 경우
   나) 실격
      (1) 시설 · 장비의 조작 또는 재료의 취급이 미숙하여 위해를 일으킬 것으로 감독위원 전원이 합의하여 판단한 경우
      (2) 기능이 해당 등급 수준에 전혀 도달하지 못한 것으로 감독위원이 판단할 경우
      (3) 부정행위를 한 경우
   다) 미완성
      (1) 주어진 시험 시간을 초과하거나 시험 시간 내에 완성하지 못한 경우
      (2) 주어진 시간 내에 제출하였으나 기본과제가 작동하지 않은 경우
         (단, 전원 유지 상태에서 동작 시험 시 2회 이상 정상동작해야 함)
   라) 오작
      (1) 회로 구성 결과가 제어조건(기본과제)과 일치하지 않는 작품
      (2) 문제지의 유압회로도와 전기회로도의 구성부품과 실제 회로작업에서 사용한 구성부품이 상이한 경우
         (단, 수험자가 제3과제에서 선택하는 부분은 오작대상에서 제외)

3. 도면(유압회로)

□ 제어조건

그물로 덮인 소재를 세척조에 세척을 하려고 한다. START 버튼(PBS)을 ON－OFF하면 실린더 A가 전진을 완료하여 소재를 세척조에 1차 세척 후 후진하여 중간의 리밋 스위치(LS2)를 작동시키면 다시 전진하여 2차 세척작업을 완료한 후 후진하여 작업을 완료한다.
(단, 유압회로도에서 반드시 릴리프 밸브와 체크밸브를 사용하여 카운터 밸런스 회로(설정 압력은 3MPa(±0.2MPa))를 구성하여야 합니다.)

○ 위치도

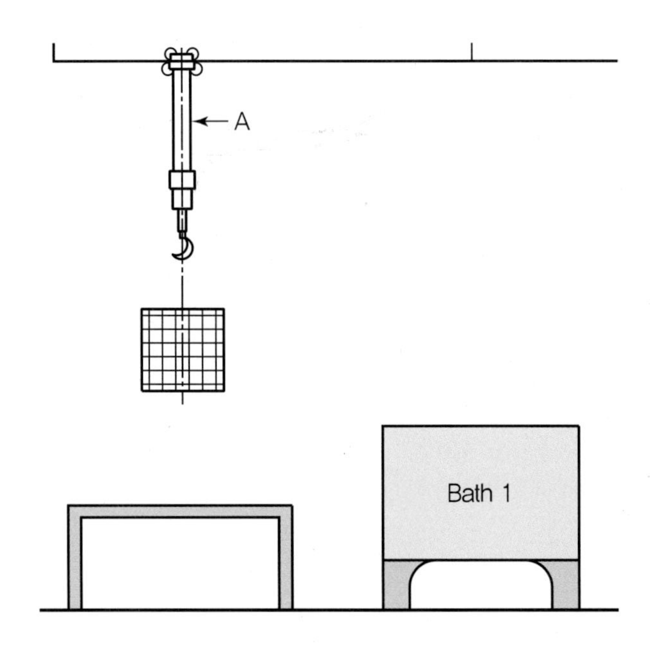

○ 유압회로도

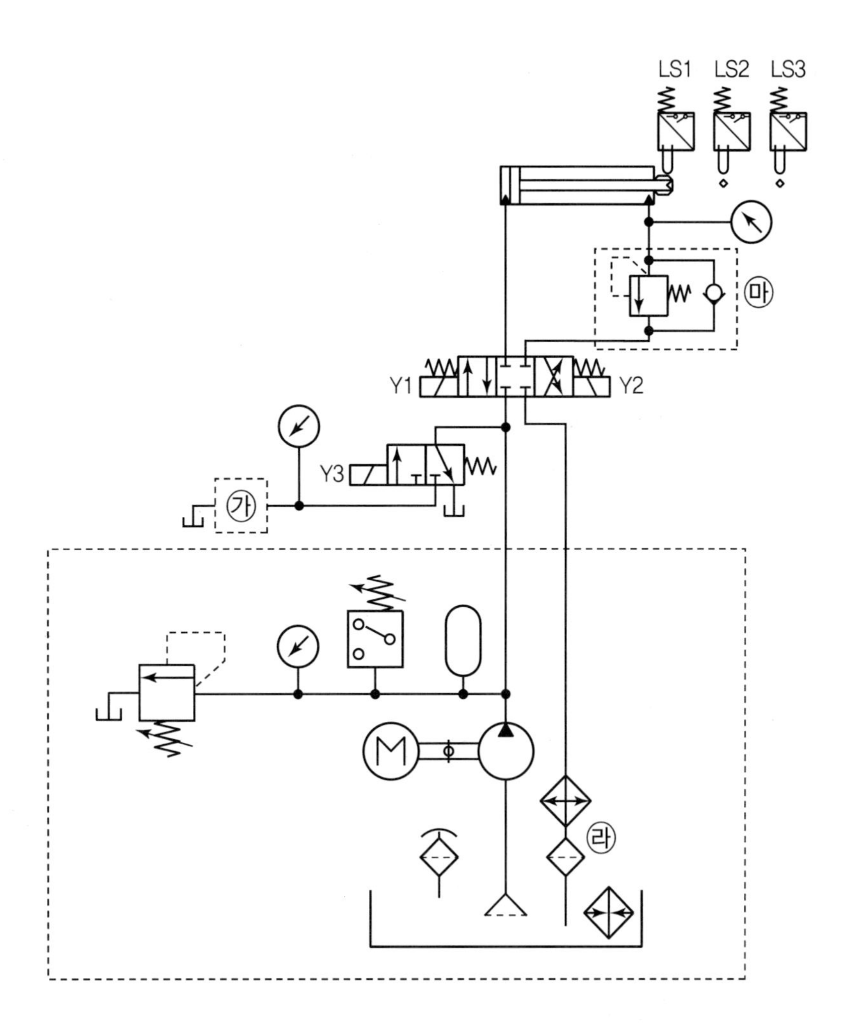

LS1
LS2
LS3
㉮
Y1
Y2
Y3
㉯
㉱
㉮

○ 전기회로도

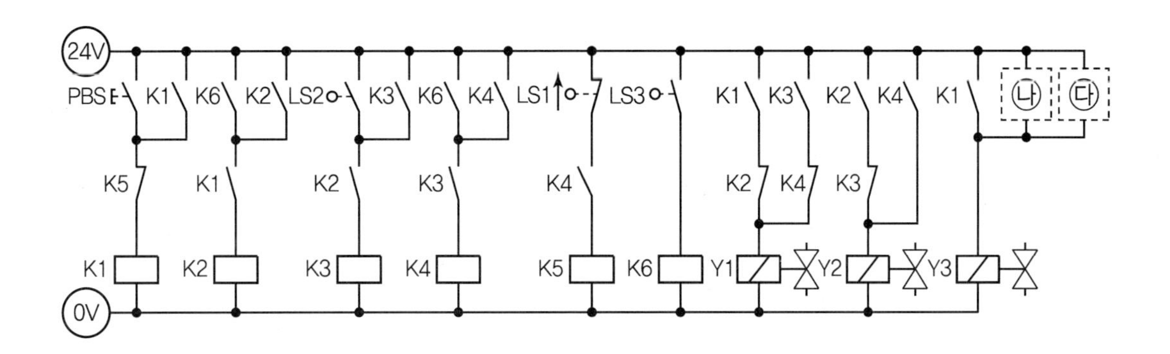

24V
PBS
K1
K6
K2
LS2
K3
K6
K4
LS1
LS3
K1
K3
K2
K4
K1
㉯
㉰
K5
K1
K2
K3
K4
K2
K4
K3
K1
K2
K3
K4
K5
K6
Y1
Y2
Y3
0V

유압 7	정답

㉮ 10　　㉯ 33　　㉰ 34

㉱ 복귀관 필터　　㉲ 회로 일부에 배압을 발생

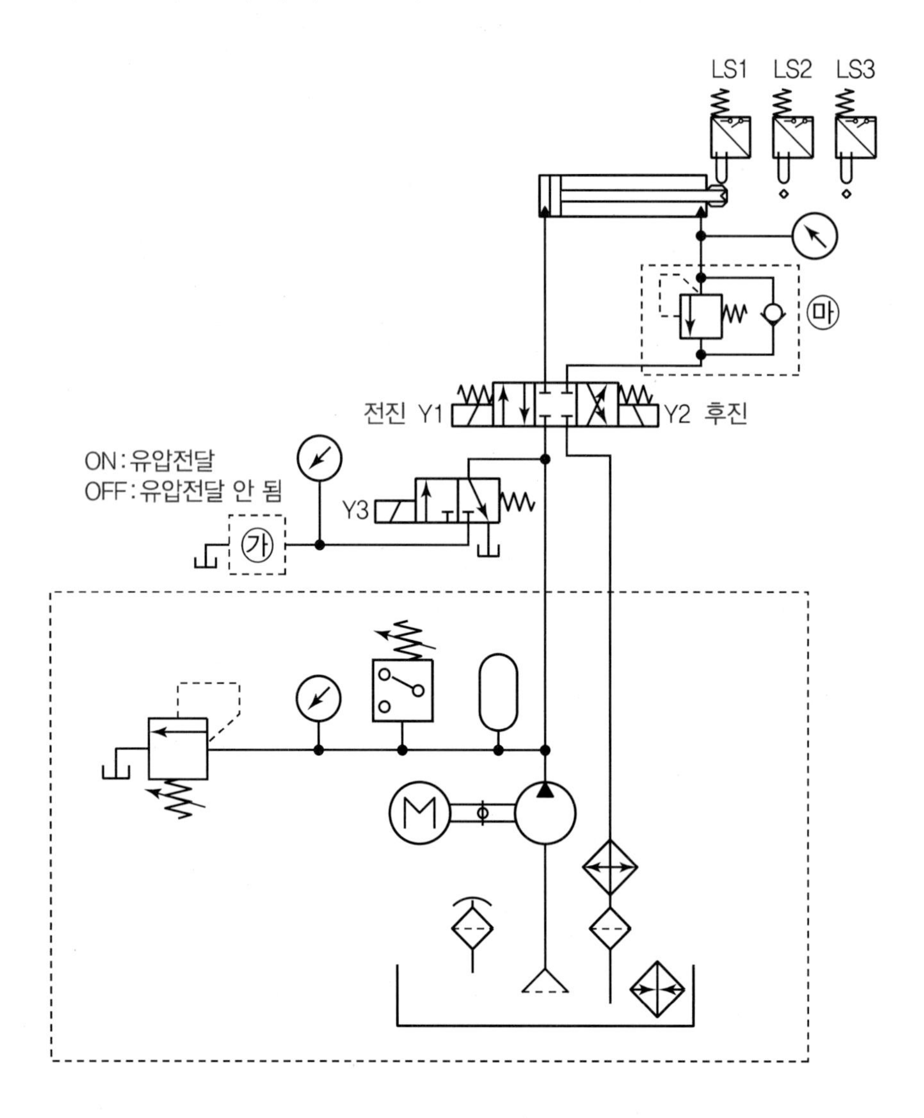

- **빈칸** ㉮ 릴리프 밸브가 필요
- LS1에서 LS3까지 전진한 후 LS3을 닫으면 후진하다가 LS2를 닫으면 다시 전진하여 LS3에 닫으면 끝까지 후진하는 동작
- 4/3way 양솔밸브의 Y1솔레노이드는 전진, Y2솔레노이드는 후진을 담당
- 3/2way Normal Close 타입의 편솔밸브 Y3솔레노이드는 릴리프 밸브와 연결되어서 ON되면 유압이 전달되어 실린더가 움직이고, OFF되면 유압이 모두 탱크로 돌아가 유압전달이 안 됨(무부하 밸브)

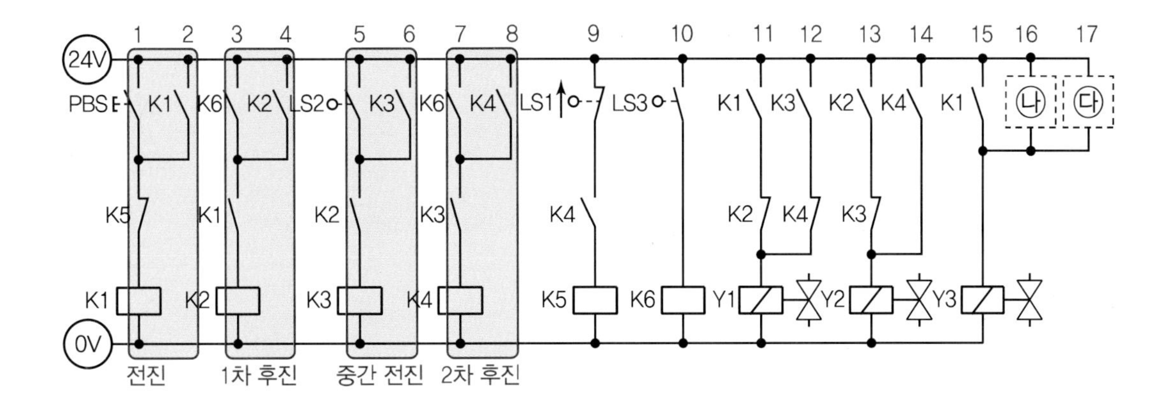

- 1번줄 PB1은 K1릴레이가 ON되면 11번줄 K1 a접점이 ON되면서 Y1솔레노이드에 의해 전진
- 10번줄 LS3이 ON되면 K6릴레이가 ON되면서 3번줄 K6 a접점이 ON되고 K2릴레이가 ON되면 13번줄 K2 a접점이 ON되면서 Y2솔레노이드에 의해 1차 후진
- 5번줄 LS2가 ON되면 K3솔레노이드가 ON되면서 12번줄 K3 a접점이 ON되고 Y1솔레노이드가 ON되면서 다시 전진
- 10번줄 LS3이 ON되면 K6릴레이가 ON되면서 7번줄 K6 a접점이 ON되고 K4릴레이가 ON되면 14번줄 K4 a접점이 ON되면서 Y2솔레노이드에 의해 2차 후진됨. 이때 K4 b접점으로 12번줄 K3 a접점 신호를 끊어줌
- 9번줄 LS1이 ON되면 K5릴레이가 ON되면서 1번줄 K5 b접점이 OFF되고 K1릴레이가 OFF되면서 초기화됨
- Y3솔레노이드는 릴리프 밸브와 연결되어서 ON되어야만 유압전달이 되어 실린더가 전진, 1차 후진, 중간 전진이 이루어지므로 **빈칸** ㉯의 K2 a접점, **빈칸** ㉰의 K3 a접점이 필요

유압 7	기본 정답

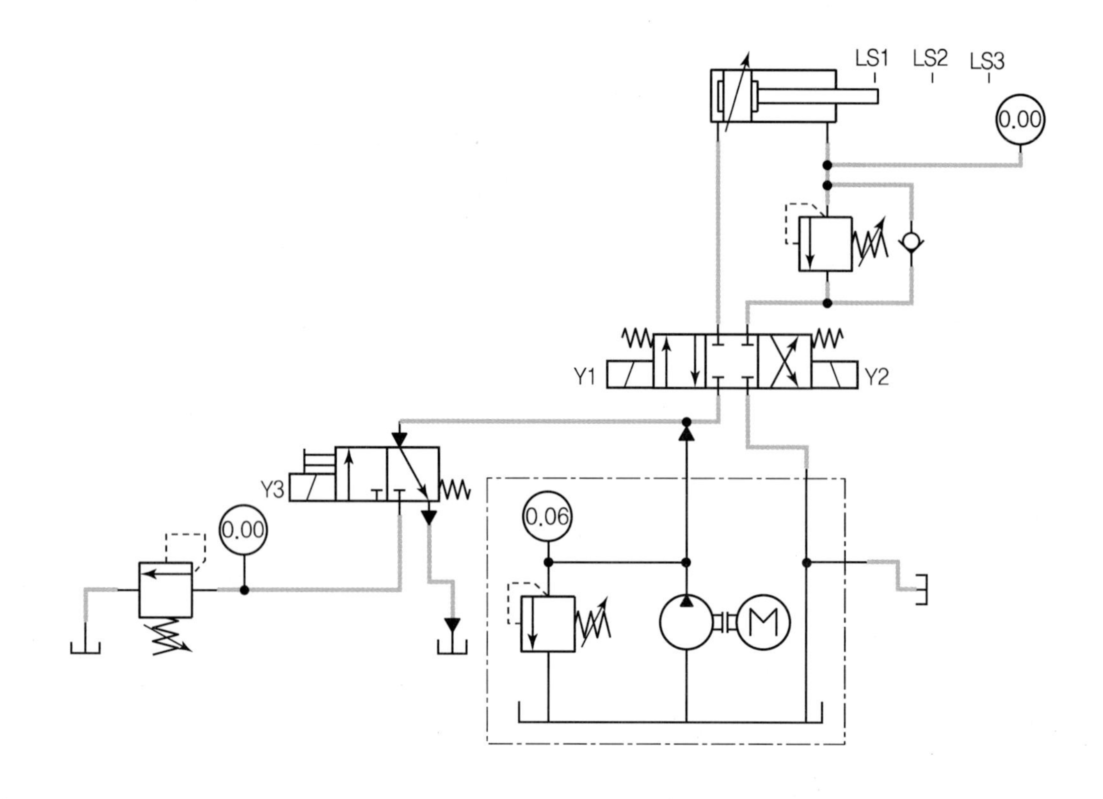

LS1
LS2
LS3
0.00
Y1
Y2
Y3
0.00
0.06
M

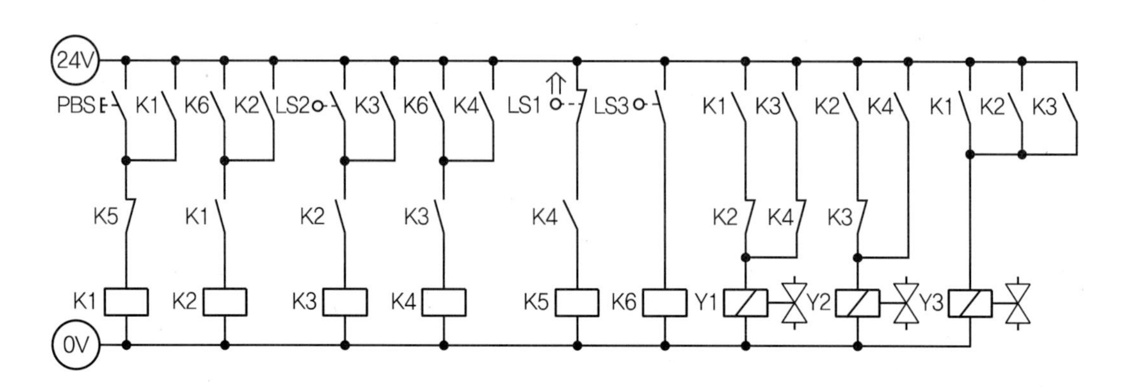

24V
PBS
K1
K6
K2
LS2
K3
K6
K4
LS1
LS3
K1
K3
K2
K4
K1
K2
K3
K5
K1
K2
K3
K4
K2
K4
K3
K1
K2
K3
K4
K5
K6
Y1
Y2
Y3
0V

유압 7	응용 해설

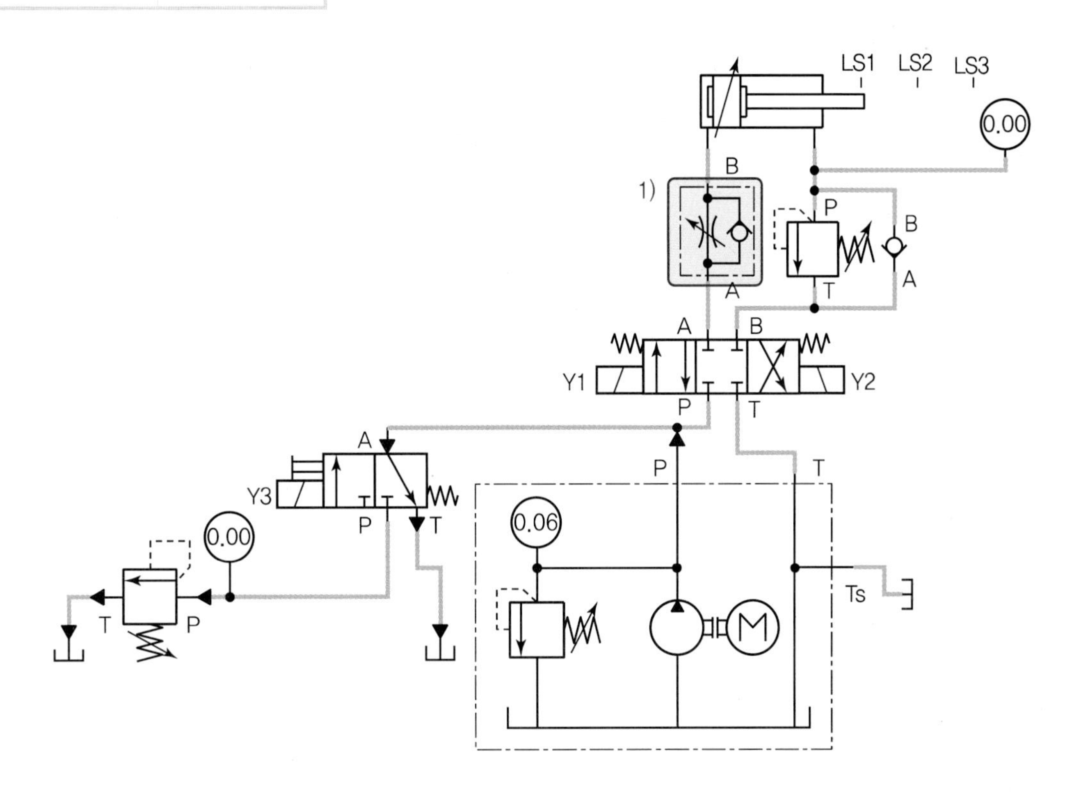

1) 실린더 전진속도를 미터인 회로로 조절하려면 일방향 유량제어밸브를 헤드 측에, 체크밸브를 실린더방향에 설치한다.

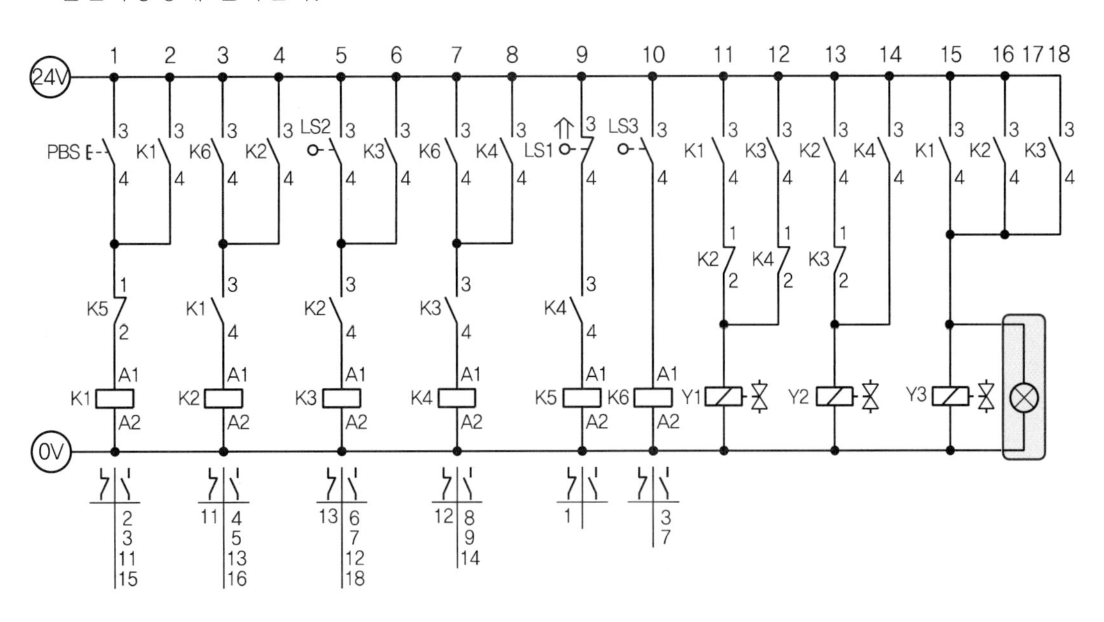

• 17번줄 Y3솔레노이드를 병렬로 램프 추가

유압 7	응용 정답

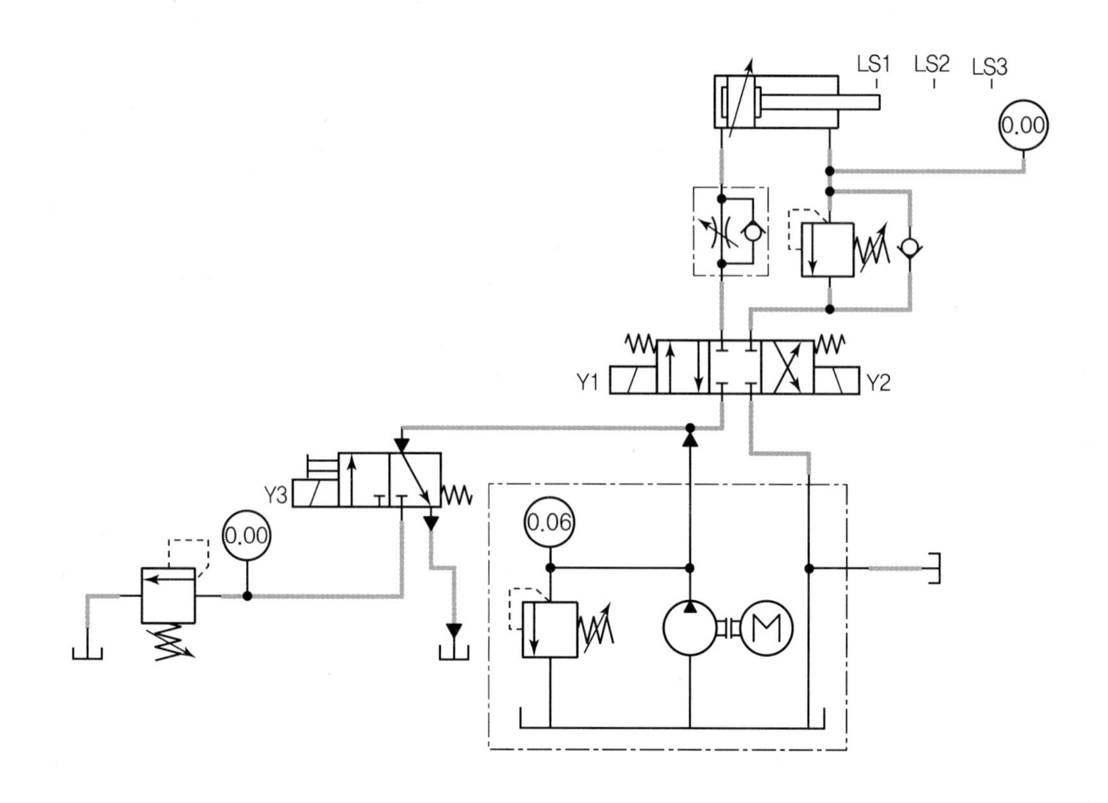
LS1
LS2
LS3
0.00
Y1
Y2
Y3
0.00
0.06
M

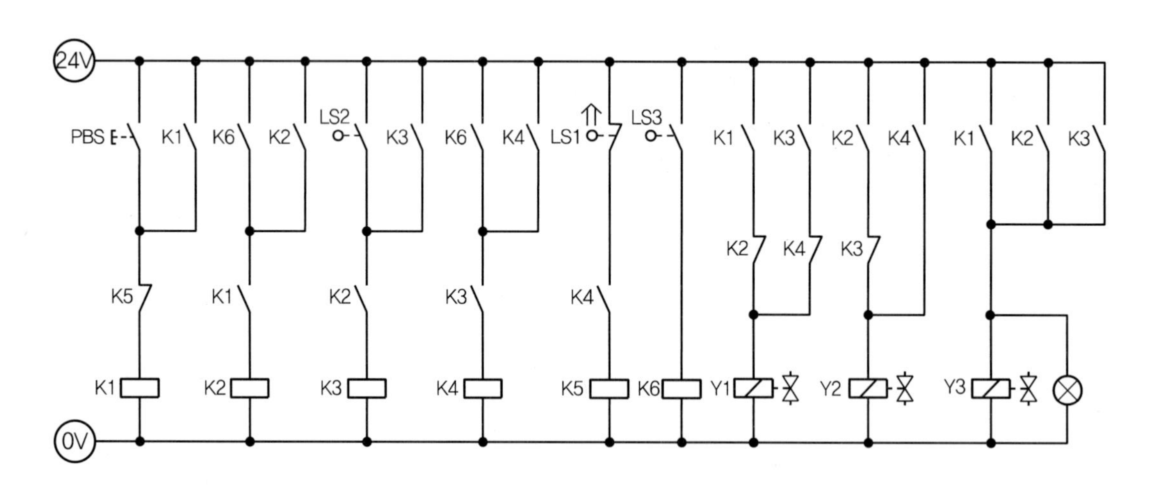
24V
0V
PBS
K1
K6
K2
LS2
K3
K6
K4
LS1
LS3
K1
K3
K2
K4
K1
K2
K3
K5
K1
K2
K3
K4
K2
K4
K3
K1
K2
K3
K4
K5
K6
Y1
Y2
Y3

[공개] 8

국가기술자격 실기시험문제

자격종목	공유압기능사	과제명	공압회로구성 및 조립작업

※ 문제지는 시험종료 후 본인이 가져갈 수 있습니다.

비번호		시험일시		시험장명	

※ 시험시간 : 1시간 20분
- [제1과제] 공압회로 도면제작 : 20분
- [제2과제] 공압회로구성 및 조립작업 : 1시간

1. 요구사항

※ 지급된 재료 및 시설을 사용하여 아래 작업을 완성하시오.

가. 제1과제 : 공압회로 도면제작

1) 주어진 제어조건을 만족하는 공압회로도 및 전기회로도의 빈 부분(㉮, ㉯, ㉰)에 들어갈 기호를 제시된 【보기(공압)】에서 찾아 답안지(1)에 번호로 기입하고, 도면 중 ㉱ 부분의 용도 및 ㉲ 부분의 명칭을 답안지(1)에 작성하여 제출하시오.
(단, ㉱, ㉲가 지칭하는 부분은 관로, 스프링, 드레인 등의 세부 부속품이 아닌 독립적으로 역할을 하는 전체 부품임을 고려하여 답지를 작성합니다.)

2) 주어진 공압회로도를 참조하여 제어조건에 따른 변위단계선도를 답안지(2)에 완성하여 제출하시오.

나. 제2과제 : 공압회로구성 및 조립작업

1) 기본과제

가) 제1과제에서 작성한 공압회로도와 같이 주어진 공압기기를 선정하여 고정판에 배치하시오.
(단, 공압회로도 중 도면에 있는 차단밸브 이전 기기와 장치는 수험자가 구성하지 않습니다.)

나) 공압호스를 적절한 길이로 절단 사용하여 배치된 기기를 연결 · 완성하시오.

다) 전기회로도를 보고 전기회로작업을 완성하시오.
(단, 전기연결선 +는 적색으로, −는 청색 또는 흑색으로 연결하시오.)

라) 작업압력(서비스 유닛)을 (0.5±0.05)MPa로 설정하시오.

2) 응용과제

마) 감독위원이 지정한 압력(0.2~0.5MPa 범위에서 지정)으로 변경하시오.

바) 실린더 A가 전진 시와 실린더 B가 후진 시 모두 일방향 유량조절밸브(모듈형)를 사용하여 Meter−out 회로가 되도록 실린더의 속도를 제어하시오.

사) 카운터를 사용하여 5회 연속운전을 하고 정지되도록 전기회로를 구성한 후 동작시키시오.
(단, PBS를 On−Off하면 연속 동작이 시작하고, 카운터의 초기화는 별도의 스위치 추가 없이 자동으로 초기화되도록 한다.)

2. 수험자 유의사항

※ 다음의 유의사항을 고려하여 요구사항을 완성하시오.

1) 시험 시작 전 장비 이상 유무를 확인합니다.
2) 시험 중에는 반드시 감독위원의 지시에 따라야 하며, 시험시간 동안 감독위원의 지시가 없는 한 시험장을 임의로 이탈할 수 없습니다.
3) 공압, 유압 배관의 제거는 압력 공급을 차단한 후 실시하시기 바랍니다.
4) 시험에 필요한 기기 이외에 임의로 접촉하지 않도록 주의하시기 바랍니다.
5) 전기 연결의 합선 시에는 즉시 전원공급 장치의 전원을 차단하시기 바랍니다.
6) 실린더의 작동 부분에는 전선 및 호스가 접촉되지 않도록 주의하여야 합니다.
7) 수험자 인적사항 및 계산식을 포함한 답안작성은 흑색 필기구만 사용해야 하며, 그 외 연필류, 빨간색, 청색 등 필기구 및 수정테이프(액)를 사용해 작성한 답항은 0점 처리 되오니 불이익을 당하지 않도록 유의해 주시기 바랍니다.
8) 답안 정정 시에는 정정하고자 하는 단어에 두 줄(=)을 긋고 다시 작성하시기 바랍니다.
9) 변위단계선도의 작성 및 제출은 반드시 제1과제 시험시간 이내에 이루어져야 합니다.
10) 제2과제 평가는 먼저 기본과제(가~라)를 수행한 후 감독위원에게 평가받고, 그 이후에 응용과제(마~사)를 별도로 감독위원에게 평가받습니다.
11) 제2과제 평가는 감독위원 확인하에 한 번만 평가받을 수 있으며 재평가하지 않습니다.
(단, 평가 시에는 전원이 유지된 상태에서 2회 동작 시도하여 동일하게 정상 동작이 되어야 하며, 1회만 동작하고 2회째 시도 시 정상적으로 동작하지 않으면 인정하지 않음)
12) 다음 사항에 대해서는 채점 대상에서 제외하니 특히 유의하시기 바랍니다.
   가) 기권
      (1) 수험자 본인이 수험 도중 시험에 대한 포기의사를 표하는 경우
      (2) 실기시험 과정 중 1개 과정이라도 불참한 경우
   나) 실격
      (1) 시설 · 장비의 조작 또는 재료의 취급이 미숙하여 위해를 일으킬 것으로 감독위원 전원이 합의하여 판단한 경우
      (2) 기능이 해당 등급 수준에 전혀 도달하지 못한 것으로 감독위원이 판단할 경우
      (3) 부정행위를 한 경우
   다) 미완성
      (1) 주어진 시험 시간을 초과하거나 시험 시간 내에 완성하지 못한 경우
      (2) 주어진 시간 내에 제출하였으나 기본과제가 작동하지 않은 경우
      (단, 전원 유지 상태에서 동작 시험 시 2회 이상 정상적으로 동작해야 함)
   라) 오작
      (1) 회로 구성 결과가 제어조건(기본과제)과 일치하지 않는 작품
      (2) 문제지의 공압회로도와 전기회로도의 구성부품과 실제 회로작업에서 사용한 구성부품이 상이한 경우(단, 수험자가 제1과제에서 선택하는 부분은 오작대상에서 제외)

3. 도면(공압회로)

□ 제어조건

공압 실린더를 이용하여 자동으로 호퍼에 담긴 곡물을 아래로 일정량만큼 계량하여 공급하고자 한다. 실린더 B는 초기에 전진하여 있고 동작스위치(PBS)를 On－Off하면 실린더 A가 전진한 다음 실린더 B가 후진하여 계량된 곡물을 아래로 내려 보낸다. 실린더 B가 전진을 한 후 실린더 A가 후진 위치로 이동하여 곡물을 실린더 B로 내려 보낸다.

○ 위치도

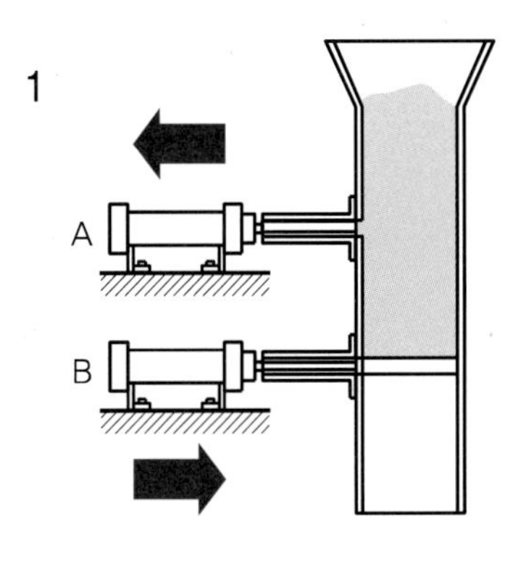

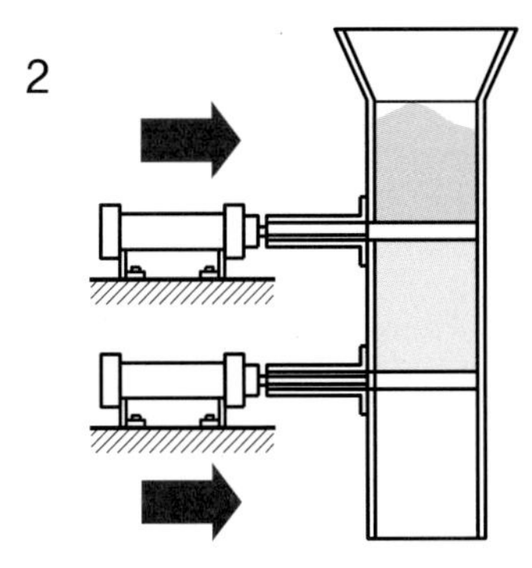

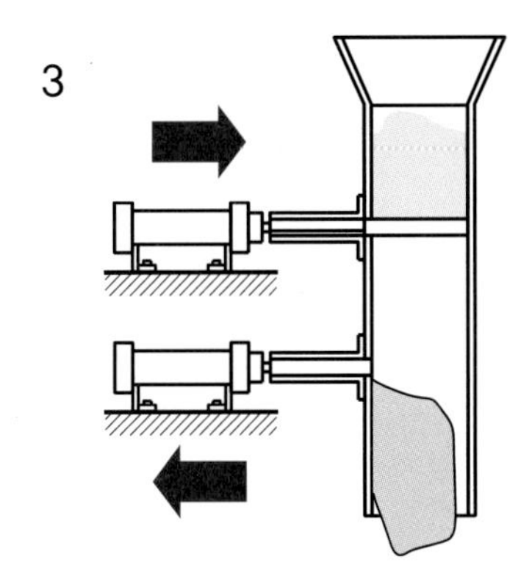

○ 공압회로도

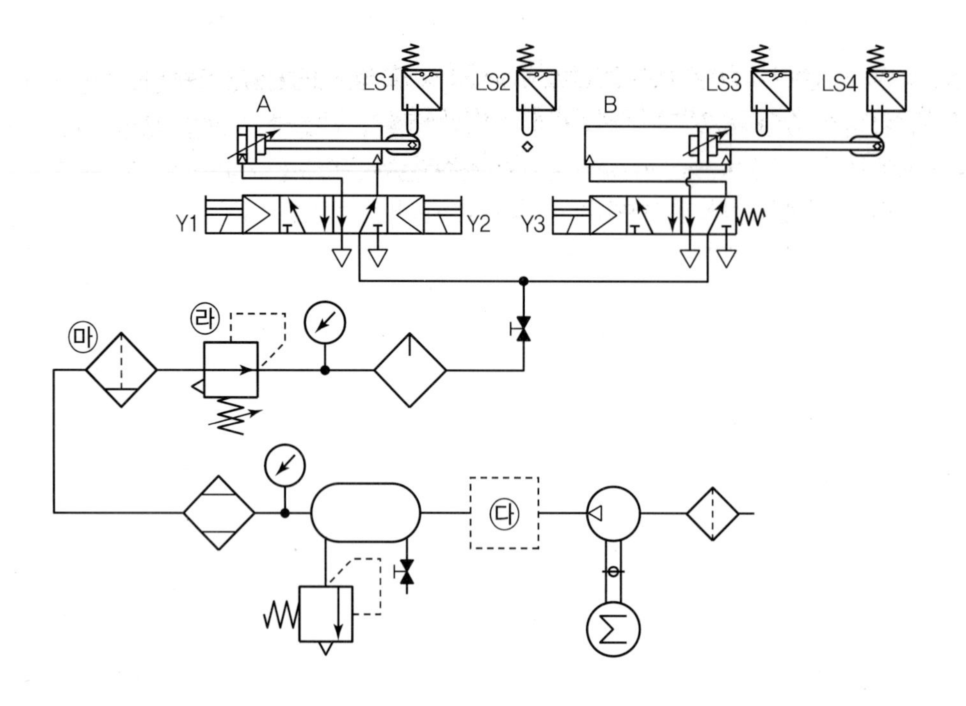

LS1
LS2
LS3
LS4
A
B
Y1
Y2
Y3
㉮
㉯
㉰
㉱
㉲

○ 전기회로도

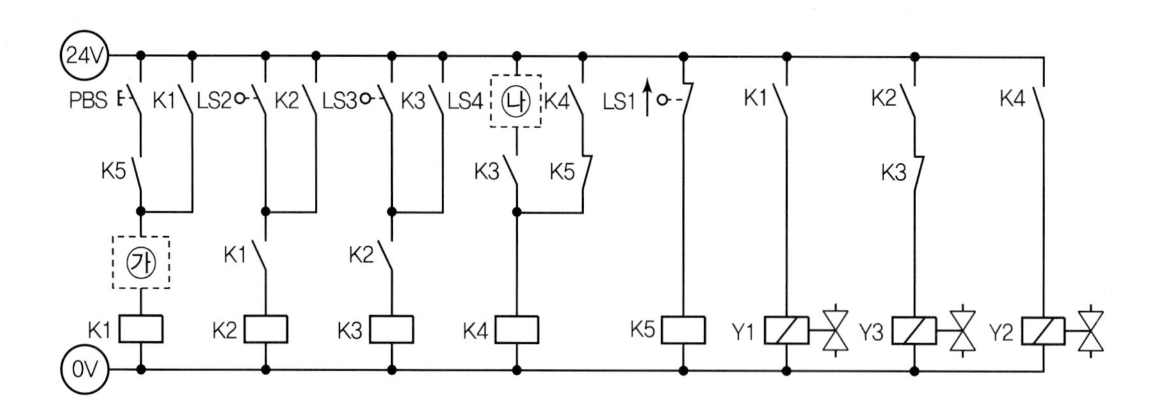

24V
0V
PBS
K1
LS2
K2
LS3
K3
LS4
㉯
K4
LS1
K5
㉮
Y1
Y3
Y2

공압 8	정답

㉮ 37　　　㉯ 29　　　㉰ 4

㉱ 설정압력으로 공압 조절　　　㉲ 드레인 배출기 붙이 필터

공압 8	변위단계선도	정답

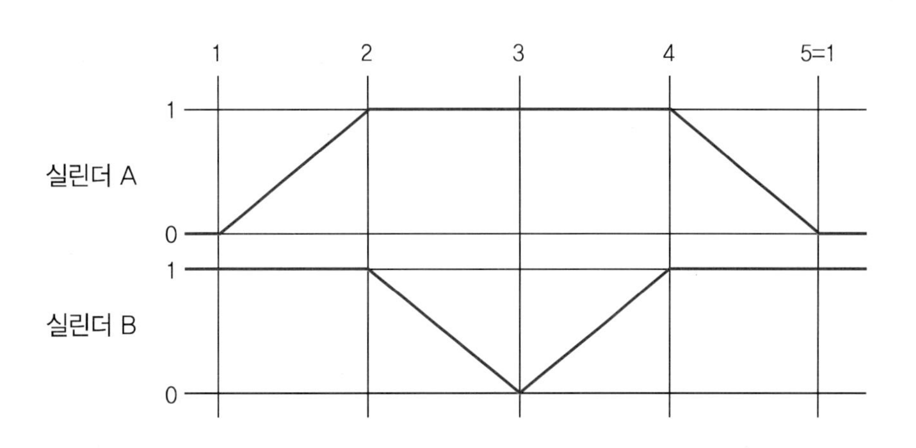

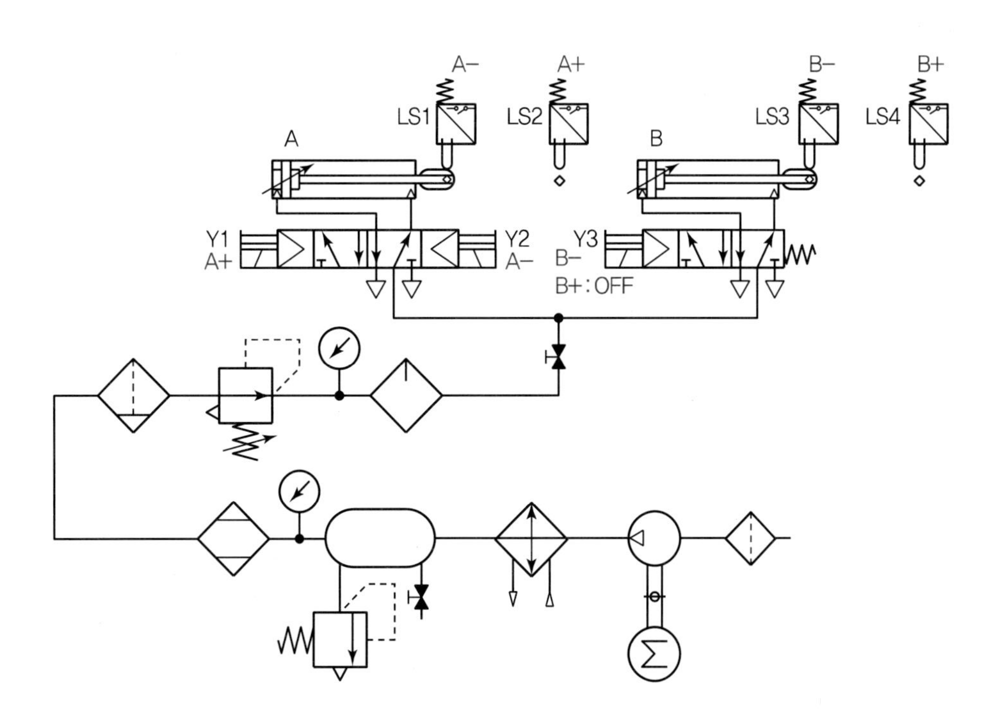

• **빈칸** ㉰ 후부냉각기가 필요

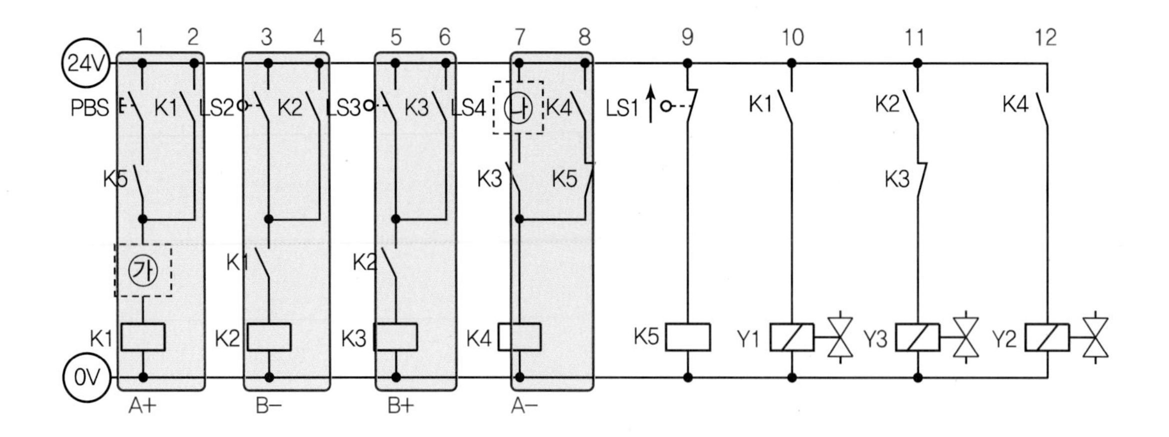

- 1번줄 K1릴레이는 3번줄 LS2가 되기 위하기 때문에 A전진(A+), 2번줄 자기유지
- 3번줄 K2릴레이는 5번줄 LS4가 되기 위하기 때문에 B전진(B+), 4번줄 자기유지
- 5번줄 K3릴레이는 7번줄 LS3이 되기 위하기 때문에 B후진(B−), 6번줄 자기유지
- 7번줄 K4릴레이는 1번줄 LS1이 되기 위하기 때문에 A후진(A−), 8번줄 자기유지
- 자기유지된 K1릴레이를 마지막 스텝에서 **빈칸** ㉮의 K4 b접점으로 끊어 줌
- **빈칸** ㉯의 LS4 a접점으로 초기에는 눌려 있는 형태가 필요
- 10번줄 A양솔밸브는 A전진(A+)을 위해 K1 a접점으로 Y1솔레노이드 ON
- 11번줄 B편솔밸브는 B후진(B−)을 위해 K2 a접점으로 Y3솔레노이드 ON,
  B전진(B+)을 위해 K3 b접점으로 Y3솔레노이드 OFF
- 12번줄 A양솔밸브는 A후진(A−)을 위해 K4 a접점으로 Y2솔레노이드 ON

공압 8	기본 정답

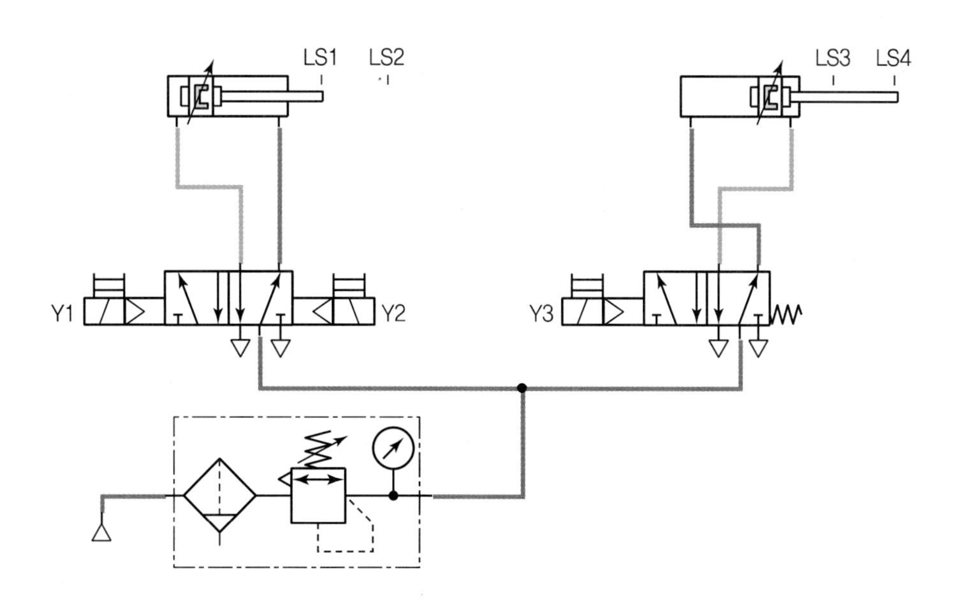

LS1
LS2
LS3
LS4
Y1
Y2
Y3

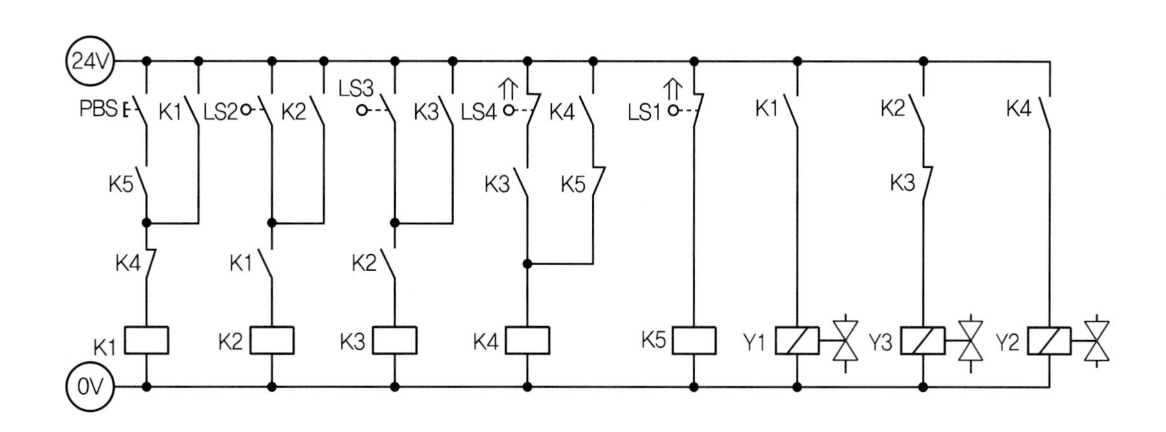

24V
0V
PBS
K1
K2
K3
K4
K5
LS1
LS2
LS3
LS4
Y1
Y2
Y3

공압 8	응용 해설

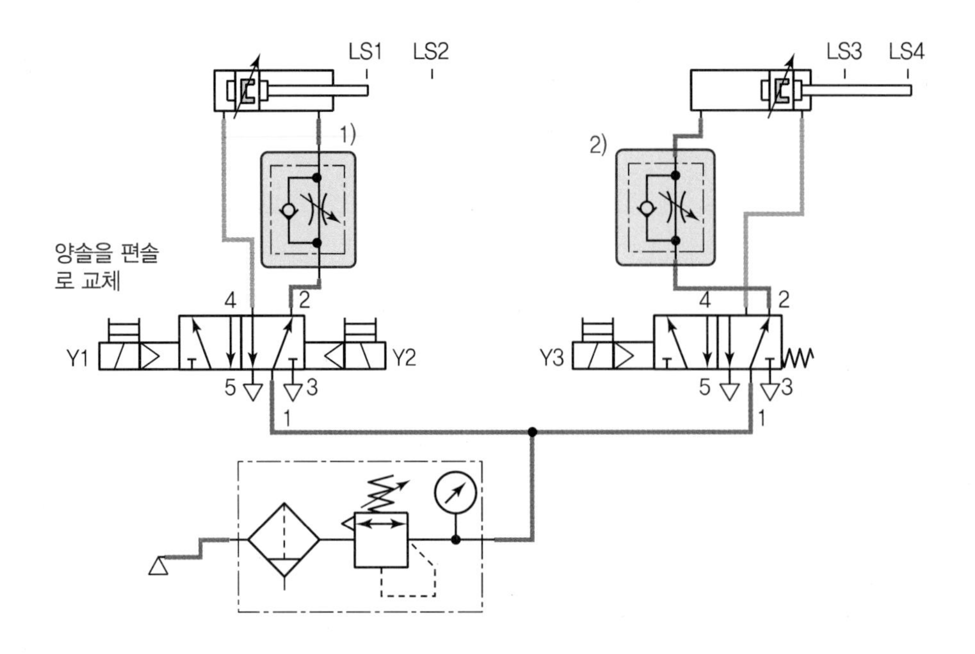

1) A 실린더 전진속도를 미터아웃 회로로 조절하려면 일방향 유량제어밸브를 로드 측에, 체크밸브를 밸브방향에 설치한다.
2) B 실린더 후진속도를 미터아웃 회로로 조절하려면 일방향 유량제어밸브를 헤드 측에, 체크밸브를 밸브방향에 설치한다.

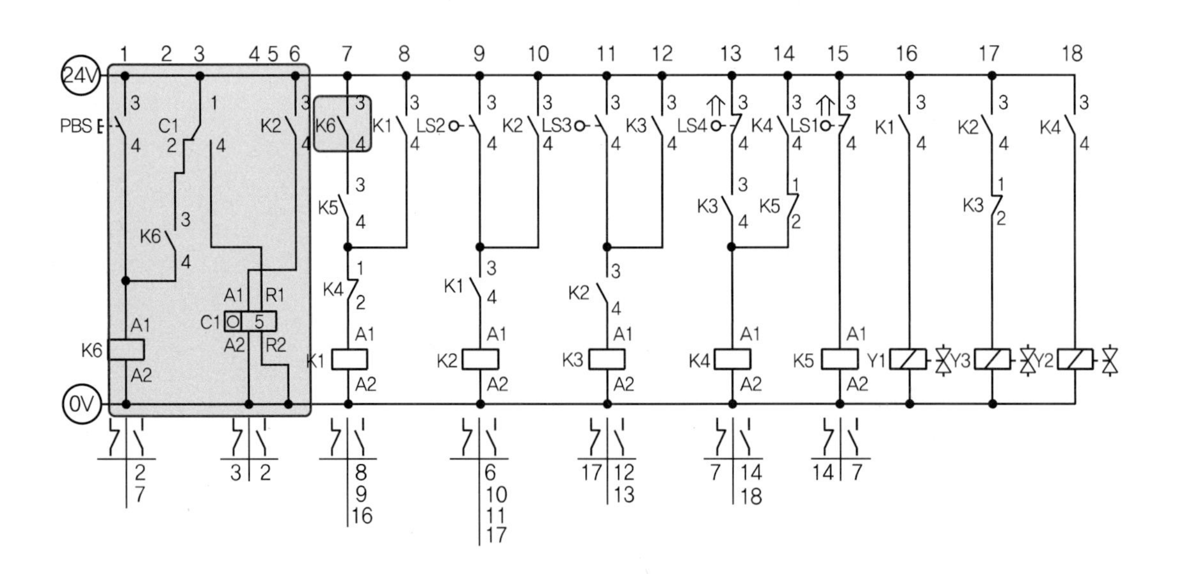

• 1번줄에 카운터 회로를 사용하기 위해 PBS와 K6릴레이를 추가한다.

- 7번줄 기존 PBS 자리에는 K6 a접점으로 교체한다.
- 3번줄 카운터 설정값보다 작으면 카운터 b접점으로 계속 동작하고 설정값과 같아지면 a접점으로 연결되면서 카운터 회로 초기화를 위해 R1에 연결하면 초기화되면서 작동이 멈춘다.(자동으로 초기화)
- 2번줄 K6 a접점은 자기유지하기 위함이다.
- 4번줄 카운터 회로에서 두 번째 스텝 K2릴레이가 ON-OFF되는 횟수를 세기 위해 K2 a접점을 A1에 연결한다.

공압 8	응용 정답

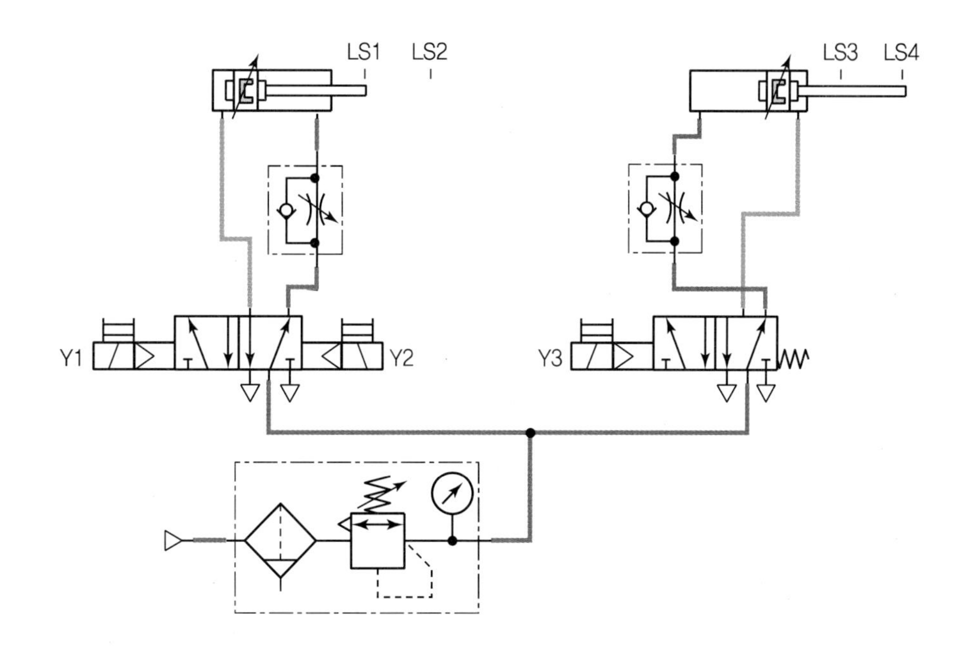

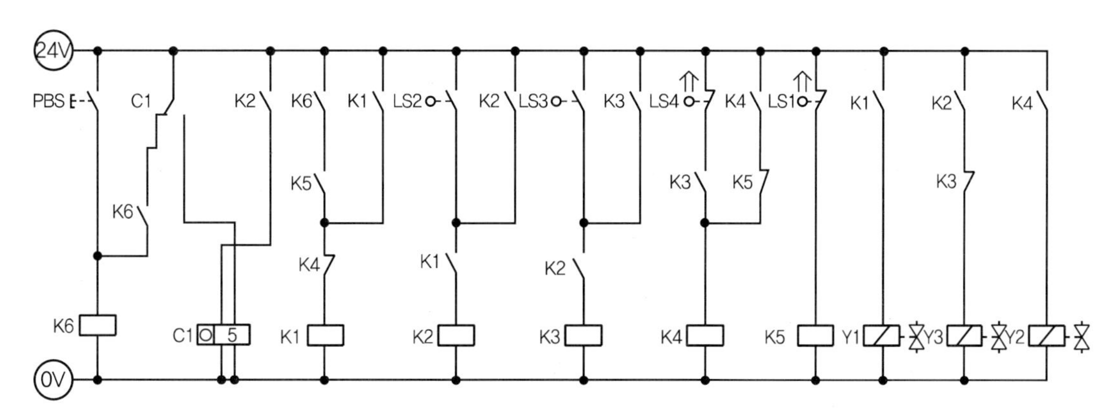

[공개] 8

국가기술자격 실기시험문제

자격종목	공유압기능사	과제명	유압회로구성 및 조립작업

※ 문제지는 시험종료 후 본인이 가져갈 수 있습니다.

비번호		시험일시		시험장명	

※ 시험시간 : 1시간 10분
   - [제3과제] 유압회로 도면제작 : 10분
   - [제4과제] 유압회로구성 및 조립작업 : 1시간

1. 요구사항

※ 지급된 재료 및 시설을 사용하여 아래 작업을 완성하시오.

가. 제3과제 : 유압회로 도면제작

1) 주어진 제어조건을 만족하는 유압회로도 및 전기회로도의 빈 부분(㉮, ㉯, ㉰)에 들어갈 기호를 제시된 【보기(유압)】에서 찾아 답안지(3)에 번호로 기입하고, 도면 중 ㉱ 부분의 명칭 및 ㉲ 부분의 용도를 답안지(3)에 작성하여 제출하시오.
(단, ㉱, ㉲가 지칭하는 부분은 관로, 스프링, 드레인 등의 세부 부속품이 아닌 독립적으로 역할을 하는 전체 부품임을 고려하여 답지를 작성합니다.)

나. 제4과제 : 유압회로구성 및 조립작업

1) 기본과제
   가) 제3과제에서 작성한 유압도면과 같이 주어진 유압기기를 선정하여 고정판에 배치하시오.
      (단, 도면에 일점쇄선 부분은 수험자가 구성하지 않습니다.)
   나) 유압호스를 사용하여 배치된 기기를 연결 · 완성하시오.
   다) 전기회로도를 보고 전기회로작업을 완성하시오.
      (단, 전기연결선 +는 적색으로, -는 청색 또는 흑색으로 연결하시오.)
   라) 유압회로 내의 최고압력을 (4±0.2)MPa로 설정하시오.
2) 응용과제
   마) 실린더의 후진운동을 일방향 유량조절밸브를 사용하여 Meter-in 방식으로 회로를 변경하여 실린더의 속도를 제어하시오.
   바) 초기 전진 시 실린더 동작을 경고하기 위해 PBS1을 On-Off하면 3초간 부저가 작동된 후 자동으로 유압 실린더가 전진작업을 시작하도록 전기회로를 구성하고 동작시키시오.

2. 수험자 유의사항

※ 다음의 유의사항을 고려하여 요구사항을 완성하시오.

1) 시험 시작 전 장비 이상 유무를 확인합니다.
2) 시험 중에는 반드시 감독위원의 지시에 따라야 하며, 시험시간 동안 감독위원의 지시가 없는 한 시험장을 임의로 이탈할 수 없습니다.
3) 공압, 유압 배관의 제거는 압력 공급을 차단한 후 실시하시기 바랍니다.
4) 시험에 필요한 기기 이외에 임의로 접촉하지 않도록 주의하시기 바랍니다.
5) 전기 연결의 합선 시에는 즉시 전원공급 장치의 전원을 차단하시기 바랍니다.
6) 실린더의 작동 부분에는 전선 및 호스가 접촉되지 않도록 주의하여야 합니다.
7) 수험자 인적사항 및 계산식을 포함한 답안작성은 흑색 필기구만 사용해야 하며, 그 외 연필류, 빨간색, 청색 등 필기구 및 수정테이프(액)를 사용해 작성한 답항은 0점 처리되오니 불이익을 당하지 않도록 유의해 주시기 바랍니다.
8) 답안 정정 시에는 정정하고자 하는 단어에 두 줄(=)을 긋고 다시 작성하시기 바랍니다.
9) 제4과제 평가는 먼저 기본과제(가~라)를 수행한 후 감독위원에게 평가받고, 그 이후에 응용과제(마~바)를 별도로 감독위원에게 평가받습니다.
10) 제4과제 평가는 감독위원 확인하에 한 번만 평가받을 수 있으며 재평가하지 않습니다.
    (단, 평가 시에는 전원이 유지된 상태에서 2회 동작 시도하여 동일하게 정상 동작이 되어야 하며, 1회만 동작하고 2회째 시도 시 정상적으로 동작하지 않으면 인정하지 않음)
11) 다음 사항에 대해서는 채점 대상에서 제외하니 특히 유의하시기 바랍니다.
    가) 기권
        (1) 수험자 본인이 수험 도중 시험에 대한 포기의사를 표하는 경우
        (2) 실기시험 과정 중 1개 과정이라도 불참한 경우
    나) 실격
        (1) 시설 · 장비의 조작 또는 재료의 취급이 미숙하여 위해를 일으킬 것으로 감독위원 전원이 합의하여 판단한 경우
        (2) 기능이 해당 등급 수준에 전혀 도달하지 못한 것으로 감독위원이 판단할 경우
        (3) 부정행위를 한 경우
    다) 미완성
        (1) 주어진 시험 시간을 초과하거나 시험 시간 내에 완성하지 못한 경우
        (2) 주어진 시간 내에 제출하였으나 기본과제가 작동하지 않은 경우
            (단, 전원 유지 상태에서 동작 시험 시 2회 이상 정상동작해야 함)
    라) 오작
        (1) 회로 구성 결과가 제어조건(기본과제)과 일치하지 않는 작품
        (2) 문제지의 유압회로도와 전기회로도의 구성부품과 실제 회로작업에서 사용한 구성부품이 상이한 경우
            (단, 수험자가 제3과제에서 선택하는 부분은 오작대상에서 제외)

3. 도면(유압회로)

□ 제어조건

유압 바이스를 제작하려고 한다. 전진버튼(PBS1)을 계속 누르고 있으면 실린더가 전진운동을 하다가 작동압력이 압력스위치의 설정압력에 도달하면 전진스위치는 동작하지 않고 밸브는 중립위치로 되며 램프가 점등한다. 후진버튼(PBS2)을 계속 누르면 실린더는 복귀하여야 한다.

○ 위치도

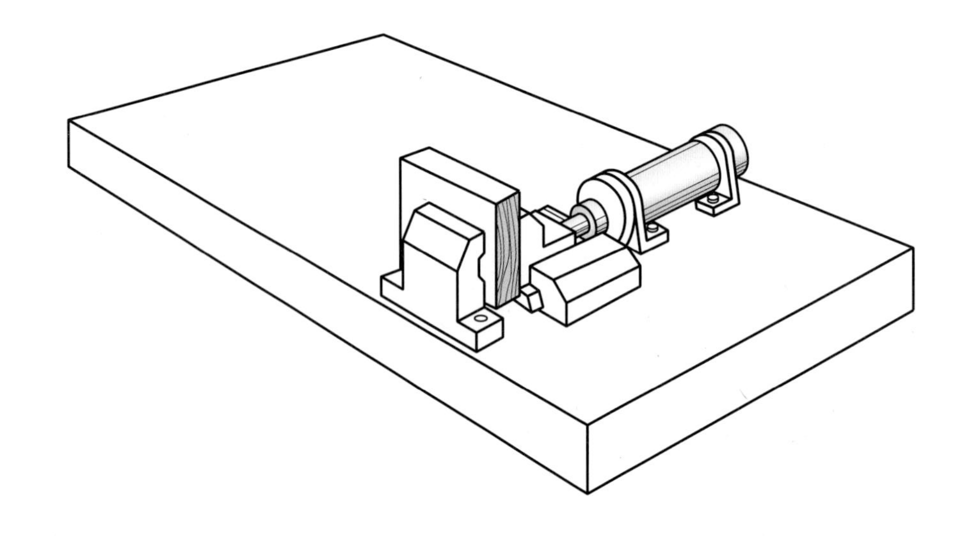

○ 유압회로도

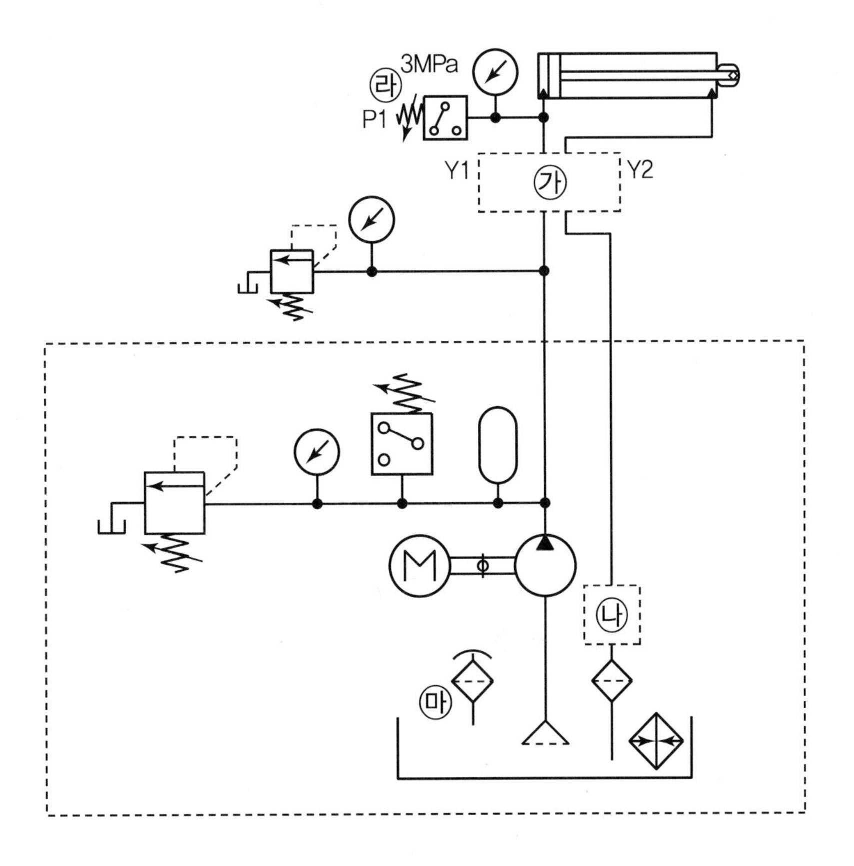

○ 전기회로도

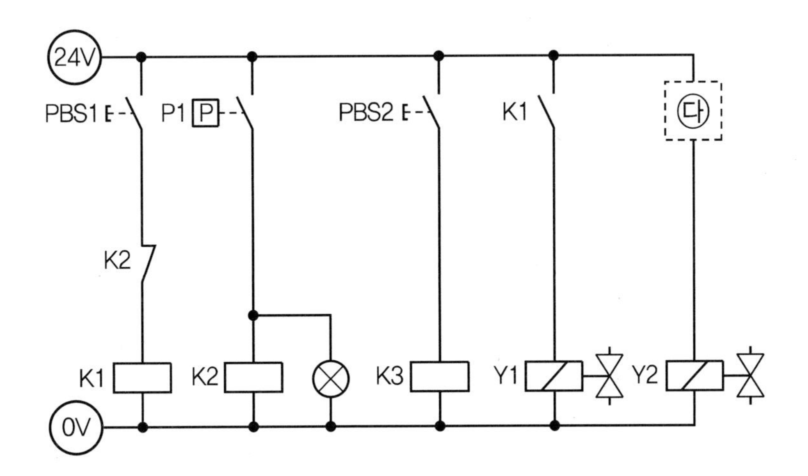

PART 02

유압 8	정답

㉮ 24　　　　　　㉯ 4　　　　　　　㉰ 34

㉱ 압력스위치　㉲ 오일탱크의 유면안정화

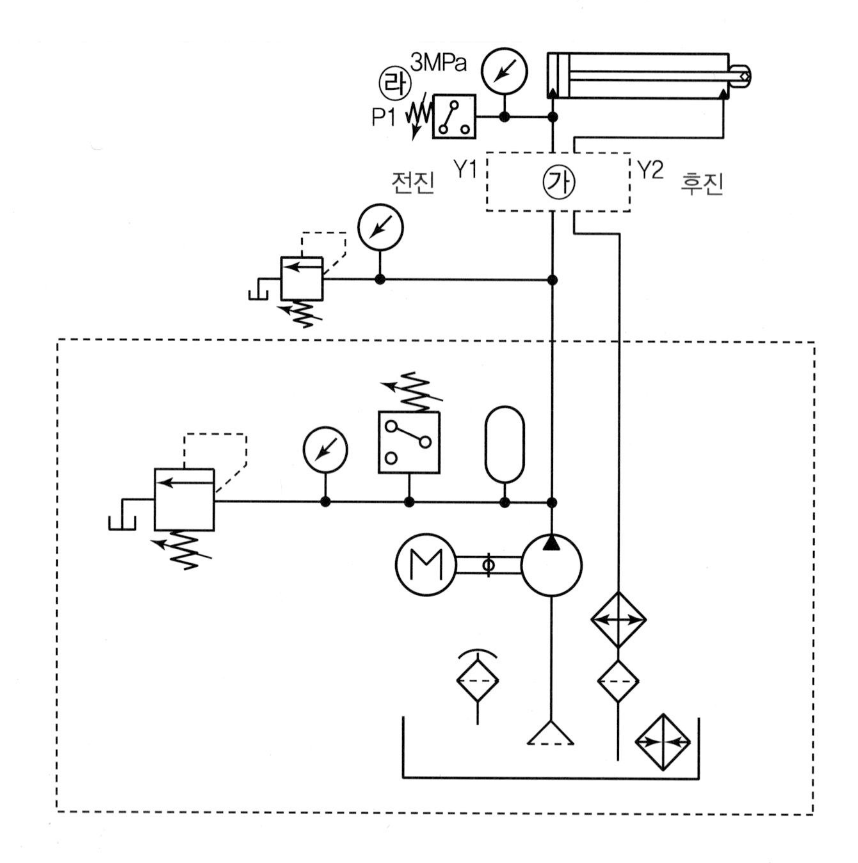

- **빈칸** ㉮ 4/3way 양솔밸브가 필요하며 Y1솔레노이드는 전진, Y2솔레노이드는 후진을 담당
- **빈칸** ㉯ 오일냉각기가 필요
- 압력스위치의 압력을 3MPa로 설정하여 3MPa 이하면 b접점에 붙어 있다가 3MPa 이상이 되면 b접점이 떨어지면서 전기신호가 끊김

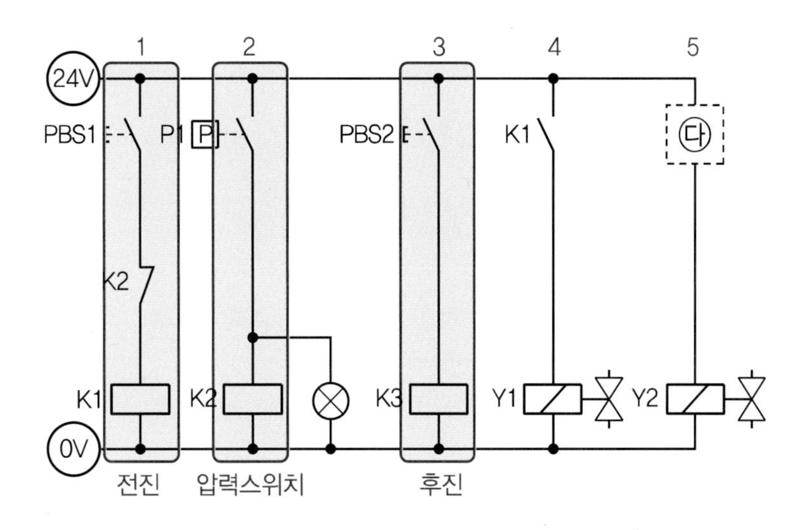

- 1번줄 PBS1을 누르면 K1릴레이가 ON되면서 4번줄 K1 a접점이 ON되고 Y1솔레노이드가 ON되어 전진
- 실린더의 전진이 완료되면 헤드 측의 압력이 상승하면서 2번줄 압력스위치 P1이 ON되면서 K2릴레이와 램프가 동시에 ON됨. 이때 1번줄 K2 b접점이 K1릴레이 신호를 끊어주면서 전진이 멈춤
- 3번줄 PBS2를 누르면 K3릴레이가 ON되면서 5번줄 **빈칸** ㉰의 K3 a접점이 ON되고 Y2솔레노이드가 ON되면서 후진

유압 8	기본 정답

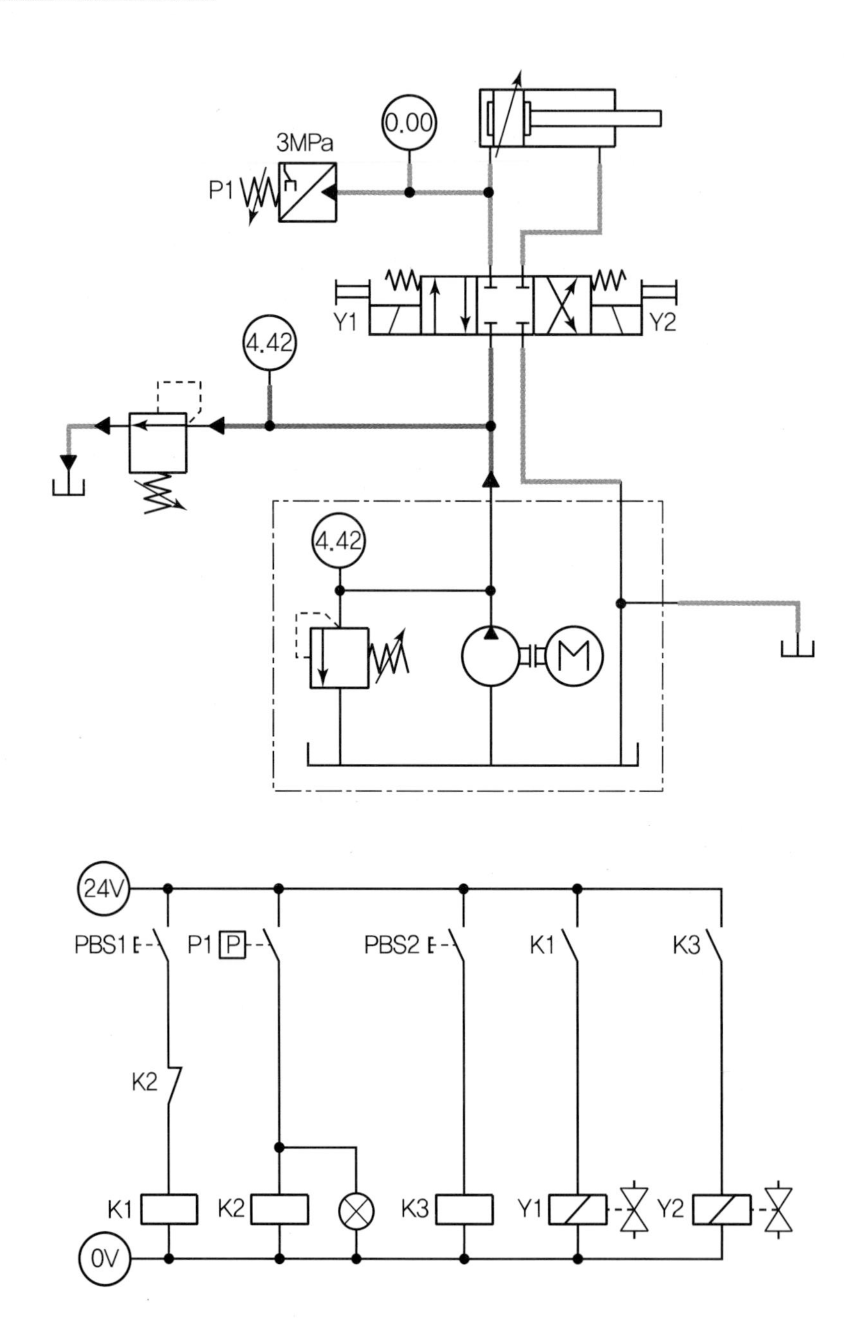

0.00
3MPa
P1
Y1
Y2
4.42
4.42
M
24V
PBS1
P1
P
PBS2
K1
K3
K2
K1
K2
K3
Y1
Y2
0V

유압 8	응용 해설

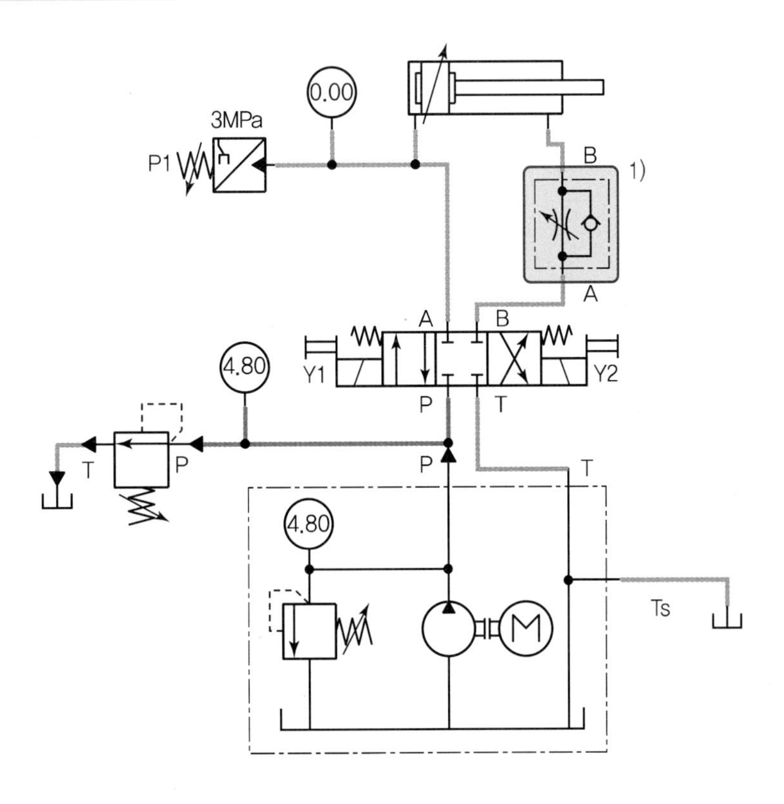

1) 실린더 후진속도를 미터인 회로로 조절하려면 일방향 유량제어밸브를 로드 측에, 체크밸브를 실린더방향에 설치한다.

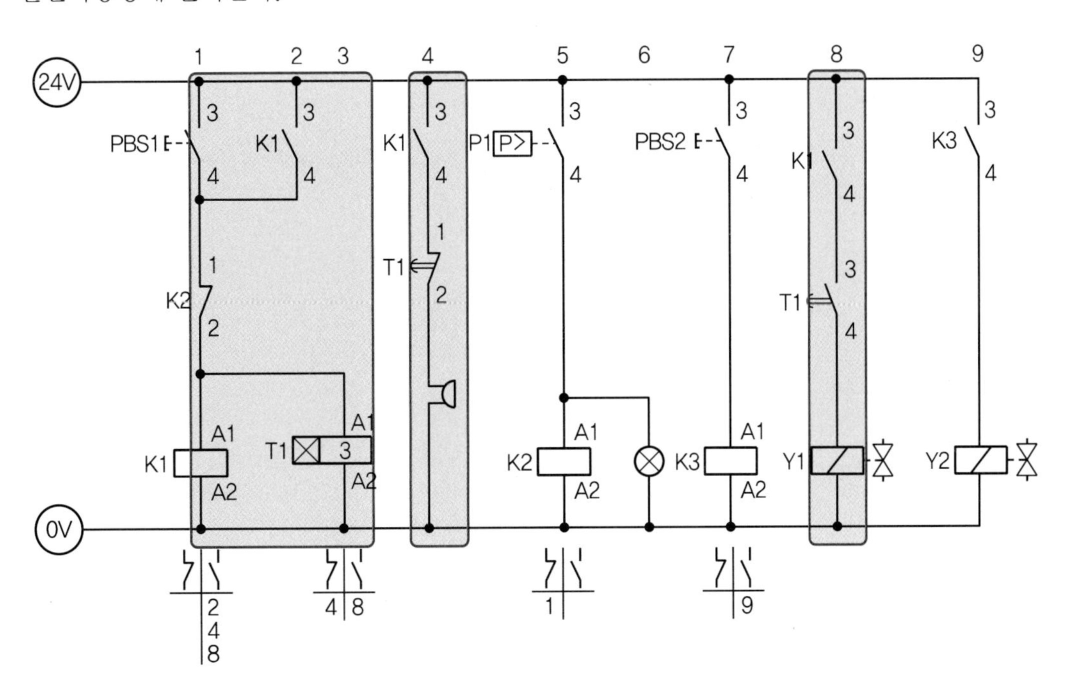

- 1번줄 PBS1을 누르면 타이머 작동과 부저음 작동을 위해 K1 릴레이를 추가한다.
- 4번줄 K1 a접점으로 부저음이 3초간 ON된다.
- 8번줄 K1 a접점과 3초 후 ON delay 타이머 T1 a접점이 ON되면서 Y1솔레노이드가 ON되어 실린더가 전진한다.

유압 8	응용 정답

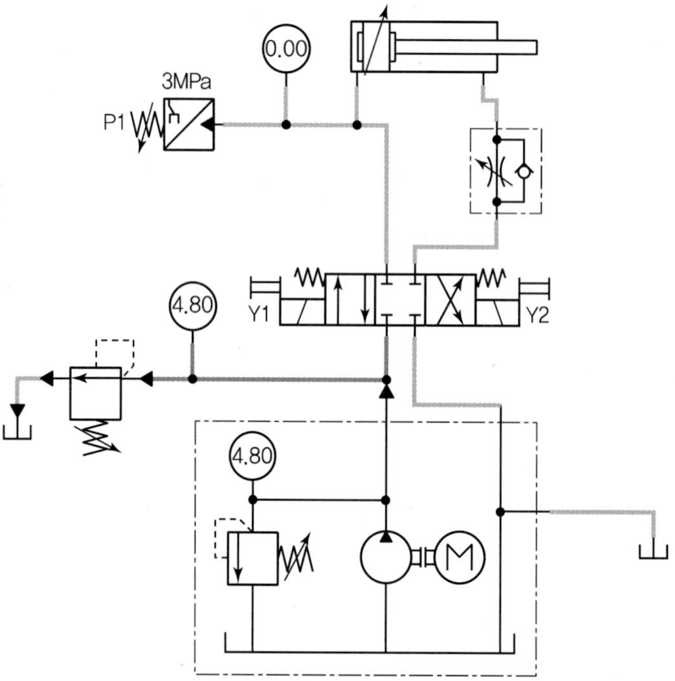

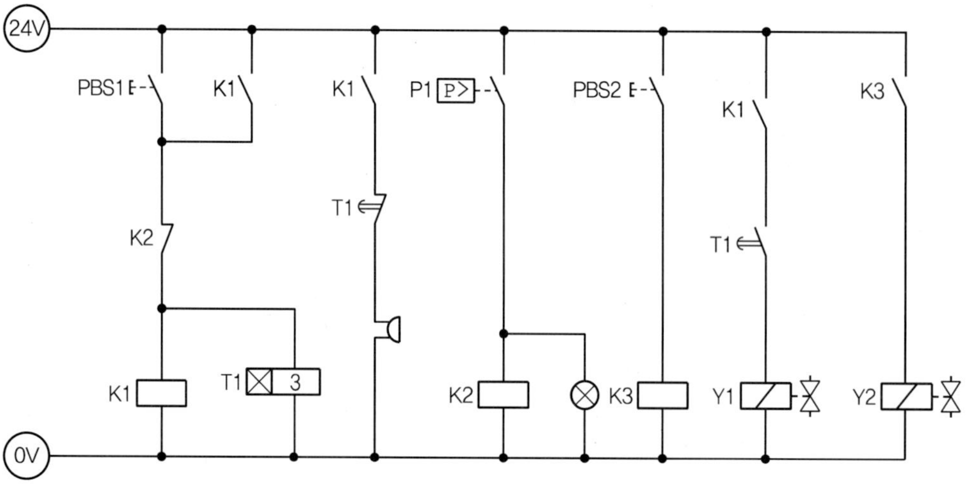

[공개] 9

국가기술자격 실기시험문제

자격종목	공유압기능사	과제명	공압회로구성 및 조립작업

※ 문제지는 시험종료 후 본인이 가져갈 수 있습니다.

비번호		시험일시		시험장명	

※ 시험시간 : 1시간 20분
- [제1과제] 공압회로 도면제작 : 20분
- [제2과제] 공압회로구성 및 조립작업 : 1시간

1. 요구사항

※ 지급된 재료 및 시설을 사용하여 아래 작업을 완성하시오.

가. 제1과제 : 공압회로 도면제작

1) 주어진 제어조건을 만족하는 공압회로도 및 전기회로도의 빈 부분(㉮, ㉯, ㉰)에 들어갈 기호를 제시된 【보기(공압)】에서 찾아 답안지(1)에 번호로 기입하고, 도면 중 ㉱ 부분의 용도 및 ㉲ 부분의 명칭을 답안지(1)에 작성하여 제출하시오.
(단, ㉱, ㉲가 지칭하는 부분은 관로, 스프링, 드레인 등의 세부 부속품이 아닌 독립적으로 역할을 하는 전체 부품임을 고려하여 답지를 작성합니다.)

2) 주어진 공압회로도를 참조하여 제어조건에 따른 변위단계선도를 답안지(2)에 완성하여 제출하시오.

나. 제2과제 : 공압회로구성 및 조립작업

1) 기본과제

가) 제1과제에서 작성한 공압회로도와 같이 주어진 공압기기를 선정하여 고정판에 배치하시오.
(단, 공압회로도 중 도면에 있는 차단밸브 이전 기기와 장치는 수험자가 구성하지 않습니다.)

나) 공압호스를 적절한 길이로 절단 사용하여 배치된 기기를 연결 · 완성하시오.

다) 전기회로도를 보고 전기회로작업을 완성하시오.
(단, 전기연결선 +는 적색으로, −는 청색 또는 흑색으로 연결하시오.)

라) 작업압력(서비스 유닛)을 (0.5±0.05)MPa로 설정하시오.

2) 응용과제

마) 감독위원이 지정한 압력(0.2~0.5MPa 범위에서 지정)으로 변경하시오.

바) 실린더 B 전진 시 과도한 압력으로 공작물이 파손되는 것을 방지하기 위하여 압력조절밸브(감압밸브)와 압력게이지를 사용하여 (0.2±0.05)MPa로 압력을 변경하시오.

사) 전기타이머를 사용하여 실린더 A가 전진 완료 후 5초간 정지한 후 후진하도록 전기회로를 구성하고 동작시키시오.

2. 수험자 유의사항

※ 다음의 유의사항을 고려하여 요구사항을 완성하시오.

1) 시험 시작 전 장비 이상 유무를 확인합니다.
2) 시험 중에는 반드시 감독위원의 지시에 따라야 하며, 시험시간 동안 감독위원의 지시가 없는 한 시험장을 임의로 이탈할 수 없습니다.
3) 공압, 유압 배관의 제거는 압력 공급을 차단한 후 실시하시기 바랍니다.
4) 시험에 필요한 기기 이외에 임의로 접촉하지 않도록 주의하시기 바랍니다.
5) 전기 연결의 합선 시에는 즉시 전원공급 장치의 전원을 차단하시기 바랍니다.
6) 실린더의 작동 부분에는 전선 및 호스가 접촉되지 않도록 주의하여야 합니다.
7) 수험자 인적사항 및 계산식을 포함한 답안작성은 흑색 필기구만 사용해야 하며, 그 외 연필류, 빨간색, 청색 등 필기구 및 수정테이프(액)를 사용해 작성한 답항은 0점 처리되오니 불이익을 당하지 않도록 유의해 주시기 바랍니다.
8) 답안 정정 시에는 정정하고자 하는 단어에 두 줄(=)을 긋고 다시 작성하시기 바랍니다.
9) 변위단계선도의 작성 및 제출은 반드시 제1과제 시험시간 이내에 이루어져야 합니다.
10) 제2과제 평가는 먼저 기본과제(가~라)를 수행한 후 감독위원에게 평가받고, 그 이후에 응용과제(마~사)를 별도로 감독위원에게 평가받습니다.
11) 제2과제 평가는 감독위원 확인하에 한 번만 평가받을 수 있으며 재평가하지 않습니다. (단, 평가 시에는 전원이 유지된 상태에서 2회 동작 시도하여 동일하게 정상 동작이 되어야 하며, 1회만 동작하고 2회째 시도 시 정상적으로 동작하지 않으면 인정하지 않음)
12) 다음 사항에 대해서는 채점 대상에서 제외하니 특히 유의하시기 바랍니다.
    가) 기권
        (1) 수험자 본인이 수험 도중 시험에 대한 포기의사를 표하는 경우
        (2) 실기시험 과정 중 1개 과정이라도 불참한 경우
    나) 실격
        (1) 시설 · 장비의 조작 또는 재료의 취급이 미숙하여 위해를 일으킬 것으로 감독위원 전원이 합의하여 판단한 경우
        (2) 기능이 해당 등급 수준에 전혀 도달하지 못한 것으로 감독위원이 판단할 경우
        (3) 부정행위를 한 경우
    다) 미완성
        (1) 주어진 시험 시간을 초과하거나 시험 시간 내에 완성하지 못한 경우
        (2) 주어진 시간 내에 제출하였으나 기본과제가 작동하지 않은 경우 (단, 전원 유지 상태에서 동작 시험 시 2회 이상 정상적으로 동작해야 함)
    라) 오작
        (1) 회로 구성 결과가 제어조건(기본과제)과 일치하지 않는 작품
        (2) 문제지의 공압회로도와 전기회로도의 구성부품과 실제 회로작업에서 사용한 구성부품이 상이한 경우(단, 수험자가 제1과제에서 선택하는 부분은 오작대상에서 제외)

3. 도면(공압회로)

□ 제어조건

공기압 실린더를 이용하여 목공선반을 자동으로 운전하고자 한다. 실린더 A, B는 초기에 모두 후진하여 있고 동작스위치(PBS)를 On－Off하면 실린더 A가 전진하여 공작물을 고정하고 실린더 B가 전진 및 후진하여 공작물을 가공한다. 그리고 가공을 완료한 후 실린더 A가 후진하여 고정을 해제한다.

○ 위치도

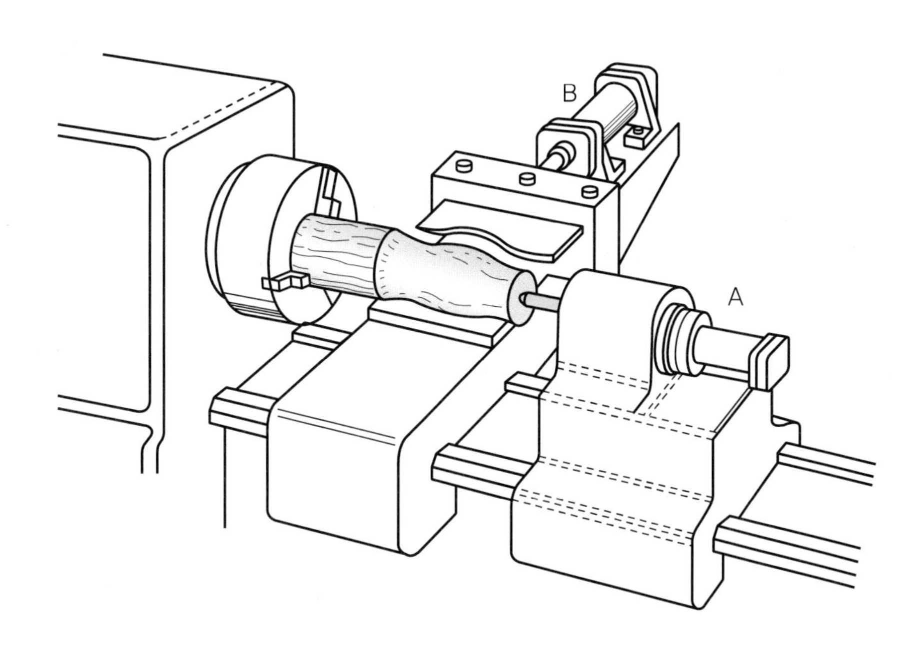

○ 공압회로도

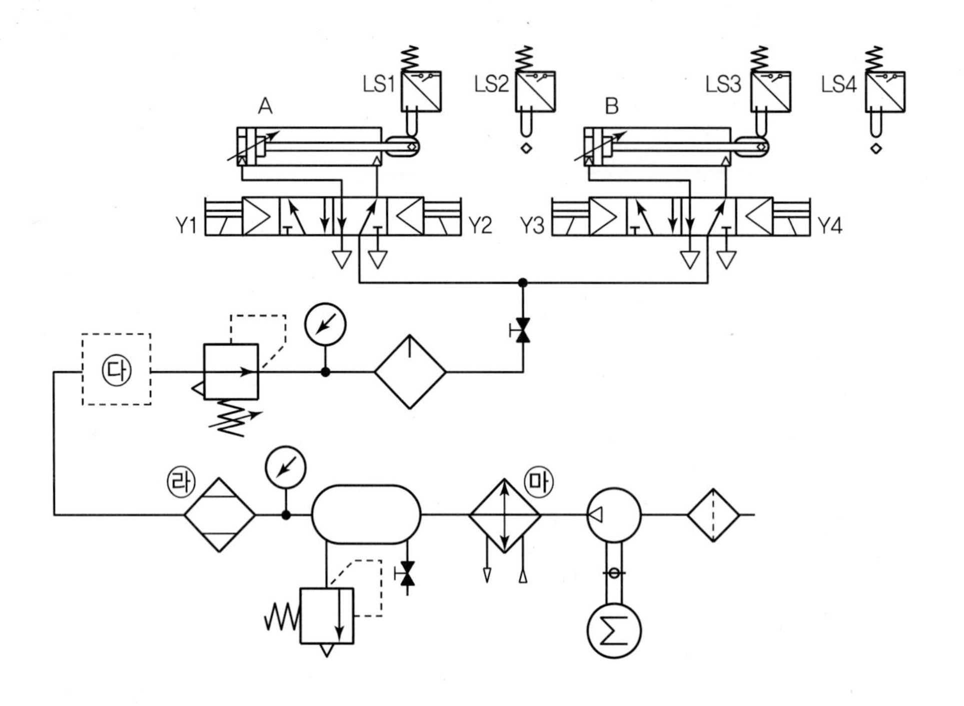
LS1
LS2
LS3
LS4
A
B
Y1
Y2
Y3
Y4
㉰
㉱
㉲

○ 전기회로도

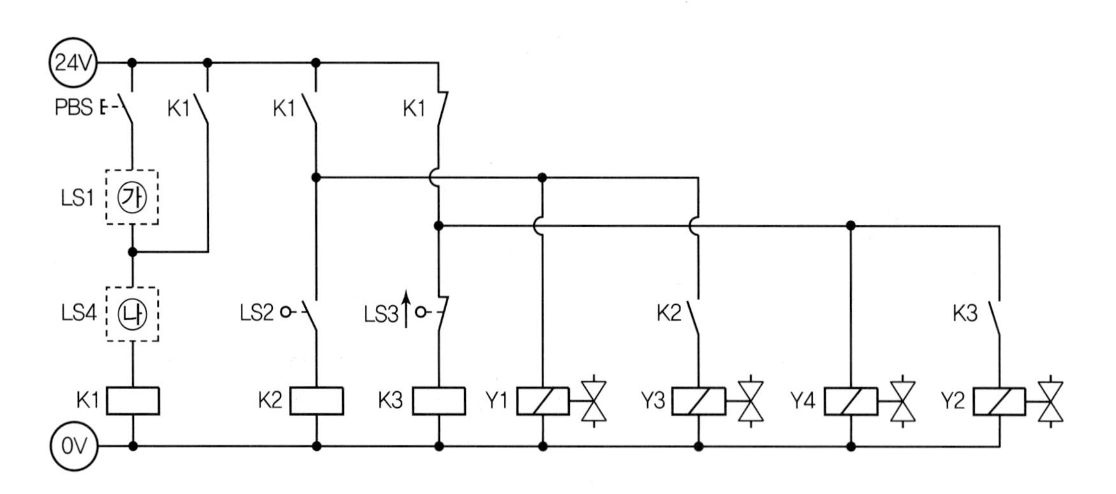
24V
PBS
K1
K1
K1
LS1
㉮
LS4
㉯
LS2
LS3
K2
K3
K1
K2
K3
Y1
Y3
Y4
Y2
0V

공압 9	정답

㉮ 29 ㉯ 27 ㉰ 6

㉱ 압축공기 중의 수분 제거 ㉲ 후부냉각기

공압 9	변위단계선도	정답

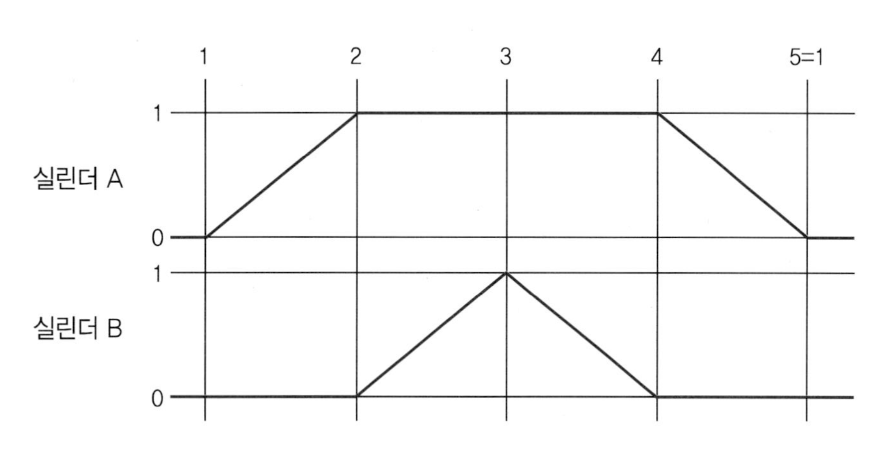

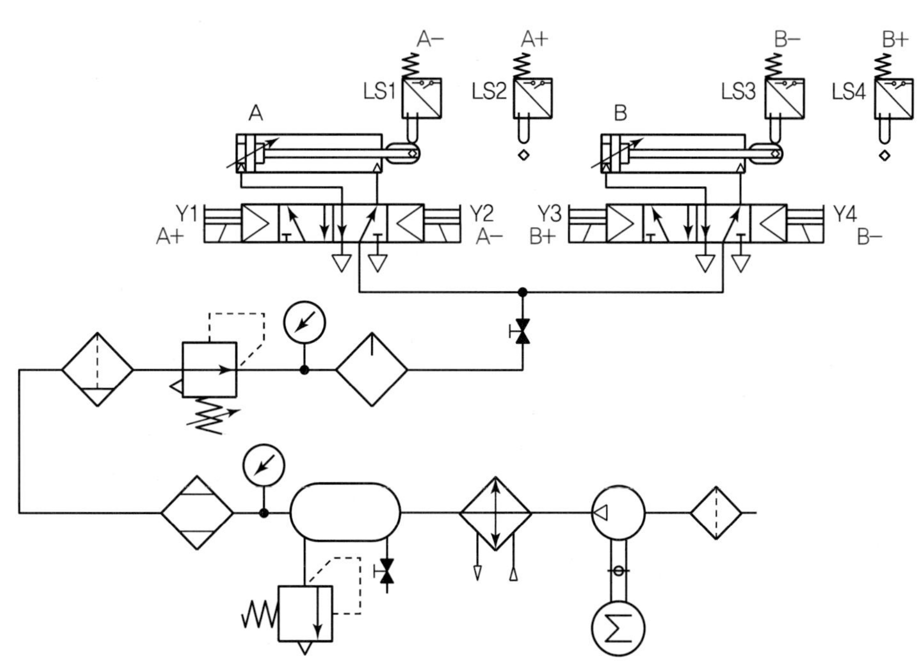

• **빈칸** ㉰ 드레인 배출기 붙이 필터가 필요

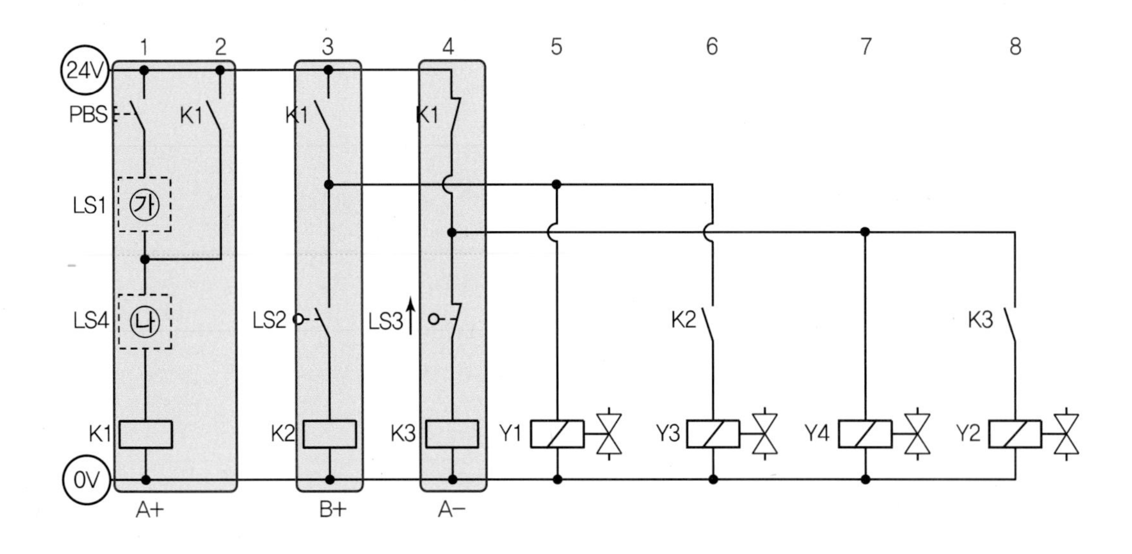

• 1번줄 K1릴레이는 3번줄 LS2가 되기 위하기 때문에 A전진(A+), 2번줄 자기유지

• **빈칸** ㉮는 LS1 a접점으로 초기에는 눌려 있는 형태

• K1릴레이가 ON되어야 하기 때문에 **빈칸** ㉯에는 LS4 b접점이 필요

• 3번줄 K2릴레이는 LS2가 ON되면 B전진(B+)이 이루어짐

• B 실린더가 전진되어 LS4를 닫으면 1번줄 LS4 b접점이 OFF되면서 K1릴레이가 OFF되고 4번줄 K1 b접점에 의하여 7번줄 Y4솔레노이드가 ON되어 B후진(B−)

• B후진(B−)을 하여 LS3이 ON되면 K3릴레이가 ON되어 A후진(A−)

• 5번줄 A양솔밸브는 A전진(A+)을 위해 K1 a접점으로 Y1솔레노이드 ON

• 6번줄 B전진(B+)을 위해 K1 a접점과 K2 a접점이 모두 ON되어야 Y3솔레노이드 ON

• 7번줄 B후진(B−)을 위해 K1 b접점으로 Y4솔레노이드 ON

• 8번줄 A후진(A−)을 위해 K1 b접점과 K3 a접점이 모두 ON되어야 Y2솔레노이드 ON

공압 9	기본 정답

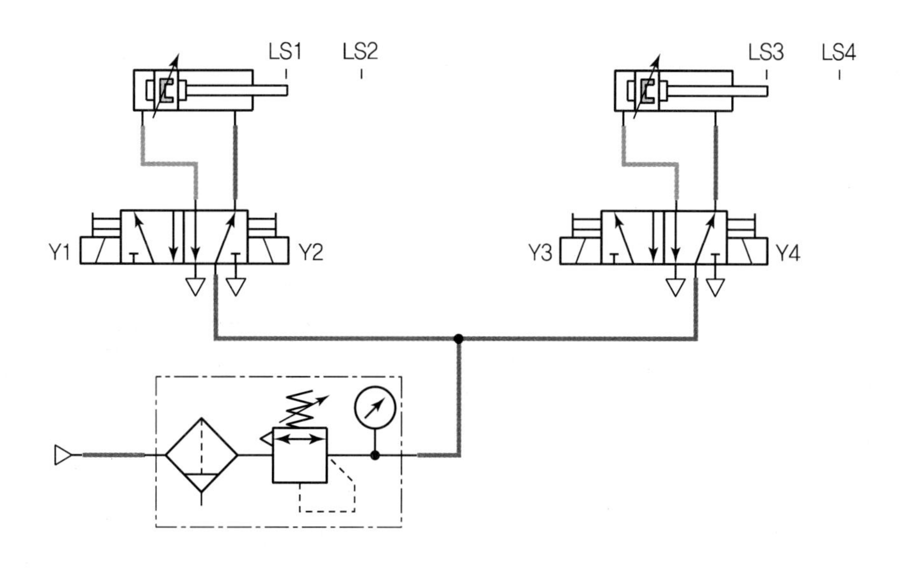

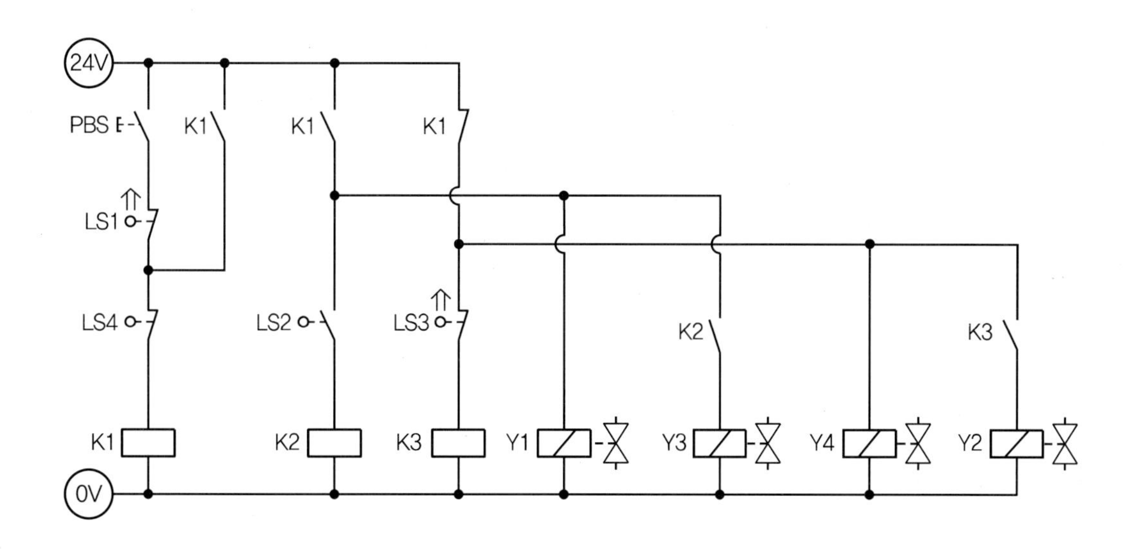

PART 02

공압 9	응용 해설

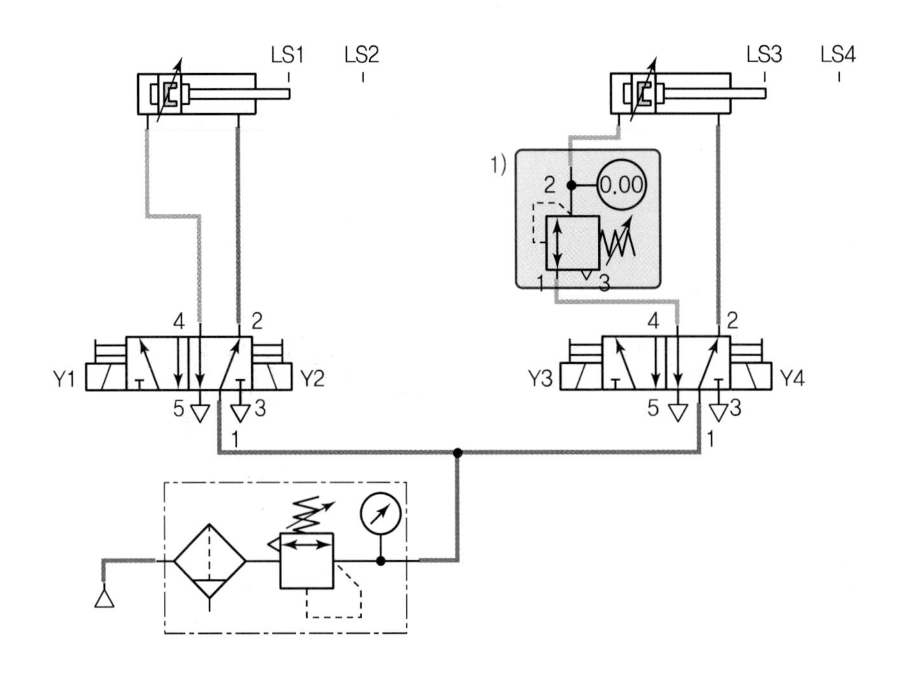

1) B 실린더 전진 시 과도한 압력을 줄이기 위해 감압밸브를 실린더 헤드 측에 설치하고 압력게이지는 실린더와 감압밸브 사이에 설치한다.

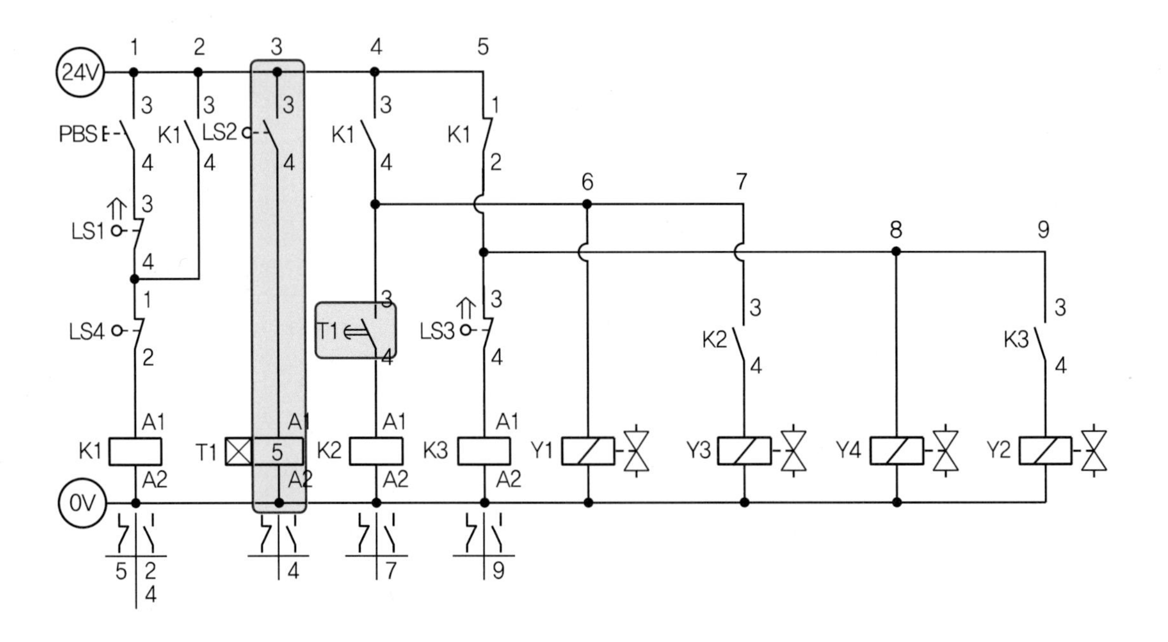

• 3번줄 A전진을 감지하는 LS2를 거쳐 ON delay 타이머를 추가한다.

• 4번줄 기존 LS2 자리에 ON delay 타이머 a접점을 추가하여 5초 후 K2릴레이가 ON되면 7번줄 Y3솔레노이드가 ON되면서 B전진(B+)된다.

공압 9	응용 정답

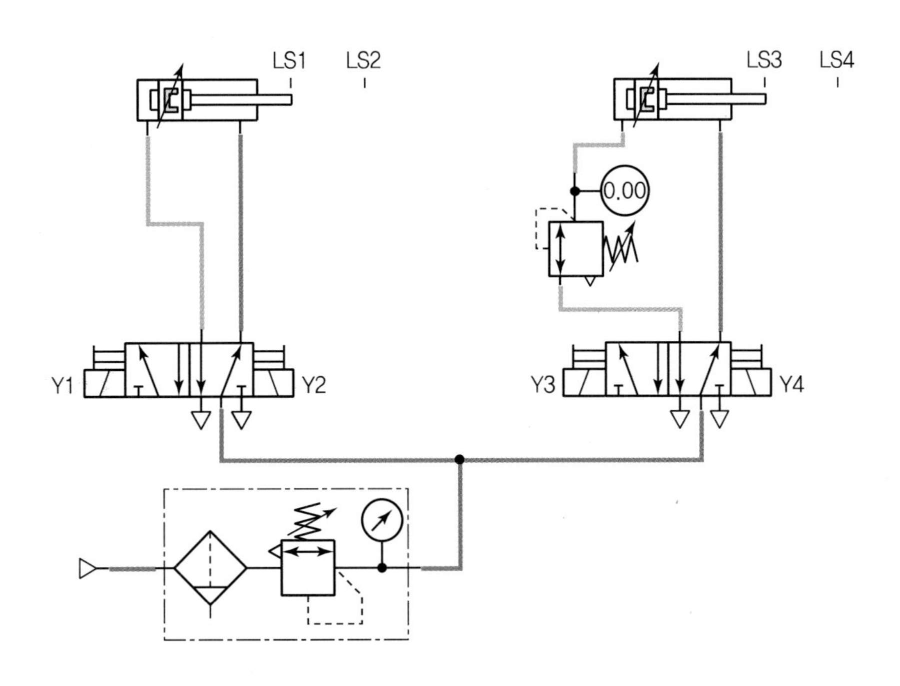

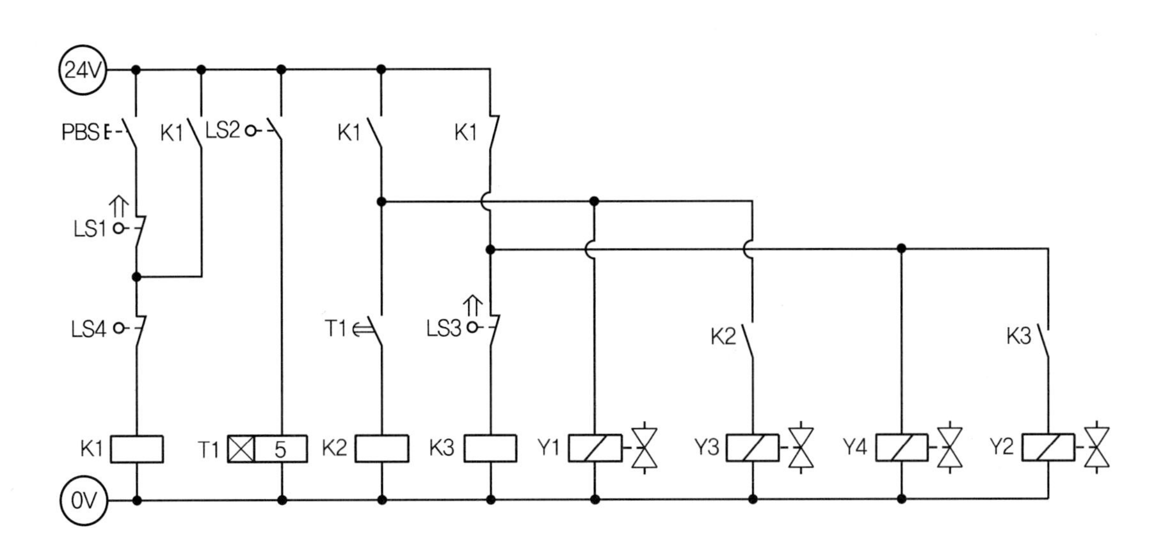

PART 02

[공개] 9

국가기술자격 실기시험문제

자격종목	공유압기능사	과제명	유압회로구성 및 조립작업

※ 문제지는 시험종료 후 본인이 가져갈 수 있습니다.

비번호		시험일시		시험장명	

※ 시험시간 : 1시간 10분
- [제3과제] 유압회로 도면제작 : 10분
- [제4과제] 유압회로구성 및 조립작업 : 1시간

1. 요구사항

※ 지급된 재료 및 시설을 사용하여 아래 작업을 완성하시오.

가. 제3과제 : 유압회로 도면제작

1) 주어진 제어조건을 만족하는 유압회로도 및 전기회로도의 빈 부분(㉮, ㉯, ㉰)에 들어갈 기호를 제시된 【보기(유압)】에서 찾아 답안지(3)에 번호로 기입하고, 도면 중 ㉱ 부분의 명칭 및 ㉲ 부분의 용도를 답안지(3)에 작성하여 제출하시오.
(단, ㉱, ㉲가 지칭하는 부분은 관로, 스프링, 드레인 등의 세부 부속품이 아닌 독립적으로 역할을 하는 전체 부품임을 고려하여 답지를 작성합니다.)

나. 제4과제 : 유압회로구성 및 조립작업

1) 기본과제
   가) 제3과제에서 작성한 유압도면과 같이 주어진 유압기기를 선정하여 고정판에 배치하시오.
   (단, 도면에 일점쇄선 부분은 수험자가 구성하지 않습니다.)
   나) 유압호스를 사용하여 배치된 기기를 연결 · 완성하시오.
   다) 전기회로도를 보고 전기회로작업을 완성하시오.
   (단, 전기연결선 +는 적색으로, −는 청색 또는 흑색으로 연결하시오.)
   라) 유압회로 내의 최고압력을 (4±0.2)MPa로 설정하시오.
2) 응용과제
   마) 실린더의 전진운동을 양방향 유량조절밸브를 사용하여 Bleed−off 방식으로 회로를 변경하여 속도를 제어하시오.
   바) 회로도에서 실린더의 왕복운동을 제어하기 위하여 4/2way 스프링 복귀형 솔레노이드 밸브를 사용하였다. 이를 메모리 기능이 있는 4/2way 복동 솔레노이드 밸브를 사용하여 회로를 재구성한 후 동작시키시오.

2. 수험자 유의사항

※ 다음의 유의사항을 고려하여 요구사항을 완성하시오.

1) 시험 시작 전 장비 이상 유무를 확인합니다.
2) 시험 중에는 반드시 감독위원의 지시에 따라야 하며, 시험시간 동안 감독위원의 지시가 없는 한 시험장을 임의로 이탈할 수 없습니다.
3) 공압, 유압 배관의 제거는 압력 공급을 차단한 후 실시하시기 바랍니다.
4) 시험에 필요한 기기 이외에 임의로 접촉하지 않도록 주의하시기 바랍니다.
5) 전기 연결의 합선 시에는 즉시 전원공급 장치의 전원을 차단하시기 바랍니다.
6) 실린더의 작동 부분에는 전선 및 호스가 접촉되지 않도록 주의하여야 합니다.
7) 수험자 인적사항 및 계산식을 포함한 답안작성은 흑색 필기구만 사용해야 하며, 그 외 연필류, 빨간색, 청색 등 필기구 및 수정테이프(액)를 사용해 작성한 답항은 0점 처리되오니 불이익을 당하지 않도록 유의해 주시기 바랍니다.
8) 답안 정정 시에는 정정하고자 하는 단어에 두 줄(=)을 긋고 다시 작성하시기 바랍니다.
9) 제4과제 평가는 먼저 기본과제(가~라)를 수행한 후 감독위원에게 평가받고, 그 이후에 응용과제(마~바)를 별도로 감독위원에게 평가받습니다.
10) 제4과제 평가는 감독위원 확인하에 한 번만 평가받을 수 있으며 재평가하지 않습니다. (단, 평가 시에는 전원이 유지된 상태에서 2회 동작 시도하여 동일하게 정상 동작이 되어야 하며, 1회만 동작하고 2회째 시도 시 정상적으로 동작하지 않으면 인정하지 않음)
11) 다음 사항에 대해서는 채점 대상에서 제외하니 특히 유의하시기 바랍니다.
   가) 기권
      (1) 수험자 본인이 수험 도중 시험에 대한 포기의사를 표하는 경우
      (2) 실기시험 과정 중 1개 과정이라도 불참한 경우
   나) 실격
      (1) 시설 · 장비의 조작 또는 재료의 취급이 미숙하여 위해를 일으킬 것으로 감독위원 전원이 합의하여 판단한 경우
      (2) 기능이 해당 등급 수준에 전혀 도달하지 못한 것으로 감독위원이 판단할 경우
      (3) 부정행위를 한 경우
   다) 미완성
      (1) 주어진 시험 시간을 초과하거나 시험 시간 내에 완성하지 못한 경우
      (2) 주어진 시간 내에 제출하였으나 기본과제가 작동하지 않은 경우 (단, 전원 유지 상태에서 동작 시험 시 2회 이상 정상동작해야 함)
   라) 오작
      (1) 회로 구성 결과가 제어조건(기본과제)과 일치하지 않는 작품
      (2) 문제지의 유압회로도와 전기회로도의 구성부품과 실제 회로작업에서 사용한 구성부품이 상이한 경우 (단, 수험자가 제3과제에서 선택하는 부분은 오작대상에서 제외)

3. 도면(유압회로)

□ 제어조건

유압 탁상 프레스를 제작하려고 한다. 전진버튼(PBS1)을 누르면 실린더가 전진하며 정지스위치(PBS2) 또는 리밋 스위치 LS1이 작동되면 자동으로 후진하게 되어 있다. 실린더 전진 시 급속하강을 위하여 카운터 밸런스 밸브의 압력을 조절할 수 있도록 하여야 한다.
(단, 유압회로도에서 반드시 릴리프 밸브와 체크밸브를 사용하여 카운터 밸런스 회로(설정 압력은 3MPa(±0.2MPa))를 구성하여야 합니다.)

○ 위치도

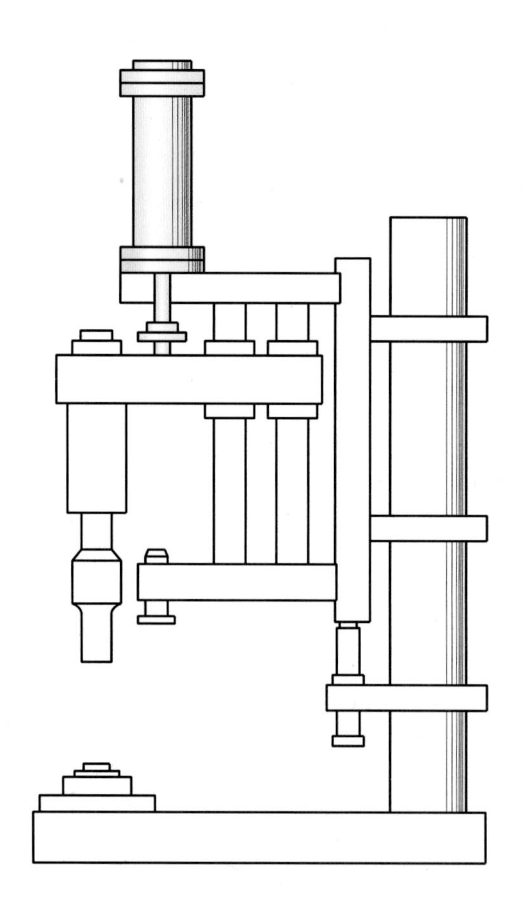

○ 유압회로도

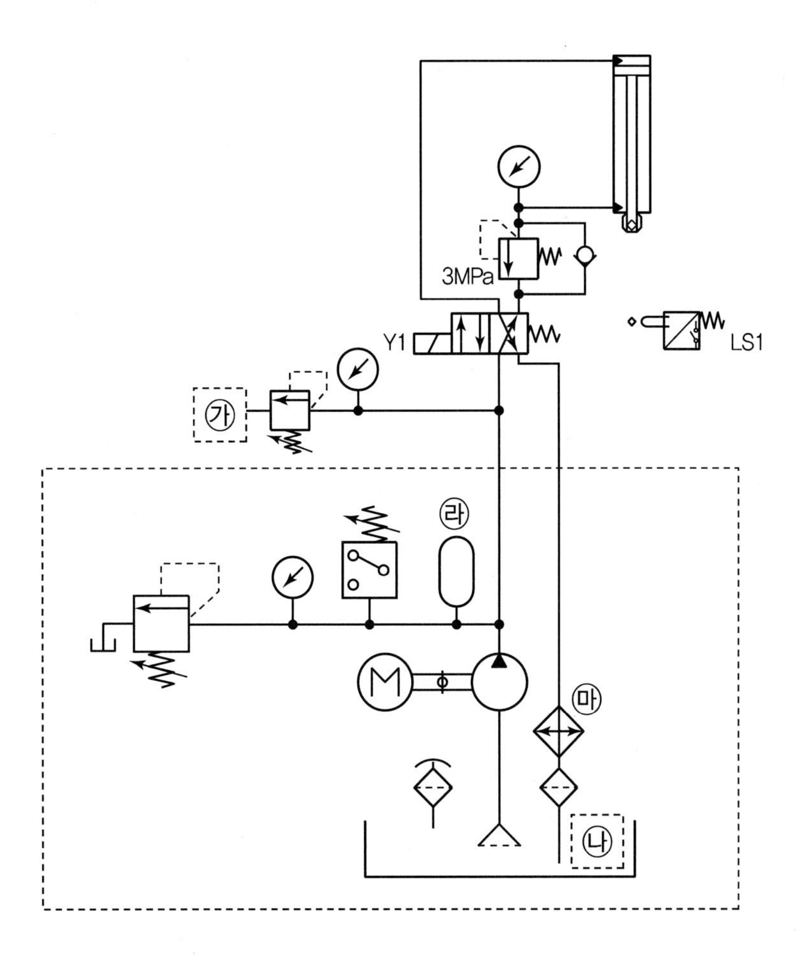

○ 전기회로도

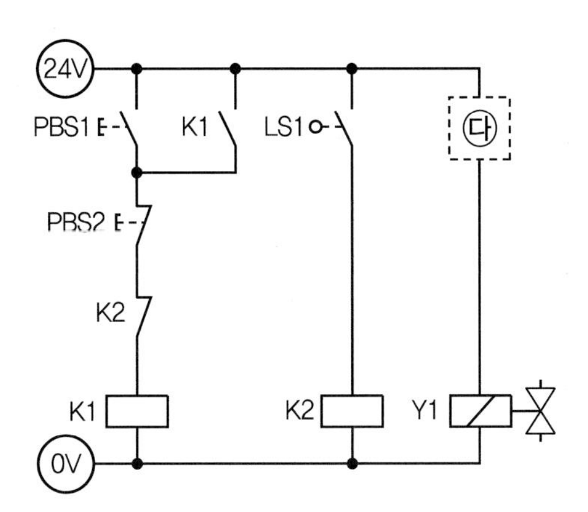

유압 9	정답

㉮ 1　　　㉯ 5　　　㉰ 32

㉱ 축압기　　　㉲ 작동유 온도를 냉각

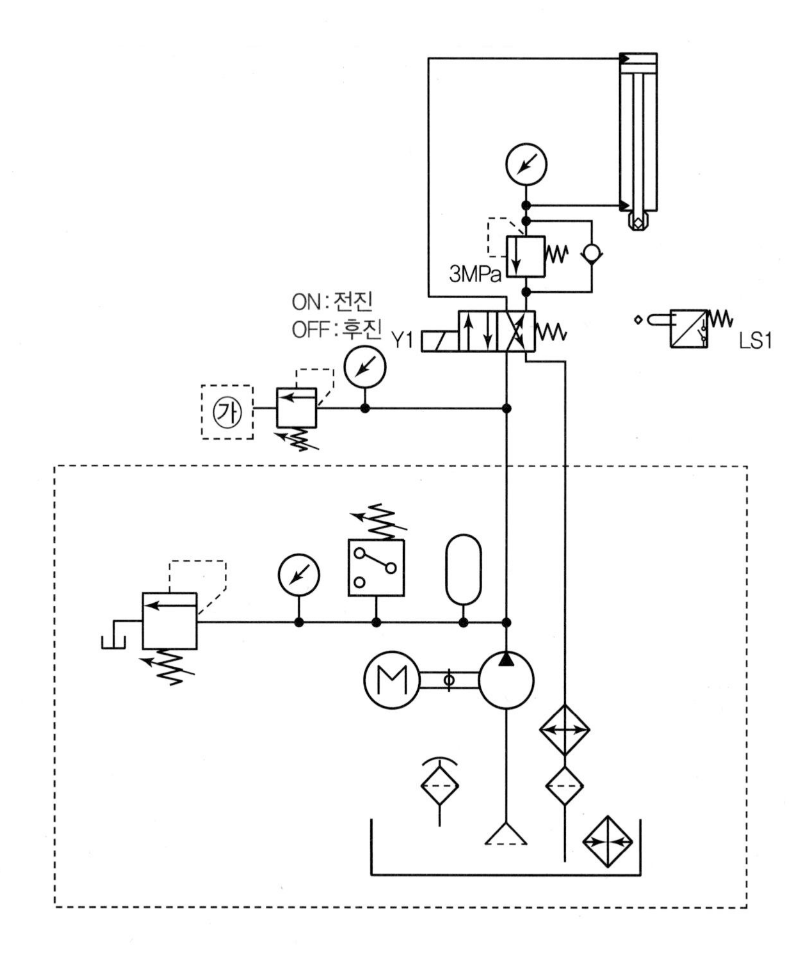

- 릴리프 밸브를 통한 작동유가 복귀해야 하므로 **빈칸** ㉮의 탱크가 필요
- **빈칸** ㉯ 작동유 예열기가 필요
- 4/2way 편솔밸브는 Y1솔레노이드가 ON되면 전진, OFF되면 후진을 담당

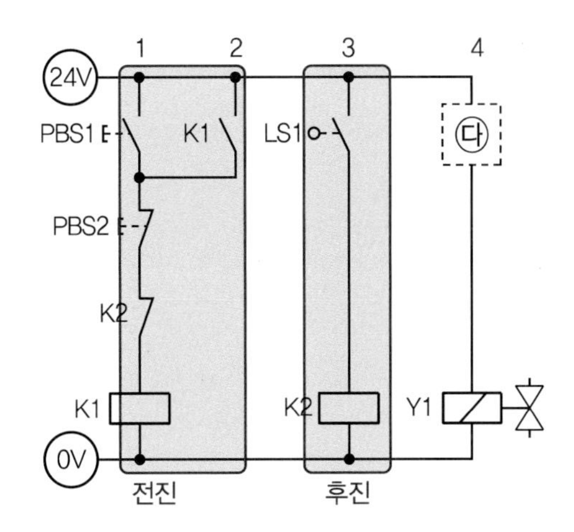

- 1번줄 PB1은 K1릴레이가 ON되면 4번줄 **빈칸** ㉰의 K1 a접점이 ON되면서 Y1솔레노이드에 의해 전진
- 3번줄 LS1에 의해 K2릴레이가 ON되면 1번줄 K2 b접점이나 PB2 b접점에 의해 K1릴레이 신호가 끊기면 Y1솔레노이드 신호도 OFF되면서 후진

PART 02

유압 9	기본 정답

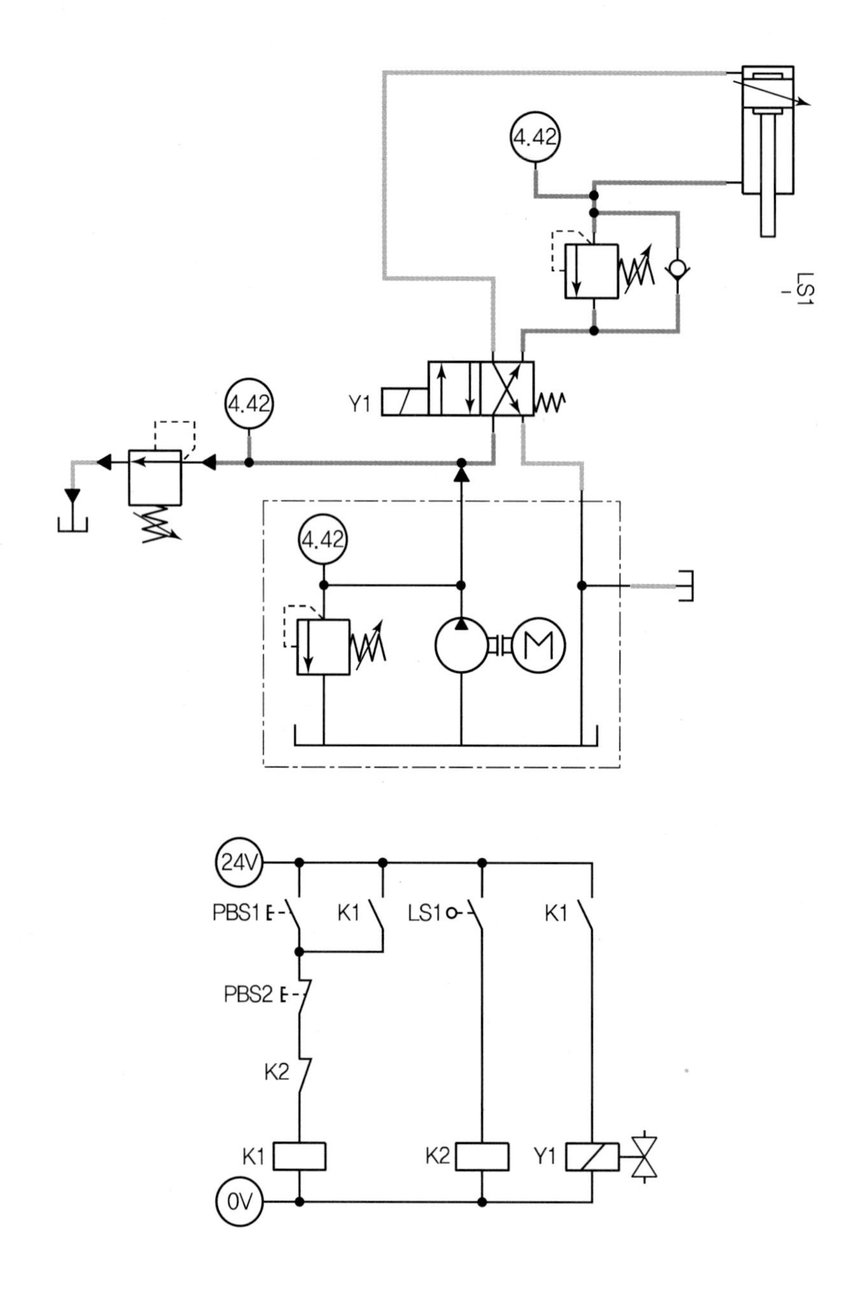

유압 9	응용 해설

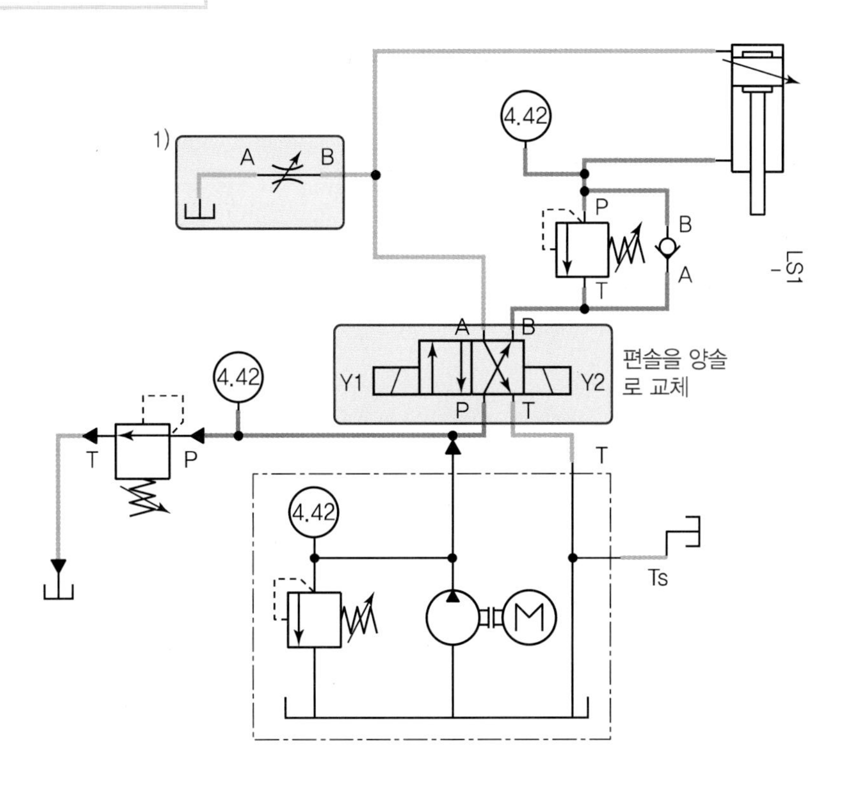

1) 블리드 오프 방식으로 실린더 전진속도를 조절하려면 양방향 유량제어밸브를 실린더 헤드 측에 연결하여 유량을 탱크로 보내준다.

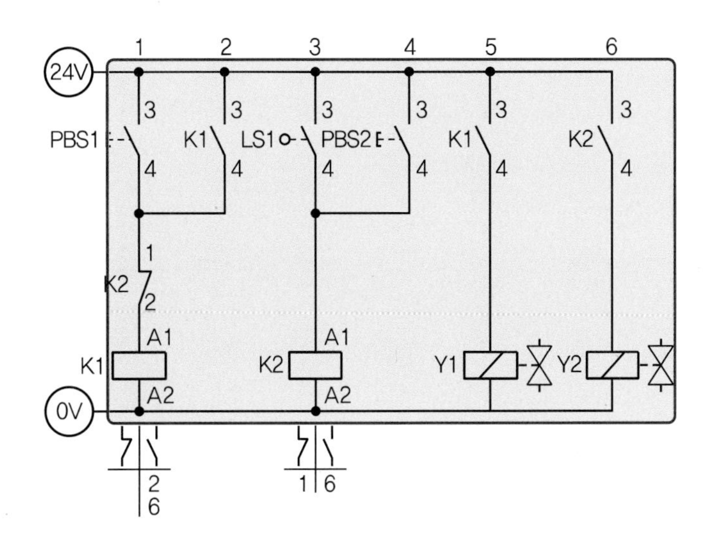

• 1번줄 PBS1을 누르면 K1릴레이가 ON되고, 5번줄 K1 a접점이 ON되면 Y1솔레노이드가 ON되면서 실린더가 전진한다.

- 이때 양솔밸브는 전진과 후진이 동시에 일어나는 것을 인터록회로로, K1릴레이는 K2 b접점으로 신호를 끊어 준다.
- 3번줄 실린더가 전진되어 LS1이 ON되면 K2릴레이가 ON되고, 6번줄 K2 a접점이 ON되면 Y2 솔레노이드가 ON되면서 실린더가 후진한다.

유압 9	응용 정답

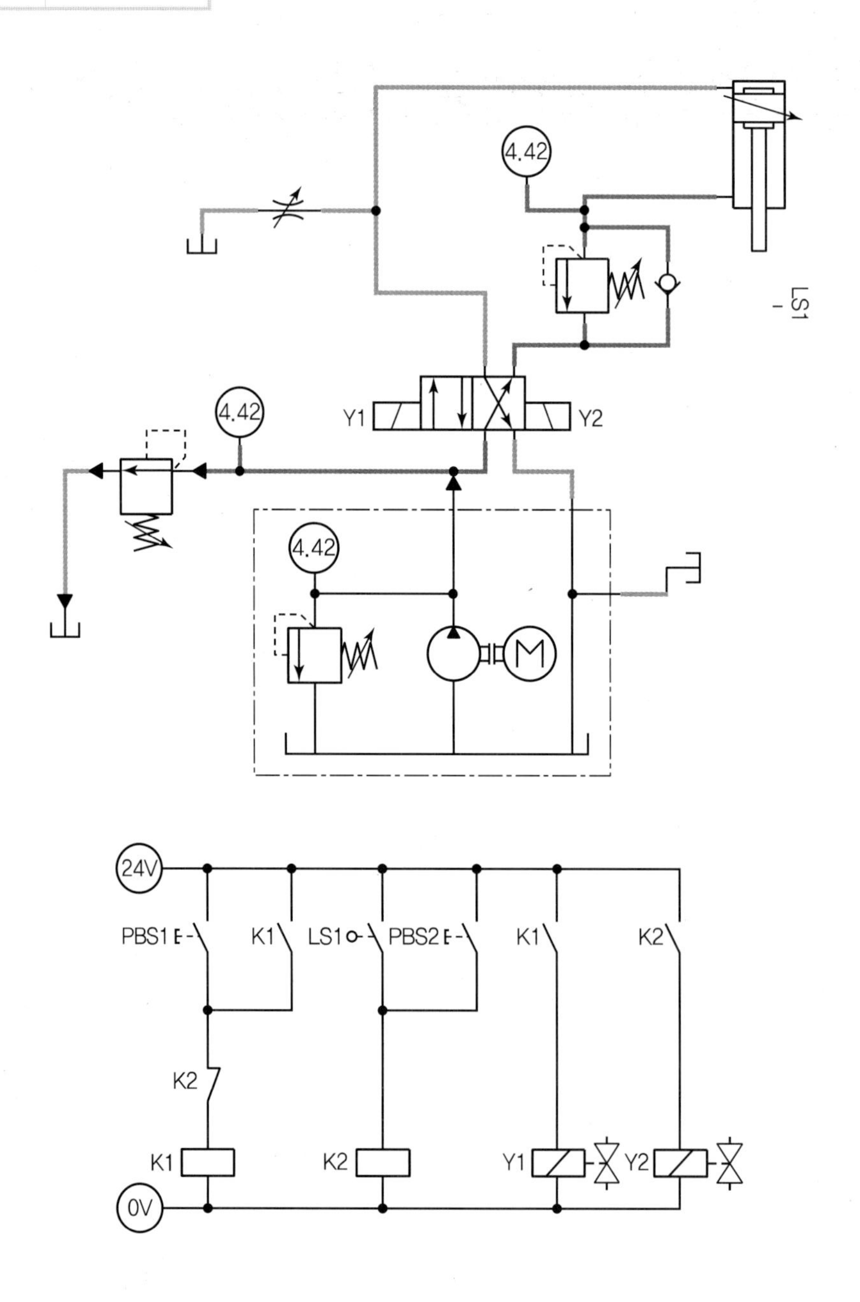

[공개] 10

국가기술자격 실기시험문제

자격종목	공유압기능사	과제명	공압회로구성 및 조립작업

※ 문제지는 시험종료 후 본인이 가져갈 수 있습니다.

비번호		시험일시		시험장명	

※ 시험시간 : 1시간 20분
- [제1과제] 공압회로 도면제작 : 20분
- [제2과제] 공압회로구성 및 조립작업 : 1시간

1. 요구사항

※ 지급된 재료 및 시설을 사용하여 아래 작업을 완성하시오.

가. 제1과제 : 공압회로 도면제작

1) 주어진 제어조건을 만족하는 공압회로도 및 전기회로도의 빈 부분(㉮, ㉯, ㉰)에 들어갈 기호를 제시된 【보기(공압)】에서 찾아 답안지(1)에 번호로 기입하고, 도면 중 ㉱ 부분의 용도 및 ㉲ 부분의 명칭을 답안지(1)에 작성하여 제출하시오.
(단, ㉱, ㉲가 지칭하는 부분은 관로, 스프링, 드레인 등의 세부 부속품이 아닌 독립적으로 역할을 하는 전체 부품임을 고려하여 답지를 작성합니다.)

2) 주어진 공압회로도를 참조하여 제어조건에 따른 변위단계선도를 답안지(2)에 완성하여 제출하시오.

나. 제2과제 : 공압회로구성 및 조립작업

1) 기본과제
  가) 제1과제에서 작성한 공압회로도와 같이 주어진 공압기기를 선정하여 고정판에 배치하시오.
  (단, 공압회로도 중 도면에 있는 차단밸브 이전 기기와 장치는 수험자가 구성하지 않습니다.)
  나) 공압호스를 적절한 길이로 절단 사용하여 배치된 기기를 연결 · 완성하시오.
  다) 전기회로도를 보고 전기회로작업을 완성하시오.
  (단, 전기연결선 +는 적색으로, −는 청색 또는 흑색으로 연결하시오.)
  라) 작업압력(서비스 유닛)을 (0.5±0.05)MPa로 설정하시오.

2) 응용과제
  마) 감독위원이 지정한 압력(0.2~0.5MPa 범위에서 지정)으로 변경하시오.
  바) 실린더 B 전진 시 일방향 유량조절밸브(모듈형)를 사용하여 Meter−out 회로가 되도록 하고, 실린더 A 후진 시 급속배기밸브를 사용하여 실린더의 속도를 제어하시오.
  사) 타이머를 사용하여 실린더 A(1A)가 전진 후 3초 뒤에 실린더 B(2A)가 전진하도록 하고, 에어제트 3Z는 실린더 B(2A)가 전진운동하는 동안에만 작동하도록 전기회로를 구성하고 동작시키시오.(단, 회로구성상 에어제트는 부저로 대체하시오.)

2. 수험자 유의사항

※ 다음의 유의사항을 고려하여 요구사항을 완성하시오.

1) 시험 시작 전 장비 이상 유무를 확인합니다.
2) 시험 중에는 반드시 감독위원의 지시에 따라야 하며, 시험시간 동안 감독위원의 지시가 없는 한 시험장을 임의로 이탈할 수 없습니다.
3) 공압, 유압 배관의 제거는 압력 공급을 차단한 후 실시하시기 바랍니다.
4) 시험에 필요한 기기 이외에 임의로 접촉하지 않도록 주의하시기 바랍니다.
5) 전기 연결의 합선 시에는 즉시 전원공급 장치의 전원을 차단하시기 바랍니다.
6) 실린더의 작동 부분에는 전선 및 호스가 접촉되지 않도록 주의하여야 합니다.
7) 수험자 인적사항 및 계산식을 포함한 답안작성은 흑색 필기구만 사용해야 하며, 그 외 연필류, 빨간색, 청색 등 필기구 및 수정테이프(액)를 사용해 작성한 답항은 0점 처리 되오니 불이익을 당하지 않도록 유의해 주시기 바랍니다.
8) 답안 정정 시에는 정정하고자 하는 단어에 두 줄(=)을 긋고 다시 작성하시기 바랍니다.
9) 변위단계선도의 작성 및 제출은 반드시 제1과제 시험시간 이내에 이루어져야 합니다.
10) 제2과제 평가는 먼저 기본과제(가~라)를 수행한 후 감독위원에게 평가받고, 그 이후에 응용과제(마~사)를 별도로 감독위원에게 평가받습니다.
11) 제2과제 평가는 감독위원 확인하에 한 번만 평가받을 수 있으며 재평가하지 않습니다.
    (단, 평가 시에는 전원이 유지된 상태에서 2회 동작 시도하여 동일하게 정상 동작이 되어야 하며, 1회만 동작하고 2회째 시도 시 정상적으로 동작하지 않으면 인정하지 않음)
12) 다음 사항에 대해서는 채점 대상에서 제외하니 특히 유의하시기 바랍니다.
    가) 기권
        (1) 수험자 본인이 수험 도중 시험에 대한 포기의사를 표하는 경우
        (2) 실기시험 과정 중 1개 과정이라도 불참한 경우
    나) 실격
        (1) 시설 · 장비의 조작 또는 재료의 취급이 미숙하여 위해를 일으킬 것으로 감독위원 전원이 합의하여 판단한 경우
        (2) 기능이 해당 등급 수준에 전혀 도달하지 못한 것으로 감독위원이 판단할 경우
        (3) 부정행위를 한 경우
    다) 미완성
        (1) 주어진 시험 시간을 초과하거나 시험 시간 내에 완성하지 못한 경우
        (2) 주어진 시간 내에 제출하였으나 기본과제가 작동하지 않은 경우
            (단, 전원 유지 상태에서 동작 시험 시 2회 이상 정상적으로 동작해야 함)
    라) 오작
        (1) 회로 구성 결과가 제어조건(기본과제)과 일치하지 않는 작품
        (2) 문제지의 공압회로도와 전기회로도의 구성부품과 실제 회로작업에서 사용한 구성부품이 상이한 경우(단, 수험자가 제1과제에서 선택하는 부분은 오작대상에서 제외)

3. 도면(공압회로)

□ 제어조건

소재는 수동으로 고정구에 삽입된다. 작업시작 버튼(PBS)을 ON－OFF하면 클램핑 실린더 A(1A)가 전진운동한다. 소재가 고정되면 드릴 이송 실린더 B(2A)가 전진운동하여 드릴 가공이 되도록 드릴을 이송한다. 드릴 이송이 완료되어 드릴작업이 완료되면 실린더는 원래의 위치로 복귀한다. 드릴 이송 실린더의 복귀가 완료되면 실린더 A(1A)의 후진운동으로 클램핑도 해제된다.

○ 위치도

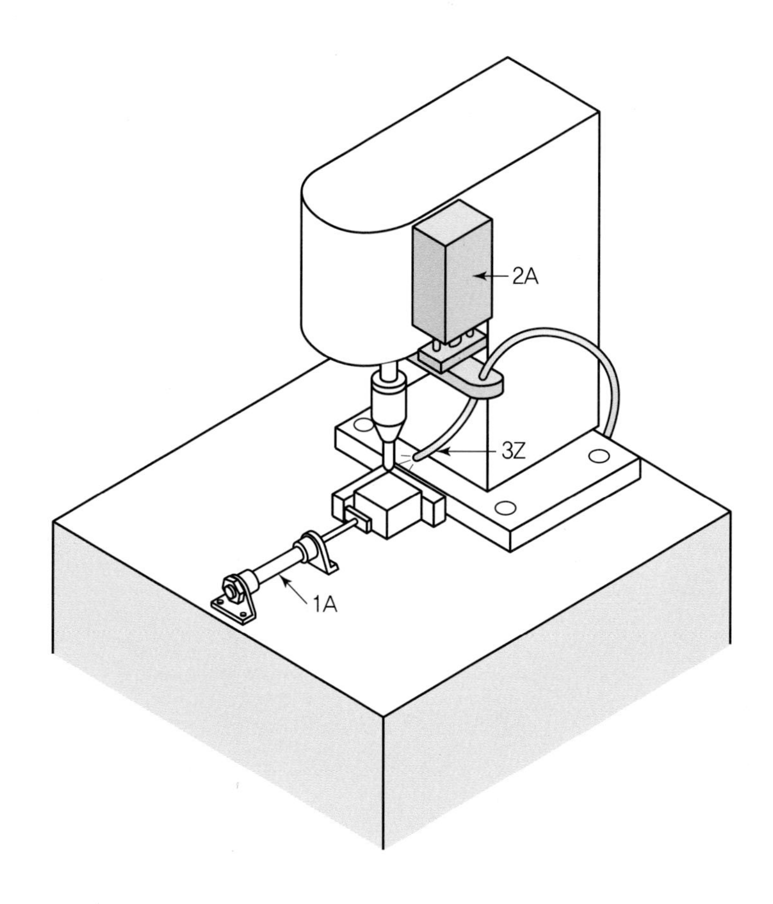

○ 공압회로도

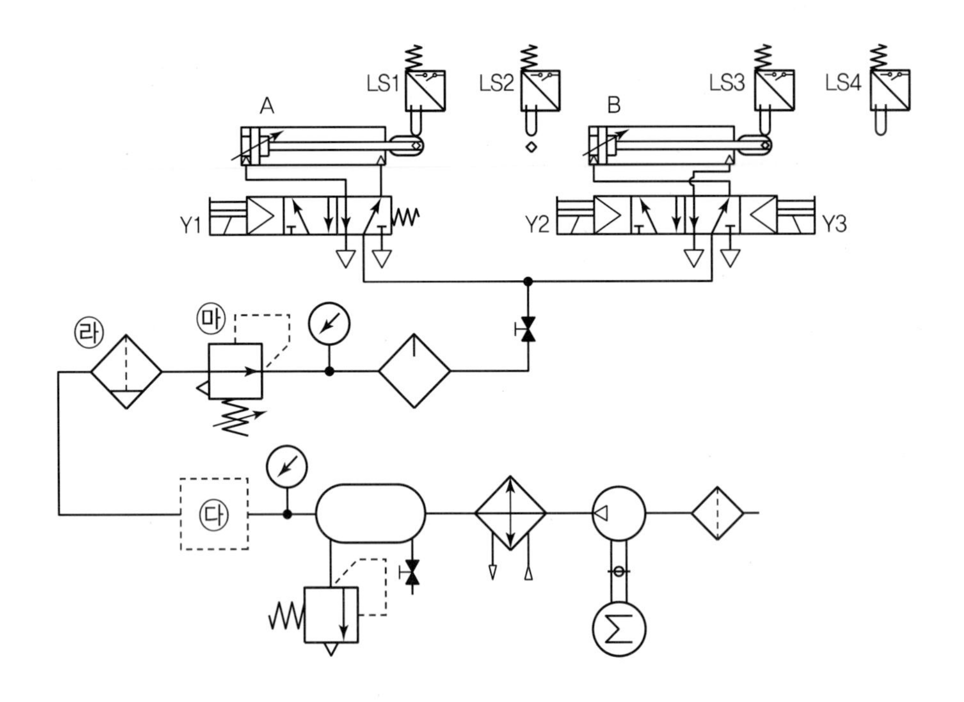

LS1
LS2
LS3
LS4
A
B
Y1
Y2
Y3
㉣
㉤
㉢

○ 전기회로도

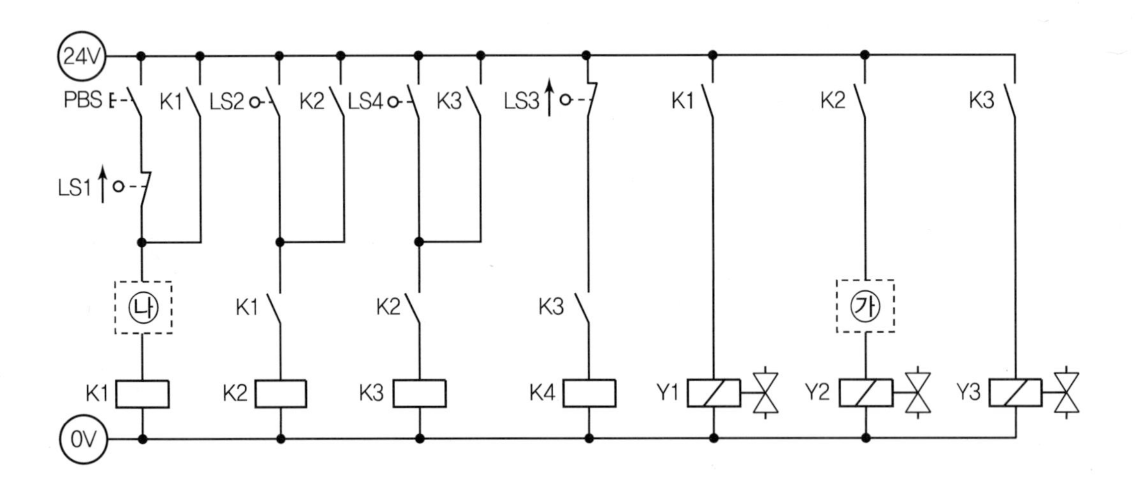

24V
PBS
K1
LS2
K2
LS4
K3
LS3
K1
K2
K3
LS1
㉡
K1
K2
K3
㉠
K1
K2
K3
K4
Y1
Y2
Y3
0V

공압 10	정답

㉮ 36 ㉯ 37 ㉰ 3
㉱ 공기 중의 이물질 제거 ㉲ 압력조절밸브

공압 10	변위단계선도	정답

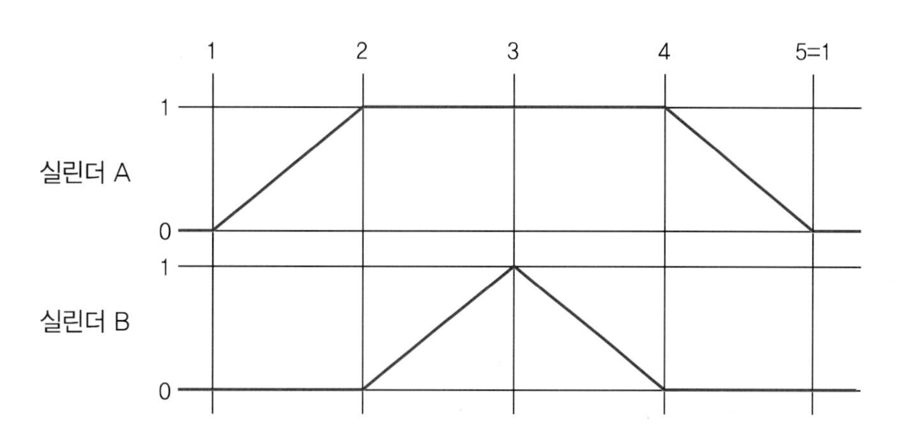

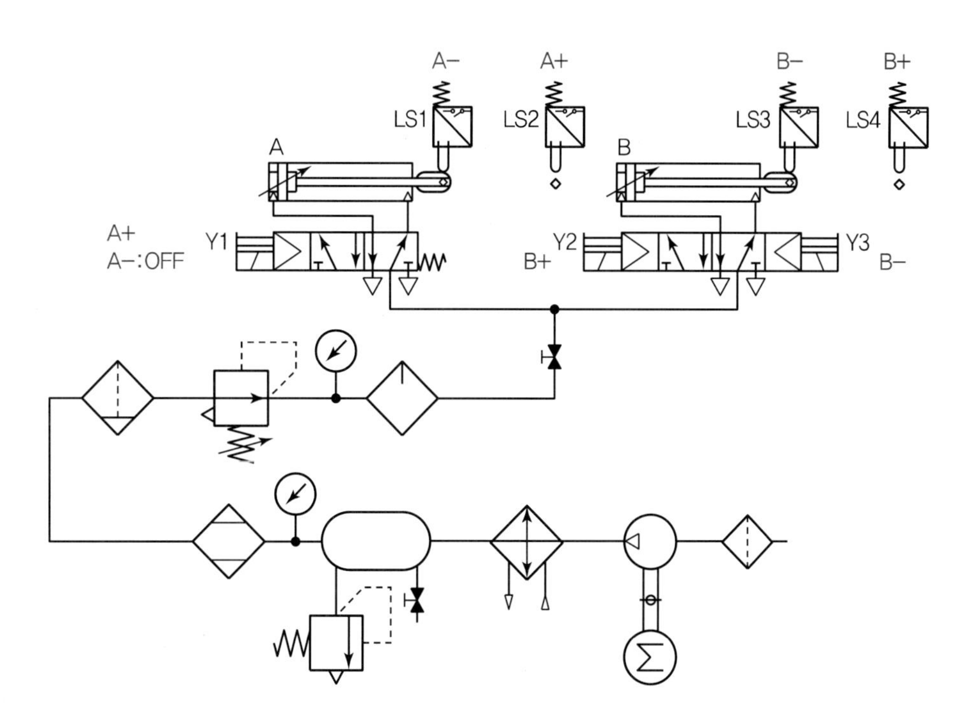

• **빈칸** ㉰ 공기건조기가 필요

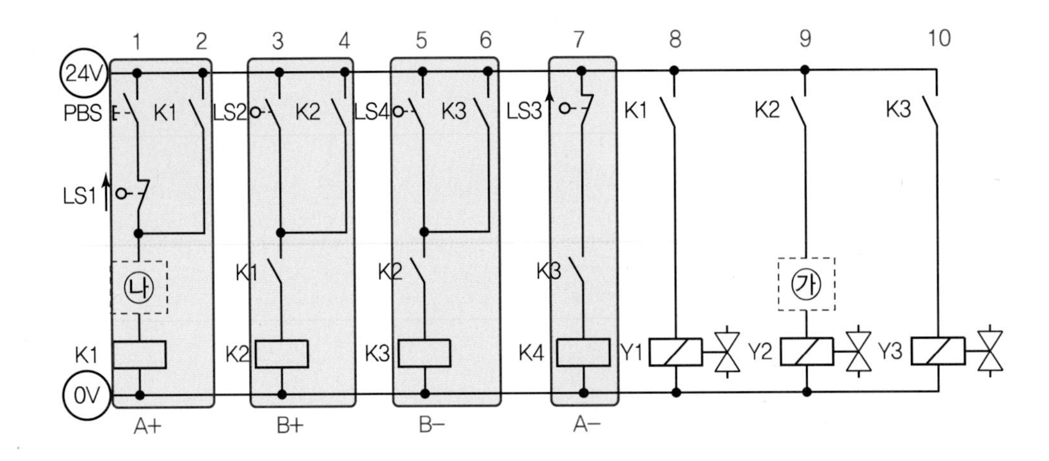

- 1번줄 K1릴레이는 3번줄 LS2가 되기 위하기 때문에 A전진(A+), 2번줄 자기유지
- 3번줄 K2릴레이는 5번줄 LS4가 되기 위하기 때문에 B전진(B+), 4번줄 자기유지
- 5번줄 K3릴레이는 7번줄 LS3이 되기 위하기 때문에 B후진(B−), 6번줄 자기유지
- 7번줄 K4릴레이는 1번줄 LS1이 되기 위하기 때문에 A후진(A−)
- 1번줄 자기유지된 K1릴레이를 마지막 스텝 **빈칸** ㉯의 K4 b접점으로 끊어 줌
- 8번줄 A편솔밸브는 A전진(A+)을 위해 K1 a접점으로 Y1솔레노이드 ON
- 9번줄 B양솔밸브는 B전진(B+)을 위해 K2 a접점으로 Y2솔레노이드 ON
- 10번줄 B양솔밸브는 B후진(B−)을 위해 K3 a접점으로 Y3솔레노이드를 ON시키면 B전진(B+)과 B후진(B−)이 동시에 일어나므로 9번줄 **빈칸** ㉮의 K3 b접점으로 끊어줘서 B전진을 정지시킴
- A후진(A−)은 7번줄 K4릴레이가 ON됨과 동시에 1번줄 K4 b접점이 떨어지면서 순차적으로 모든 릴레이가 OFF되어 8번줄 K1 a접점이 떨어지면서 A후진(A−)이 이루어짐

공압 10	기본 정답

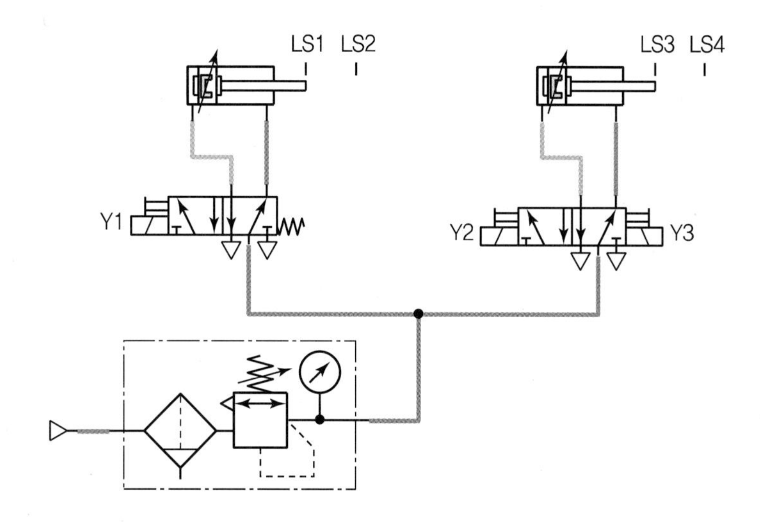

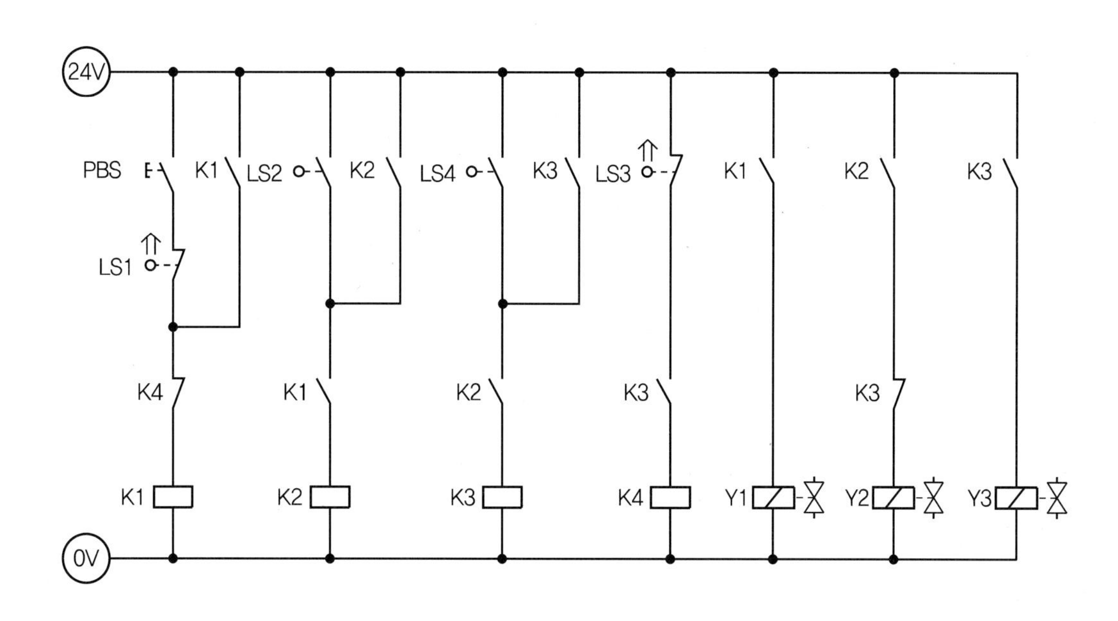

PART 02

공압 10	응용 해설

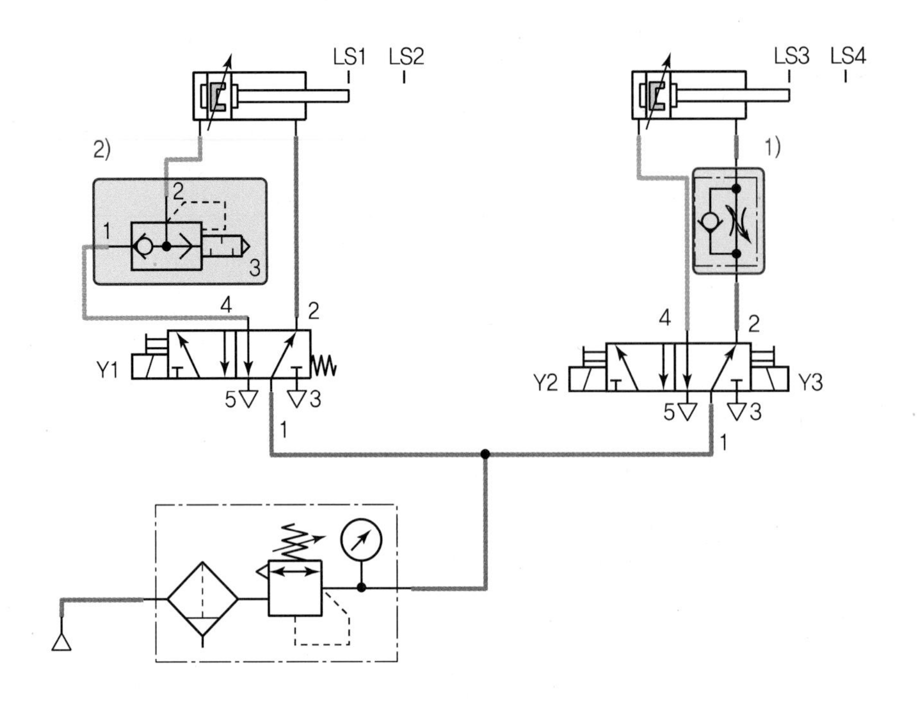

1) B 실린더 전진속도를 미터아웃 회로로 조절하려면 일방향 유량제어밸브를 로드 측에, 체크밸브를 밸브방향에 설치한다.

2) A 실린더 급속후진을 위해 급속배기밸브를 헤드 측에 설치한다.

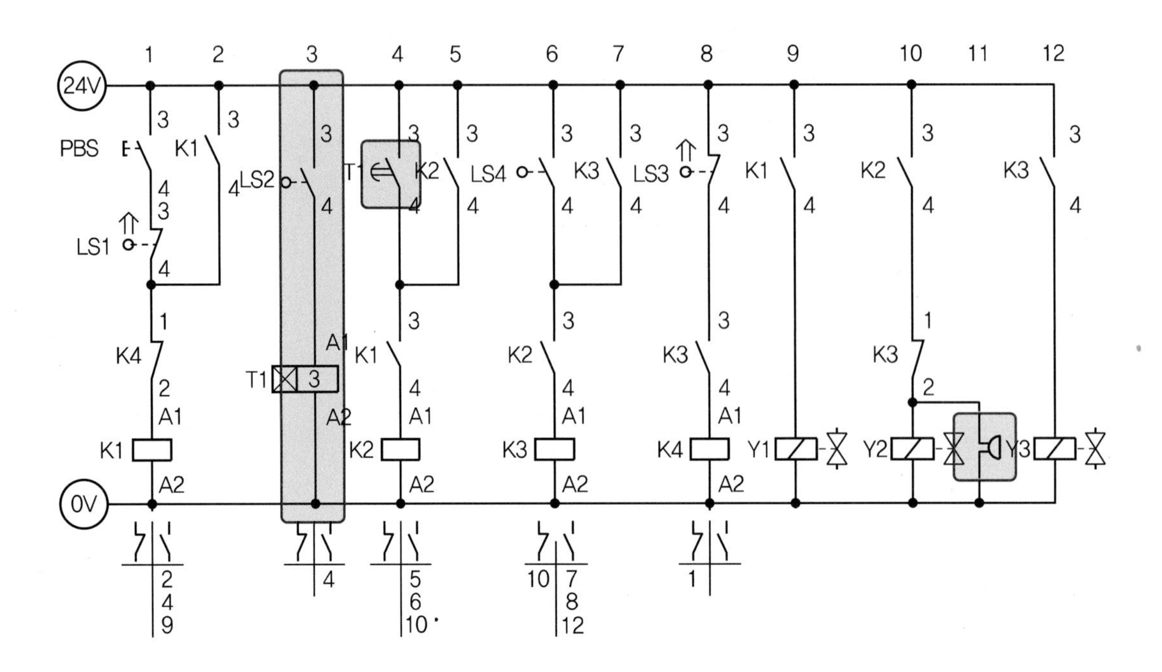

- 3번줄 A전진(A+)을 감지하는 LS2를 거쳐 ON delay 타이머를 추가한다.
- 4번줄 ON delay 타이머 a접점을 추가하여 3초 후 K2릴레이가 ON되면서 10번줄 K2 a접점이 ON되면 Y2솔레노이드가 ON되면서 B전진(B+)이 되고 11번줄 부저음이 동시에 이루어진다. (에어제트를 부저음으로 대체)

공압 10	응용 정답

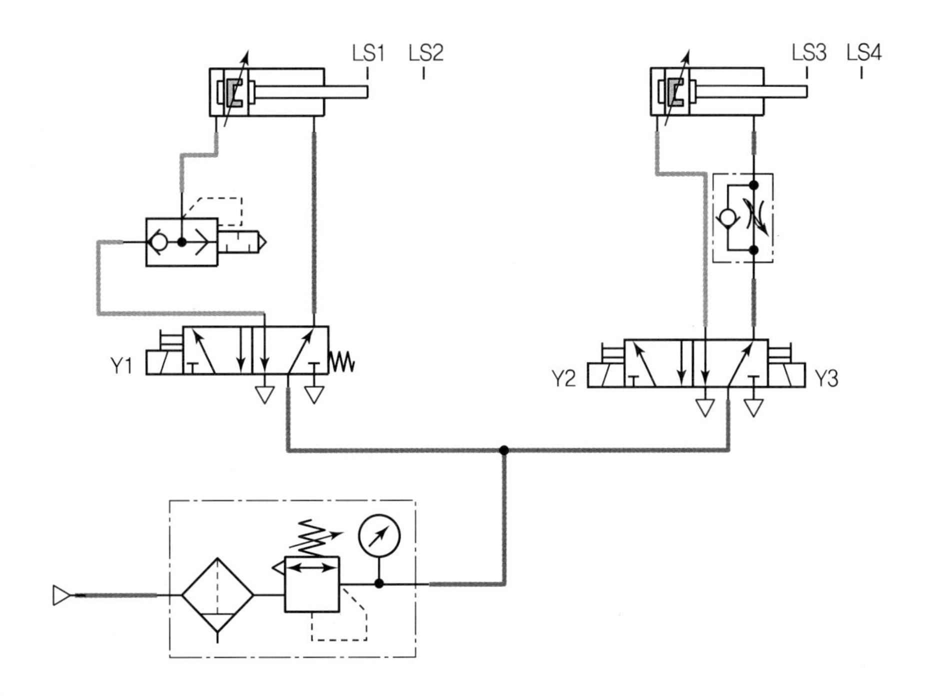

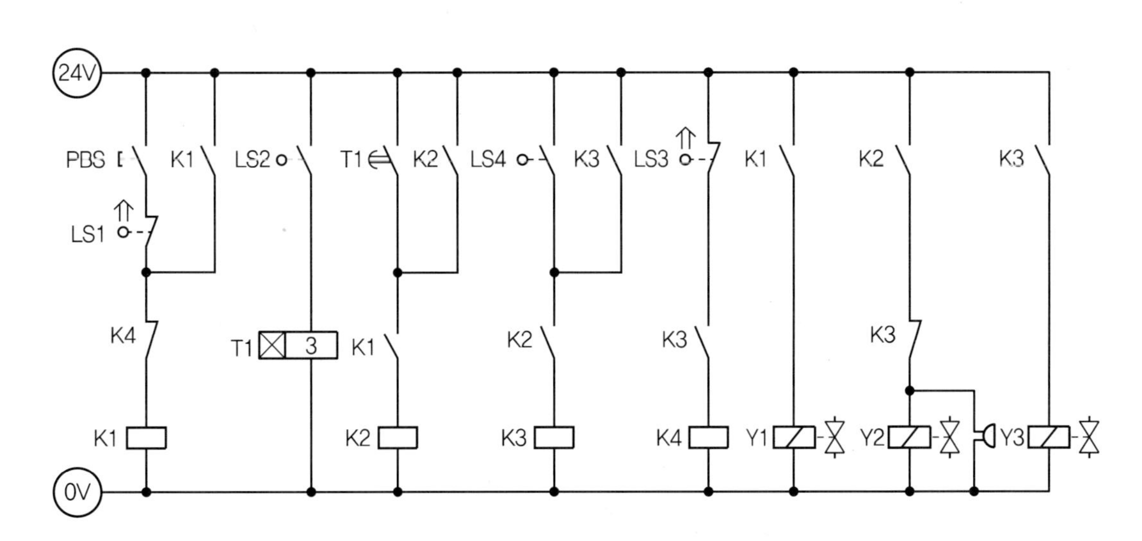

[공개] 10

국가기술자격 실기시험문제

자격종목	공유압기능사	과제명	유압회로구성 및 조립작업

※ 문제지는 시험종료 후 본인이 가져갈 수 있습니다.

비번호		시험일시		시험장명	

※ 시험시간 : 1시간 10분
- [제3과제] 유압회로 도면제작 : 10분
- [제4과제] 유압회로구성 및 조립작업 : 1시간

1. 요구사항

※ 지급된 재료 및 시설을 사용하여 아래 작업을 완성하시오.

가. 제3과제 : 유압회로 도면제작

1) 주어진 제어조건을 만족하는 유압회로도 및 전기회로도의 빈 부분(㉮, ㉯, ㉰)에 들어갈 기호를 제시된 【보기(유압)】에서 찾아 답안지(3)에 번호로 기입하고, 도면 중 ㉱ 부분의 명칭 및 ㉲ 부분의 용도를 답안지(3)에 작성하여 제출하시오.
(단, ㉱, ㉲가 지칭하는 부분은 관로, 스프링, 드레인 등의 세부 부속품이 아닌 독립적으로 역할을 하는 전체 부품임을 고려하여 답지를 작성합니다.)

나. 제4과제 : 유압회로구성 및 조립작업

1) 기본과제
  가) 제3과제에서 작성한 유압도면과 같이 주어진 유압기기를 선정하여 고정판에 배치하시오.
  (단, 도면에 일점쇄선 부분은 수험자가 구성하지 않습니다.)
  나) 유압호스를 사용하여 배치된 기기를 연결 · 완성하시오.
  다) 전기회로도를 보고 전기회로작업을 완성하시오.
  (단, 전기연결선 +는 적색으로, −는 청색 또는 흑색으로 연결하시오.)
  라) 유압회로 내의 최고압력을 (4±0.2)MPa로 설정하시오.
2) 응용과제
  마) 실린더의 후진운동을 일방향 유량조절밸브를 사용하여 Meter−in 방식으로 회로를 변경하여 실린더의 속도를 제어하시오.
  바) 컨트롤 밸브가 처음 출발하여 중간위치까지는 빠른 속도로 열린 후 3초간 정지한 다음 나머지 동작을 수행할 수 있도록 전기회로를 수정한 후 동작시키시오.

2. 수험자 유의사항

※ 다음의 유의사항을 고려하여 요구사항을 완성하시오.

1) 시험 시작 전 장비 이상 유무를 확인합니다.
2) 시험 중에는 반드시 감독위원의 지시에 따라야 하며, 시험시간 동안 감독위원의 지시가 없는 한 시험장을 임의로 이탈할 수 없습니다.
3) 공압, 유압 배관의 제거는 압력 공급을 차단한 후 실시하시기 바랍니다.
4) 시험에 필요한 기기 이외에 임의로 접촉하지 않도록 주의하시기 바랍니다.
5) 전기 연결의 합선 시에는 즉시 전원공급 장치의 전원을 차단하시기 바랍니다.
6) 실린더의 작동 부분에는 전선 및 호스가 접촉되지 않도록 주의하여야 합니다.
7) 수험자 인적사항 및 계산식을 포함한 답안작성은 흑색 필기구만 사용해야 하며, 그 외 연필류, 빨간색, 청색 등 필기구 및 수정테이프(액)를 사용해 작성한 답항은 0점 처리 되오니 불이익을 당하지 않도록 유의해 주시기 바랍니다.
8) 답안 정정 시에는 정정하고자 하는 단어에 두 줄(=)을 긋고 다시 작성하시기 바랍니다.
9) 제4과제 평가는 먼저 기본과제(가~라)를 수행한 후 감독위원에게 평가받고, 그 이후에 응용과제(마~바)를 별도로 감독위원에게 평가받습니다.
10) 제4과제 평가는 감독위원 확인하에 한 번만 평가받을 수 있으며 재평가하지 않습니다.
 (단, 평가 시에는 전원이 유지된 상태에서 2회 동작 시도하여 동일하게 정상 동작이 되어야 하며, 1회만 동작하고 2회째 시도 시 정상적으로 동작하지 않으면 인정하지 않음)
11) 다음 사항에 대해서는 채점 대상에서 제외하니 특히 유의하시기 바랍니다.
 가) 기권
  (1) 수험자 본인이 수험 도중 시험에 대한 포기의사를 표하는 경우
  (2) 실기시험 과정 중 1개 과정이라도 불참한 경우
 나) 실격
  (1) 시설 · 장비의 조작 또는 재료의 취급이 미숙하여 위해를 일으킬 것으로 감독위원 전원이 합의하여 판단한 경우
  (2) 기능이 해당 등급 수준에 전혀 도달하지 못한 것으로 감독위원이 판단할 경우
  (3) 부정행위를 한 경우
 다) 미완성
  (1) 주어진 시험 시간을 초과하거나 시험 시간 내에 완성하지 못한 경우
  (2) 주어진 시간 내에 제출하였으나 기본과제가 작동하지 않은 경우
   (단, 전원 유지 상태에서 동작 시험 시 2회 이상 정상동작해야 함)
 라) 오작
  (1) 회로 구성 결과가 제어조건(기본과제)과 일치하지 않는 작품
  (2) 문제지의 유압회로도와 전기회로도의 구성부품과 실제 회로작업에서 사용한 구성부품이 상이한 경우
   (단, 수험자가 제3과제에서 선택하는 부분은 오작대상에서 제외)

3. 도면(유압회로)

□ 제어조건

석유화학공정에서 배관의 컨트롤 밸브와 유압 복동실린더를 이용하여 작동하려고 한다. 컨트롤 밸브는 처음 출발하여 중간위치까지는 빠른 속도로 열릴 수 있어야 하고, 나머지 반은 조절할 수 있는 느린 속도로 운동하여야 한다. 컨트롤 밸브의 열림 정도를 측정하기 위하여 레버에 의하여 작동하는 리밋 스위치(LS1, LS2, LS3)를 사용한다.
"밸브 열림"과 "밸브 닫힘"의 두 푸시버튼 스위치(PBS1, PBS2)를 사용하며 실린더의 운동은 이 버튼들이 작동하고 실린더는 각각의 초기 위치에 있는 것을 확인하여야 한다.
(단, 컨트롤 밸브를 닫을 때는 속도를 조절하지 않는다.)

○ 위치도

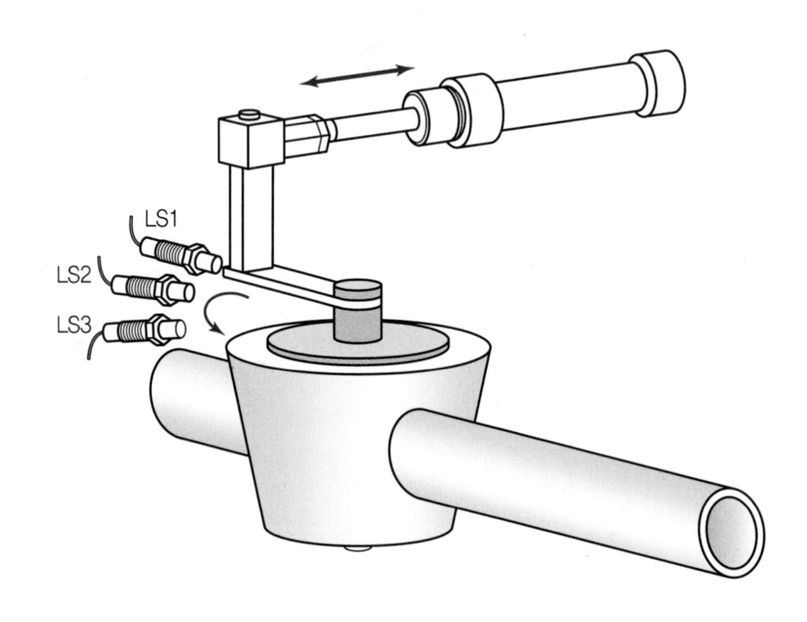

○ 유압회로도

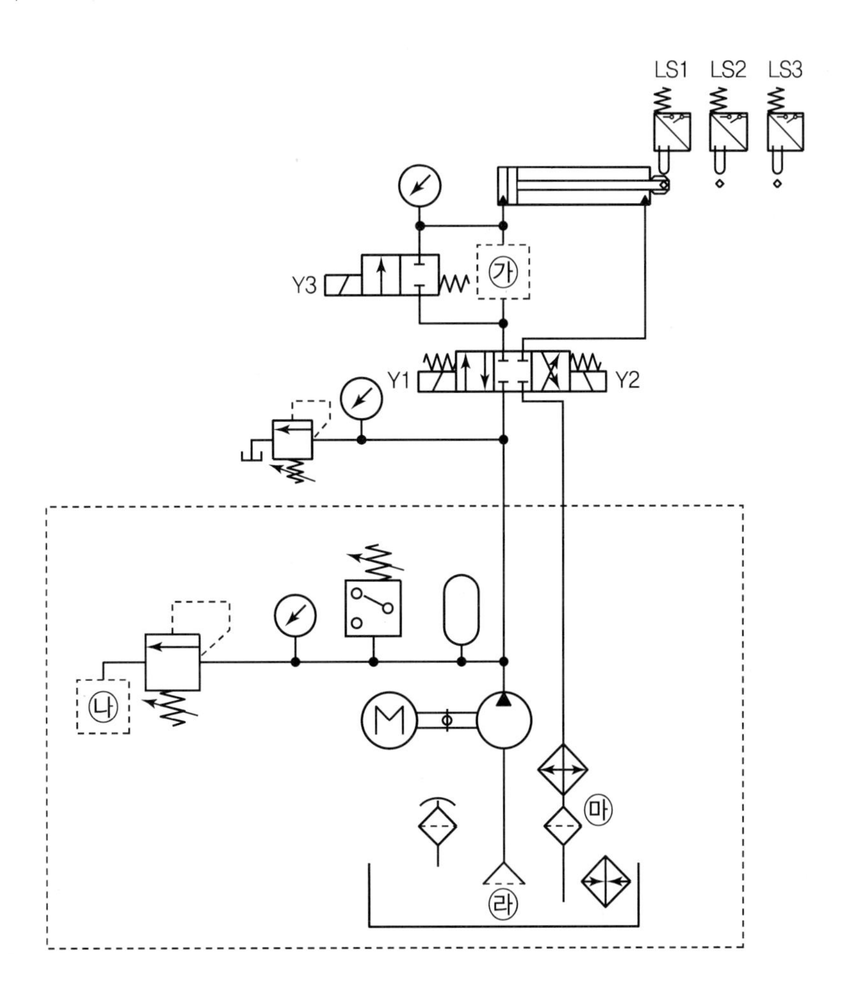

LS1
LS2
LS3
Y3
㉮
Y1
Y2
㉯
㉱
㉲

○ 전기회로도

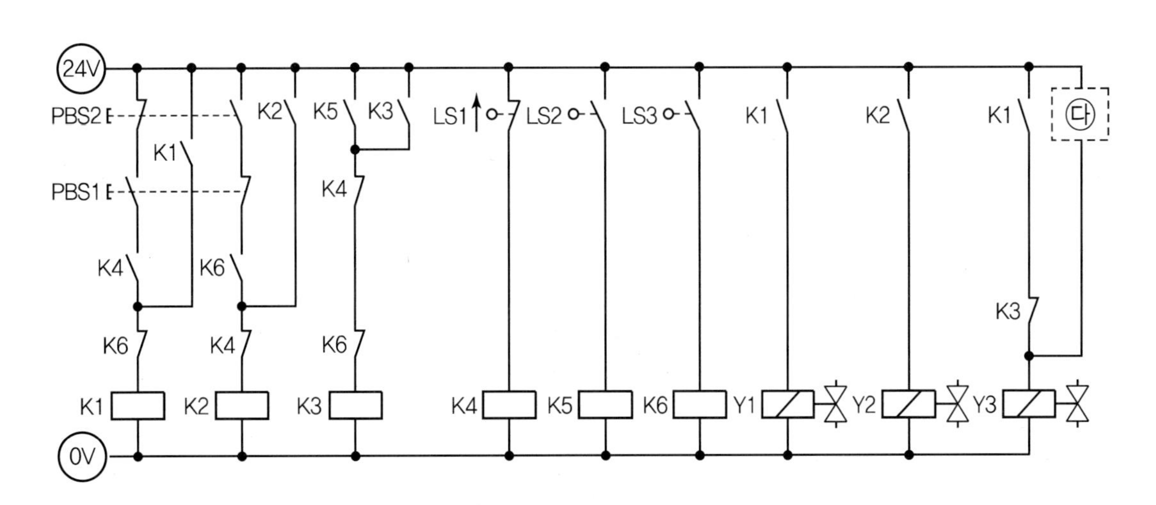

24V
PBS2
PBS1
K1
K2
K3
K4
K5
K6
LS1
LS2
LS3
㉰
Y1
Y2
Y3
0V

유압 10	정답

㉮ 13 ㉯ 1 ㉰ 33

㉱ 흡입관 필터 ㉲ 복귀하는 작동유 내의 오염물질을 제거

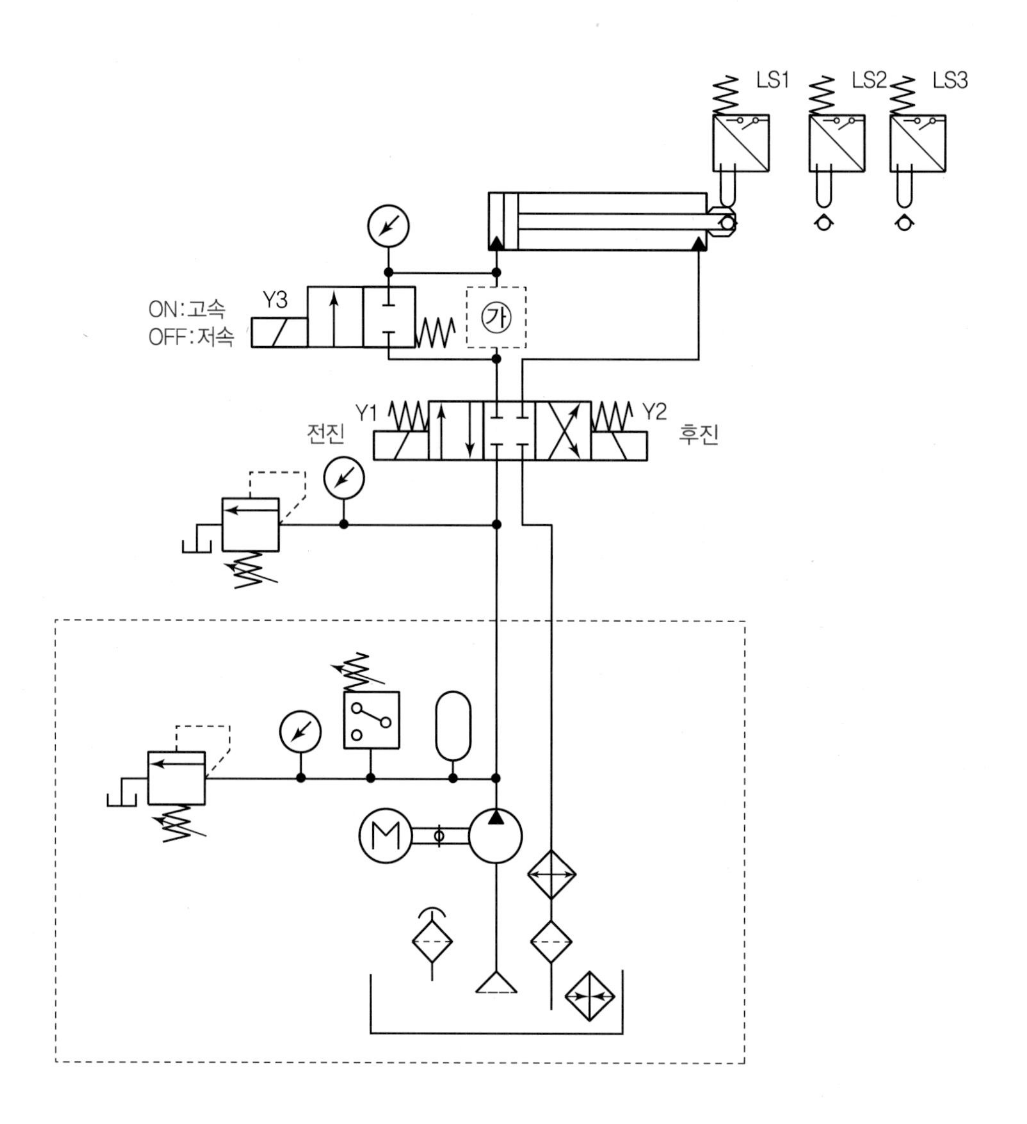

- **빈칸** ㉮ 양방향 유량제어 밸브가 필요
- **빈칸** ㉯ 오일탱크가 필요
- LS1에서 LS2까지는 고속전진하다가 LS2부터 LS3까지는 저속전진하고 LS3부터 LS1까지는 고속후진
- 4/3way 양솔밸브의 Y1솔레노이드는 전진, Y2솔레노이드는 후진을 담당하고, 2/2way Normal Close 편솔밸브는 Y3솔레노이드가 ON되면 유량조절밸브와 2/2way 밸브 두 군데로 유량이 공

급되어 속도가 고속이고, Y3솔레노이드가 OFF되면 유량조절밸브 한 군데로 유량이 공급되어 저속으로 실린더가 움직임

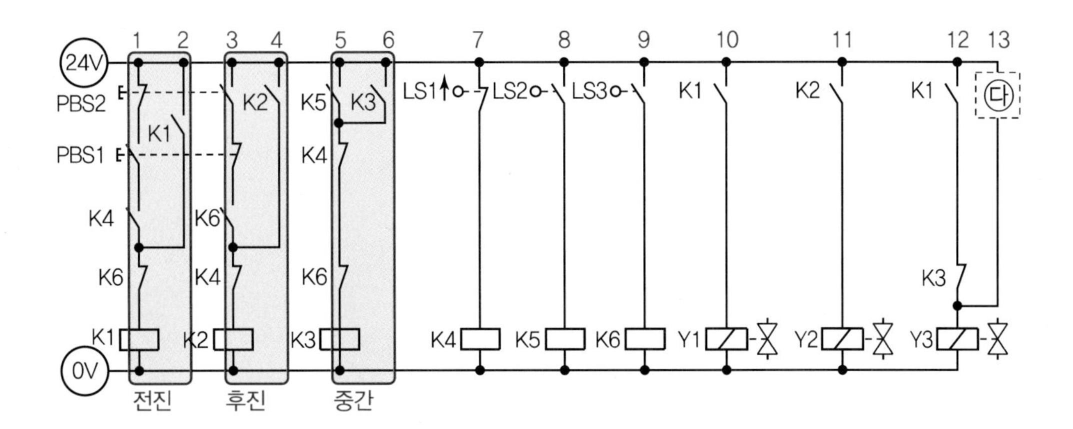

- 1번줄 PBS1은 K1릴레이가 ON되면 10번줄 K1 a접점이 ON되면서 Y1솔레노이드와 12번줄 K1 a접점이 ON되면서 Y3솔레노이드가 동시에 ON되어 고속전진
- 8번줄 LS2가 ON되면 K5솔레노이드가 ON되면서 5번줄 K5 a접점이 ON되면 K3릴레이가 ON되고 12번줄 K3 b접점에 의해 Y3솔레노이드가 OFF되면서 저속전진
- 9번줄 LS3이 ON되면 K6릴레이가 ON되면서 3번줄 K6 a접점이 ON되면 K2릴레이가 ON되고 11번줄 K2 a접점이 ON되면서 Y2솔레노이드와 13번줄 **빈칸** ㉰의 K2 a접점이 ON되면 Y3솔레노이드가 동시에 ON되면서 고속후진됨. 이때 K6 b접점으로 1번줄과 5번줄 전진신호와 중간신호를 끊어줌
- 7번줄 LS1이 ON되면 K4릴레이가 ON되면서 3번줄 K4 b접점이 OFF되면 K2릴레이가 OFF되어 초기화됨

유압 10	기본 정답

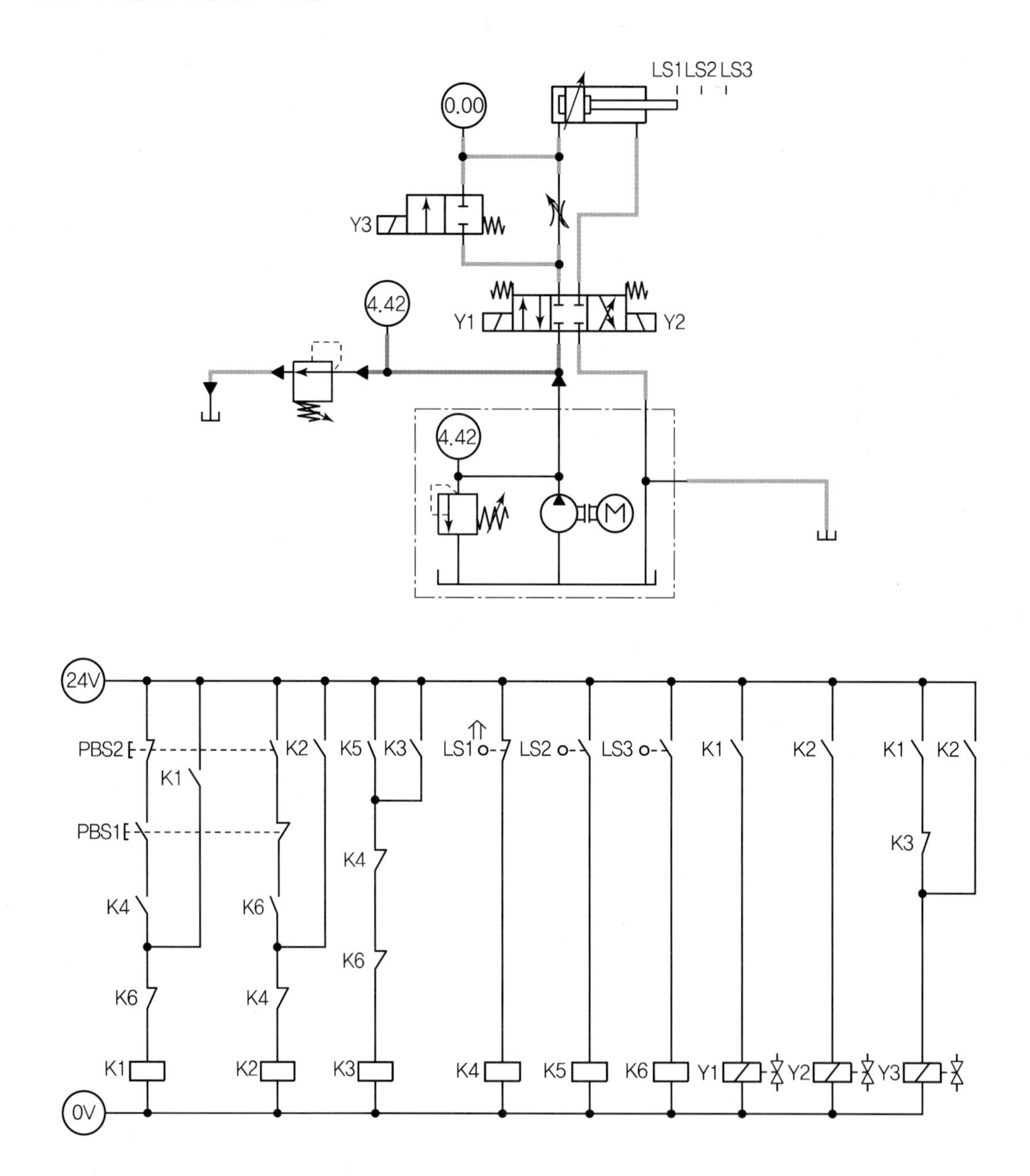

LS1 LS2 LS3
0.00
Y3
4.42
Y1
Y2
4.42
24V
PBS2
K1
PBS1
K4
K6
K2
K6
K4
K5
K3
K4
K6
LS1
LS2
LS3
K1
K2
K1
K2
K3
K1
K2
K3
K4
K5
K6
Y1
Y2
Y3
0V

유압 10	응용 해설

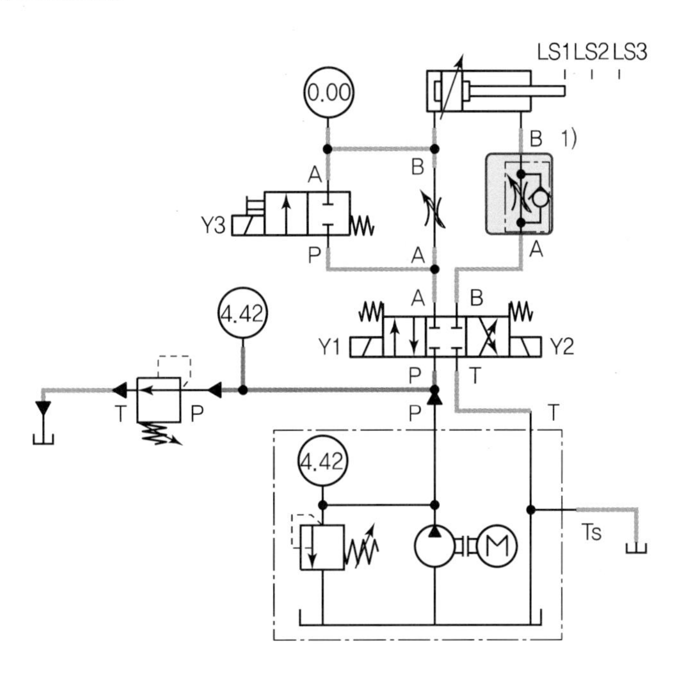

1) 실린더 후진속도를 미터인 회로로 조절하려면 일방향 유량제어밸브를 로드 측에, 체크밸브를 실린더방향에 설치한다.

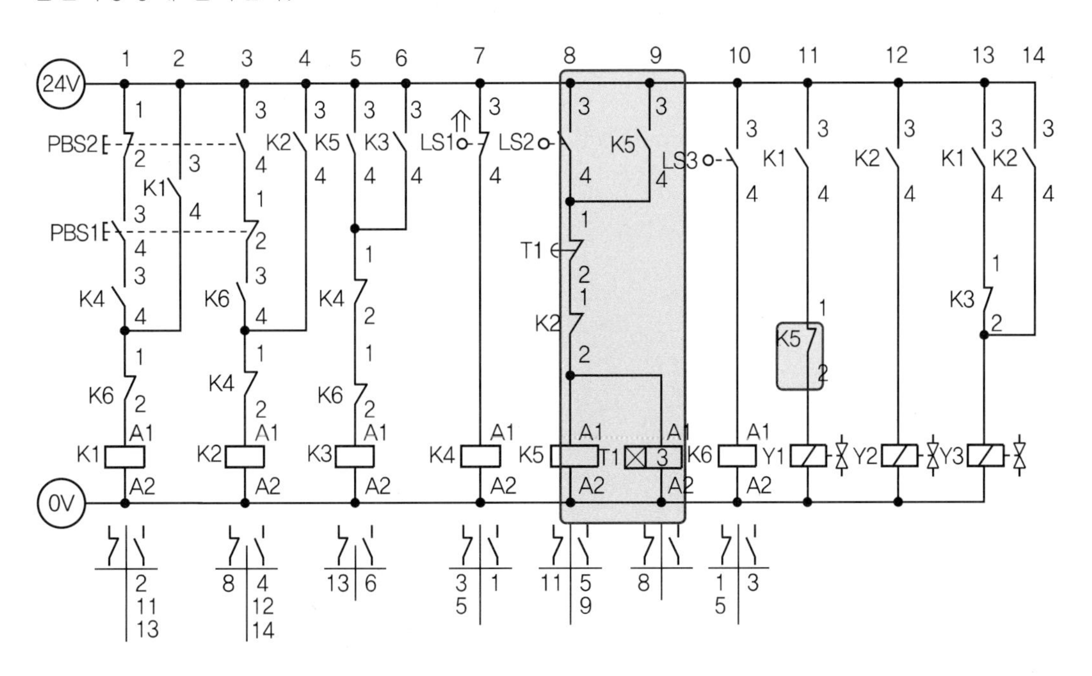

• 8번줄 중간위치인 LS2가 ON되면 K5릴레이와 ON delay 타이머 T1이 ON되도록 병렬로 추가 연결한다.

- 9번줄 자기유지회로로 K5 a접점을 추가한다.
- 8번줄 3초 후 K5릴레이를 OFF시키기 위해 타이머 T1 b접점을 추가하고 후진 때는 K5릴레이를 OFF시키기 위해 K2 b접점을 추가한다.
- 11번줄 LS2가 ON되면 전진을 멈추기 위해 K5 b접점으로 전진신호를 끊어준다.

유압 10	응용 정답

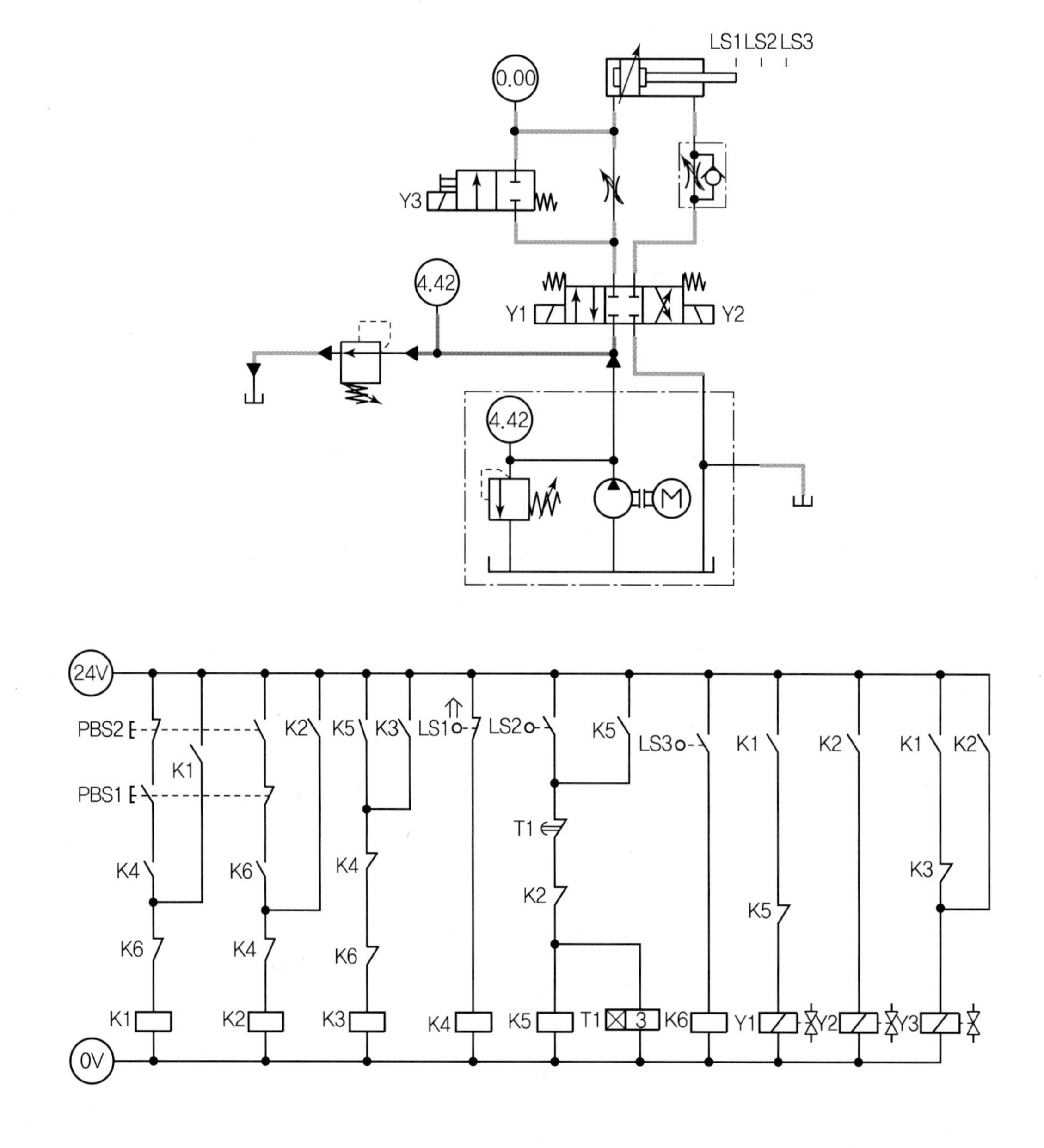

[공개] 11

국가기술자격 실기시험문제

자격종목	공유압기능사	과제명	공압회로구성 및 조립작업

※ 문제지는 시험종료 후 본인이 가져갈 수 있습니다.

비번호		시험일시		시험장명	

※ 시험시간 : 1시간 20분
  - [제1과제] 공압회로 도면제작 : 20분
  - [제2과제] 공압회로구성 및 조립작업 : 1시간

1. 요구사항

※ 지급된 재료 및 시설을 사용하여 아래 작업을 완성하시오.

가. 제1과제 : 공압회로 도면제작

1) 주어진 제어조건을 만족하는 공압회로도 및 전기회로도의 빈 부분(㉮, ㉯, ㉰)에 들어갈 기호를 제시된 【보기(공압)】에서 찾아 답안지(1)에 번호로 기입하고, 도면 중 ㉱ 부분의 용도 및 ㉲ 부분의 명칭을 답안지(1)에 작성하여 제출하시오.
(단, ㉱, ㉲가 지칭하는 부분은 관로, 스프링, 드레인 등의 세부 부속품이 아닌 독립적으로 역할을 하는 전체 부품임을 고려하여 답지를 작성합니다.)

2) 주어진 공압회로도를 참조하여 제어조건에 따른 변위단계선도를 답안지(2)에 완성하여 제출하시오.

나. 제2과제 : 공압회로구성 및 조립작업

1) 기본과제
가) 제1과제에서 작성한 공압회로도와 같이 주어진 공압기기를 선정하여 고정판에 배치하시오.
(단, 공압회로도 중 도면에 있는 차단밸브 이전 기기와 장치는 수험자가 구성하지 않습니다.)
나) 공압호스를 적절한 길이로 절단 사용하여 배치된 기기를 연결 · 완성하시오.
다) 전기회로도를 보고 전기회로작업을 완성하시오.
(단, 전기연결선 +는 적색으로, −는 청색 또는 흑색으로 연결하시오.)
라) 작업압력(서비스 유닛)을 (0.5±0.05)MPa로 설정하시오.

2) 응용과제
마) 감독위원이 지정한 압력(0.2~0.5MPa 범위에서 지정)으로 변경하시오.
바) 실린더 A 전진 시 일방향 유량조절밸브(모듈형)를 사용하여 Meter−out 회로가 되도록 하고, 실린더 B 후진 시 급속배기밸브를 사용하여 실린더의 속도를 제어하시오.
사) 회로도에서 A 실린더의 왕복운동을 제어하기 위하여 스프링 복귀형의 솔레노이드 밸브를 사용하였다. 이를 메모리 기능이 있는 복동 솔레노이드 밸브를 사용하여 회로를 재구성하고 작동시키시오.

2. 수험자 유의사항

※ 다음의 유의사항을 고려하여 요구사항을 완성하시오.

1) 시험 시작 전 장비 이상 유무를 확인합니다.
2) 시험 중에는 반드시 감독위원의 지시에 따라야 하며, 시험시간 동안 감독위원의 지시가 없는 한 시험장을 임의로 이탈할 수 없습니다.
3) 공압, 유압 배관의 제거는 압력 공급을 차단한 후 실시하시기 바랍니다.
4) 시험에 필요한 기기 이외에 임의로 접촉하지 않도록 주의하시기 바랍니다.
5) 전기 연결의 합선 시에는 즉시 전원공급 장치의 전원을 차단하시기 바랍니다.
6) 실린더의 작동 부분에는 전선 및 호스가 접촉되지 않도록 주의하여야 합니다.
7) 수험자 인적사항 및 계산식을 포함한 답안작성은 흑색 필기구만 사용해야 하며, 그 외 연필류, 빨간색, 청색 등 필기구 및 수정테이프(액)를 사용해 작성한 답항은 0점 처리되오니 불이익을 당하지 않도록 유의해 주시기 바랍니다.
8) 답안 정정 시에는 정정하고자 하는 단어에 두 줄(=)을 긋고 다시 작성하시기 바랍니다.
9) 변위단계선도의 작성 및 제출은 반드시 제1과제 시험시간 이내에 이루어져야 합니다.
10) 제2과제 평가는 먼저 기본과제(가~라)를 수행한 후 감독위원에게 평가받고, 그 이후에 응용과제(마~사)를 별도로 감독위원에게 평가받습니다.
11) 제2과제 평가는 감독위원 확인하에 한 번만 평가받을 수 있으며 재평가하지 않습니다. (단, 평가 시에는 전원이 유지된 상태에서 2회 동작 시도하여 동일하게 정상 동작이 되어야 하며, 1회만 동작하고 2회째 시도 시 정상적으로 동작하지 않으면 인정하지 않음)
12) 다음 사항에 대해서는 채점 대상에서 제외하니 특히 유의하시기 바랍니다.
   가) 기권
      (1) 수험자 본인이 수험 도중 시험에 대한 포기의사를 표하는 경우
      (2) 실기시험 과정 중 1개 과정이라도 불참한 경우
   나) 실격
      (1) 시설 · 장비의 조작 또는 재료의 취급이 미숙하여 위해를 일으킬 것으로 감독위원 전원이 합의하여 판단한 경우
      (2) 기능이 해당 등급 수준에 전혀 도달하지 못한 것으로 감독위원이 판단할 경우
      (3) 부정행위를 한 경우
   다) 미완성
      (1) 주어진 시험 시간을 초과하거나 시험 시간 내에 완성하지 못한 경우
      (2) 주어진 시간 내에 제출하였으나 기본과제가 작동하지 않은 경우
      (단, 전원 유지 상태에서 동작 시험 시 2회 이상 정상적으로 동작해야 함)
   라) 오작
      (1) 회로 구성 결과가 제어조건(기본과제)과 일치하지 않는 작품
      (2) 문제지의 공압회로도와 전기회로도의 구성부품과 실제 회로작업에서 사용한 구성부품이 상이한 경우(단, 수험자가 제1과제에서 선택하는 부분은 오작대상에서 제외)

3. 도면(공압회로)

□ 제어조건

소재는 수동으로 성형 프레스 작업기에 삽입된다. 작업시작 버튼(PBS)을 ON－OFF하면 실린더 A가 전진운동하여 작업을 수행한다. 작업이 끝나고 실린더 A가 원래의 위치로 복귀하면 실린더 B가 전진운동하여 작업이 완성된 소재를 제거하고 원래의 위치로 복귀한다.

○ 위치도

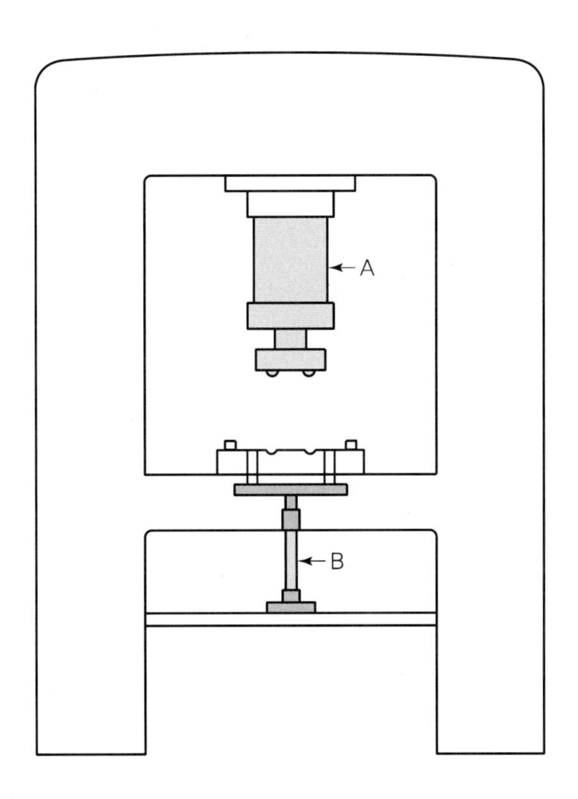

○ 공압회로도

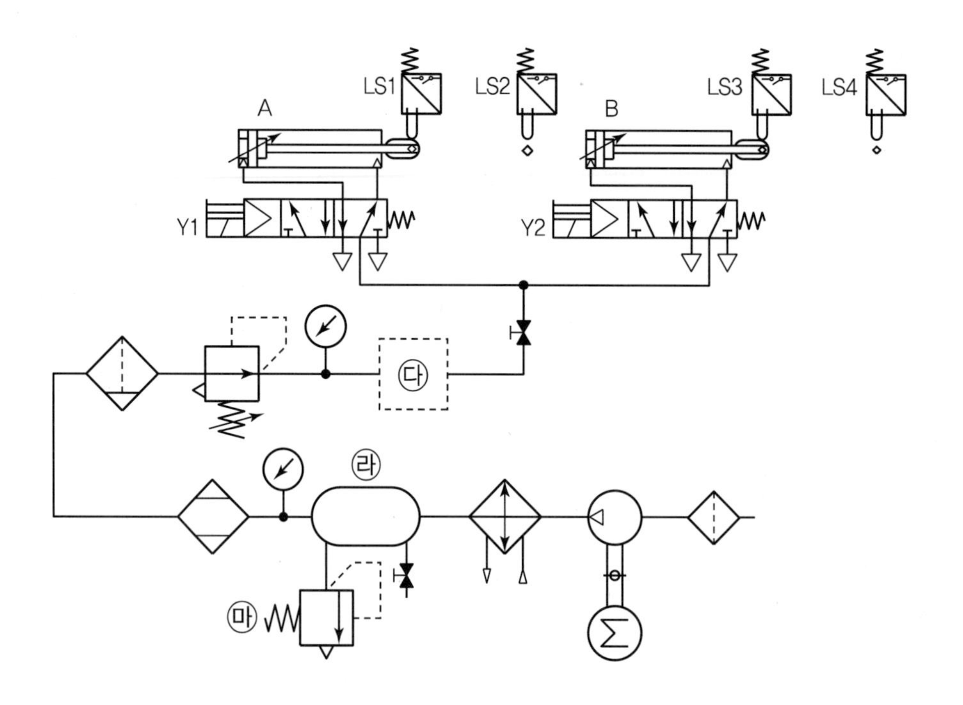

LS1
LS2
LS3
LS4
A
B
Y1
Y2
㉰
㉱
㉲

○ 전기회로도

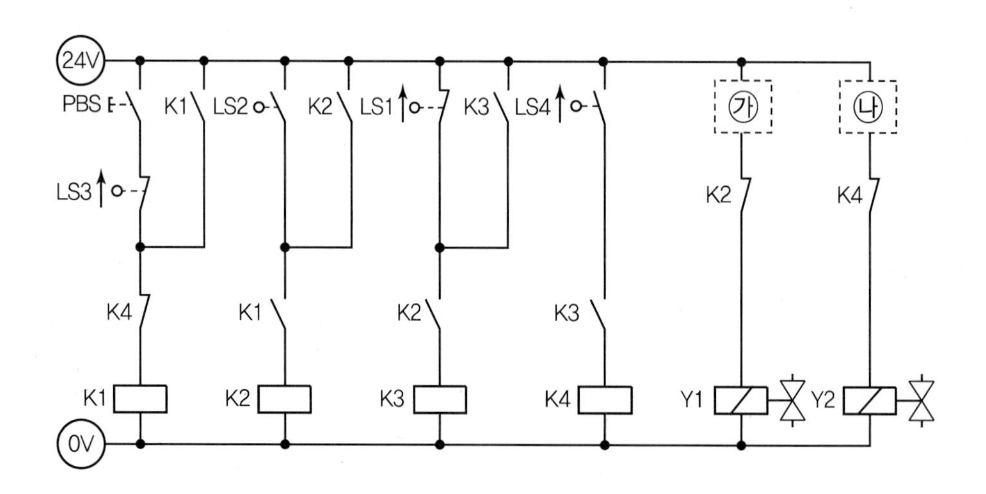

24V
0V
PBS
LS3
K1
LS2
K2
LS1
K3
LS4
K4
㉮
㉯
Y1
Y2

공압 11	정답

㉮ 30　　　　　　㉯ 32　　　　　　㉰ 5

㉱ 압축공기 저장 ㉲ 릴리프 밸브

공압 11	변위단계선도	정답

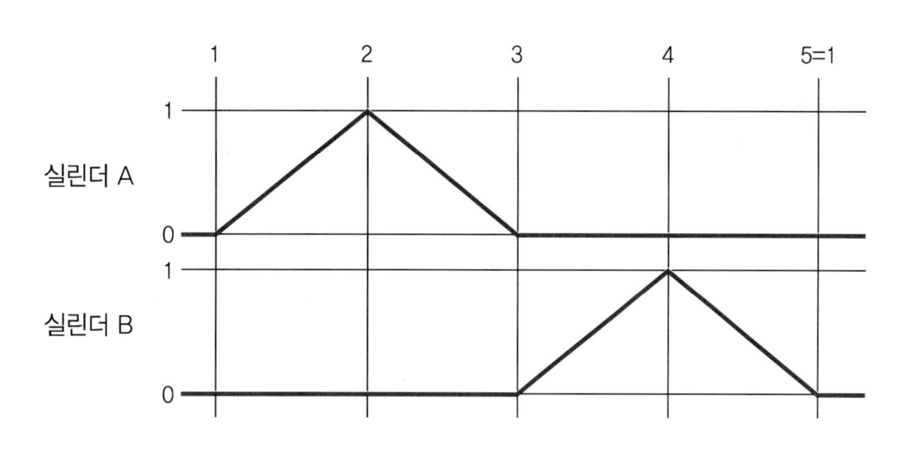

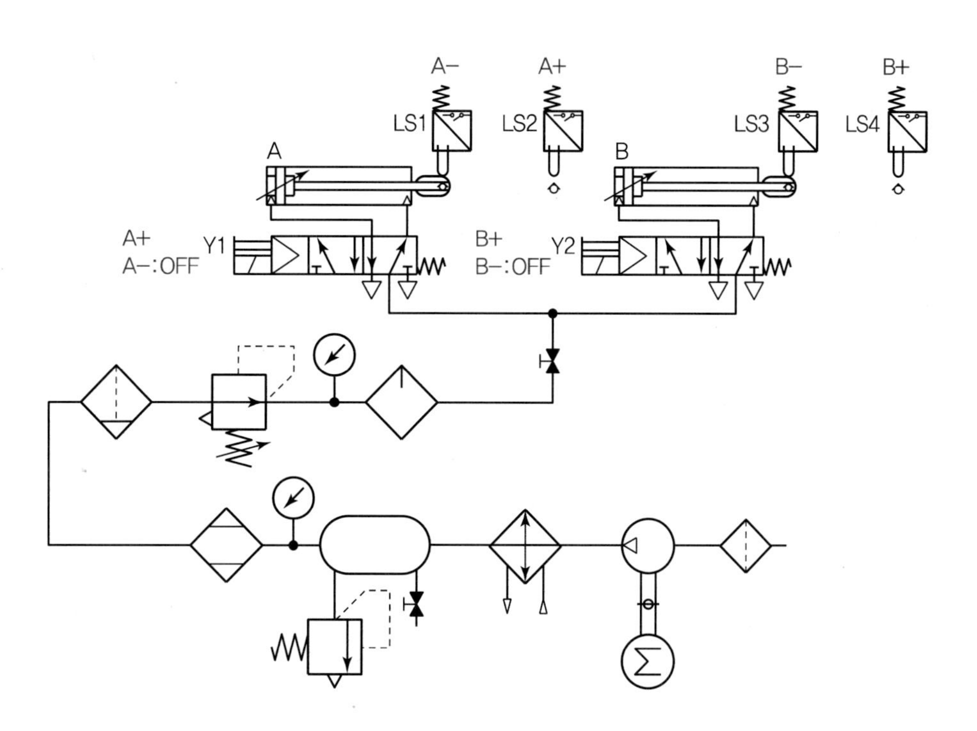

• **빈칸** ㉰ 윤활기가 필요

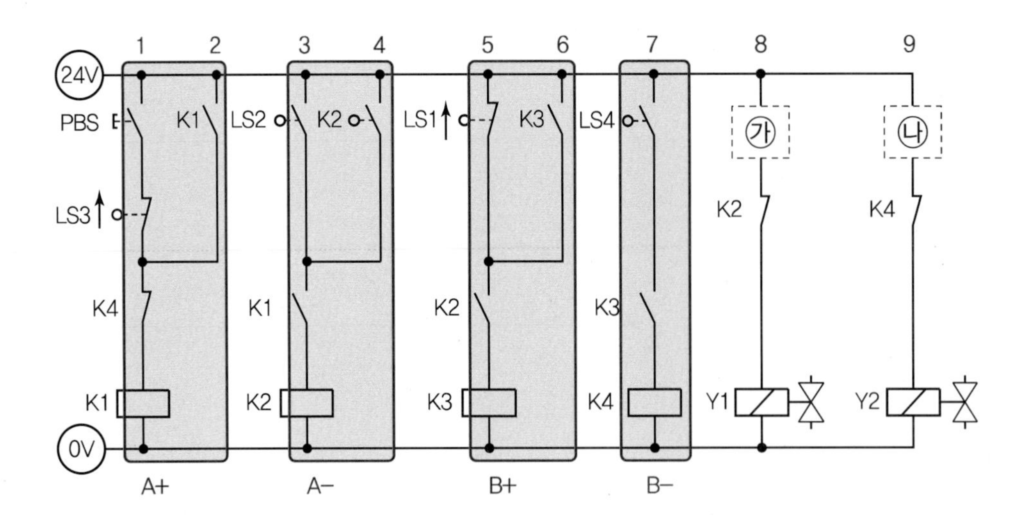

- 1번줄 K1릴레이는 3번줄 LS2가 되기 위하기 때문에 A전진(A+), 2번줄 자기유지
- 3번줄 K2릴레이는 5번줄 LS1이 되기 위하기 때문에 A후진(A−), 4번줄 자기유지
- 5번줄 K3릴레이는 7번줄 LS4가 되기 위하기 때문에 B전진(B+), 6번줄 자기유지
- 7번줄 K4릴레이는 1번줄 LS3이 되기 위하기 때문에 B후진(B−)
- 8번줄 A편솔밸브는 A전진(A+)을 위해 **빈칸** ㉮의 K1 a접점으로 Y1솔레노이드 ON,
  A후진(A−)을 위해 K2 a접점으로 Y1솔레노이드 OFF
- 9번줄 B편솔밸브는 B전진(B+)을 위해 **빈칸** ㉯의 K3 a접점으로 Y2솔레노이드 ON,
  B후진(B−)을 위해 K4 b접점으로 Y2솔레노이드 OFF

공압 11	기본 정답

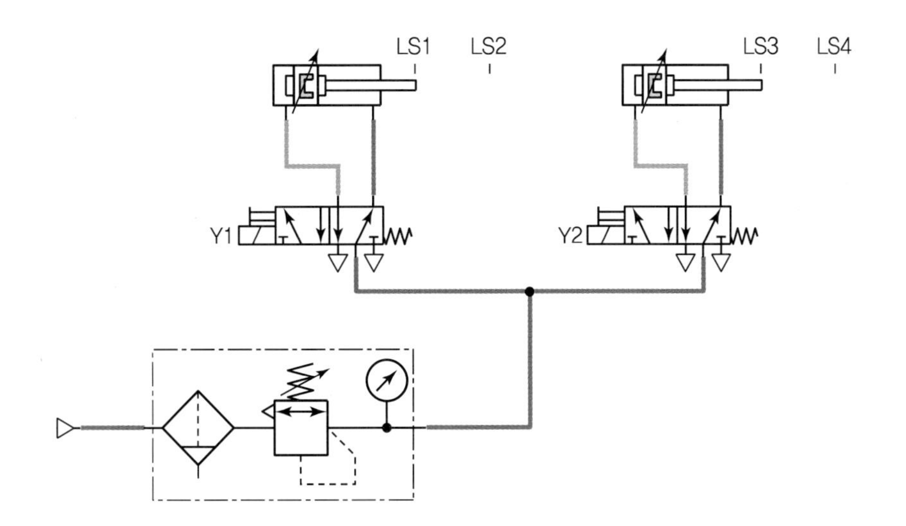

LS1
LS2
LS3
LS4
Y1
Y2

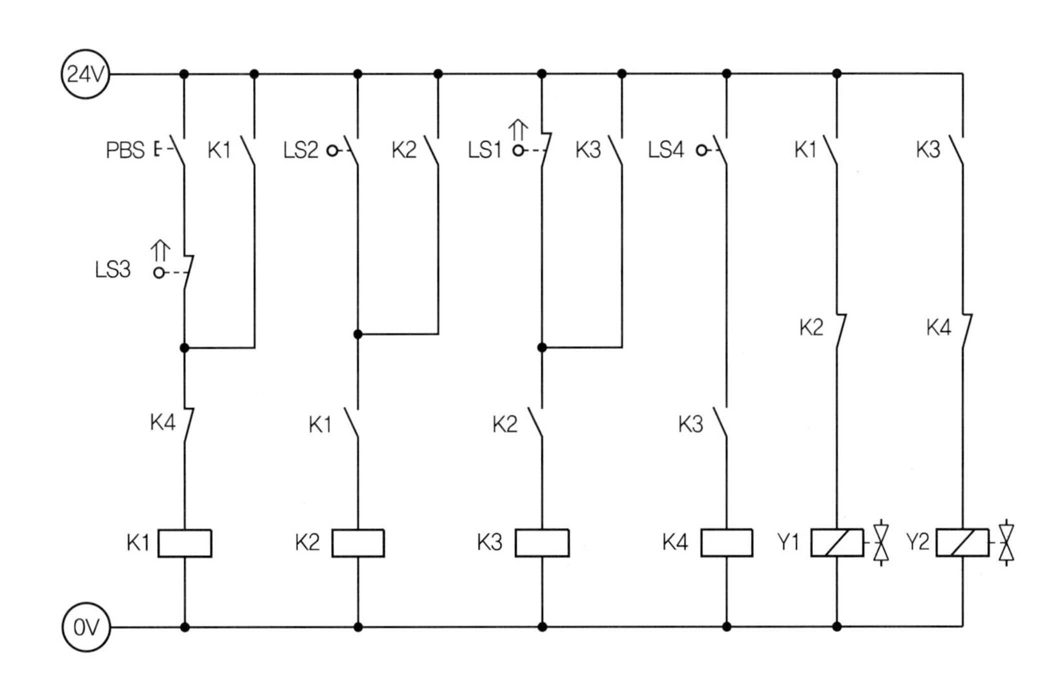

24V
PBS
K1
LS3
K4
K1
LS2
K2
K1
K2
LS1
K3
K2
K3
LS4
K3
K4
K1
K2
Y1
K3
K4
Y2
0V

공압 11	응용 해설

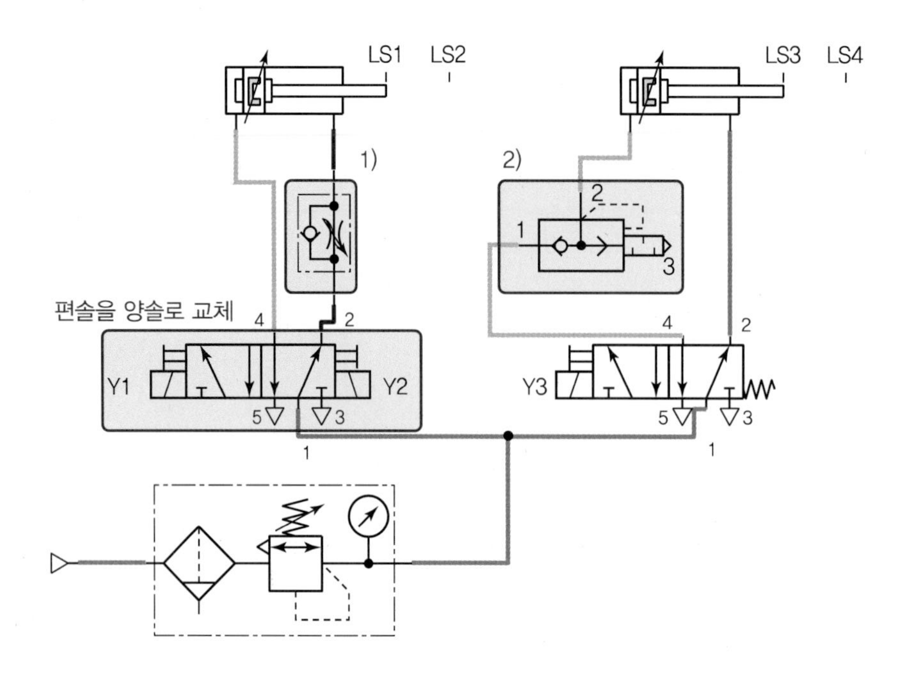

1) A 실린더 전진속도를 미터아웃 회로로 조절하려면 일방향 유량제어밸브를 로드 측에, 체크밸브를 밸브방향에 설치한다.

2) B 실린더 급속후진을 위해 급속배기밸브를 헤드 측에 설치한다.

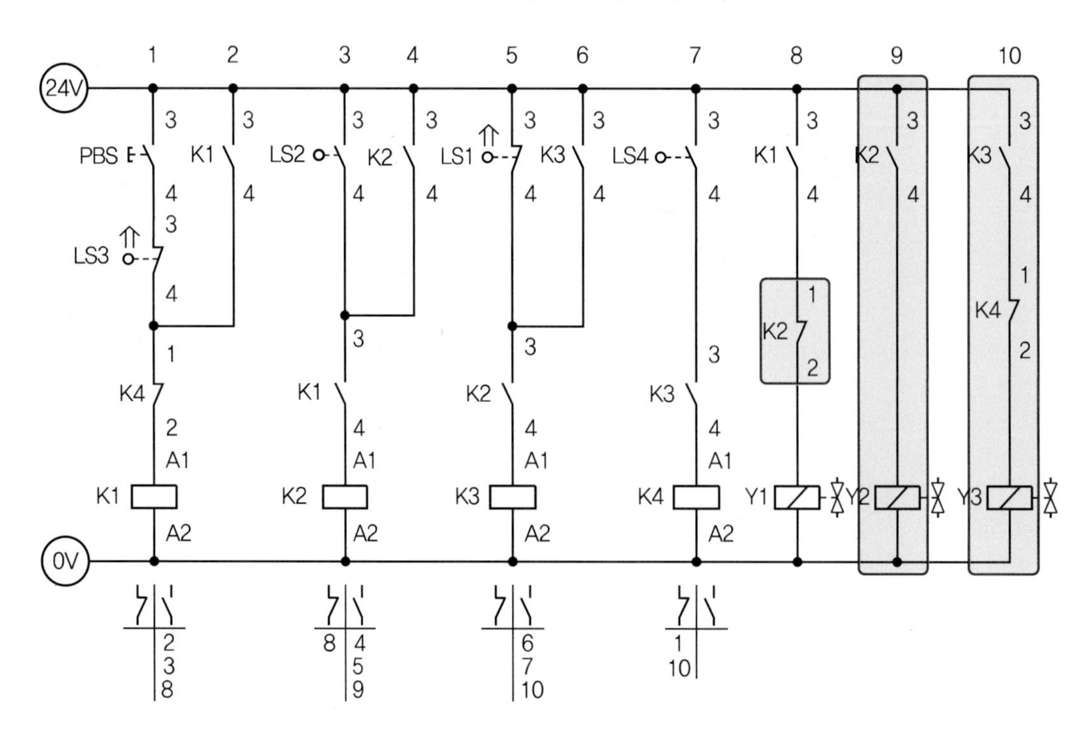

- A 실린더를 제어하기 위한 5/2way 편솔밸브를 5/2way 양솔밸브로 교체하여 전기회로를 구성한다.
- 3번줄 A후진(A−)을 하기 위해 K2릴레이가 ON되면 9번줄 K2 a접점으로 Y2솔레노이드가 ON되면서 후진하는데, 이때 8번줄 K2 b접점으로 전진신호를 끊어준다.
- 10번줄 편솔밸브는 K3 a접점으로 Y3솔레노이드가 ON되면서 B전진(B+)되고, K4 b접점으로 B전진신호를 끊어 후진된다.

공압 11	응용 정답

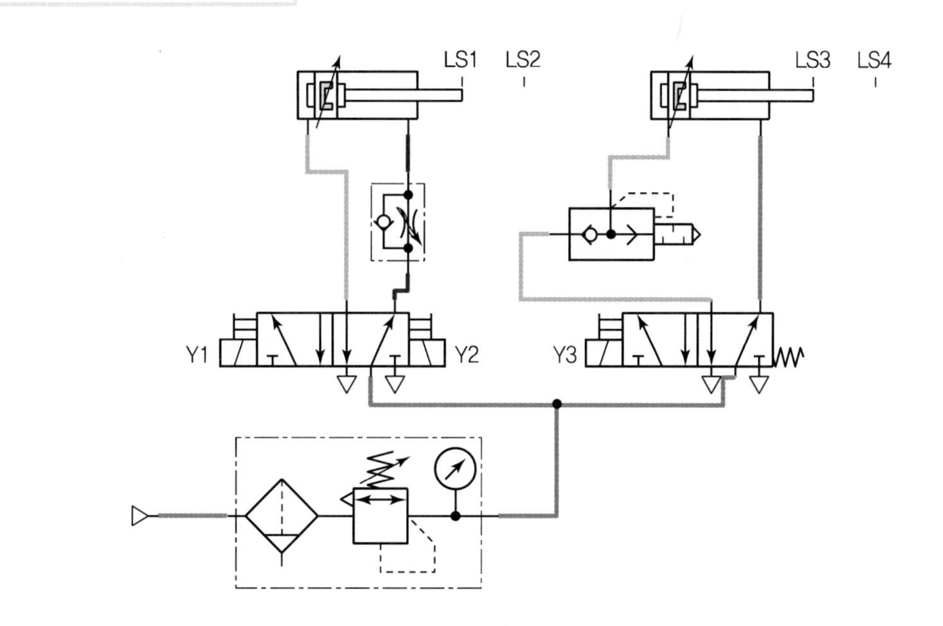

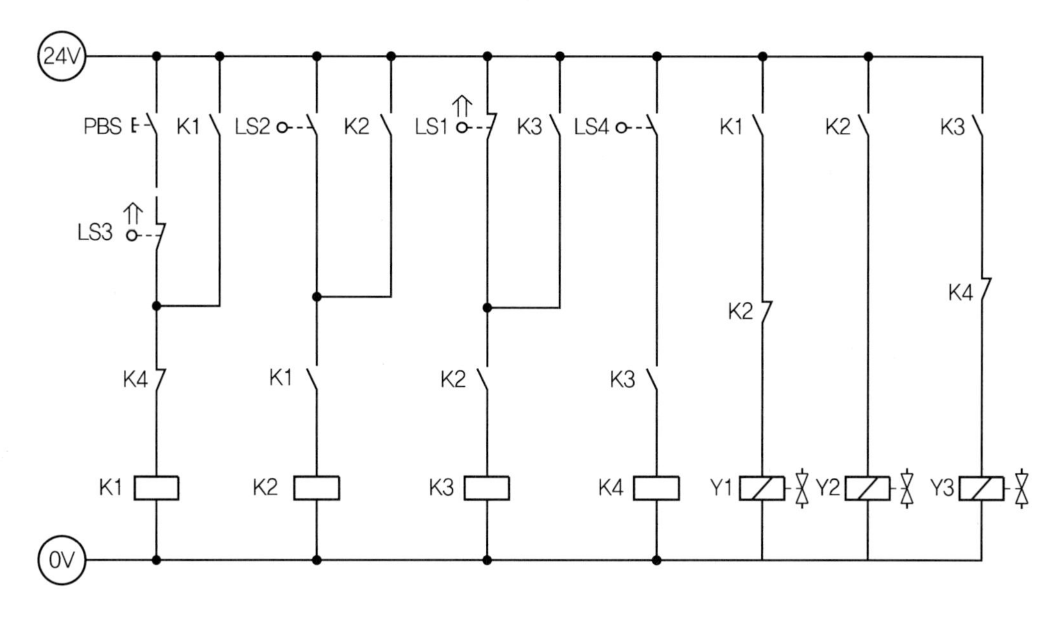

[공개] 11

국가기술자격 실기시험문제

자격종목	공유압기능사	과제명	유압회로구성 및 조립작업

※ 문제지는 시험종료 후 본인이 가져갈 수 있습니다.

비번호		시험일시		시험장명	

※ 시험시간 : 1시간 10분
- [제3과제] 유압회로 도면제작 : 10분
- [제4과제] 유압회로구성 및 조립작업 : 1시간

1. 요구사항

※ 지급된 재료 및 시설을 사용하여 아래 작업을 완성하시오.

가. 제3과제 : 유압회로 도면제작

1) 주어진 제어조건을 만족하는 유압회로도 및 전기회로도의 빈 부분(㉮, ㉯, ㉰)에 들어갈 기호를 제시된 【보기(유압)】에서 찾아 답안지(3)에 번호로 기입하고, 도면 중 ㉱ 부분의 명칭 및 ㉲ 부분의 용도를 답안지(3)에 작성하여 제출하시오.
(단, ㉱, ㉲가 지칭하는 부분은 관로, 스프링, 드레인 등의 세부 부속품이 아닌 독립적으로 역할을 하는 전체 부품임을 고려하여 답지를 작성합니다.)

나. 제4과제 : 유압회로구성 및 조립작업

1) 기본과제
가) 제3과제에서 작성한 유압도면과 같이 주어진 유압기기를 선정하여 고정판에 배치하시오.
(단, 도면에 일점쇄선 부분은 수험자가 구성하지 않습니다.)
나) 유압호스를 사용하여 배치된 기기를 연결 · 완성하시오.
다) 전기회로도를 보고 전기회로작업을 완성하시오.
(단, 전기연결선 +는 적색으로, −는 청색 또는 흑색으로 연결하시오.)
라) 유압회로 내의 최고압력을 (4±0.2)MPa로 설정하시오.

2) 응용과제
마) 실린더 로드 측에 안전회로를 구성하고 압력을 3MPa로 설정하시오.
바) 실린더의 전진 위치와 후진 위치에 리밋 스위치를 각각 설치하고 PBS1을 On−Off하면 전진운동을 하고, PBS2를 On−Off하면 후진운동을 할 수 있도록 전기회로를 재구성하시오. 이때 비상정지 스위치(유지형 타입, PBS3)를 추가하여 실린더의 전후진 동작 중 비상정지 스위치를 On하면 실린더가 즉시 후진할 수 있게 하시오.

2. 수험자 유의사항

※ 다음의 유의사항을 고려하여 요구사항을 완성하시오.

1) 시험 시작 전 장비 이상 유무를 확인합니다.
2) 시험 중에는 반드시 감독위원의 지시에 따라야 하며, 시험시간 동안 감독위원의 지시가 없는 한 시험장을 임의로 이탈할 수 없습니다.
3) 공압, 유압 배관의 제거는 압력 공급을 차단한 후 실시하시기 바랍니다.
4) 시험에 필요한 기기 이외에 임의로 접촉하지 않도록 주의하시기 바랍니다.
5) 전기 연결의 합선 시에는 즉시 전원공급 장치의 전원을 차단하시기 바랍니다.
6) 실린더의 작동 부분에는 전선 및 호스가 접촉되지 않도록 주의하여야 합니다.
7) 수험자 인적사항 및 계산식을 포함한 답안작성은 흑색 필기구만 사용해야 하며, 그 외 연필류, 빨간색, 청색 등 필기구 및 수정테이프(액)를 사용해 작성한 답항은 0점 처리되오니 불이익을 당하지 않도록 유의해 주시기 바랍니다.
8) 답안 정정 시에는 정정하고자 하는 단어에 두 줄(=)을 긋고 다시 작성하시기 바랍니다.
9) 제4과제 평가는 먼저 기본과제(가~라)를 수행한 후 감독위원에게 평가받고, 그 이후에 응용과제(마~바)를 별도로 감독위원에게 평가받습니다.
10) 제4과제 평가는 감독위원 확인하에 한 번만 평가받을 수 있으며 재평가하지 않습니다.
    (단, 평가 시에는 전원이 유지된 상태에서 2회 동작 시도하여 동일하게 정상 동작이 되어야 하며, 1회만 동작하고 2회째 시도 시 정상적으로 동작하지 않으면 인정하지 않음)
11) 다음 사항에 대해서는 채점 대상에서 제외하니 특히 유의하시기 바랍니다.
    가) 기권
        (1) 수험자 본인이 수험 도중 시험에 대한 포기의사를 표하는 경우
        (2) 실기시험 과정 중 1개 과정이라도 불참한 경우
    나) 실격
        (1) 시설 · 장비의 조작 또는 재료의 취급이 미숙하여 위해를 일으킬 것으로 감독위원 전원이 합의하여 판단한 경우
        (2) 기능이 해당 등급 수준에 전혀 도달하지 못한 것으로 감독위원이 판단할 경우
        (3) 부정행위를 한 경우
    다) 미완성
        (1) 주어진 시험 시간을 초과하거나 시험 시간 내에 완성하지 못한 경우
        (2) 주어진 시간 내에 제출하였으나 기본과제가 작동하지 않은 경우
            (단, 전원 유지 상태에서 동작 시험 시 2회 이상 정상동작해야 함)
    라) 오작
        (1) 회로 구성 결과가 제어조건(기본과제)과 일치하지 않는 작품
        (2) 문제지의 유압회로도와 전기회로도의 구성부품과 실제 회로작업에서 사용한 구성부품이 상이한 경우
            (단, 수험자가 제3과제에서 선택하는 부분은 오작대상에서 제외)

3. 도면(유압회로)

□ 제어조건

유압 복동실린더를 이용하여 소각로의 문을 개폐하려 한다. 실린더가 전진운동된 상태이면 문은 닫혀 있고, 실린더가 후진운동된 상태이면 문은 열려 있는 상태이다. 문의 개폐를 위한 스위치는 "열림" 스위치(PBS1)와 "닫힘" 스위치(PBS2)를 각각 사용하며, 이 두 스위치는 상호 인터록(interlock)된 상태로 제어되어야 하고 스위치를 누르는 동안 문이 작동하여야 한다. 또한 문은 임의의 위치에서 정지할 수 있어야 한다.

○ 위치도

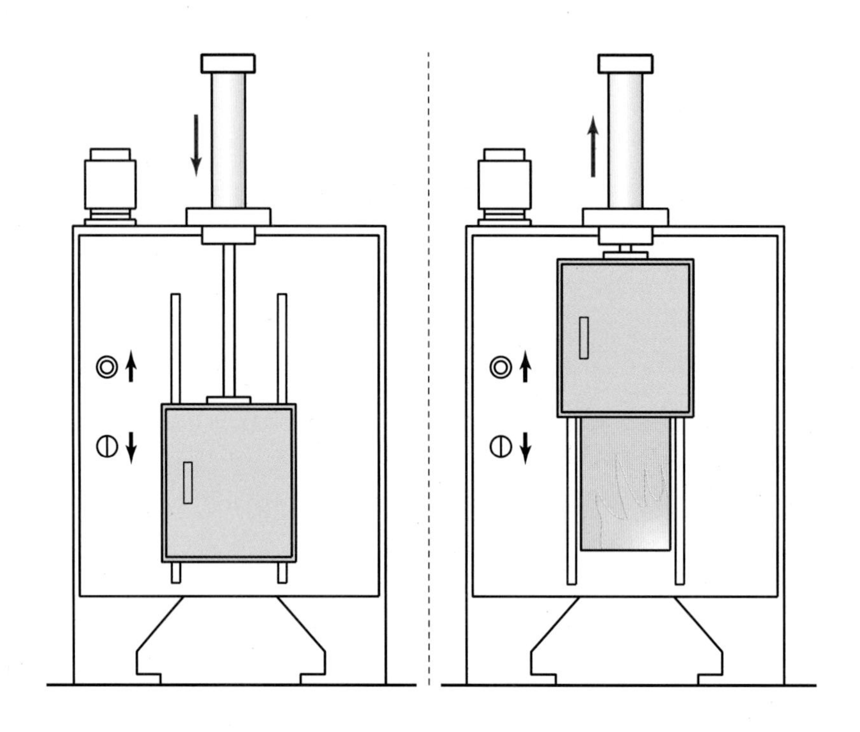

○ 유압회로도

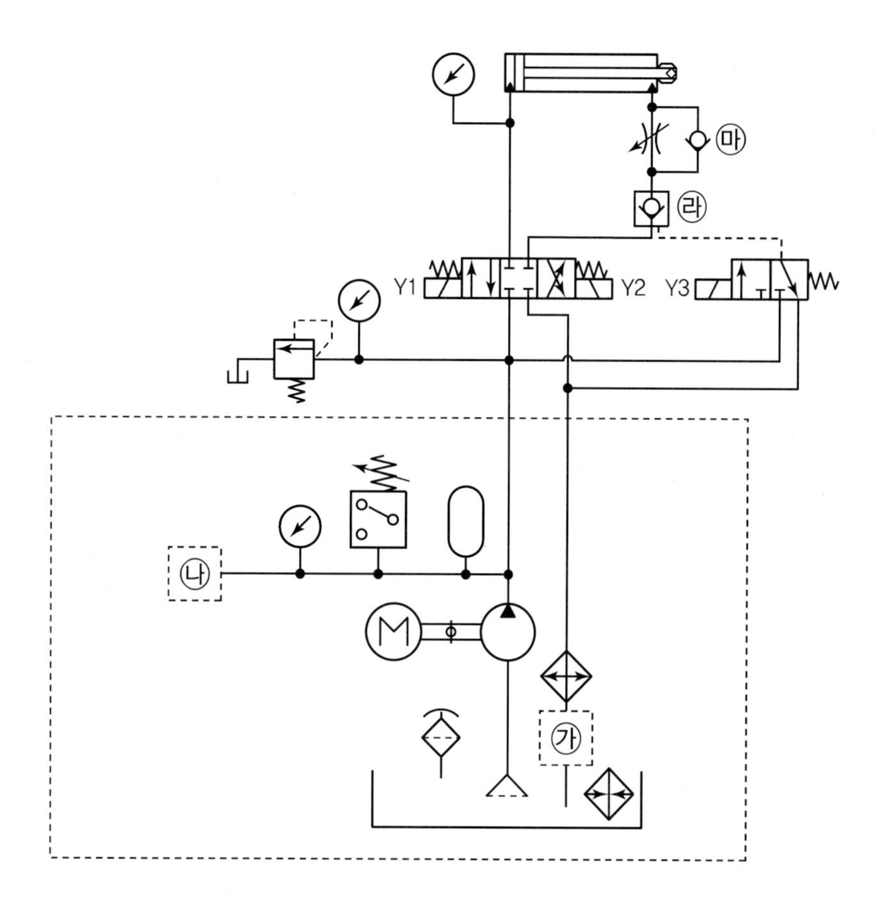

○ 전기회로도

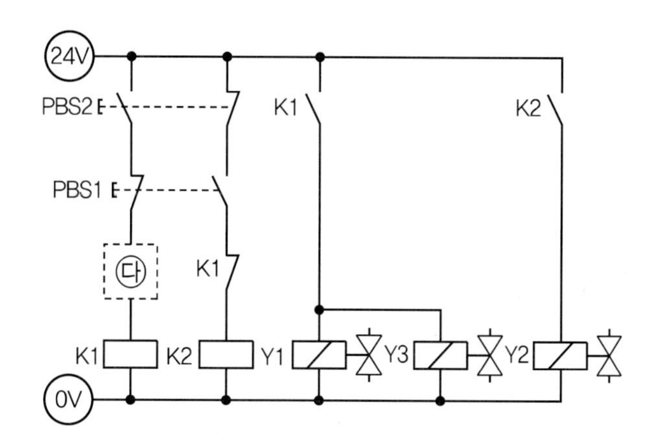

유압 11	정답

㉮ 6　　　　　㉯ 8　　　　　㉰ 36

㉱ 파일럿 내장형 체크밸브　　　　　㉲ 실린더의 전진속도 조절

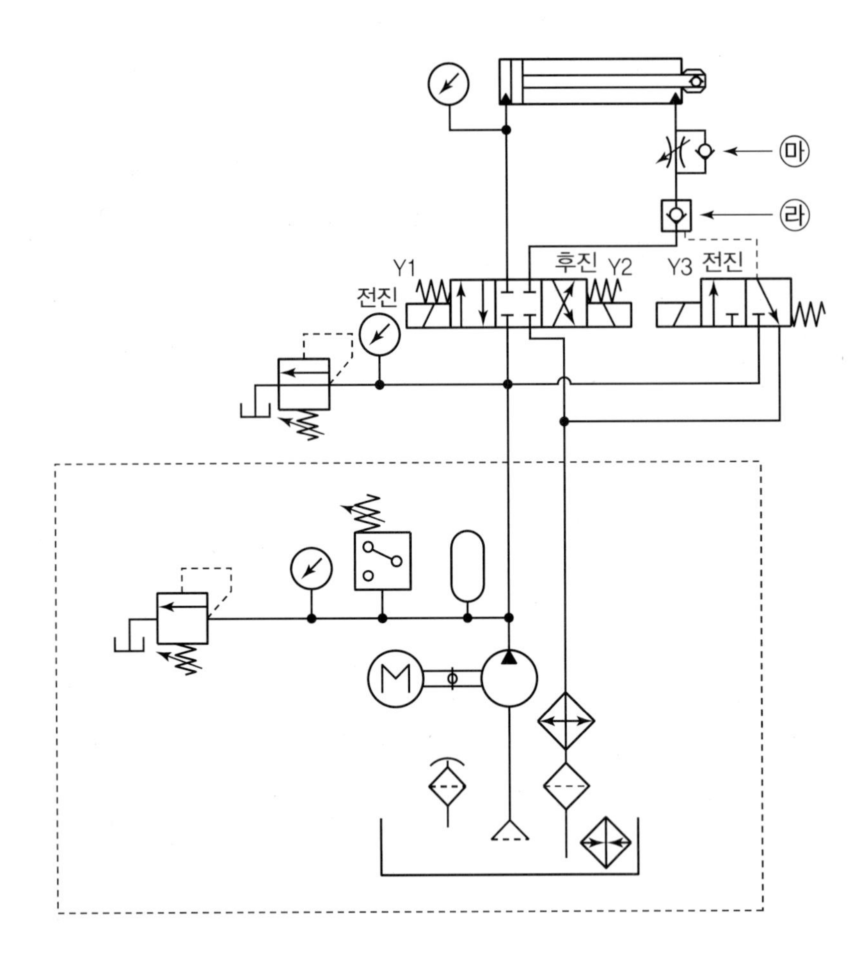

- **빈칸 ㉮** 복귀관 필터가 필요
- **빈칸 ㉯** 릴리프 밸브와 오일탱크가 필요
- 4/3way 양솔밸브의 Y1솔레노이드와 3/2way Normal Close 편솔밸브의 Y3솔레노이드가 동시에 ON되어야만 전진, Y2솔레노이드는 후진을 담당
- 실린더 전진 시 로드 측의 유압이 파일럿 내장형 체크밸브에 의해서 파일럿에 신호를 주어야만 역류가 가능하여 유압이 배출되어야만 전진이 이루어짐

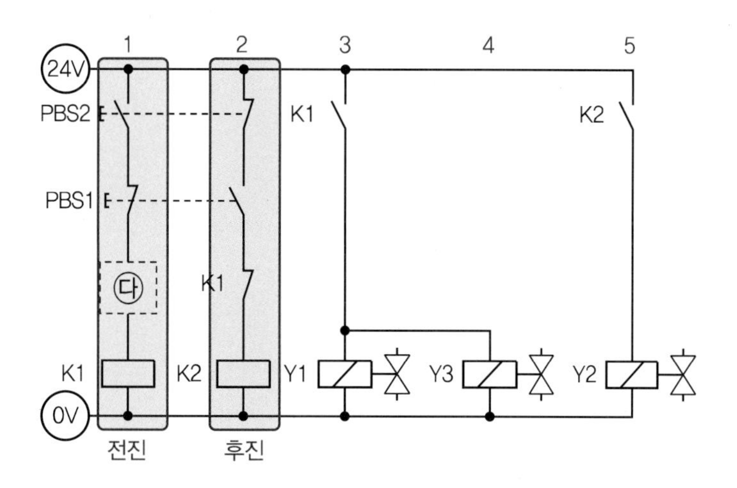

• 1번줄 PBS2(닫힘)를 누르면 K1릴레이가 ON되고 3번줄 K1 a접점이 ON되면서 Y1솔레노이드와 Y3솔레노이드가 동시에 ON되어 전진되면서 닫힘
• 2번줄 PBS1(열림)을 누르면 K2솔레노이드가 ON되면서 5번줄 K2 a접점이 ON되면서 Y3솔레노이드가 ON되어 후진되면서 열림
• **빈칸** ㉰에 K2 b접점을 추가하여 상호 인터록 시켜줌

유압 11	기본 정답

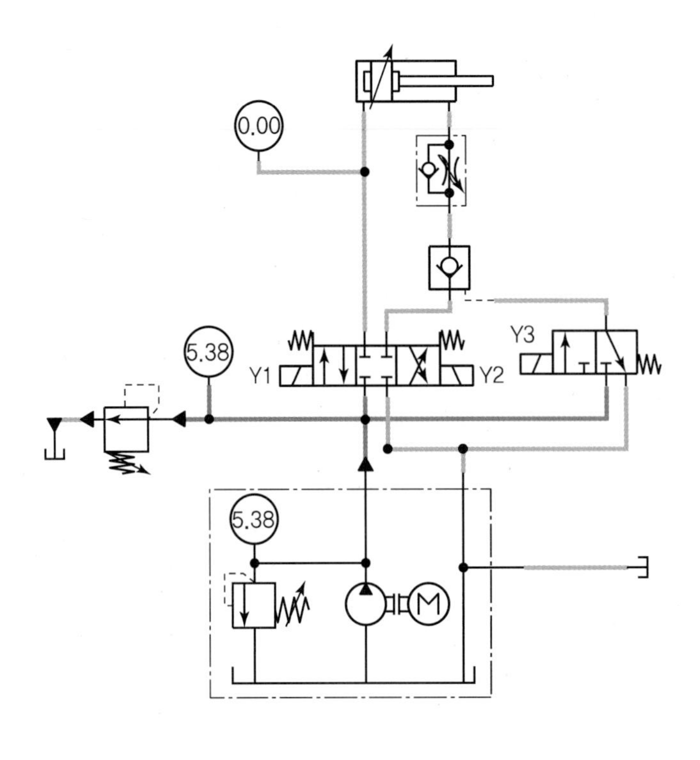

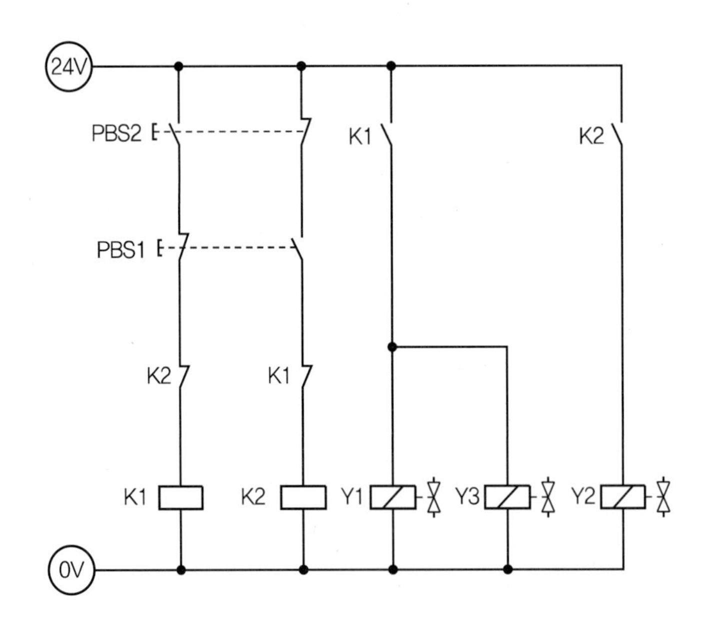

유압 11	응용 해설

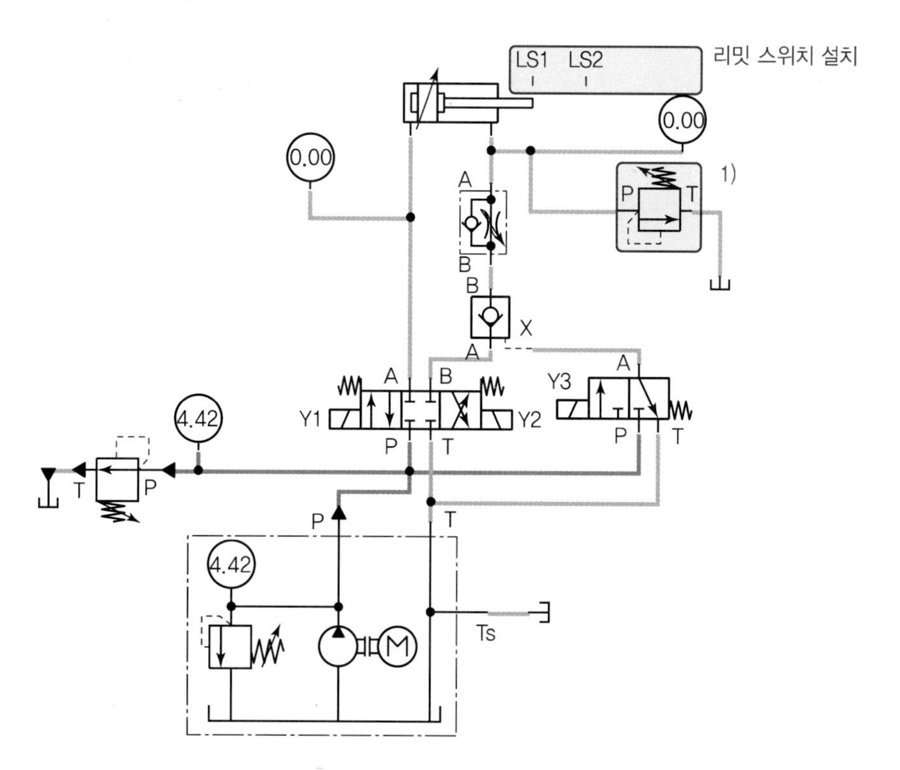

1) 안전회로는 릴리프 밸브를 이용하여 탱크에 유량을 보내주고 압력게이지는 릴리프 밸브와 실린더 사이에 설치한다.

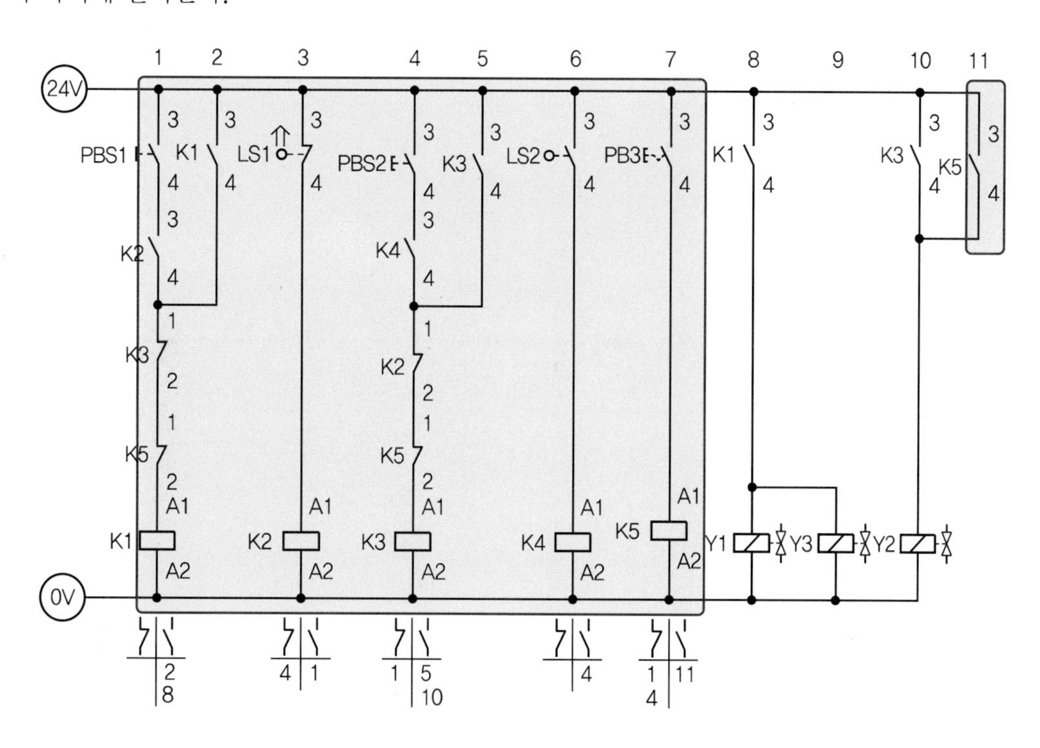

- 1번줄 PBS1과 K2 a접점이 ON되면 K1릴레이가 ON되어 실린더가 전진한다.
- 2번줄은 자기유지하기 위함이다.
- 3번줄은 초기 위치를 감지하기 위해 LS1이 ON되면 K2릴레이가 ON된다.
- 4번줄은 PBS2와 K4 a접점이 ON되면 K3릴레이가 ON되어 실린더가 후진한다.
- 5번줄은 자기유지하기 위함이다.
- 6번줄은 실린더 후진을 감지하기 위해 LS2가 ON되면 K4릴레이가 ON된다.
- 1번줄 K3 b접점으로 후진 시 전진신호를 끊어주고, 4번줄 K2 b접점으로 후진이 완료되면 후진 신호를 끊어준다.
- 7번줄 비상정지 스위치를 K5릴레이로 추가하고 1번줄과 4번줄에 K5 b접점으로 끊어주고, 11번줄에 K5 a접점을 병렬 추가하여 즉시 실린더가 후진하게 한다.

유압 11	응용 정답

LS1 LS2
0.00
0.00
Y3
Y1
Y2
4.42
4.42
M

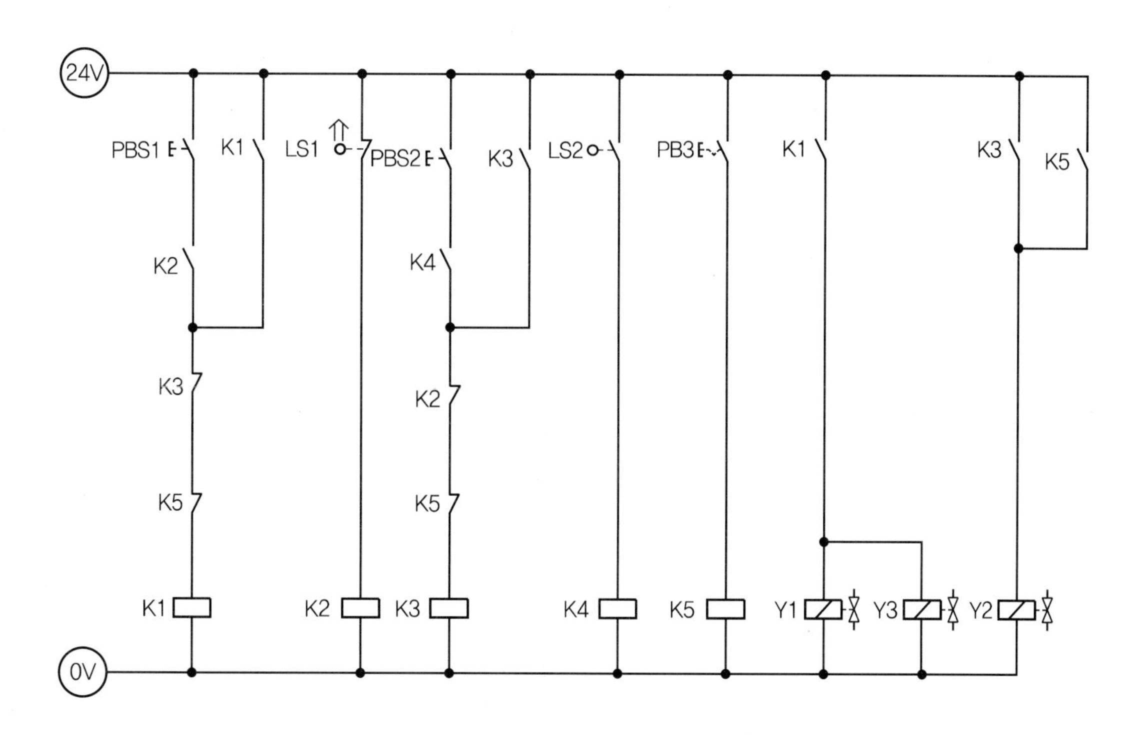

[공개] 12

국가기술자격 실기시험문제

자격종목	공유압기능사	과제명	공압회로구성 및 조립작업

※ 문제지는 시험종료 후 본인이 가져갈 수 있습니다.

비번호		시험일시		시험장명	

※ 시험시간 : 1시간 20분
- [제1과제] 공압회로 도면제작 : 20분
- [제2과제] 공압회로구성 및 조립작업 : 1시간

1. 요구사항

※ 지급된 재료 및 시설을 사용하여 아래 작업을 완성하시오.

가. 제1과제 : 공압회로 도면제작

1) 주어진 제어조건을 만족하는 공압회로도 및 전기회로도의 빈 부분(㉮, ㉯, ㉰)에 들어갈 기호를 제시된 【보기(공압)】에서 찾아 답안지(1)에 번호로 기입하고, 도면 중 ㉱ 부분의 용도 및 ㉲ 부분의 명칭을 답안지(1)에 작성하여 제출하시오.
(단, ㉱, ㉲가 지칭하는 부분은 관로, 스프링, 드레인 등의 세부 부속품이 아닌 독립적으로 역할을 하는 전체 부품임을 고려하여 답지를 작성합니다.)

2) 주어진 공압회로도를 참조하여 제어조건에 따른 변위단계선도를 답안지(2)에 완성하여 제출하시오.

나. 제2과제 : 공압회로구성 및 조립작업

1) 기본과제

가) 제1과제에서 작성한 공압회로도와 같이 주어진 공압기기를 선정하여 고정판에 배치하시오.
(단, 공압회로도 중 도면에 있는 차단밸브 이전 기기와 장치는 수험자가 구성하지 않습니다.)

나) 공압호스를 적절한 길이로 절단 사용하여 배치된 기기를 연결 · 완성하시오.

다) 전기회로도를 보고 전기회로작업을 완성하시오.
(단, 전기연결선 +는 적색으로, −는 청색 또는 흑색으로 연결하시오.)

라) 작업압력(서비스 유닛)을 (0.5±0.05)MPa로 설정하시오.

2) 응용과제

마) 감독위원이 지정한 압력(0.2~0.5MPa 범위에서 지정)으로 변경하시오.

바) 실린더 B 전진 시 일방향 유량조절밸브(모듈형)를 사용하여 Meter−out 회로가 되도록 하고, 실린더 B 후진 시 급속배기밸브를 사용하여 실린더의 속도를 제어하시오.

사) 비상정지 스위치(유지형 타입, PBS3)와 부저를 추가하여 실린더의 동작 중 비상정지 스위치를 On하면 부저가 울리면서 동시에 모든 실린더가 즉시 후진하고, 비상정지 스위치를 해제하면 초기화할 수 있도록 전기회로를 재구성하시오.

2. 수험자 유의사항

※ 다음의 유의사항을 고려하여 요구사항을 완성하시오.

1) 시험 시작 전 장비 이상 유무를 확인합니다.
2) 시험 중에는 반드시 감독위원의 지시에 따라야 하며, 시험시간 동안 감독위원의 지시가 없는 한 시험장을 임의로 이탈할 수 없습니다.
3) 공압, 유압 배관의 제거는 압력 공급을 차단한 후 실시하시기 바랍니다.
4) 시험에 필요한 기기 이외에 임의로 접촉하지 않도록 주의하시기 바랍니다.
5) 전기 연결의 합선 시에는 즉시 전원공급 장치의 전원을 차단하시기 바랍니다.
6) 실린더의 작동 부분에는 전선 및 호스가 접촉되지 않도록 주의하여야 합니다.
7) 수험자 인적사항 및 계산식을 포함한 답안작성은 흑색 필기구만 사용해야 하며, 그 외 연필류, 빨간색, 청색 등 필기구 및 수정테이프(액)를 사용해 작성한 답항은 0점 처리되오니 불이익을 당하지 않도록 유의해 주시기 바랍니다.
8) 답안 정정 시에는 정정하고자 하는 단어에 두 줄(=)을 긋고 다시 작성하시기 바랍니다.
9) 변위단계선도의 작성 및 제출은 반드시 제1과제 시험시간 이내에 이루어져야 합니다.
10) 제2과제 평가는 먼저 기본과제(가~라)를 수행한 후 감독위원에게 평가받고, 그 이후에 응용과제(마~사)를 별도로 감독위원에게 평가받습니다.
11) 제2과제 평가는 감독위원 확인하에 한 번만 평가받을 수 있으며 재평가하지 않습니다. (단, 평가 시에는 전원이 유지된 상태에서 2회 동작 시도하여 동일하게 정상 동작이 되어야 하며, 1회만 동작하고 2회째 시도 시 정상적으로 동작하지 않으면 인정하지 않음)
12) 다음 사항에 대해서는 채점 대상에서 제외하니 특히 유의하시기 바랍니다.
    가) 기권
        (1) 수험자 본인이 수험 도중 시험에 대한 포기의사를 표하는 경우
        (2) 실기시험 과정 중 1개 과정이라도 불참한 경우
    나) 실격
        (1) 시설 · 장비의 조작 또는 재료의 취급이 미숙하여 위해를 일으킬 것으로 감독위원 전원이 합의하여 판단한 경우
        (2) 기능이 해당 등급 수준에 전혀 도달하지 못한 것으로 감독위원이 판단할 경우
        (3) 부정행위를 한 경우
    다) 미완성
        (1) 주어진 시험 시간을 초과하거나 시험 시간 내에 완성하지 못한 경우
        (2) 주어진 시간 내에 제출하였으나 기본과제가 작동하지 않은 경우 (단, 전원 유지 상태에서 동작 시험 시 2회 이상 정상적으로 동작해야 함)
    라) 오작
        (1) 회로 구성 결과가 제어조건(기본과제)과 일치하지 않는 작품
        (2) 문제지의 공압회로도와 전기회로도의 구성부품과 실제 회로작업에서 사용한 구성부품이 상이한 경우(단, 수험자가 제1과제에서 선택하는 부분은 오작대상에서 제외)

3. 도면(공압회로)

□ 제어조건

작업물은 수동으로 클램핑 장치에 삽입된다. 클램핑 작업은 누름 버튼 스위치(PBS)를 On-Off 하면 실린더 A가 전진하여 작업물이 고정되면, 실린더 B에 의해 드릴 작업이 수행된다. 드릴작업 수행이 완료되면 실린더 B가 후진하고, 이후 실린더 A가 후진하여 고정이 해제된다.

○ 위치도

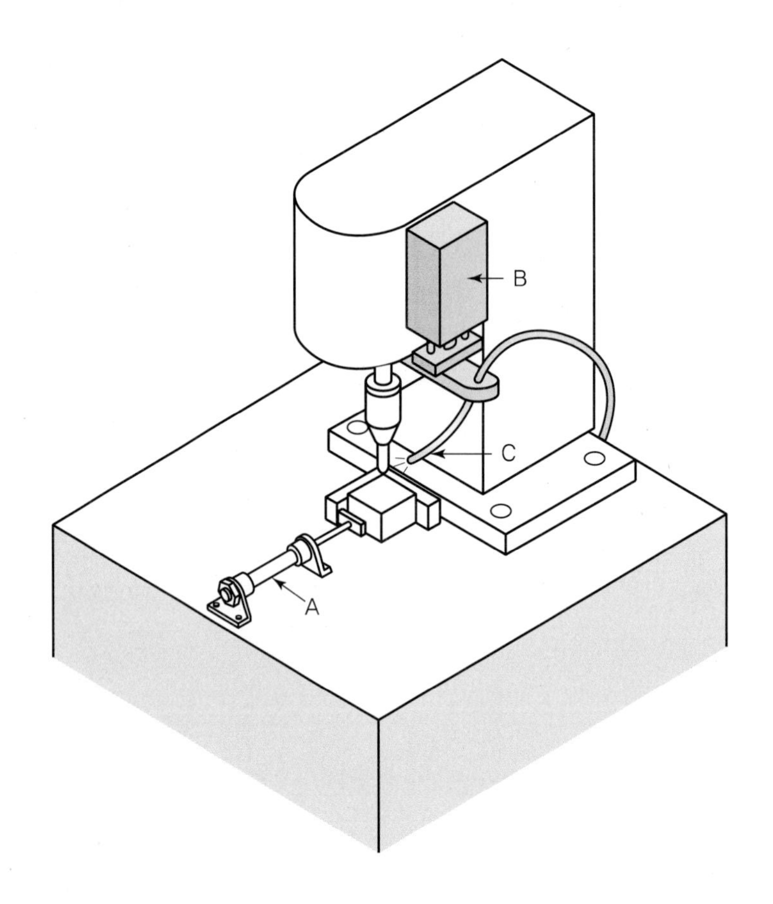

○ 공압회로도

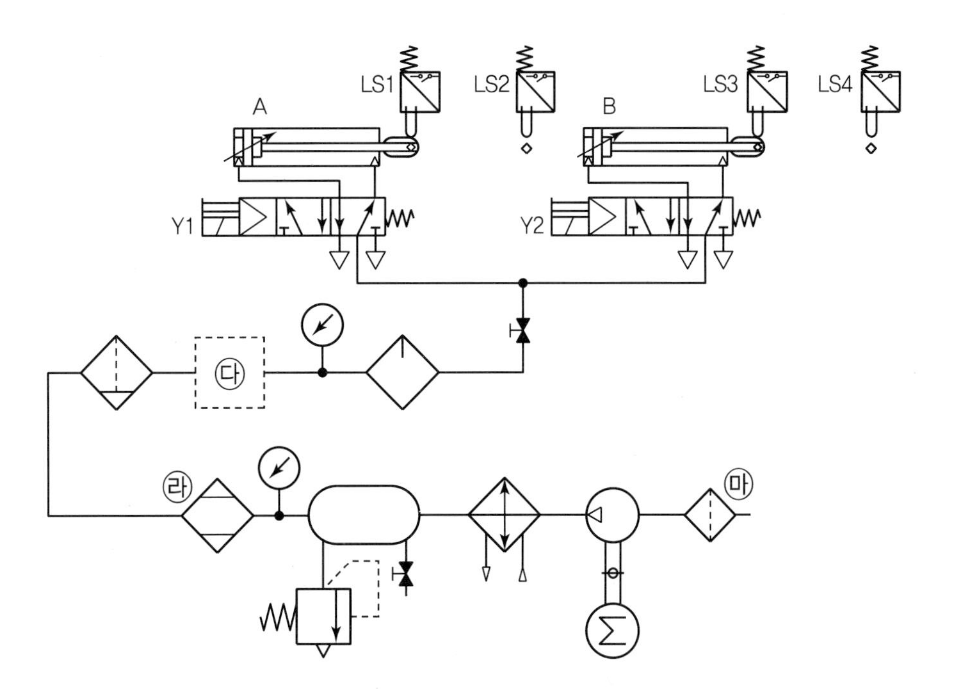

LS1
LS2
LS3
LS4
A
B
Y1
Y2
㉰
㉱
㉲

○ 전기회로도

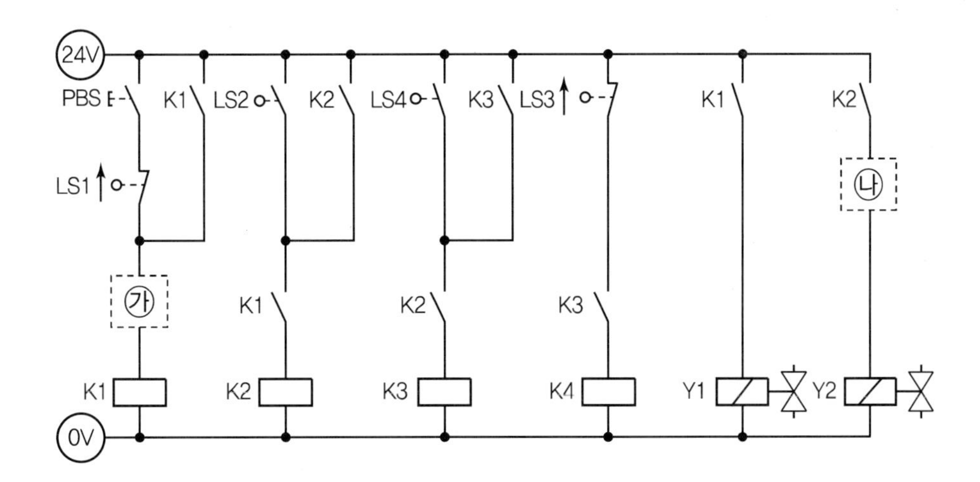

24V
PBS
K1
LS2
K2
LS4
K3
LS3
LS1
㉯
㉮
K1
K2
K3
K4
Y1
Y2
0V

공압 12	정답

㉮ 37　　　㉯ 36　　　㉰ 8

㉱ 압축공기 중의 수분 제거　　　㉲ 흡입필터

공압 12	변위단계선도	정답

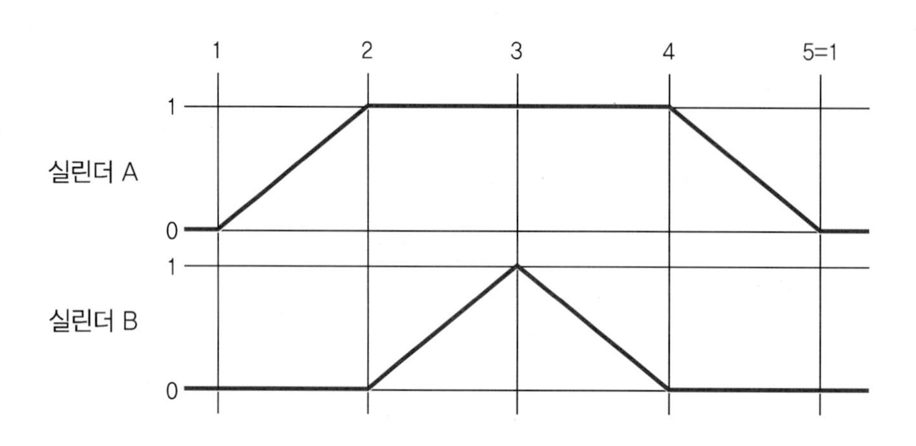

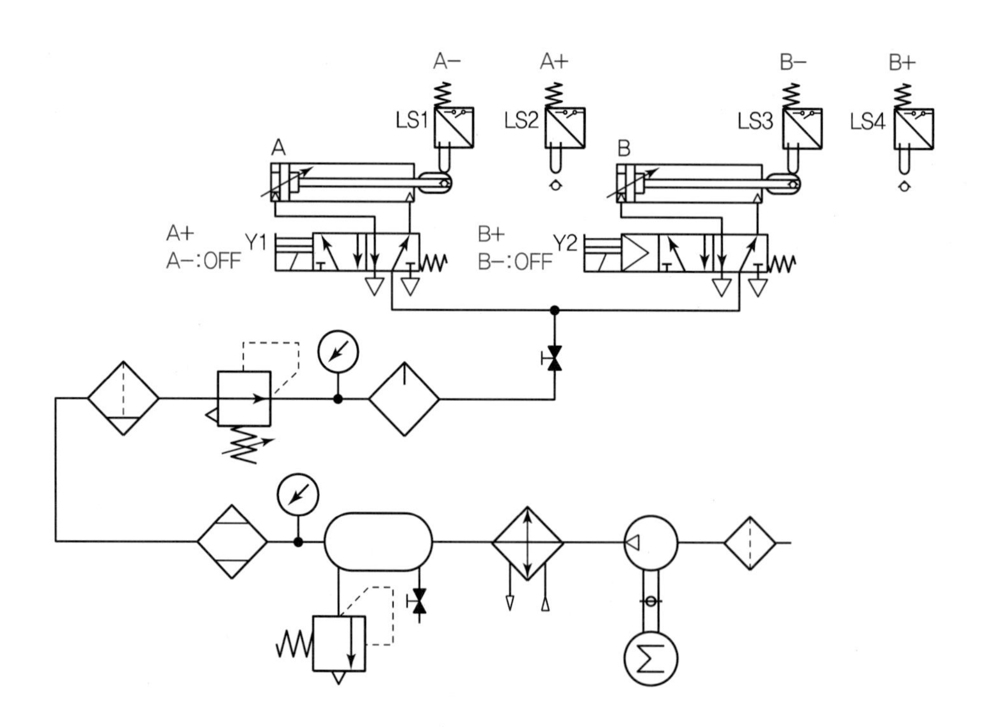

• **빈칸** ㉰ 압력조절밸브가 필요

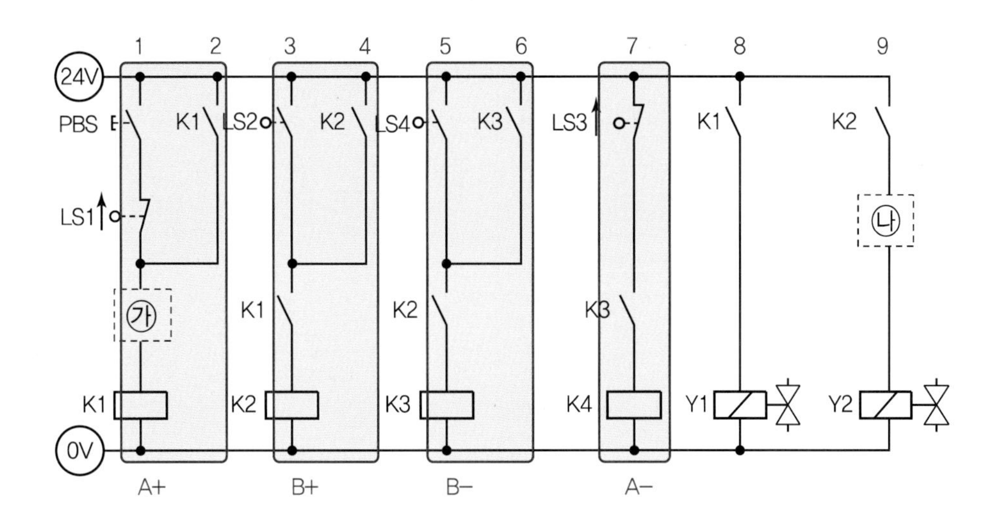

- 1번줄 K1릴레이는 3번줄 LS2가 되기 위하기 때문에 A전진(A+), 2번줄 자기유지
- 3번줄 K2릴레이는 5번줄 LS4가 되기 위하기 때문에 B전진(B+), 4번줄 자기유지
- 5번줄 K3릴레이는 7번줄 LS3이 되기 위하기 때문에 B후진(B−), 6번줄 자기유지
- 7번줄 K4릴레이는 1번줄 LS1이 되기 위하기 때문에 A후진(A−)
- 자기유지된 K1릴레이를 마지막 스텝 **빈칸** ㉮의 K4 b접점으로 끊어줌
- 8번줄 A편솔밸브는 A전진(A+)을 위해 K1 a접점으로 Y1솔레노이드 ON
- 9번줄 B편솔밸브는 B전진(B+)을 위해 K2 a접점으로 Y2솔레노이드 ON,
  B후진(B−)을 위해 **빈칸** ㉯의 K3 b접점으로 Y2솔레노이드 OFF
- A후진(A−)은 7번줄 K4릴레이가 ON됨과 동시에 1번줄 K4 b접점이 떨어지면서 순차적으로 모든 릴레이가 OFF되면 8번줄 K1 a접점이 떨어지면서 A후진(A−)이 이루어짐

공압 12	기본 정답

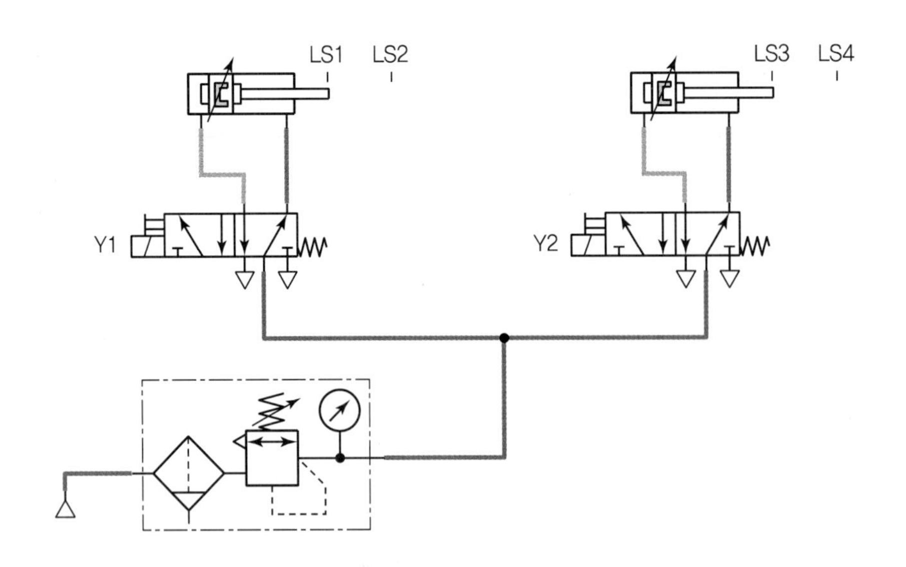
LS1
LS2
LS3
LS4
Y1
Y2

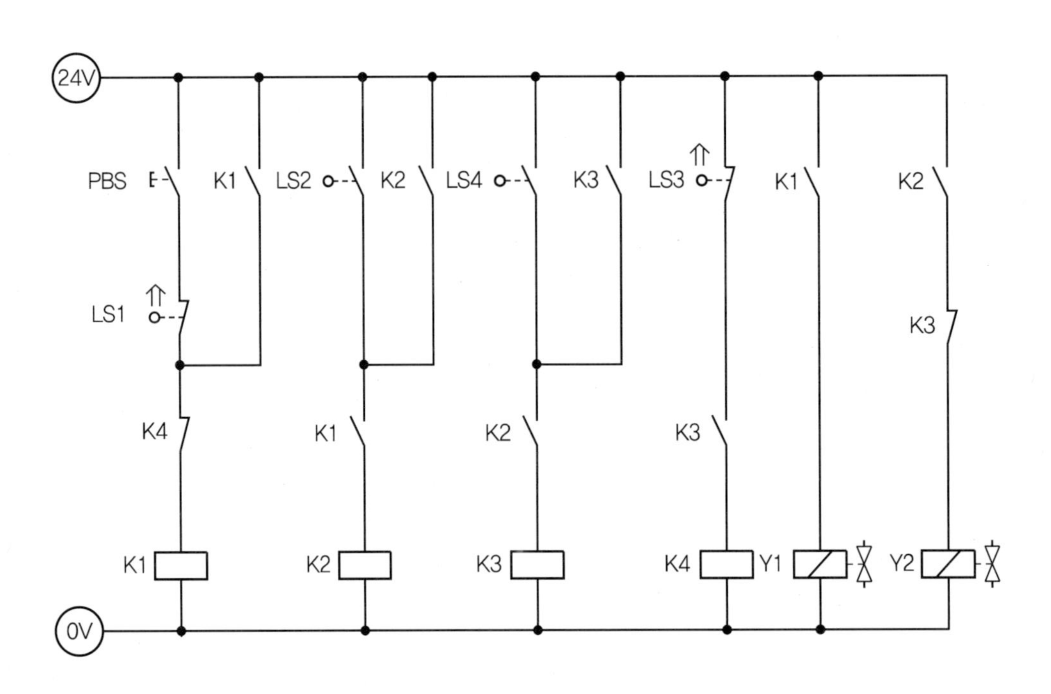
24V
0V
PBS
K1
LS2
K2
LS4
K3
LS3
K1
K2
LS1
K3
K4
K1
K2
K3
K1
K2
K3
K4
Y1
Y2

공압 12	응용 해설

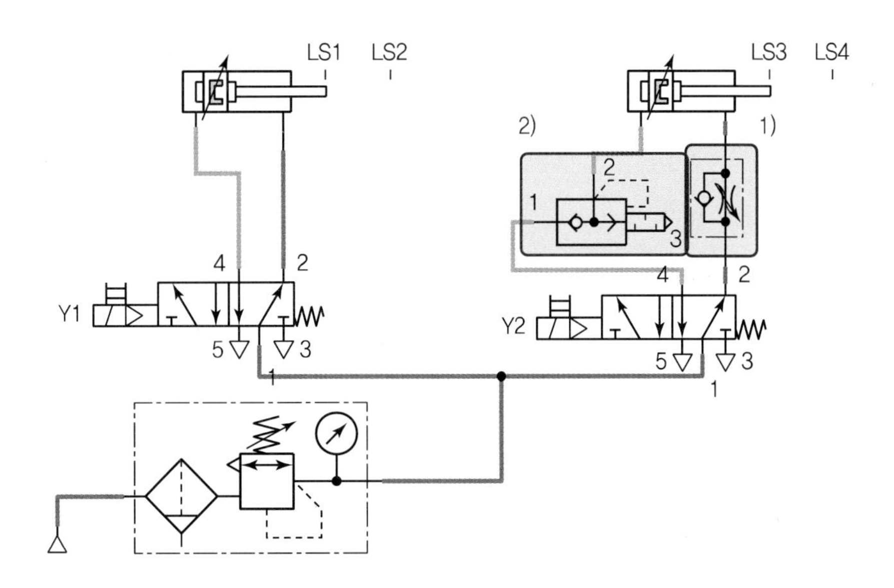

1) B 실린더 전진속도를 미터아웃 회로로 조절하려면 일방향 유량제어밸브를 로드 측에, 체크밸브를 밸브방향에 설치한다.

2) B 실린더 급속후진을 위해 급속배기밸브를 헤드 측에 설치한다.

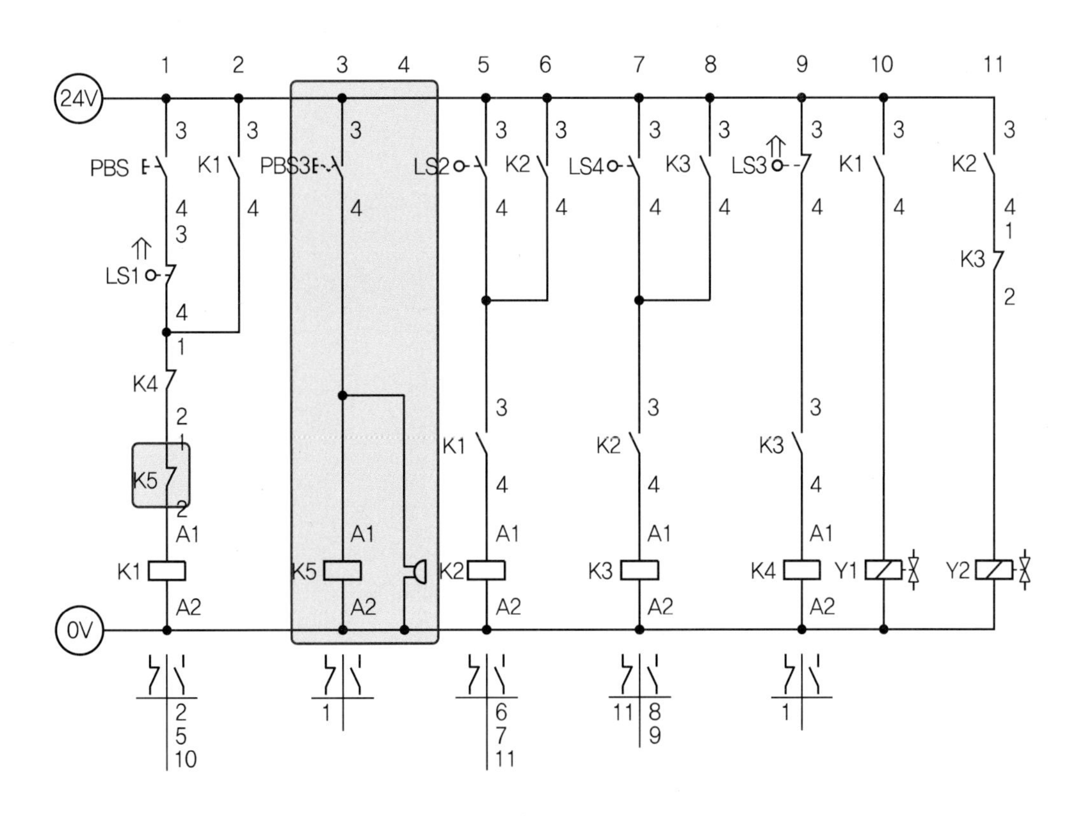

- 3번줄 비상정지 버튼 PBS3(유지형) a접점에 K5릴레이와 4번줄 부저를 추가한다.
- 1번줄 K5 b접점을 추가하여 PBS 버튼을 눌러 A전진(A+)하는 과정에도 비상정지 버튼을 누르면 바로 후진하게 된다.

공압 12	응용 정답

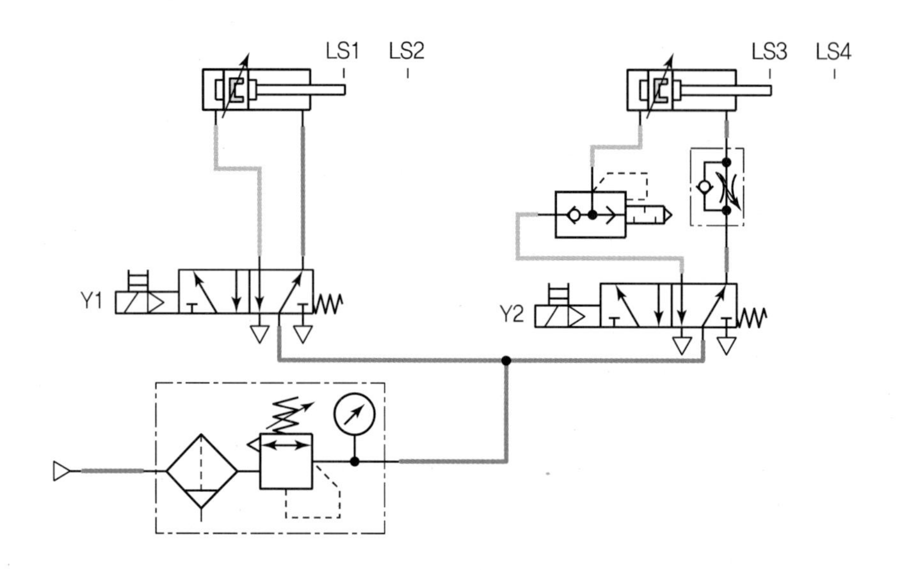

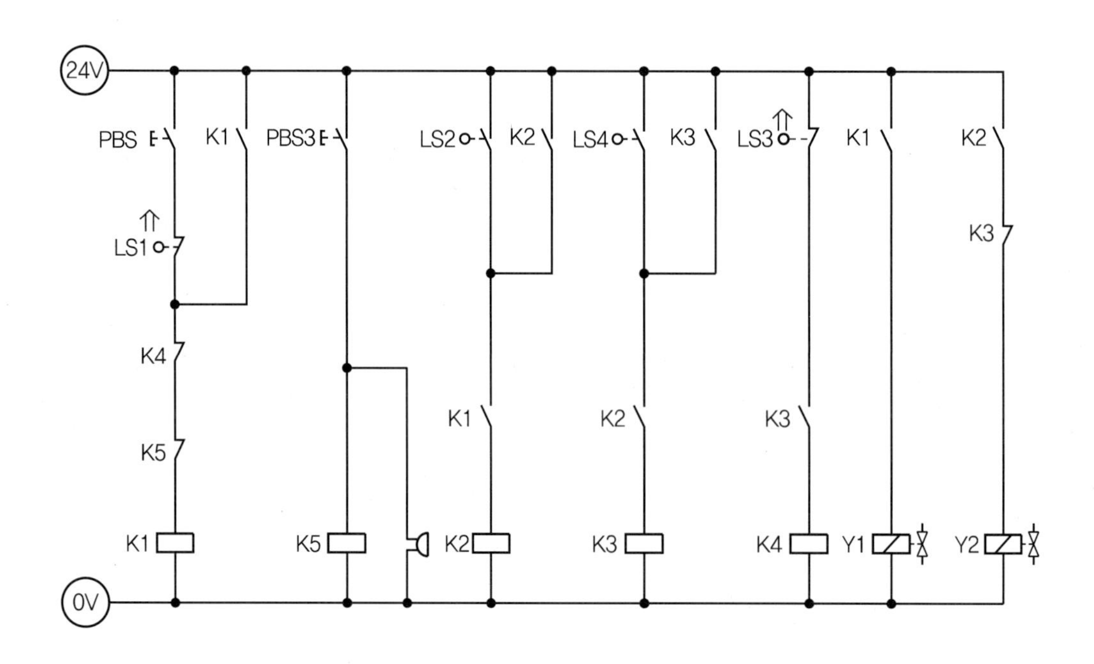

[공개] 12

국가기술자격 실기시험문제

자격종목	공유압기능사	과제명	유압회로구성 및 조립작업

※ 문제지는 시험종료 후 본인이 가져갈 수 있습니다.

비번호		시험일시		시험장명	

※ 시험시간 : 1시간 10분
- [제3과제] 유압회로 도면제작 : 10분
- [제4과제] 유압회로구성 및 조립작업 : 1시간

1. 요구사항

※ 지급된 재료 및 시설을 사용하여 아래 작업을 완성하시오.

가. 제3과제 : 유압회로 도면제작

1) 주어진 제어조건을 만족하는 유압회로도 및 전기회로도의 빈 부분(㉮, ㉯, ㉰)에 들어갈 기호를 제시된 【보기(유압)】에서 찾아 답안지(3)에 번호로 기입하고, 도면 중 ㉱ 부분의 명칭 및 ㉲ 부분의 용도를 답안지(3)에 작성하여 제출하시오.
(단, ㉱, ㉲가 지칭하는 부분은 관로, 스프링, 드레인 등의 세부 부속품이 아닌 독립적으로 역할을 하는 전체 부품임을 고려하여 답지를 작성합니다.)

나. 제4과제 : 유압회로구성 및 조립작업

1) 기본과제

가) 제3과제에서 작성한 유압도면과 같이 주어진 유압기기를 선정하여 고정판에 배치하시오.
(단, 도면에 일점쇄선 부분은 수험자가 구성하지 않습니다.)

나) 유압호스를 사용하여 배치된 기기를 연결 · 완성하시오.

다) 전기회로도를 보고 전기회로작업을 완성하시오.
(단, 전기연결선 +는 적색으로, −는 청색 또는 흑색으로 연결하시오.)

라) 유압회로 내의 최고압력을 (4±0.2)MPa로 설정하시오.

2) 응용과제

마) 실린더의 전진운동을 일방향 유량조절밸브를 사용하여 Meter−out 방식으로 회로를 변경하여 속도를 제어하시오.

바) PBS2와 PBS3 스위치를 추가하여 연속 및 연속 정지작업이 가능하도록 전기회로를 재구성하시오.(단, 유지형 스위치를 사용하지 말 것)

2. 수험자 유의사항

※ 다음의 유의사항을 고려하여 요구사항을 완성하시오.

1) 시험 시작 전 장비 이상 유무를 확인합니다.
2) 시험 중에는 반드시 감독위원의 지시에 따라야 하며, 시험시간 동안 감독위원의 지시가 없는 한 시험장을 임의로 이탈할 수 없습니다.
3) 공압, 유압 배관의 제거는 압력 공급을 차단한 후 실시하시기 바랍니다.
4) 시험에 필요한 기기 이외에 임의로 접촉하지 않도록 주의하시기 바랍니다.
5) 전기 연결의 합선 시에는 즉시 전원공급 장치의 전원을 차단하시기 바랍니다.
6) 실린더의 작동 부분에는 전선 및 호스가 접촉되지 않도록 주의하여야 합니다.
7) 수험자 인적사항 및 계산식을 포함한 답안작성은 흑색 필기구만 사용해야 하며, 그 외 연필류, 빨간색, 청색 등 필기구 및 수정테이프(액)를 사용해 작성한 답항은 0점 처리 되오니 불이익을 당하지 않도록 유의해 주시기 바랍니다.
8) 답안 정정 시에는 정정하고자 하는 단어에 두 줄(=)을 긋고 다시 작성하시기 바랍니다.
9) 제4과제 평가는 먼저 기본과제(가~라)를 수행한 후 감독위원에게 평가받고, 그 이후에 응용과제(마~바)를 별도로 감독위원에게 평가받습니다.
10) 제4과제 평가는 감독위원 확인하에 한 번만 평가받을 수 있으며 재평가하지 않습니다.
(단, 평가 시에는 전원이 유지된 상태에서 2회 동작 시도하여 동일하게 정상 동작이 되어야 하며, 1회만 동작하고 2회째 시도 시 정상적으로 동작하지 않으면 인정하지 않음)
11) 다음 사항에 대해서는 채점 대상에서 제외하니 특히 유의하시기 바랍니다.
    가) 기권
        (1) 수험자 본인이 수험 도중 시험에 대한 포기의사를 표하는 경우
        (2) 실기시험 과정 중 1개 과정이라도 불참한 경우
    나) 실격
        (1) 시설 · 장비의 조작 또는 재료의 취급이 미숙하여 위해를 일으킬 것으로 감독위원 전원이 합의하여 판단한 경우
        (2) 기능이 해당 등급 수준에 전혀 도달하지 못한 것으로 감독위원이 판단할 경우
        (3) 부정행위를 한 경우
    다) 미완성
        (1) 주어진 시험 시간을 초과하거나 시험 시간 내에 완성하지 못한 경우
        (2) 주어진 시간 내에 제출하였으나 기본과제가 작동하지 않은 경우
        (단, 전원 유지 상태에서 동작 시험 시 2회 이상 정상동작해야 함)
    라) 오작
        (1) 회로 구성 결과가 제어조건(기본과제)과 일치하지 않는 작품
        (2) 문제지의 유압회로도와 전기회로도의 구성부품과 실제 회로작업에서 사용한 구성부품이 상이한 경우
        (단, 수험자가 제3과제에서 선택하는 부분은 오작대상에서 제외)

3. 도면(유압회로)

□ 제어조건

작업물의 가장자리를 모떼기 작업을 하려 한다. PBS1 스위치를 On－Off하면 실린더가 전진하여 모떼기 작업을 수행하고, 전진을 완료하면 리밋 스위치에 의하여 후진을 한다.

○ 위치도

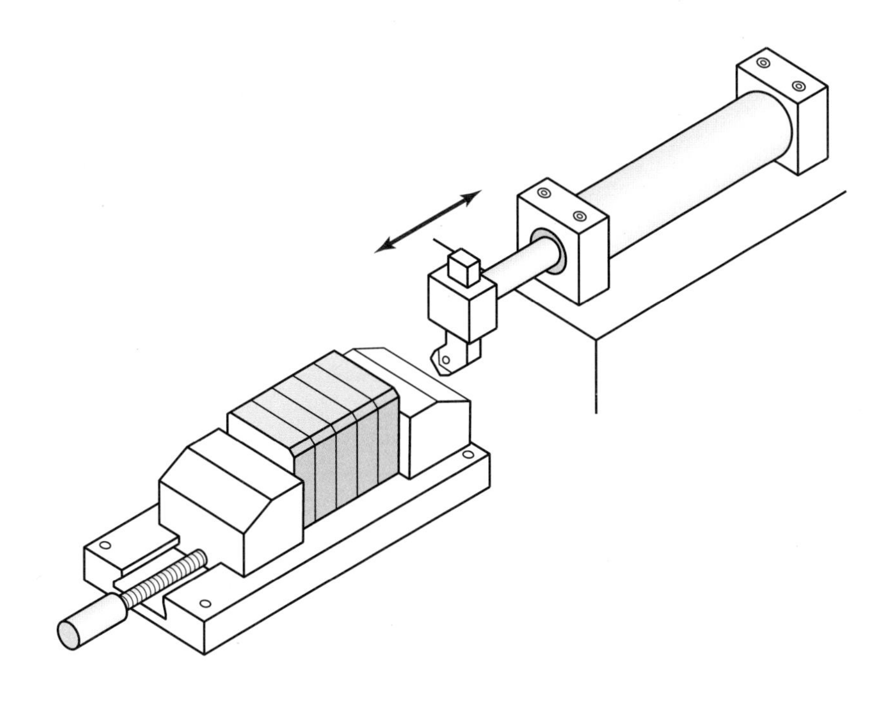

○ 유압회로도

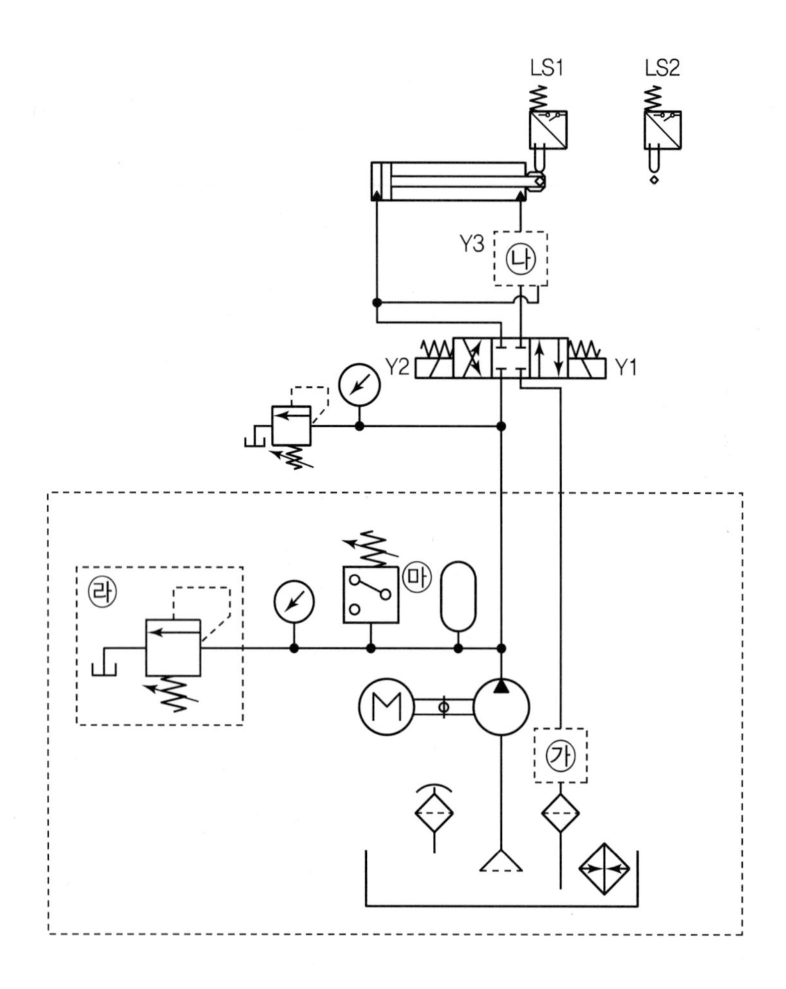
LS1
LS2
Y3
㉯
Y2
Y1
㉱
㉰
㉮

○ 전기회로도

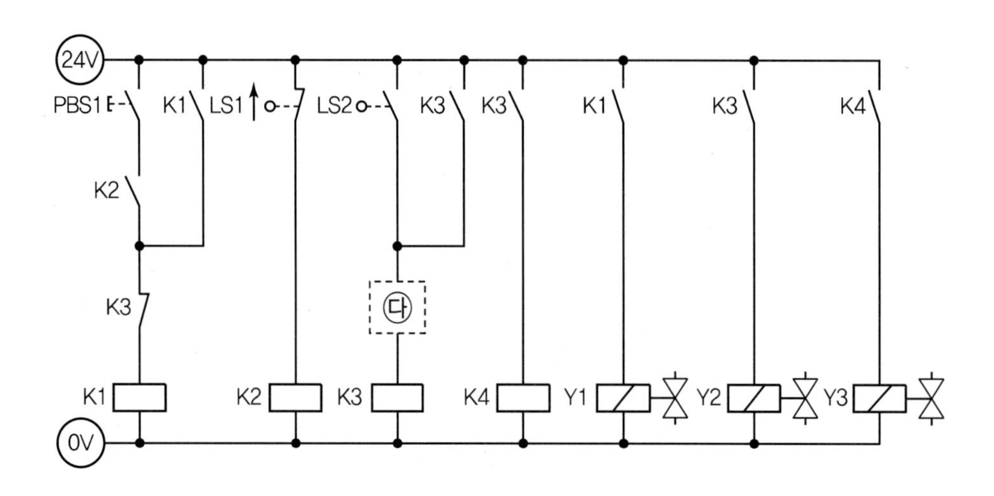
24V
PBS1
K1
LS1
LS2
K3
K3
K1
K3
K4
K2
K3
㉰
K1
K2
K3
K4
Y1
Y2
Y3
0V

유압 12	정답

㉮ 4　　　　　　　㉯ 18　　　　　　　㉰ 36

㉱ 릴리프 밸브　㉲ 설정압력을 감지하여 전기신호로 변환

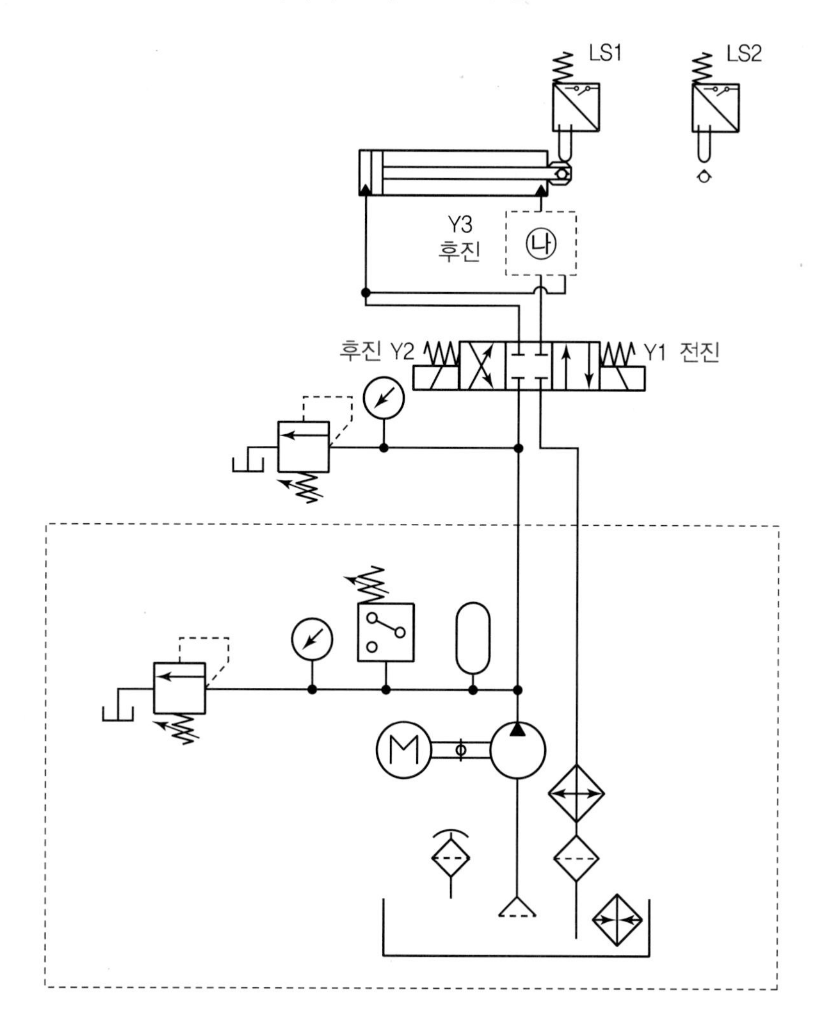

- **빈칸** ㉮ 오일냉각기가 필요
- **빈칸** ㉯ 3/2way Normal Close 타입의 편솔밸브가 필요
- 4/3way 양솔밸브의 Y1솔레노이드는 전진, Y2솔레노이드는 후진을 담당(왼쪽이 Y2후진, 오른쪽이 Y1전진 위치임에 주의할 것)
- 후진 시 4/3way 밸브를 통해 실린더 로드 측에 유압이 전달되어야 하는데 3/2way Normal Close형 편솔밸브에 의해 막혀 있으므로 Y3솔레노이드를 ON시켜 유압이 전달되어 실린더가 후진(Y2솔레노이드와 Y3솔레노이드 모두 ON되어야 후진함)

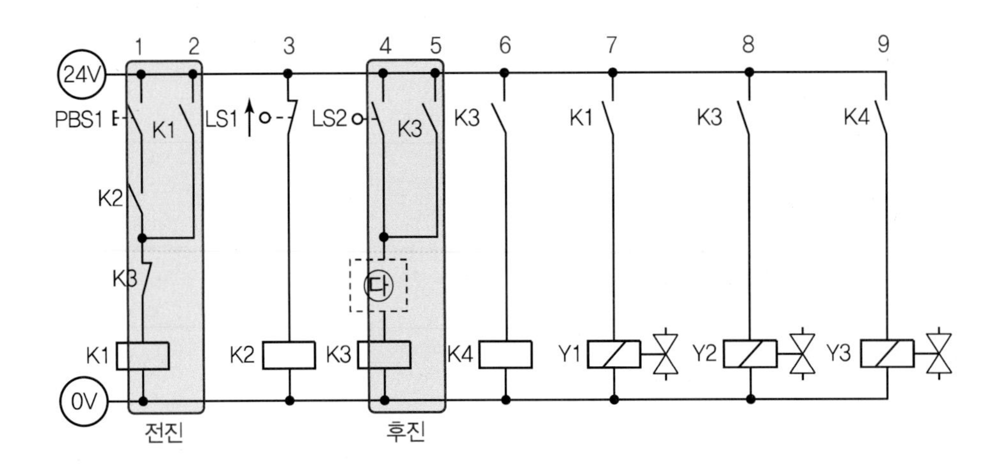

- 1번줄 PB1은 K1릴레이가 ON되면 7번줄 K1 a접점이 ON되면서 Y1솔레노이드가 ON되어 전진
- 4번줄 LS2가 ON되면 K3솔레노이드가 ON되고 8번줄 K3 a접점이 ON되면서 Y2솔레노이드가 ON되어도 아직은 후진이 이루어지지 않음
- 6번줄 K3 a접점이 ON되어 K4릴레이가 ON되면 9번줄 K4 a접점이 ON되면서 Y3솔레노이드가 ON되어 후진
- 4번줄 실린더 후진 K3릴레이는 후진이 완료되는 LS1에 의해 감지되어 K2릴레이로 전달되기 때문에 **빈칸** ㉰에는 K2 b접점으로 K3릴레이를 OFF시킴

유압 12	기본 정답

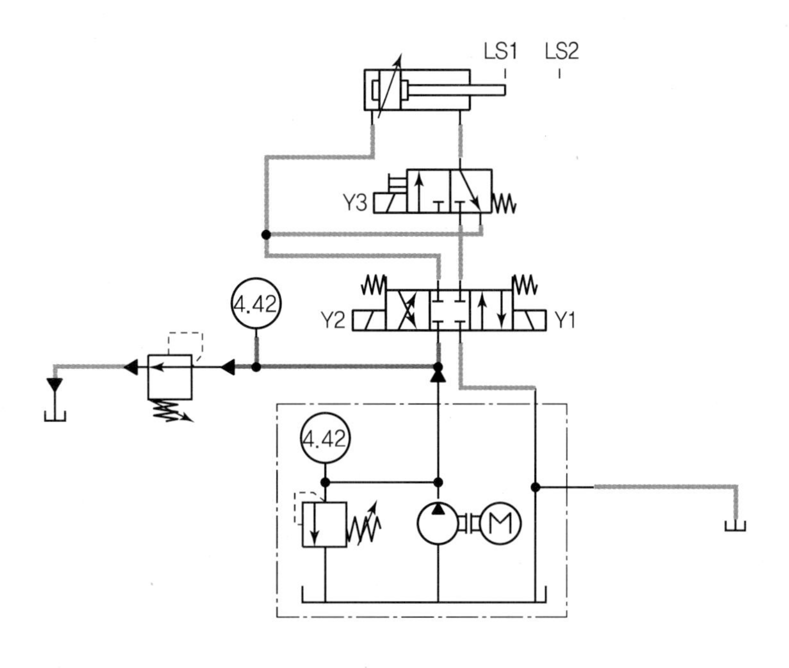

LS1
LS2
Y3
4.42
Y2
Y1
4.42

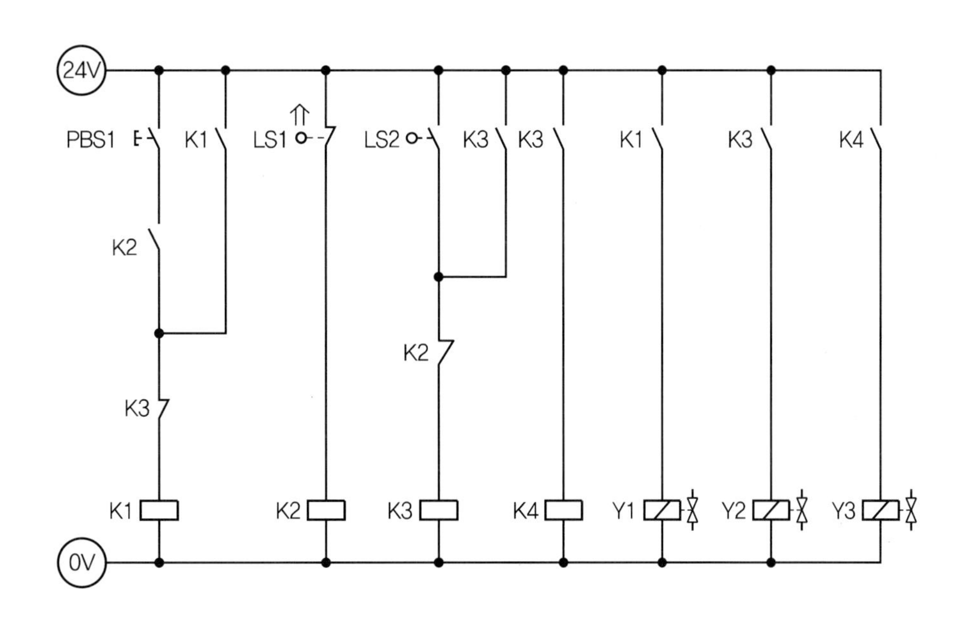

24V
PBS1
K1
LS1
LS2
K3
K3
K1
K3
K4
K2
K2
K3
K1
K2
K3
K4
Y1
Y2
Y3
0V

유압 12	응용 해설

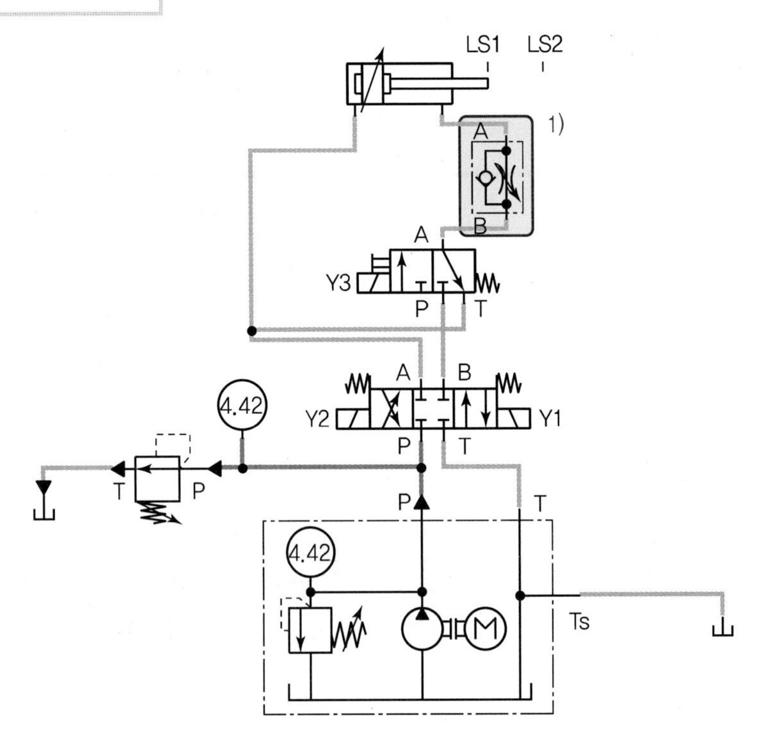

1) 실린더 전진속도를 미터아웃 회로로 조절하려면 일방향 유량제어밸브를 로드 측에, 체크밸브를 밸브방향에 설치한다.

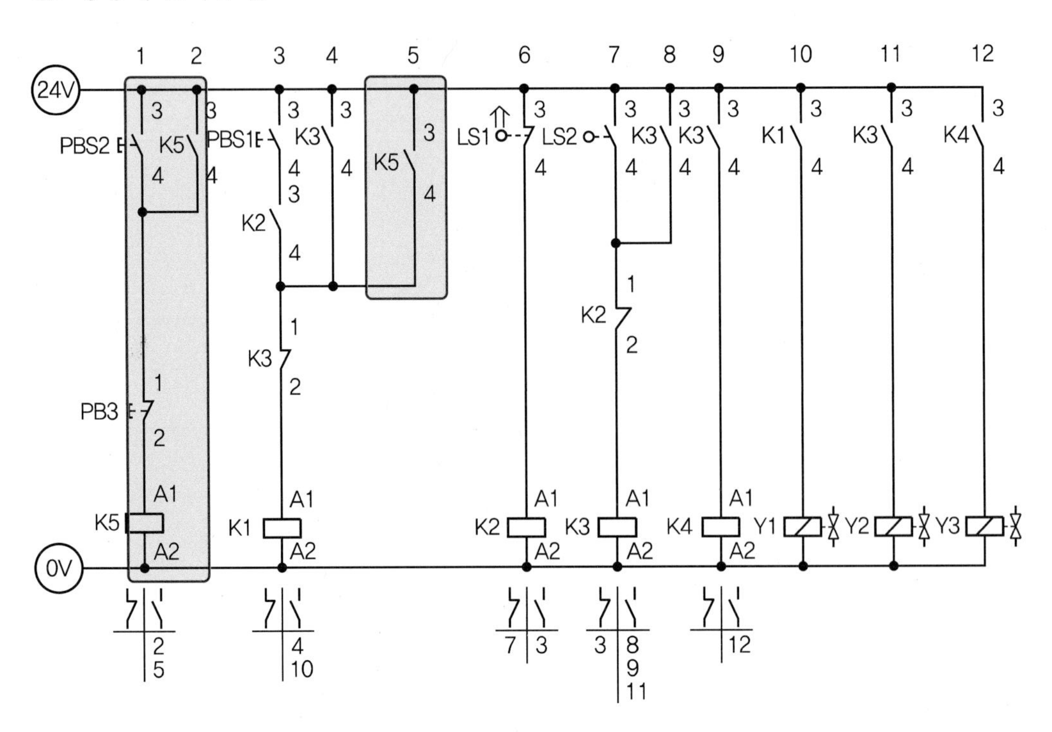

- 1번줄 연속작업을 위해 PBS2와 K5릴레이를 추가한다. 2번줄은 자기유지하기 위함이다. 이때 연속작업 정지을 위해 PBS3 b접점으로 K5릴레이 ON신호를 끊어준다.
- 5번줄 K5 a접점을 병렬로 추가하여 연속작업이 가능하게 한다.

유압 12	응용 정답

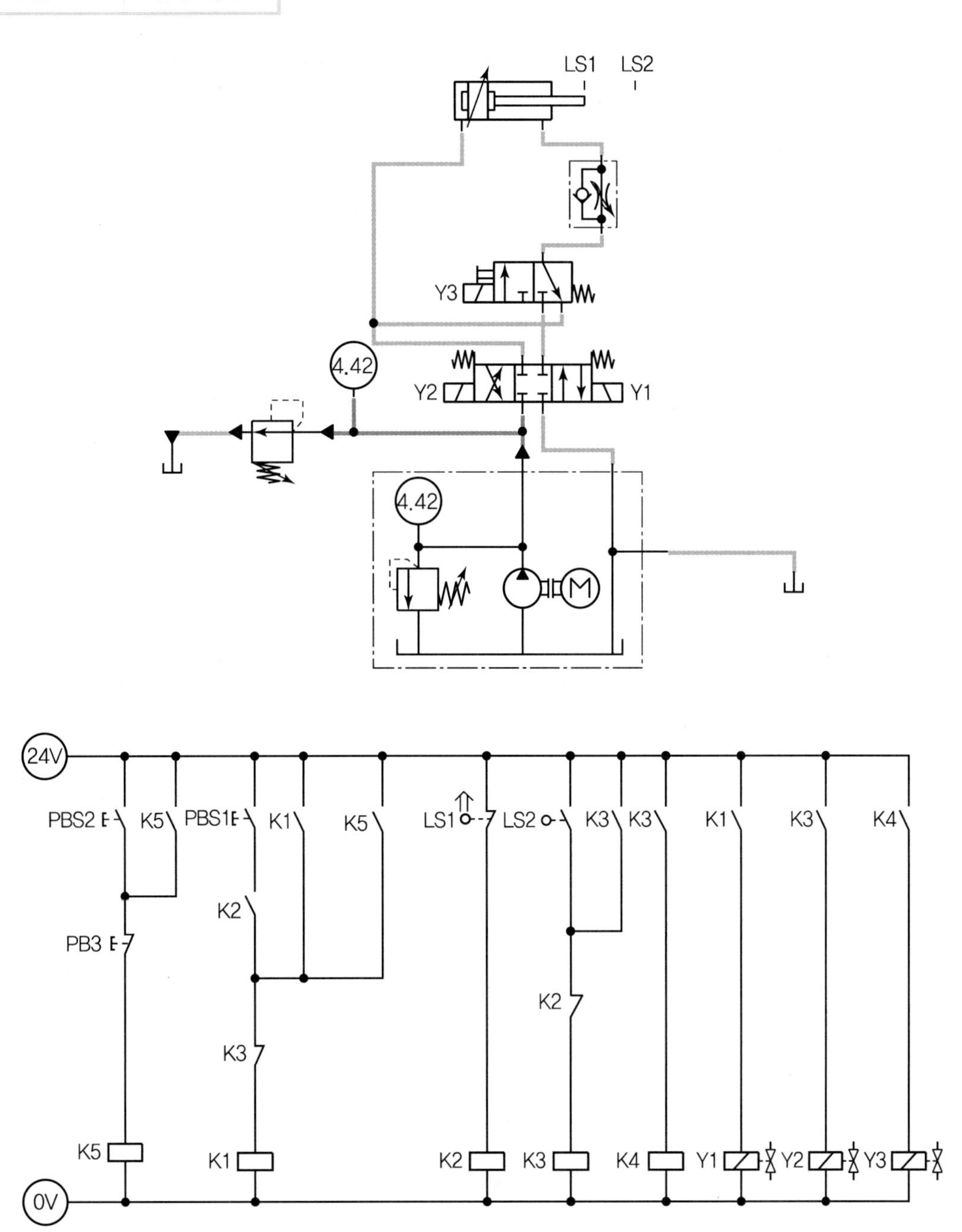

[공개] 13

국가기술자격 실기시험문제

자격종목	공유압기능사	과제명	공압회로구성 및 조립작업

※ 문제지는 시험종료 후 본인이 가져갈 수 있습니다.

비번호		시험일시		시험장명	

※ 시험시간 : 1시간 20분
- [제1과제] 공압회로 도면제작 : 20분
- [제2과제] 공압회로구성 및 조립작업 : 1시간

1. 요구사항

※ 지급된 재료 및 시설을 사용하여 아래 작업을 완성하시오.

가. 제1과제 : 공압회로 도면제작

1) 주어진 제어조건을 만족하는 공압회로도 및 전기회로도의 빈 부분(㉮, ㉯, ㉰)에 들어갈 기호를 제시된 【보기(공압)】에서 찾아 답안지(1)에 번호로 기입하고, 도면 중 ㉱ 부분의 용도 및 ㉲ 부분의 명칭을 답안지(1)에 작성하여 제출하시오.
(단, ㉱, ㉲가 지칭하는 부분은 관로, 스프링, 드레인 등의 세부 부속품이 아닌 독립적으로 역할을 하는 전체 부품임을 고려하여 답지를 작성합니다.)

2) 주어진 공압회로도를 참조하여 제어조건에 따른 변위단계선도를 답안지(2)에 완성하여 제출하시오.

나. 제2과제 : 공압회로구성 및 조립작업

1) 기본과제
   가) 제1과제에서 작성한 공압회로도와 같이 주어진 공압기기를 선정하여 고정판에 배치하시오.
   (단, 공압회로도 중 도면에 있는 차단밸브 이전 기기와 장치는 수험자가 구성하지 않습니다.)
   나) 공압호스를 적절한 길이로 절단 사용하여 배치된 기기를 연결 · 완성하시오.
   다) 전기회로도를 보고 전기회로작업을 완성하시오.
   (단, 전기연결선 +는 적색으로, −는 청색 또는 흑색으로 연결하시오.)
   라) 작업압력(서비스 유닛)을 (0.5±0.05)MPa로 설정하시오.

2) 응용과제
   마) 감독위원이 지정한 압력(0.2~0.5MPa 범위에서 지정)으로 변경하시오.
   바) 실린더 A 전진과 실린더 B 전진 동작 시 일방향 유량조절밸브(모듈형)를 사용하여 Meter−out 회로가 되도록 속도를 제어하시오.
   사) 카운터를 사용하여 소재 3개를 이동시킨 후 정지할 수 있게 전기회로를 구성한 후 동작시키시오.
   (단, PBS를 On−Off하면 연속 동작이 시작하고, 카운터의 Reset은 별도의 스위치 추가 없이 자동으로 초기화되도록 한다.)

2. 수험자 유의사항

※ 다음의 유의사항을 고려하여 요구사항을 완성하시오.

1) 시험 시작 전 장비 이상 유무를 확인합니다.
2) 시험 중에는 반드시 감독위원의 지시에 따라야 하며, 시험시간 동안 감독위원의 지시가 없는 한 시험장을 임의로 이탈할 수 없습니다.
3) 공압, 유압 배관의 제거는 압력 공급을 차단한 후 실시하시기 바랍니다.
4) 시험에 필요한 기기 이외에 임의로 접촉하지 않도록 주의하시기 바랍니다.
5) 전기 연결의 합선 시에는 즉시 전원공급 장치의 전원을 차단하시기 바랍니다.
6) 실린더의 작동 부분에는 전선 및 호스가 접촉되지 않도록 주의하여야 합니다.
7) 수험자 인적사항 및 계산식을 포함한 답안작성은 흑색 필기구만 사용해야 하며, 그 외 연필류, 빨간색, 청색 등 필기구 및 수정테이프(액)를 사용해 작성한 답항은 0점 처리 되오니 불이익을 당하지 않도록 유의해 주시기 바랍니다.
8) 답안 정정 시에는 정정하고자 하는 단어에 두 줄(=)을 긋고 다시 작성하시기 바랍니다.
9) 변위단계선도의 작성 및 제출은 반드시 제1과제 시험시간 이내에 이루어져야 합니다.
10) 제2과제 평가는 먼저 기본과제(가~라)를 수행한 후 감독위원에게 평가받고, 그 이후에 응용과제(마~사)를 별도로 감독위원에게 평가받습니다.
11) 제2과제 평가는 감독위원 확인하에 한 번만 평가받을 수 있으며 재평가하지 않습니다.
   (단, 평가 시에는 전원이 유지된 상태에서 2회 동작 시도하여 동일하게 정상 동작이 되어야 하며, 1회만 동작하고 2회째 시도 시 정상적으로 동작하지 않으면 인정하지 않음)
12) 다음 사항에 대해서는 채점 대상에서 제외하니 특히 유의하시기 바랍니다.
   가) 기권
      (1) 수험자 본인이 수험 도중 시험에 대한 포기의사를 표하는 경우
      (2) 실기시험 과정 중 1개 과정이라도 불참한 경우
   나) 실격
      (1) 시설 · 장비의 조작 또는 재료의 취급이 미숙하여 위해를 일으킬 것으로 감독위원 전원이 합의하여 판단한 경우
      (2) 기능이 해당 등급 수준에 전혀 도달하지 못한 것으로 감독위원이 판단할 경우
      (3) 부정행위를 한 경우
   다) 미완성
      (1) 주어진 시험 시간을 초과하거나 시험 시간 내에 완성하지 못한 경우
      (2) 주어진 시간 내에 제출하였으나 기본과제가 작동하지 않은 경우
         (단, 전원 유지 상태에서 동작 시험 시 2회 이상 정상적으로 동작해야 함)
   라) 오작
      (1) 회로 구성 결과가 제어조건(기본과제)과 일치하지 않는 작품
      (2) 문제지의 공압회로도와 전기회로도의 구성부품과 실제 회로작업에서 사용한 구성부품이 상이한 경우(단, 수험자가 제1과제에서 선택하는 부분은 오작대상에서 제외)

3. 도면(공압회로)

□ 제어조건

소재는 수동으로 성형 프레스 작업기에 삽입된다. 누름 버튼 스위치(PBS)를 On－Off하면 실린더 B가 전진 운동하여 작업을 수행한다. 실린더 B가 전진한 상태에서 실린더 A가 전진하여 소재를 제품 상자에 떨어뜨린 후 원래의 위치로 복귀하면 실린더 B가 후진 운동하여 초기 위치로 복귀한다.

○ 위치도

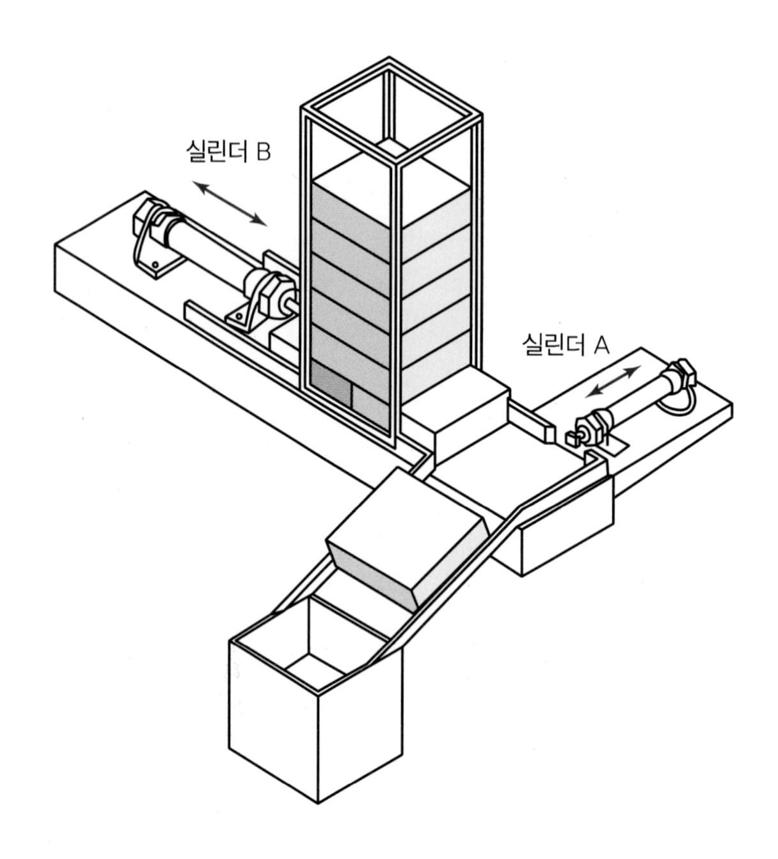

○ 공압회로도

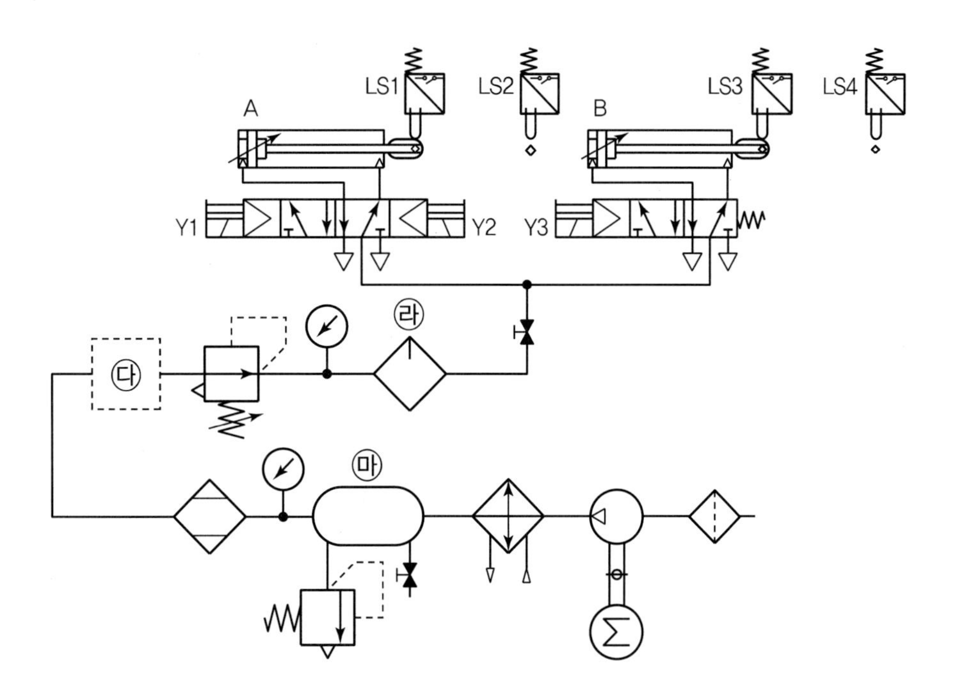
LS1
LS2
LS3
LS4
A
B
Y1
Y2
Y3
㉱
㉰
㉲

○ 전기회로도

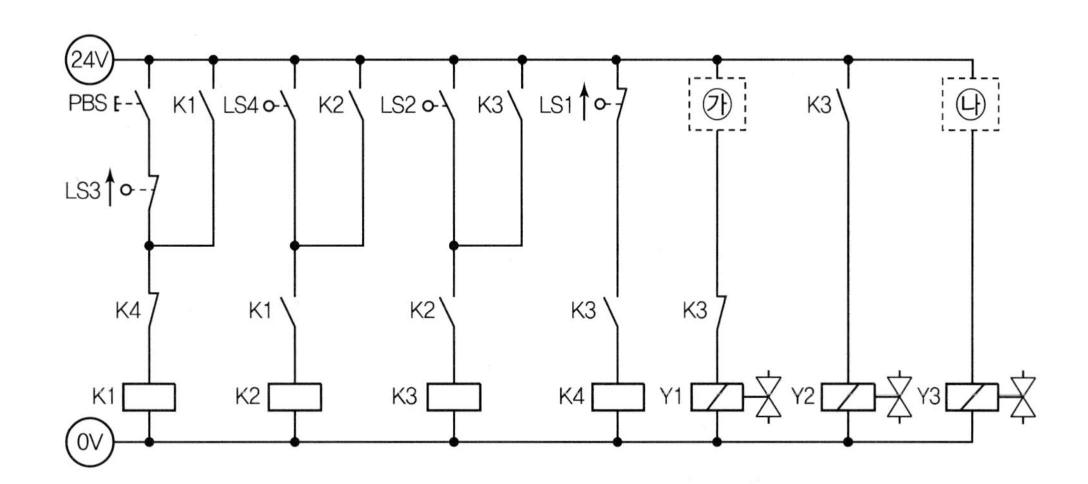
24V
PBS
K1
LS4
K2
LS2
K3
LS1
㉮
K3
㉯
LS3
K4
K1
K2
K3
K3
K1
K2
K3
K4
Y1
Y2
Y3
0V

공압 13	정답

㉮ 31　　㉯ 30　　㉰ 6

㉱ 압축공기에 윤활유 공급　　㉲ 공압탱크

공압 13	변위단계선도	정답

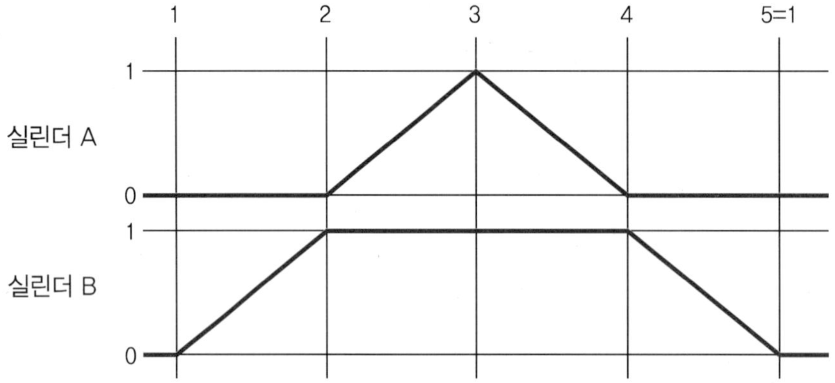

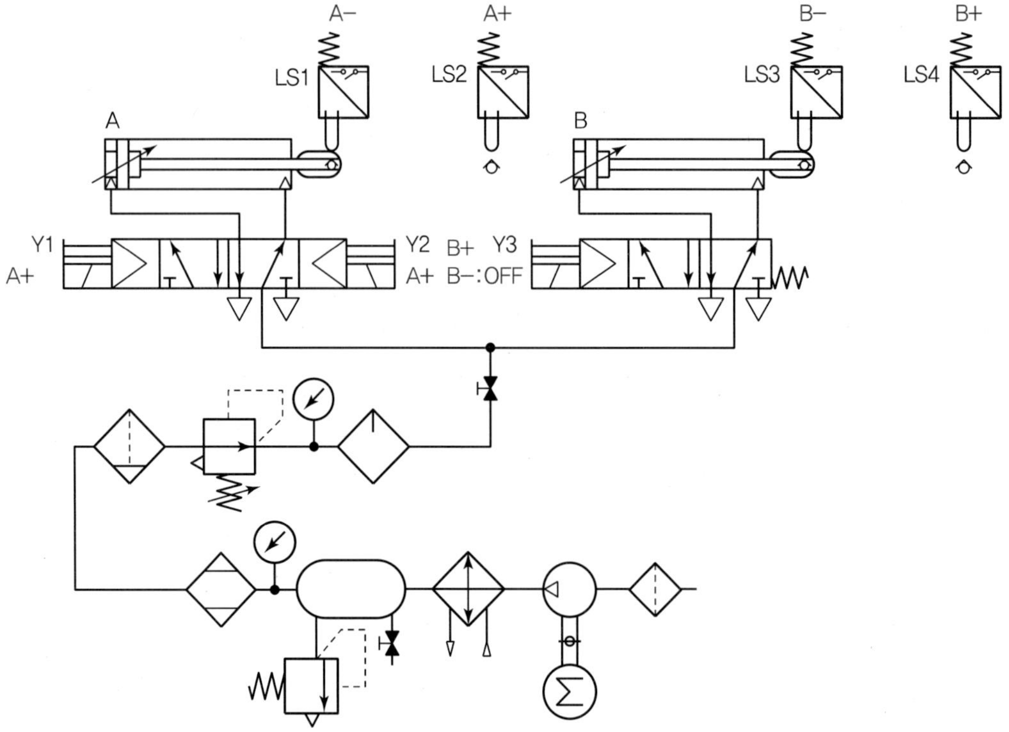

1 2 3 4 5=1

실린더 A

실린더 B

A− A+ B− B+

LS1 LS2 LS3 LS4

A B

Y1 A+ Y2 A+ B+ Y3 B−:OFF

• **빈칸** ㉰ 드레인 배출기 붙이 필터가 필요

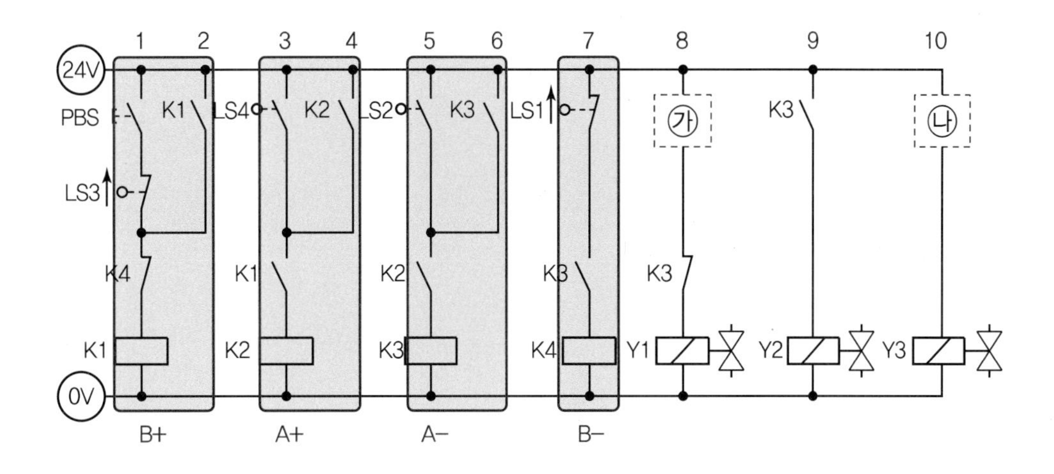

• 1번줄 K1릴레이는 3번줄 LS4가 되기 위하기 때문에 B전진(B+), 2번줄 자기유지

• 3번줄 K2릴레이는 5번줄 LS2가 되기 위하기 때문에 A전진(A+), 4번줄 자기유지

• 5번줄 K3릴레이는 7번줄 LS1이 되기 위하기 때문에 A후진(A−), 6번줄 자기유지

• 7번줄 K4릴레이는 1번줄 LS3이 되기 위하기 때문에 B후진(B−)

• 10번줄 B편솔밸브는 B전진(B+)을 위해 **빈칸** ㉯의 K1 a접점으로 Y3솔레노이드 ON

• 8번줄 A양솔밸브는 A전진(A+)을 위해 **빈칸** ㉮의 K2 a접점으로 Y1솔레노이드 ON

• 9번줄 A양솔밸브는 A후진(A−)을 위해 K3 a접점으로 Y2솔레노이드를 ON시키면 A전진(A+)하고 8번줄 K3 b접점으로 Y1솔레노이드 OFF

• B후진(B−)을 위해 7번줄 K4릴레이가 ON됨과 동시에 1번줄 K4 b접점이 떨어지면서 순차적으로 모든 릴레이가 OFF되면서 10번줄 K1 a접점이 OFF되어 Y3솔레노이드 OFF

공압 13	기본 정답

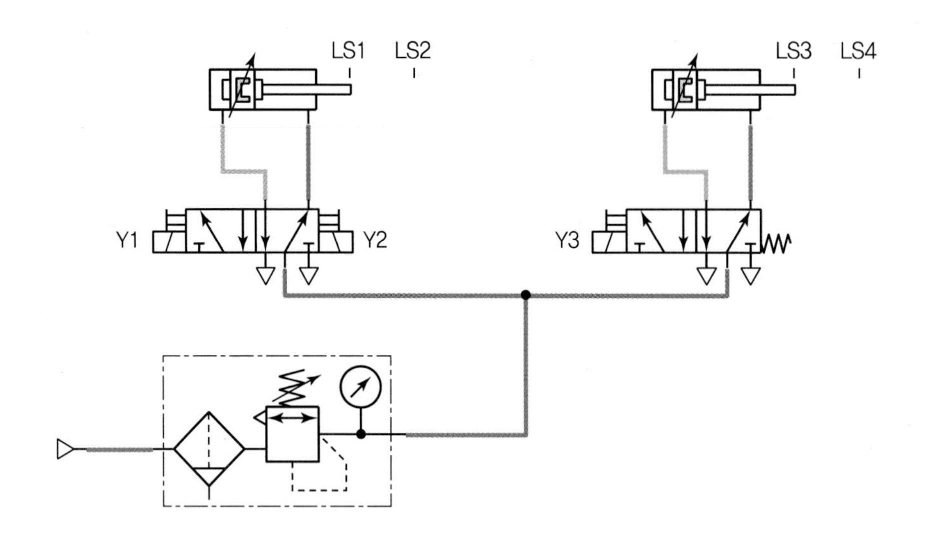

LS1
LS2
LS3
LS4
Y1
Y2
Y3

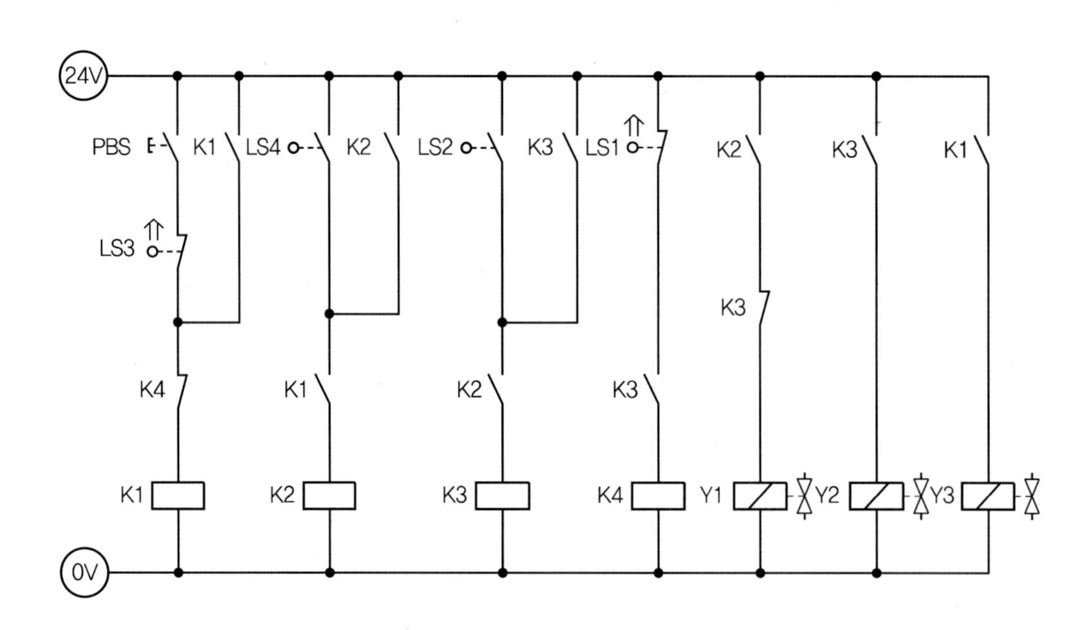

24V
0V
PBS
K1
LS4
K2
LS2
K3
LS1
K2
K3
K1
LS3
K3
K4
K1
K2
K3
K1
K2
K3
K4
Y1
Y2
Y3

공압 13	응용 해설

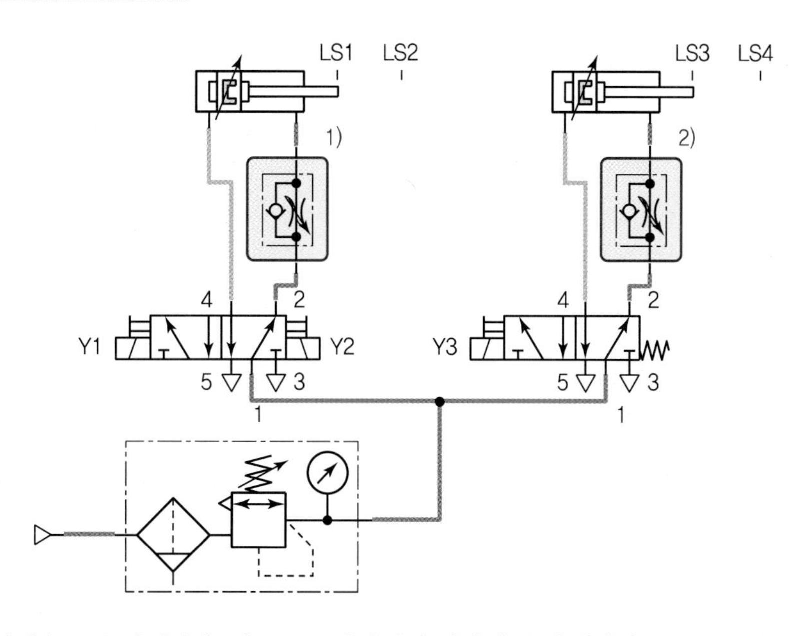

1) A 실린더 전진속도를 미터아웃 회로로 조절하려면 일방향 유량제어밸브를 로드 측에, 체크밸브를 밸브방향에 설치한다.
2) B 실린더 전진속도를 미터아웃 회로로 조절하려면 일방향 유량제어밸브를 로드 측에, 체크밸브를 밸브방향에 설치한다.

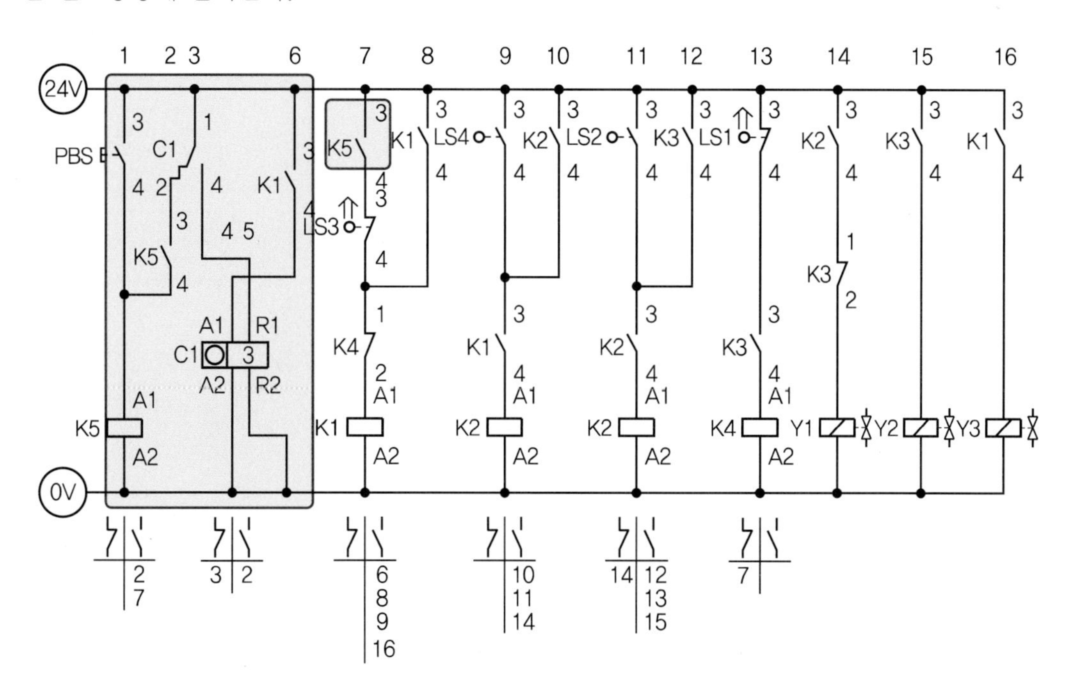

• 1번줄에 카운터 회로를 사용하기 위해 PBS와 K5릴레이를 추가한다.

- 7번줄 기존 PBS 자리에 K5 a접점으로 교체한다.
- 3번줄 카운터 설정값보다 작으면 카운터 b접점으로 계속 동작하고 설정값과 같아지면 a접점으로 연결되면서 카운터 회로 초기화를 위해 R1에 연결하면 초기화되면서 작동이 멈춘다.(자동으로 초기화)
- 2번줄 K5 a접점은 자기유지하기 위함이다.
- 6번줄 카운터 회로에서 첫 번째 스텝 K1릴레이가 ON-OFF되는 횟수를 세기 위해 K1 a접점을 A1에 연결한다.

공압 13	응용 정답

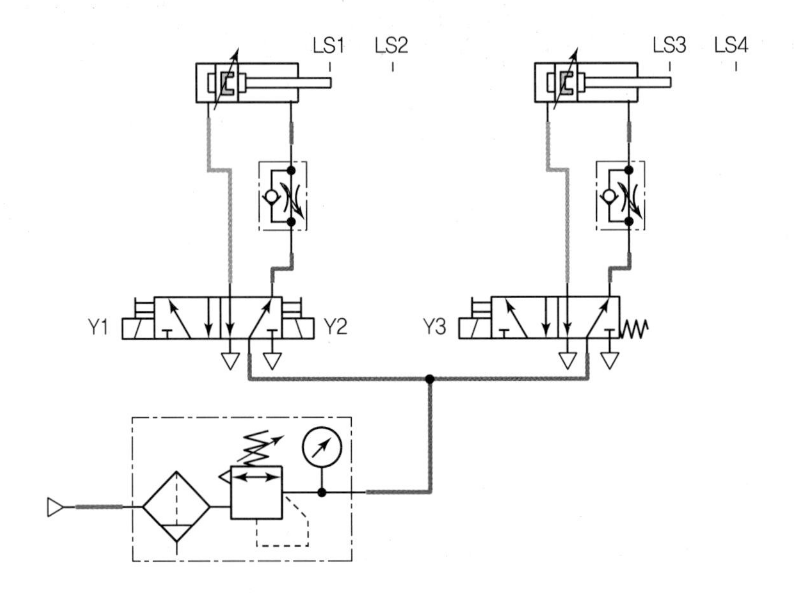

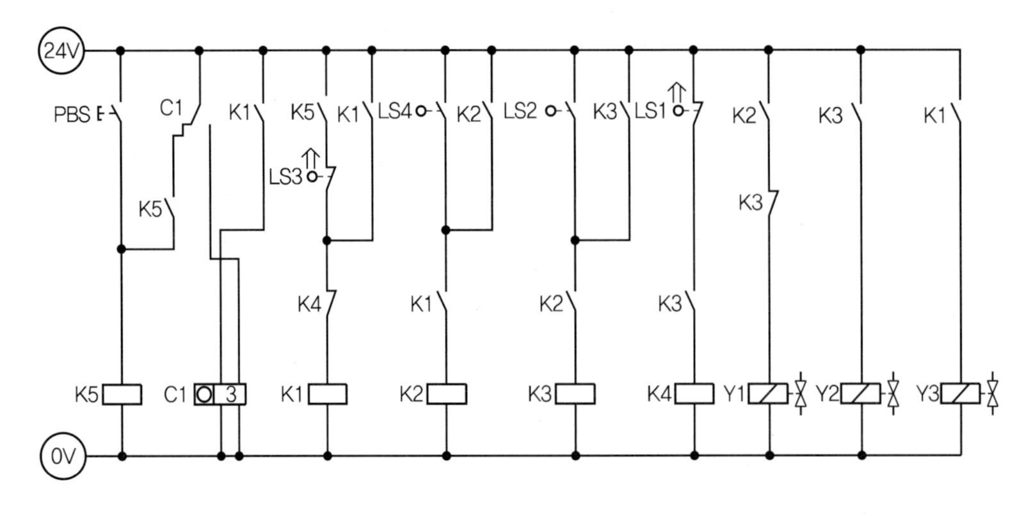

[공개] 13

국가기술자격 실기시험문제

자격종목	공유압기능사	과제명	유압회로구성 및 조립작업

※ 문제지는 시험종료 후 본인이 가져갈 수 있습니다.

비번호		시험일시		시험장명	

※ 시험시간 : 1시간 10분
- [제3과제] 유압회로 도면제작 : 10분
- [제4과제] 유압회로구성 및 조립작업 : 1시간

1. 요구사항

※ 지급된 재료 및 시설을 사용하여 아래 작업을 완성하시오.

가. 제3과제 : 유압회로 도면제작

1) 주어진 제어조건을 만족하는 유압회로도 및 전기회로도의 빈 부분(㉮, ㉯, ㉰)에 들어갈 기호를 제시된 【보기(유압)】에서 찾아 답안지(3)에 번호로 기입하고, 도면 중 ㉱ 부분의 명칭 및 ㉲ 부분의 용도를 답안지(3)에 작성하여 제출하시오.
(단, ㉱, ㉲가 지칭하는 부분은 관로, 스프링, 드레인 등의 세부 부속품이 아닌 독립적으로 역할을 하는 전체 부품임을 고려하여 답지를 작성합니다.)

나. 제4과제 : 유압회로구성 및 조립작업

1) 기본과제
가) 제3과제에서 작성한 유압도면과 같이 주어진 유압기기를 선정하여 고정판에 배치하시오.
(단, 도면에 일점쇄선 부분은 수험자가 구성하지 않습니다.)
나) 유압호스를 사용하여 배치된 기기를 연결 · 완성하시오.
다) 전기회로도를 보고 전기회로작업을 완성하시오.
(단, 전기연결선 +는 적색으로, −는 청색 또는 흑색으로 연결하시오.)
라) 유압회로 내의 최고압력을 (4±0.2)MPa로 설정하시오.

2) 응용과제
마) 전진 시 실린더의 추락을 방지하기 위하여 카운터 밸런스 회로를 추가로 구성하고 동작시키시오.
(단, 카운터 밸런스 회로는 릴리프 밸브와 체크밸브를 사용하여 회로를 구성하고 설정 압력은 3MPa(±0.2MPa)로 한다.)
바) 리밋 스위치를 이용하여 작업대에 제품이 없을 경우 프레스 작업이 진행되지 않도록 하고, 이 경우 전기 램프가 점등되어 그 상태를 표시할 수 있도록 회로를 구성한 후 동작시키시오.(단, 리밋 스위치는 전기 선택 스위치로 대용)

2. 수험자 유의사항

※ 다음의 유의사항을 고려하여 요구사항을 완성하시오.

1) 시험 시작 전 장비 이상 유무를 확인합니다.
2) 시험 중에는 반드시 감독위원의 지시에 따라야 하며, 시험시간 동안 감독위원의 지시가 없는 한 시험장을 임의로 이탈할 수 없습니다.
3) 공압, 유압 배관의 제거는 압력 공급을 차단한 후 실시하시기 바랍니다.
4) 시험에 필요한 기기 이외에 임의로 접촉하지 않도록 주의하시기 바랍니다.
5) 전기 연결의 합선 시에는 즉시 전원공급 장치의 전원을 차단하시기 바랍니다.
6) 실린더의 작동 부분에는 전선 및 호스가 접촉되지 않도록 주의하여야 합니다.
7) 수험자 인적사항 및 계산식을 포함한 답안작성은 흑색 필기구만 사용해야 하며, 그 외 연필류, 빨간색, 청색 등 필기구 및 수정테이프(액)를 사용해 작성한 답항은 0점 처리 되오니 불이익을 당하지 않도록 유의해 주시기 바랍니다.
8) 답안 정정 시에는 정정하고자 하는 단어에 두 줄(=)을 긋고 다시 작성하시기 바랍니다.
9) 제4과제 평가는 먼저 기본과제(가~라)를 수행한 후 감독위원에게 평가받고, 그 이후에 응용과제(마~바)를 별도로 감독위원에게 평가받습니다.
10) 제4과제 평가는 감독위원 확인하에 한 번만 평가받을 수 있으며 재평가하지 않습니다.
    (단, 평가 시에는 전원이 유지된 상태에서 2회 동작 시도하여 동일하게 정상 동작이 되어야 하며, 1회만 동작하고 2회째 시도 시 정상적으로 동작하지 않으면 인정하지 않음)
11) 다음 사항에 대해서는 채점 대상에서 제외하니 특히 유의하시기 바랍니다.
    가) 기권
        (1) 수험자 본인이 수험 도중 시험에 대한 포기의사를 표하는 경우
        (2) 실기시험 과정 중 1개 과정이라도 불참한 경우
    나) 실격
        (1) 시설 · 장비의 조작 또는 재료의 취급이 미숙하여 위해를 일으킬 것으로 감독위원 전원이 합의하여 판단한 경우
        (2) 기능이 해당 등급 수준에 전혀 도달하지 못한 것으로 감독위원이 판단할 경우
        (3) 부정행위를 한 경우
    다) 미완성
        (1) 주어진 시험 시간을 초과하거나 시험 시간 내에 완성하지 못한 경우
        (2) 주어진 시간 내에 제출하였으나 기본과제가 작동하지 않은 경우
        (단, 전원 유지 상태에서 동작 시험 시 2회 이상 정상동작해야 함)
    라) 오작
        (1) 회로 구성 결과가 제어조건(기본과제)과 일치하지 않는 작품
        (2) 문제지의 유압회로도와 전기회로도의 구성부품과 실제 회로작업에서 사용한 구성부품이 상이한 경우
        (단, 수험자가 제3과제에서 선택하는 부분은 오작대상에서 제외)

3. 도면(유압회로)

□ 제어조건

탁상 유압프레스를 제작하려고 한다. 누름 버튼 스위치 PBS1과 PBS2를 동시에 ON－OFF하면 빠른 속도로 전진운동을 하다가 실린더가 중간 리밋 스위치(LS2)가 작동되면 조정된 작업속도로 움직인다. 작업완료 리밋 스위치(LS3)가 작동되면 빠르게 복귀하여야 한다.

○ 위치도

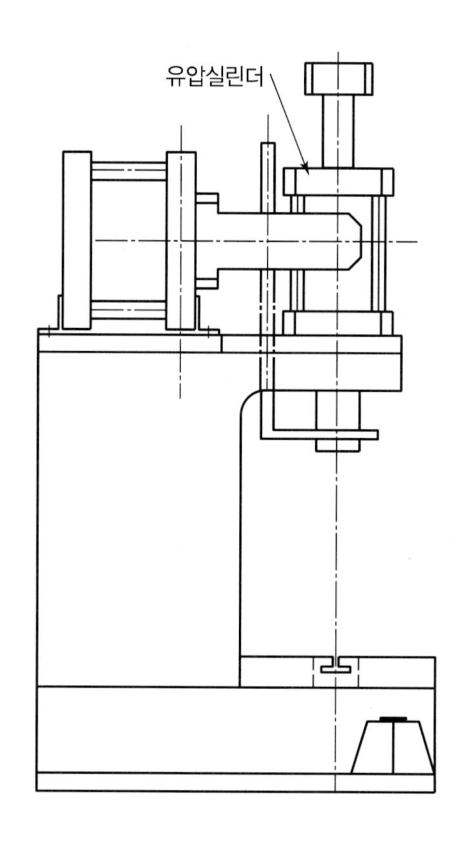

○ 유압회로도

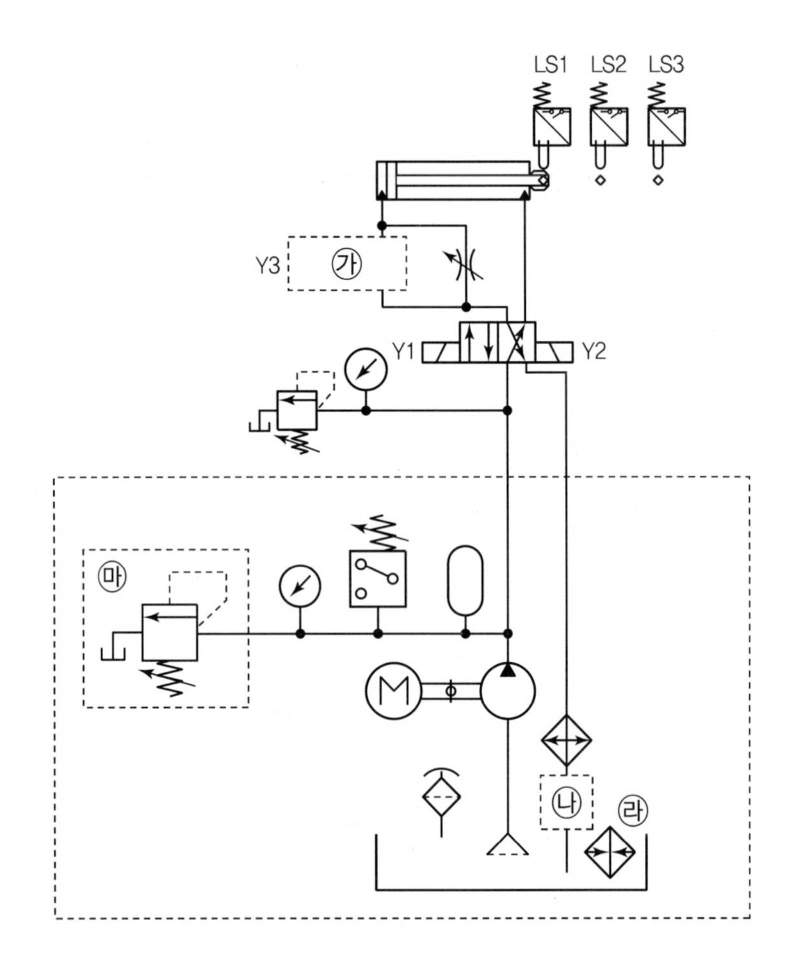
LS1
LS2
LS3
Y3
㉮
Y1
Y2
㉱
㉯
㉰

○ 전기회로도

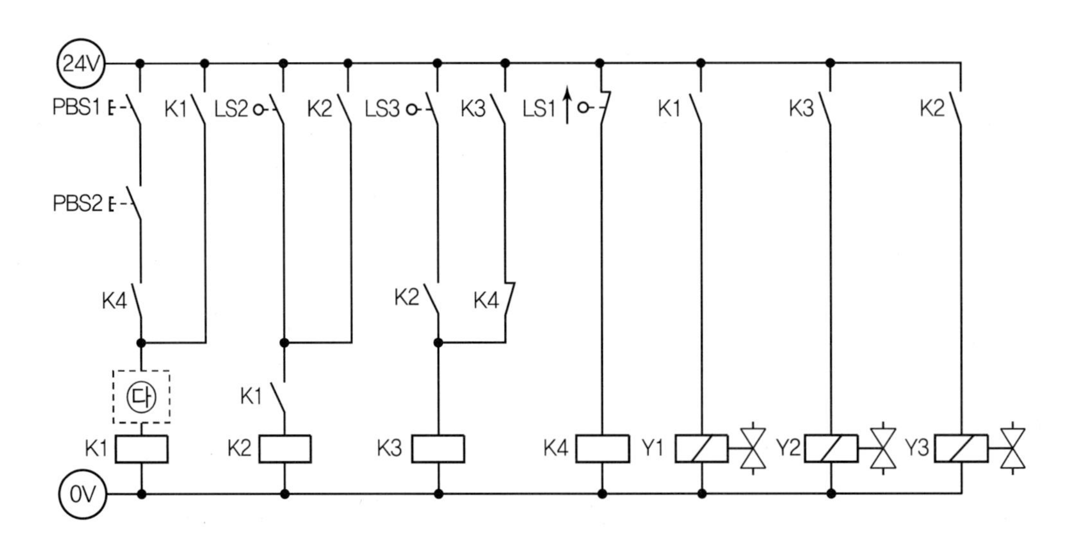
24V
PBS1
K1
LS2
K2
LS3
K3
LS1
K1
K3
K2
PBS2
K4
K2
K4
㉯
K1
K1
K2
K3
K4
Y1
Y2
Y3
0V

유압 13	정답

㉮ 17　　　　　　㉯ 6　　　　　　㉰ 37

㉱ 작동유 예열기 ㉲ 압력을 설정하여 토출압력 조절

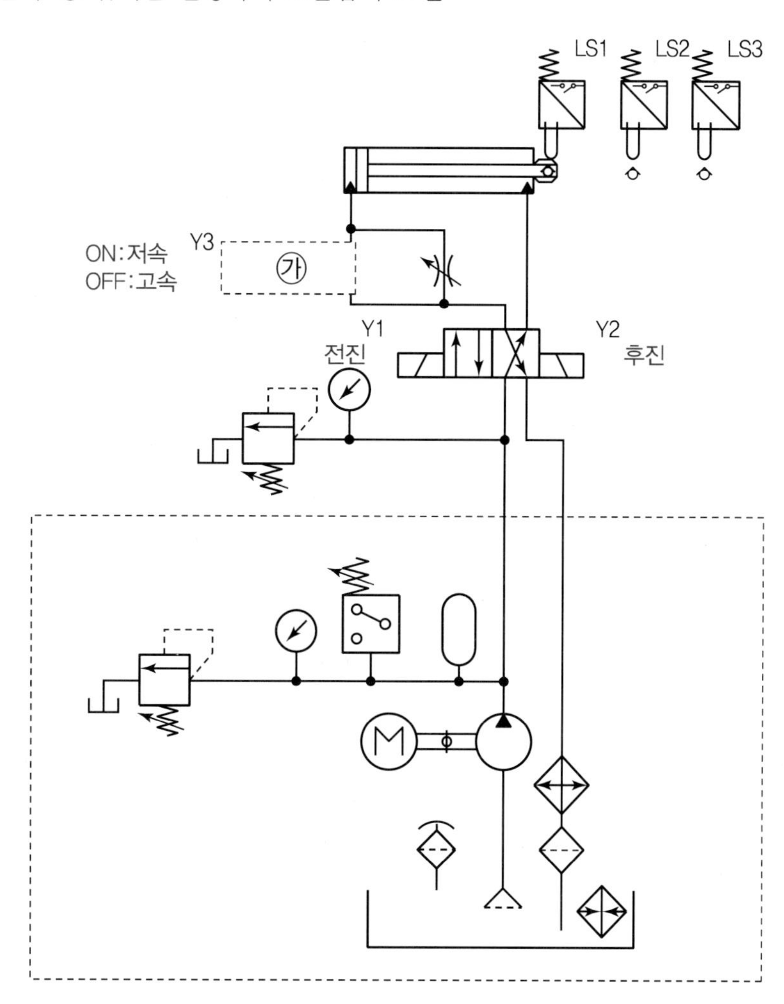

- LS1에서 LS2까지는 고속전진, LS2부터 LS3까지는 저속전진, LS3부터 LS1까지는 고속후진
- **빈칸** ㉮ 2/2way Normal Open 타입 편솔밸브가 필요
- **빈칸** ㉯ 복귀관 필터가 필요
- 4/2way 양솔밸브의 Y1솔레노이드는 전진, Y2솔레노이드는 후진을 담당하고, 2/2way Normal Open 편솔밸브는 Y3솔레노이드가 ON되면 유량조절밸브 한 군데로 유량이 공급되어 저속으로 실린더가 움직이고, Y3솔레노이드가 OFF되면 유량조절밸브와 2/2way 밸브 두 군데로 유량이 공급되어 속도가 빨라짐

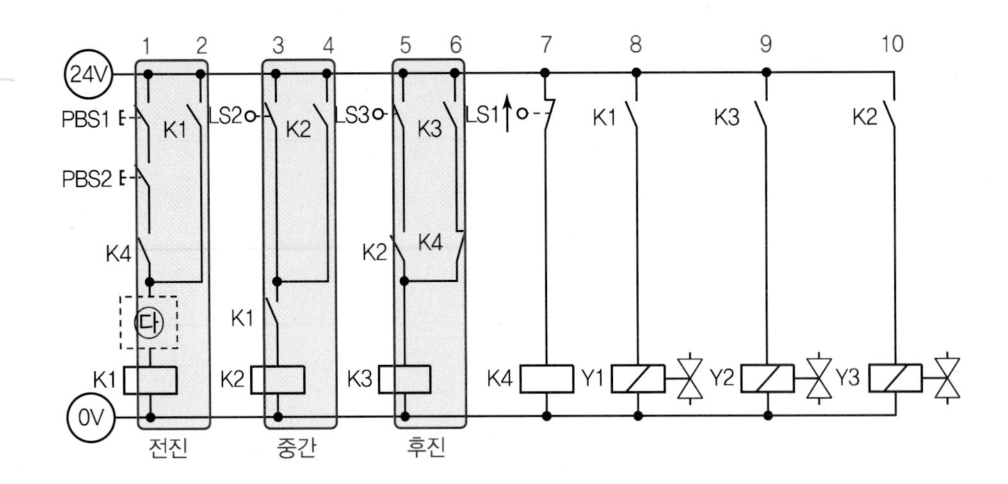

- 1번줄 PB1과 PB2를 동시에 눌러주면 K1릴레이가 ON되고 8번줄 K1 a접점이 ON되면서 Y1솔레노이드에 의해 고속전진됨. 후진신호 시 전신신호를 끊어줘야 하므로 **빈칸** ㉰에는 K3 b접점이 필요
- 2번줄 LS2에 의해서 중간위치가 ON되면 K2솔레노이드가 ON되면서 10번줄 K2 a접점이 ON되고 Y3솔레노이드가 ON되면서 저속으로 전진
- 5번줄 LS3이 ON되면 K3솔레노이드가 ON되면서 9번줄 K3 a접점이 ON되고 Y2솔레노이드가 ON되면서 후진됨. 이때 후진신호는 7번줄 LS1과 K4릴레이에 의해 6번줄 K4 b접점으로 끊어줌

유압 13	기본 정답

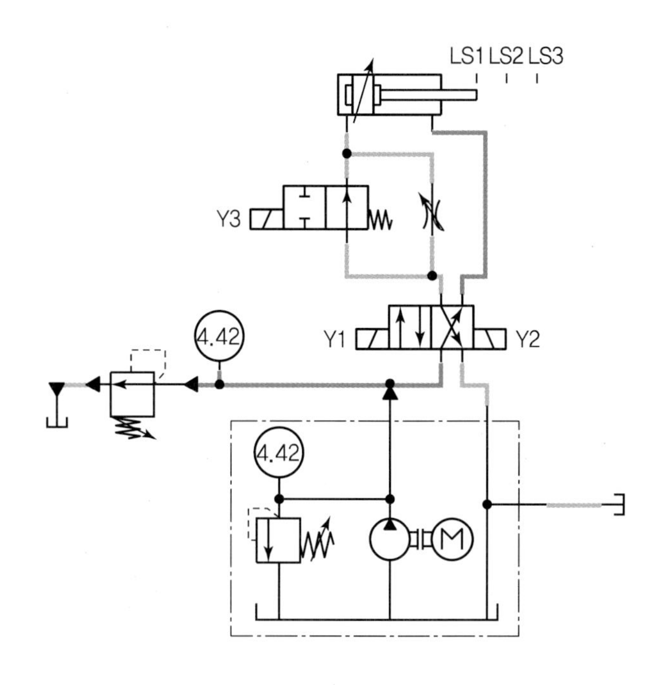

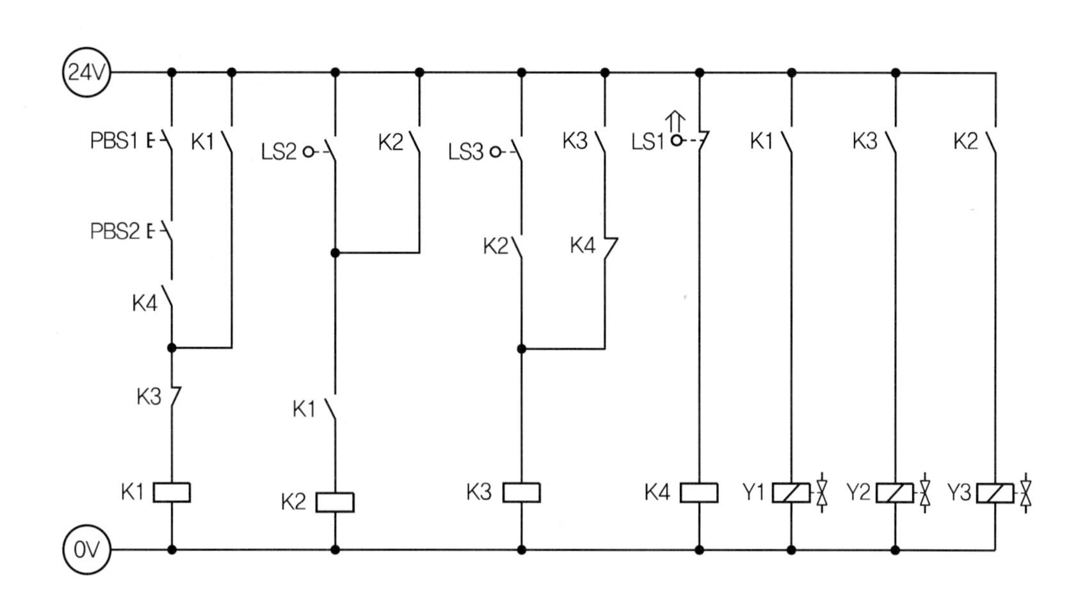

PART 02

유압 13	응용 해설

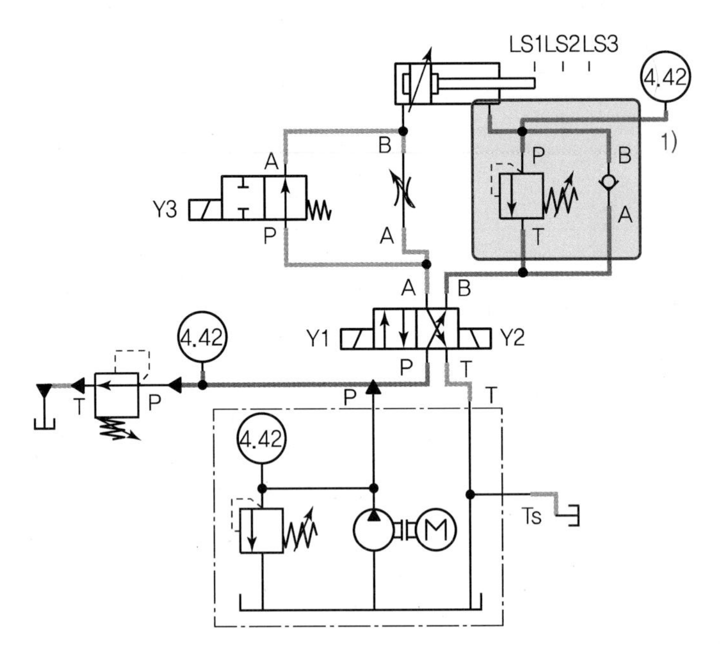

1) 실린더 전진 시 실린더 추락을 방지하기 위해 카운터 밸런스 밸브를 실린더 로드 측에 설치하고 압력게이지는 실린더 로드 측에 설치한다.(릴리프 밸브와 체크밸브를 조합하여 설치하며 반드시 체크밸브를 밸브방향에 설치함)

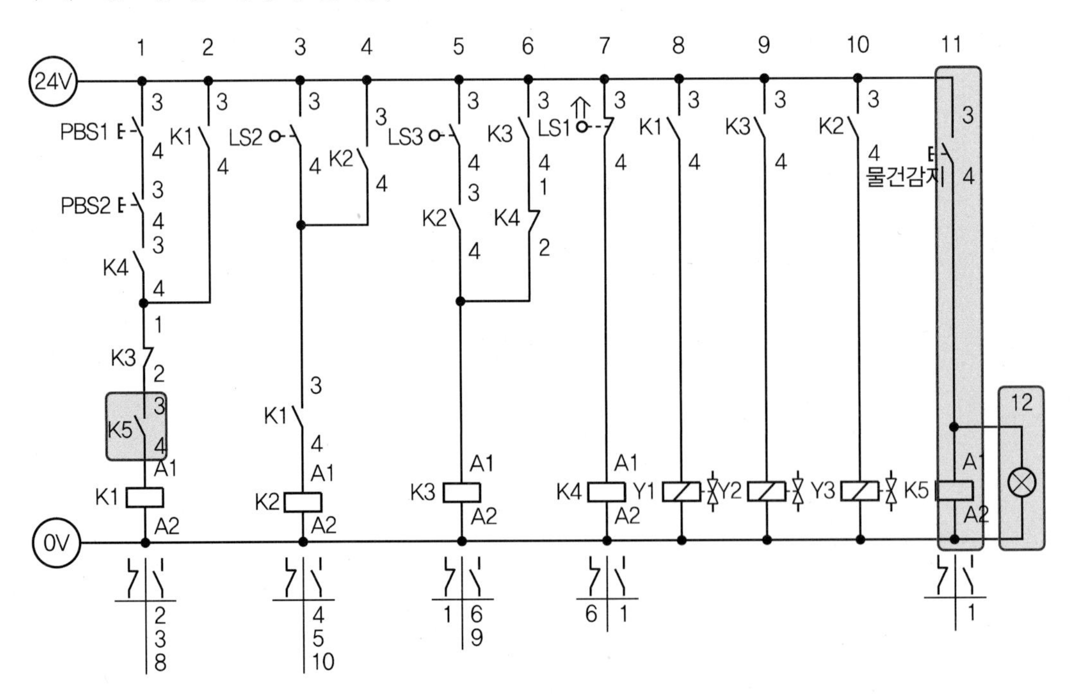

• 11번줄 리밋 스위치로 물건을 감지하기 위해 K5릴레이로 추가한다.

- 12번줄 램프를 추가한다.
- 1번줄 K5 a접점을 추가하여 제품이 있고 START 버튼을 누르면 작업이 시작되고 제품이 없으면 작업이 안 된다.

유압 13	응용 정답

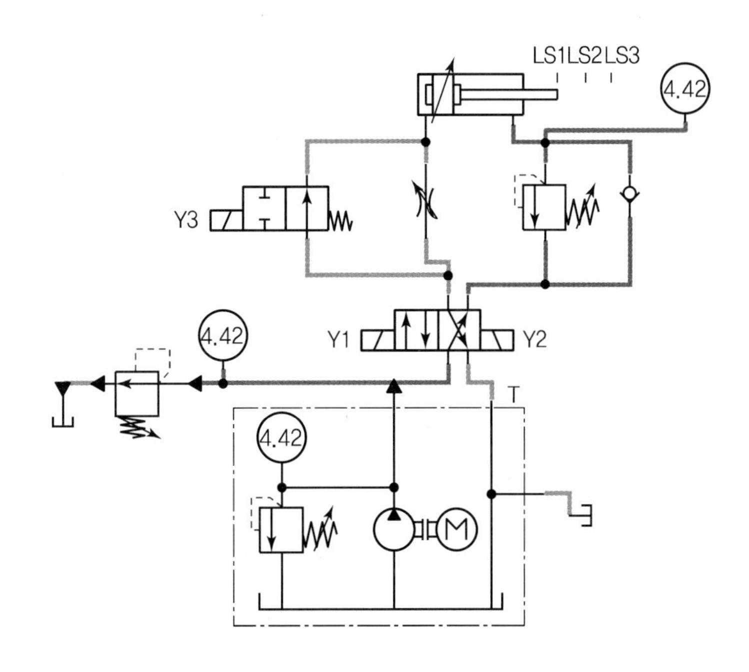

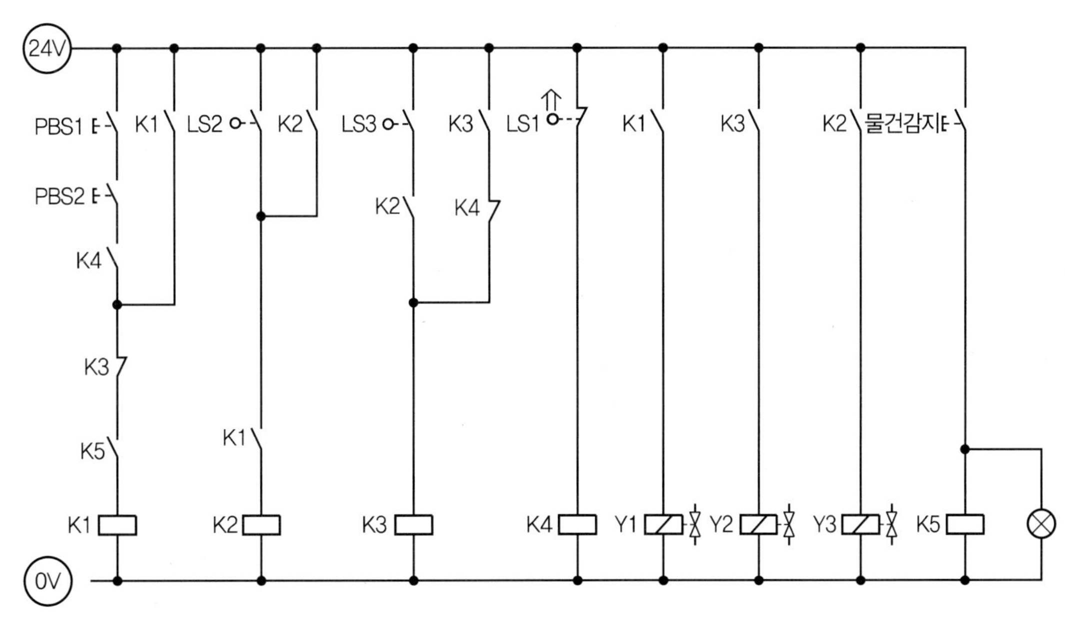

[공개] 14

국가기술자격 실기시험문제

자격종목	공유압기능사	과제명	공압회로구성 및 조립작업

※ 문제지는 시험종료 후 본인이 가져갈 수 있습니다.

비번호		시험일시		시험장명	

※ 시험시간 : 1시간 20분
- [제1과제] 공압회로 도면제작 : 20분
- [제2과제] 공압회로구성 및 조립작업 : 1시간

1. 요구사항

※ 지급된 재료 및 시설을 사용하여 아래 작업을 완성하시오.

가. 제1과제 : 공압회로 도면제작

1) 주어진 제어조건을 만족하는 공압회로도 및 전기회로도의 빈 부분(㉮, ㉯, ㉰)에 들어갈 기호를 제시된 【보기(공압)】에서 찾아 답안지(1)에 번호로 기입하고, 도면 중 ㉱ 부분의 용도 및 ㉲ 부분의 명칭을 답안지(1)에 작성하여 제출하시오.
(단, ㉱, ㉲가 지칭하는 부분은 관로, 스프링, 드레인 등의 세부 부속품이 아닌 독립적으로 역할을 하는 전체 부품임을 고려하여 답지를 작성합니다.)

2) 주어진 공압회로도를 참조하여 제어조건에 따른 변위단계선도를 답안지(2)에 완성하여 제출하시오.

나. 제2과제 : 공압회로구성 및 조립작업

1) 기본과제
가) 제1과제에서 작성한 공압회로도와 같이 주어진 공압기기를 선정하여 고정판에 배치하시오.
(단, 공압회로도 중 도면에 있는 차단밸브 이전 기기와 장치는 수험자가 구성하지 않습니다.)
나) 공압호스를 적절한 길이로 절단 사용하여 배치된 기기를 연결 · 완성하시오.
다) 전기회로도를 보고 전기회로작업을 완성하시오.
(단, 전기연결선 +는 적색으로, −는 청색 또는 흑색으로 연결하시오.)
라) 작업압력(서비스 유닛)을 (0.5±0.05)MPa로 설정하시오.

2) 응용과제
마) 감독위원이 지정한 압력(0.2~0.5MPa 범위에서 지정)으로 변경하시오.
바) 실린더 A 전진 시 일방향 유량조절밸브(모듈형 타입)를 사용하여 Meter−out 회로가 되도록 하고, 실린더 B 후진 시 급속배기밸브를 사용하여 실린더의 속도를 제어하시오.
사) 전기타이머를 사용하여 실린더 A가 전진 후 3초 뒤에 실린더 B가 후진하도록 전기회로를 구성하고 동작시키시오.

2. 수험자 유의사항

※ 다음의 유의사항을 고려하여 요구사항을 완성하시오.

1) 시험 시작 전 장비 이상 유무를 확인합니다.
2) 시험 중에는 반드시 감독위원의 지시에 따라야 하며, 시험시간 동안 감독위원의 지시가 없는 한 시험장을 임의로 이탈할 수 없습니다.
3) 공압, 유압 배관의 제거는 압력 공급을 차단한 후 실시하시기 바랍니다.
4) 시험에 필요한 기기 이외에 임의로 접촉하지 않도록 주의하시기 바랍니다.
5) 전기 연결의 합선 시에는 즉시 전원공급 장치의 전원을 차단하시기 바랍니다.
6) 실린더의 작동 부분에는 전선 및 호스가 접촉되지 않도록 주의하여야 합니다.
7) 수험자 인적사항 및 계산식을 포함한 답안작성은 흑색 필기구만 사용해야 하며, 그 외 연필류, 빨간색, 청색 등 필기구 및 수정테이프(액)를 사용해 작성한 답항은 0점 처리 되오니 불이익을 당하지 않도록 유의해 주시기 바랍니다.
8) 답안 정정 시에는 정정하고자 하는 단어에 두 줄(=)을 긋고 다시 작성하시기 바랍니다.
9) 변위단계선도의 작성 및 제출은 반드시 제1과제 시험시간 이내에 이루어져야 합니다.
10) 제2과제 평가는 먼저 기본과제(가~라)를 수행한 후 감독위원에게 평가받고, 그 이후에 응용과제(마~사)를 별도로 감독위원에게 평가받습니다.
11) 제2과제 평가는 감독위원 확인하에 한 번만 평가받을 수 있으며 재평가하지 않습니다. (단, 평가 시에는 전원이 유지된 상태에서 2회 동작 시도하여 동일하게 정상 동작이 되어야 하며, 1회만 동작하고 2회째 시도 시 정상적으로 동작하지 않으면 인정하지 않음)
12) 다음 사항에 대해서는 채점 대상에서 제외하니 특히 유의하시기 바랍니다.
   가) 기권
      (1) 수험자 본인이 수험 도중 시험에 대한 포기의사를 표하는 경우
      (2) 실기시험 과정 중 1개 과정이라도 불참한 경우
   나) 실격
      (1) 시설 · 장비의 조작 또는 재료의 취급이 미숙하여 위해를 일으킬 것으로 감독위원 전원이 합의하여 판단한 경우
      (2) 기능이 해당 등급 수준에 전혀 도달하지 못한 것으로 감독위원이 판단할 경우
      (3) 부정행위를 한 경우
   다) 미완성
      (1) 주어진 시험 시간을 초과하거나 시험 시간 내에 완성하지 못한 경우
      (2) 주어진 시간 내에 제출하였으나 기본과제가 작동하지 않은 경우
      (단, 전원 유지 상태에서 동작 시험 시 2회 이상 정상적으로 동작해야 함)
   라) 오작
      (1) 회로 구성 결과가 제어조건(기본과제)과 일치하지 않는 작품
      (2) 문제지의 공압회로도와 전기회로도의 구성부품과 실제 회로작업에서 사용한 구성부품이 상이한 경우(단, 수험자가 제1과제에서 선택하는 부분은 오작대상에서 제외)

3. 도면(공압회로)

□ 제어조건

공기압 실린더를 이용하여 자동으로 호퍼에 담긴 사료를 아래로 일정량만큼 공급하고자 한다. 실린더 A와 B는 초기에 전진하여 있고(위치도 1), 누름 버튼 스위치(PBS)를 1회 ON-OFF하면 실린더 A가 후진하여 사료를 실린더 B로 내려 보낸 다음(위치도 2) 전진한다. 그 후 실린더 B가 후진하여 곡물을 아래로 내려 보낸 후(위치도 3) 전진한다.

○ 위치도

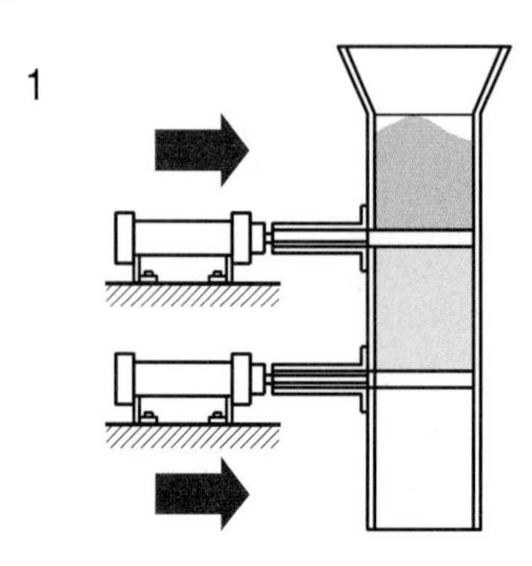

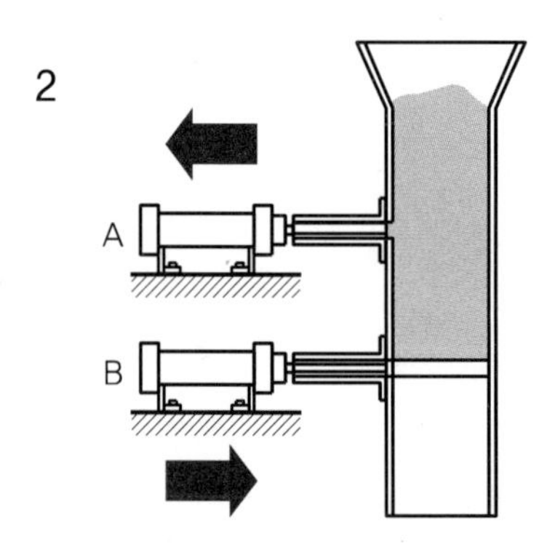

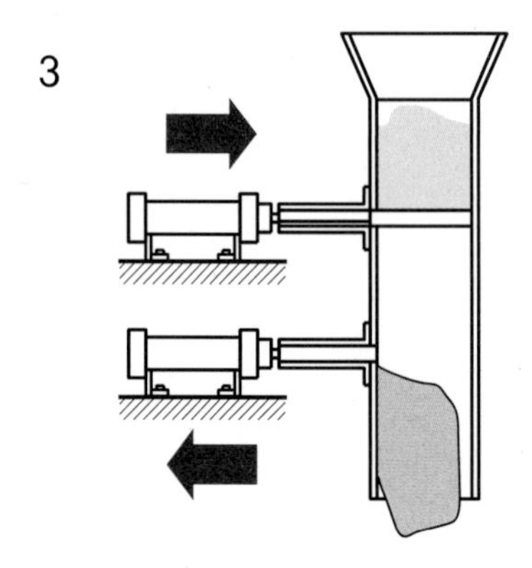

○ 공압회로도

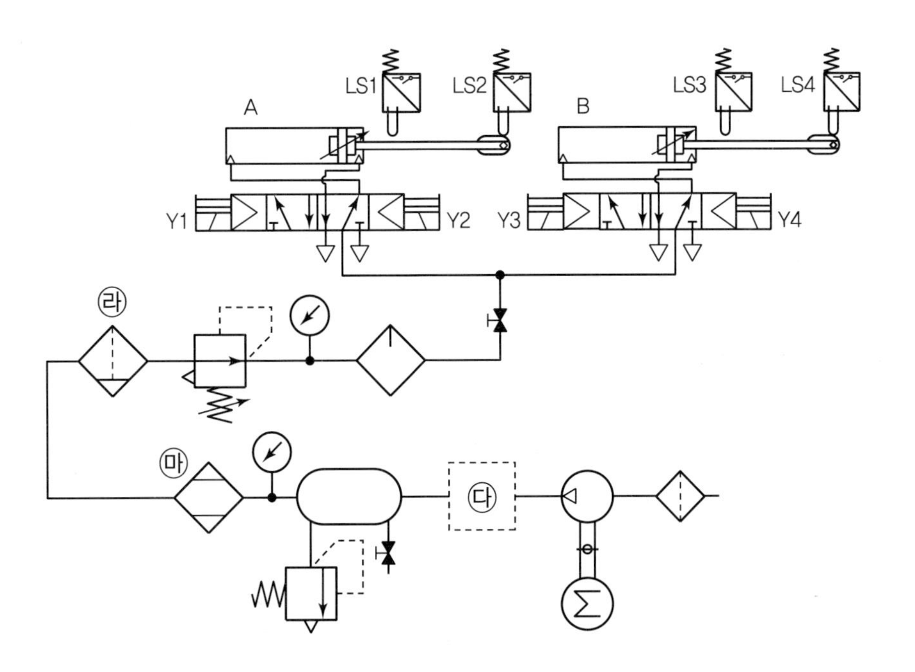

LS1
LS2
LS3
LS4
A
B
Y1
Y2
Y3
Y4
㉣
㉤
㉢

○ 전기회로도

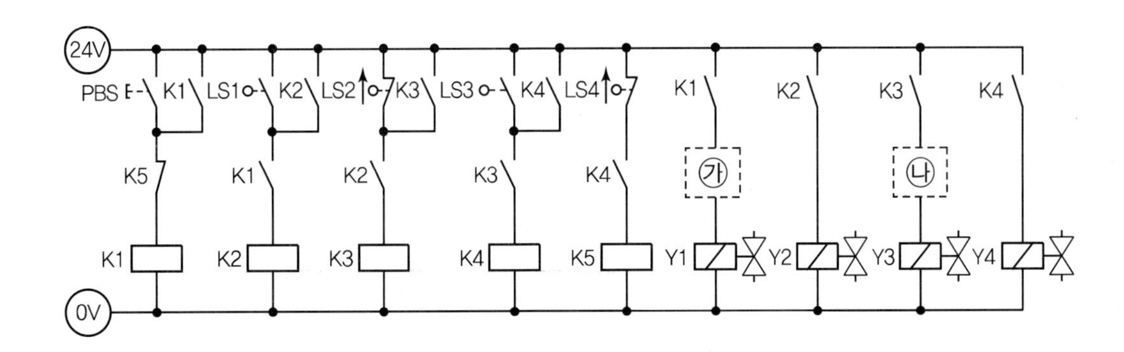

24V
PBS
K1
LS1
K2
LS2
K3
LS3
K4
LS4
K5
㉮
㉯
Y1
Y2
Y3
Y4
0V

공압 14	정답

㉮ 35　　　㉯ 37　　　㉰ 4

㉱ 공기 중의 이물질 제거　　　㉲ 공기건조기

공압 14	변위단계선도	정답

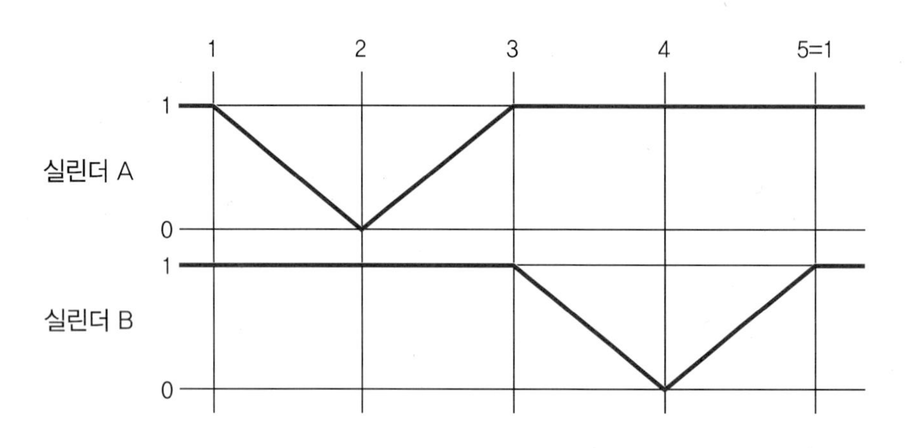

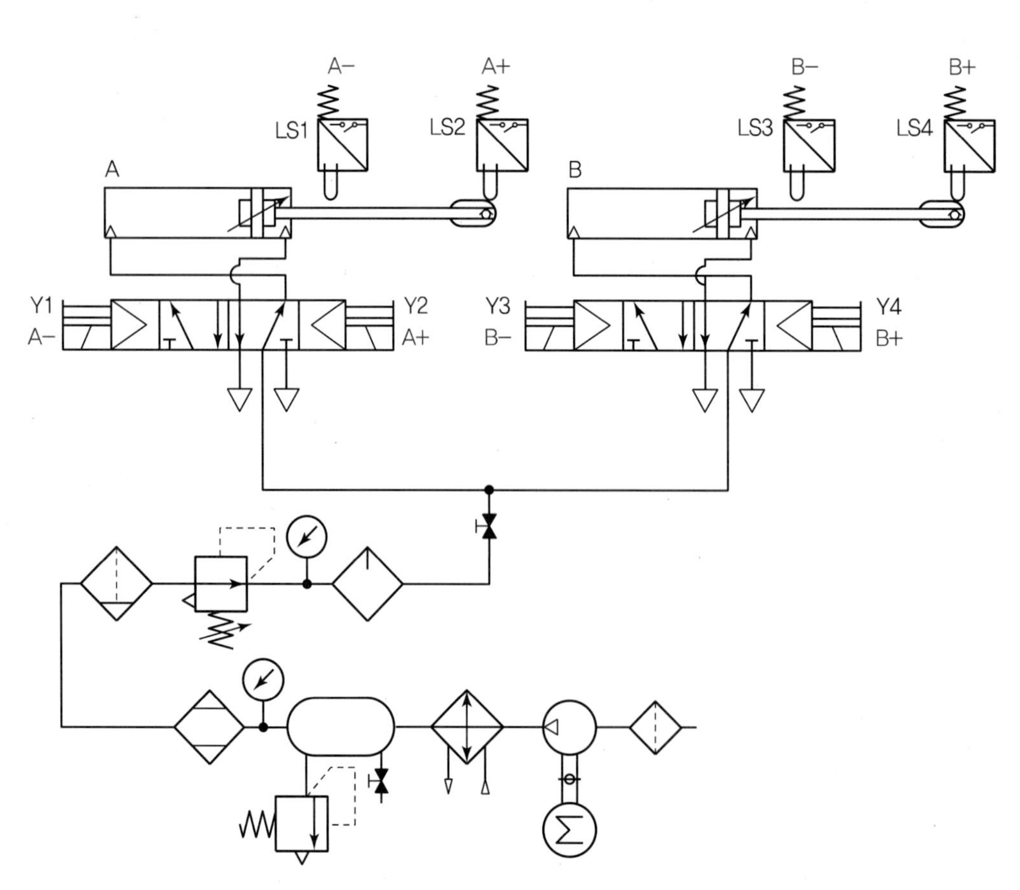

• **빈칸** ㉰ 후부냉각기가 필요

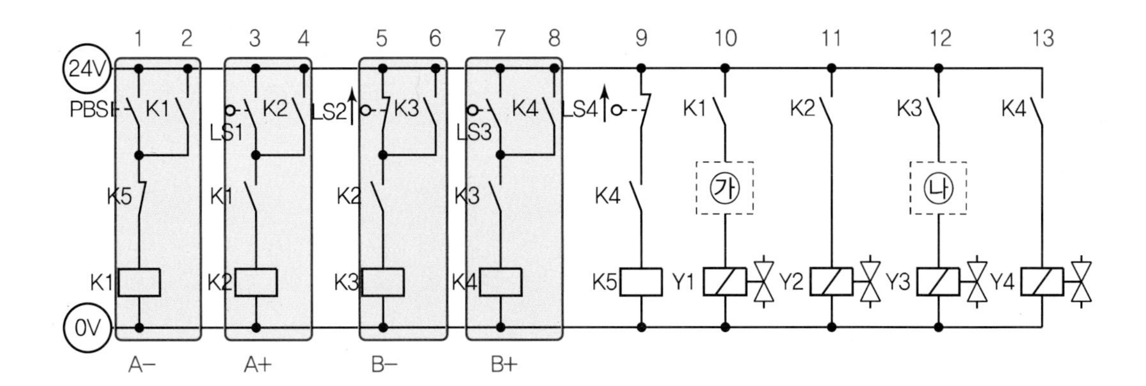

• 1번줄 K1릴레이는 3번줄 LS1이 되기 위하기 때문에 A후진(A−), 2번줄 자기유지
• 3번줄 K2릴레이는 5번줄 LS2가 되기 위하기 때문에 A전진(A+), 4번줄 자기유지
• 5번줄 K3릴레이는 7번줄 LS3이 되기 위하기 때문에 B후진(B−), 6번줄 자기유지
• 7번줄 K4릴레이는 1번줄 LS4가 되기 위하기 때문에 B전진(B+), 8번줄 자기유지
• 10번줄 A양솔밸브는 A후진(A−)을 위해 K1 a접점으로 Y1솔레노이드 ON
• 11번줄 A양솔밸브는 A전진(A+)을 위해 K2 a접점으로 Y2솔레노이드를 ON시키면서 10번줄 **빈칸** ㉮의 K2 b접점으로 Y1솔레노이드를 OFF시켜야만 전후진이 동시에 일어나지 않음
• 12번줄 B양솔밸브는 B후진(B−)을 위해 K3 a접점으로 Y3솔레노이드 ON
• 13번줄 B양솔밸브는 B전진(B+)을 위해 K4 a접점으로 Y4솔레노이드를 ON시키면서 12번줄 **빈칸** ㉯의 K4 b접점으로 Y3솔레노이드를 OFF시켜야만 전후진이 동시에 일어나지 않음

공압 14	기본 정답

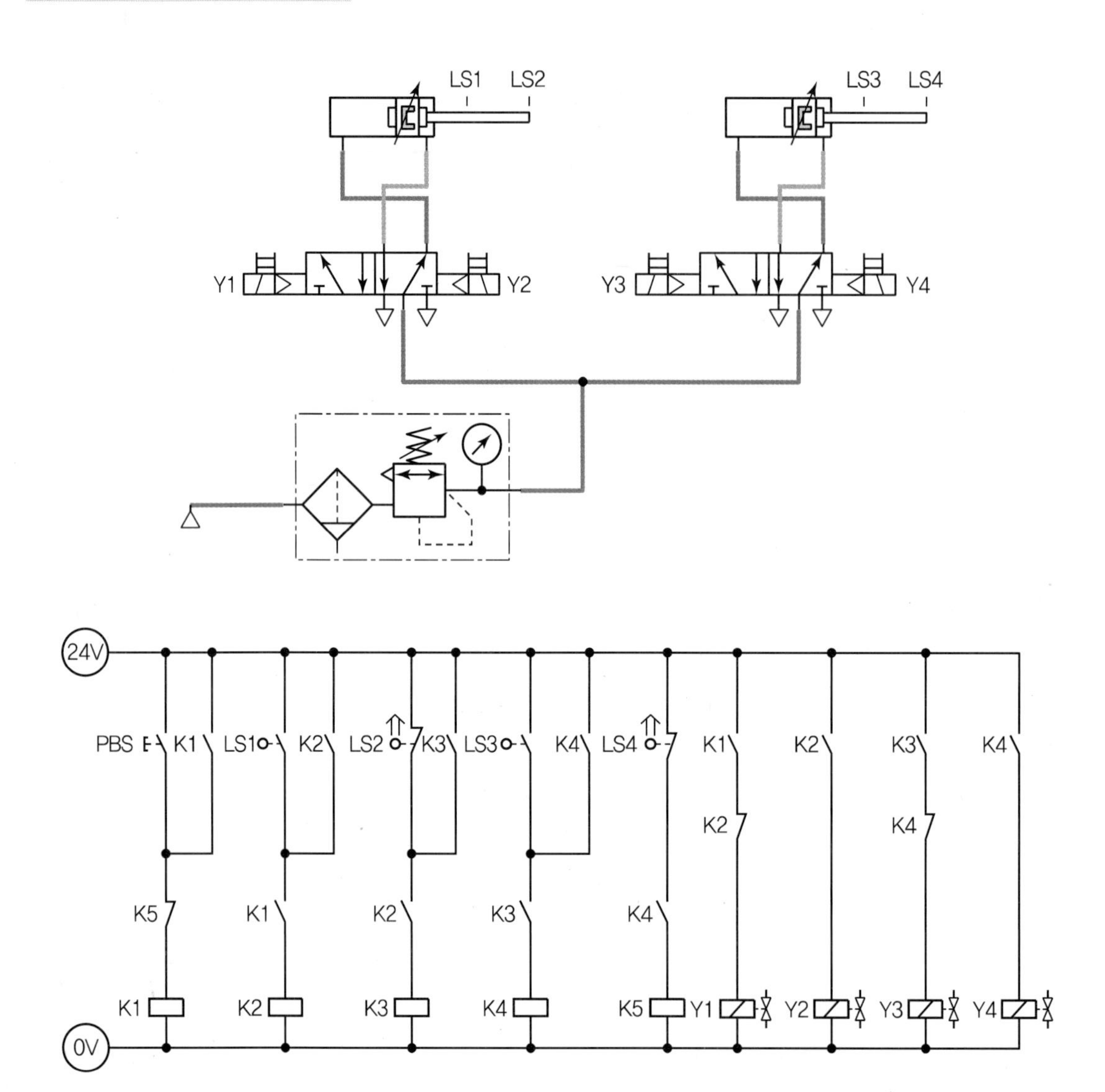

LS1
LS2
LS3
LS4
Y1
Y2
Y3
Y4
24V
0V
PBS
K1
LS1
K2
LS2
K3
LS3
K4
LS4
K1
K2
K3
K4
K2
K4
K5
K1
K2
K3
K4
K1
K2
K3
K4
K5
Y1
Y2
Y3
Y4

공압 14	응용 해설

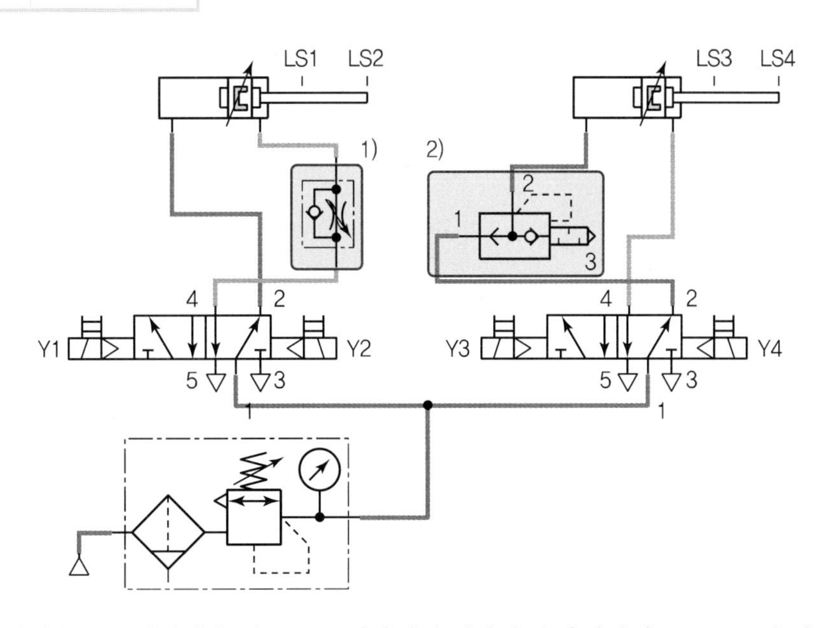

1) A 실린더 전진속도를 미터아웃 회로로 조절하려면 일방향 유량제어밸브를 로드 측에, 체크밸브를 밸브방향에 설치한다.

2) B 실린더 급속후진을 위해 급속배기밸브를 헤드 측에 설치한다.

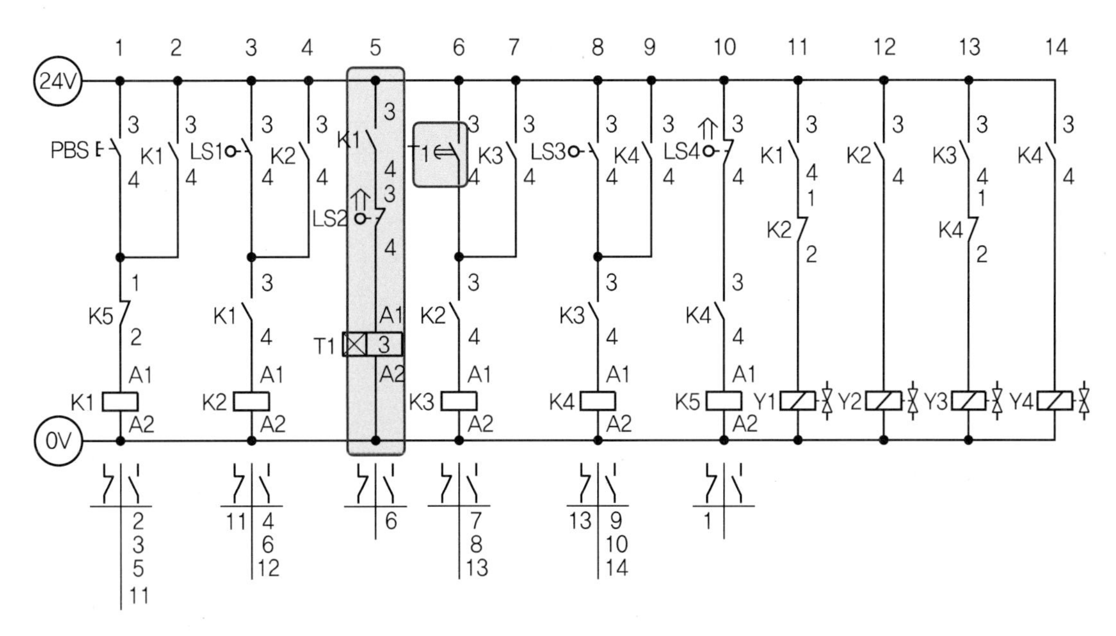

• 5번줄 첫 번째 스텝인 K1 a접점과 A전진(A+)을 감지하는 LS2를 거쳐 ON delay 타이머를 추가한다.

• 6번줄 ON delay 타이머 T1 a접점을 추가하여 3초 후 K3릴레이가 ON되면서 13번줄 K3 a접점이 ON되면 Y3솔레노이드가 ON되면서 B후진(B−)된다.

공압 14	응용 정답

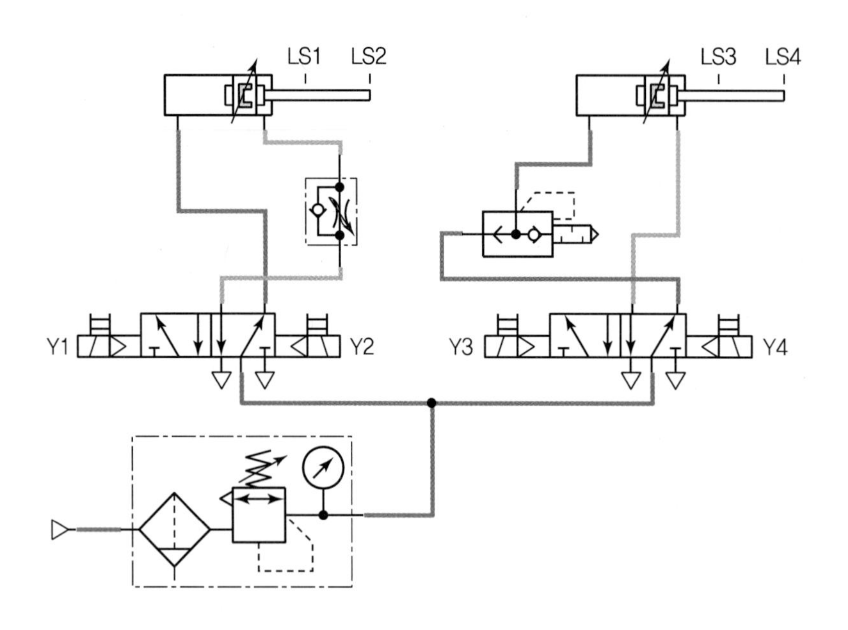

LS1
LS2
LS3
LS4
Y1
Y2
Y3
Y4

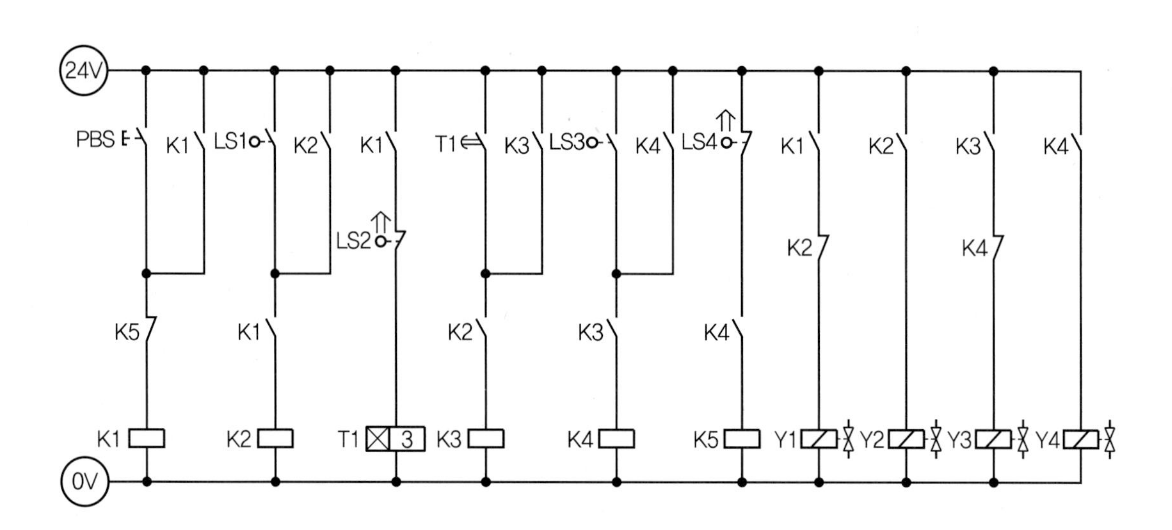

24V
0V
PBS
K1
LS1
K2
K1
LS2
T1
K3
LS3
K4
LS4
K1
K2
K3
K4
K5
K1
K2
K3
K4
K1
K2
T1
3
K3
K4
K5
Y1
Y2
Y3
Y4

[공개] 14

국가기술자격 실기시험문제

자격종목	공유압기능사	과제명	유압회로구성 및 조립작업

※ 문제지는 시험종료 후 본인이 가져갈 수 있습니다.

비번호		시험일시		시험장명	

※ 시험시간 : 1시간 10분
- [제3과제] 유압회로 도면제작 : 10분
- [제4과제] 유압회로구성 및 조립작업 : 1시간

1. 요구사항

※ 지급된 재료 및 시설을 사용하여 아래 작업을 완성하시오.

가. 제3과제 : 유압회로 도면제작

1) 주어진 제어조건을 만족하는 유압회로도 및 전기회로도의 빈 부분(㉮, ㉯, ㉰)에 들어갈 기호를 제시된 【보기(유압)】에서 찾아 답안지(3)에 번호로 기입하고, 도면 중 ㉱ 부분의 명칭 및 ㉲ 부분의 용도를 답안지(3)에 작성하여 제출하시오.
(단, ㉱, ㉲가 지칭하는 부분은 관로, 스프링, 드레인 등의 세부 부속품이 아닌 독립적으로 역할을 하는 전체 부품임을 고려하여 답지를 작성합니다.)

나. 제4과제 : 유압회로구성 및 조립작업

1) 기본과제
  가) 제3과제에서 작성한 유압도면과 같이 주어진 유압기기를 선정하여 고정판에 배치하시오.
  (단, 도면에 일점쇄선 부분은 수험자가 구성하지 않습니다.)
  나) 유압호스를 사용하여 배치된 기기를 연결 · 완성하시오.
  다) 전기회로도를 보고 전기회로작업을 완성하시오.
  (단, 전기연결선 +는 적색으로, −는 청색 또는 흑색으로 연결하시오.)
  라) 유압회로 내의 최고압력을 (4±0.2)MPa로 설정하시오.

2) 응용과제
  마) 실린더의 전진 시 과도한 압력에 의하여 공작물이 파손되는 것을 방지하기 위하여 감압밸브와 압력게이지를 사용하여 압력을 (2±0.2)MPa로 변경하시오.
  바) 비상정지 스위치(PBS3)와 부저를 사용하여 실린더의 동작 중 비상정지 스위치(PBS3)를 On−Off하면 실린더가 즉시 정지하고, 부저가 On하여 비상정지 상태를 나타내도록 하고, 비상정지 해제 스위치(PBS4)를 On−Off하면 부저가 Off되고, 실린더가 후진하여 초기화되도록 전기회로를 재구성하시오.

2. 수험자 유의사항

※ 다음의 유의사항을 고려하여 요구사항을 완성하시오.

1) 시험 시작 전 장비 이상 유무를 확인합니다.
2) 시험 중에는 반드시 감독위원의 지시에 따라야 하며, 시험시간 동안 감독위원의 지시가 없는 한 시험장을 임의로 이탈할 수 없습니다.
3) 공압, 유압 배관의 제거는 압력 공급을 차단한 후 실시하시기 바랍니다.
4) 시험에 필요한 기기 이외에 임의로 접촉하지 않도록 주의하시기 바랍니다.
5) 전기 연결의 합선 시에는 즉시 전원공급 장치의 전원을 차단하시기 바랍니다.
6) 실린더의 작동 부분에는 전선 및 호스가 접촉되지 않도록 주의하여야 합니다.
7) 수험자 인적사항 및 계산식을 포함한 답안작성은 흑색 필기구만 사용해야 하며, 그 외 연필류, 빨간색, 청색 등 필기구 및 수정테이프(액)를 사용해 작성한 답항은 0점 처리 되오니 불이익을 당하지 않도록 유의해 주시기 바랍니다.
8) 답안 정정 시에는 정정하고자 하는 단어에 두 줄(=)을 긋고 다시 작성하시기 바랍니다.
9) 제4과제 평가는 먼저 기본과제(가~라)를 수행한 후 감독위원에게 평가받고, 그 이후에 응용과제(마~바)를 별도로 감독위원에게 평가받습니다.
10) 제4과제 평가는 감독위원 확인하에 한 번만 평가받을 수 있으며 재평가하지 않습니다.
    (단, 평가 시에는 전원이 유지된 상태에서 2회 동작 시도하여 동일하게 정상 동작이 되어야 하며, 1회만 동작하고 2회째 시도 시 정상적으로 동작하지 않으면 인정하지 않음)
11) 다음 사항에 대해서는 채점 대상에서 제외하니 특히 유의하시기 바랍니다.
    가) 기권
        (1) 수험자 본인이 수험 도중 시험에 대한 포기의사를 표하는 경우
        (2) 실기시험 과정 중 1개 과정이라도 불참한 경우
    나) 실격
        (1) 시설 · 장비의 조작 또는 재료의 취급이 미숙하여 위해를 일으킬 것으로 감독위원 전원이 합의하여 판단한 경우
        (2) 기능이 해당 등급 수준에 전혀 도달하지 못한 것으로 감독위원이 판단할 경우
        (3) 부정행위를 한 경우
    다) 미완성
        (1) 주어진 시험 시간을 초과하거나 시험 시간 내에 완성하지 못한 경우
        (2) 주어진 시간 내에 제출하였으나 기본과제가 작동하지 않은 경우
            (단, 전원 유지 상태에서 동작 시험 시 2회 이상 정상동작해야 함)
    라) 오작
        (1) 회로 구성 결과가 제어조건(기본과제)과 일치하지 않는 작품
        (2) 문제지의 유압회로도와 전기회로도의 구성부품과 실제 회로작업에서 사용한 구성부품이 상이한 경우
            (단, 수험자가 제3과제에서 선택하는 부분은 오작대상에서 제외)

3. 도면(유압회로)

□ 제어조건

유압 바이스를 제작하려고 한다. 누름 버튼 PBS1 스위치를 On－Off하면 램프 1이 켜지면서 실린더가 전진운동을 하고, 누름 버튼 PBS2 스위치를 On－Off하면 램프 2가 점등되고 실린더는 후진한다. 후진이 완료되면 램프 2가 소등된다.

○ 위치도

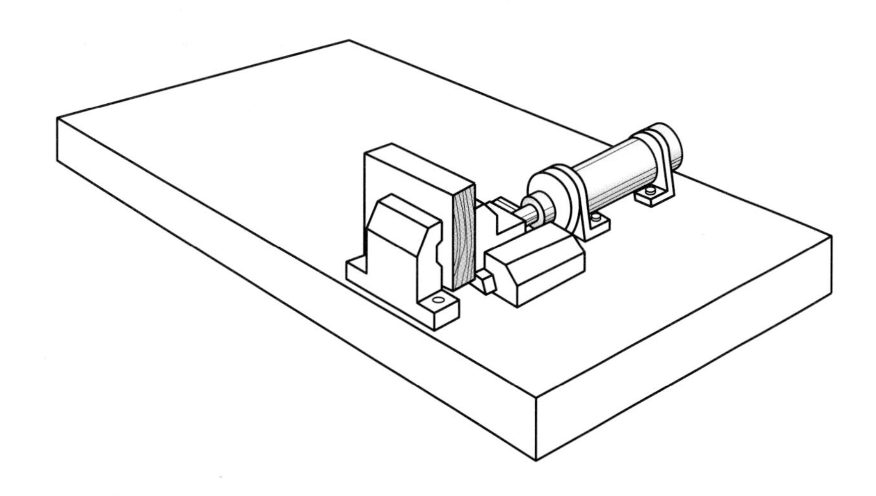

○ 유압회로도

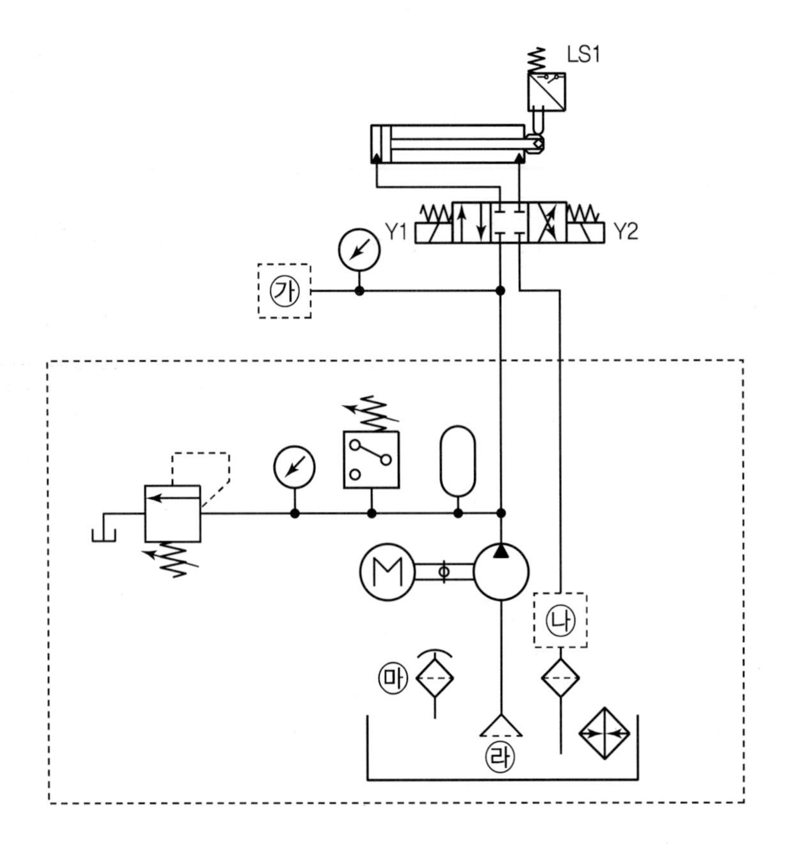

○ 전기회로도

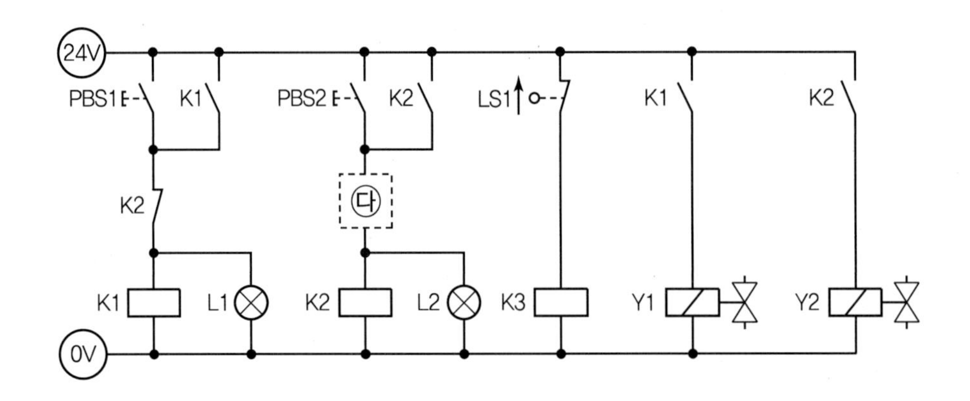

유압 14	정답

㉮ 8　　　　　㉯ 4　　　　　㉰ 37

㉱ 흡입관 필터　㉲ 오일탱크의 유면안정화

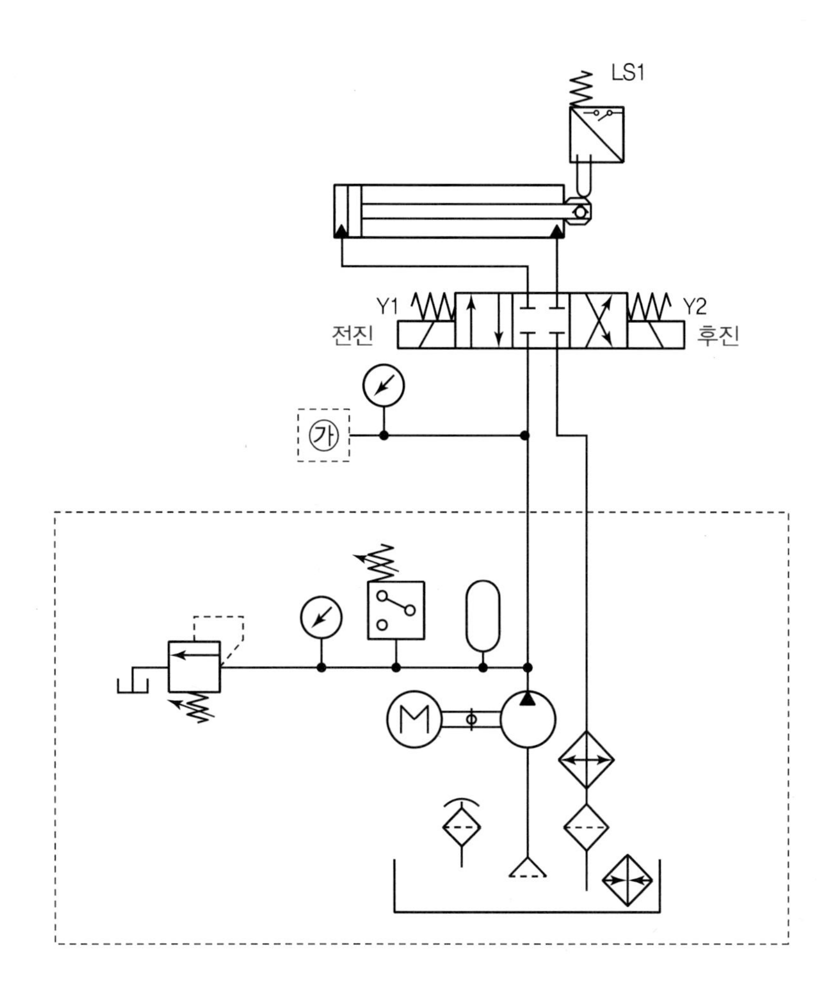

- **빈칸** ㉮ 릴리프 밸브와 오일 탱크가 필요
- **빈칸** ㉯ 오일냉각기가 필요
- 4/3way 양솔밸브의 Y1솔레노이드는 전진, Y2솔레노이드는 후진을 담당

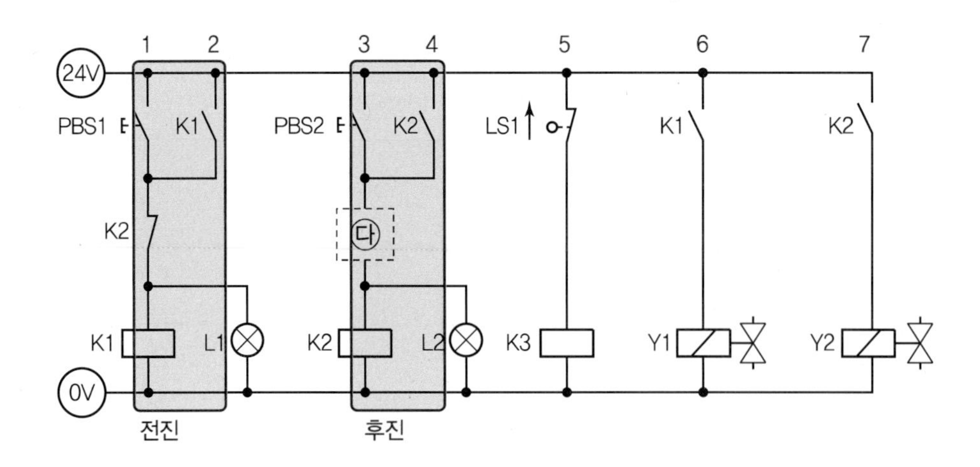

- 1번줄 PB1을 눌러주면 K1릴레이가 ON되면서 6번줄 K1 a접점이 ON되면 Y1솔레노이드에 의해 전진함과 동시에 전진램프 점등
- 3번줄 PB2를 눌러주면 K2릴레이가 ON되면서 7번줄 K2 a접점이 ON되면 Y2솔레노이드에 의해 후진함과 동시에 후진램프 점등
- **빈칸** ㉰의 5번줄에 후진을 감지하는 LS1과 K3릴레이에 의해 후진신호를 K3 b접점으로 끊어줌

유압 14	기본 정답

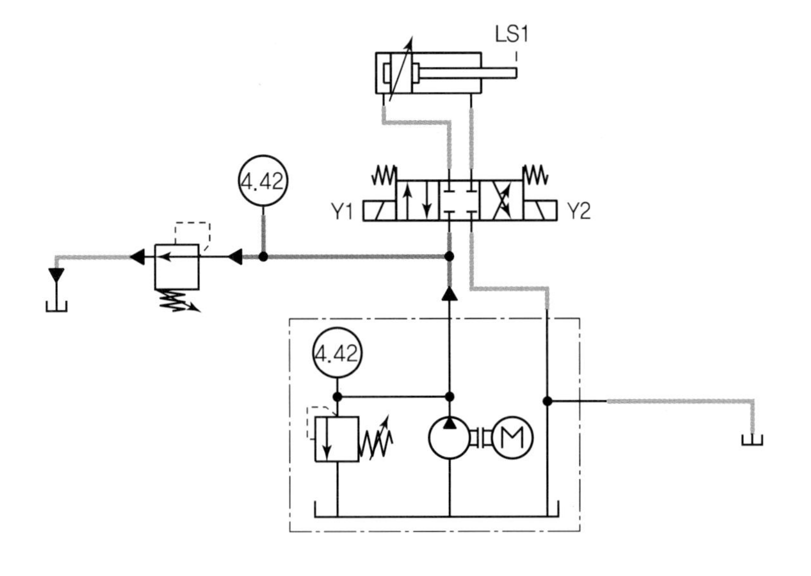

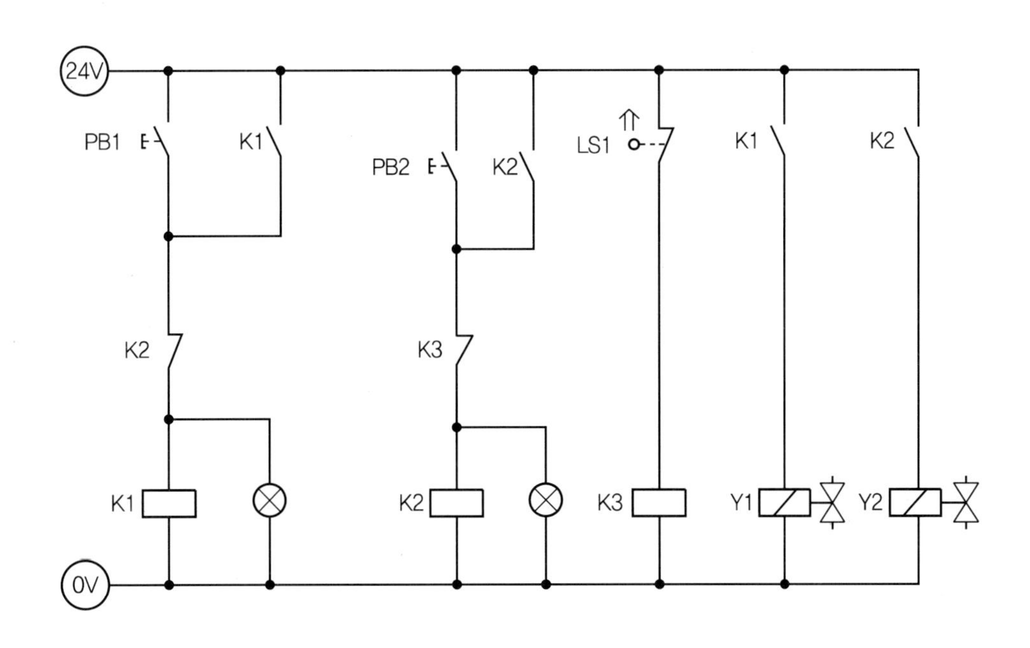

PART 02

유압 14	응용 해설

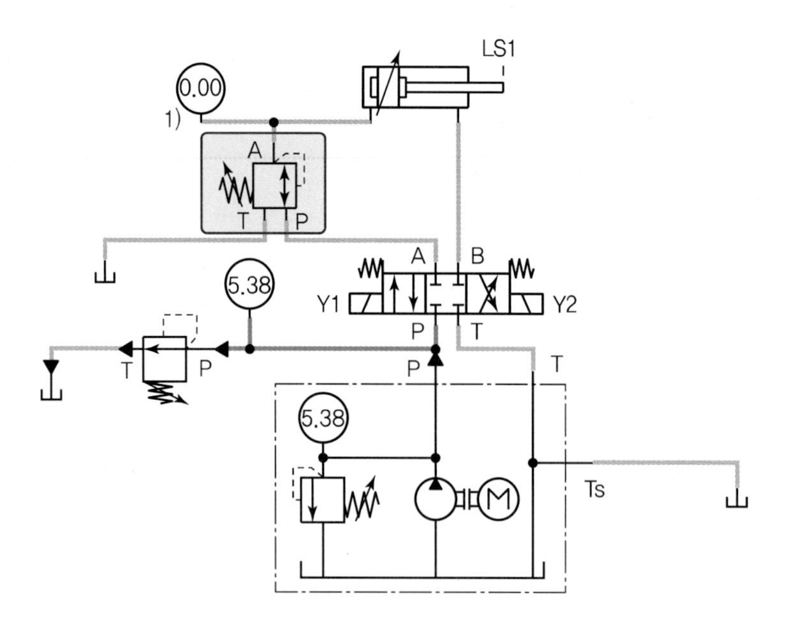

1) 실린더 전진 시 과도한 압력을 줄이기 위해 감압밸브를 실린더 헤드 측에 설치하고 압력게이지는 실린더와 감압밸브 사이에 설치한다.

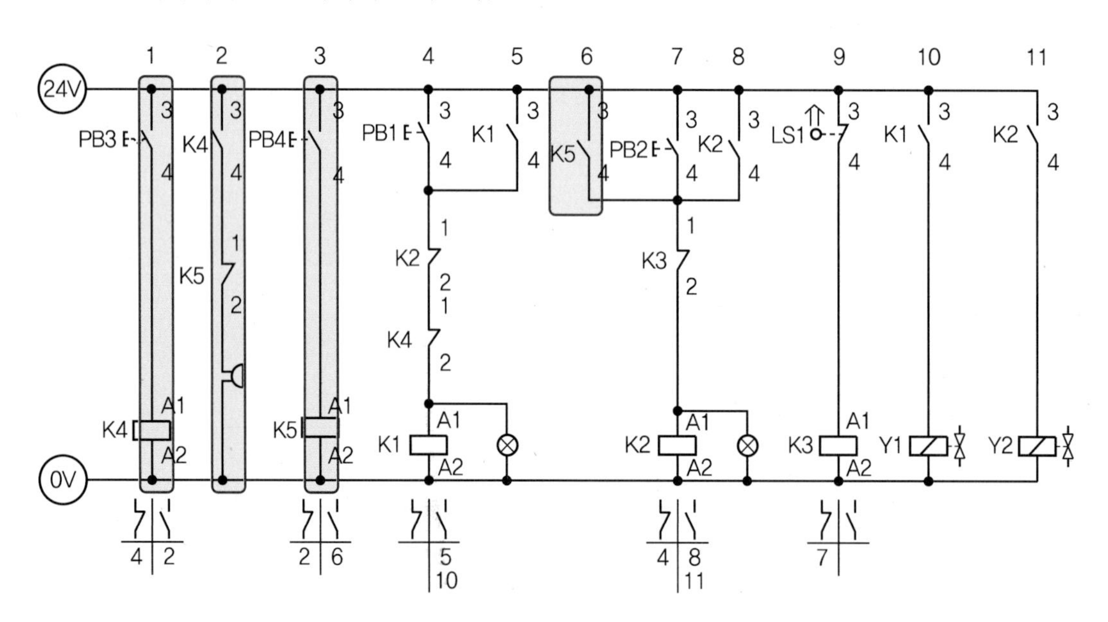

• 1번줄 PB3으로 비상정지 스위치와 K4릴레이를 추가한다.

• 2번줄 K4 a접점이 ON되면 부저음이 발생한다.

• 3번줄 PB4로 비상정지 해제스위치와 K5릴레이를 추가하고 2번줄 K5 b접점으로 부저음을 끊어준다.

• 6번줄 비상정지 해제스위치 PB4에 의해 K5릴레이가 ON되면 실린더가 후진하여 초기화되기 위해 K5 a접점을 추가한다.

유압 14	응용 정답

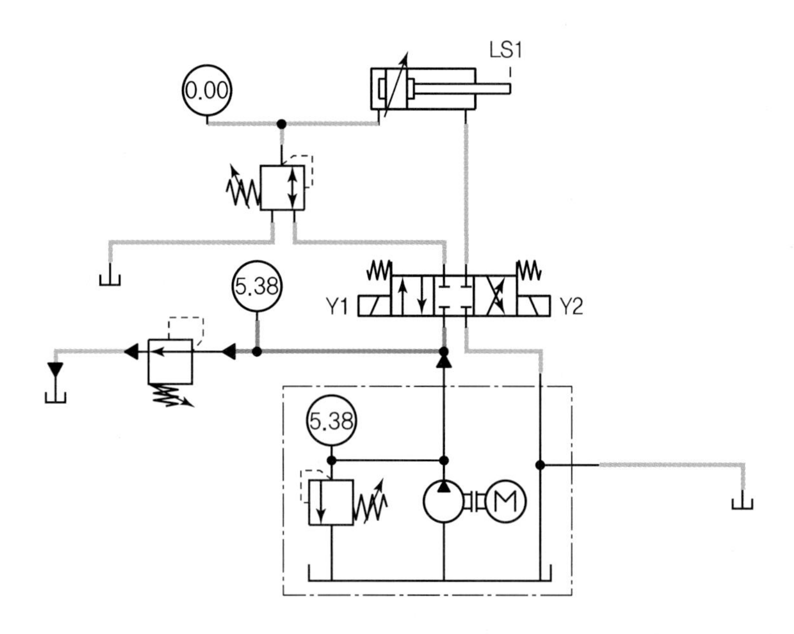

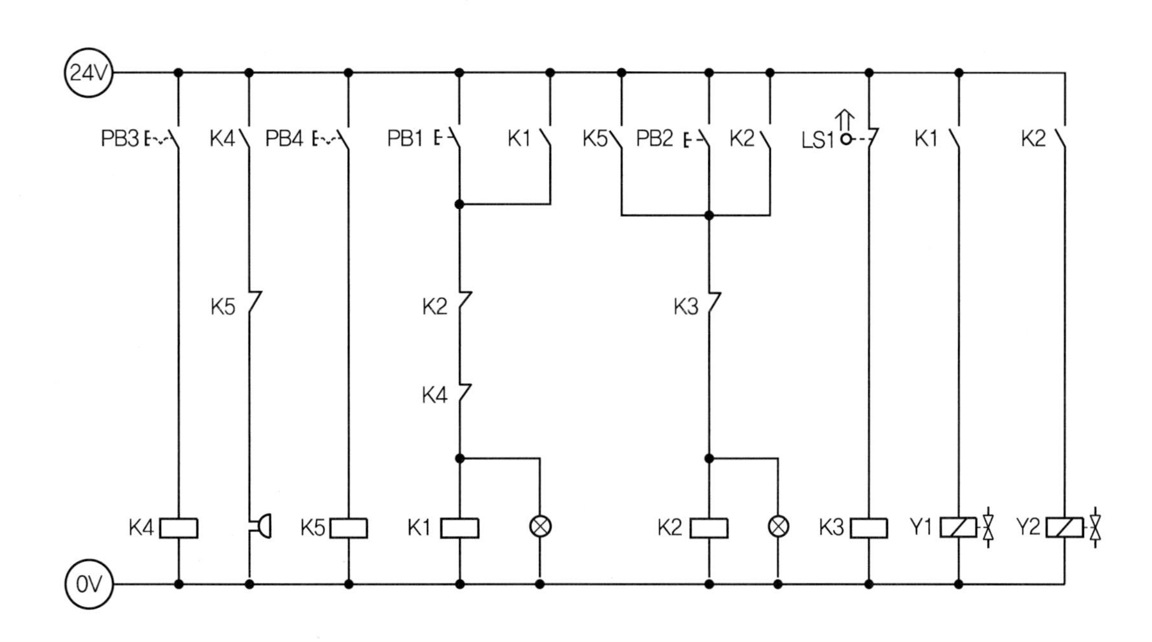

[공개] 15

국가기술자격 실기시험문제

자격종목	공유압기능사	과제명	공압회로구성 및 조립작업

※ 문제지는 시험종료 후 본인이 가져갈 수 있습니다.

비번호		시험일시		시험장명	

※ 시험시간 : 1시간 20분
- [제1과제] 공압회로 도면제작 : 20분
- [제2과제] 공압회로구성 및 조립작업 : 1시간

1. 요구사항

※ 지급된 재료 및 시설을 사용하여 아래 작업을 완성하시오.

가. 제1과제 : 공압회로 도면제작

1) 주어진 제어조건을 만족하는 공압회로도 및 전기회로도의 빈 부분(㉮, ㉯, ㉰)에 들어갈 기호를 제시된 【보기(공압)】에서 찾아 답안지(1)에 번호로 기입하고, 도면 중 ㉱ 부분의 용도 및 ㉲ 부분의 명칭을 답안지(1)에 작성하여 제출하시오.
(단, ㉱, ㉲가 지칭하는 부분은 관로, 스프링, 드레인 등의 세부 부속품이 아닌 독립적으로 역할을 하는 전체 부품임을 고려하여 답지를 작성합니다.)
2) 주어진 공압회로도를 참조하여 제어조건에 따른 변위단계선도를 답안지(2)에 완성하여 제출하시오.

나. 제2과제 : 공압회로구성 및 조립작업

1) 기본과제
가) 제1과제에서 작성한 공압회로도와 같이 주어진 공압기기를 선정하여 고정판에 배치하시오.
(단, 공압회로도 중 도면에 있는 차단밸브 이전 기기와 장치는 수험자가 구성하지 않습니다.)
나) 공압호스를 적절한 길이로 절단 사용하여 배치된 기기를 연결 · 완성하시오.
다) 전기회로도를 보고 전기회로작업을 완성하시오.
(단, 전기연결선 +는 적색으로, −는 청색 또는 흑색으로 연결하시오.)
라) 작업압력(서비스 유닛)을 (0.5±0.05)MPa로 설정하시오.
2) 응용과제
마) 감독위원이 지정한 압력(0.2~0.5MPa 범위에서 지정)으로 변경하시오.
바) 실린더 B 전진 시 일방향 유량조절밸브(모듈형)를 사용하여 Meter−out 회로가 되도록 하고, 실린더 A 후진 시 급속배기밸브를 사용하여 실린더의 속도를 제어하시오.
사) 회로도에서 실린더 B의 왕복운동을 제어하기 위하여 5/2way 스프링 복귀형 솔레노이드 밸브를 사용하였다. 이를 메모리 기능이 있는 5/2way 복동 솔레노이드 밸브를 사용하여 회로를 재구성한 후 동작시키시오.

2. 수험자 유의사항

※ 다음의 유의사항을 고려하여 요구사항을 완성하시오.

1) 시험 시작 전 장비 이상 유무를 확인합니다.
2) 시험 중에는 반드시 감독위원의 지시에 따라야 하며, 시험시간 동안 감독위원의 지시가 없는 한 시험장을 임의로 이탈할 수 없습니다.
3) 공압, 유압 배관의 제거는 압력 공급을 차단한 후 실시하시기 바랍니다.
4) 시험에 필요한 기기 이외에 임의로 접촉하지 않도록 주의하시기 바랍니다.
5) 전기 연결의 합선 시에는 즉시 전원공급 장치의 전원을 차단하시기 바랍니다.
6) 실린더의 작동 부분에는 전선 및 호스가 접촉되지 않도록 주의하여야 합니다.
7) 수험자 인적사항 및 계산식을 포함한 답안작성은 흑색 필기구만 사용해야 하며, 그 외 연필류, 빨간색, 청색 등 필기구 및 수정테이프(액)를 사용해 작성한 답항은 0점 처리되오니 불이익을 당하지 않도록 유의해 주시기 바랍니다.
8) 답안 정정 시에는 정정하고자 하는 단어에 두 줄(=)을 긋고 다시 작성하시기 바랍니다.
9) 변위단계선도의 작성 및 제출은 반드시 제1과제 시험시간 이내에 이루어져야 합니다.
10) 제2과제 평가는 먼저 기본과제(가~라)를 수행한 후 감독위원에게 평가받고, 그 이후에 응용과제(마~사)를 별도로 감독위원에게 평가받습니다.
11) 제2과제 평가는 감독위원 확인하에 한 번만 평가받을 수 있으며 재평가하지 않습니다. (단, 평가 시에는 전원이 유지된 상태에서 2회 동작 시도하여 동일하게 정상 동작이 되어야 하며, 1회만 동작하고 2회째 시도 시 정상적으로 동작하지 않으면 인정하지 않음)
12) 다음 사항에 대해서는 채점 대상에서 제외하니 특히 유의하시기 바랍니다.
    가) 기권
        (1) 수험자 본인이 수험 도중 시험에 대한 포기의사를 표하는 경우
        (2) 실기시험 과정 중 1개 과정이라도 불참한 경우
    나) 실격
        (1) 시설 · 장비의 조작 또는 재료의 취급이 미숙하여 위해를 일으킬 것으로 감독위원 전원이 합의하여 판단한 경우
        (2) 기능이 해당 등급 수준에 전혀 도달하지 못한 것으로 감독위원이 판단할 경우
        (3) 부정행위를 한 경우
    다) 미완성
        (1) 주어진 시험 시간을 초과하거나 시험 시간 내에 완성하지 못한 경우
        (2) 주어진 시간 내에 제출하였으나 기본과제가 작동하지 않은 경우
        (단, 전원 유지 상태에서 동작 시험 시 2회 이상 정상적으로 동작해야 함)
    라) 오작
        (1) 회로 구성 결과가 제어조건(기본과제)과 일치하지 않는 작품
        (2) 문제지의 공압회로도와 전기회로도의 구성부품과 실제 회로작업에서 사용한 구성부품이 상이한 경우(단, 수험자가 제1과제에서 선택하는 부분은 오작대상에서 제외)

3. 도면(공압회로)

□ 제어조건

시작스위치(PBS)를 On－Off하면 실린더 A가 중력매거진에서 떨어진 부품을 밀어낸 후 즉시 복귀한다. 복귀하고 나면 실린더 B가 전진을 해서 부품을 아래 칸으로 밀어낸다. 밀어낸 후 복귀하면서 시스템이 종료된다.

○ 위치도

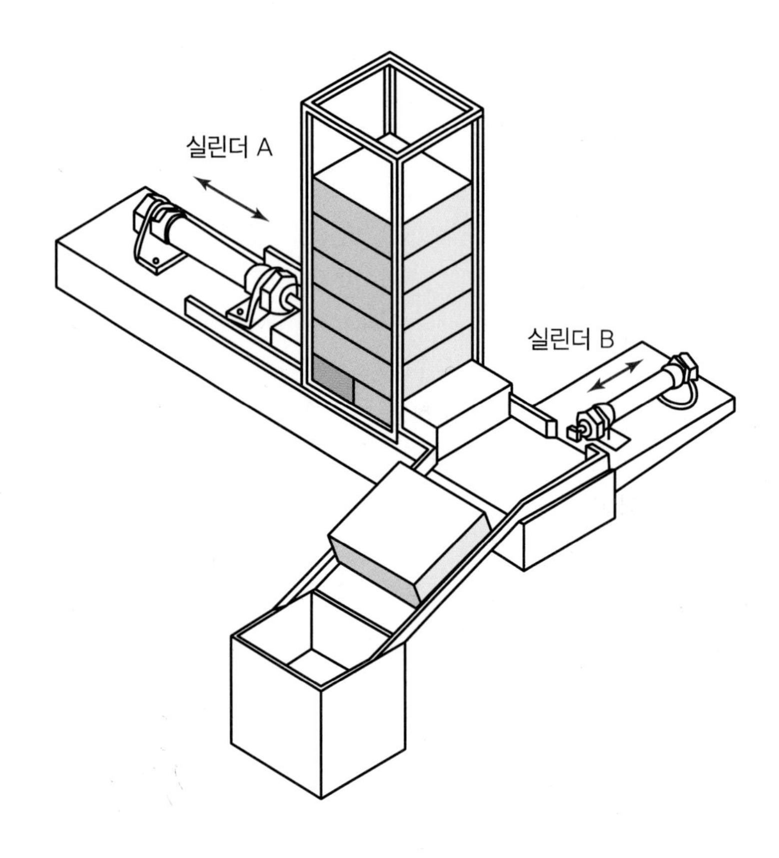

○ 공압회로도

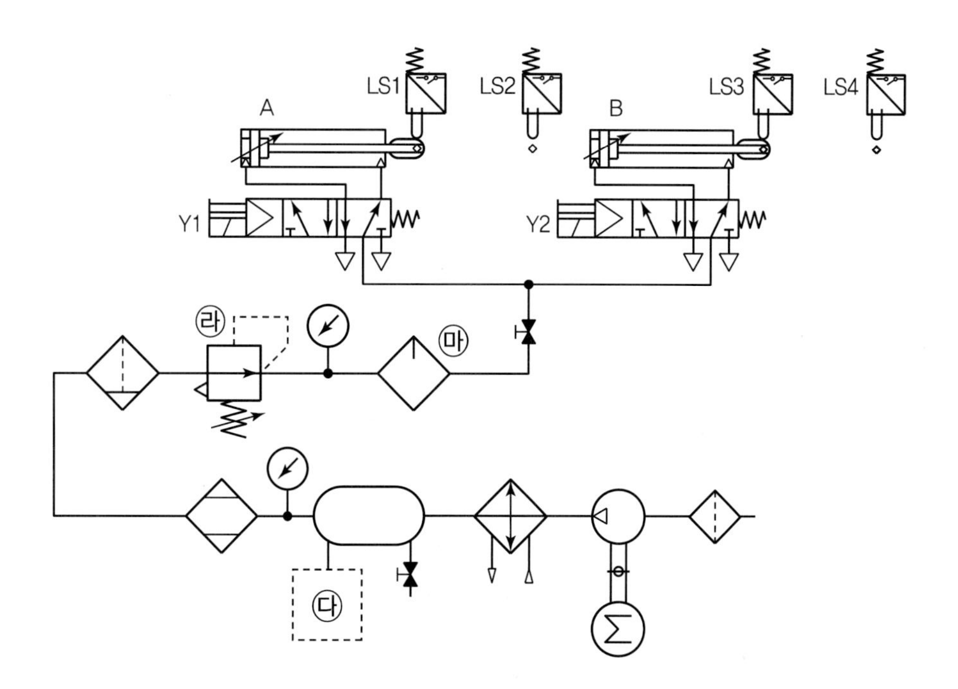
LS1
LS2
LS3
LS4
A
B
Y1
Y2
㉣
㉤
㉢

○ 전기회로도

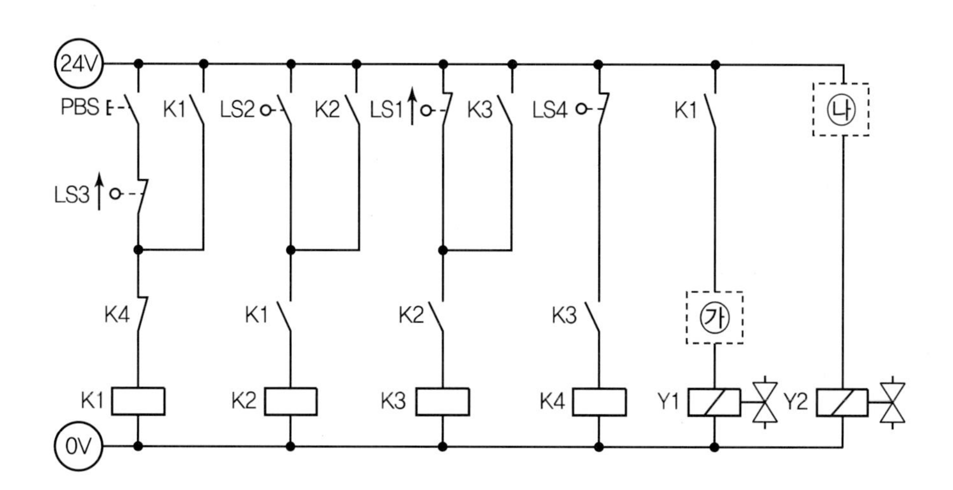
24V
PBS
K1
LS2
K2
LS1
K3
LS4
K1
㉯
LS3
K4
K1
K2
K3
㉮
K1
K2
K3
K4
Y1
Y2
0V

공압 15	정답

㉮ 35 ㉯ 32 ㉰ 9

㉱ 설정압력으로 공압조절 ㉲ 윤활기

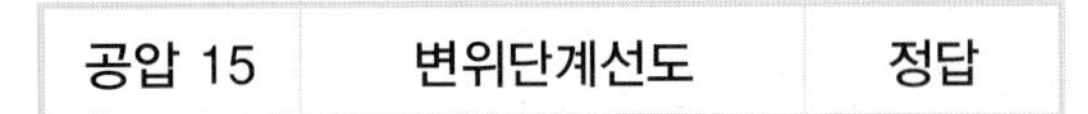

공압 15	변위단계선도	정답

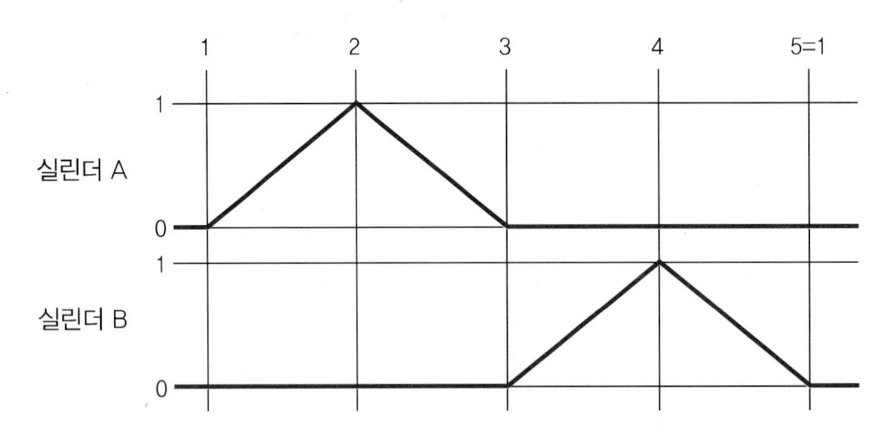

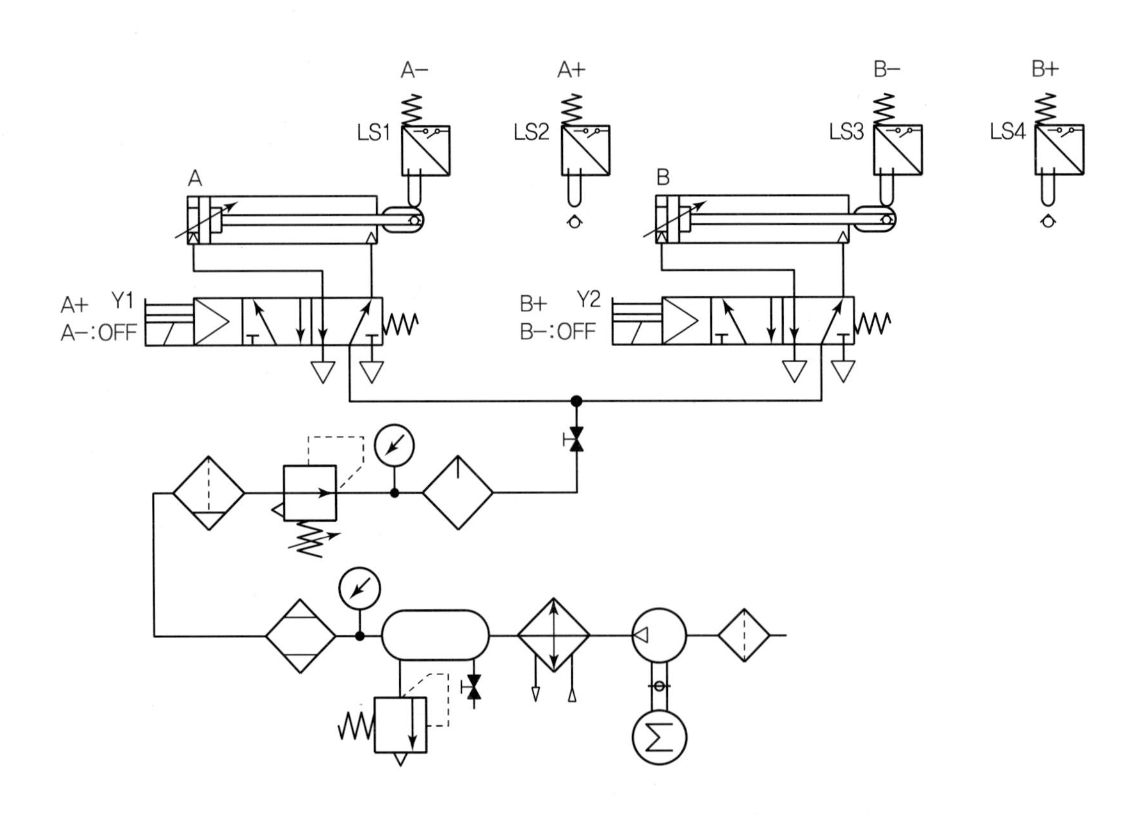

• **빈칸** ㉰ 안전밸브가 필요

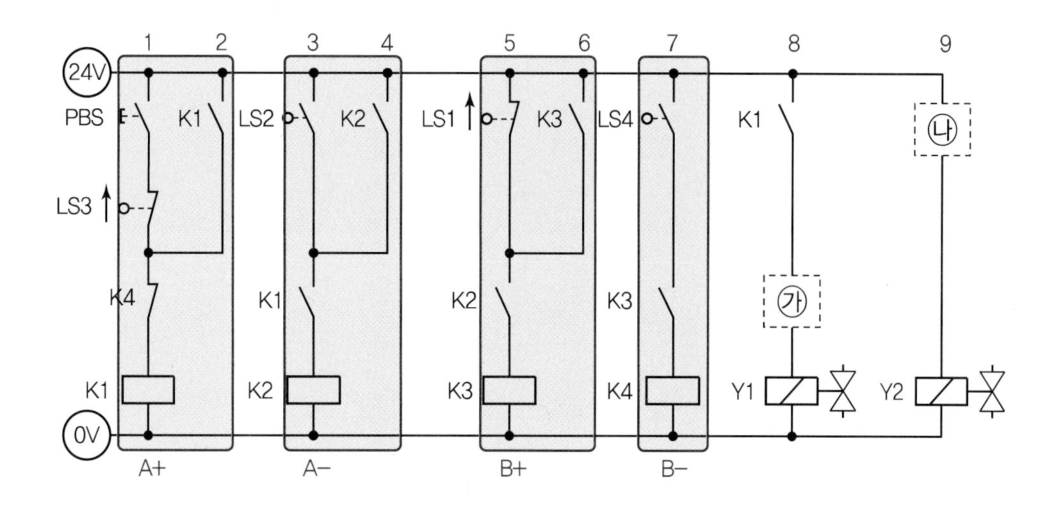

- 1번줄 K1릴레이는 3번줄 LS2가 되기 위하기 때문에 A전진(A+), 2번줄 자기유지
- 3번줄 K2릴레이는 5번줄 LS1이 되기 위하기 때문에 A후진(A−), 4번줄 자기유지
- 5번줄 K3릴레이는 7번줄 LS4가 되기 위하기 때문에 B전진(B+), 6번줄 자기유지
- 7번줄 K4릴레이는 1번줄 LS3이 되기 위하기 때문에 B후진(B−)
- 8번줄 A편솔밸브는 A전진(A+)을 위해 K1 a접점으로 Y1솔레노이드 ON,
  A후진(A−)을 위해 **빈칸** ㉮의 K2 b접점으로 Y1솔레노이드 OFF
- 9번줄 B편솔밸브는 B전진(B+)을 위해 **빈칸** ㉯의 K3 a접점으로 Y2솔레노이드 ON,
  B후진(B−)은 7번줄 K4릴레이가 ON됨과 동시에 1번줄 K4 b접점이 떨어지면서 순차적으로 모든 릴레이가 OFF되면 9번줄 K3 a접점이 OFF되면서 후진이 이루어짐

공압 15	기본 정답

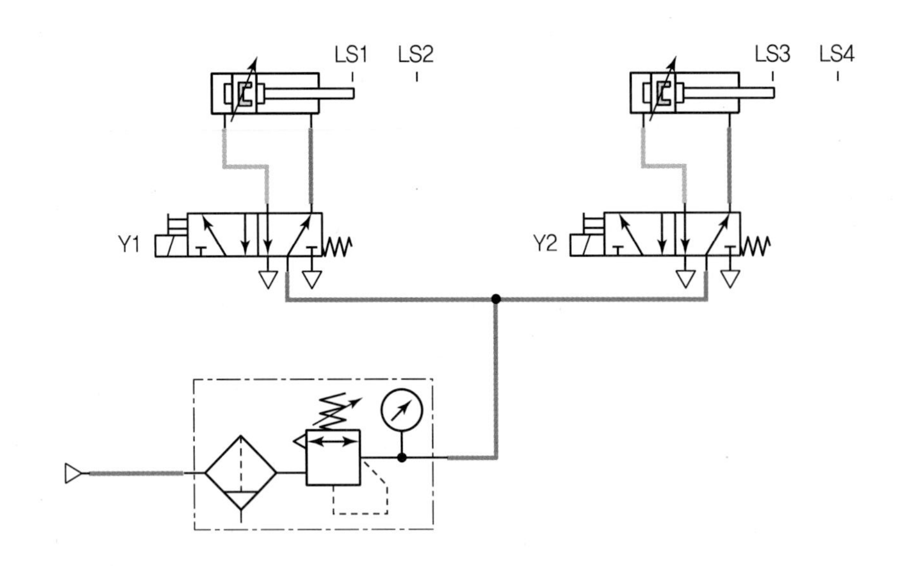

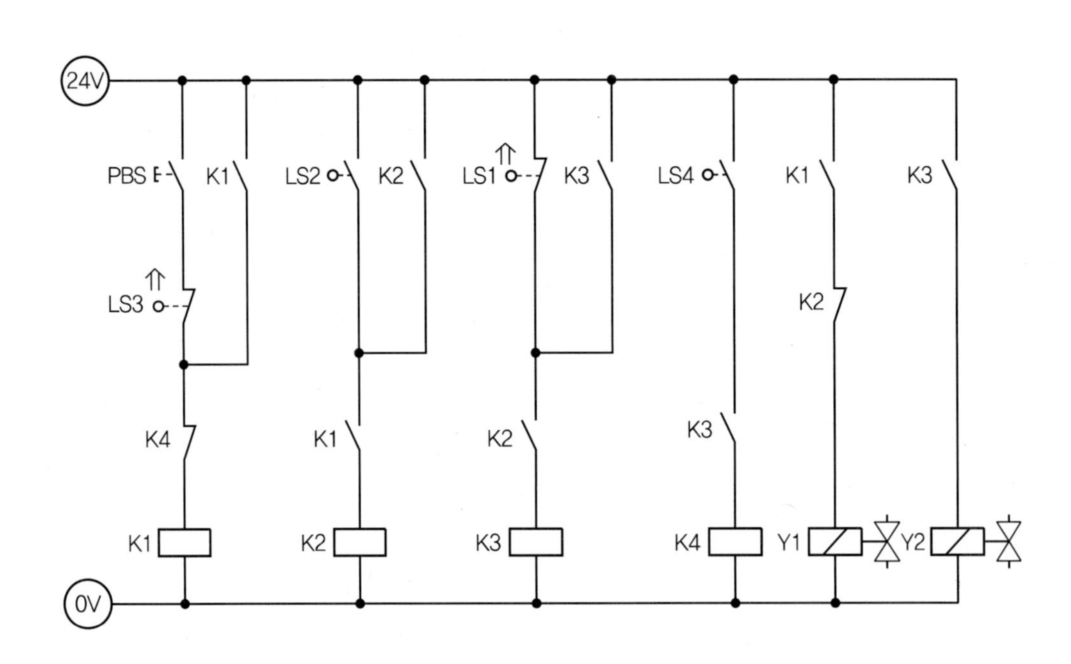

공압 15	응용 해설

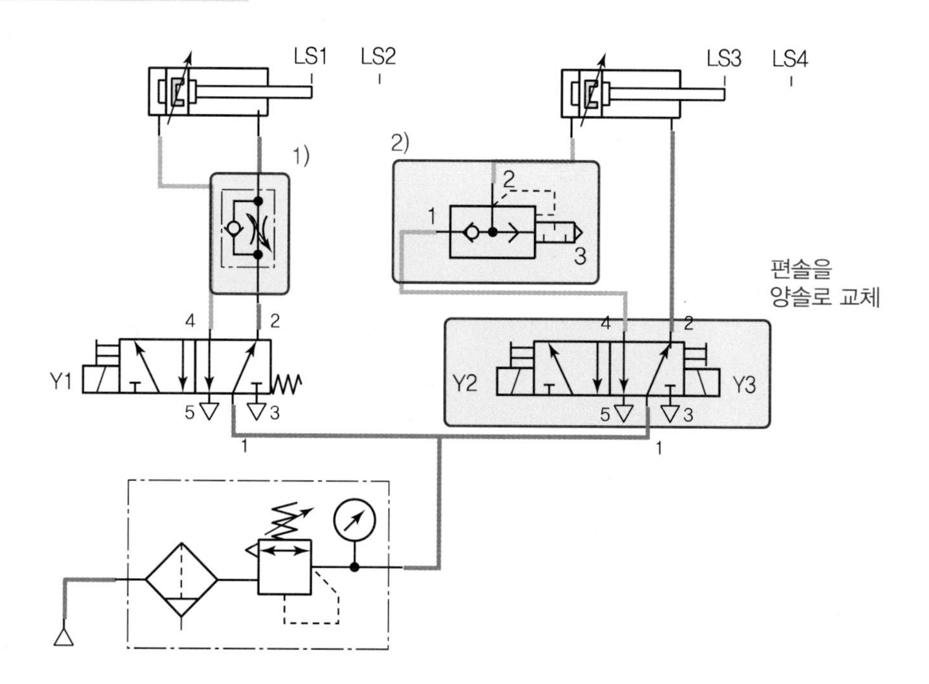

1) A 실린더 전진속도를 미터아웃 회로로 조절하려면 일방향 유량제어밸브를 로드 측에, 체크밸브를 밸브방향에 설치한다.

2) B 실린더 급속후진을 위해 급속배기밸브를 헤드 측에 설치한다.

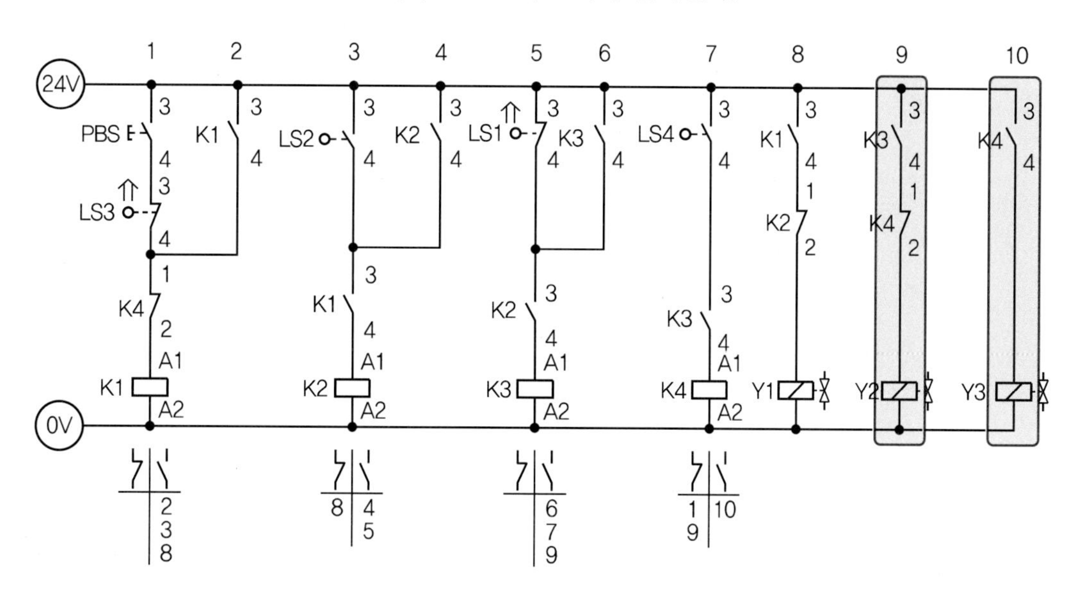

- B 실린더를 제어하기 위한 5/2way 편솔밸브를 5/2way 양솔밸브로 교체하여 전기회로도를 구성한다.

- 5번줄 B전진(B+)을 하기 위해 K3릴레이가 ON되면 9번줄 K3 a접점으로 Y2솔레노이드가 ON 된다.
- 7번줄 B후진(B−)을 하기 위해 K4릴레이가 ON되면 10번줄 K4 a접점으로 Y3솔레노이드가 ON되면서 9번줄 K4 b접점으로 Y2솔레노이드가 OFF된다.

공압 15	응용 정답

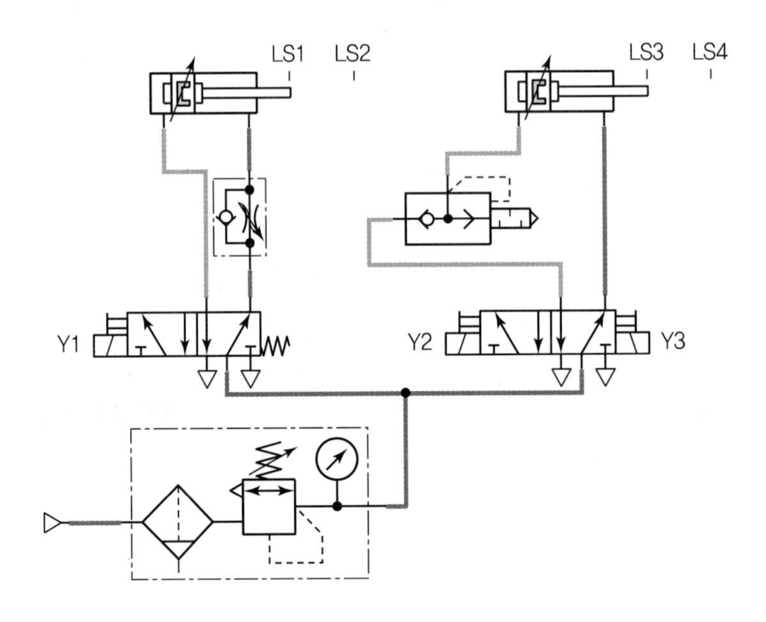

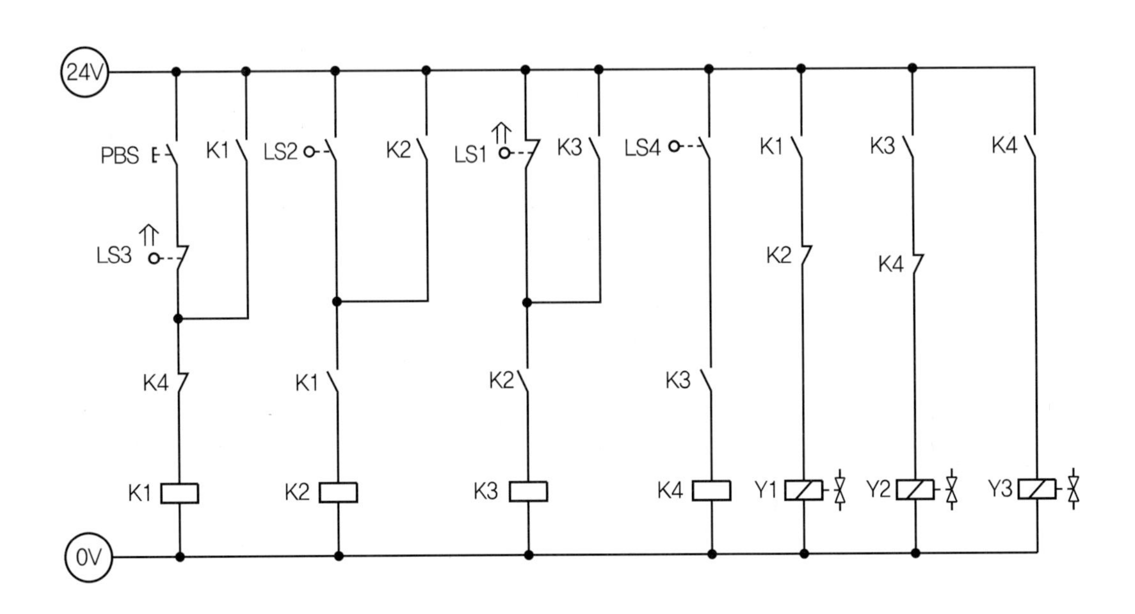

[공개] 15

국가기술자격 실기시험문제

자격종목	공유압기능사	과제명	유압회로구성 및 조립작업

※ 문제지는 시험종료 후 본인이 가져갈 수 있습니다.

비번호		시험일시		시험장명	

※ 시험시간 : 1시간 10분
- [제3과제] 유압회로 도면제작 : 10분
- [제4과제] 유압회로구성 및 조립작업 : 1시간

1. 요구사항

※ 지급된 재료 및 시설을 사용하여 아래 작업을 완성하시오.

가. 제3과제 : 유압회로 도면제작

1) 주어진 제어조건을 만족하는 유압회로도 및 전기회로도의 빈 부분(㉮, ㉯, ㉰)에 들어갈 기호를 제시된 【보기(유압)】에서 찾아 답안지(3)에 번호로 기입하고, 도면 중 ㉱ 부분의 명칭 및 ㉲ 부분의 용도를 답안지(3)에 작성하여 제출하시오.
(단, ㉱, ㉲가 지칭하는 부분은 관로, 스프링, 드레인 등의 세부 부속품이 아닌 독립적으로 역할을 하는 전체 부품임을 고려하여 답지를 작성합니다.)

나. 제4과제 : 유압회로구성 및 조립작업

1) 기본과제

가) 제3과제에서 작성한 유압도면과 같이 주어진 유압기기를 선정하여 고정판에 배치하시오.
(단, 도면에 일점쇄선 부분은 수험자가 구성하지 않습니다.)

나) 유압호스를 사용하여 배치된 기기를 연결 · 완성하시오.

다) 전기회로도를 보고 전기회로작업을 완성하시오.
(단, 전기연결선 +는 적색으로, −는 청색 또는 흑색으로 연결하시오.)

라) 유압회로 내의 최고압력을 (4±0.2)MPa로 설정하시오.

2) 응용과제

마) 실린더 전진 시 일방향 유량조정밸브를 사용하여 Meter−in 회로를 구성하고, 실린더의 낙하를 방지하기 위하여 카운터 밸런스 회로를 추가로 구성하여 동작시키시오.
(단, 카운터 밸런스 회로는 릴리프 밸브와 체크밸브를 사용하여 회로를 구성하고 설정 압력은 3MPa(±0.2MPa)로 한다.)

바) 전기타이머를 사용하여 실린더가 전진 완료 후 3초간 정지한 후에 후진하도록 전기회로를 구성하고 동작시키시오.

2. 수험자 유의사항

※ 다음의 유의사항을 고려하여 요구사항을 완성하시오.

1) 시험 시작 전 장비 이상 유무를 확인합니다.
2) 시험 중에는 반드시 감독위원의 지시에 따라야 하며, 시험시간 동안 감독위원의 지시가 없는 한 시험장을 임의로 이탈할 수 없습니다.
3) 공압, 유압 배관의 제거는 압력 공급을 차단한 후 실시하시기 바랍니다.
4) 시험에 필요한 기기 이외에 임의로 접촉하지 않도록 주의하시기 바랍니다.
5) 전기 연결의 합선 시에는 즉시 전원공급 장치의 전원을 차단하시기 바랍니다.
6) 실린더의 작동 부분에는 전선 및 호스가 접촉되지 않도록 주의하여야 합니다.
7) 수험자 인적사항 및 계산식을 포함한 답안작성은 흑색 필기구만 사용해야 하며, 그 외 연필류, 빨간색, 청색 등 필기구 및 수정테이프(액)를 사용해 작성한 답항은 0점 처리 되오니 불이익을 당하지 않도록 유의해 주시기 바랍니다.
8) 답안 정정 시에는 정정하고자 하는 단어에 두 줄(=)을 긋고 다시 작성하시기 바랍니다.
9) 제4과제 평가는 먼저 기본과제(가~라)를 수행한 후 감독위원에게 평가받고, 그 이후에 응용과제(마~바)를 별도로 감독위원에게 평가받습니다.
10) 제4과제 평가는 감독위원 확인하에 한 번만 평가받을 수 있으며 재평가하지 않습니다.
 (단, 평가 시에는 전원이 유지된 상태에서 2회 동작 시도하여 동일하게 정상 동작이 되어야 하며, 1회만 동작하고 2회째 시도 시 정상적으로 동작하지 않으면 인정하지 않음)
11) 다음 사항에 대해서는 채점 대상에서 제외하니 특히 유의하시기 바랍니다.
 가) 기권
  (1) 수험자 본인이 수험 도중 시험에 대한 포기의사를 표하는 경우
  (2) 실기시험 과정 중 1개 과정이라도 불참한 경우
 나) 실격
  (1) 시설 · 장비의 조작 또는 재료의 취급이 미숙하여 위해를 일으킬 것으로 감독위원 전원이 합의하여 판단한 경우
  (2) 기능이 해당 등급 수준에 전혀 도달하지 못한 것으로 감독위원이 판단할 경우
  (3) 부정행위를 한 경우
 다) 미완성
  (1) 주어진 시험 시간을 초과하거나 시험 시간 내에 완성하지 못한 경우
  (2) 주어진 시간 내에 제출하였으나 기본과제가 작동하지 않은 경우
   (단, 전원 유지 상태에서 동작 시험 시 2회 이상 정상동작해야 함)
 라) 오작
  (1) 회로 구성 결과가 제어조건(기본과제)과 일치하지 않는 작품
  (2) 문제지의 유압회로도와 전기회로도의 구성부품과 실제 회로작업에서 사용한 구성부품이 상이한 경우
   (단, 수험자가 제3과제에서 선택하는 부분은 오작대상에서 제외)

3. 도면(유압회로)

□ 제어조건

유압 탁상 프레스를 제작하려고 한다. 푸시버튼 스위치(PBS)를 On–Off하면 실린더가 전진하며, 리밋 스위치 LS2가 작동되면 자동으로 후진하게 되어 있다. 작업을 중지하면 에너지 절약을 위해 무부하 회로가 되어야 한다.

○ 위치도

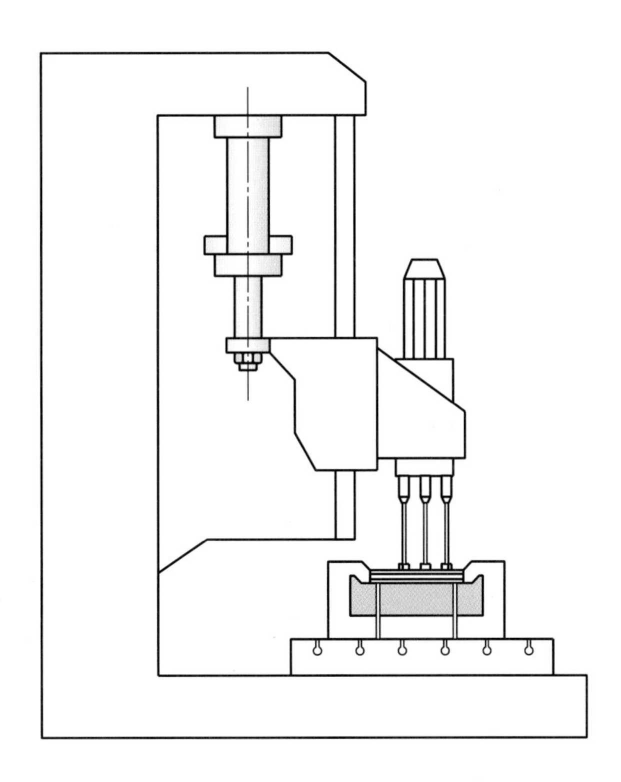

○ 유압회로도

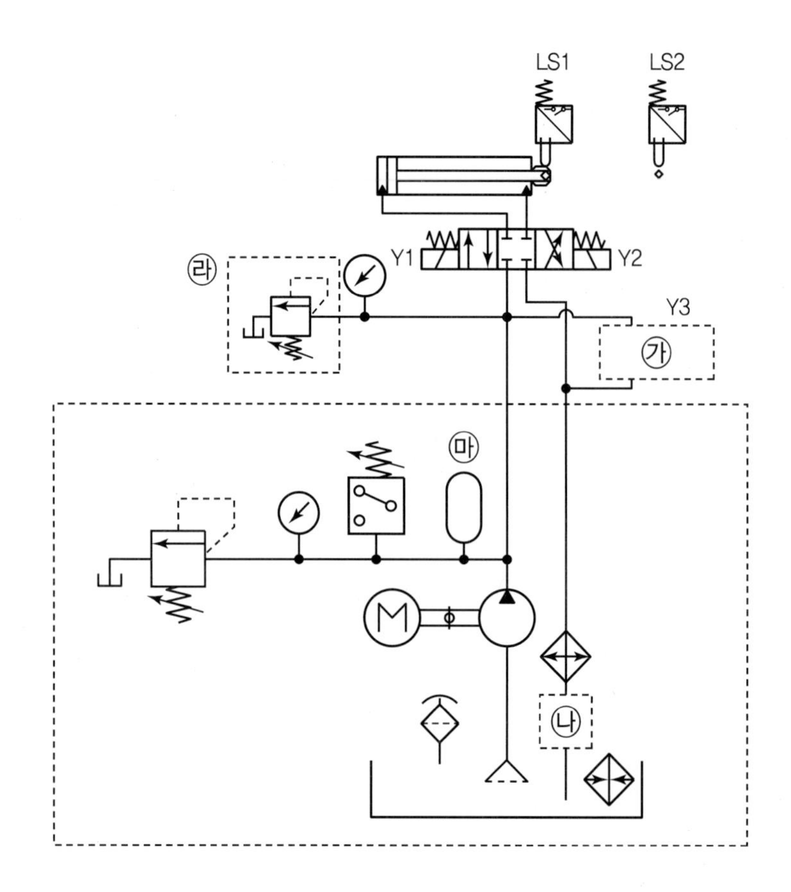

LS1
LS2
Y1
Y2
Y3
㉮
㉯
㉰
㉱
㉲
M

○ 전기회로도

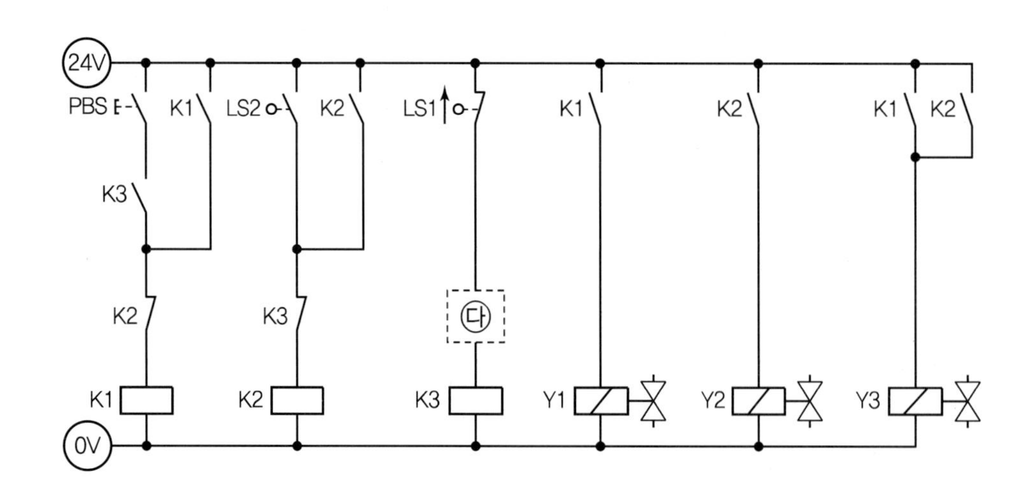

24V
PBS
K1
LS2
K2
LS1
K1
K2
K1
K2
K3
K2
K3
㉰
K1
K2
K3
Y1
Y2
Y3
0V

유압 15	정답

㉮ 17　　　　　㉯ 6　　　　　㉰ 35

㉱ 릴리프 밸브　㉲ 유압에너지를 임시저장

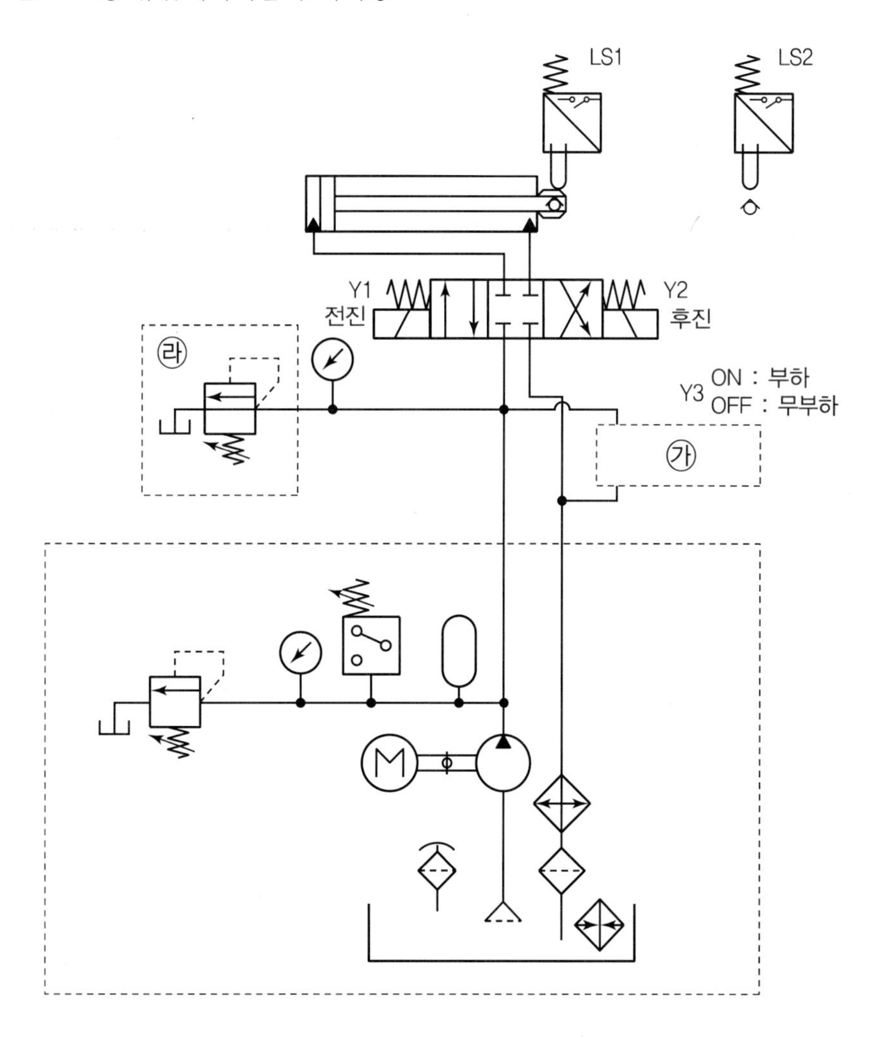

- 작동을 안 할 때에는 무부하 회로에 필요한 **빈칸** ㉮의 2/2way Normal Open 형태의 편솔밸브가 필요
- **빈칸** ㉯ 복귀관 필터가 필요
- 4/3way 양솔밸브의 Y1솔레노이드는 전진, Y2솔레노이드는 후진을 담당
- 2/2way Normal Open 형태의 편솔밸브의 Y3솔레노이드는 ON되면 부하 회로, OFF되면 무부하 회로가 되어 펌프에서 탱크로 바로 복귀

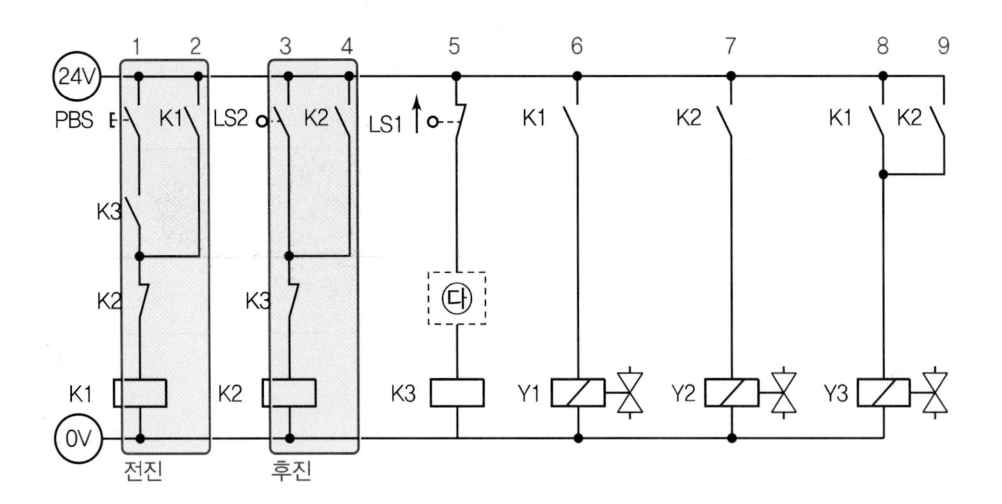

- 1번줄 PBS를 눌러주면 K1릴레이가 ON되면서 6번줄 K1 a접점이 ON되면 Y1솔레노이드에 의해 전진
- 3번줄 LS2에 의해 K2릴레이가 ON되면서 7번줄 K2 a접점이 ON되면 Y2솔레노이드에 의해 후진
- **빈칸** ㉰에는 K1 b접점이 필요
- 8번줄과 9번줄의 실린더가 전진이나 후진하기 위해서는 부하가 필요하기 때문에 Y3솔레노이드가 ON되어 유압을 실린더로 보내줌

유압 15	기본 정답

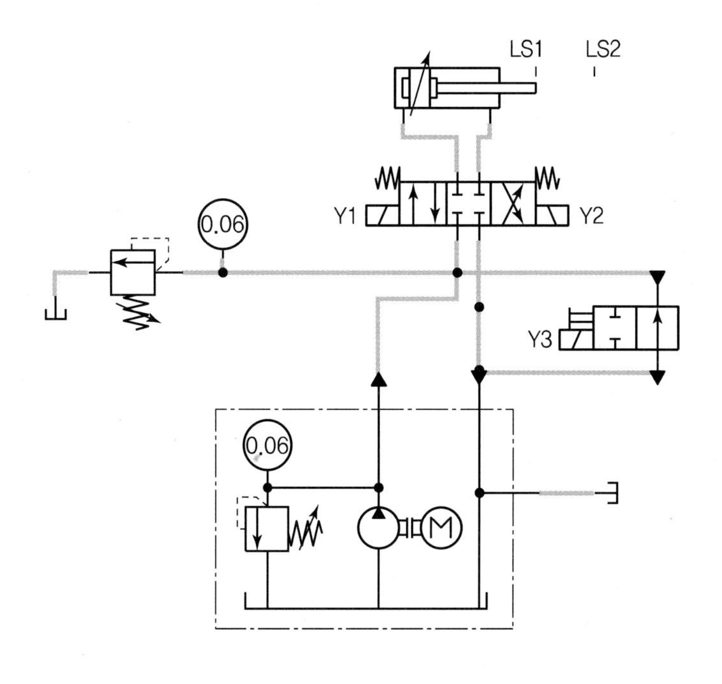

LS1
LS2
Y1
Y2
0.06
Y3
0.06
M

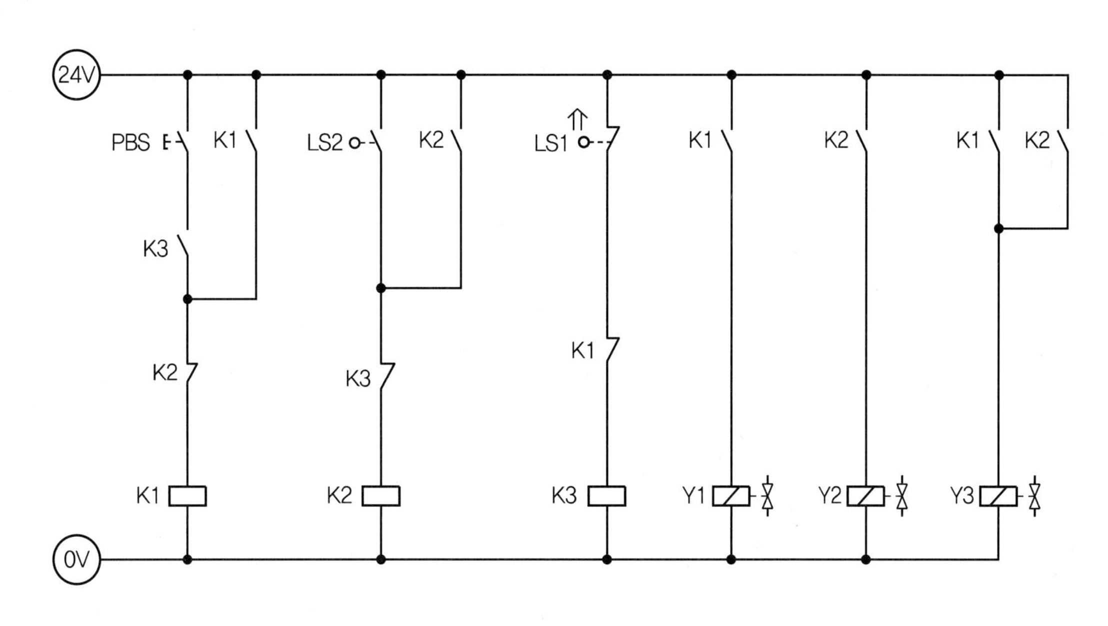

24V
PBS
K1
K3
K2
LS2
K2
K3
LS1
K1
K1
K2
K1
K2
K1
K2
K3
Y1
Y2
Y3
0V

유압 15	응용 해설

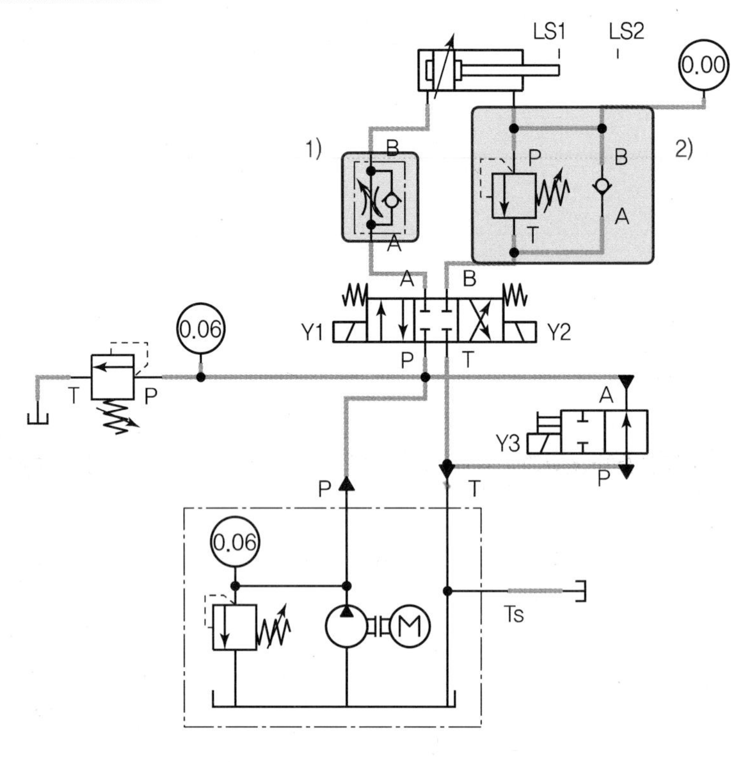

1) 실린더 전진속도를 미터인 회로로 조절하려면 일방향 유량제어밸브를 헤드 측에, 체크밸브를 실린더방향에 설치한다.

2) 실린더의 낙하를 방지하기 위해 카운터 밸런스 밸브를 실린더 로드 측에 설치하고 압력게이지는 실린더 로드 측에 설치한다.(릴리프 밸브와 체크밸브를 조합하여 설치하며 반드시 체크밸브를 밸브방향에 설치함)

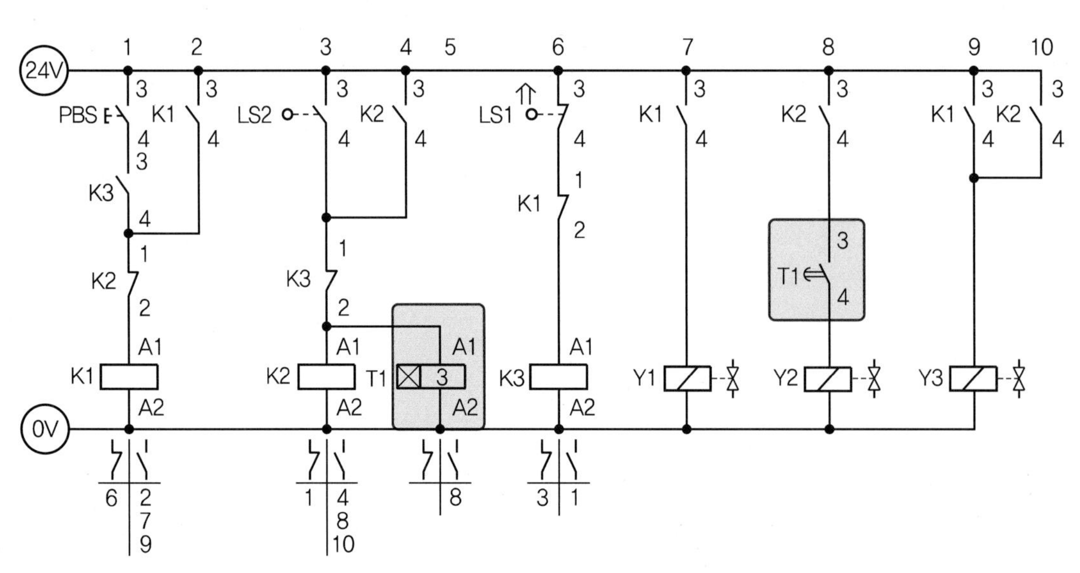

• 5번줄 실린더 전진을 감지하는 LS2를 거쳐 ON delay 타이머를 병렬 추가한다.
• 8번줄 ON delay 타이머 a접점을 추가하여 3초 후 Y2솔레노이드가 ON되면서 후진한다.

유압 15	응용 정답

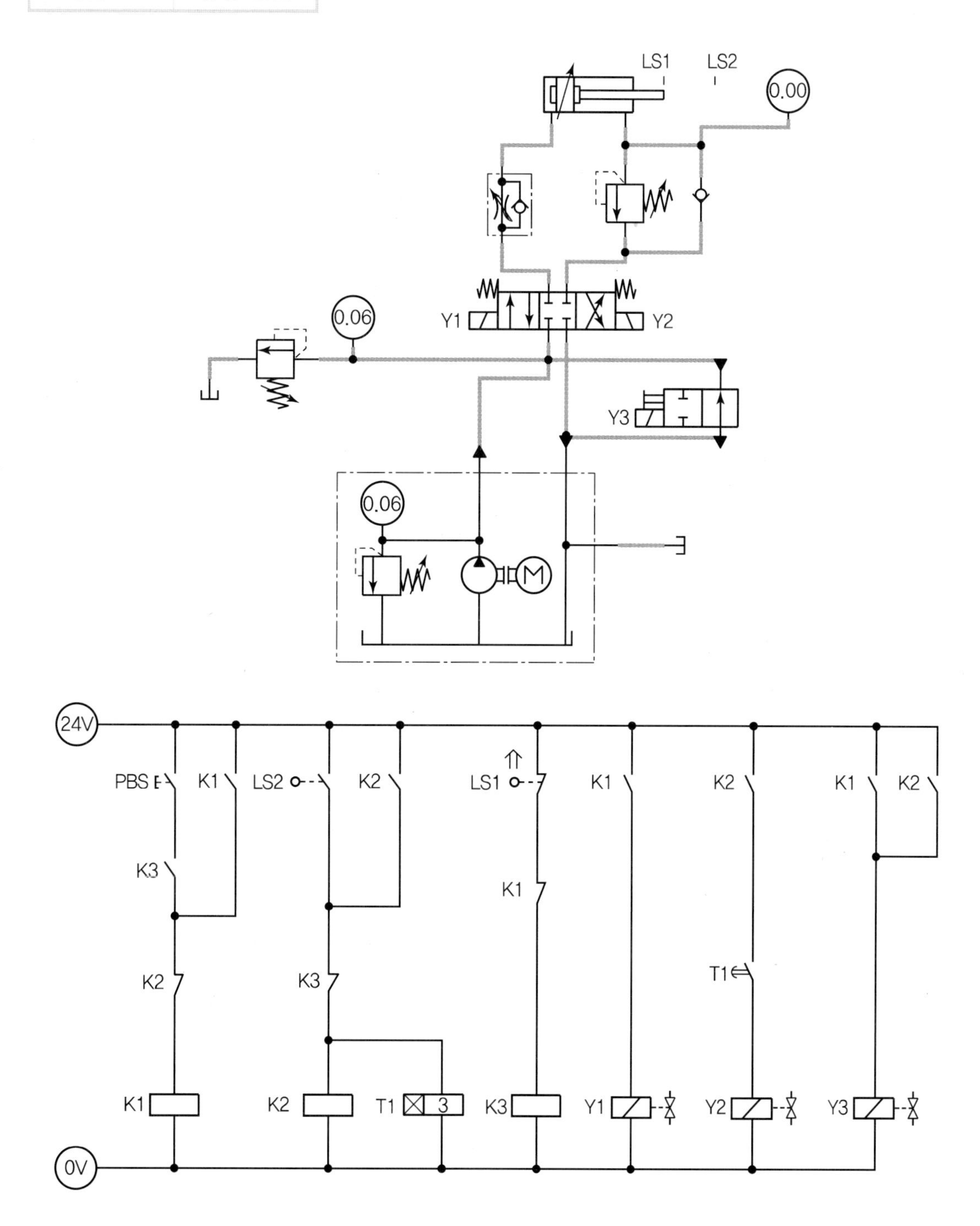

[공개] 16

국가기술자격 실기시험문제

자격종목	공유압기능사	과제명	공압회로구성 및 조립작업

※ 문제지는 시험종료 후 본인이 가져갈 수 있습니다.

비번호		시험일시		시험장명	

※ 시험시간 : 1시간 20분

- [제1과제] 공압회로 도면제작 : 20분
- [제2과제] 공압회로구성 및 조립작업 : 1시간

1. 요구사항

※ 지급된 재료 및 시설을 사용하여 아래 작업을 완성하시오.

가. 제1과제 : 공압회로 도면제작

1) 주어진 제어조건을 만족하는 공압회로도 및 전기회로도의 빈 부분(㉮, ㉯, ㉰)에 들어갈 기호를 제시된 【보기(공압)】에서 찾아 답안지(1)에 번호로 기입하고, 도면 중 ㉱ 부분의 용도 및 ㉲ 부분의 명칭을 답안지(1)에 작성하여 제출하시오.
(단, ㉱, ㉲가 지칭하는 부분은 관로, 스프링, 드레인 등의 세부 부속품이 아닌 독립적으로 역할을 하는 전체 부품임을 고려하여 답지를 작성합니다.)

2) 주어진 공압회로도를 참조하여 제어조건에 따른 변위단계선도를 답안지(2)에 완성하여 제출하시오.

나. 제2과제 : 공압회로구성 및 조립작업

1) 기본과제

가) 제1과제에서 작성한 공압회로도와 같이 주어진 공압기기를 선정하여 고정판에 배치하시오.
(단, 공압회로도 중 도면에 있는 차단밸브 이전 기기와 장치는 수험자가 구성하지 않습니다.)

나) 공압호스를 적절한 길이로 절단 사용하여 배치된 기기를 연결 · 완성하시오.

다) 전기회로도를 보고 전기회로작업을 완성하시오.
(단, 전기연결선 +는 적색으로, −는 청색 또는 흑색으로 연결하시오.)

라) 작업압력(서비스 유닛)을 (0.5±0.05)MPa로 설정하시오.

2) 응용과제

마) 감독위원이 지정한 압력(0.2~0.5MPa 범위에서 지정)으로 변경하시오.

바) 실린더 B 전진 시 일방향 유량조절밸브(모듈형)를 사용하여 Meter−out 회로가 되도록 하고, 실린더 A 후진 시 급속배기밸브를 사용하여 실린더의 속도를 제어하시오.

사) 실린더 B가 전진하기 위해서는 카운터와 별도의 스위치(PBS)를 설치하여 스위치(PBS)를 2회 On−Off할 경우 실린더 B가 전진하는 회로를 구성하고 동작시키시오.
(단, 스위치(PBS)를 2회 On−Off하지 않을 경우 실린더 B는 전진하지 않는다.)

2. 수험자 유의사항

※ 다음의 유의사항을 고려하여 요구사항을 완성하시오.

1) 시험 시작 전 장비 이상 유무를 확인합니다.
2) 시험 중에는 반드시 감독위원의 지시에 따라야 하며, 시험시간 동안 감독위원의 지시가 없는 한 시험장을 임의로 이탈할 수 없습니다.
3) 공압, 유압 배관의 제거는 압력 공급을 차단한 후 실시하시기 바랍니다.
4) 시험에 필요한 기기 이외에 임의로 접촉하지 않도록 주의하시기 바랍니다.
5) 전기 연결의 합선 시에는 즉시 전원공급 장치의 전원을 차단하시기 바랍니다.
6) 실린더의 작동 부분에는 전선 및 호스가 접촉되지 않도록 주의하여야 합니다.
7) 수험자 인적사항 및 계산식을 포함한 답안작성은 흑색 필기구만 사용해야 하며, 그 외 연필류, 빨간색, 청색 등 필기구 및 수정테이프(액)를 사용해 작성한 답항은 0점 처리되오니 불이익을 당하지 않도록 유의해 주시기 바랍니다.
8) 답안 정정 시에는 정정하고자 하는 단어에 두 줄(=)을 긋고 다시 작성하시기 바랍니다.
9) 변위단계선도의 작성 및 제출은 반드시 제1과제 시험시간 이내에 이루어져야 합니다.
10) 제2과제 평가는 먼저 기본과제(가~라)를 수행한 후 감독위원에게 평가받고, 그 이후에 응용과제(마~사)를 별도로 감독위원에게 평가받습니다.
11) 제2과제 평가는 감독위원 확인하에 한 번만 평가받을 수 있으며 재평가하지 않습니다.
    (단, 평가 시에는 전원이 유지된 상태에서 2회 동작 시도하여 동일하게 정상 동작이 되어야 하며, 1회만 동작하고 2회째 시도 시 정상적으로 동작하지 않으면 인정하지 않음)
12) 다음 사항에 대해서는 채점 대상에서 제외하니 특히 유의하시기 바랍니다.
    가) 기권
        (1) 수험자 본인이 수험 도중 시험에 대한 포기의사를 표하는 경우
        (2) 실기시험 과정 중 1개 과정이라도 불참한 경우
    나) 실격
        (1) 시설 · 장비의 조작 또는 재료의 취급이 미숙하여 위해를 일으킬 것으로 감독위원 전원이 합의하여 판단한 경우
        (2) 기능이 해당 등급 수준에 전혀 도달하지 못한 것으로 감독위원이 판단할 경우
        (3) 부정행위를 한 경우
    다) 미완성
        (1) 주어진 시험 시간을 초과하거나 시험 시간 내에 완성하지 못한 경우
        (2) 주어진 시간 내에 제출하였으나 기본과제가 작동하지 않은 경우
            (단, 전원 유지 상태에서 동작 시험 시 2회 이상 정상적으로 동작해야 함)
    라) 오작
        (1) 회로 구성 결과가 제어조건(기본과제)과 일치하지 않는 작품
        (2) 문제지의 공압회로도와 전기회로도의 구성부품과 실제 회로작업에서 사용한 구성부품이 상이한 경우(단, 수험자가 제1과제에서 선택하는 부분은 오작대상에서 제외)

3. 도면(공압회로)

□ 제어조건

알루미늄 소재에 1개의 드릴작업을 행하려 한다. 소재는 수동으로 공급된다. START 스위치를 On－Off하면 A 실린더에 의해서 드릴작업 위치까지 이송시키며 클램핑까지 하게 된다. 클램핑 후 드릴 실린더인 B 실린더가 전진을 해서 드릴 작업을 마치고 복귀 후에 A 실린더가 후진하여 클램핑을 해제한다.

○ 위치도

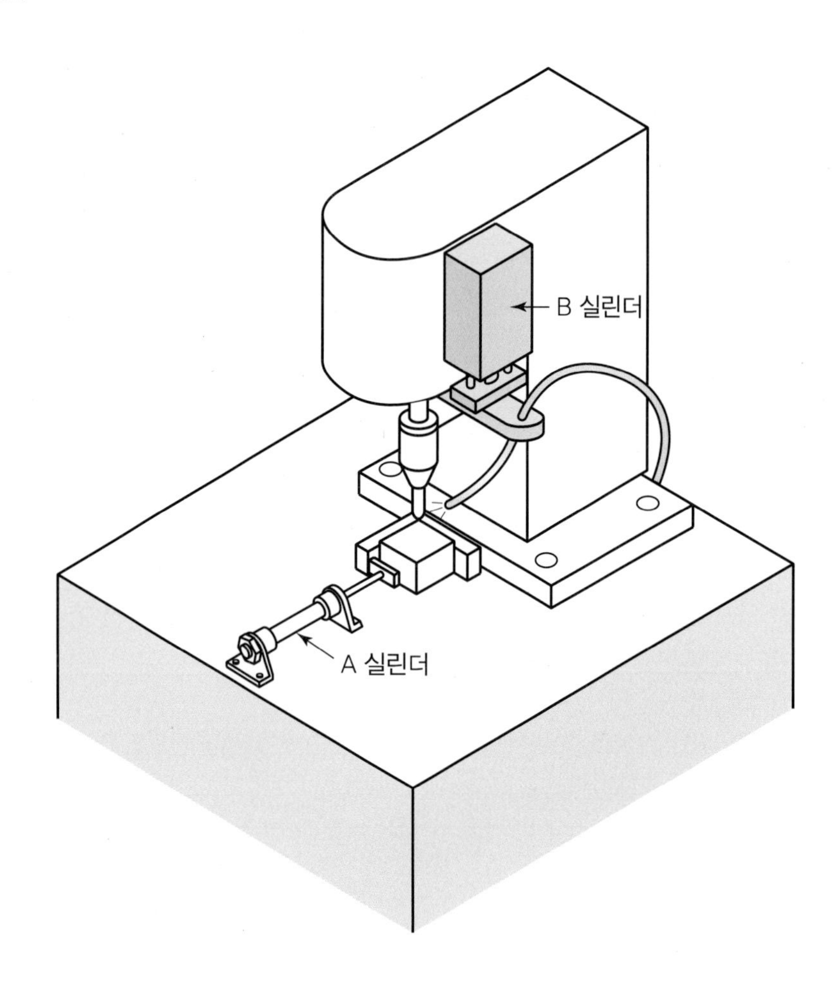

○ 공압회로도

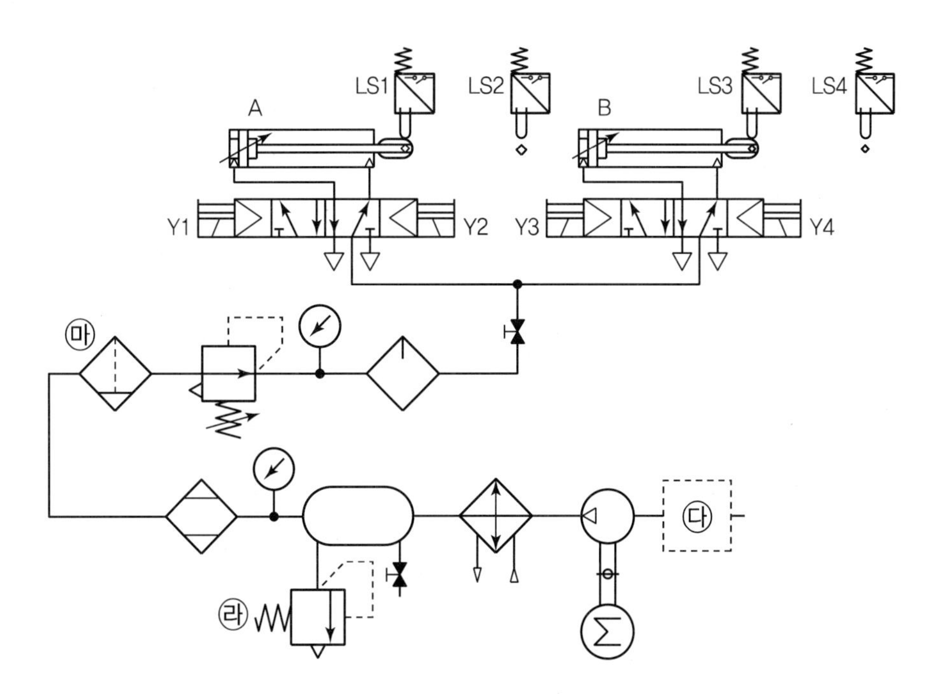
LS1
LS2
LS3
LS4
A
B
Y1
Y2
Y3
Y4
㉮
㉯
㉰
㉱
㉲

○ 전기회로도

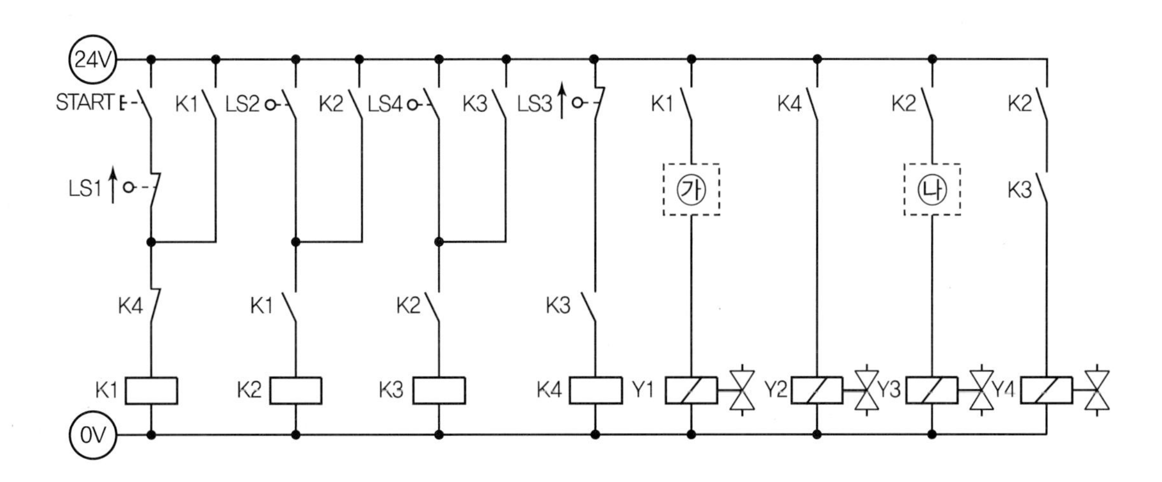
24V
START
K1
LS2
K2
LS4
K3
LS3
K1
K4
K2
K2
LS1
㉮
㉯
K3
K4
K1
K2
K3
K1
K2
K3
K4
Y1
Y2
Y3
Y4
0V

공압 16	정답

㉮ 35　　　㉯ 37　　　㉰ 2

㉱ 설정압 이상일 때 공압을 배출　㉲ 드레인 배출기 붙이 필터

공압 16	변위단계선도	정답

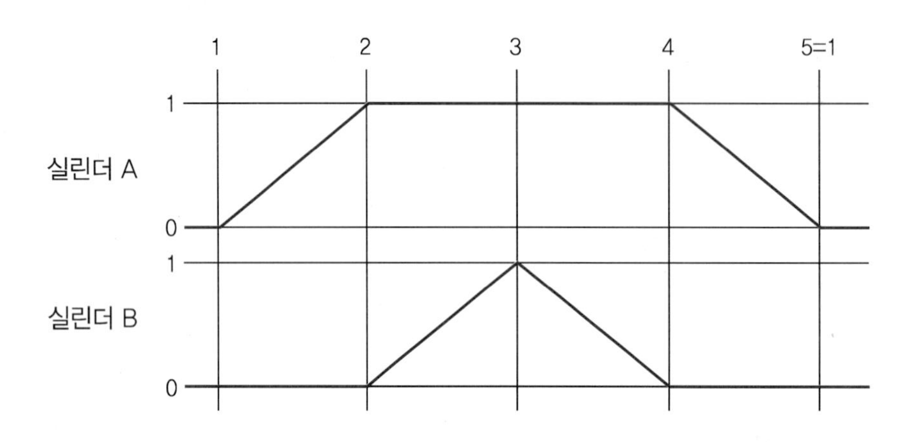

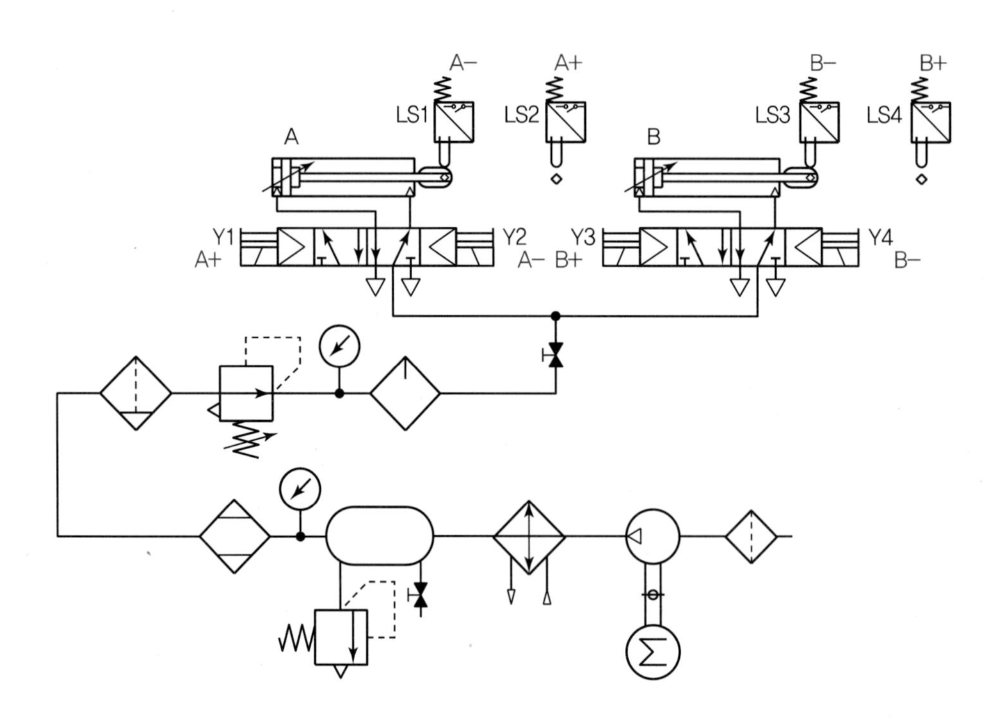

• **빈칸** ㉰ 흡입필터가 필요

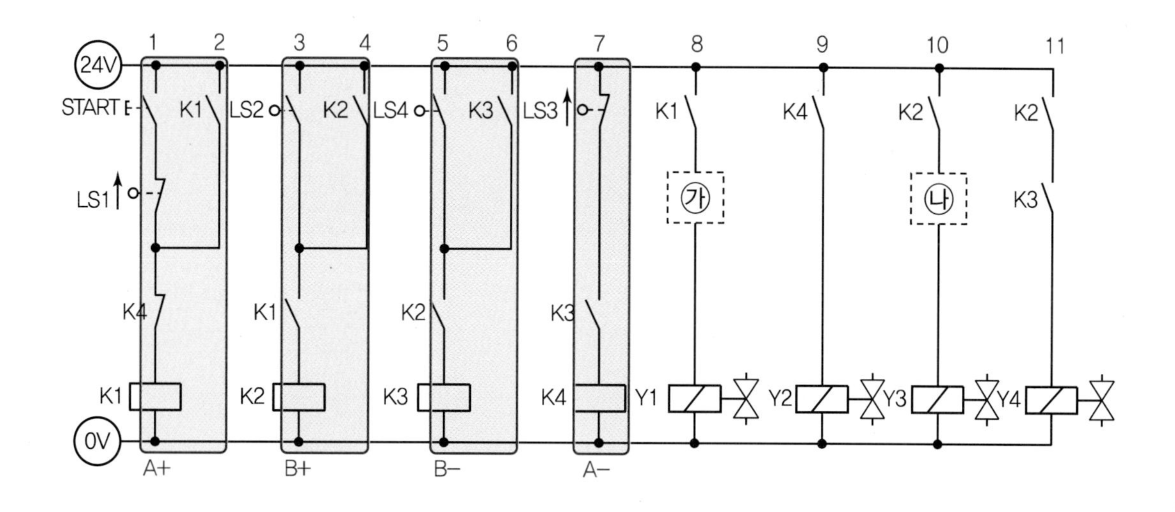

- 1번줄 K1릴레이는 3번줄 LS2가 되기 위하기 때문에 A전진(A+), 2번줄 자기유지
- 2번줄 K2릴레이는 5번줄 LS4가 되기 위하기 때문에 B전진(B+), 4번줄 자기유지
- 5번줄 K3릴레이는 7번줄 LS3이 되기 위하기 때문에 B후진(B−), 4번줄 자기유지
- 7번줄 K4릴레이는 1번줄 LS1이 되기 위하기 때문에 A후진(A−)
- 8번줄 A양솔밸브는 A전진(A+)을 위해 K1 a접점으로 Y1솔레노이드 ON
- 10번줄 B양솔밸브는 B전진(B+)을 위해 K2 a접점으로 Y3솔레노이드 ON
- 11번줄 B양솔밸브는 B후진(B−)을 위해 K3 a접점으로 Y4솔레노이드를 ON시키면서 10번줄 **빈칸** ㉯의 K3 b접점을 추가하여 Y3솔레노이드 OFF
- 9번줄 A양솔밸브는 A후진(A−)을 위해 K4 a접점으로 Y2솔레노이드를 ON시키면서 8번줄 **빈칸** ㉮의 K4 b접점을 추가하여 Y1솔레노이드 OFF

공압 16	기본 정답

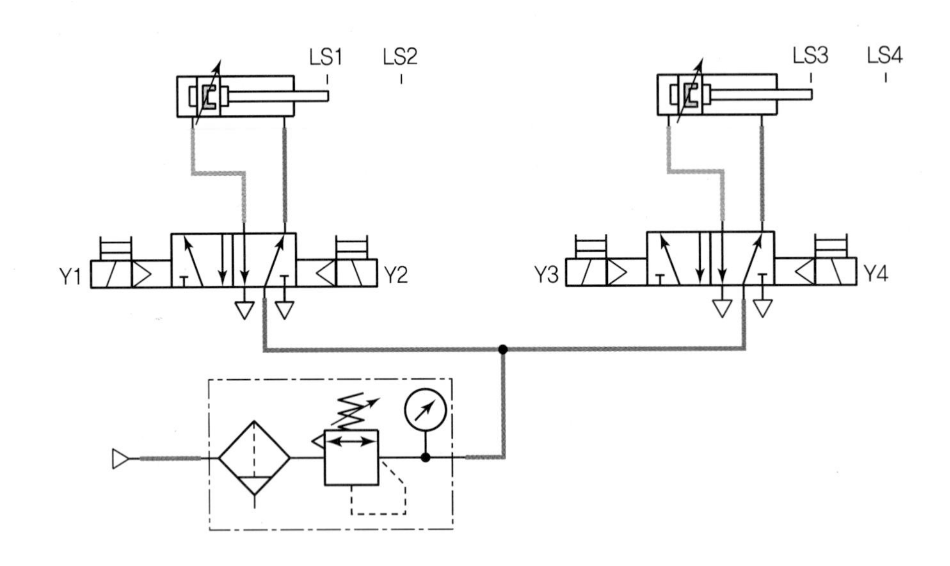
LS1
LS2
LS3
LS4
Y1
Y2
Y3
Y4

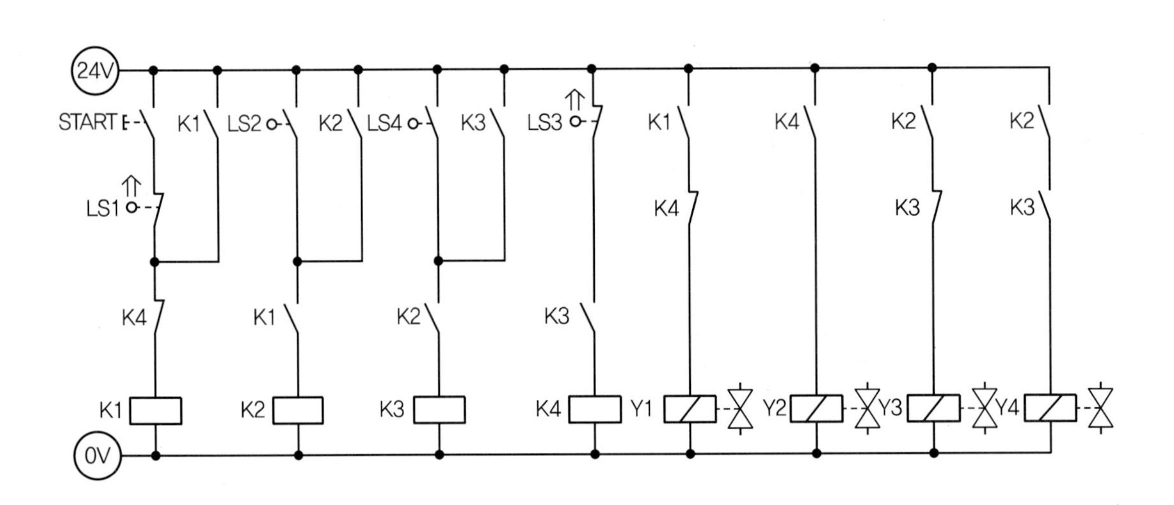
24V
START
K1
LS2
K2
LS4
K3
LS3
K1
K4
K2
K2
LS1
K4
K3
K3
K4
K1
K2
K3
K1
K2
K3
K4
Y1
Y2
Y3
Y4
0V

공압 16	응용 해설

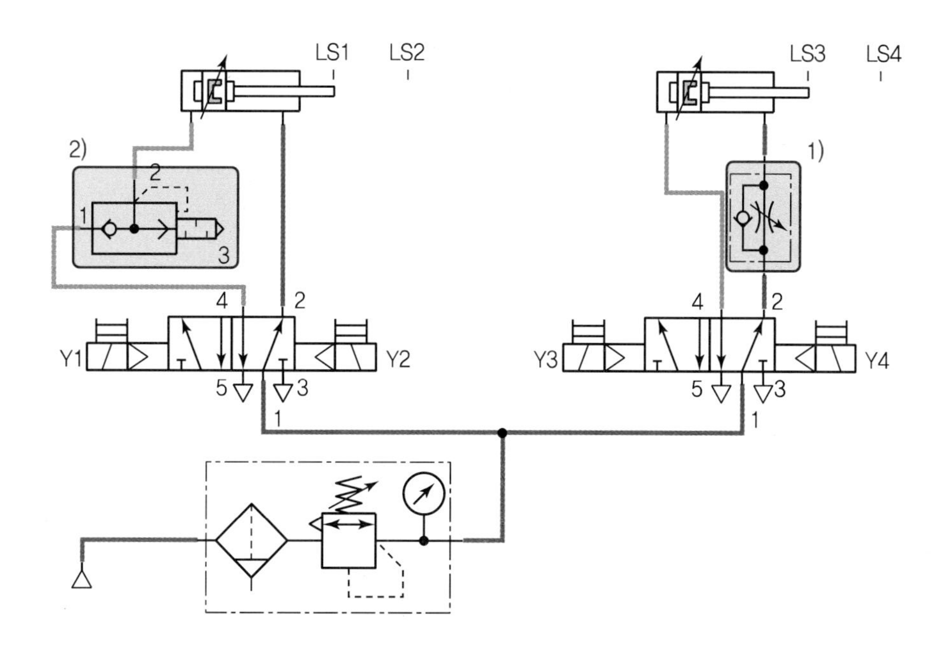

1) B 실린더 전진속도를 미터아웃 회로로 조절하려면 일방향 유량제어밸브를 로드 측에, 체크밸브를 밸브방향에 설치한다.

2) A 실린더 급속후진을 위해 급속배기밸브를 헤드 측에 설치한다.

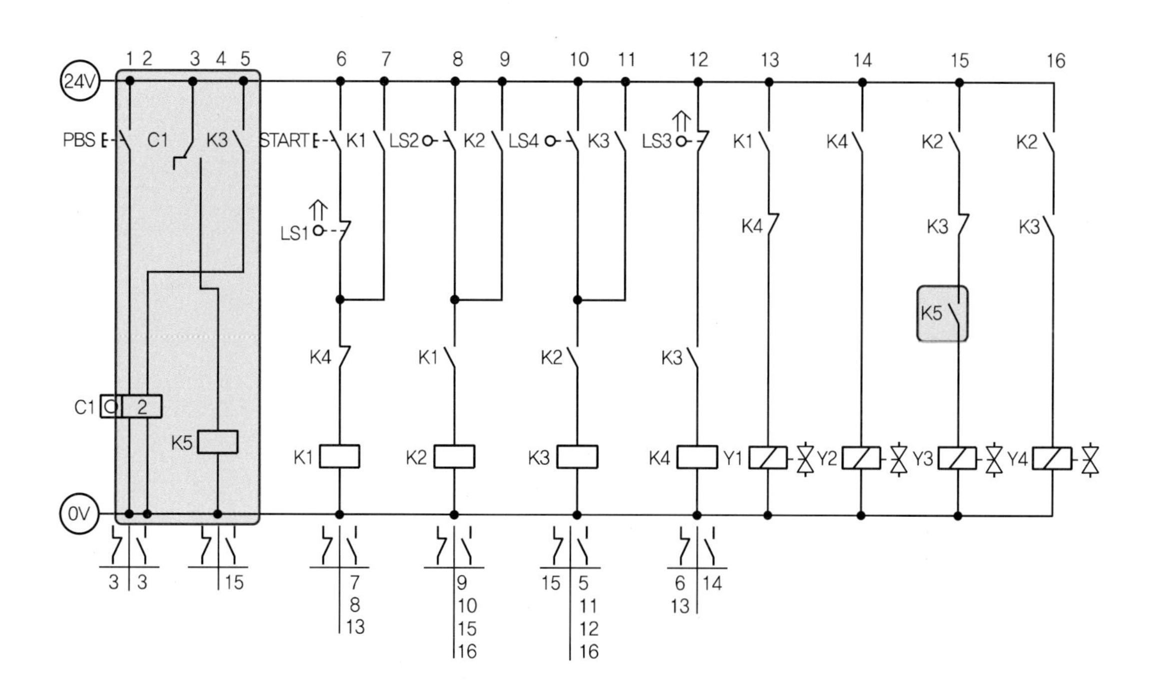

- 1번줄 PBS 버튼을 누르는 숫자를 세기 위하여 카운터 회로 A1을 추가한다.
- 4번줄 카운터 설정값 2에 도달하면 K5릴레이가 ON된다.
- 5번줄 세 번째 스텝 K3릴레이가 ON되면 카운터 회로가 초기화된다.
- 15번줄 K5 a접점을 추가하여 PBS 버튼을 2번 누르면 Y3솔레노이드가 ON되어 B전진(B+)된다.

공압 16 | 응용 정답

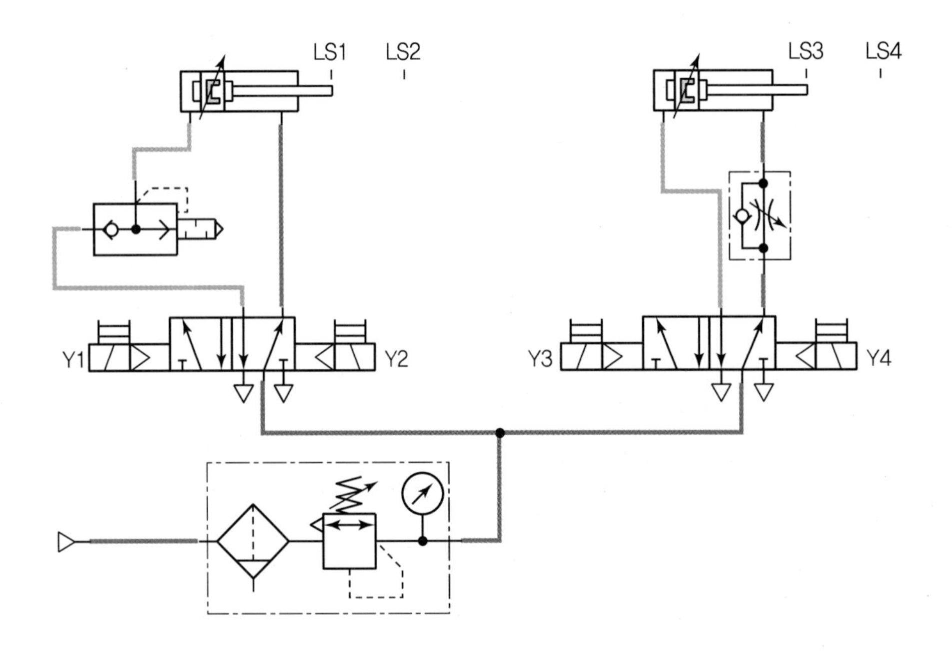

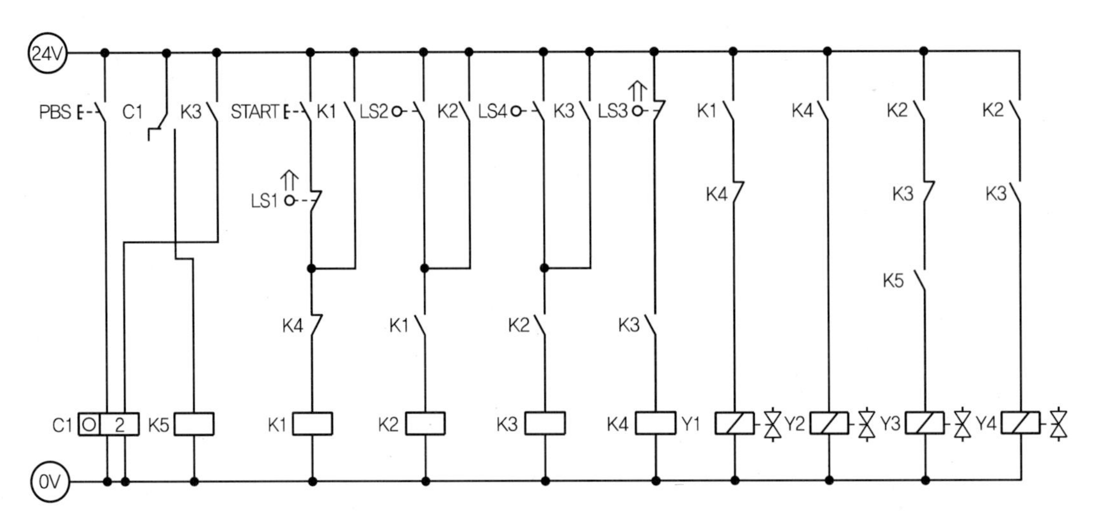

[공개] 16

국가기술자격 실기시험문제

자격종목	공유압기능사	과제명	유압회로구성 및 조립작업

※ 문제지는 시험종료 후 본인이 가져갈 수 있습니다.

비번호		시험일시		시험장명	

※ 시험시간 : 1시간 10분
- [제3과제] 유압회로 도면제작 : 10분
- [제4과제] 유압회로구성 및 조립작업 : 1시간

1. 요구사항

※ 지급된 재료 및 시설을 사용하여 아래 작업을 완성하시오.

가. 제3과제 : 유압회로 도면제작

1) 주어진 제어조건을 만족하는 유압회로도 및 전기회로도의 빈 부분(㉮, ㉯, ㉰)에 들어갈 기호를 제시된 【보기(유압)】에서 찾아 답안지(3)에 번호로 기입하고, 도면 중 ㉱ 부분의 명칭 및 ㉲ 부분의 용도를 답안지(3)에 작성하여 제출하시오.
(단, ㉱, ㉲가 지칭하는 부분은 관로, 스프링, 드레인 등의 세부 부속품이 아닌 독립적으로 역할을 하는 전체 부품임을 고려하여 답지를 작성합니다.)

나. 제4과제 : 유압회로구성 및 조립작업

1) 기본과제

가) 제3과제에서 작성한 유압도면과 같이 주어진 유압기기를 선정하여 고정판에 배치하시오.
(단, 도면에 일점쇄선 부분은 수험자가 구성하지 않습니다.)

나) 유압호스를 사용하여 배치된 기기를 연결 · 완성하시오.

다) 전기회로도를 보고 전기회로작업을 완성하시오.
(단, 전기연결선 +는 적색으로, −는 청색 또는 흑색으로 연결하시오.)

라) 유압회로 내의 최고압력을 (4±0.2)MPa로 설정하시오.

2) 응용과제

마) 실린더 로드 측에 전진 시 과부하 방지를 위하여 압력 게이지와 릴리프 밸브를 추가하여 안전회로를 구성하고 압력을 (2±0.5)MPa로 설정하시오.

바) 카운터를 사용하여 실린더가 3회 전후진 후 정지할 수 있게 전기회로를 구성하고 동작시키시오.
(단, PB2를 별도로 추가하여 PB2가 On−Off하면 연속 동작이 시작하고, 카운터의 Reset은 별도의 스위치 추가 없이 자동으로 초기화되도록 한다.)

2. 수험자 유의사항

※ 다음의 유의사항을 고려하여 요구사항을 완성하시오.

1) 시험 시작 전 장비 이상 유무를 확인합니다.
2) 시험 중에는 반드시 감독위원의 지시에 따라야 하며, 시험시간 동안 감독위원의 지시가 없는 한 시험장을 임의로 이탈할 수 없습니다.
3) 공압, 유압 배관의 제거는 압력 공급을 차단한 후 실시하시기 바랍니다.
4) 시험에 필요한 기기 이외에 임의로 접촉하지 않도록 주의하시기 바랍니다.
5) 전기 연결의 합선 시에는 즉시 전원공급 장치의 전원을 차단하시기 바랍니다.
6) 실린더의 작동 부분에는 전선 및 호스가 접촉되지 않도록 주의하여야 합니다.
7) 수험자 인적사항 및 계산식을 포함한 답안작성은 흑색 필기구만 사용해야 하며, 그 외 연필류, 빨간색, 청색 등 필기구 및 수정테이프(액)를 사용해 작성한 답항은 0점 처리 되오니 불이익을 당하지 않도록 유의해 주시기 바랍니다.
8) 답안 정정 시에는 정정하고자 하는 단어에 두 줄(=)을 긋고 다시 작성하시기 바랍니다.
9) 제4과제 평가는 먼저 기본과제(가~라)를 수행한 후 감독위원에게 평가받고, 그 이후에 응용과제(마~바)를 별도로 감독위원에게 평가받습니다.
10) 제4과제 평가는 감독위원 확인하에 한 번만 평가받을 수 있으며 재평가하지 않습니다.
 (단, 평가 시에는 전원이 유지된 상태에서 2회 동작 시도하여 동일하게 정상 동작이 되어야 하며, 1회만 동작하고 2회째 시도 시 정상적으로 동작하지 않으면 인정하지 않음)
11) 다음 사항에 대해서는 채점 대상에서 제외하니 특히 유의하시기 바랍니다.
 가) 기권
  (1) 수험자 본인이 수험 도중 시험에 대한 포기의사를 표하는 경우
  (2) 실기시험 과정 중 1개 과정이라도 불참한 경우
 나) 실격
  (1) 시설 · 장비의 조작 또는 재료의 취급이 미숙하여 위해를 일으킬 것으로 감독위원 전원이 합의하여 판단한 경우
  (2) 기능이 해당 등급 수준에 전혀 도달하지 못한 것으로 감독위원이 판단할 경우
  (3) 부정행위를 한 경우
 다) 미완성
  (1) 주어진 시험 시간을 초과하거나 시험 시간 내에 완성하지 못한 경우
  (2) 주어진 시간 내에 제출하였으나 기본과제가 작동하지 않은 경우
   (단, 전원 유지 상태에서 동작 시험 시 2회 이상 정상동작해야 함)
 라) 오작
  (1) 회로 구성 결과가 제어조건(기본과제)과 일치하지 않는 작품
  (2) 문제지의 유압회로도와 전기회로도의 구성부품과 실제 회로작업에서 사용한 구성부품이 상이한 경우
   (단, 수험자가 제3과제에서 선택하는 부분은 오작대상에서 제외)

3. 도면(유압회로)

□ 제어조건

원료 공급 장치를 제작하려고 한다. 누름 버튼 스위치(PBS1)를 ON-OFF하면 실린더가 전진하며 원료를 퍼올리고, 리밋 스위치 LS2가 작동되면 자동으로 실린더가 후진하여 원료를 공급한다. 초기 상태에서 실린더는 후진 상태로 있다.

○ 위치도

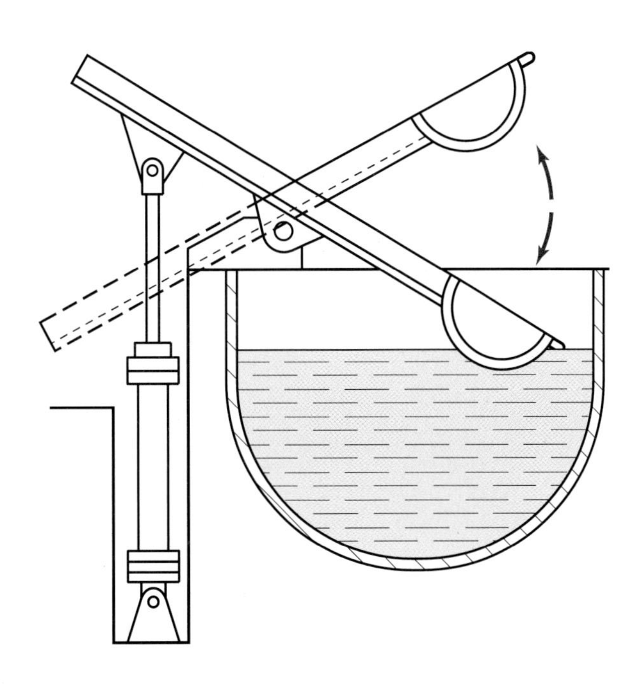

○ 유압회로도

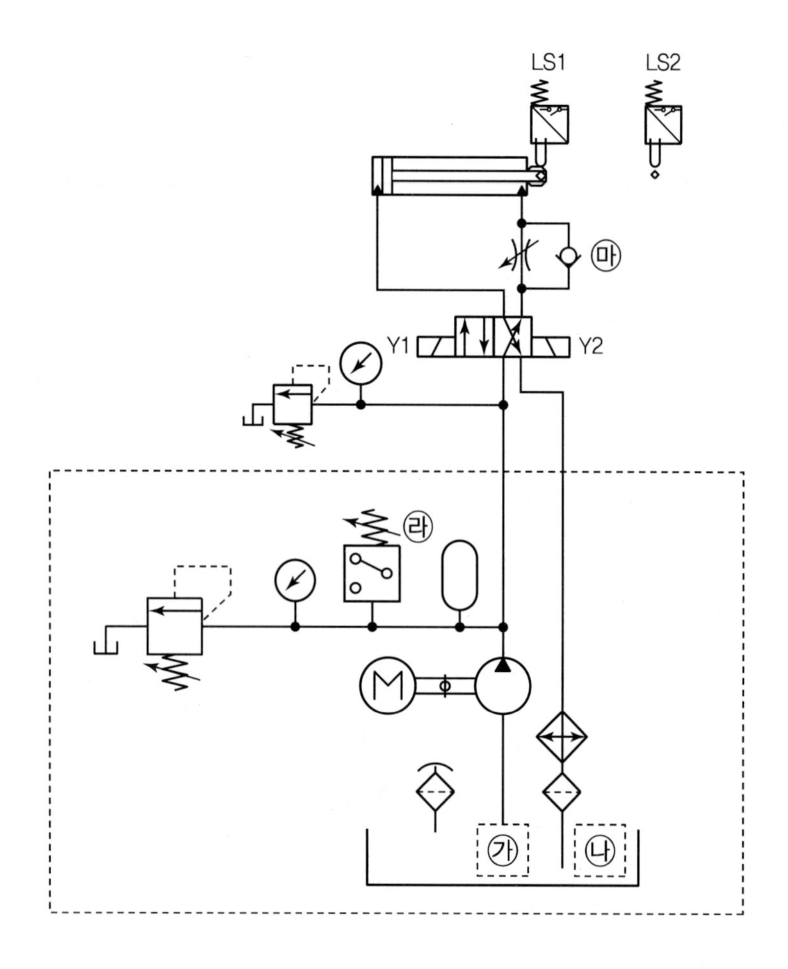

○ 전기회로도

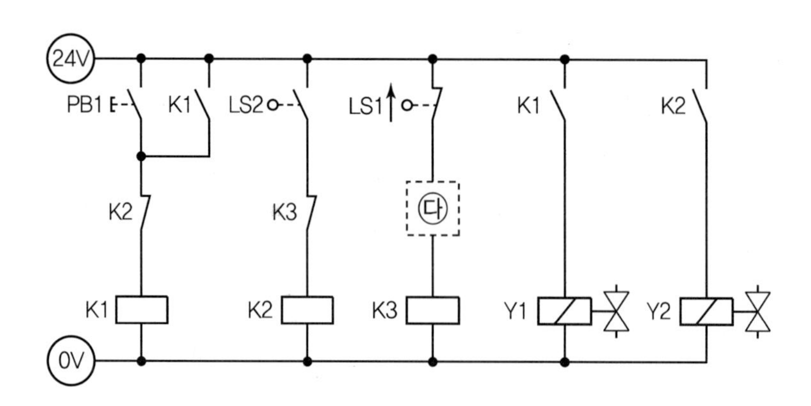

유압 16	정답

㉮ 7　　　㉯ 5　　　㉰ 35

㉱ 압력스위치　　㉲ 실린더의 전진속도 조절

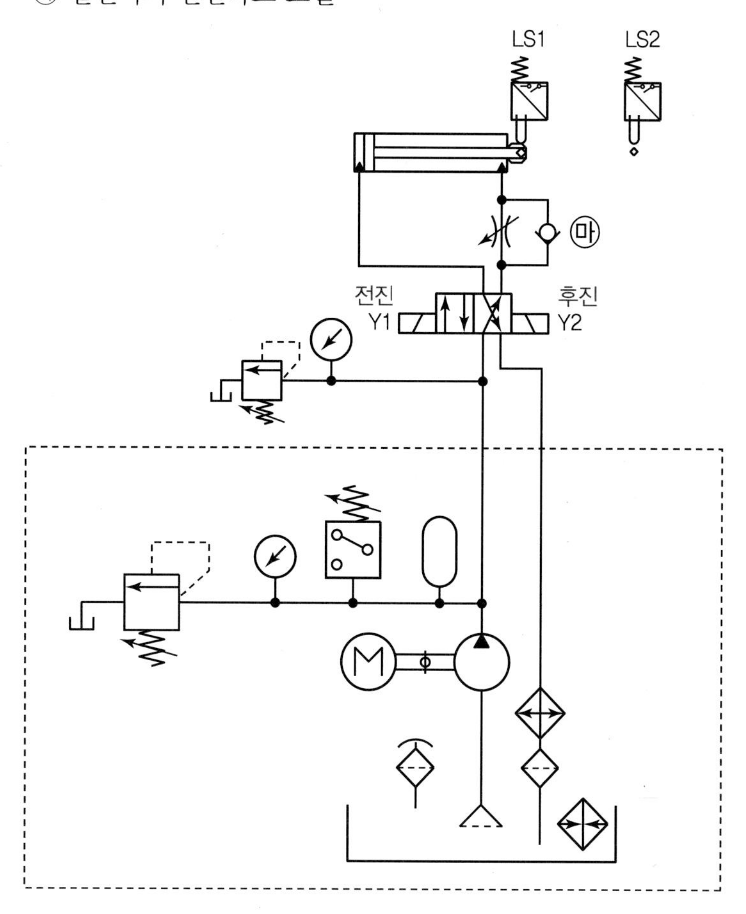

- **빈칸** ㉮ 흡입관 필터가 필요
- **빈칸** ㉯ 작동유 예열기가 필요
- 4/2way 양솔밸브의 Y1솔레노이드는 전진, Y2솔레노이드는 후진을 담당
- ㉲ 부분의 일방향 유량제어밸브는 미터아웃 방식으로 실린더의 전진속도를 제어

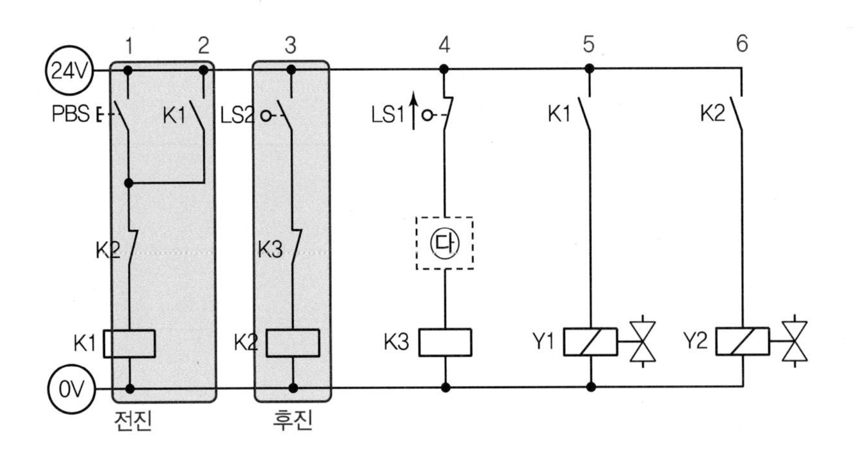

- 1번줄 PB1을 눌러주면 K1릴레이가 ON되면서 5번줄 K1 a접점이 ON되면 Y1솔레노이드에 의해 전진
- 3번줄 LS2에 의해 K2릴레이가 ON되면서 6번줄 K2 a접점이 ON되면 Y2솔레노이드에 의해 후진
- **빈칸** ㉰에는 K1 b접점이 필요

유압 16	기본 정답

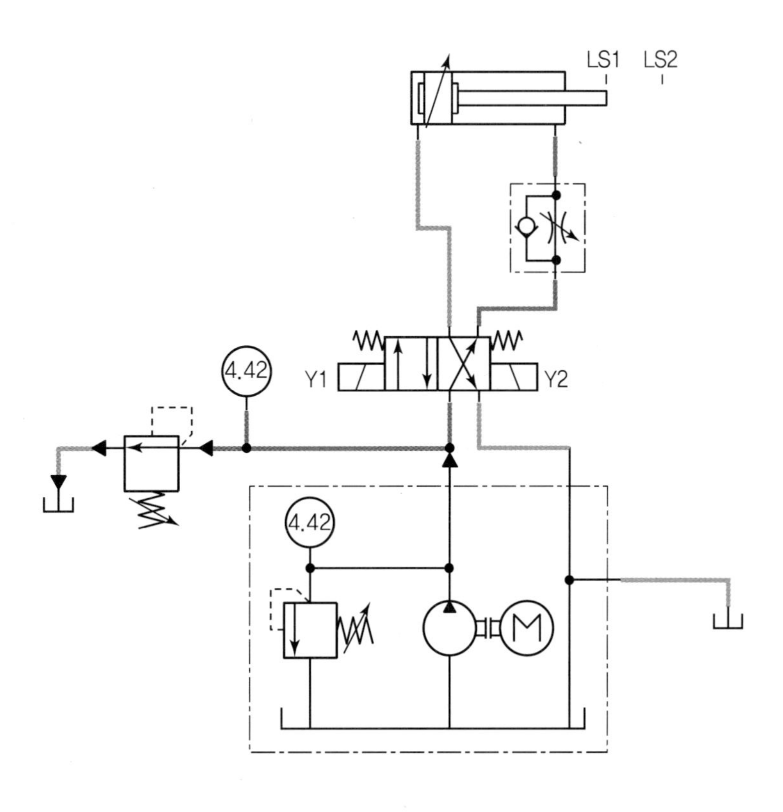

LS1
LS2
4.42
Y1
Y2
4.42
M

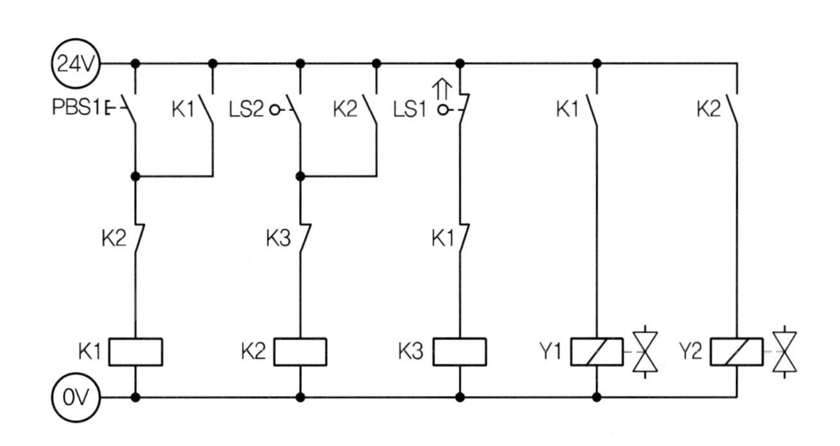

24V
PBS1
K1
LS2
K2
LS1
K1
K2
K2
K3
K1
K1
K2
K3
Y1
Y2
0V

유압 16	응용 해설

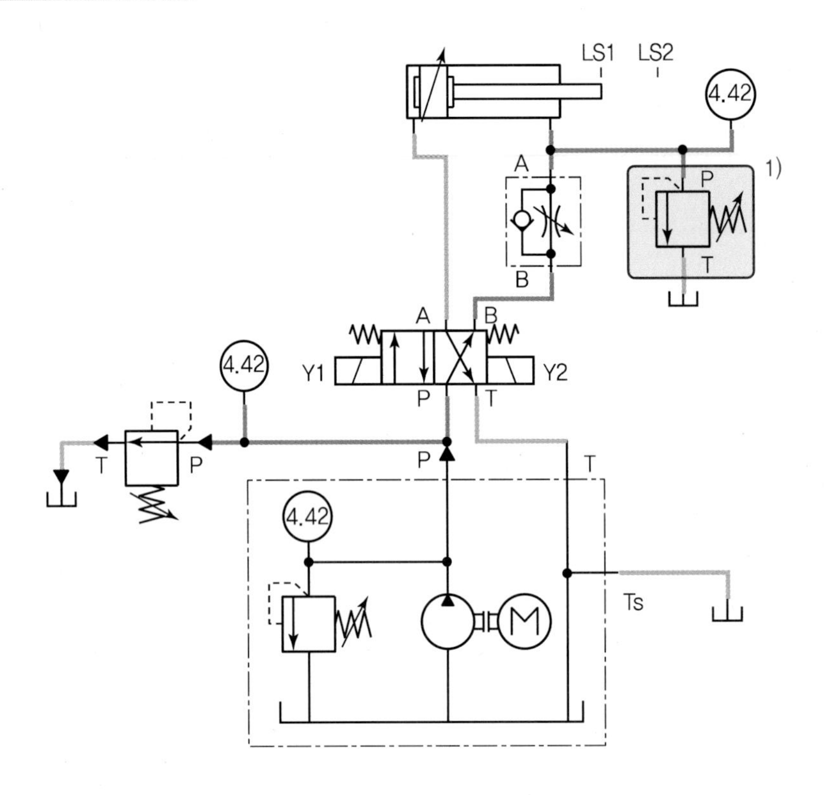

1) 안전회로는 릴리프 밸브를 이용하여 탱크에 유량을 보내주고 압력게이지는 릴리프 밸브와 실린더 사이에 설치한다.

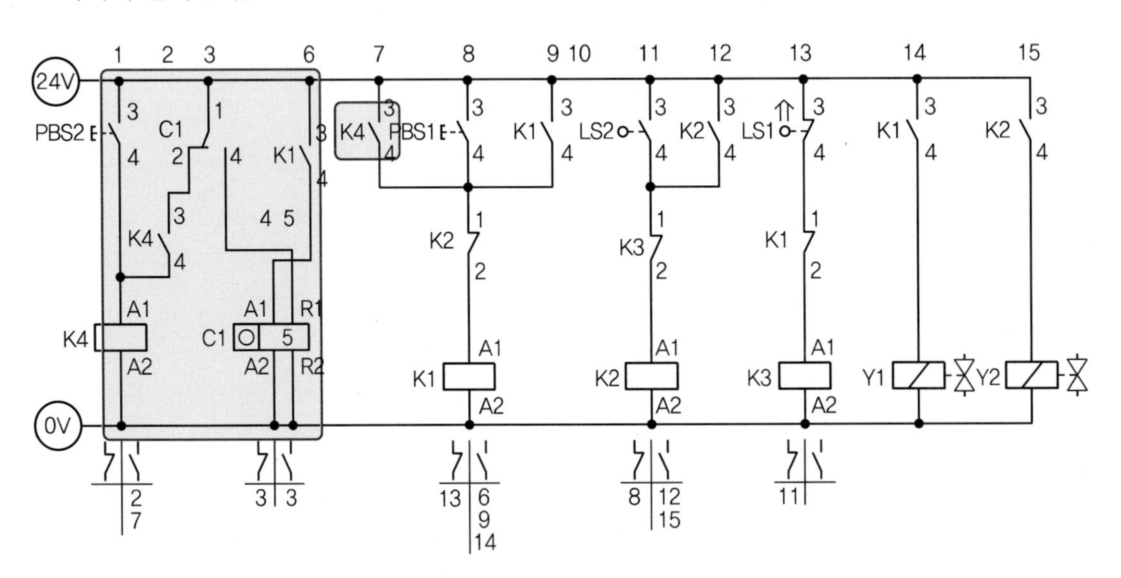

• 1번줄 카운터 회로를 사용하기 위해 PBS2(연속동작)와 K4릴레이를 추가한다.

• 7번줄 K4 a접점을 병렬로 추가한다.

- 3번줄 카운터 설정값보다 작으면 카운터 b접점으로 계속 동작하고 설정값과 같아지면 a접점으로 연결되면서 카운터 회로 초기화를 위해 R1에 연결하면 초기화되면서 작동이 멈춘다.(자동으로 초기화)
- 2번줄의 K4 a접점은 자기유지하기 위함이다.
- 6번줄 카운터 회로에서 두 번째 스텝 K1릴레이가 ON-Off되는 횟수를 세기 위해 K1 a접점을 A1에 연결한다.

유압 16	응용 정답

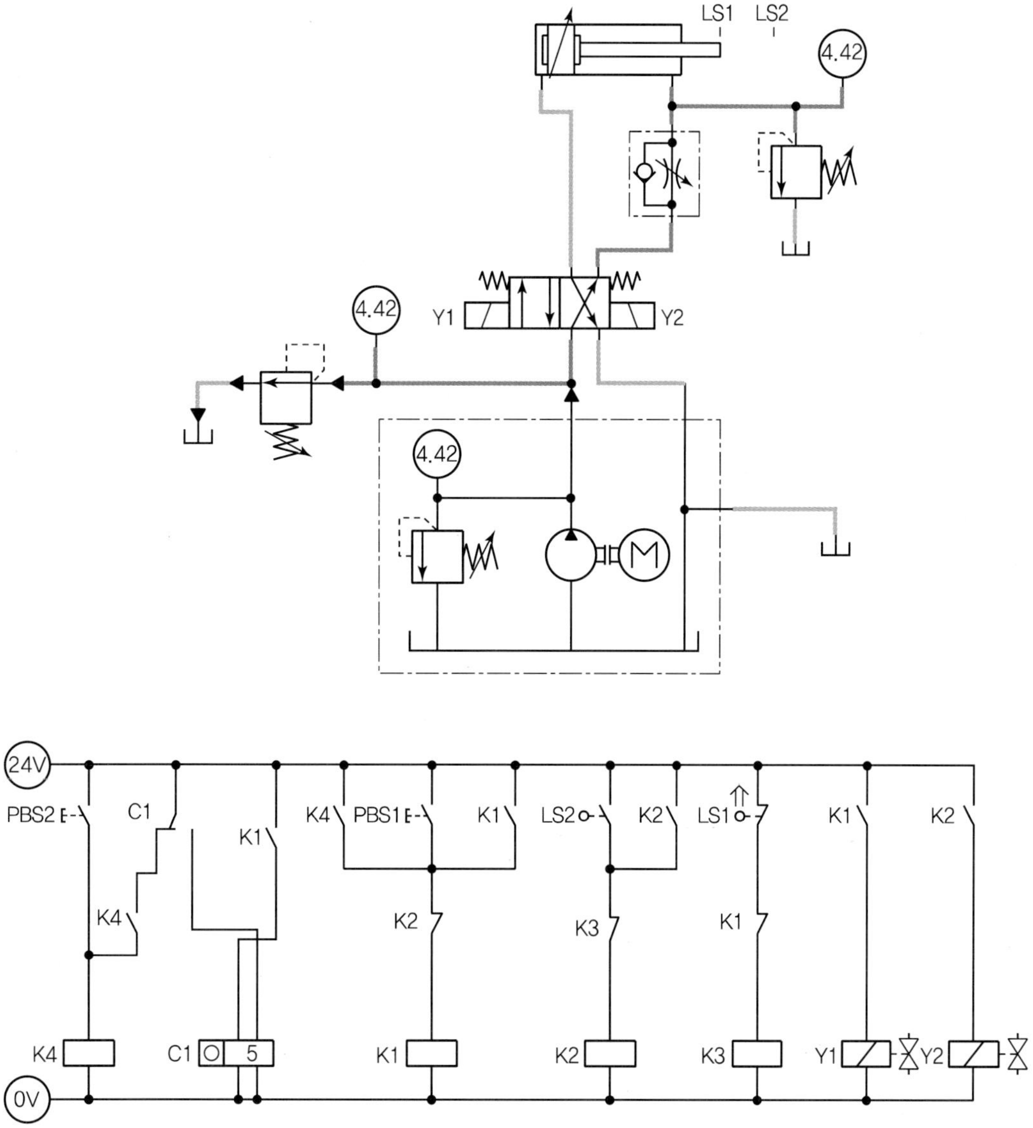

[공개] 17

국가기술자격 실기시험문제

자격종목	공유압기능사	과제명	공압회로구성 및 조립작업

※ 문제지는 시험종료 후 본인이 가져갈 수 있습니다.

비번호		시험일시		시험장명	

※ 시험시간 : 1시간 20분
- [제1과제] 공압회로 도면제작 : 20분
- [제2과제] 공압회로구성 및 조립작업 : 1시간

1. 요구사항

※ 지급된 재료 및 시설을 사용하여 아래 작업을 완성하시오.

가. 제1과제 : 공압회로 도면제작

1) 주어진 제어조건을 만족하는 공압회로도 및 전기회로도의 빈 부분(㉮, ㉯, ㉰)에 들어갈 기호를 제시된 【보기(공압)】에서 찾아 답안지(1)에 번호로 기입하고, 도면 중 ㉱ 부분의 용도 및 ㉲ 부분의 명칭을 답안지(1)에 작성하여 제출하시오.
(단, ㉱, ㉲가 지칭하는 부분은 관로, 스프링, 드레인 등의 세부 부속품이 아닌 독립적으로 역할을 하는 전체 부품임을 고려하여 답지를 작성합니다.)

2) 주어진 공압회로도를 참조하여 제어조건에 따른 변위단계선도를 답안지(2)에 완성하여 제출하시오.

나. 제2과제 : 공압회로구성 및 조립작업

1) 기본과제

가) 제1과제에서 작성한 공압회로도와 같이 주어진 공압기기를 선정하여 고정판에 배치하시오.
(단, 공압회로도 중 도면에 있는 차단밸브 이전 기기와 장치는 수험자가 구성하지 않습니다.)

나) 공압호스를 적절한 길이로 절단 사용하여 배치된 기기를 연결 · 완성하시오.

다) 전기회로도를 보고 전기회로작업을 완성하시오.
(단, 전기연결선 +는 적색으로, −는 청색 또는 흑색으로 연결하시오.)

라) 작업압력(서비스 유닛)을 (0.5±0.05)MPa로 설정하시오.

2) 응용과제

마) 감독위원이 지정한 압력(0.2~0.5MPa 범위에서 지정)으로 변경하시오.

바) 실린더 A 전진 시 일방향 유량조절밸브(모듈형)를 사용하여 Meter−out 회로가 되도록 하고, 실린더 B 후진 시 급속배기밸브를 사용하여 실린더의 속도를 제어하시오.

사) 카운터를 사용하여 실린더가 3회 전후진 후 정지할 수 있게 전기회로를 구성하고 동작시키시오.
(단, PBS2를 별도로 추가하여 PBS2가 On−Off하면 연속 동작이 시작하고, 카운터의 Reset은 별도의 스위치 추가 없이 자동으로 초기화되도록 한다.)

2. 수험자 유의사항

※ 다음의 유의사항을 고려하여 요구사항을 완성하시오.

1) 시험 시작 전 장비 이상 유무를 확인합니다.
2) 시험 중에는 반드시 감독위원의 지시에 따라야 하며, 시험시간 동안 감독위원의 지시가 없는 한 시험장을 임의로 이탈할 수 없습니다.
3) 공압, 유압 배관의 제거는 압력 공급을 차단한 후 실시하시기 바랍니다.
4) 시험에 필요한 기기 이외에 임의로 접촉하지 않도록 주의하시기 바랍니다.
5) 전기 연결의 합선 시에는 즉시 전원공급 장치의 전원을 차단하시기 바랍니다.
6) 실린더의 작동 부분에는 전선 및 호스가 접촉되지 않도록 주의하여야 합니다.
7) 수험자 인적사항 및 계산식을 포함한 답안작성은 흑색 필기구만 사용해야 하며, 그 외 연필류, 빨간색, 청색 등 필기구 및 수정테이프(액)를 사용해 작성한 답항은 0점 처리 되오니 불이익을 당하지 않도록 유의해 주시기 바랍니다.
8) 답안 정정 시에는 정정하고자 하는 단어에 두 줄(=)을 긋고 다시 작성하시기 바랍니다.
9) 변위단계선도의 작성 및 제출은 반드시 제1과제 시험시간 이내에 이루어져야 합니다.
10) 제2과제 평가는 먼저 기본과제(가~라)를 수행한 후 감독위원에게 평가받고, 그 이후에 응용과제(마~사)를 별도로 감독위원에게 평가받습니다.
11) 제2과제 평가는 감독위원 확인하에 한 번만 평가받을 수 있으며 재평가하지 않습니다. (단, 평가 시에는 전원이 유지된 상태에서 2회 동작 시도하여 동일하게 정상 동작이 되어야 하며, 1회만 동작하고 2회째 시도 시 정상적으로 동작하지 않으면 인정하지 않음)
12) 다음 사항에 대해서는 채점 대상에서 제외하니 특히 유의하시기 바랍니다.
    가) 기권
        (1) 수험자 본인이 수험 도중 시험에 대한 포기의사를 표하는 경우
        (2) 실기시험 과정 중 1개 과정이라도 불참한 경우
    나) 실격
        (1) 시설 · 장비의 조작 또는 재료의 취급이 미숙하여 위해를 일으킬 것으로 감독위원 전원이 합의하여 판단한 경우
        (2) 기능이 해당 등급 수준에 전혀 도달하지 못한 것으로 감독위원이 판단할 경우
        (3) 부정행위를 한 경우
    다) 미완성
        (1) 주어진 시험 시간을 초과하거나 시험 시간 내에 완성하지 못한 경우
        (2) 주어진 시간 내에 제출하였으나 기본과제가 작동하지 않은 경우 (단, 전원 유지 상태에서 동작 시험 시 2회 이상 정상적으로 동작해야 함)
    라) 오작
        (1) 회로 구성 결과가 제어조건(기본과제)과 일치하지 않는 작품
        (2) 문제지의 공압회로도와 전기회로도의 구성부품과 실제 회로작업에서 사용한 구성부품이 상이한 경우(단, 수험자가 제1과제에서 선택하는 부분은 오작대상에서 제외)

3. 도면(공압회로)

□ 제어조건

네모난 박스에 제품 공급 작업을 하려고 한다. 박스는 중력으로 삽입되며 시작 스위치 PBS를 On−Off하면 실린더 A가 전진을 해서 박스를 밀어내고 2초간 정지한 후에 복귀한다. 이후 실린더 B가 전진하여 제품을 밀어 아래쪽 박스에 제품을 투입하고, 실린더 B가 후진한다.

○ 위치도

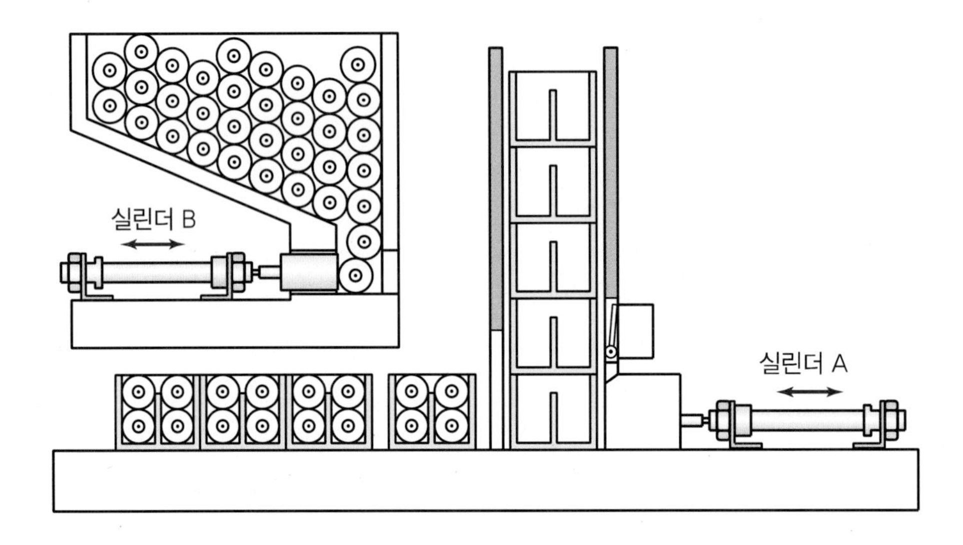

○ 공압회로도

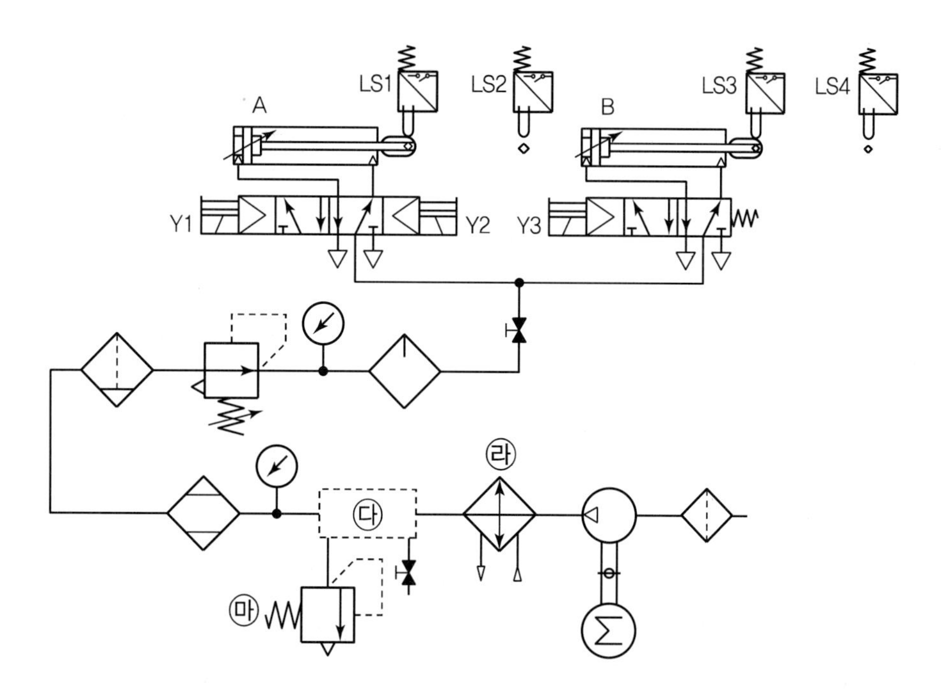

LS1
LS2
LS3
LS4
A
B
Y1
Y2
Y3
㉣
㉢
㉤

○ 전기회로도

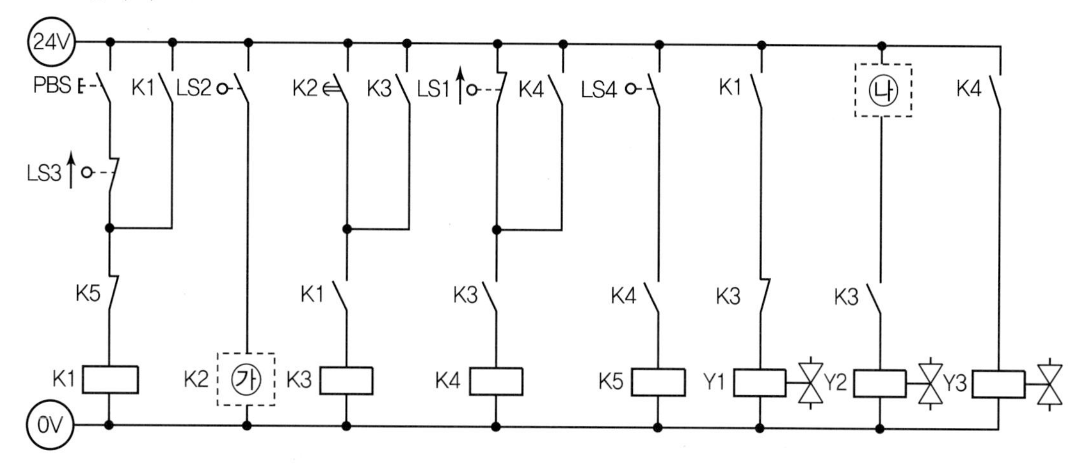

24V
PBS
K1
LS2
K2
K3
LS1
K4
LS4
K1
㉯
K4
LS3
K5
K1
K3
K4
K3
K3
K1
K2
㉮
K3
K4
K5
Y1
Y2
Y3
0V

공압 17	정답

㉮ 24 ㉯ 30 ㉰ 1

㉱ 압축공기를 냉각 ㉲ 릴리프 밸브

공압 17	변위단계선도	정답

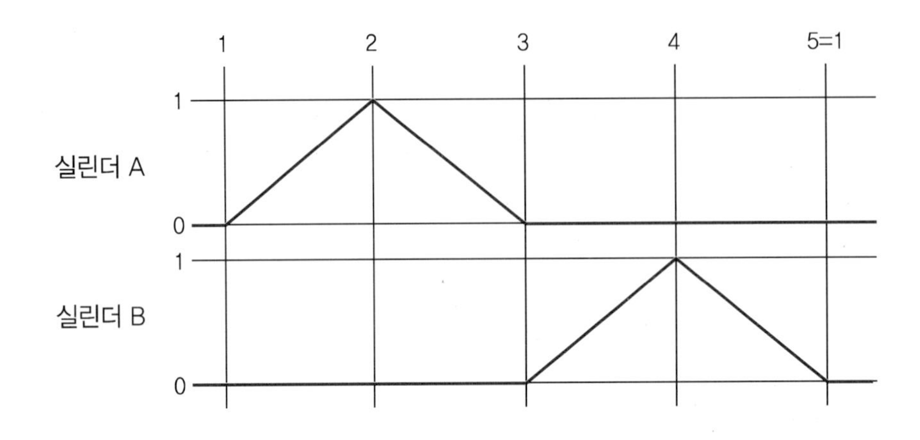

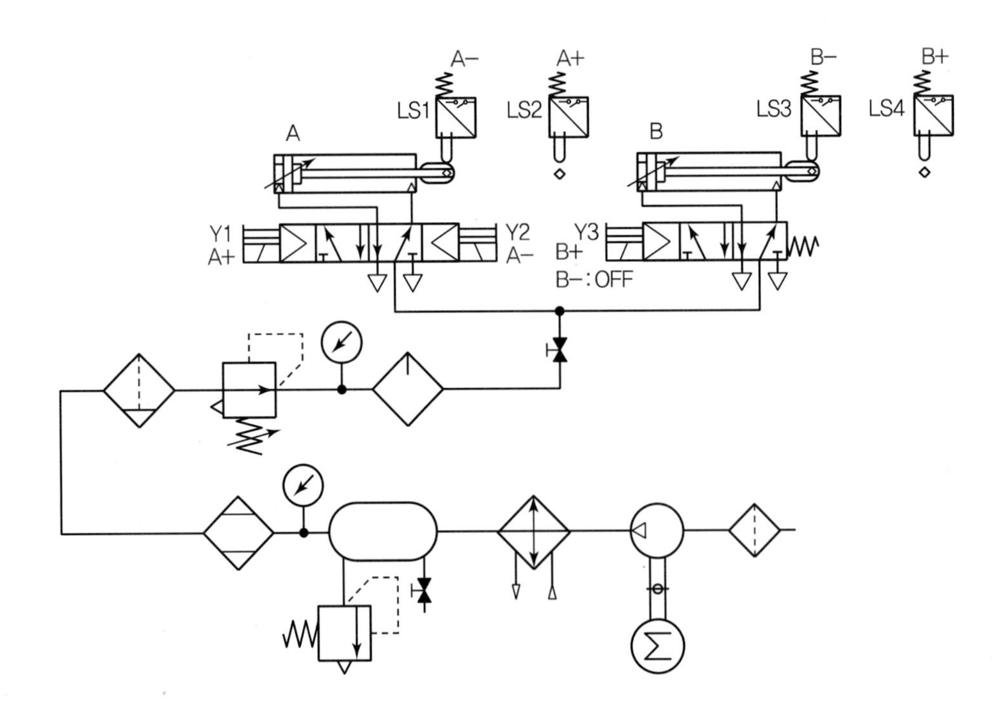

• **빈칸** ㉰ 공압탱크가 필요

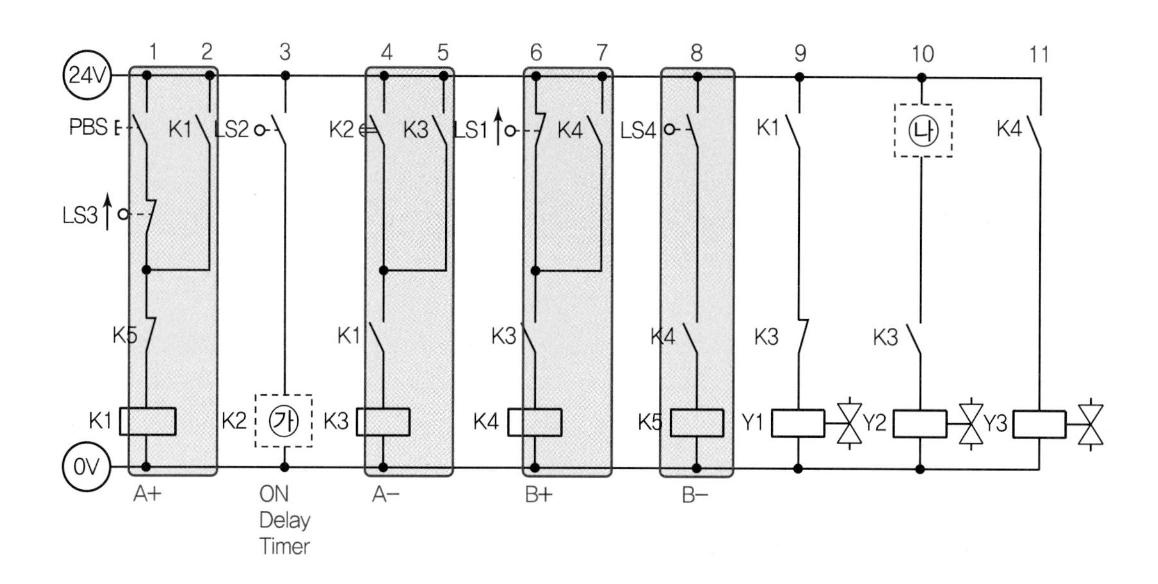

- 1번줄 K1릴레이는 3번줄 LS2가 되기 위하기 때문에 A전진(A+), 2번줄 자기유지
- 3번줄 **빈칸** ㉮에는 ON delay 타이머가 필요
- 4번줄 K3릴레이는 6번줄 LS1이 되기 위하기 때문에 A후진(A−), 5번줄 자기유지
- 6번줄 K4릴레이는 8번줄 LS4가 되기 위하기 때문에 B전진(B+), 7번줄 자기유지
- 8번줄 K5릴레이는 1번줄 LS3이 되기 위하기 때문에 B후진(B−)
- 9번줄 A양솔밸브는 A전진(A+)을 위해 K1 a접점으로 Y1솔레노이드 ON
- 10번줄 A양솔밸브는 A후진(A−)을 위해 **빈칸** ㉯의 K1 a접점과 K3 a접점으로 Y2솔레노이드를 ON시키면서 9번줄 K3 b접점으로 Y1솔레노이드 OFF
- 11번줄 B편솔밸브는 B전진(B+)을 위해 K4 a접점으로 Y3솔레노이드 ON,

  B후진(B−)은 K5릴레이가 ON됨과 동시에 1번줄 K5 b접점이 떨어지면서 순차적으로 모든 릴레이가 OFF되어 11번줄 K4 a접점이 떨어지면서 후진

PART 02

공압 17	기본 정답

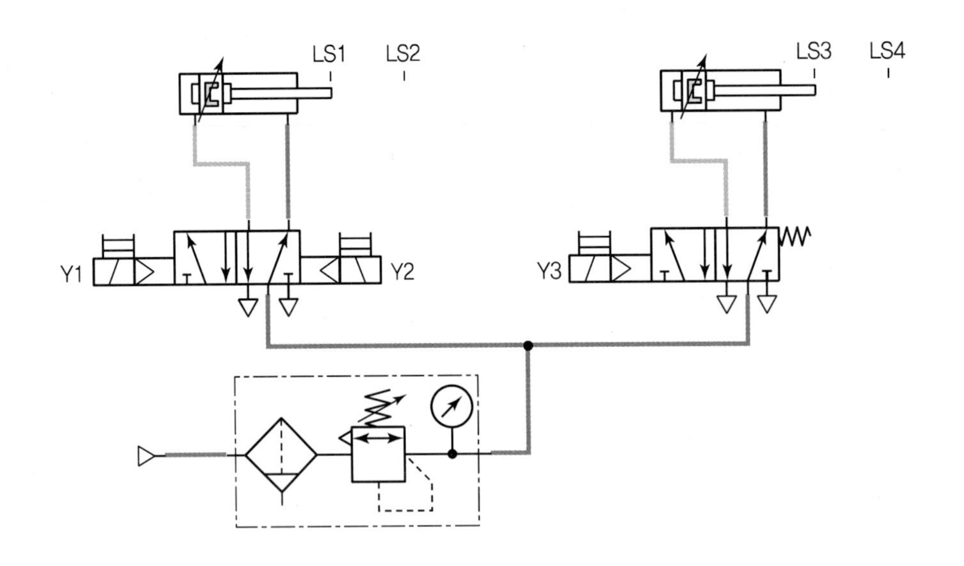
LS1
LS2
LS3
LS4
Y1
Y2
Y3

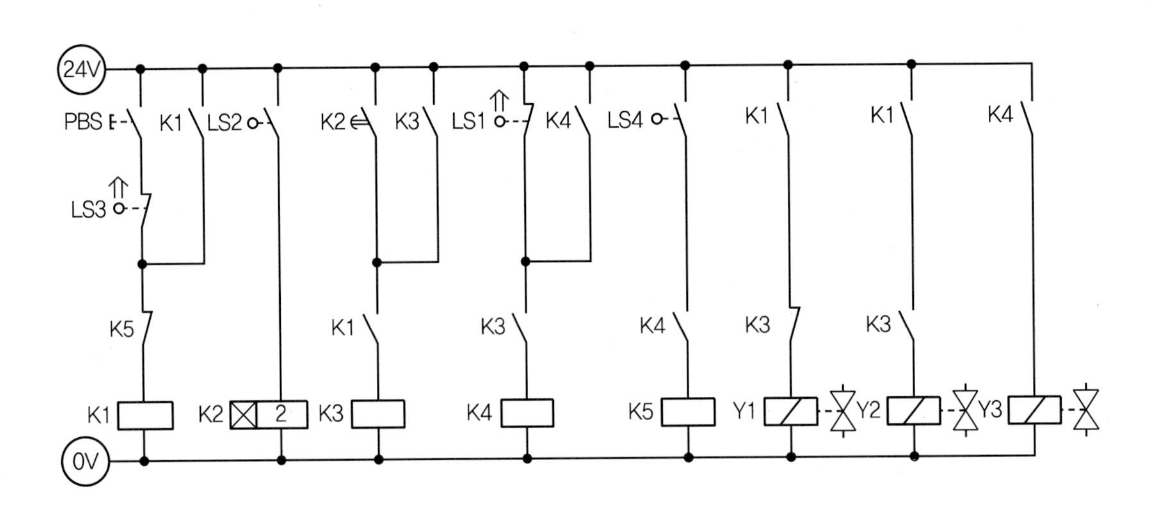
24V
PBS
K1
LS2
K2
K3
LS1
K4
LS4
K1
K1
K4
LS3
K5
K1
K3
K4
K3
K3
K1
K2
2
K3
K4
K5
Y1
Y2
Y3
0V

공압 17	응용 해설

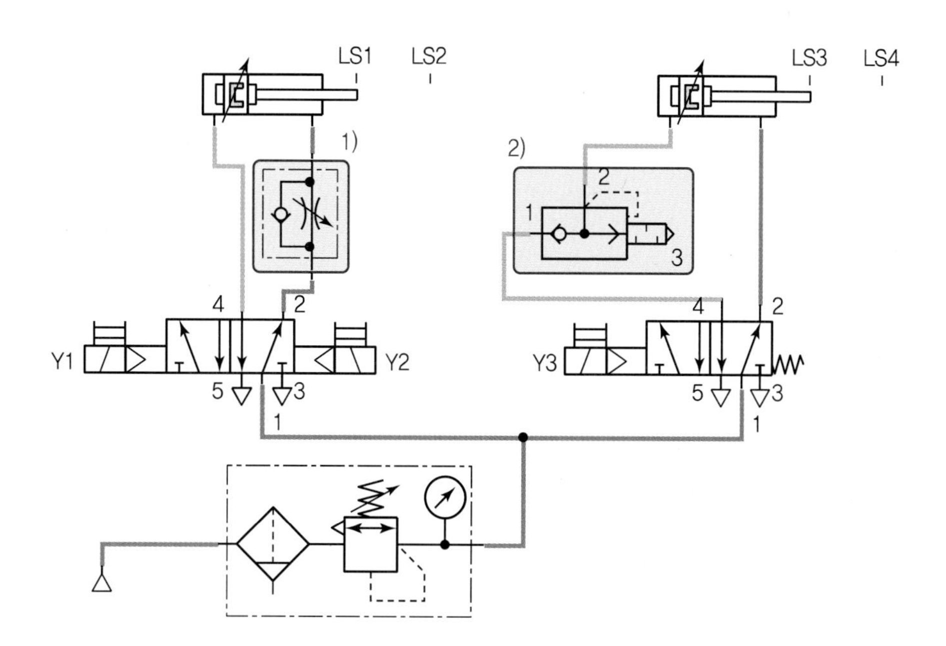

1) A 실린더 전진속도를 미터아웃 회로로 조절하려면 일방향 유량제어밸브를 로드 측에, 체크밸브를 밸브방향에 설치한다.

2) B 실린더 급속후진을 위해 급속배기밸브를 헤드 측에 설치한다.

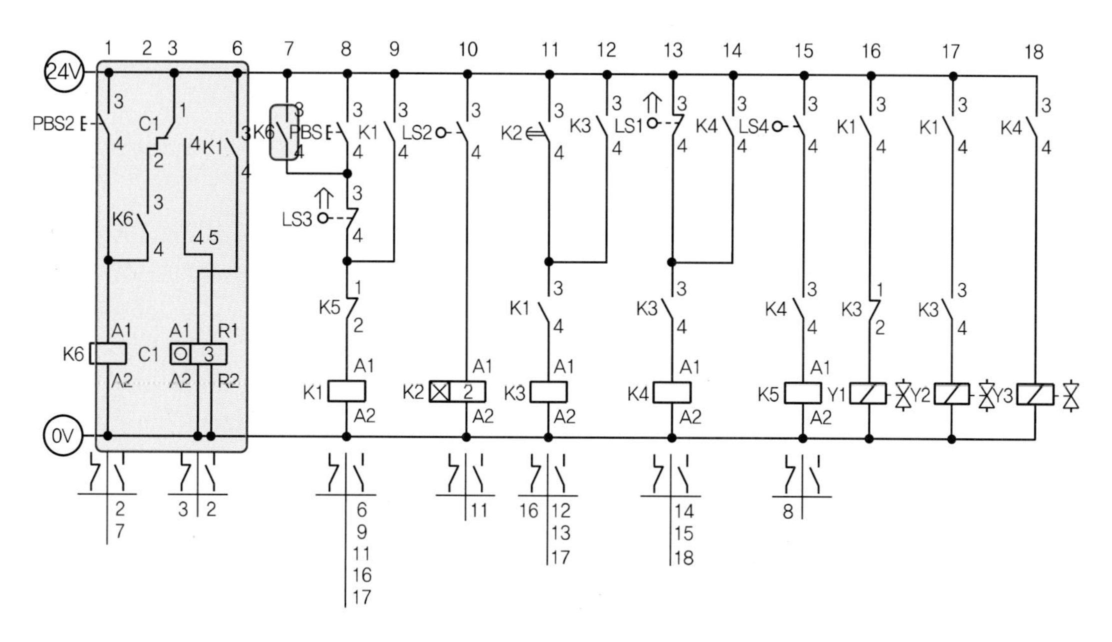

• 1번줄 카운터 회로를 사용하기 위해 PBS2와 K6릴레이를 추가한다.

• 7번줄 K6 a접점을 병렬로 연결하여 PBS는 단속동작용, PBS2는 연속동작용이다.

- 3번줄 카운터 설정값보다 작으면 카운터 b접점으로 계속 동작하고 설정값과 같아지면 a접점으로 연결되면서 카운터 회로 초기화를 위해 R1에 연결하면 초기화되면서 작동이 멈춘다.(자동으로 초기화)
- 2번줄 K6 a접점은 자기유지하기 위함이다.
- 6번줄 카운터 회로에서 첫 번째 스텝 K1릴레이가 ON－OFF되는 횟수를 세기 위해 K1 a접점을 A1에 연결한다.

공압 17	응용 정답

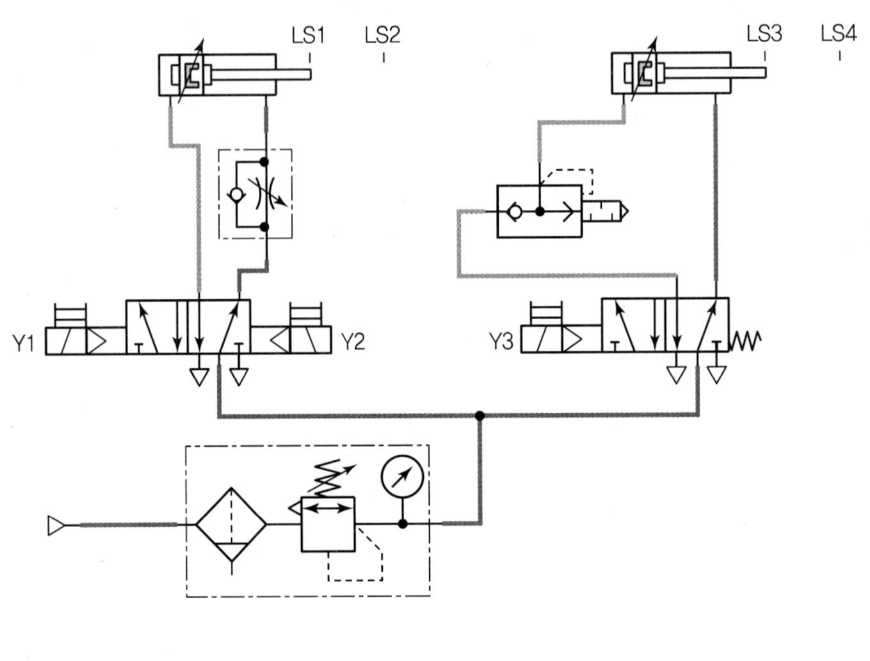

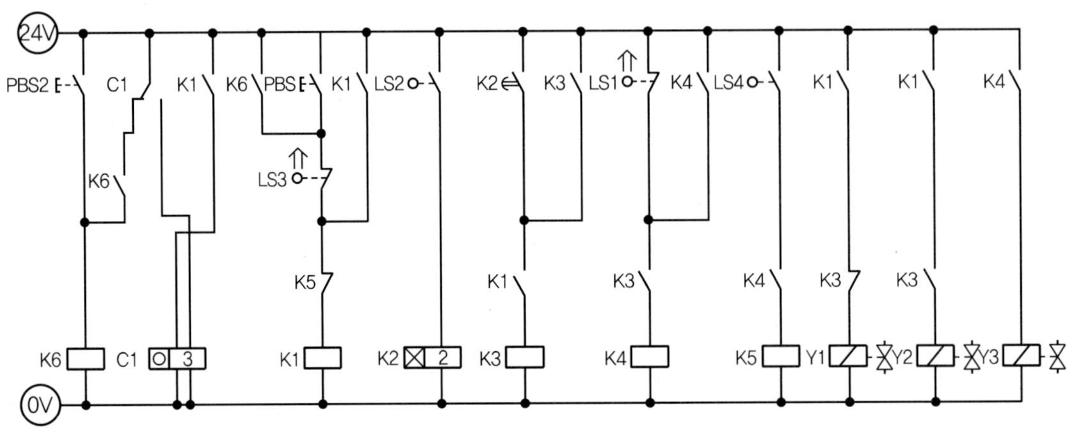

[공개] 17

국가기술자격 실기시험문제

자격종목	공유압기능사	과제명	유압회로구성 및 조립작업

※ 문제지는 시험종료 후 본인이 가져갈 수 있습니다.

비번호		시험일시		시험장명	

※ 시험시간 : 1시간 10분
- [제3과제] 유압회로 도면제작 : 10분
- [제4과제] 유압회로구성 및 조립작업 : 1시간

1. 요구사항

※ 지급된 재료 및 시설을 사용하여 아래 작업을 완성하시오.

가. 제3과제 : 유압회로 도면제작

1) 주어진 제어조건을 만족하는 유압회로도 및 전기회로도의 빈 부분(㉮, ㉯, ㉰)에 들어갈 기호를 제시된 【보기(유압)】에서 찾아 답안지(3)에 번호로 기입하고, 도면 중 ㉱ 부분의 명칭 및 ㉲ 부분의 용도를 답안지(3)에 작성하여 제출하시오.
(단, ㉱, ㉲가 지칭하는 부분은 관로, 스프링, 드레인 등의 세부 부속품이 아닌 독립적으로 역할을 하는 전체 부품임을 고려하여 답지를 작성합니다.)

나. 제4과제 : 유압회로구성 및 조립작업

1) 기본과제
가) 제3과제에서 작성한 유압도면과 같이 주어진 유압기기를 선정하여 고정판에 배치하시오.
(단, 도면에 일점쇄선 부분은 수험자가 구성하지 않습니다.)
나) 유압호스를 사용하여 배치된 기기를 연결 · 완성하시오.
다) 전기회로도를 보고 전기회로작업을 완성하시오.
(단, 전기연결선 +는 적색으로, −는 청색 또는 흑색으로 연결하시오.)
라) 유압회로 내의 최고압력을 (4±0.2)MPa로 설정하시오.

2) 응용과제
마) 실린더 전진 시 일방향 유량조정밸브를 사용하여 Meter−in 회로를 구성하고, 무게중심 변화에 따른 실린더의 전진 시 급속운동을 방지하기 위하여 카운터 밸런스 회로를 추가로 구성하여 동작시키시오.
(단, 카운터 밸런스 회로는 릴리프 밸브와 체크밸브를 사용하여 회로를 구성하고 설정 압력은 3MPa(±0.2MPa)로 한다.)
바) 전기타이머를 사용하여 실린더가 전진 완료 후 3초간 정지한 후에 후진하도록 전기회로를 구성하고 동작시키시오.

2. 수험자 유의사항

※ 다음의 유의사항을 고려하여 요구사항을 완성하시오.

1) 시험 시작 전 장비 이상 유무를 확인합니다.
2) 시험 중에는 반드시 감독위원의 지시에 따라야 하며, 시험시간 동안 감독위원의 지시가 없는 한 시험장을 임의로 이탈할 수 없습니다.
3) 공압, 유압 배관의 제거는 압력 공급을 차단한 후 실시하시기 바랍니다.
4) 시험에 필요한 기기 이외에 임의로 접촉하지 않도록 주의하시기 바랍니다.
5) 전기 연결의 합선 시에는 즉시 전원공급 장치의 전원을 차단하시기 바랍니다.
6) 실린더의 작동 부분에는 전선 및 호스가 접촉되지 않도록 주의하여야 합니다.
7) 수험자 인적사항 및 계산식을 포함한 답안작성은 흑색 필기구만 사용해야 하며, 그 외 연필류, 빨간색, 청색 등 필기구 및 수정테이프(액)를 사용해 작성한 답항은 0점 처리 되오니 불이익을 당하지 않도록 유의해 주시기 바랍니다.
8) 답안 정정 시에는 정정하고자 하는 단어에 두 줄(=)을 긋고 다시 작성하시기 바랍니다.
9) 제4과제 평가는 먼저 기본과제(가~라)를 수행한 후 감독위원에게 평가받고, 그 이후에 응용과제(마~바)를 별도로 감독위원에게 평가받습니다.
10) 제4과제 평가는 감독위원 확인하에 한 번만 평가받을 수 있으며 재평가하지 않습니다.
(단, 평가 시에는 전원이 유지된 상태에서 2회 동작 시도하여 동일하게 정상 동작이 되어야 하며, 1회만 동작하고 2회째 시도 시 정상적으로 동작하지 않으면 인정하지 않음)
11) 다음 사항에 대해서는 채점 대상에서 제외하니 특히 유의하시기 바랍니다.
   가) 기권
      (1) 수험자 본인이 수험 도중 시험에 대한 포기의사를 표하는 경우
      (2) 실기시험 과정 중 1개 과정이라도 불참한 경우
   나) 실격
      (1) 시설 · 장비의 조작 또는 재료의 취급이 미숙하여 위해를 일으킬 것으로 감독위원 전원이 합의하여 판단한 경우
      (2) 기능이 해당 등급 수준에 전혀 도달하지 못한 것으로 감독위원이 판단할 경우
      (3) 부정행위를 한 경우
   다) 미완성
      (1) 주어진 시험 시간을 초과하거나 시험 시간 내에 완성하지 못한 경우
      (2) 주어진 시간 내에 제출하였으나 기본과제가 작동하지 않은 경우
      (단, 전원 유지 상태에서 동작 시험 시 2회 이상 정상동작해야 함)
   라) 오작
      (1) 회로 구성 결과가 제어조건(기본과제)과 일치하지 않는 작품
      (2) 문제지의 유압회로도와 전기회로도의 구성부품과 실제 회로작업에서 사용한 구성부품이 상이한 경우
      (단, 수험자가 제3과제에서 선택하는 부분은 오작대상에서 제외)

3. 도면(유압회로)

□ 제어조건

유압을 이용하여 용강 경동장치를 제작하려고 한다. 푸시버튼 스위치(PBS)를 On－Off하면 유압실린더가 전진하며, 전진 완료될 때 3MPa 이상의 압력이 도달되고 리밋 스위치 LS2가 작동되면 자동으로 후진하게 되어 있다.

○ 위치도

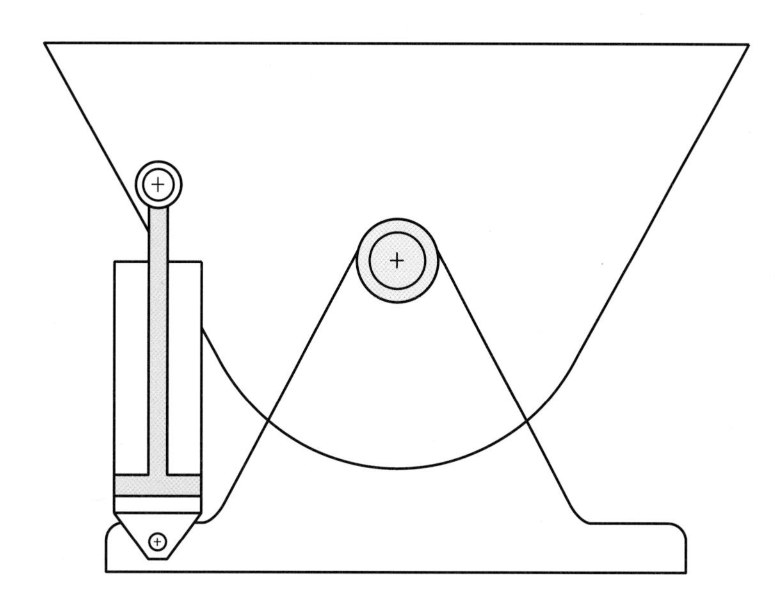

○ 유압회로도

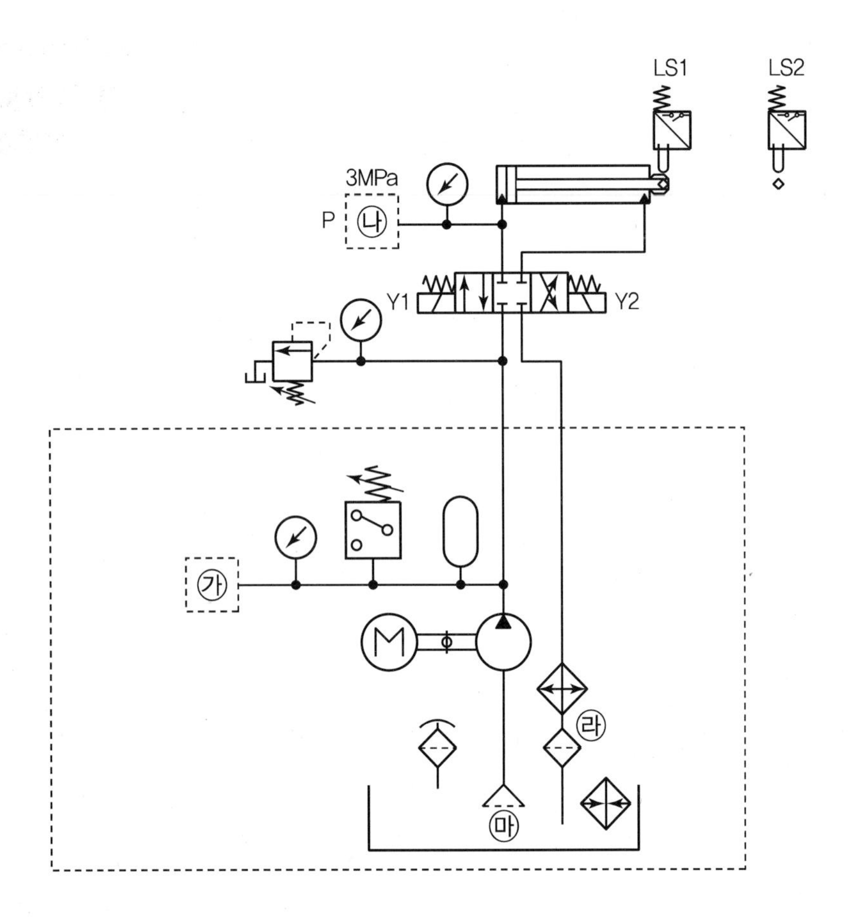
LS1
LS2
3MPa
P
나
Y1
Y2
가
라
마

○ 전기회로도

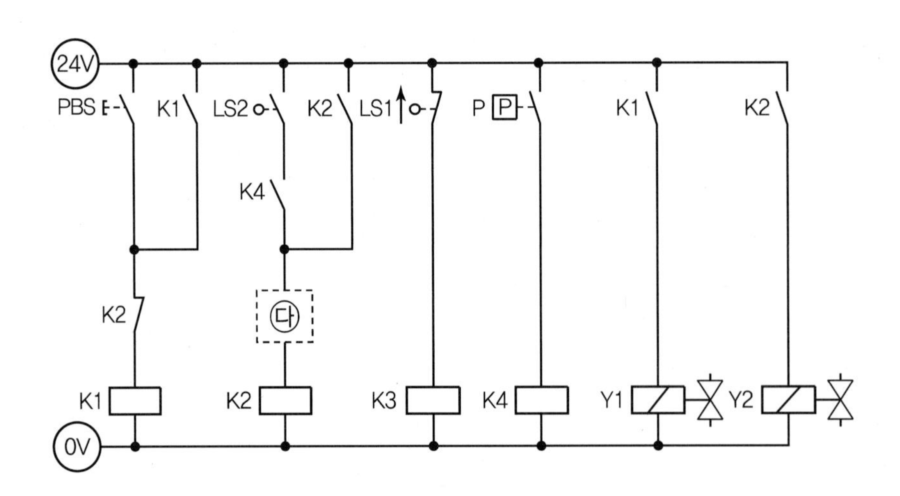
24V
PBS
K1
LS2
K2
LS1
P
P
K1
K2
K4
K2
다
K1
K2
K3
K4
Y1
Y2
0V

유압 17	정답

㉮ 8　　　　　　㉯ 27　　　　　　㉰ 37

㉱ 복귀관 필터　㉲ 흡입 시 작동유 내에 이물질 제거

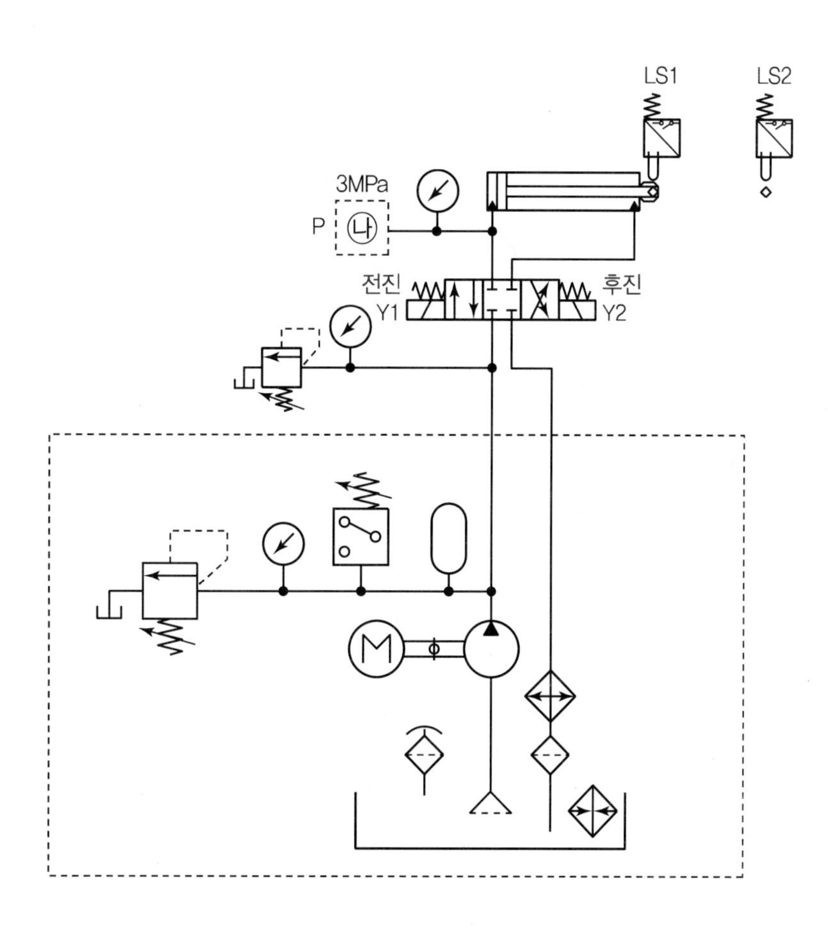

- **빈칸 ㉮** 릴리프 밸브와 오일탱크가 필요
- **빈칸 ㉯** 압력스위치가 필요하며 압력을 3MPa로 설정하여 3MPa 이하면 b접점에 붙어 있다가 3MPa 이상이 되면 b접점이 떨어지면서 전기신호가 끊김
- 4/3way 양솔밸브의 Y1솔레노이드는 전진, Y2솔레노이드는 후진을 담당

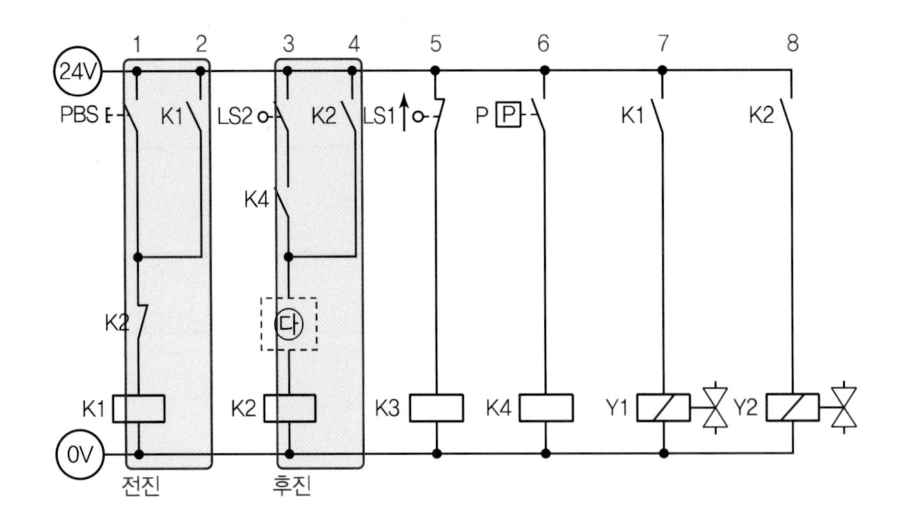

- 1번줄 PBS를 누르면 K1릴레이가 ON되면서 7번줄 K1 a접점이 ON되면 Y1솔레노이드에 의해 전진
- 실린더의 전진이 완료되면 헤드 측의 압력이 올라가면서 6번줄 압력스위치 P가 ON되면서 K4릴레이가 ON
- 3번줄 LS2와 K4 a접점이 ON되면 K2릴레이가 ON되어 8번줄 K2 a접점이 ON되면서 Y2솔레노이드에 의해 후진
- 5번줄 실린더 후진이 완료되면 LS1에 의해 감지되어 K3릴레이로 전달되기 때문에 **빈칸 ㉰**에는 K3 b접점으로 K2릴레이 OFF시킴

유압 17	기본 정답

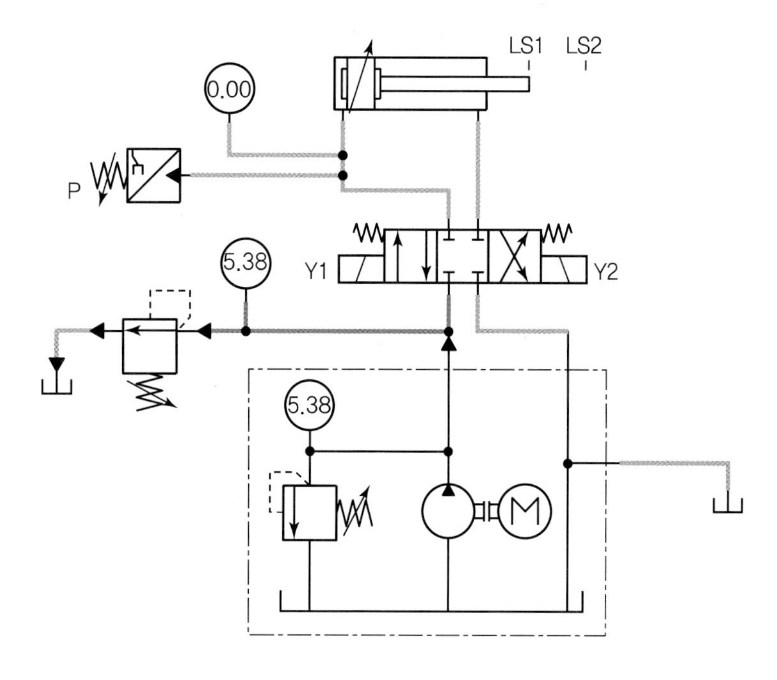

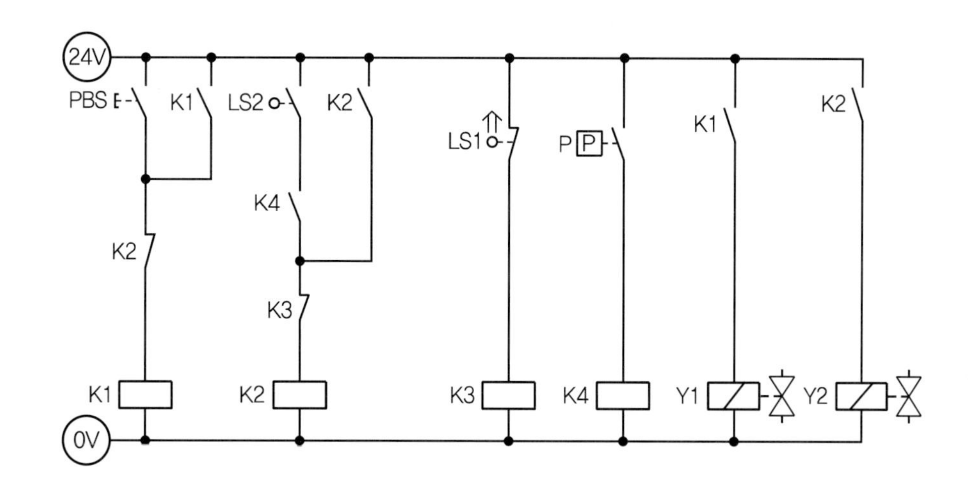

PART 02

유압 17	응용 해설

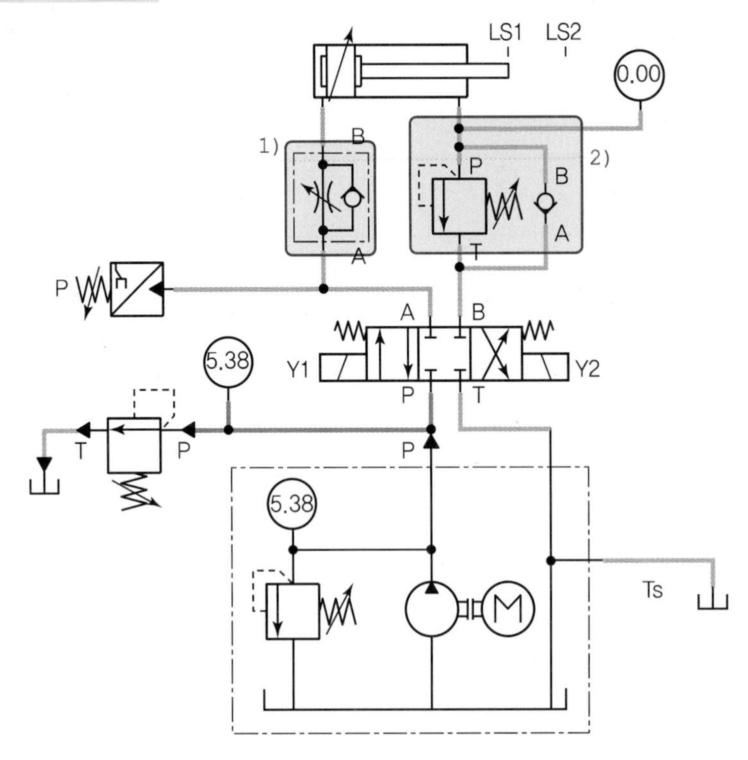

1) 실린더 전진속도를 미터인 회로로 조절하려면 일방향 유량제어밸브를 헤드 측에, 체크밸브를 실린더방향에 설치한다.

2) 실린더 낙하를 방지하기 위해 카운터 밸런스 밸브를 실린더 로드 측에 설치하고 압력게이지는 실린더 로드 측에 설치한다.(릴리프 밸브와 체크밸브를 조합하여 설치하며 반드시 체크밸브를 밸브방향에 설치함)

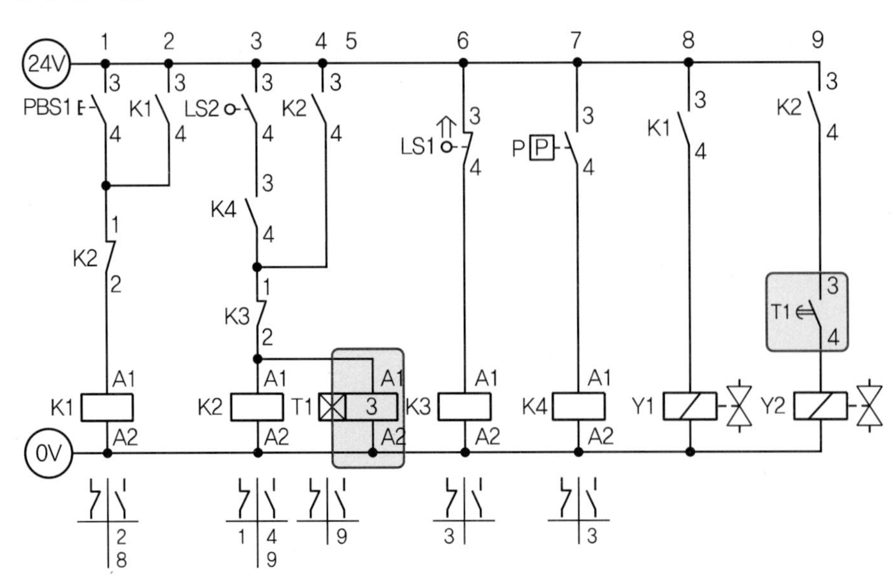

- 5번줄 실린더 전진을 감지하는 LS2를 거쳐 ON delay 타이머를 추가한다.
- 9번줄 ON delay 타이머 a접점을 추가하면 3초 후 Y2솔레노이드가 ON되면서 후진한다.

유압 17	응용 정답

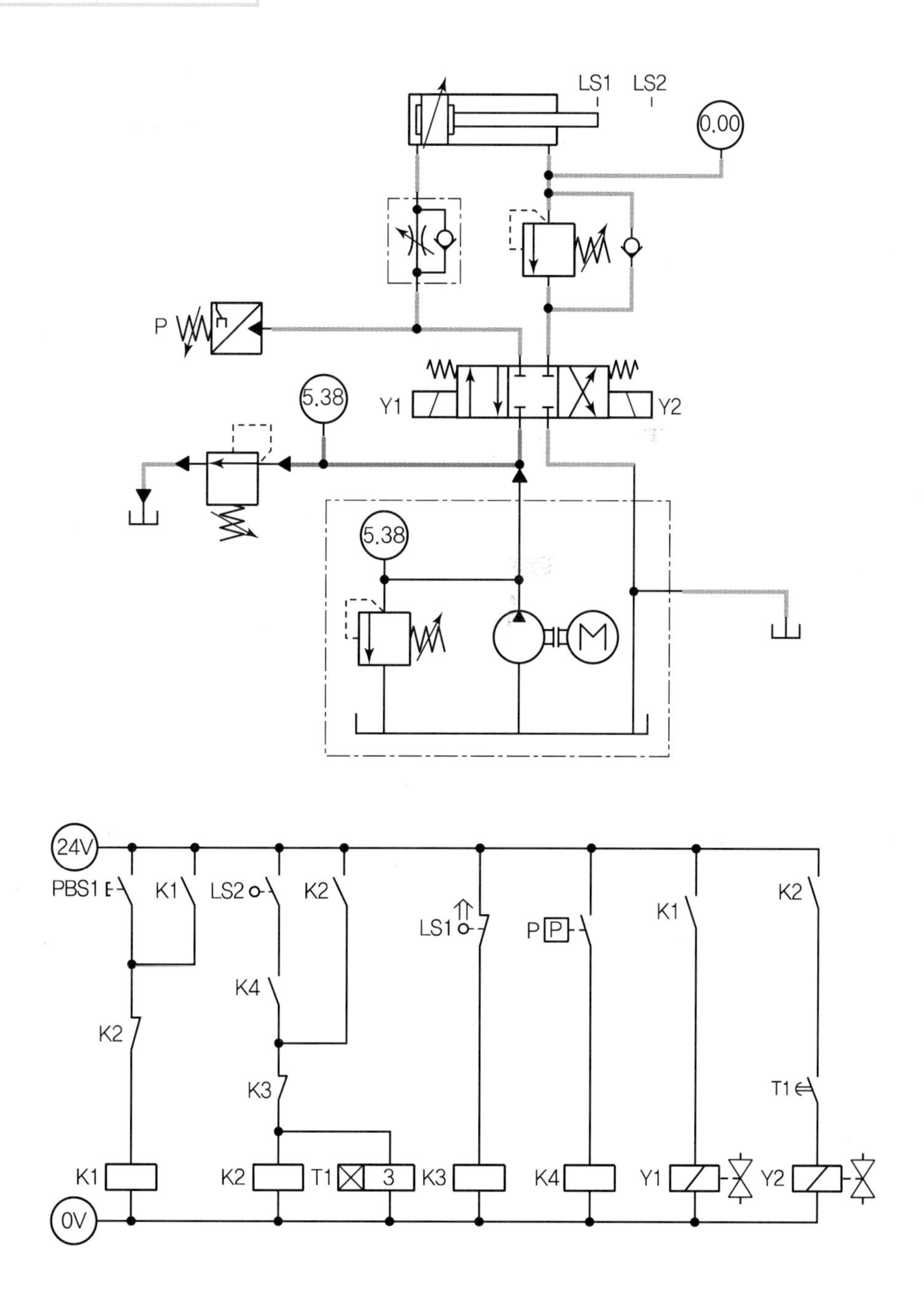

[공개] 18

국가기술자격 실기시험문제

자격종목	공유압기능사	과제명	공압회로구성 및 조립작업

※ 문제지는 시험종료 후 본인이 가져갈 수 있습니다.

비번호		시험일시		시험장명	

※ 시험시간 : 1시간 20분
- [제1과제] 공압회로 도면제작 : 20분
- [제2과제] 공압회로구성 및 조립작업 : 1시간

1. 요구사항

※ 지급된 재료 및 시설을 사용하여 아래 작업을 완성하시오.

가. 제1과제 : 공압회로 도면제작

1) 주어진 제어조건을 만족하는 공압회로도 및 전기회로도의 빈 부분(㉮, ㉯, ㉰)에 들어갈 기호를 제시된 【보기(공압)】에서 찾아 답안지(1)에 번호로 기입하고, 도면 중 ㉱ 부분의 용도 및 ㉲ 부분의 명칭을 답안지(1)에 작성하여 제출하시오.
(단, ㉱, ㉲가 지칭하는 부분은 관로, 스프링, 드레인 등의 세부 부속품이 아닌 독립적으로 역할을 하는 전체 부품임을 고려하여 답지를 작성합니다.)

2) 주어진 공압회로도를 참조하여 제어조건에 따른 변위단계선도를 답안지(2)에 완성하여 제출하시오.

나. 제2과제 : 공압회로구성 및 조립작업

1) 기본과제

가) 제1과제에서 작성한 공압회로도와 같이 주어진 공압기기를 선정하여 고정판에 배치하시오.
(단, 공압회로도 중 도면에 있는 차단밸브 이전 기기와 장치는 수험자가 구성하지 않습니다.)

나) 공압호스를 적절한 길이로 절단 사용하여 배치된 기기를 연결 · 완성하시오.

다) 전기회로도를 보고 전기회로작업을 완성하시오.
(단, 전기연결선 +는 적색으로, −는 청색 또는 흑색으로 연결하시오.)

라) 작업압력(서비스 유닛)을 (0.5±0.05)MPa로 설정하시오.

2) 응용과제

마) 감독위원이 지정한 압력(0.2~0.5MPa 범위에서 지정)으로 변경하시오.

바) 실린더 B 전진 시 과도한 압력으로 공작물이 파손되는 것을 방지하기 위하여 압력조절밸브(감압밸브)와 압력게이지를 사용하여 (0.2±0.05)MPa로 압력을 변경하시오.

사) 회로도에서 B 실린더의 왕복운동을 제어하기 위하여 스프링 복귀형 솔레노이드 밸브를 사용하였다. 이를 메모리 기능이 있는 복동 솔레노이드 밸브를 사용하여 회로를 재구성한 후 동작시키시오.

2. 수험자 유의사항

※ 다음의 유의사항을 고려하여 요구사항을 완성하시오.

1) 시험 시작 전 장비 이상 유무를 확인합니다.
2) 시험 중에는 반드시 감독위원의 지시에 따라야 하며, 시험시간 동안 감독위원의 지시가 없는 한 시험장을 임의로 이탈할 수 없습니다.
3) 공압, 유압 배관의 제거는 압력 공급을 차단한 후 실시하시기 바랍니다.
4) 시험에 필요한 기기 이외에 임의로 접촉하지 않도록 주의하시기 바랍니다.
5) 전기 연결의 합선 시에는 즉시 전원공급 장치의 전원을 차단하시기 바랍니다.
6) 실린더의 작동 부분에는 전선 및 호스가 접촉되지 않도록 주의하여야 합니다.
7) 수험자 인적사항 및 계산식을 포함한 답안작성은 흑색 필기구만 사용해야 하며, 그 외 연필류, 빨간색, 청색 등 필기구 및 수정테이프(액)를 사용해 작성한 답항은 0점 처리 되오니 불이익을 당하지 않도록 유의해 주시기 바랍니다.
8) 답안 정정 시에는 정정하고자 하는 단어에 두 줄(=)을 긋고 다시 작성하시기 바랍니다.
9) 변위단계선도의 작성 및 제출은 반드시 제1과제 시험시간 이내에 이루어져야 합니다.
10) 제2과제 평가는 먼저 기본과제(가~라)를 수행한 후 감독위원에게 평가받고, 그 이후에 응용과제(마~사)를 별도로 감독위원에게 평가받습니다.
11) 제2과제 평가는 감독위원 확인하에 한 번만 평가받을 수 있으며 재평가하지 않습니다. (단, 평가 시에는 전원이 유지된 상태에서 2회 동작 시도하여 동일하게 정상 동작이 되어야 하며, 1회만 동작하고 2회째 시도 시 정상적으로 동작하지 않으면 인정하지 않음)
12) 다음 사항에 대해서는 채점 대상에서 제외하니 특히 유의하시기 바랍니다.
   가) 기권
      (1) 수험자 본인이 수험 도중 시험에 대한 포기의사를 표하는 경우
      (2) 실기시험 과정 중 1개 과정이라도 불참한 경우
   나) 실격
      (1) 시설 · 장비의 조작 또는 재료의 취급이 미숙하여 위해를 일으킬 것으로 감독위원 전원이 합의하여 판단한 경우
      (2) 기능이 해당 등급 수준에 전혀 도달하지 못한 것으로 감독위원이 판단할 경우
      (3) 부정행위를 한 경우
   다) 미완성
      (1) 주어진 시험 시간을 초과하거나 시험 시간 내에 완성하지 못한 경우
      (2) 주어진 시간 내에 제출하였으나 기본과제가 작동하지 않은 경우 (단, 전원 유지 상태에서 동작 시험 시 2회 이상 정상적으로 동작해야 함)
   라) 오작
      (1) 회로 구성 결과가 제어조건(기본과제)과 일치하지 않는 작품
      (2) 문제지의 공압회로도와 전기회로도의 구성부품과 실제 회로작업에서 사용한 구성부품이 상이한 경우(단, 수험자가 제1과제에서 선택하는 부분은 오작대상에서 제외)

3. 도면(공압회로)

□ 제어조건

시작 스위치(PBS)를 ON－OFF하면 실린더 A가 전진하여 재료를 이송한다. 그 후에 실린더 B가 전진하여 엠보싱을 마친 후 후진한 뒤에 A 실린더도 복귀하여 초기상태가 되게 한다.

○ 위치도

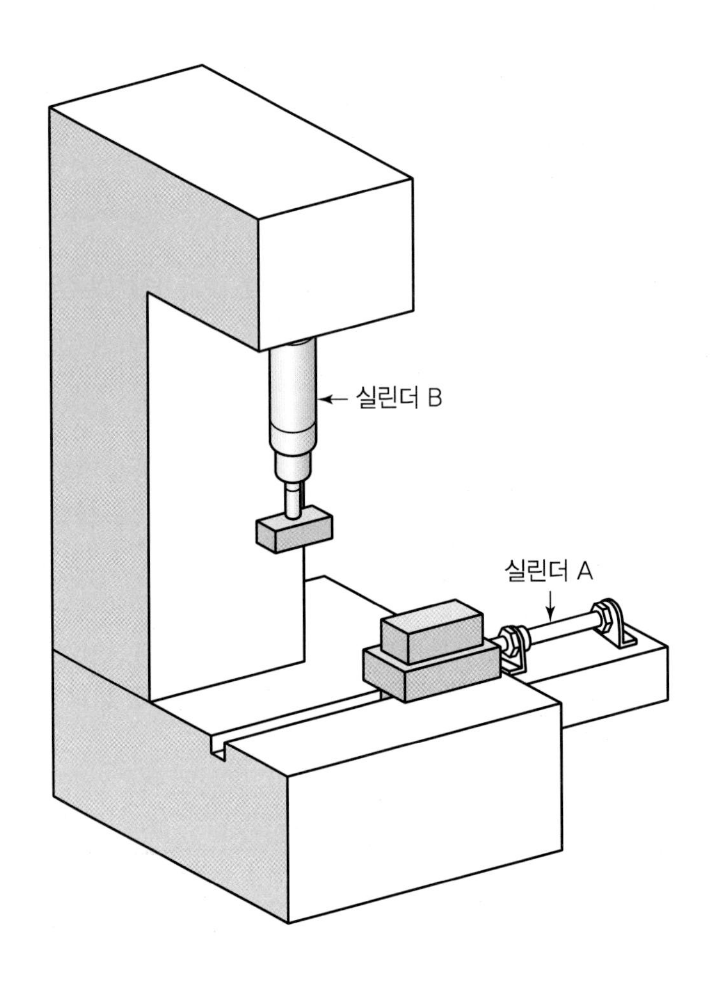

○ 공압회로도

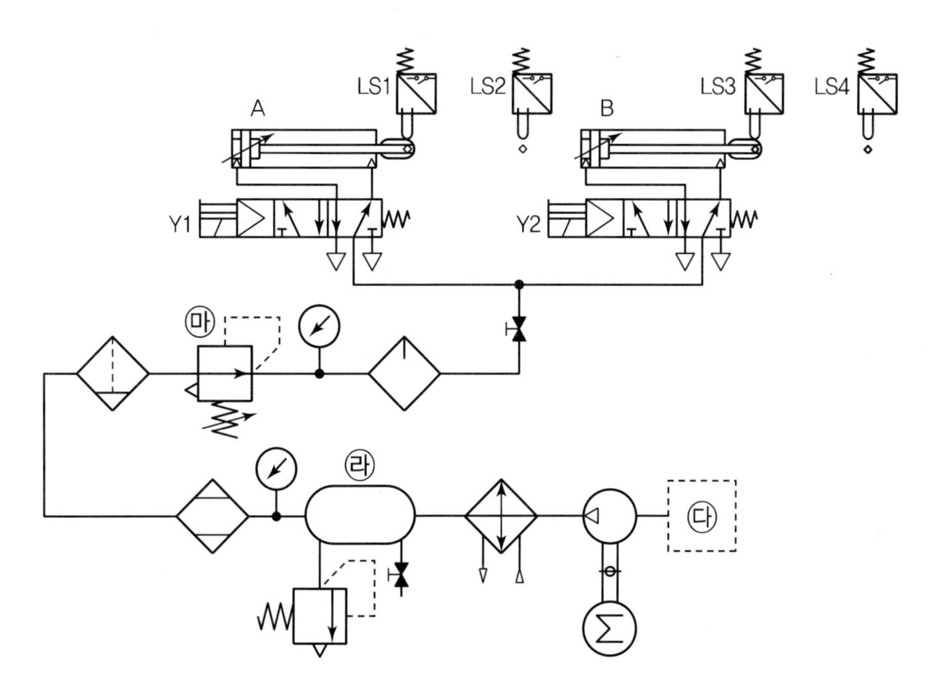
LS1
LS2
LS3
LS4
A
B
Y1
Y2
㉮
㉯
㉰
㉱
㉲

○ 전기회로도

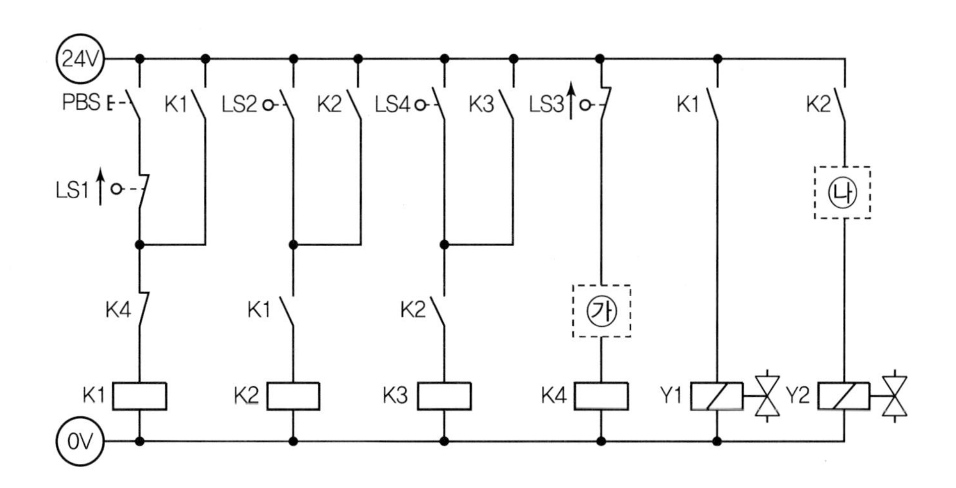
24V
PBS
K1
LS2
K2
LS4
K3
LS3
K1
K2
LS1
㉯
K4
K1
K2
㉮
K1
K2
K3
K4
Y1
Y2
0V

공압 18	정답

㉮ 32　　　　㉯ 36　　　　㉰ 2

㉱ 압축공기 저장 ㉲ 압력조절밸브

공압 18	변위단계선도	정답

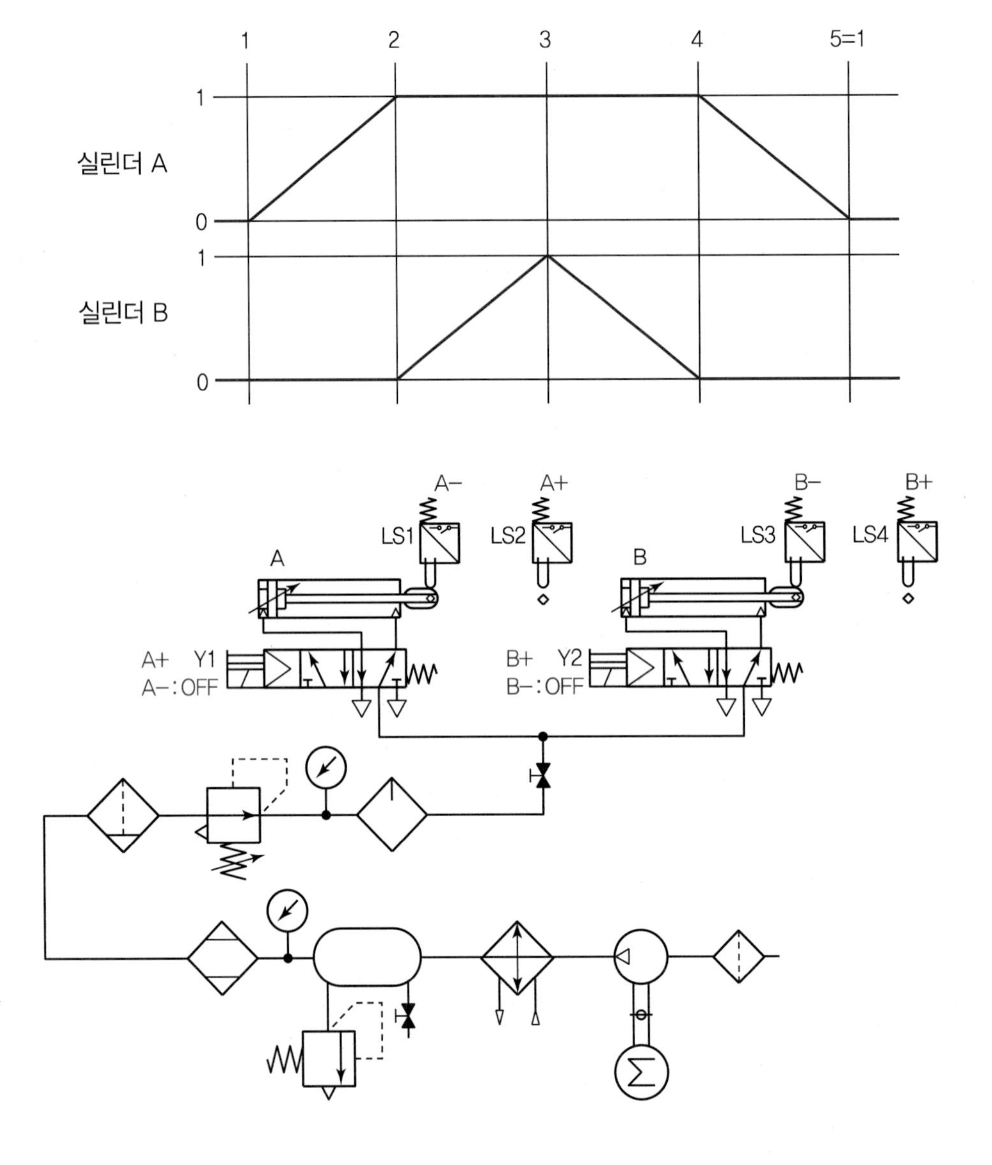

• **빈칸** ㉰ 흡입필터가 필요

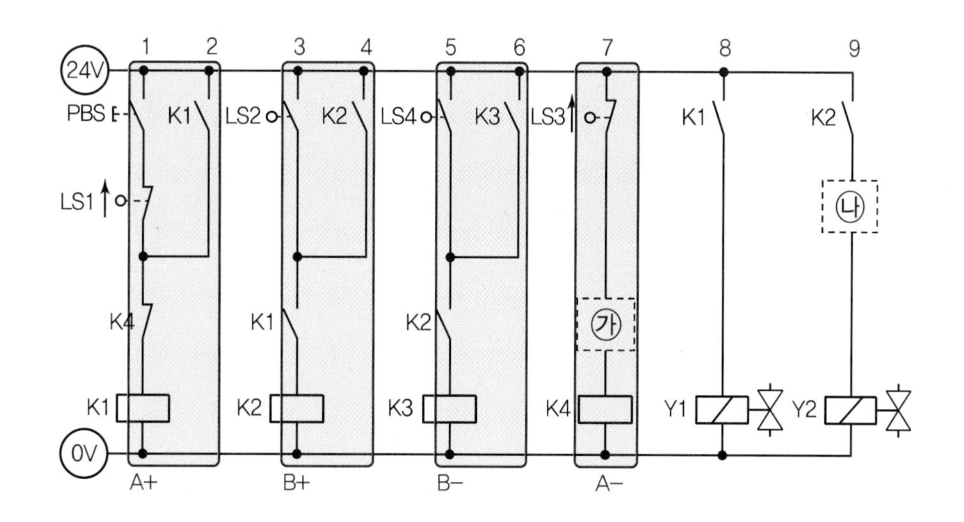

- 1번줄 K1릴레이는 3번줄 LS2가 되기 위하기 때문에 A전진(A+), 2번줄 자기유지
- 3번줄 K2릴레이는 5번줄 LS4가 되기 위하기 때문에 B전진(B+), 4번줄 자기유지
- 5번줄 K3릴레이는 7번줄 LS3이 되기 위하기 때문에 B후진(B−), 6번줄 자기유지
- 7번줄 K4릴레이는 1번줄 LS1이 되기 위하기 때문에 A후진(A−),
  빈칸 ㉮에는 직전 스텝 K3 a접점이 필요
- 8번줄 A편솔밸브는 A전진(A+)을 위해 K1 a접점으로 Y1솔레노이드 ON
- 9번줄 B편솔밸브는 B전진(B+)을 위해 K2 a접점으로 Y2솔레노이드 ON,
  B후진(B−)은 **빈칸** ㉯의 K3 b접점으로 Y2솔레노이드 OFF
- A후진(A−)은 7번줄 K4릴레이가 ON됨과 동시에 1번줄 K4 b접점이 떨어지면서 순차적으로 모든 릴레이가 OFF되면서 8번줄 K1 a접점이 떨어지면 A후진(A−)이 이루어짐

공압 18	기본 정답

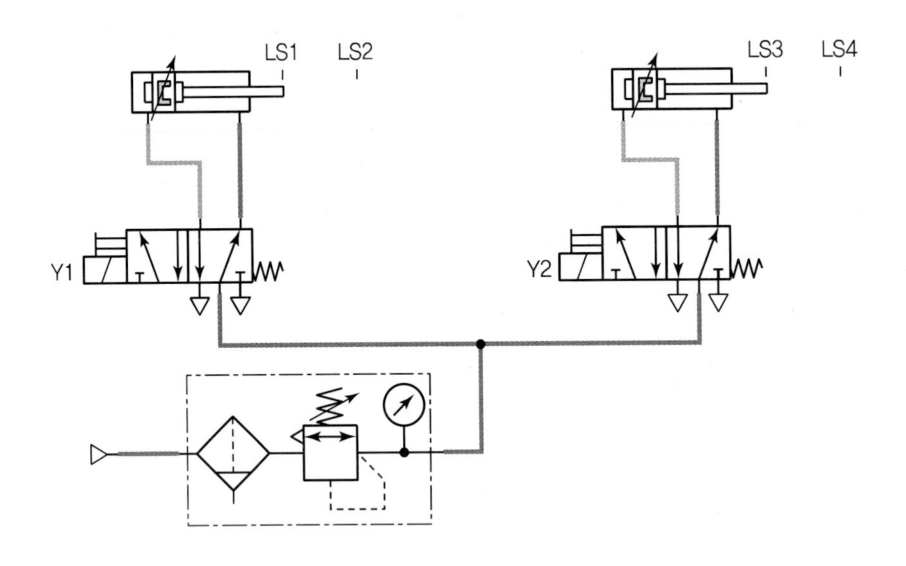

LS1
LS2
LS3
LS4
Y1
Y2

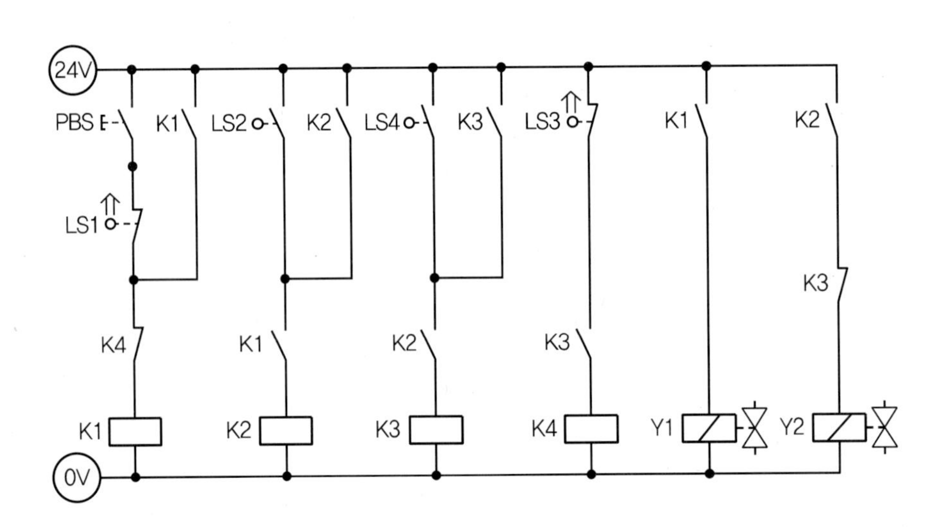

24V
PBS
K1
LS2
K2
LS4
K3
LS3
K1
K2
LS1
K3
K4
K1
K2
K3
K1
K2
K3
K4
Y1
Y2
0V

공압 18	응용 해설

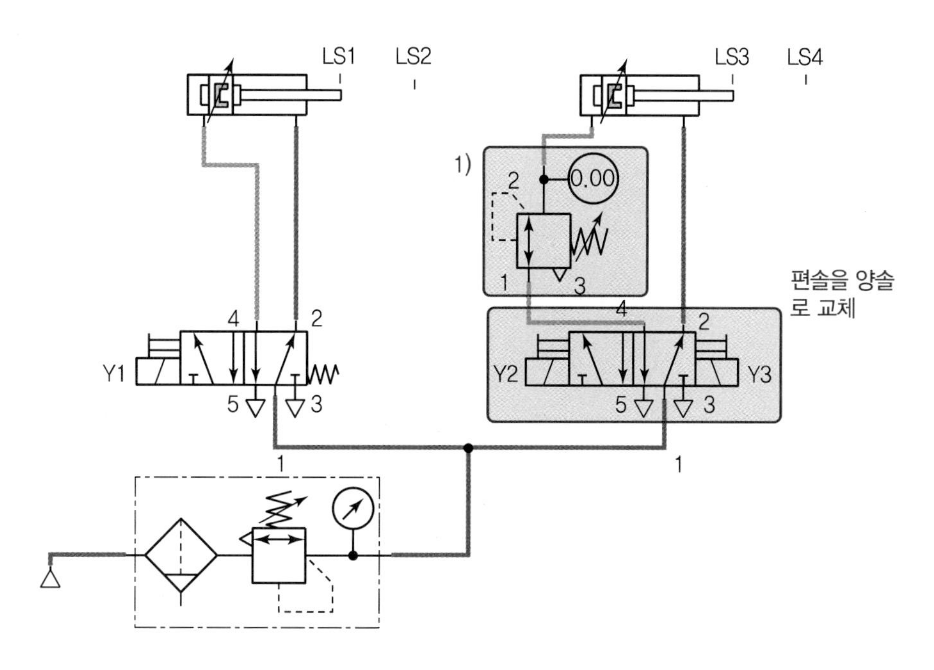

1) B 실린더 전진 시 과도한 압력을 줄이기 위해 감압밸브를 실린더 헤드 측에 설치하고 압력게이지는 실린더와 감압밸브 사이에 설치한다.

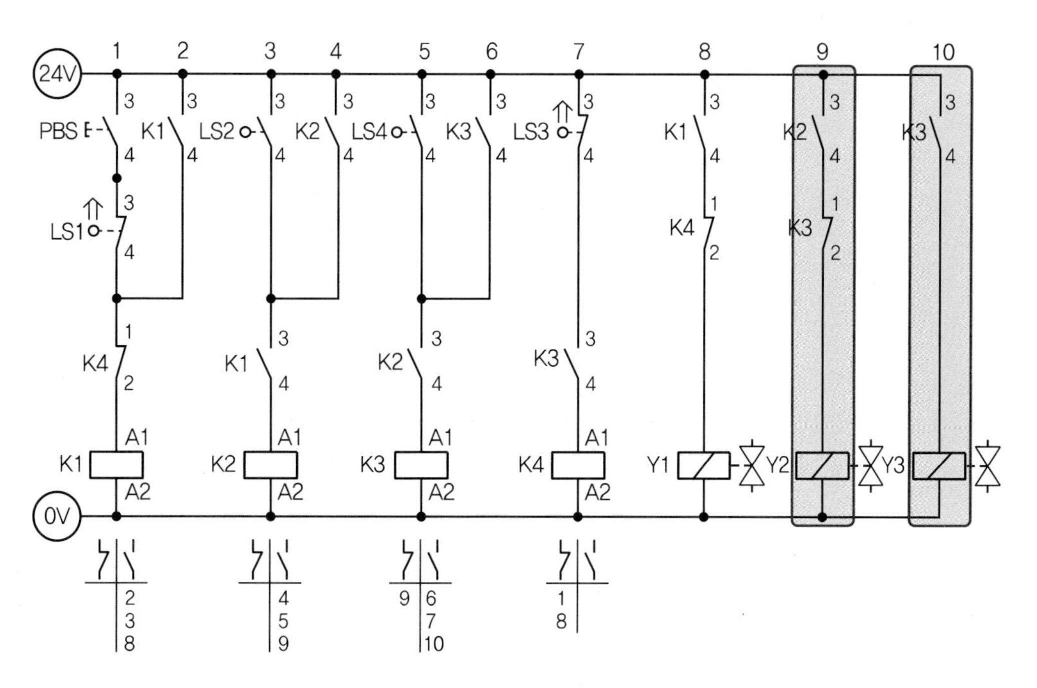

• B 실린더를 제어하기 위한 5/2way 편솔밸브를 5/2way 양솔밸브로 교체하여 전기회로를 구성한다.

• 5번줄 B후진(B−)을 하기 위해 K3릴레이가 ON되면 10번줄 K3 a접점으로 Y3솔레노이드가 ON되면서, 9번줄 K3 b접점으로 Y2솔레노이드가 OFF된다.

공압 18	응용 정답

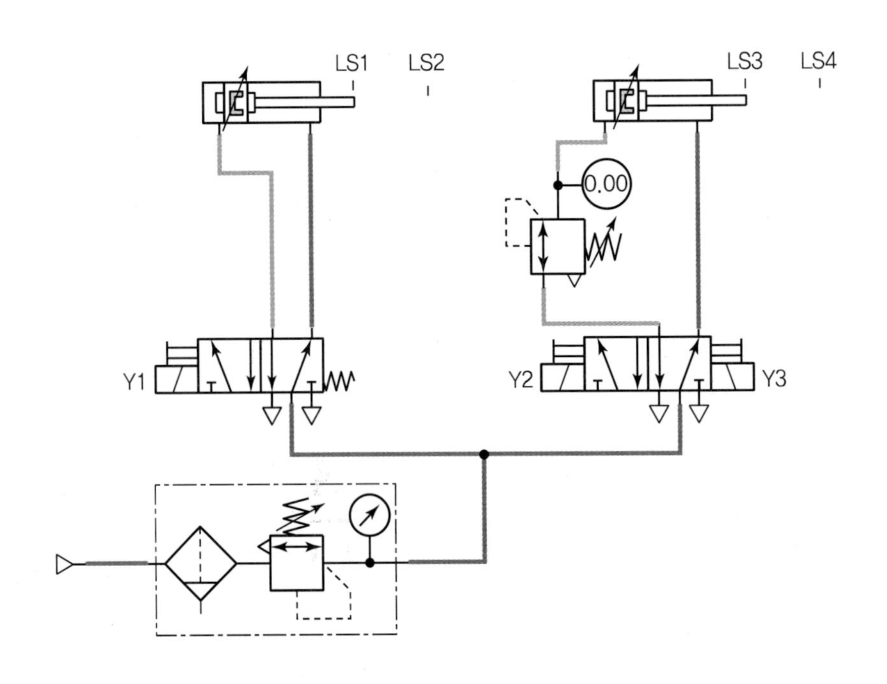

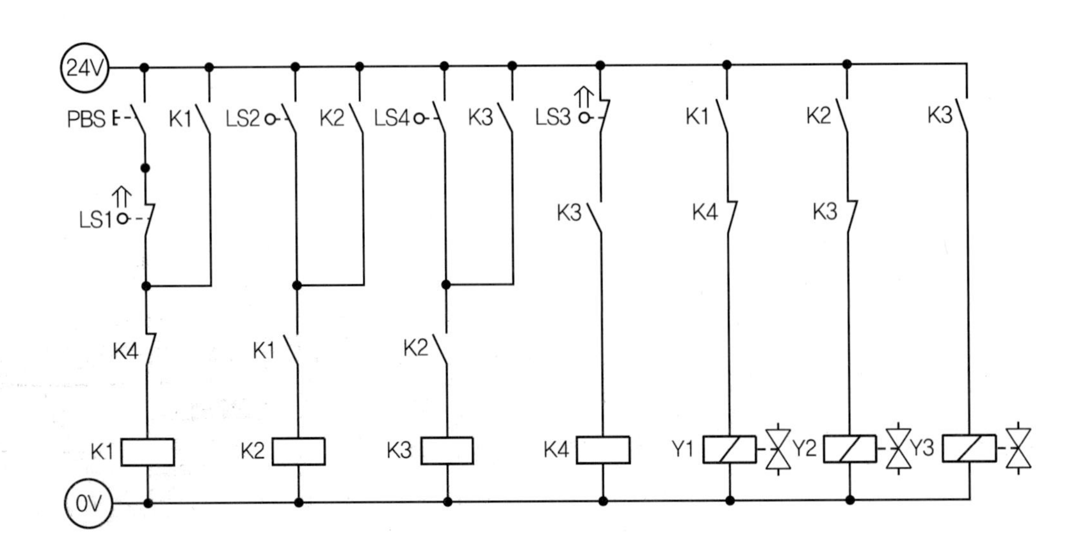

[공개] 18

국가기술자격 실기시험문제

자격종목	공유압기능사	과제명	유압회로구성 및 조립작업

※ 문제지는 시험종료 후 본인이 가져갈 수 있습니다.

비번호		시험일시		시험장명	

※ 시험시간 : 1시간 10분
- [제3과제] 유압회로 도면제작 : 10분
- [제4과제] 유압회로구성 및 조립작업 : 1시간

1. 요구사항

※ 지급된 재료 및 시설을 사용하여 아래 작업을 완성하시오.

가. 제3과제 : 유압회로 도면제작

1) 주어진 제어조건을 만족하는 유압회로도 및 전기회로도의 빈 부분(㉮, ㉯, ㉰)에 들어갈 기호를 제시된 【보기(유압)】에서 찾아 답안지(3)에 번호로 기입하고, 도면 중 ㉱ 부분의 명칭 및 ㉲ 부분의 용도를 답안지(3)에 작성하여 제출하시오.
(단, ㉱, ㉲가 지칭하는 부분은 관로, 스프링, 드레인 등의 세부 부속품이 아닌 독립적으로 역할을 하는 전체 부품임을 고려하여 답지를 작성합니다.)

나. 제4과제 : 유압회로구성 및 조립작업

1) 기본과제
가) 제3과제에서 작성한 유압도면과 같이 주어진 유압기기를 선정하여 고정판에 배치하시오.
(단, 도면에 일점쇄선 부분은 수험자가 구성하지 않습니다.)
나) 유압호스를 사용하여 배치된 기기를 연결 · 완성하시오.
다) 전기회로도를 보고 전기회로작업을 완성하시오.
(단, 전기연결선 +는 적색으로, −는 청색 또는 흑색으로 연결하시오.)
라) 유압회로 내의 최고압력을 (4±0.2)MPa로 설정하시오.

2) 응용과제
마) 실린더의 전진운동을 일방향 유량조절밸브를 사용하여 Meter−out 방식으로 회로를 변경하여 속도를 제어하시오.
바) 전기타이머를 사용하여 실린더가 전진 완료 후 3초간 정지한 후에 후진하도록 전기회로를 구성하고 동작시키시오.

2. 수험자 유의사항

※ 다음의 유의사항을 고려하여 요구사항을 완성하시오.

1) 시험 시작 전 장비 이상 유무를 확인합니다.
2) 시험 중에는 반드시 감독위원의 지시에 따라야 하며, 시험시간 동안 감독위원의 지시가 없는 한 시험장을 임의로 이탈할 수 없습니다.
3) 공압, 유압 배관의 제거는 압력 공급을 차단한 후 실시하시기 바랍니다.
4) 시험에 필요한 기기 이외에 임의로 접촉하지 않도록 주의하시기 바랍니다.
5) 전기 연결의 합선 시에는 즉시 전원공급 장치의 전원을 차단하시기 바랍니다.
6) 실린더의 작동 부분에는 전선 및 호스가 접촉되지 않도록 주의하여야 합니다.
7) 수험자 인적사항 및 계산식을 포함한 답안작성은 흑색 필기구만 사용해야 하며, 그 외 연필류, 빨간색, 청색 등 필기구 및 수정테이프(액)를 사용해 작성한 답항은 0점 처리 되오니 불이익을 당하지 않도록 유의해 주시기 바랍니다.
8) 답안 정정 시에는 정정하고자 하는 단어에 두 줄(=)을 긋고 다시 작성하시기 바랍니다.
9) 제4과제 평가는 먼저 기본과제(가~라)를 수행한 후 감독위원에게 평가받고, 그 이후에 응용과제(마~바)를 별도로 감독위원에게 평가받습니다.
10) 제4과제 평가는 감독위원 확인하에 한 번만 평가받을 수 있으며 재평가하지 않습니다.
    (단, 평가 시에는 전원이 유지된 상태에서 2회 동작 시도하여 동일하게 정상 동작이 되어야 하며, 1회만 동작하고 2회째 시도 시 정상적으로 동작하지 않으면 인정하지 않음)
11) 다음 사항에 대해서는 채점 대상에서 제외하니 특히 유의하시기 바랍니다.
    가) 기권
        (1) 수험자 본인이 수험 도중 시험에 대한 포기의사를 표하는 경우
        (2) 실기시험 과정 중 1개 과정이라도 불참한 경우
    나) 실격
        (1) 시설 · 장비의 조작 또는 재료의 취급이 미숙하여 위해를 일으킬 것으로 감독위원 전원이 합의하여 판단한 경우
        (2) 기능이 해당 등급 수준에 전혀 도달하지 못한 것으로 감독위원이 판단할 경우
        (3) 부정행위를 한 경우
    다) 미완성
        (1) 주어진 시험 시간을 초과하거나 시험 시간 내에 완성하지 못한 경우
        (2) 주어진 시간 내에 제출하였으나 기본과제가 작동하지 않은 경우
            (단, 전원 유지 상태에서 동작 시험 시 2회 이상 정상동작해야 함)
    라) 오작
        (1) 회로 구성 결과가 제어조건(기본과제)과 일치하지 않는 작품
        (2) 문제지의 유압회로도와 전기회로도의 구성부품과 실제 회로작업에서 사용한 구성부품이 상이한 경우
            (단, 수험자가 제3과제에서 선택하는 부분은 오작대상에서 제외)

3. 도면(유압회로)

□ 제어조건

유압 리프트를 제작하려고 한다. 전진 버튼 스위치(PBS1)를 On－Off하면 실린더가 전진하며 리밋 스위치 LS2가 작동되면 자동으로 후진하게 되어 있다. 전진 중에 정지 버튼 스위치(PBS2)를 누르면 정지하고 다시 전진 버튼 스위치를 누르면 전진하며 리밋 스위치 LS2가 작동되면 자동으로 후진한다. 실린더 전진 시 정지를 시키면 파일럿 작동형 체크밸브에 의해 위치제어가 될 수 있도록 하여야 한다.

○ 위치도

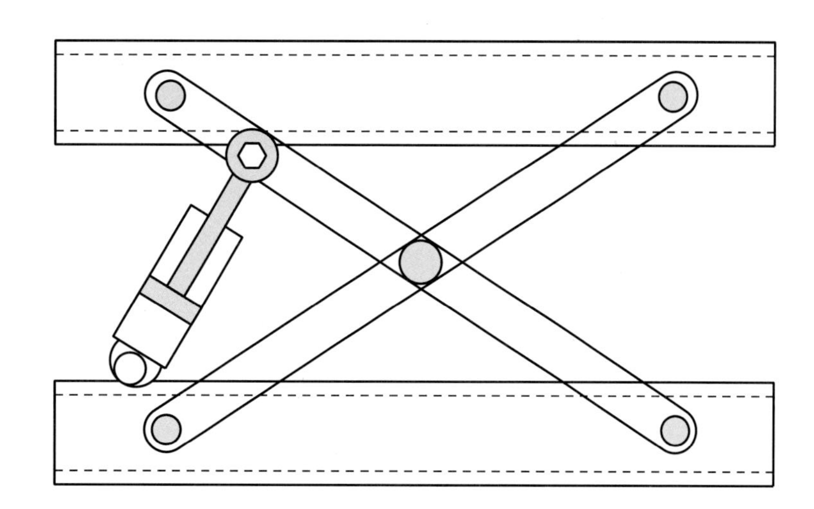

○ 유압회로도

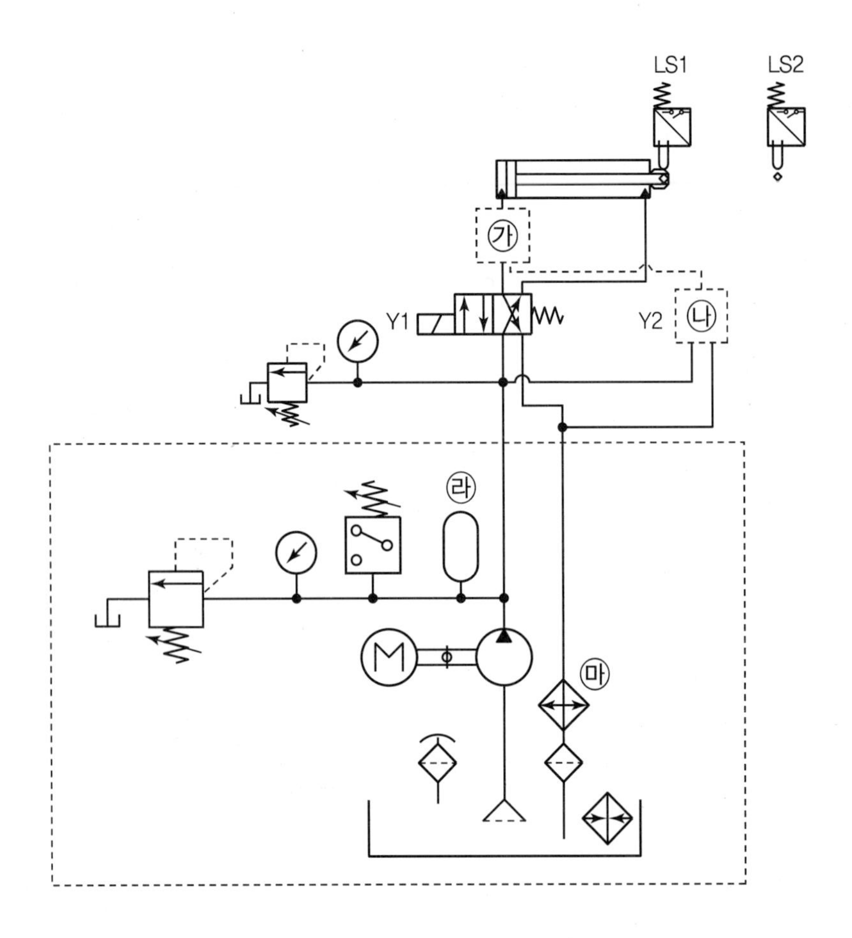
LS1
LS2
㉮
Y1
Y2
㉯
㉱
㉲

○ 전기회로도

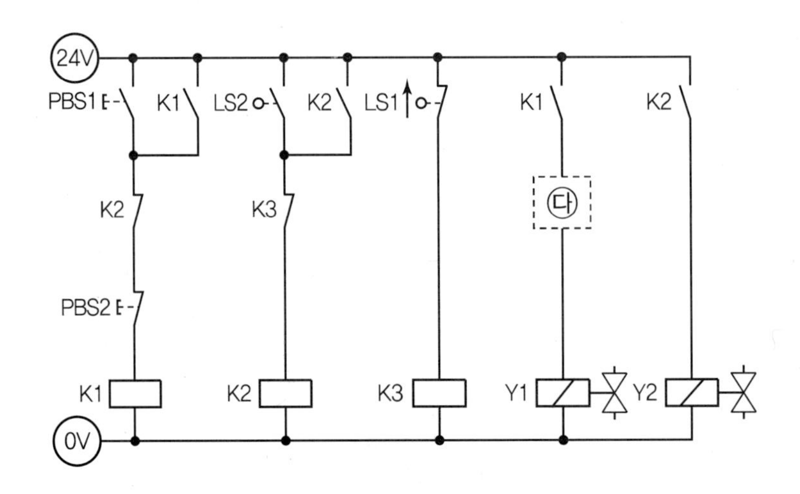
24V
PBS1
K1
LS2
K2
LS1
K1
K2
K2
K3
㉰
PBS2
K1
K2
K3
Y1
Y2
0V

유압 18	정답

㉮ 15 ㉯ 18 ㉰ 36

㉱ 축압기 ㉲ 작동유 온도를 냉각

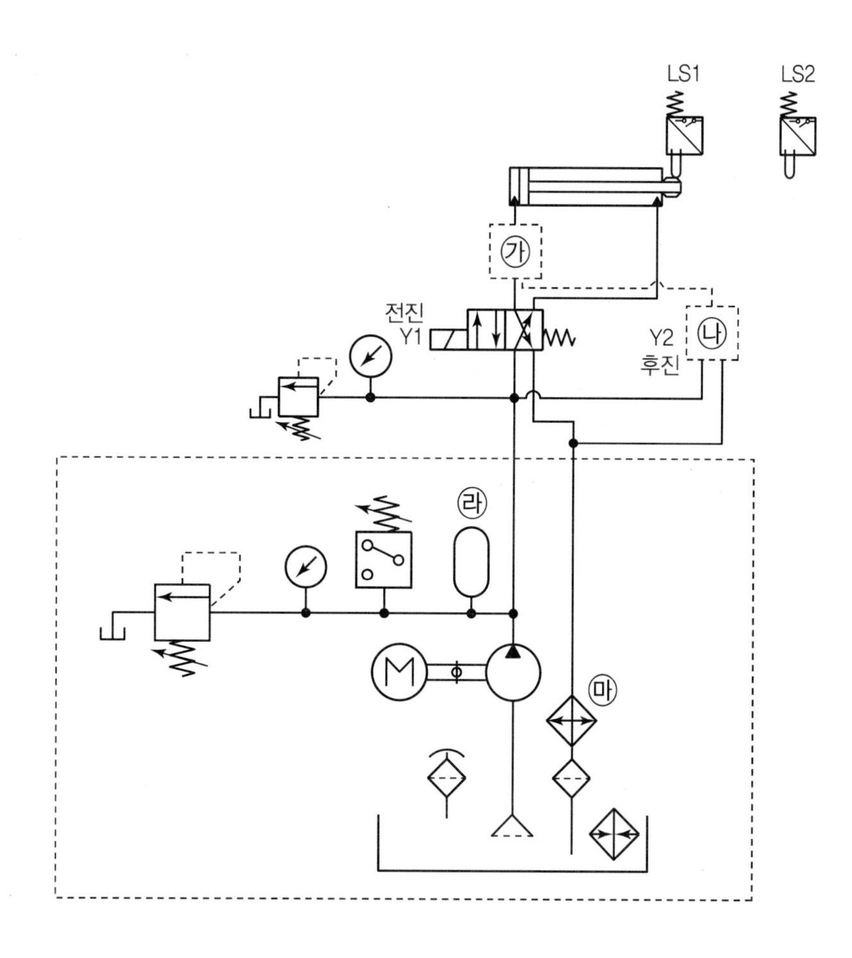

- **빈칸** ㉮ 파일럿 내장형 체크 밸브가 필요
- **빈칸** ㉯ 3/2way Normal Close 편솔밸브가 필요
- 4/2way 밸브의 Y1솔레노이드가 ON되면 전진하고, OFF되면 실린더 로드 측에는 유압이 전달되나 헤드 측의 작동유는 파일럿 내장형 체크밸브에 막혀 복귀하지 못하기 때문에 3/2way Normal Close 편솔밸브의 Y2솔레노이드가 ON되어 파일럿 내장형 체크밸브에 보내줌으로써 역류가 가능하게 하여 실린더 헤드 측 작동유를 복귀시켜 후진이 이루어짐

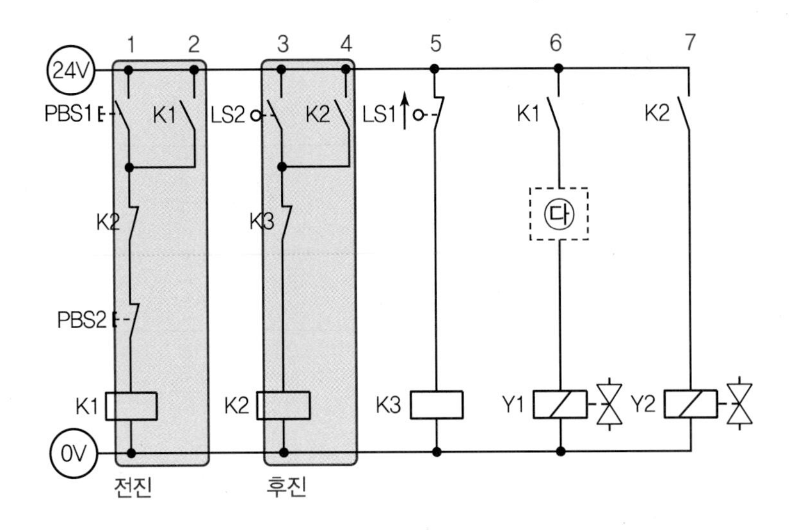

- 1번줄 PBS1을 누르면 K1릴레이가 ON되면서 6번줄 K1 a접점이 ON되면 Y1솔레노이드에 의해 전진
- 3번줄 LS2와 K2 a접점이 ON되면 K2릴레이가 ON되면서 7번줄 K2 a접점이 ON되면 Y2솔레노이드에 의해 후진
- 6번줄 **빈칸** ㉰의 K2 b접점으로 Y1솔레노이드의 전진되는 신호를 끊어 줌
- 1번줄 PBS2 b접점을 누르면 전진 중에도 전진을 중지할 수 있음

유압 18	기본 정답

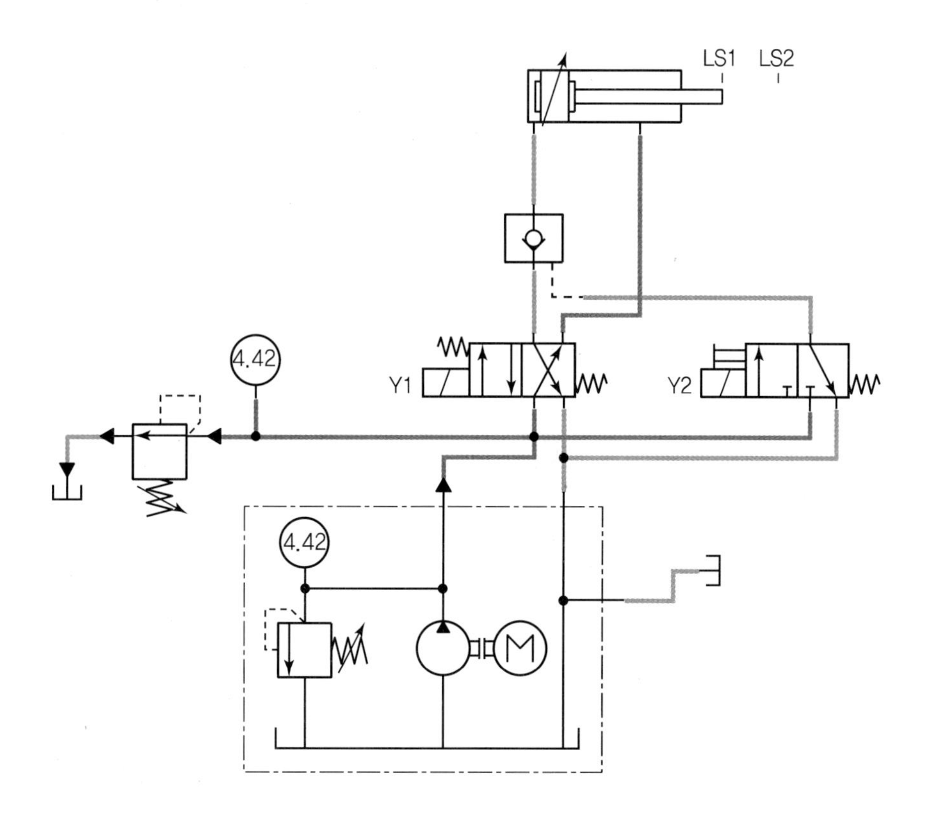

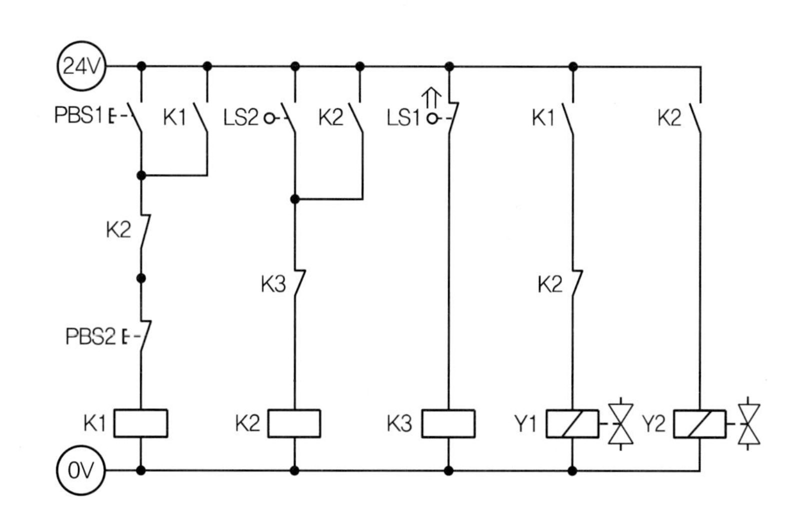

PART 02

유압 18	응용 해설

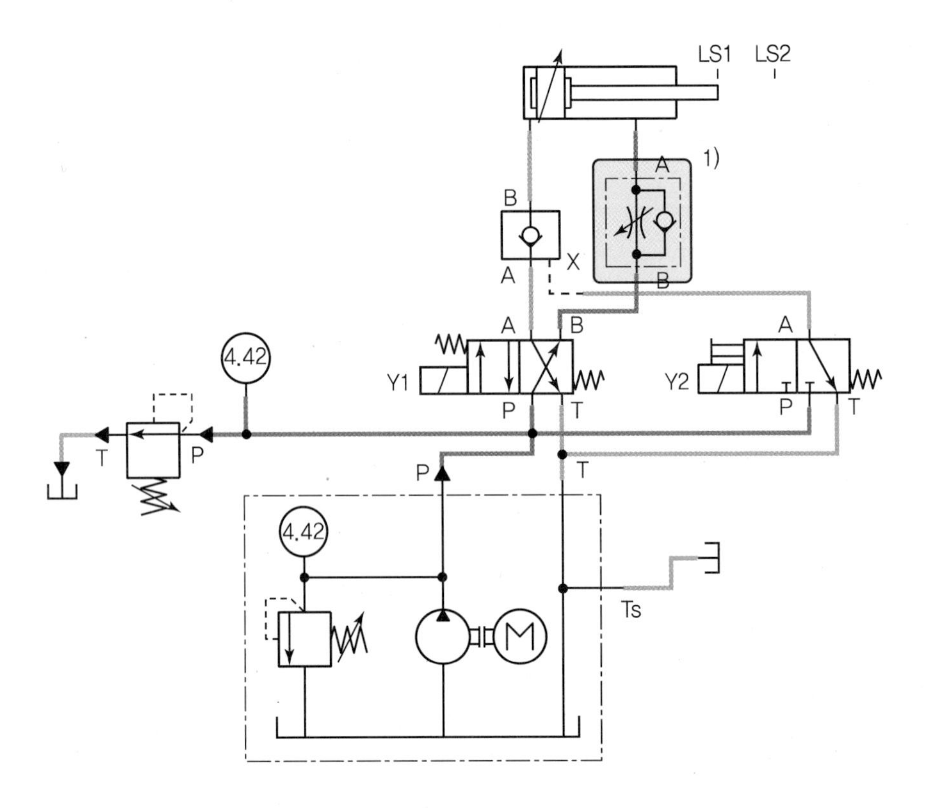

1) 실린더 전진속도를 미터아웃 회로로 조절하려면 일방향 유량제어밸브를 로드 측에, 체크밸브를 밸브방향에 설치한다.

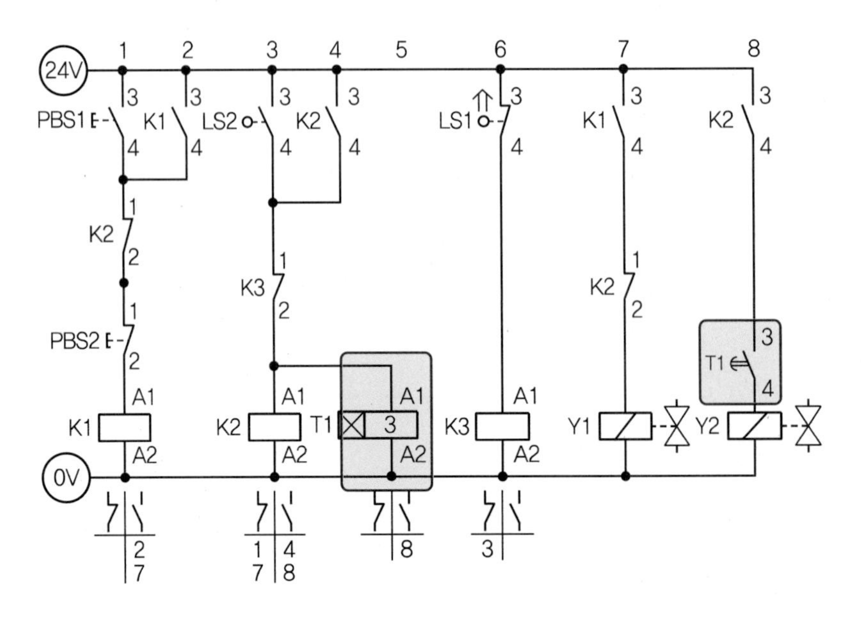

• 5번줄 실린더 전진을 감지하는 LS2를 거쳐 ON delay 타이머를 추가한다.
• 8번줄 ON delay 타이머 a접점을 추가하면 3초 후 Y2솔레노이드가 ON되면서 후진한다.

유압 18	응용 정답

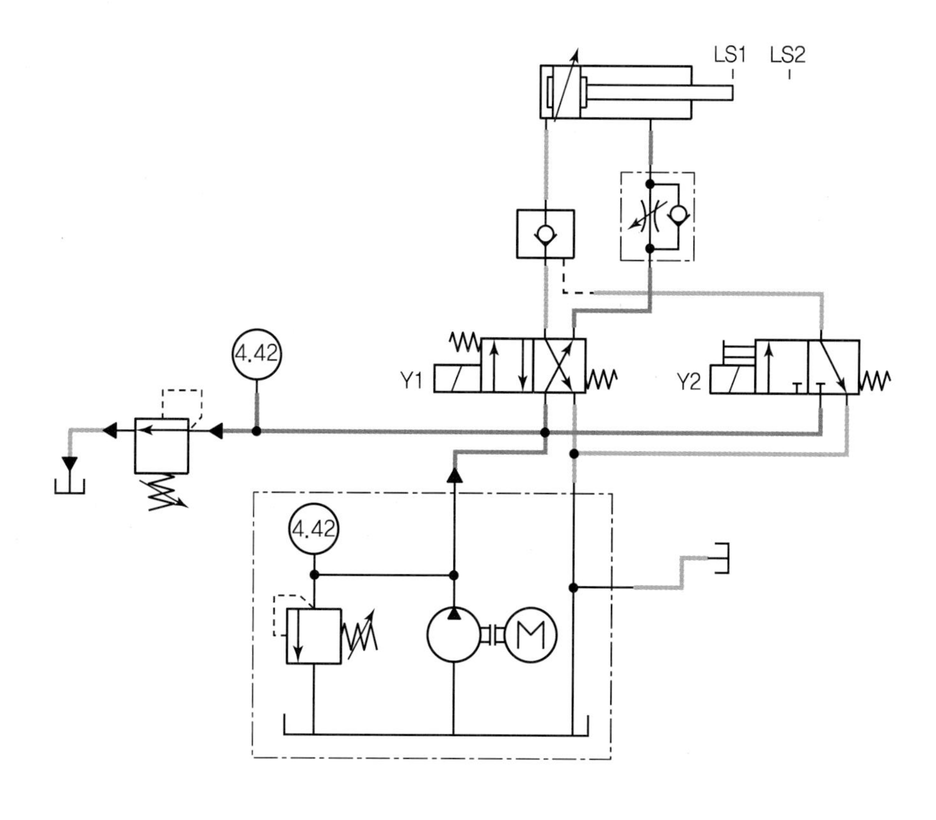

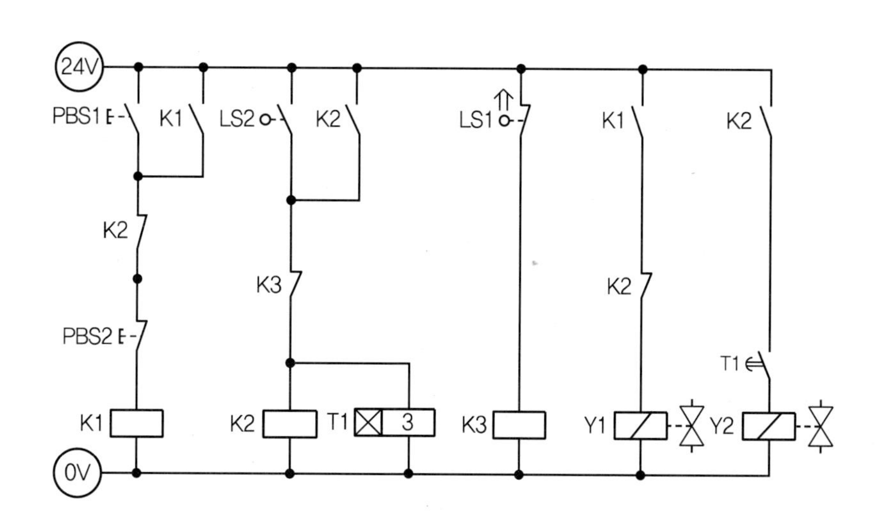

공유압기능사 실기

발행일 | 2020. 7. 10 초판발행

저 자 | 방 홍 인
발행인 | 정 용 수
발행처 | 예문사

주 소 | 경기도 파주시 직지길 460(출판도시) 도서출판 예문사
TEL | 031) 955－0550
FAX | 031) 955－0660
등록번호 | 11－76호

• 이 책의 어느 부분도 저작권자나 발행인의 승인 없이 무단 복제하여 이용할 수 없습니다.
• 파본 및 낙장은 구입하신 서점에서 교환하여 드립니다.
• 예문사 홈페이지 http : //www.yeamoonsa.com

정가 : 19,000원

ISBN 978-89-274-3633-1 13550

이 도서의 국립중앙도서관 출판예정도서목록(CIP)은 서지정보유통지원시스템 홈페이지(http://seoji.nl.go.kr)와 국가자료공동목록시스템(http://www.nl.go.kr/kolisnet)에서 이용하실 수 있습니다.
(CIP제어번호 : CIP2020026449)